伦勃朗《伯沙撒的盛宴》（*Belshazzar's Feast*）中描绘的世界上最著名密信——墙上的手书。烟雾中出现一只上帝之手，用闪闪发光的希伯来语字母在宫墙上竖着写下“Mene mene tekel upharsin”，惊讶的伯沙撒扭头观看

西方密码学之父：莱昂·巴蒂斯塔·阿尔贝蒂

意大利科学家乔瓦尼·巴蒂斯塔·波尔塔，1589 年

意大利作家吉罗拉莫·卡尔达诺，49 岁时

布莱兹·德维热纳尔，生命最后一年

修道院院长约翰内斯·特里特米乌斯，第一本印刷版密码书作者

弗朗索瓦·韦达，法国密码分析家

破译西班牙密码的菲利普·范马尼克斯

安托万·罗西尼奥尔，法国密码学之父

爱德华·威尔斯主教，英格兰破译科负责人

约翰·沃利斯，英国密码学之父

破译亲英间谍密信的埃尔布里奇·杰里

编码员安装 M-94 密码装置，这是美国陆军版本的杰弗逊密码器

托马斯·杰弗逊，美国编码学开创者

维多利亚时期的三个业余密码学家：左起，查尔斯·惠斯通爵士，两种重要密码系统发明人；莱昂·普莱费尔，普莱费尔第一男爵，惠斯通的一种密码以他的名字命名；查尔斯·巴贝奇，破译了许多难解的密码

美国南方邦联黄铜密码圆盘

爱德华·霍尔登，1876年选举丑闻电报的破译者之一

奥古斯特·克尔克霍夫，现代密码学先驱

埃蒂安·巴泽里埃斯，伟大的法国密码分析家，20世纪20年代

三位一战英国密码分析家：左起，奈杰尔·德格雷，齐默尔曼电报破译者之一；锡顿的马尔科姆·海，陆军部密码分析部门负责人；抵得上英国远征军四个师的奥斯瓦尔德·托马斯·希钦斯

路易吉·萨科，意大利密码学家，1942 年

一战美国密码顾问派克·希特上校，1918 年于法国

1914 年 11 月，乔治 · 潘万在蒙哥贝尔堡一个房间内埋头尝试他的第一次破译。他后来成为一战中最伟大的密码分析家

破译者

人类密码史（上册）

[美] 戴维·卡恩（David Kahn） 著

朱鸿飞 张其宏 译

潘涛 审校

THE CODEBREAKERS

The Story of Secret Writing

金城出版社

GOLD WALL PRESS

·北京·

图书在版编目（CIP）数据

破译者：人类密码史：全译本 /（美）戴维 · 卡恩 (David Kahn) 著；朱鸿飞，张其宏译 .—北京：金城出版社有限公司，2021.6
书名原文：The Codebreakers：The Story of Secret Writing
ISBN 978-7-5155-2027-8

Ⅰ. ①破… Ⅱ. ①戴… ②朱… ③张… Ⅲ. ①密码—普及读物 Ⅳ. ① TN918.2-49

中国版本图书馆 CIP 数据核字（2020）第 099931 号

破译者：人类密码史(上下册)
POYIZHE RENLEI MIMASHI

作　　者	［美］戴维 · 卡恩
译　　者	朱鸿飞　张其宏
策划编辑	朱策英
责任编辑	朱策英　李晓凌
责任校对	李明辉
责任印制	李仕杰
开　　本	710毫米 × 1000毫米　1/16
印　　张	72
字　　数	1254千字
版　　次	2021年6月第1版
印　　次	2021年6月第1次印刷
印　　刷	天津旭丰源印刷有限公司
书　　号	ISBN 978-7-5155-2027-8
定　　价	198.00元

出版发行	**金城出版社有限公司**　北京市朝阳区利泽东二路3号　邮编：100102
发 行 部	(010) 84254364
编 辑 部	(010) 64271423
交流邮箱	gwpbooks@yahoo.com
总 编 室	(010) 64228516
网　　址	http://www.jccb.com.cn
电子邮箱	jinchengchuban@163.com
法律顾问	北京市安理律师事务所　(电话)18911105819

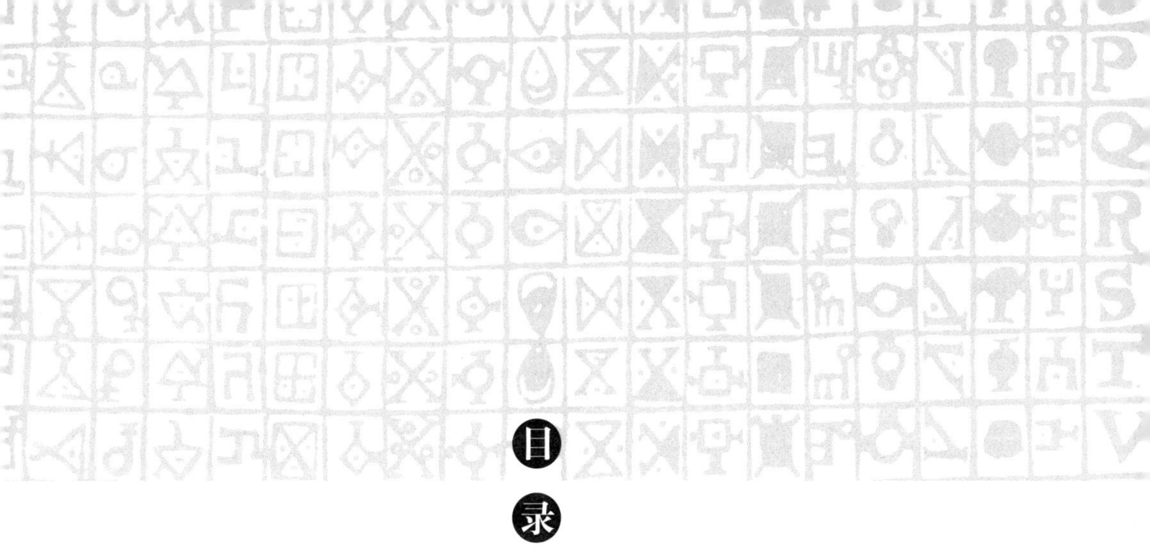

目录

上册

下　册

第二部分　密码学插曲

第三部分　类密码学

第四部分　新密码学

增订版序

早在1967年9月27日初版前，这本书就需要修订了。我希望把本书写成一部密码学确定史。当时尚有一些我不知道的事件，大到波兰—英国—美国掌握德国“恩尼格玛”（Enigma）密码机，对二战产生的巨大影响，小到德国前线电话窃听的战术价值。不管是我，还是其他任何人，都无法预知尚未发明的事物，如公开密钥[1]密码学。1968年1月，本书出版四个月后，朝鲜扣押美国电子侦察船“普韦布洛”号（*Pueblo*），这时我第一次意识到，密码学世界不会为我停滞不前。这只是个开始，随后的一系列事件都表明本书需要修订。我也在第三到第七次印刷中稍做校正，随后将注意力转向其他项目。

谁知后来又发生了一系列事件：“超级情报”泄露[2]；公钥密码学的建立；计算机通信的飞速发展，特别是互联网的出现，密码学为它提供了最好的隐私保护手段。约在同一时期，西蒙与舒斯特公司兼并了本书原出版商麦克米

[1] 译注：public-key（PK），简称公钥。加密和解密使用不同密钥，加密密钥和算法都公开的密码系统。

[2] 译注：“超级情报”（Ultra）是二战英国密码分析部门破译德国“恩尼格玛”密码机所获得并发出的情报代号。出于种种原因，二战后英国封锁了“超级情报”的秘密。1973年，法国情报官员Gustave Bertrand的《恩尼格玛》（*Enigma*）一书披露了这个秘密。详细情况后文会有介绍。

兰图书公司[1]，一个精力充沛的年轻编辑斯科特·莫耶斯（Scott Moyers）开始接手《破译者》一书。他觉得，书中应加入新材料作为一个章节，这既可了却我对密码学的夙愿，又有助于增加图书销量。这个好点子促使我完成了这本增订版。

我努力把过去四分之一世纪影响密码学的主要内外部事件写入本书。这些事件给密码学带来翻天覆地的变化。所幸这些内容只增添了信息而并未改变历史的车轮，因此第一版内容依然成立。我希望新版最终将和旧版一样给读者带来知识和愉悦。

戴维·卡恩

纽约格雷特内克（Great Neck）

[1] 译注：1994年，西蒙与舒斯特公司（Simon & Schuster）收购麦克米兰图书公司（Macmillan）。

前　言

密码破译是当今世界获取秘密情报最重要的手段，其可信度也越来越高，远超出了间谍情报。这些情报对政府政策产生了巨大影响，但至今还没有人写出一部密码破译史。

我们亟须一部密码史。据估计，密码分析推动太平洋战争提前一年结束，但在史书记载中仅一笔带过。虽然英国认为密码分析极其重要，为这项工作分配了 3 万人，但丘吉尔的二战史巨著几乎只字未提盟军的通信情报，只有一次例外（但却是以美国珍珠港事件调查为基础）。无人提笔写过一本二战情报史。所有这一切都扭曲了人们对事件肇始的理解。而且，和人类其他领域一样，通过了解世界大势、伟人事迹、历史经验教训，密码学本身也能得到发展。

我努力将本书写成一部密码学正史。它将首先告诉公众密码学发挥的重要作用，同时以史为鉴，指引密码学的发展，警示史学家关注密码分析的潜在影响。本书试图涵盖整个密码学史。我的目标有两个 ：叙述在编制和破译代码和密码方面，各种方法是如何发展的，以及讲述这些方法对人类的影响。

着手写这本书时，和诸多见多识广的业余爱好者一样，我通读了所有密码学史出版物。我们的真正了解何其少！我们和所有专家都没有认识到，学术期刊内埋藏着众多的宝贝 ；没有任何密码分析家涉足其中，来向公众讲述其间精彩的故事 ；没有人利用档案材料这一巨大财富 ；也没有人用长远眼光审视这一领域，提出一些现在看来很平常的问题。我相信，从以往出版的密码学图书材料来看，本书中新内容的比例为 85%—90%。

但本书依然算不上包罗万象。愚蠢的保密制度依然封存着众多二战密码活动（虽然我相信此书成就已大致被世人公认），而且仅仅完整讲述二战密码故事就需要一部和本书一样厚的书。甚至在此之前，如 18 世纪，未经研究的手稿材料就已经极其丰富。

本书也不是教科书。我只详述了两种基本的求解方法，简述了其他许多破译方法。即便如此，但对有些读者来说，也略显晦涩，我建议他们可跳过这些内容。虽然他们不能完全了解破译活动的过程，但这并不妨碍他们理解这些故事。对于那些想更详细了解这些破译方法的读者，我推荐他们读一读海伦·盖恩斯（Helen F. Gaines）的著作《基础密码分析学》（*Elementary Cryptanalysis*），因为该书内容足以满足这些读者的需求，此外它也是目前同类英文版出版物中很容易找到的书（平装本重印后，书名改为《密码分析学》）。法文书中也有一本优秀该物，就是路易吉·萨科（Luigi Sacco）的《密码学手册》（*Manuel de cryptographie*，意大利文原版书已经绝版）。其余的书几乎都可以定位成内容浅显，像是青少年读物。对密码分析感兴趣的读者也可以加入美国密码协会[1]，协会出版的杂志中经常刊载一些介绍如何破译密码、密电的文章。

写作过程中，我努力遵循两条原则。一是尽量使用第一手资料，这常常是我仅有的选择，因为某些方面的内容没有任何出版物作为参考；另一原则是尽力秉承客观态度。通常情况下，密码研究不是事件生成的全部或唯一因素，如在一场战役胜利、一次外交成功或者任何其他事件中，其他因素也发挥了作用。一些文章把历史上的每次事件都归因于文章讨论的某一主题，这不是历史，只能算新闻。这个做法在间谍故事中尤其盛行，密码研究也不能幸免。另一本全文探究密码研究史的著作——1939 年出版的弗莱彻·普拉特（Fletcher Pratt）的《紧急机密》（*Secret and Urgent*），就有这种自作自张的严重问题。普拉特的作品很惊险，许是刻意为之，但他未能考虑其他因素，加之他的错漏，

---

[1] 译注：American Cryptogram Association，美国密码爱好者的非营利组织，成立于 1929 年 9 月 1 日。本书作者是该协会成员，雅德利是首任副主席。

毫无根据的总结，对杜撰事实的不幸偏好，所有这一切损害了他作品的历史可信度。（搞清楚这一点是令人失望的，因为我对密码学的兴趣正是起源于这本书，它借自格雷特内克图书馆。）我认为，寻求故事与其他因素的平衡，虽然降低了图书带来的直接刺激，但也让图书更加真实可信，从而保持永恒魅力：因为这就是事件的本来面目。

遵循同样方法，我也没有杜撰任何对话，对无记录事件的推测也在完整版的注释中加以标明。一切重要事实，我均有所标注，只在少数情况下，我才满足一些信息提供者要求匿名的愿望。

1966 年 3 月 4 日，本书书稿提交给美国国防部审查。

对那些为我写作本书提供了帮助，慷慨奉献了他们的时间和才能的人，我永远无法充分表达我的谢意。不过，请允许我示之公众，聊表感激之情。

首先感谢得克萨斯州埃尔帕索的医学博士布拉福德·哈迪（Bradford Hardie），他为我翻译了大量德语文件，并阅读了校样。他的热情鼓励有如一股甘泉。我的挚友，纽约州莫尔文的爱德华·（巴迪·）米勒（Edward S. [Buddy] Miller）阅读了手稿早期章节，提出极其敏锐的宝贵意见。新泽西州斯科奇普莱恩斯市的霍华德·奥克利（Howard T. Oakley），瑞典恩斯基德的卡约·谢里克（Kaljo Käärik）博士阅读了本书章节后，为我提供了信息，还与我交流了看法。

许多密码员或他们的亲属抽出时间与我交谈或为我答疑。我在文中列出了他们的贡献，我还想特别感谢前大使里弗斯·蔡尔兹（J. Rives Childs），面对我提出的种种问题，他一一为我详细解答，他还把自己一战时的全套工作文件借给我；感谢海军上将威廉·詹姆斯（William James）爵士阅读了有关“40 号房间”的章节，并深入记忆的尘扉为我搜寻答案；感谢后来在瑞典陪伴我四天的伊夫·于尔登（Yves Gyldén）；感谢渡边直经（Naotsune Watanabe）和高木四郎（Shiro Takagi），两人写下了一份详细报告，剖析了他们在二战时期的密码分析经历；感谢汉斯·罗尔巴赫（Hans Rohrbach）博士，他通过长途电话为我安排了一些重要的会晤；感谢哈罗德·肖（Harold R. Shaw），他写了 27 页的战时工作回忆录；感谢鲍里斯·哈格林（Boris Caesar Wilhelm Hagelin）父子的盛情款待和宝贵信息；感谢锡顿的马尔科姆·海（Malcolm [Vivian] Hay）

夫人，为我提供信息和照片；感谢派克·希特（Parker Hitt）提供一份重要的备忘录和珍贵的密码文件礼物；感谢威廉·弗里德曼（William Frederick Friedman）夫妇对我的深情关爱，尽管他们对为政府所做的工作闭口不谈，感谢他们在1947年赠送给我的高中毕业礼物，那是我在密码学习方面的一件大事。

许多其他领域的学者也非常耐心地回复了我在密码学方面的疑问，我也在文中对他们表达了感谢。伦敦印度事务部图书馆的雷珀（T. C. H. Raper）特别慷慨，为我做了大量研究工作；苏格兰圣安德鲁斯大学的博斯沃思（C. E. Bosworth）提供了一篇关键文章和重要背景材料；华盛顿国家档案馆的罗伯特·沃夫（Robert Wolfe）、菲利普·布劳尔（Philip Brower）和尼尔·富兰克林（W. Neil Franklin）耐心回复了我提出的一连串要求。如果没有纽约公共图书馆无与伦比的资源，没有馆员的热心帮助，这本书就不会像现在这样充实。特别感谢苏珊·奥本海默（Suzanne Oppenheimer）夫人从粗糙的稿件中打印出书的主体框架，感谢哈里特·西蒙斯（Harriet Simons）夫人打印其他章节所付出的努力。感谢珍妮·豪克（Jenny Hauck）为照片排版。英格兰索伦特海峡畔利村的杰弗里·琼斯（Geoffrey C. Jones）在我的技术帮助下编制了索引。

麦克米兰图书公司设计部门和英国牛津奥尔登出版社克服了重重困难，让这部精美图书得以面世。

本书以外，我要特别感谢《新闻日报》的前同事，特别是城市版编辑阿尔·马伦斯（Al Marlens），他教给了我大量报道和写作方面的知识；感谢伯尼·布克班德（Bernie Bookbinder），他向我诠释了以人为本的思想；感谢斯坦·艾萨克斯（Stan Isaacs），他向我展示了一门学科如何自我超越；感谢斯坦·布鲁克斯（Stan Brooks），他的“保持轻松和积极心态！”当时曾给我带来烦恼，但从那以后却把我从“一副板着的面孔”中解脱出来——至少这是我所希望的。

毫无疑问，书中差错，我将尽负其责。若读者对此中内容有所纠正或添加，也包括个人往事回忆，我将不胜感激。

戴维·卡恩

纽约格雷特内克温莎门（Windsor Gate）

名词小解[1]

各行各业都有自己的专业词汇。密码学词汇虽然简单，但熟悉它们可以帮助理解相关内容，词汇表也方便参考。这里的定义是非正式的、浅显的，例外情况并没有列入，许多次要词汇也没有定义——它们在文中出现时会有所解释。

明文（plaintext）是指需要加密的信息，明文通常用通信双方母语写就。隐藏信息的基本方法有两种。第一种是**隐写（术）**（steganography），该方法隐藏了信息本身的存在，它采用显隐墨水、微点以及诸如藏头文之类的做法。（隐写术用在电子通信中就叫“**传输保密**”[transmission security]，如一种瞬时大量传送一份长电报的方法。）第二种是“密码编制”或“**编码（学）**”（cryptography），这种方法并不掩盖秘密信息的存在，而是通过运用各种手段变换明文从而让他人无法解读。

这些变换的基本方法有两种：一是“**移位**”（transposition），搞混明文字母以及打乱正常字母次序，把 *secret*[2] 重排成 ETCRSE 就是一种移位；二是“**替代**”（substitution），其他字母、数字或符号替代明文字母，于是可以把 *secret* 变成 19 5 3 18 5 20，或在一个更复杂的系统中变成 XIWOXY。移位中，字母保持了原形

[1] 译注：注意本节密码术语与词语普通含义和用法的差异。

[2] 译注：秘密。单词一般都有多个含义，书中用于举例的外文词汇含义如果与文章内容没有联系，一般只给出原文，不做解释。

（*secret* 的两个 *e* 依然出现在 ETCRSE 中），但不在原位；替代中，字母保持了位置但不再是原来的字母。移位和替代可结合使用，替代系统比移位系统种类繁多，作用也更大。替代系统基于**“密码字母表”**（cipher alphabet）概念，这是一个将明文转换成秘密形式的对应表。一个简单密码字母表可能是这样的：

明文字母	a	b	c	d	e	f	g	h	i	j	k	l	m	n	o	p	q	r	s	t	u	v	w	x	y	z
密文字母	L	B	Q	A	C	S	R	D	T	O	F	V	M	H	W	I	J	X	G	K	Y	U	N	Z	E	P

该表表示，明文字母由下方的密文字母替代，反之亦然。因此，enemy 就成为 CHCME，SWC 将等于 foe。如果明文字母是乱序，甚至没有，这样一套对应依然叫作“密码字母表”，因为密文字母总是指向明文字母。

有时这种密码会为一个明文字母提供多个替代。举例来说，明文 *e* 就可由 16、74、35、21 中的任一数字替代，而不是一直由一个数字（如 16）替代。这些不同替代称为“多名码”[1]。有时候一个密码字母表包含无意义符号，目的是迷惑信息截取者，这些符号称为**“虚码”**（nulls）。

如果像上面这样只用一个密码字母表，这种系统就叫**“单表替代”**（monoalpbabetic）。以某种预先规定的方式使用两个以上密码字母表时，其系统就称为**“多表替代”**（polyalphabetic）。一个简单的多表替代形式就是在上面给出的密文字母表下再加一个，然后轮流使用这两个表，用第一个表加密第一个明文字母，第二个表加密第二个，再用第一个表加密第三个明文字母，第二个表加密第四个……现代密码机产生的多表密码使用数百万个密码字母表。

替代系统中，**“代码”**（code）与**“密码”**（cipher）[2] 不同。一个代码由成千

[1] 译注：homophones。原义是同音异义词，如 knew 和 new。这里显然与此相反，不同音（形式）的若干符号代表同一意义。

[2] 译注：这两个词，除了严格意义上的这两种用法区别外，用作“密码”含义时，本身没有严格区分。所以，后文提到的 encode 和 encipher，中文都可叫“加密”（encrypt），codetext 和 ciphertext，中文都可叫“密文”（encrypted message），decode 和 decipher，中文都可叫“解密”（decrypt）等等，只有在必要时才做区分。而 codebreaking 中文译为“破译”，实际上既包括破译代码，也包括破译密码。

上万单词、短语、字母和音节，再加上替代这些明文成分的“**文字代码组（密词）**”（codewords）或“**数字代码组（密数）**”（codenumbers）（或者更笼统地称为“**代码组**”[codegroups]）共同组成。如下：

数字代码组	**明文**
3964	emplacing
1563	employ
7260	en-
8808	enable
3043	enabled
0012	enabled to

无疑这意味着 0012 替代 enabled to。在某种意义上，一部代码由一个巨大密码字母表组成，表中的基本明文单元就是单词或短语；音节或字母的主要作用是拼出代码中没有的单词。与此相对，密码的基本单元是字母，有时是字母对（“**双码**”[digraph 或 bigram]），罕有大型字母群（“**多码**”[polygram]）。以上关于替代和移位系统的阐释针对的是密码。代码和密码之间没有绝对的理论界限，密码增大，就逐渐成为代码。但现代实践中，两者的区别通常相当明显。有时区分两者的做法是：密码拥有固定长度（全部单字母或字母组［如三字母］）的明文，而代码拥有长度不一（单词、短语、单个字母等等）的明文。一种更彻底、更实用的区别是，代码注重语义实体，把原始材料分成单词和音节之类有意义的成分，密码则不然——例如，密码会把 *the* 中的 *t* 和 *h* 分开。

大约从公元 1400 到 1850 年的这 450 年间，一种半代码、半密码系统统治了密码领域。这种系统通常有带多名码的独立密码字母表和类似代码的姓名、单词和音节表。这种表上起初只有名字，被称为“**准代码**”（nomenclator）系统。虽然到后期，一些准代码变得比某些现代代码还大，但由于这种系统属于这一历史时期，所以仍被称为准代码。一个奇怪的特点是，准代码总是写在大张折叠纸上，而现代代码几乎都无一例外地采用代码书或册形式。商用“**商业电码本**”（commercial code）的主要目的是节约电报费，虽然一些电码本由私营公司编制，但大量其他电码本向公众发售，毫无保密可言。

大部分密码使用“**密钥**”(key)，诸如密码字母表内的字母排列，或移位中的打乱方式，或密码机的设置等等。如果用单词、短语或数字作密钥，则通常称之为“**密钥词**”(keyword)、“**密钥短语**”(keyphrase) 或“**密钥数字**”(keynumber)。密钥存在于一个“**通用系统**”(general system) 中，控制该系统内各变量因素。例如，如果一个多表密码有26个密码字母表，一个密钥词可规定其中6个或几个用于某一特定信息。

和其他字母组或数字组一样，文字代码组或数字代码组也可用移位或替代加密——需加密的文字不必可识别。未经这类加密程序（名为“高级加密”[1]）的代码，或已解开加密程序的代码，称为“**密底码**”(placode，“plain code”的简写)。经过变换的代码称为“**加密代码**”(encicode，来自“enciphered code”)。

对明文作这些变换，根据情形叫作“**密码加密**”(encipher) 或“**代码加密**”(encode)。加密后成为“**密文**”(ciphertext) 或“**密文**”(codetext)。最终得出的秘密信息，包裹在秘密外衣下发送出去的叫“密报”、“密信”或“**密电**”(cryptogram)。(“密文”[ciphertext] 一词更强调加密的结果，而“密报”[cryptogram] 更强调传送的事实，类似于“电报”[telegram]。)“**密码解密**”(decipher) 或“**代码解密**”(decode) 是合法拥有密钥或密码系统的人对密文进行逆变换，译出原始信息。它与“**密码分析**”(cryptanalyze) 不同，密码分析指的是没有密钥或密码系统的人（第三方或“敌人”）破译或解开密报。当然，这一区别至关重要。表示解开代码或密码方法的“密码分析”一词于1920年左右创造出来前，“密码解密”或“代码解密”表示以上两种含义（现在有时依然是这样），只要不引起混乱，引用的文字中依然保留了解开密码的含义。有时密码分析也叫“**密码破译**”(codebreaking)，这也包括解开密码。解密或密码分析得到的原始情报仍叫“**明文**”(plaintext)。未经加密发出的信息叫“**明报**”(cleartext) 或“**明发**”(in clear)，不过有时也被称为“**明语**”(in plain language)。

---

[1] 译注：这里显然狭义使用了这个术语。高级加密（superencipherment）一词指对已加密信息再次或多次加密，又叫“多层加密”(multiple encryption)、“连续加密”(cascade encryption) 或“连续加密”(cascade ciphering) 等。

“密码学”（cryptology）是一门包含密码编制和密码分析的科学，但“密码学”概念有时也不太严谨，它可同时指信号保密和提取信息双重领域。而且“密码学”这一更广阔领域已不断增长，囊括进许多新的领域，如阻止敌人通过研究无线电报务类型或从无线电波中获取信息。下面列出这一更广阔领域的概要，相对部分左右互相对照，每个部分遵循的一些方法列在括号内：

信号保密	**信号情报**
通信保密	通信情报
隐写（显隐墨水、隐语、藏在鞋跟里的信息）和传输保密（速发无线电系统）	截听与测向
报务保密（呼号改变、伪电报、无线电静默）	报务分析（测向定位、电报流研究、无线电指纹识别）
密码编制（代码和密码、加密电话、加密传真）	密码分析
电子保密	电子情报
发射保密（雷达频率切换）	电子侦察（侦测雷达发射）
反干扰（通过被干扰雷达“识破”对方）	反制措施（干扰，假雷达回波）

出于简化和经济原因，本书采用了某些传统排版方法。明文一般采用小写字体，出现在正文（与图表相对）中的明文则采用斜体。密文采用小型大写字体，密钥采用大写字体。图表中则用标注加以区分。明文和非英语明文的译文用引号内的正字体。与书写形式相区别，字母、音节或单词的发音根据语言学广泛采用的传统置于斜线内。因此，/t/ 表示通常由字母 t 代表的那个清闭塞音，不表示那个文字符号 t。

戴维 · 卡恩

第1章 “魔术”一日

1941年12月7日凌晨1点28分，西雅图附近班布里奇岛（Bainbridge Island）海军电台的巨大天线在空中颤动。一封电报正通过东京—华盛顿线路发往日本大使馆，信号掠过班布里奇电台上空时被一把抓住。电报很短，传送只持续了9分钟，1点37分，班布里奇电台抄下电报全文。[1]

电台人员随即把截收电报敲入一条电传打字带，拨了电传电报交换机上一个号码，接通后，把纸带喂入一台机械传送器，后者以每分钟60字的速度吞下纸带。

这份截收电报再次出现在华盛顿宪法路海军部（Navy Department）大楼1649室的页式电传打印机上。出于安全考虑，这个房间位于大楼底层第六附楼末端。这里的活动都在美国政府的掩盖下进行，因为此处是美国破译潜在敌人密报的地方，借此窥探他们最隐秘的动机和计划。同样的行动也在隔壁军需大楼内的美国陆军部（War Department）一间与此类似的房间里进行着。

---

[1] 原注：外交部有线传输主任龟山（Kazuji Kameyama）在远东军事大法庭的宣誓口供，为第2964号呈堂证供，他供认1点28分为密信传送时间；美国截收记录*PHA*表明1点18分为截收的起始时间，1点37分为结束时间。考虑到信息的简短，以及与其长度等长的第14部分信息的传送只花了5分钟，我认为9分钟更为合理，而不应是19分钟。据此，我采用了日本提供的数据。本章所有密信传输和截收的时间均来自上述两方资料。

海军密码机构密码分析科[1]就设在 1649 室。页式电传打字机就在密码分析科值班军官办公桌边，像一台地方新闻通讯社自动收报机一样，它嗒嗒嗒嗒地在黄色和粉红电传打字纸上吐出一份原件和一份副本。值班军官是美国海军预备役部队[2]中尉弗朗西斯·布拉泽胡德（Francis M. Brotherhood），他有一头卷发，棕色眼睛，身高 6 英尺（约 183 厘米）。从电报上用于指示日本译电员操作的指标看，他立即认出这封电报是用日本最高级密码系统加密的。

这是一种极为复杂的机器密码，美国密码分析人员称之为“紫色”（PURPLE）。在陆军通信兵部队（Signal Corps [SC]）主任密码分析员威廉·弗里德曼（William F. Friedman）领导下，一个密码破译小组成功破解了日本加密电报，推出密码字母变换的机械原理，并苦心研制出一个同日本密码机对口的装置。随后通信兵部队用各种现成零件生产出另外几台“紫色”机器，给了海军一台。现在，机器的三个部分放在 1649 房间的一张桌子上：一台电传打字机，用于输入；密码总成，由一个接线板、四个电子密码圆环及相连的导线和开关组成，安在一个木框架内；一个打印部件，用于输出。布拉泽胡德把截收电报交给这台价值连城的机器处理。

他把开关转到 12 月 7 日密钥。根据几个月前弄明白的一个模式，这是密码分析科还原的 12 月 1 日密钥的重新排列。布拉泽胡德打出密报，电脉冲穿过导线迷宫，还原出加密程序。几分钟后，他得到明文。

明文是日文。为帮助密码分析员，海军部门开设了这种复杂语言的入门课程，布拉泽胡德曾学过一些。但他远达不到译员水平，隔壁翻译科也没有译员值班，但他知道通信保密科的陆军同行通信情报处（Signal Intelligence Service [SIS]）有个译员在值夜班。他给解密电报贴上红色“优先”标签，拿过去后，将电报留下并沿路返回。此时已经过了华盛顿时间凌晨 5 点[3]——电报经过 3

[1] 译注：OP-20-G，美国海军作战部，20 分部（海军通信处），G 科（通信保密科）的代号，全称“Office of Chief of Naval Operations (OPNAV), 20th Division of the Office of Naval Communications, G Section / Communications Security”。“OP-20-GY”是密码分析科，“OP-20-GX”是测向科，“OP-20-GZ”是翻译分发科。

[2] 译注：USNR，美国海军预备役部队（United States Naval Reserve）。

[3] 原注：作者估计的时间。紫色机器的破译要“花上好几分钟……但少于 15 分钟”。布

个时区穿越北美大陆已经损失了 3 个小时。

通信情报处译员译出日文："请大使于当地时间 7 日下午 1 点将我方致合众国之答复提交合众国政府（如有可能，交国务卿）。"报文中提到的"答复"已经在刚过去 18 个半小时内分成 14 个部分由东京传来，布拉泽胡德刚刚在"紫色"机器上破译出第 14 部分。东京当局以英文草就电文，最后是这样一句不祥的话："日本政府不得不在此遗憾地通知美国政府，鉴于美国政府的立场，日本政府只能认为，通过进一步谈判达成协议的可能性已经丧失。"布拉泽胡德收好这封电报，准备一早分发。

布拉泽胡德早上 7 点交班时，陆军通信情报处尚未送回那份指示下午 1 点提交答复的电报译文，他把情况告诉了接班的阿尔弗雷德·佩林（Alfred V. Pering）海军中尉。半小时后，领导翻译科及发送截收情报的日语专家艾尔文·克雷默（Alwin D. Kramer）海军少校来了。他立即发现，昨晚分发那份长长的日本外交照会前 13 部分后，最要紧的结论部分已到。他把潦草的破译电文整理成一份通顺的副本，让文书 H. L. 布赖恩特（H. L. Bryant）军士长照常打印 14 份，其中 12 份由克雷默及其陆军通信情报处同行分送总统、国务卿，陆海军部长及几位陆海军高层，其余副本存档。这封破译电报是截收的全部日本系列电报的一部分，很久以前，部分出于保密，部分为指称方便，前海军情报主任沃尔特·安德森（Walter S. Anderson）海军少将给这些情报起了个总代号——"魔术"（MAGIC）。他的灵感无疑来自它每天神秘产生的大量情报、它的魔术氛围及包裹在密码学外面的神秘外衣。

布赖恩特打印好电文后，克雷默给陆军通信情报处送去 7 份。早上 8 点，他给他的上司海军情报局（Office of Naval Intelligence [ONI]）远东科（Far Eastern Section）主任阿瑟·麦科勒姆（Arthur H. McCollum）海军上校送去一份。

拉泽胡德记不清楚陆军翻译人员下午 4 点是否还在值班……但他当时想到了翻译，说明自己已完成了翻译，而且清楚记得时间为 7 点前；他还去了陆军办公室一两趟。因此，陆军获取破译信息的时间应在 4 点至 7 点之间。

From: Tokyo
To: Washington
December 7, 1941
Purple (Urgent - Very Important)

#907. To be handled in government code.

Re my #902[a].

Will the Ambassador please submit to the United States Government (if possible to the Secretary of State) our reply to the United States at 1:00 p.m. on the 7th, your time.

a - JD-1:7143 - text of Japanese reply.

“魔术”破译的关于1点钟提交照会的日本电报[1]

克雷默接着埋头工作，处理截收电报到9点30分，然后离开办公室，分送日本答复第14部分给海军作战部长（Chief of Naval Operations）哈罗德·斯塔克（Harold F. Stark）海军上将、白宫和海军部长（Secretary of the Navy）弗兰克·诺克斯（Frank Knox）。这天周日，上午10点，诺克斯在国务院与陆军部长（Secretary of War）亨利·史汀生（Henry L. Stimson）和国务卿科德尔·赫尔（Cordell Hull）开会讨论美日谈判的紧急形势，从电报前13部分看

[1] 译注：英文大意如下：
自：东京
至：华盛顿
1941年12月7日
“紫色”（特急——非常重要）
#907 应用政府密码加密处理。
参照我#902a。
请大使于当地时间7日下午1点将我国的答复递交合众国政府（如可能则递交国务卿）。
a - JD-1:7143——日本答复的文本。

出，谈判实际上已经走到尽头。约 10 点 20 分，克雷默回到办公室。在他出门送文件时，有关 1 点递交照会的电报译文已经从陆军通信情报处送来。

他马上意识到它的重要性。它要求日本与美国的谈判在一个确定的期限之前破裂！给日本大使规定的递交照会时间——周日下午 1 点——极不寻常。克雷默画出一张领航员时差表，很快查出华盛顿时间下午 1 点即夏威夷上午 7 点 30 分，而一直受到日本军舰和部队威胁，局势紧张的远东马来亚一带还要几个小时才到黎明。

克雷默立即指示布赖恩特把那份 1 点钟的电报塞进夹有“魔术”电报的红棕色活页纸板文件夹内。他放进几份其他电报，最后一刻又加进一份，随后把文件夹塞进皮包，拉上拉链，合上锁，走出门，整个过程不到 10 分钟。

他首先到达斯塔克海军上将办公室，里面正开会，克雷默向麦科勒姆示意，将电报交给他，告诉他电报的性质和电报上时间的重大意义。麦科勒姆立即领会，匆忙走进斯塔克办公室。克雷默转身快步走过过道，走出海军部大楼，右转进入宪法路，走向 4 个街区外正在开会的国务院。形势紧张的感觉再次涌上心头，他迅速加快脚步。

当克雷默带着关键截收电报匆匆走在空荡荡的华盛顿街头时，离日本大使馆睡眼惺忪的密码员解开它还有一小时，离日本战机怒吼着离开航母飞行甲板，执行背信弃义的行动也还有一小时，这一刻也许是密码史上最美妙的时刻。克雷默奔走时，一个无忧无虑的民族在酣睡，他们忽视了虎视眈眈的敌人，怀着敌人会离开的希望，乞求空洞的孤立主义能带来和平，拒绝相信（开玩笑除外）黄种小日本胆敢侵犯强大的美国。美国密码分析机构一扫这片冷漠的迷瘴，发出厉声警告，攀上成就的顶峰；在那个灰暗的日子里，这个成就是美国其他机构无法比拟的。这是它最伟大的成就和荣耀，克雷默的奔跑是它的象征。

那么，为什么“魔术”没有阻止珍珠港灾难呢？因为日本从未发出过任何类似“我军将攻击珍珠港”这样的电报，密码分析员不可能破译出一封不存在的电报。美国拦截和解读大量与日本对军舰进出珍珠港的兴趣有关的电报，但它们与美国其他港口和巴拿马海峡（Panama Canal）的军舰有关的电报混杂在一起，由对应情报军官一体评估。珍珠港灾难的原因繁多而复杂，但没人把任何责任归在海军通信保密科和陆军通信情报处头上。相反，调查珍珠港袭击的国会委员会赞扬他们以“无愧最高奖赏”的方式履行了职责。

随着战争高潮逼近，这两个机构成为史上最高效、最成功的密码破译组织，登上密码史上一个又一个高峰。在追究珍珠港灾难责任的过程中，国会委员会揭开了两个机构几乎每分钟所从事的活动。这也是史上第一次，它清晰详细地录下了一个现代密码破译组织在危机时刻的运行状况。这就是那部影片，它以珍珠港事件之前的事件为序曲，描绘了海军通信保密科和陆军通信情报处在珍珠港袭击前 24 小时的活动。这就是“魔术”一日的故事。

与出自宙斯眉间的雅典娜不同，这两个美国密码分析机构生来并非羽翼丰满。自 20 世纪 20 年代[1]起，“楼”上的 1649 和 2646 房间就是海军秘密活动场所，他们在这里破解了简单的日本外交和海军密码。分配执行密码分析任务的人员中，有 50 余名来自海军部的语言官，他们在日本服役过 3 年，学习生涩难懂的日语。其中一个副官叫埃利斯·撒迦利亚（Ellis M. Zacharias），他后来成为对日心理战方面的一个专家。埃利斯 1926 年在华盛顿训练了 7 个月后，负责美国上海领事馆四楼的海军接收站工作，在那里，他拦截并分析了日本海军秘密通信。直到 1940 年 10 月，他才卸下这一职位，升到行政首长。但在很久前，无线电情报单位就在夏威夷和菲律宾设立，并受华盛顿总部统一管辖。

一战期间，赫伯特·雅德利（Herbert O. Yardley）组织了所谓“美国黑室”（American Black Chamber）作为军事情报密码部门。20 年代的陆军密码分析工作就以雅德利领导的黑室为中心。黑室位于纽约，由陆军部和国务院一起秘密维持，它最伟大的成就也许就是 1920 年对日本外交代码的破译。同一时期，陆军密码研究和密码编制职责由威廉·弗里德曼承担，他是后来通信兵部队的文职雇员。1929 年，出于道德考虑，时任国务卿亨利·史汀生停止国务院对黑室的支持，并解散了它。陆军决定加强和扩张密码编制和破译活动，与此对应

[1] 译注：本书中年代，除特别指明外均为 20 世纪。

建立了通信情报处，弗里德曼任主任。1930 年，情报处雇用了三名低级密码分析员、两名办事员。

1931 年，一个日本将军[1]突然发动进攻，占领中国东北，日本岛国政府则落入军国主义分子手中。他们对权力的渴望，使国家脱贫致富的愿望，以及对白人西方文明的仇恨，都是他们走上长期侵略征途的幕后推手。他们退出国际联盟[2]，开始扩张陆军。他们撕毁海军裁军条约，开始近乎疯狂的造舰竞赛。他们也没有忽视密码的作用，而把它当作开战资本的一部分。1934 年，日本海军采购一台名为“恩尼格玛”的德国商用密码机；同年，外务省采用这种机器，使之发展成日本最机密的密码系统。除此之外，日本还拥有各种各样的密码系统。陆军省、海军省和外务省间互相通信用高级加密数字代码“鸠”（HATO）。各省还有自己不同等级的代码，如外务省采用 4 种主要系统，每种用于一个特定保密等级，还有其他各种各样的额外代码。

与此同时，现代幕府将军入侵孱弱的中国，击沉美国炮艇“班乃”号（*Panay*），在南京大屠杀，侵犯美国在华医院和教堂，憎恨美国对日石油和钢条禁运。形势日益明朗，日本侵略行径势必挑起与美国的冲突。美国密码分析机构不断取得成果，对眼下加剧的紧张形势十分洞悉。1936 年，“魔术”仅为“一股细流”；而 1940 年，它已成长为“一条小溪”。这主要归功于 1937 年 10 月出任主任通信官（Chief Signal Officer）的约瑟夫·莫博涅（Joseph O. Mauborgne）少将。

莫博涅一直对密码学感兴趣。1914 年，他还是个年轻中尉，却成为有纪录以来第一个解开一种“普莱费尔密码”（Playfair’s Cipher）的人，当时英国用它作为战地密码。他把他的技术写成一本 19 页的小册子，成为美国政府发行的第一本密码学出版物。一战期间，他整合几项密码要素，创立了唯一一种理论上不可破的密码，推广了第一个与不可破密码相关的自动密码机。他是率先在飞机上收发无线电报的人之一。作为通信主任，他保持着相当高的密码分析

[1] 译注：日本关东军司令官本庄繁。

[2] 译注：League of Nations，根据《凡尔赛条约》在 1919 年成立的国际组织，旨在促进国际合作，争取和平与安全；但它未能阻止意、德、日扩张主义发动第二次世界大战，1945 年被联合国取代。

水平，曾破开一个短而难的悬赏密码。他多才多艺：小提琴拉得很好，还是功成名就的画家，在芝加哥美术馆等地举办过画展。

出任通信兵部队首长后，他立即着手扩大重要的密码分析活动。他建立了陆军通信情报处，作为直接向他汇报的独立部门，并扩大其职能，建立分支机构，开设通信课程，增加截收设备，提高预算，投入更多人员。1939 年，战争在欧洲爆发时，通信情报处是陆军部内首个得到更多资金、人员、办公场所的机构。最重要的也许是，莫博涅的强烈兴趣也不断激励手下取得更多杰出成就。越来越多密码被破译，并且趋紧的国际形势急需更多截收情报，“魔术”情报由此迎来了汹涌的洪峰。

1941 年 9 月，莫博涅退休，留下了一个高效运行的庞大组织。此时日本已经完成了晨袭珍珠港计划的基本轮廓，策划者是狡黠的日本海军联合舰队（Combined Fleet）司令、海军大将山本五十六。同年早期，他下令研究这次行动，论断“如与美国交战，只有摧毁夏威夷水域美国舰队，我们才有获胜希望”。直到 1941 年 5 月，研究表明了空中奇袭的可行性，统计资料已经收集，作战计划正在拟定。

5 月中旬，美国海军在无线电情报领域迈出了重大一步，把一位 43 岁的海军少校从重巡洋舰“印第安纳波利斯”号（*Indianapolis*）的情报岗位上调出，命他重组和加强珍珠港的无线电情报部队。这个军官就是约瑟夫·约翰·罗彻福特（Joseph John Rochefort），海军里唯一一位在三个密切联系且急需人员领域中的专家：密码分析、无线电、日语。罗彻福特职业生涯始于入伍当兵，并于 1925—1927 年间领导海军密码部门。两年后，他结了婚，有一个孩子。因为才能出众，他作为语言学习生被派往日本。通常只有单身军官被委任这一苦差。游学三年后他为海军情报工作了半年，余下八年时间大部分在海上度过。

1941 年 6 月，罗彻福特最终接手当时称为夏威夷第 14 海军军区（14th Naval Distric）的无线电小队（Radio Unit）。他给它更名为作战情报小队（Combat Intelligence Unit），以掩盖它的真实性质。他的任务是通过通信情报尽可能多地弄清日本海军的部署和行动，因此，他将分析日本海军所有次要密码系统和两个主要密码系统中的一个。

他的主要目标是日本海军司令官系统，其无比难解、裹藏无数机密信息。

1926年前后到1940年11月末期间，该系统的几个早期版本为美国海军提供了大量日本海军信息。但最新版本——一个移位高级加密的四码文字代码，顽强地抵抗着美国海军最强分析员的最大进攻，海军敦促罗彻福特全力攻击它。另一个广泛使用的主要系统——主力舰队密码系统，由一个五码数字代码组成，还加上了一个其他数字构成的密钥，更加复杂难解。海军称之为“五码数字系统”，更正式的名称是“JN25b”，其中“JN”表示“日本海军”（Japanese Navy），“25”是识别代码[1]，“b”表示第二版（现行版）。华盛顿和驻菲律宾的海军密码分析单位正在破译这个代码。罗彻福特的小队没有专注该代码，他们在破译8—10个次要密码，有关人事、工程、行政、天气、舰队演习等事项。

密码分析只是该小队工作之一。小队100名官兵中，绝大多数从事无线电情报其他方面的工作：测向和报务分析。

测向可定位无线电发射台。因为接收天线指向发射台时，接收到的无线电信号最强，灵敏天线转到接收信号最强位置时，即可确定信号来自哪个方向。两个测向台记下一个信号的两个来向，控制中心在地图上画出方向线，两线交点标出发射台位置。这种定位可相当准确地确定诸如舰位之类的位置信息。连续定位可标出舰船的航线和航速。

为有效利用这一信息来源，1937年美国海军建立了中太平洋战略测向网[2]，到1941年，从菲律宾甲米地，经关岛、萨摩亚群岛、中途岛和夏威夷直到阿拉斯加州荷兰港，密布的高频测向电台形成一个巨大的弧形。60—70名驻外测向台官兵把他们测到的方向报告夏威夷，罗彻福特的小队把方向转换成位置。举个例子，10月16日，呼号为“KUNA 1”的军舰被确定位于北纬10.7度、东经166.7度，属日本管辖的岛屿范围内。

这些发现并不仅仅为了对日本军舰位置保持日常观测，它们也构成获取更丰富的报务分析的技术基础。通过确定电台间的交流，报务分析推导出陆军或海军指挥链。而且因为军事行动通常总是伴随着通信增加，通过观察报务量，报务分析可推断迫近的军事行动。与测向结合，报务分析通常能得出即将到来

[1] 译注：这是美军破解的日本海军第25套密码系统。

[2] 译注：英文为Mid-Pacific Strategic Direction-Finder Net。

的军事行动的大致时间地点。

就这样，无线电情报维持着对舰队行动和组织的长距离、看不见的连续监视，以低成本产出大量信息。当然它也有局限。改变电台呼号可妨碍它，发假报可迷惑它，无线电静默可让它失聪。但是，除非对方采取无法接收的通信限制措施，否则不能完全防止对手获取无线电情报。因此 1941 年间，日本加强了保密措施，美国海军越来越依赖无线电情报来获取日本海军活动信息；并且 7 月过后，因美国总统一纸贸易禁令，美国海军再也不能观测中国沿海海域之外的日本舰只，失去了这个情报来源，他们只能几乎完全依赖于无线电情报。

就在 7 月，日本采取了一项策略，建立了一种后来骗过作战情报小队的无线电类型。日本军国主义分子决定乘法国战败之机，占领法属印度支那[1]。日本大型行动前通常经历的三个阶段，从报务中可清晰看出日本的侵占准备计划。首先是电报的大量涌现。联合舰队司令官忙于发出电报，与南方众多指挥部交谈，表明他的可能进军方向。接着是部队的重新部署。按报务分析员的行话，即某些“小鸡”（舰队单位）离开原来的“母鸡”（舰队指挥官）。呼号 NOTA 4 通常与 OYO 8 通信，现在则主要与 ORU 6 通信。与此相伴的是通信路线的大混乱，重新集结带来频繁重发报：Z 海军上将不在这里，试试第二舰队。接下来是第三阶段：无线电静默。行动部队已经出发，电报会发给他们，但不会有来自行动部队的电报。

在这期间，不仅没有电报从航母发出，也没有电报发给航母。这种报务空白超出了无线电静默的范围。无线电静默只限制发自移动部队的单向电报，不是双向限制。美军情报部门推断，日本航母作为掩护反击的防备力量，正在国内水域待命。收听不到往来通信，是因为这些电报通过短程低功率电台发出，到达美军接收机前就已经消失。2 月的一个相似战术形势下也探测到这种报务空白，当时美军情报部门得出同样结论，并且证明该结论是正确的。事实也很快确认了 7 月的正确估计。因此有两次，航母通信的完全空白与向南强力推进的指标结合意味着航母出现在日本水域。但 2 月和 7 月发生的事情，12 月不一定还会发生。

[1] 译注：French Indochina，越南、老挝、柬埔寨等前法国殖民地。

1941年夏秋，形势变化迫使美国两个密码分析机构不断调整，最终以12月7日的形式出现。日军偷袭珍珠港袭这天，通信情报处在华盛顿有官兵和文职人员181人，驻外截收站有150人。自3月起，他们由情报部队职业军官雷克斯·明克勒（Rex W. Minckler）中校领导，弗里德曼为首席情报助理。陆军通信情报处下辖为常规军和后备役军官提供密码学培训的通信情报学校（Signal Intelligence School），以及为截收站配备人员的第二通信勤务连（2nd Signal Service Company）。华盛顿本部有四个部门：A科为行政科，它也运作制表机；B科是密码分析科；C科是编码科，编制美国陆军新密码系统，研究现行系统的保密性，监测陆军报务有无违反保密规定；D科是实验室，配制密写墨水和测试可疑文件。

B科由西点军校[1]毕业生哈罗德·杜德（Harold S. Doud）少校领导，它的任务是破译日本和其他国家的军事和外交密码。在这方面，它至少还算成功，虽然到12月7日，由于报务不足，尚未读懂一个日本军事密码系统——主要是其中一个使用四码数字的代码。杜德的文职技术助理弗兰克·罗利特（Frank Byron Rowlett）是1930年首批雇用的三个初级分析员之一。负责破译日本外交密码的军人是埃里克·斯文森（Eric Svensson）少校。

海军通信保密科的正式番号“OP-20-G”表明该机构是美国海军指挥机关海军作战部第20分部G科；第20分部即海军通信处，G科即通信保密科。这个精心选择的名字掩盖了它的密码分析活动，虽然它的职责还包括美国海军密码编制。

科长劳伦斯·萨福德（Laurence F. Safford）海军中校，48岁，高个，一头金发，毕业于安纳波利斯美国海军学院，是美国海军首席密码专家。1924年1月，他成为美国海军密码与通信科（Code and Signal Section）新设立的研究组负责军官，还创建了美国海军通信情报组织。1926—1929年，他在海上服役，后回到密码工作岗位。三年后，根据相关法律要求，他又得回到海上值勤；法律要求欲获得提拔的陆海军军官须在军队或海上服役。1936年，他接手指挥通信处。他在二战爆发前的主要成就是建立了中太平洋战略测向网和大西洋的一个与此类似网络。后一网络将在对付德国潜艇的大西洋海战（Battle of the

[1] 译注：West Point，全称“United States Military Academy at West Point (USMA)”。

Atlantic）中发挥巨大作用。

萨福德组织承担了广泛的密码职能：印制、分发新版代码和密码，向制造商订购密码机，为海军开发了新密码系统。保密科还有一些分部门，如“GI”科根据来自战地部队的无线电情报撰写报告；“GL”科是一个档案保管和历史研究团体。但保密科的主要兴趣还是以密码分析为中心。

密码分析由华盛顿、夏威夷和菲律宾的单位共同承担。只有华盛顿单位攻击外国外交密码系统和大西洋战场使用的海军密码（主要是德国密码）。罗彻福特主要负责日本海军系统。菲律宾单位曾破解 JN25 密码，还用华盛顿提供的密钥破译过一些外交密码。菲律宾单位建在科雷希多岛（Corregidor）要塞的一条坑道中，它也和罗彻福特的单位一样，出于管理目的，隶属当地海军军区（16 海军军区）。它装备 26 台无线电接收机、截收高速和低速信号的设备、1 台测向仪和一些制表机。33 岁的鲁道夫·费边（Rudolph J. Fabian）海军上尉领导这个单位，他毕业于安纳波利斯海军学院，拥有 3 年华盛顿和菲律宾单位的无线电情报分析资历。他负责的密码分析组织有 7 名军官和 19 名士兵，与华盛顿和新加坡的一个英国组联络，交换 JN25b 代码组的初步还原结果。各组都有一个与其他组联络的联络员。

整个海军无线电情报部门约 700 名官兵，其中三分之二从事情报截收和测向活动，另外三分之一（包括 80 名军官中的大部分）负责密码分析和翻译。萨福德这样评价手下 3 个单位的人员：珍珠港最好的军官，大部分有 3 到 4 年无线电情报经验；科雷希多岛人员一般仅有 2 到 3 年资历，“年轻、热情、能干”；华盛顿——负责总指导和训练——拥有一些经验最丰富的人员，资历超过 10 年，还有许多新手：该单位 90% 人员的经验不到 1 年。

3 个分部门中，萨福德手下与密码分析关系密切的是截收测向科的乔治·韦尔克（George W. Welker）海军少校、密码分析科的李·派克（Lee W. Parke）少校、翻译分发科的克雷默。分析科负责攻击新系统，还原已破解系统（如“紫色”）的密钥。但是，当分析科完成破译密码的最初突破后，代码组的详细恢复（与更多属于数学问题的密码破译不同，这主要是语言问题）留给翻译分发科。分析科 4 名军官在几个士官长协助下 24 小时轮流值班。高级值班军官是乔治·林恩（George W. Lynn）海军中尉，以及海军中尉布拉泽胡德、佩林和艾伦·穆里（Allan A. Murray）等。分析科还有些其他人员，如女打字员，在值班军官和其他分析员发现密钥后，她们也破译一些简单的外交电报。

克雷默位置特殊，他虽然在翻译分发科工作，却正式隶属于“OP-16-F2”——海军情报局远东科。这样安排的部分目的是防止日本人起疑，因为如果克雷默这样的日语军官分在通信部，日本人可能推断出他们在密码破译方面取得了哪些成果；另外，安排一个拥有广泛情报背景的军官来分配“魔术”情报，还可以解答接收者的问题。克雷默那时 38 岁，1931—1934 年在日本学习，1940 年 6 月分配到翻译分发科做全职工作，此前曾两度在海军情报局任职。他毕业于安纳波利斯海军学院，是棋迷、神枪手；在他的世界里，做每件事都有正确的方法。他的遣词用句准确到近乎挑剔（他最喜欢的一个词是“严谨”）；小八字胡总是修剪得一丝不苟；归档文件井井有条；发送“魔术”截报前，他常会看上几遍。恪尽职守也是他的原则之一，他以极强的责任心、悟性和奉献精神履行了自己的职责。

海军通信保密科和陆军通信情报处的首要任务是获得截收电报，在和平时期的美国，做到这一点并非易事。

1934 年《联邦通信法》（Federal Communications Act）第 605 款禁止有线窃听，也禁止截收外国与美国及其领地间的电报。1937—1939 年任陆军参谋长的马林·克雷格（Malin Craig）将军强烈意识到这一点，他的态度阻止了截收发往美国的日本外交电报的相关行动。但乔治·马歇尔（George C. Marshall）将军接替克雷格职务后，国防事务的迫切需要降低了遵循法律规定在他心目中的重要性。密码分析机构加紧了截收工作，严格的保密措施帮助他们避免暴露。他们集中截收无线电报，因为有线电报公司清楚法律限制，通常会拒绝把任何外国电报交给他们。因此，95% 截收电报是无线电报。余者有的是截收的有线电报，有的是几个愿意合作的电报局提供的存档电报照片。

海军主要依赖监听站从电波中获得电报，这些台站位于普吉湾班布里奇岛、缅因州温特港、马里兰州切尔滕纳姆、瓦胡岛的希亚和科雷希多岛，少量电报来自关岛、加州因皮里尔滩、长岛的阿默甘西特和佛罗里达州丘辟特的监听站。各站都分配了特定监听频率。名为“S 站”的班布里奇岛不间断抄收来往东京与旧金山间的日本政府电报。两台录音机监听该线路无线电话波段，S站的设备很可能可以破译较简单的声音转换，这种转换提供的保密只能防止无意偷听。外交电报几乎无一例外使用罗马字母，通过商业无线电台传送。但海军无线电报为莫尔斯电码，使用日语片假名设计。经过日语训练的海军报务员收下这些电报，在一台特制打字机上打出来，这种专门开发的打字机可以将假名符号转成对应的罗马字母。陆军监听站称作“监听哨”，1 号哨位于新泽西州汉考克堡；2 号哨位于旧金山；3 号哨位于圣安东尼奥市萨姆·休斯敦堡；4 号在巴拿马；5 号在檀香山沙夫特堡；6 号在马尼拉米尔斯堡；7 号在弗吉尼亚州亨特堡；9 号在里约热内卢。

两个机构起初用航空邮件把电报从截收站发往华盛顿。但这种做法速度太慢。装有陆军截收电报、从夏威夷到美国大陆的泛美航空（Pan-American Clipper）班机平均每周只有一班，有时还因恶劣天气取消，迫使电报只能由船只发送。珍珠港袭击前一周，在路上颠簸了 11 天，两封由里约热内卢陆军截收的电报还未到达华盛顿。这些迟延迫使海军于 1941 年在华盛顿和美国大陆海军截收站之间安装了电传装置。截收站把截收电报打孔，安放在电传纸带上，通过电传交换机连接华盛顿，以每分钟 60 字的速度自动传送纸带。与人工发送带特定指标截收的日本电报相比，这样做可减少三分之二电报费。他们把日本电报用美国密码系统加密后发往华盛顿，再加密是为防止日本人察觉美国的全面密码分析活动。只有 3 种高级日本系统用这种昂贵的无线电传送：“紫色”、“红色”（RED，“紫色”之前使用的一种机器密码，之后在各主要大使馆被“紫色”代替，但依然在海参崴之类的公使馆使用）和“J”系列加密代码。直到 1941 年 12 月 6 日，陆军才为美国大陆监听哨安装了电传系统，并于 12 月 7 日早晨收到第一封电报（来自旧金山）。

截收业务很少疏漏。1941 年 3 月到 12 月，往来东京与华盛顿之间的有关日美谈判的 227 封电报中，只有 4 封遗漏。

檀香山居住着大量日本居民，他们进行着无孔不入的间谍活动，并有可能带来破坏。第 14 海军军区情报官欧文·梅菲尔德（Irving S. Mayfield）海军上校一直在设法获取日本总领事喜多长雄（Nagao Kita）的有线电报副本。如果罗彻福特的单位能破解这些电报，梅菲尔德也许能搞清该追踪哪些日本人，查出他们在刺探什么情报。

他的直觉很准。1941 年 3 月 27 日，梅菲尔德上任未满两周，一个 25 岁的日本海军少尉，专门收集美国海军情报的吉川猛夫（Takeo Yoshikawa）抵达檀香山，成为日本在珍珠港的唯一军方间谍代理人。他化名“森村正”（Tadasi Morimura），被任命为领事馆秘书。他上班迟到或干脆不来，还常喝得酩酊大醉，带女人到住处过夜，有时甚至辱骂领事本人，很快他臭名昭著——领馆内部人员由此引发对他的怀疑。但他设法在岛上四处转悠，一个月内他发出这样一些电报：“观察到（1941 年 5 月）11 日锚泊珍珠港军舰如下：战列舰 11 艘：‘科罗拉罗’号（*Colorado*）、‘西弗吉尼亚’号（*West Virginia*）、‘加利福尼亚’号（*California*）、‘田纳西’号（*Tennessee*）……”这些电报不用海军代码，而是用领事馆外交密码发出。

但是，电报局以禁止截收电报的法规为由，拒绝向梅菲尔德提供电报，他也就无从通过破解代码来窥探那些秘密活动。另一个来源没能带来任何反间谍活动情报，他窥探秘密的愿望变得更加强烈。几个月来，他手下士兵西奥多·伊曼纽尔（Theodore Emanuel）窃听了几条领馆电话线，每天记下五六十个电话，交给丹泽尔·卡尔（Denzel Carr）海军上尉翻译和总结。但窃听最多只弄到单身汉喜多长雄的花边轶事（如某个日本婚礼夜晚伶仃大醉，绕床追逐女佣），毫无价值可言。

于是当美国无线电公司[1]总裁戴维·萨尔诺夫（David Sarnoff）到夏威夷度假时，梅菲尔德向他发出求助。二人随即做出安排，此后的日本领事馆电报将不露声色地交给海军当局。但日本领馆轮流使用檀香山的几家电报公司处理业务，到 12 月 1 日才轮到美国无线电公司。

但华盛顿面临挑战：截收电报堆满了密码分析科和通信情报处，密码分析人员却屈指可数。这个难题可用两种方法解决。

一是消除重复劳动。一开始，两个机构破译各自截收的日本外交电报。但从珍珠港事件前一年多开始，每月奇数日由东京发出的电报由海军处理，偶数

[1] 译注：英文为 Radio Corporation of America（RCA）。

日归陆军破译。双方先破译各自截收站发来的电报，根据日期指示完成自己任务后再将其他需要破解的电报交付给对方。分析员利用多出来的时间攻克未突破的密码，完成积压工作。

另一个做法是集中突破重要电报，其余则放在一边，至少是等到重要电报破译之后。但破译之前，分析员又如何知道哪些是重要电报？虽然他不知道，但可以假设用绝密系统加密发送的电报更为重要。所有电报不能用一个单一系统加密发送，因为报量大了，分析员就可以快速突破这个系统。因此，大部分国家设置了密码等级制度，绝密系统留给紧要之需。

日本也不例外。虽然外务省使用的各种密码令人眼花缭乱，还时不时采用横滨正金银行自用代码和一种汉字电码表，及带片假名（タ、ジ或ヘン）的代码，但它主要依赖四种密码。美国密码分析员根据破译难度和携带信息，把情报分成四个等级。截收电报即以这个优先次序破译。

其中最简单、等级最低、最后破译（明语除外）的是 LA 代码，这个名字来自密文前的指标组 LA。LA 只是把片假名转换成罗马字母来实现电报传送，亦可简化节约电报费。据此，假名キ就由字码 CI 代替，IF 代替ト，CE 代替假名组合カン。它的两码文字代码组不是元音—辅音字母，就是辅音—元音字母形式，还包括诸如 ZO 表示 4 的形式，再加一组四码文字代码组，如 TUVE 代表“美元”，SISA 表示“领事”，XYGY 代表“横滨”等。一份典型 LA 密报是外务省发给喜多长雄的 01250 号，日期为 12 月 4 日，开头译成：“已批准以下作为你馆所雇打字员的年终奖。”这种代码一般称“护照代码”（passport code），因为它通常用于处理使领馆日常管理事务，如签发护照和签证。LA 代码极易破译，部分因其早在 1925 年就被启用，部分因其结构的规律性。如，所有エ段假名都有以 A 开头的对应代码组（ケ = AC，セ = AD），所有カ行假名都有以 C 开头或结尾的对应代码组。这样，一个假名的识别将对应其他假名。

比 LA 高一级的是日本人称为“追风”（*Oite*）的密码系统，美国破译员称之为“PA-K2”[1]。PA 部分是一个类似 LA 的两码和四码文字代码，但规模大

---

[1] 原注：我用同样方式重构了该密码。哈蒂（Hardie）和霍华德·T. 奥克利（Howard T. Oakley）有独立的重构密码，我获得其协助。哈蒂的尤为完整。

得多，而且代码组是乱序的；K2 部分是基于数字密钥的移位。PA 加密的字母从右到左[1]写在数字密钥下方，再以乱序写出，先取出数字 1 下方字母，再取出 2 下方字母，直到取完一排。以下几排重复这一过程。

如 12 月 4 日，吉川致电外务省“4 日 1 点，一艘‘檀香山’级轻巡洋舰匆匆离港——森村”。日语电报用罗马字拼作“*4th gogo 1 kei jun (honoruru) kata hyaku shutsu ko－morimura*”。在 PA 代码中，括号有自己的代码组（OQ 和 UQ），电报得到这样的形式：“BYDH DOST JE YO IA OQ GU RA HY HY UQ VI LA YJ AY EC TY FI BANL”，加上指示“使用四码文字代码组”的 FI。（密码员出了两处错。*kata* 加密成 VI 后，他又把一个额外的 *ta* 加密成 LA，一个多余的 *re* 加密成 TY。）然后这些字母从右到左[2]写在数字密钥下方，另加虚码 I 补足最后一个五码字母组：

10	15	11	16	2	8	1	5	17	3	7	13	19	4	18	6	12	9	14
B	Y	D	H	D	O	S	T	J	E	Y	O	I	A	O	Q	G	U	R
A	H	Y	H	Y	U	Q	V	I	L	A	Y	J	A	Y	E	C	T	Y
				F		I	B		A	N			L		I			

按数字逐行抄写（先写 1 下方的 S，再写 2 下方的 D……），前面加密码指标 GIGIG 和密钥指标 AUDOB、电报编号、“*Sikuyu*”（紧急）的电报缩写，实际以喜多名义发出的电报（又出错三处：13 下的 Y 成为 CJYHH 中的 J，2 下的 F 成了 IYJIE 中的 E，9 下的 T 成为 AUIAY 中的 I）如下：

GAIMUDAIJIN TOKIO

SIKYU 02500 GIGIG AUDOB SDEAT QYOUB DGORY HJOIQ YLAVE AUIAY CJYHH IYJIE ALBIN

KITA

PA-K2 难不倒经验丰富的美国分析员。罗彻福特估计，他的单位可以在 6

[1] 译注：原文如此。从下面的例子来看，似应为“从左到右”。
[2] 译注：同上。

小时到 6 天时间内破解一封 PA-K2 电报，平均 3 天。它的移位很脆弱，因为各行的打乱次序一致；分析员可以把一封电报分成 15、17 或 19 一组，同时重排各组，直到明显的元音—辅音交替现象出现在所有各行；再假设最常见代码组代表最常见假名（ｨ，然后是ﾏ、ｼ、ｵ等）并填出关键字，解出底本。因为该系统已使用多年，华盛顿机构早就还原出 PA 代码。因此破译时只须解开新的移位方法，幸运的话，只要几小时。有时候也可能需要几天。主要因为 PA-K2 优先等级不高，截收到翻译之间平均要花上 2 到 4 天。

檀香山的日本密码员用 PA-K2 加密吉川猛夫的最后电报，只是因为更高级密码已于 12 月 2 日按东京命令销毁。通常，军舰动态和军事活动谍报用次级密码加密，由日本领事从遍布全球的领馆发出。日本政府广泛使用的是一系列日本称"津"（TSU），美国称"J 系列"的代码。这些代码比 PA 规模更大，编排更乱，移位系统的复杂程度远超相对简单易破的 K2。而且代码和移位方法频繁更换。据此，J17-K6 于 3 月 1 日被 J18-K8 代替，后者又于 8 月 1 日由 J19-K9 取代。

J 系列的移位才是真正的绊脚石。它和 K2 一样用数字密钥，不同的是，它是竖行而非横行取字，且移位表留有空格。代码组写入移位表时，这些空格不填字。以字母表 A 到 Y 作密信为例：

5	1	3	4	6	2
A	B	■	C	D	E
F	■	■	G	■	H
I	J	■	■	■	K
L	M	N	O	P	■
Q	■	■	R	S	T
U	V	W	X	Y	

密文按密钥次序从列读出，跳过空格：BJMV EHKT NW CGORX AFILQU DPSY，以通常的五码字母组发出。

破译没有空格的这类"栅栏密码"[1]时，分析员第一步先把密报分成大致相等的片段，他认为这些片段代表原移位字组的列。空格使各列段落长度不

[1] 译注：columnar transposition，也有人称之为"纵行移位"。

一，大大增加了这个基本步骤的难度。第二步复原移位表，逐段比试，直至出现一个类似文字代码组的形态。又一次，空格在段落字母间的未知位置插入间隙，大大妨碍了分析。

一件事实可以说明破译这种系统的难度：J18-K8 启用一个多月后才被破开。分析员须从头分析每种空格排列和每个移位密钥。密钥每日更换，空格排列一月三换。因此，J19-K9 的破译常常推迟。11 月 18 日的密钥和空格排列直到 12 月 3 日才还原出；11 月 28 日的到 12 月 7 日才破开。也有的时候，实现破译只需一两天。成功常取决于用某个特定密钥加密的报文数量。约 10%—15% 的 J19-K9 密钥从未解开。

这个情形与日本绝密密码系统“紫色”的破译形成鲜明对比。只有 2%—3% 的“紫色”密钥未能还原，大部分“紫色”电报能在几小时内解开。是日本人在评估他们的系统保密性方面出错了吗？答案是肯定也是否定。“紫色”一旦破开，成果容易保持，但首先，它是一种比 J19-K9 坚强得多的系统。实际上，“紫色”机器密码的破译是世上已知最伟大的密码分析成就。

美国人所称的“紫色”密码机有一个响亮的官方日本名字——“九七式欧文打字机”，意为“97 型字母打字机”（Alphabetical Typewriter ’97），“97”是日本历 2597 年（对应 1937 年）的缩写。日本人通常简称为“机器”或“J”[1]，后一个是日本海军起的名字，它由德国“恩尼格玛”密码机改造而成，后被海军借给外务省，又经外务省进一步改进。它的运行部件装在一个抽屉大小的盒子内，盒子安在两台大型黑色安德伍德（Underwood）电动打字机之间，打字机与盒子由插在一排插座上的 26 根电线连接。加密信息前，密码员先查询厚厚的机器密钥“起点”（YU GO）书，根据当天密钥插上电线，转动盒子内四个密码盘，使其边缘上的数字与“起点”指示一致，再打出明文。他的机器记下明文，电脉冲经过迂回曲折的加密盒进入另一端打字机，打出密文。解密遵循同样程序，但恼人的是，机器打印出的明文与密文输入时的五码字母组一致。

字母打字机使用罗马字母而非片假名，因此可用来加密英文及日文罗马字

[1] 原注：与美国人所称的日本 J 系统代码不是一回事。

ak ew ノ類	ew	fo	ge	gu	hy	if	in
ak	相成	內話	的確	ツイデ	チェッコスロヴァキア	ゼン	二十日
av	立場	相成タ(シ)	內務	轉電	積リ	本年	獨逸
ba	ワガ	立至(ル)	[illegible]	內審	本月	ツウ	ゼンケン
ce	在…大使	我方	直ニ	明カ	乍ラ	テツ	通知
di	二月	在…代理大使	本日	タダシ	アン	十九日	會談
eg	來訪	本國政府	在…公使	ハレ	對案	豫メ	ナイ
em	本國	ラン	然ルベ(ク)	在…代理公使	會議	態度	アラザ(ル)
ew	ベク	豫テ	レイ	會計	在…總領事	ヤク	タキ
fo	ガン	ベン	考(フ)	レン	十八日	在…總領事代理（事務代理）	ハツ
ge	承認	難(ク)	四月	カレ	聯合	ヘイ	在…領事
gu	會見	三月	ガワ	ベンボウ	發表	聯盟	然ルニ
hy	メン	極(メ)	主張	ゲキ	ベシ	カタ	八月
if	希臘	面談	ヘン	十七日	ゲン	ベツ	電信
in	移民	平和	面會	心得	クン	傳達	別電(第…號)
ix	返電	イン	佛國	訓電	電送	主義	原因
mu	總理大臣	ノ如(ク)	否ヤ	ドク	見計(ヒ)	七月	シュク
no	例ヘバ	訓示	十六日	一方	シツ	見込	試(ミ)
pi	訓令	同盟	總領事	情報	一般	英國	ミン
od	エイ	不取敢	條件	總督	ノミ	一般的	假令
oy	申添(フ)	條項	取扱(ヒ)	五月	ソツ	述べ	委細
re	, comma	十五日	專ラ	取計(ヒ)	波蘭	國民	ニ依ル
sa	故	一 横線	波斯	モシ	國際	西比利亞	ステートメント
uc	從來	行懸	…點線	コン	六月	取極(メ)	露國
uz	何分	ゾン	コンミット	/ 斜線	太平洋	若ハ	取消(シ)
wu	十四日	困難	ゼンゴ	行惱(ミ)	% パーセント	增加	求(メ)
xy	根本	前段	ナン	ゾウ	ユウ	? 疑問點	歐米

一部日本代码书的一页（1931 年前后）

以及 J 代码罗马字母之类的密文。机器不能加密数字或标点，密码员先根据一个小型代码表把它们转换成三字母代码，再加密。收电员打印最终解密报文时再还原标点、进行分段等。

“紫色”机器的核心是插板和密码轮。当电流通过输入输出打字机间的连线，插板和密码轮可以改变它的方向。所以，在输入键盘上按下 *a* 时，输出打字机上将不会打出 *a*。转换始于插板接线。如果没有密码盒，一条插板线将把明文打字机的 *a* 键电脉冲导至密文打字机，比如 R 打字杆。与之类似，其他连线将连接明文键至非对应密文打字杆。这将自动产生一个密码，不过是一个非常初级的密码。每次按下明文时，密文 R 都会出现。这样简单的系统毫无保密可言。插板连接可以每报一换，甚至在一封电报中途更换，但这不会显著增加系统的强度。

这时轮到密码轮大显身手。它们插在明文和密文打字机插板间，通过支撑它们的部件组合，不断变换相对位置，迫使加密电流穿过它们迂回曲折的电路，从一端打字机流到另一端。密码轮相对位置不断变化，连续建立起不同电路。这样，给定明文字母产生的脉冲将在密码盒内沿不断变化的迂回线路，以不断变化的密文字母出现在另一端。在一份长报中，明文 *a* 可能由所有 26 个字母代替。反之，任一给定密文字母可能代表 26 个明文字母中的任一个。密码轮的转换开关可以正反拨动，构成密钥一部分。这个步骤由密码员在加密前操作。通常插板接线每日一换。

这些因素联合产生一个极复杂难解的密码。简单密码形式中，一个密文字母总是替代同一明文字母，密码离这种简单形式越远就越难解。如一个密码可能用五个不同密文字母轮流代替某个明文字母，而字母打字机产生的替代系列长达数十万字母。密码轮加密一个字母后前进一步或两步、三步、四步，然后要到加密数十万字母后才回到原位重建同一系列路径，产生同一组代替。密码分析的主要任务是还原密码轮接线和转换器，而插板每日更换大大增加了这项工作的难度。还原完成后，分析员还得为每日电报确定密码轮起始位置，不过这已经是一个相对简单的次要工作了。

30 年代后期，日本外务省在各主要大使馆安装这种字母打字机时，美国分析员对这些细节一无所知。那他们如何解开它？从何下手？在日本政府没有宣布的情况下，他们又如何知道它采用了一种新机器？

“紫色”机器代替了美国分析员已经破开的“红色”机器[1]，因此很有可能，他们会不安地发现新机器提供的第一条线索是：他们再也解不开重要的日本电报。同时他们观察到“紫色”机器的新指标，新系统特性的线索来自其密文特征，如字母频率、空白（某封电报中不出现的字母）比率、重复的属性和次数。也许破译员还假设，新机器本质上是老机器的一个更复杂的改进版本。这一点他们正中矢的。

在破解密码过程中，他们一直在运用各种手段来确定密码类型。之前破译“红色”机器和低级系统获得成功，他们因此熟悉了日本外交电报的抬头形式、常用语、风格（如段落往往有编号）等，这些给分析员提供了有助破译的可能词——明文中可能出现的词汇。诸如“荣幸通知阁下”“关于贵电”之类的首尾格式可能构成对应文字；新闻报道也提示出截收电报主题；国务院有时会全文公开日本给美国政府的外交照会内容，相当于给了分析员一封完整电报的明文（或其译文）。（据说国务院不会把秘密照会文本转交密码分析员，即便这样做将给他们提供极大帮助，但别国外交部却会这样做。）日本外务省常常需要向几个大使馆通报同一文本，其中会有一些没有“紫色”机器。密码员也许会漫不经心地用“紫色”加密一些电报，用美国分析员能读懂的其他密码再加密几份。美国情报人员比较它们发送的时间和长度，哈！——又获得一篇密报明文。犯错总能提供丰富的线索。直到 1941 年 11 月，马尼拉公使馆还“因为插板错误”重发了一封电报。初学机器操作时，密码员会犯多少无法避免的错误啊！“同文”密报——用不同的两个密钥发送同样文字，也提供了极有价值的密码结构信息。

就这样，陆军通信情报处和海军通信保密科比对假定明文和相应密文，寻找可以从中推出密文类型的规律。这种工作也许是人类已知最折磨、最烦恼、最痛苦的脑力劳动，尤其在攻克极难密码的初期阶段。一小时接一小时，一日

[1] 原注：密码机代号。战前美国陆海军用语，在诸如作战计划之类的官方文件，甚至高层军官间的私人通信中，代号“橙色”表示日本。20 世纪 30 年代，海军密码分析员小杰克·霍尔特威克（Jack S. Holtwick, Jr.）海军上尉造出一台机器，并破译出一种后于 1938 年作废的日本外交密码。美国密码分析人员随之称该机器为“橙色”。随着“橙色”接替者出现，其破译难度也越高，美国用来标注其颜色的代号也逐步加深。

接一日，有时接连几个月，分析员绞尽脑汁，寻找关联字母间的相互关联，这些关联既不会因自相矛盾走入死胡同，又可以引出更多有效的结果。“大部分时间，他都在暗夜摸索。”一个破译员写道，“时不时，一丝微光划破黑暗，隐隐约约一条小径向他招手。他怀着希望冲向它，却走入另一座迷宫。然而，他坚信黑夜之后必有白昼，于是重拾沮丧的心情，鼓起勇气向太阳升起的地方进发；但也有时，吞没他的是漫漫极夜。”

攻克日本新机器伊始，破译员一定感觉自己坠入了无边的黑暗。他们江郎才尽，几个月来原地踏步。威廉·弗里德曼回忆道：“‘紫色’系统启用时，它成了一个极其棘手的问题。为此，通信主任（莫博涅）令我们竭尽全力。我的助手的工作进展十分缓慢，主任就叫我亲自上阵。那时我大部分精力都放在行政事务上，按他的要求，我尽量抛开一切杂务，加入破译组的工作。”

弗里德曼是（现在还是）最伟大的密码分析家。当时他年近半百，安静、勤勉，身材中等，衣着整洁，系着领结，深得同事喜爱。他本来学习遗传学，1915 年在伊利诺斯州一个叫“里弗班克实验室”（Riverbank Laboratories）的研究所工作时，萌发对密码学的兴趣。一战时，他作为密码分析员，在美国远征军（American Expeditionary Forces）服役，后回到里弗班克实验室，写了一本 87 页的小册子，首次在密码分析中引入统计方法，为这一领域带来翻天覆地的变化。1921 年受雇于通信兵部队时，他应用这些方法破开一种密码机，确立了美国在世界密码学领域的领先地位。那时他妻子在为海岸警卫队（Coast Guard）破译私酒贩的密码。弗里德曼夫人本名伊丽莎白·史密斯（Elizebeth Smith），二人在里弗班克实验室时相识、结婚。他撰写的密码分析读本内容非常清晰。陆军通信情报处成立时，他成为负责人，继续发挥他出众的密码分析才能。他的天才很快在对“紫色”机器的攻克中显露。

弗里德曼自创一些方法，带领分析员穿越“紫色”迷雾。他分配几个小组对各种假设进行测试。一些测试毫无成效，唯一有用之处就是指出成功之路在另一个方向。一些虽有所发现，但只是隐约有意义的零碎片段。（海军通信保密科参与了破译，尤其哈里·克拉克［Harry L. Clark］做出了有价值的贡献，但大部分破译由陆军通信情报处完成。）弗里德曼和其他破译员开始按代表密码轮转动的周期分割密文字母——起初小心翼翼，后随着证据积累则越来越快。“紫色”属于多表替代类型，这种类型归根结底基于一个 26×26 个字母的底表。为还原“紫色”底表，分析员采用了直接和间接“位置对称法”（symmetry of position）——这些名称本身也比较难懂，不比它们背后的方法好懂多少。工作进展缓慢，一些由截收不清、分析失误而引起的错误干扰了容错能力不强的分析。一个分析员斯芬克斯[1]般地对着桌上画满纵横交错线条的纸张沉思，脑海里闪过几个零散字母构成的底表轮廓；他尝试加进另一个复原片段；测试结果值，发现可以得出读得通的明文；把他的结果并入总解决方案，再回头继续努力。日语专家补上缺失的字母；数学家确定各周期之间以及各周期与底表的关系。密码分析学十八般武艺齐登台：数学在这次惊天破译中大显身手，群论、同余、泊松分布等数学工具纷纷上阵。

破译最终大获成功，分析员在纸上准确画出“紫色”机器运作原理。陆军通信情报处随后构建了一个机械结构，之前分析员手工使用表格和循环程序才得以完成的工作现在可以自动完成。他们用普通元件和身边的通信设备零件，如电话转接开关来组装出机器。机器谈不上完美，而且运行不正确时会喷出火花，呼呼作响。虽然这些美国人从未见过九七式欧文打字机，这个新玩意的外观却出乎意料地与它相似，当然，在密码系统上则完全一致。

经过 18—20 个月的紧张分析，1940 年 8 月陆军通信情报处交出第一份完整的“紫色”破译结果，这是当时密写史上最杰出的密码分析成就。回顾一切的努力，弗里德曼却非常谦虚：

> 毫无疑问，这是所有相关人通力合作的结果。破译成果不属于一个人，也没有哪个人能居功至伟。依我说，这是一个团队，只有通过紧密合作的团队努力，我们才能破解它，我们做到了。在我看来，它代表了陆军密码分析机构最伟大的成就，因为我们确知，英国和德国密码分析部门的努力受阻，从未破解它。

---

[1] 译注：Sphinx，（希腊神话）斯芬克斯，底比斯的带翼怪物，狮身女人头；令人猜关于人类三个不同年龄阶段的谜语，无法猜出者立遭杀害；后俄狄浦斯解开谜题，斯芬克斯自戕。

虽然不愿独揽大功，弗里德曼却是这个团队的队长，为这次破译付出沉重代价：被难题折磨，大脑无休止地运转；食不甘味，寝不宁神；午夜突然惊醒；只许成功、不许失败的巨大压力，因为失败只会给国家带来灾难；面对似乎无解的问题，绝望连续数周；希望之火几度升腾，转而狂喜；精神休克——所有这些精神休克、紧张情绪、沮丧、急迫、机密如一股洪流冲击着他的脑袋。12 月，他突然昏倒。在沃尔特·里德全科医院（Walter Reed General Hospital）住院三个半月，从神经衰弱中恢复后，弗里德曼又重新回到通信情报处。但不得不缩短工作时间，一开始做些轻松的密码安全工作。直到珍珠港事件前，他才又开始从事一些密码分析工作，这一次攻克的是德国密码系统。

与此同时，通信情报处造出第二部“紫色”机器，送给海军。1941 年 1 月，英国最新最大战列舰“乔治五世国王”号（*King George V*）把英国新大使哈利法克斯勋爵（Lord Halifax）送到美国，美国陆海军各派两名分析员随后搭乘该舰护送第三台机器抵达英格兰。作为回报，美国得到英国一些密码分析情报，可能是些德国代码和密码。这台机器最终到达英国在新加坡的密码破译组，日军涌入马来亚后，它又随破译组撤到印度德里（Delhi）。第四台机器送到菲律宾，第五台通信情报处备用。珍珠港事件发生时，一台送往夏威夷的机器正在制造，后来成为第二台送到英格兰的机器，供英国人使用。

27 岁的弗朗西斯·雷文（Francis A. Raven）海军中尉发现了密钥的诀窍，这是海军通信保密科对每日“紫色”密报的快速轻松破译做出的重要贡献。破译一定数量“紫色”密报后，雷文注意到，每月上中下旬之内各天的密钥似乎有关联。他很快发现，日本人只是简单打乱每 10 天的首日密钥，确立后面 9 天的密钥，而且 10 天内的 9 次打乱方式不变。雷文的发现使分析员得以预测 10 天中 9 天的密钥。分析员依然需要通过直接分析解开首日密钥，但 10 天余下的日子里，这项工作及由此带来的迟延不复存在。而且知道了密钥打乱方式，破译员即使只解出某一天密钥，也能通读该 10 天全部报文。

这份花费弗里德曼—陆军通信情报处巨大努力而取得的丰硕成果致使美国人进入一个矛盾境地：读取最难解的日本外交密码反比一些低级密码更迅捷简单。他们也能轻松读取二次加密密码系统。这种系统用“紫色”机器给已加密电报加密，日本人时不时用这个做法提高保密程度。用“紫色”加密的一般是大使或公使专用的 CA 代码。陆军通信情报处交出第一份“紫色”译报一年后，分析员破解了一封用“日本外务省绝密系统”加密的电报。电报先用 CA 代码加密；再按 K9 移位（通常用于 J19 代码）打乱，移位后的密文再用“紫色”机器加密。加密所用的数字组合可能达到了地质年代级别，但完成破译只用了 4 天时间。

哪些人该收到这些来之不易却又易逝的情报，是整个“魔术”行动中最棘手、最烦人、最错综复杂的问题。它涉及保密和效用之间的微妙平衡。一方面要顾及利用情报达到需要的最大效果，因此看到的人越多，价值越大。“我看不到破译密码带来的任何作用，”一位海军上将直截了当地说，“除非你利用它的内容。”另一方面要顾及风险，分发太广将增加泄密的可能，从而危及这价值连城的情报。总的来说，政策倾向于保密和严格限制收件人数量，尽可能减少风险。

在 1941 年 1 月 23 日的一份协议中，陆军和海军情报主管列出有权看到“魔术”的人的名单。名单上的 10 人可能是当时美国权力结构中最精英的集团：总统、国务卿、陆海军部长、陆军参谋长、海军作战部长、陆海军战争计划部门负责人、陆海军情报部门负责人。当然，实际上还有不少人看到截收电报，如麦克勒姆、陆海军通信部门负责人（他们控制着密码分析机构）、分析员和译员自己。有时一些人虽不在原始名单中，也未参与处理情报，但仍然能看到。到 12 月，海军作战部长助理常规阅读“魔术”；白宫幕僚中，罗斯福总统的左右手哈里·霍普金斯（Harry Hopkins）、总统陆军助理和海军助理也能看到“魔术”。事实上，1941 年 11 月，霍普金斯在海军医院住院时，克雷默专门为他送去“魔术”。马歇尔严格遵守规则，甚至不把“魔术”公文包钥匙交给最亲密助手——总参谋部秘书沃尔特·比德尔·史密斯（Walter Bedell Smith）上校；而其他官员，如赫尔、诺克斯和斯塔克让助手处理琐事，因而这些助手能看到截收电报。另外，至少 4 位国务院次要官员看到“魔术”：副国务卿萨姆纳·韦尔斯（Sumner Welles），政治关系顾问亨培克（Stanley K. Hornbeck）博士，远东组组长哈姆登（Maxwell M. Hamilton），远东问题专家包兰亭（Joseph W. Ballantine）。

主要陆海军部队的战地指挥官不在这一小撮人之中。如此决定主要出于保密考虑，还基于有人认为这类以政治为主的高层情报应在华盛顿分析。然而，虽然他们看不到实际截收电报——“魔术”本身，但华盛顿从中选取对他们有用的情报以“极可靠来源”之名发给他们。如7月8日，夏威夷司令沃尔特·肖特（Walter C. Short）中将得到通知，“日本船队暂缓从日本出发，正在征用更多商船”。这条情报就来自“魔术”。

菲律宾情况较为特殊。在截收东京电报，尤其是东京—柏林电报方面，甲米地是位置最佳的海军台站，夏威夷、美国东西海岸和英格兰合起来的截收量也不超过甲米地一半。为减少从甲米地向华盛顿发送的截收电报的数量，从而减少日本人发现“魔术”行动的风险，1941年3月海军把一台“紫色”机器送到菲律宾。密码分析科把每天的“紫色”和J19密钥用无线电发给费边的单位，他用这些密钥破译他和陆军截收站收到的电报，再用无线电送出重要译文。当年晚些时候，几乎每封“紫色”电报都很重要，他们转而放弃这种做法，把全部截报连同指标一起发给华盛顿。菲律宾也被看成最危险的美国前哨，并且因其恰好处在可获得“魔术”外交情报的地理位置，情报也发给道格拉斯·麦克阿瑟[1]上将和托马斯·哈特（Thomas C. Hart）海军上将。

给费边发送“魔术”密钥时，密码分析科用一个设限的密码。如果电报用通用海军密钥加密发送，拥有这类密钥的大量船只和岸台都能读到。甚至，如果日本人对这些通用密钥搞个自己的“东方魔术”，他们就会得知美国最珍贵的秘密。最安全的海军密码系统是电动密码机（Electric Coding Machine [ECM]），这是一种类似“紫色”机器，但保密性强得多的装置，它使用一种名为“转轮”（rotor）的密码轮。“魔术”用一套特殊转轮的电动密码机加密，实际上产生一个新密码。这个名为“COPEK”的密码信道内的报务量控制得很小，而且采用额外防范措施，防止对手获取有利于密码分析的资料。只有华盛顿、甲米地和檀香山的无线电情报组织军官有转轮。他们也用COPEK交换正在破译的日本海军密码情报。

夏威夷的罗彻福特能读到发往费边的携有外交密码密钥的COPEK电报，

[1] 译注：Douglas MacArthur（1880—1964），美国五星上将，二战时任西南太平洋美军（后为盟军）司令，1945年接受日本投降，随后领导盟军对日本的占领。

也许从他那里，太平洋舰队（Pacific Fleet）情报官埃德温·莱顿（Edwin T. Layton）海军少校得知亚洲舰队（Asiatic Fleet）有“魔术”外交情报。1941 年 3 月 11 日，他请海军情报部门远东分支负责人麦克勒姆将情报发给他，但麦克勒姆以所谓的正式渠道为由拒绝了他，并在 4 月 22 日写道：

> 我完全理解，如果你手头有了外交情报，你每日的情报评估将从中大大受益。但这会带来难以解决的保密等问题……有理由假设，国务院应作为政治形势评估情报的源头，因为它掌握的信息超过任何海军部队，不管这支部队有多大。国务院人手充足，能够评估政治后果……我认为，一般来说，海军部队应限于评估战略、战术形势，战争到来时，他们将面临这些情况。你提到的材料只有暂时的效用，因为政治领域的行动由作为一个整体的政府决定，而不是海军部队……换句话说，即使您和舰队可能对政治有浓厚兴趣，对此你们也无能为力。

这个摇摆不定的立场反映了华盛顿当局的一个基本矛盾：一方面，出于保密原因对战地指挥官隐瞒“魔术”情报；另一方面，为他们制造了“紫色”机器。

虽然华盛顿决定不把“魔术”情报发给战地指挥官，不用普通海军密码加密它，也从不在通信中指出情报来源于“魔术”，但 1941 年 7 月，海军发给指挥太平洋舰队的赫斯本德·基梅尔（Husband E. Kimmel）海军上将一系列电报，在内容总结中给出了日本外交电报系列号！ 7 月 19 日，华盛顿一封电报以“紫色，7 月 14 日，广州至东京”开头，并继续引用其中一段文字。8 月，这个做法消失，表明保密措施得到加强。但 12 月 3 日，海军再次清楚指明截收的日本电报是其信息来源。

保密的加强可能源于华盛顿刚刚经历的几起恐慌事件。3 月，国务院遗失 9 号“魔术”备忘录。一次，一个大惊失色的陆军情报官发现，另一份“魔术”备忘录随意丢弃在总统军事助理埃德温·沃特森（Edwin M. [Pa] Watson）准将的废纸篓里。在波士顿，联邦调查局抓住一个与密码分析工作有关联的男子，他正准备出卖密码分析情报。最大的恐慌事件发生在 1941 年春。

4月28日下午，在一封美国人没有看到的电报中，德国驻华盛顿使馆参赞汉斯·汤姆森（Hans Thomsen）告诉德国外交部："据绝对可靠来源告诉我，美国国务院拥有日本密码系统密钥，因此他们也能破译从东京发给野村吉三郎（Nomura Kichisaburo）大使的电报，这些电报内容与大岛浩（Hiroshi Oshima）大使发自柏林的报告有关。"柏林方面考虑几天后，把这个消息通过日本驻德大使大岛浩男爵通知了轴心国盟友。5月3日，大岛浩将此事电告东京，说他相信它。5月5日，东京问华盛顿对此事"有没有一丝怀疑"。一直跟踪柏林—东京—华盛顿日本电报的美国破译员屏住了呼吸。他们记起1940年，当日本察觉到英国和荷兰在解读其J12代码时，立马就作废了它的事情。但野村的答复——"所有代码和密码的保管人都采取了最严格的防范措施"，明显使外务省放下了心，只满足于采取更严格的加密规则。

5月20日，野村告诉东京："虽然不知道幕后黑手，但我发现美国在解读我们的某些密码。"分析员心惊胆战，难道他们得从头再来？当时没有事情发生，但几天后的一次事件表明，担心是多余的，日本方面只是因新密码系统的运输而推迟了代码更换。5月30日，日本禁止其在世界各地的商船继续使用S代码。更明显的证据是，美国缉毒机构在一次搜查中收缴了旧金山附近的油轮日新丸号（*Nichi Shin Maru*）的代码，日本获知后，在24小时内废除了这个代码。

日本方面需要更换更多密码，现在看来似乎这注定会发生，而令人担心的密码更换将使美国在最需要情报时失去最好的情报来源。但日复一日，电报面貌依然如故，不堪一击。经过几天揪心等待，海军分析员读到6月28日东京发往墨西哥的一封电报，报上警告驻墨西哥使馆："怀疑他们（美国人）解读我们的密码。因此我们请你以最大的谨慎履行使命。"

日本的保密措施仅此而已？似乎令人难以置信，但看起来确实如此。密码系统一如既往。外务省愚蠢可笑的密码安全措施，包括空洞的警告和规则改变，都和其他措施一样毫无成效可言：11月25日，外务省指示各大使馆在密码机号牌右边用红色磁漆刷上"Kokka Kimitsu"（国家机密）。也许，他们认为这个咒语能防止密码分析，就像护身符能驱走病魔一样！

正是因为外务省不相信密码被破的谣言（出于天生的骄傲，他们无法想象他们的密码会被破开)，美国“魔术”收阅人才更加相信“魔术”。1939 年，海军情报主任把“魔术”放在一个活页文件夹内，亲自送给收阅人，等他读完，再把文件夹带给下一个接收人。“魔术”情报数量的不断增加慢慢蚕食最初铁的纪律。军事情报局[1]远东科主任鲁弗斯·布拉顿（Rufus S. Bratton）上校觉得照看自己的唯一副本太费时，开始复制第二份、第三份。副本数量从 1941 年初的 4 份增加到 12 月的 14 份，他的手下则花大量时间充当信使。克雷默接手海军的分发工作。布拉顿比克雷默级别更高、责任更重（与他对应的是克雷默的上司麦克勒姆)，不得不把这些工作交给低级军官。远东科日本组三个助手，卡莱尔·杜森伯里（Carlisle C. Dusenbury）中校、华莱士·穆尔（Wallace H. Moore）少校和贝亚德·欣德尔（J. Bayard Schindel）少尉替他送一部分。他们也不再把一份副本拿来拿去，而是把它留在收件人处。

马歇尔察觉到其中风险：“我做出直接干预，要求它（‘魔术’）须锁在报袋内发送，收阅人打开报袋，读完电报，再放回报袋。”“报袋”实际上是华盛顿贝克公司皮具行生产的拉链公文包，包上有锁，一把锁只有两把钥匙，情报派发人一把，收阅人或其助手一把。9 月前后，这项指令发力，波及陆军情报部门执行官，他之前一直在主任不在时阅读“魔术”，如今不得不交出钥匙，停止阅读。海军很快采用了马歇尔的防范措施。如克雷默常坐在收阅人边上，说明来源，提供背景，回答问题，等等——这也是安排一个如此重要军官做琐碎信使工作的原因。但有时也达不到这种理想要求，陆军部长或海军作战部长读报时，送信人不可能站在旁边一动不动。在国务院，报袋实际上留在那里过夜，第二天则换一个报袋。

“魔术”文件在神秘云雾和不间断预防措施中流转。克雷默派送截收电报前致电收阅人确定地点时，只用一些隐晦的话语，如“我有点重要的东西给您看”。布拉顿的直属上司常看到他“胳膊下夹着几个包裹离开办公室，一去几个小时”，布拉顿也从不请求许可，因为他知道自己上司正想要求他这样做。布拉顿出去时，上司也从通信情报处处长明克勒处收到包裹，他把包裹

[1] 译注：1917 年 5 月至 1942 年 3 月间的美国军事情报局（Military Intelligence Division [MID]）。二战期间称“军事情报处”（Military Intelligence Service [MIS]）。军事情报局也称作“G-2”（G-1 指人事，G-3 指作战，G-4 指后勤）。

锁在布拉顿的保险柜里，看也不看一眼，等布拉顿回来时交给他。早在向国务院发送“魔术”前，陆海军军官与赫尔会面，向他说明一句无心之辞如何会突然毁灭这些截收电报带来的情报。诺克斯在寓所收到文件时，不会向夫人解释它们。在高层会议上，参加者中有与“魔术”秘密无关的人员时，收阅人会谨慎地不提到“魔术”。所有副本都须还回，没有收阅人可以留作参考，虽然有时候，新文件中会夹有上一份电报，但那只是与新电报相互参照。密码分析机构各存档两份副本，一份按日期，一份按主题，陆海军情报局远东科各保存一份。其余副本统统烧毁。

一封截收电报在烧毁前，通常需要翻译，这项工作成为“魔术”生产线上的瓶颈。日文译员甚至比分析专家还稀缺。出于保密原因，除最可靠的美国人外，二代日裔和其他人均被排除在外。1941 年，经过艰苦努力，海军终于将翻译科人员增加了一倍，达到 6 人，其中包括克雷默，3 个“世界上最精通日语的西方人”中的 1 个。

但是，仅熟悉标准日语还不够。每个译员还得至少有一年接触日语电报的经验，才能接下翻译电报的任务。这是因为电报日语实际上是一种语言中的语言，而且，本人也是日语军官的麦克勒姆解释说，“翻译这类文字的所谓译员本身得是半个分析员。要知道，日文以音节形式出现，分组音节的方式决定了你得出的文字，电报中并没有标点。”

“现在，没有可读的汉字，分组音节成为大麻烦。任何双音组成的一个字可以代表各种意思。如，‘ba’（バ）可以表示‘马’或‘田野’、‘老妪’或‘我的手’，全取决于凭它写出来的字。所谓译员得把不相关的音节组成自认读得通的字组，代入可确定其意义的汉字，一路译下去，这比简单翻译难得多。”

罗茜·埃杰斯夫人（Mrs. Dorothy Edgers）的情况就是如此。她在日本生活了 30 年，获得一家日本学校颁发的文凭，可以给中学水平的日本学生教日语。但珍珠港事件时，因为她只有两周翻译科工作经验，克雷默认为她在该领域“不是一个可靠译员”。只有可靠译员才能翻译重要电报。为疏通这一瓶颈，低级密码电报只作部分转译。如果某个译员看出报文处理的是一些行政琐事，他常常不会正式译出这些电报。

有了如上各种提高效率的做法，以及增加的人员，还有经验积累带来的熟练，海军通信保密科和陆军通信情报处获得情报的速度和质量逐渐提高。1939 年，一封电报从截收到送达接收人手中，两机构通常需要三周；而在 1941 年后期，这个过程有时只需四小时。有时候，一个机构破解一封影响日美谈判某事项的最新电报，可以在国务卿会见日本大使前一小时火速送到。处理的报量急剧攀升。1941 年秋，每天从两机构涌出的电报达 50—75 封，不止一次这个数量飙升至 130 封；其中一些电报长达 15 页打字纸。

接收“魔术”情报的高官显然无暇阅读所有报文，毕竟其中大部分都无关紧要。克雷默和布拉顿上校负责从“谷壳”中筛出“谷粒”。他们通读全部报文，每天平均选出 25 封电报分发。起初，克雷默为无暇阅读全部电报的收件人摘译要点，标出重要电报。但在 11 月中旬，迫于当局要求发出基本素材的压力，他放弃了这个做法。布拉顿一直以“情报公告”(Intelligence Bulletins) 形式分发“魔术”情报总结；自 8 月 5 日开始，依马歇尔命令分发“魔术”全文。但这种做法实际上增加了报量。马歇尔抱怨，要通读“魔术”电报，他需要“辞掉参谋长一职，每天只负责读报”。为节约收阅人时间，布拉顿用红色铅笔在文件夹清单上标出重要电报；克雷默则在重要电报上夹上回形针。收阅人总是阅读标出的信息，其余一般不细读，但会浏览。

分发通常一天两次。夜间截收的电报早上发出，日间处理的电报午后发出。特别重要的电报要立即发送，如果太晚，通常直接送到收件人家里。两个机构虽然是天然竞争对手，双方互送达“魔术”副本却非常及时。按布拉顿的说法：“让我不安的是，如果海军作战部长在马歇尔将军之前得到一封电报，要与将军在电话中讨论这件事，而将军还没拿到他的那封，我们都得挨批。”(马歇尔不赞成此说：“我好像批人不多。”)

给白宫和国务院送报的事遇到点麻烦。根据 1 月 23 日的一个约定，陆军和海军一开始轮流给两个机构送文。但在 5 月送完后，陆军不再给白宫发送，部分原因是“废纸篓事件”；另外部分原因是这些外交事务应通过国务院转呈总统。海军继续通过总统海军助理约翰·比尔道尔 (John R. Beardall) 上校送件，不过有一次例外，克雷默于当年夏天亲自呈递给罗斯福总统一封“火急火燎”的电报——也许与第二天谈判有关。按最初日程，9 月轮到陆军送报，尽管总统说他想看截收情报，但到月底没有一份当月文件送到白宫。10月，海军情报部门给他送去根据“魔术”做出的摘要；但11月7日，罗斯福说他要看“魔术”本身。比尔道尔告诉他，这个月轮到陆军送报。总统回道他知道这一点，他在看“魔术”或者从赫尔处得到“魔术”情报，但他依然想看截收的原始电报。他担心摘要会歪曲电报本意。周一，两个机构协商同意，海军将给白宫提供“魔术”情报，陆军向国务院提供。11月12日，周三下午4点15分，克雷默按照这个新制度给白宫送出第一份情报。

就这样，到1941年秋，“魔术”成为政府高层的必需，成为美国决策过程中的一个常规和重要因素。赫尔对“魔术”的观点是，“依我之见，它是一个在案中作证反对己方的证人”，他“一直对截收内容有强烈兴趣”。陆军情报主任把“魔术”看成陆军部收到的最可靠、最权威的关于日本意图和活动的情报。尽管当时“魔术”主要与外交有关，海军作战计划主任却认为“魔术”对他的判断能产生15%的影响。高层官员不仅如饥似渴地阅读“魔术”，在会议上讨论它，而且根据它采取行动。因此，设立以麦克阿瑟将军为首的美国陆军远东司令部的决定，部分就源于1941年早期的截收电报。这些电报表明，德国想把美国拖入这场战争，正催促日本进攻英国在亚洲的领地。根据这些情报，远东司令部于7月成立，并加强美国在西太平洋的威慑力，阻吓日本——事实上日本没有按德国意图行事。

错综复杂的美国密码分析机构酣畅淋漓地向饥渴的收阅者倾泻了大量“魔术”情报，这些情报在神经细胞般的监测通道中穿梭往来。截收电报涌入华盛顿的时间延迟越来越短，通信情报处和密码分析科的破译日益得心应手，译员挑选重要电报越来越有把握。布拉顿和克雷默带着上锁的公文包东奔西走，“魔术”情报井喷。两个分析机构高效运转，以至于马歇尔说到“无价之宝”——这个普天之下关于潜在敌人最完整、最及时的情报系统，这个没人会嫌多的天赐降龙木时，居然会说，“太多了”。

1941年10月，日本近卫亲王（Prince Konoye）内阁倒台，天皇召陆军大将东条英机组建新政府。新外相东乡茂德（Shigenori Togo）上任后的首批行动之一就是叫来电信课长。东乡记起赫伯特·雅德利撰写的一本披露他1920年破译日本外交代码的书，问电信课长龟山一二（Kazuji Kameyama）现行外交通信是否安全。龟山打消了他的疑虑。“这一次，”他说，“没问题。”

随着以东条英机为首的军国主义分子独揽大权，最后一丝和平希望破灭。几乎与此同时，局势开始倒向战争。11 月 4 日，东京把与美国谈判的乙案文本，东条称之为“绝对最终”方案，发给在华盛顿的两个日本大使。虽然 11 月 5 日，东京告诉大使，“因为形势变幻莫测，签署这项协定的所有安排必须于本月 25 日前完成。”两位大使还是暂时压下方案，另辟蹊径。

同一天[1]，山本五十六发布进攻珍珠港计划，“联合舰队 1 号绝密令”[2]。两天后，他设定 12 月 8 日（东京时间）为“开战日”（Y-day），任命南云忠一海军中将为第一航空舰队（First Air Fleet）——珍珠港特遣舰队——司令。随后几天，组成特遣舰队的 32 艘舰艇偷偷次第出海，不知所踪。它们神不知鬼不觉一路北上，在日本四岛以北，冰冷荒凉的千岛群岛之一的择捉岛（Etoforu Island）一个海湾会合。他们将把常规无线电报务员抛在身后，继续用他们和笔迹一般容易辨别的“手迹”（发报手法）发送表面上的日常电报。

舰队正在集结，外务省只知局势紧张，事先从未得知计划实施进攻的时间、地点、性质。他们准备了一套隐语，作为紧急通知手段。11 月 9 日，东京向华盛顿发出 2353 号通电：

> 关于紧急情况下的特殊信息广播。
>
> 紧急情况（断交危险），及国际通信中断情况下，每天日语短波新闻广播中将插入以下警告：
>
> 1. 日美关系危急：东风雨
> 2. 日苏关系危急：北风云
> 3. 日英关系危急：西风晴
>
> 这个信号将在新闻中间和结束时作为天气预报，每句重复两次。

[1] 译注：11 月 5 日。

[2] 译注：英文为 Combined Fleet Top Secret Order Number 1。

听到信号后销毁所有密码文件等。这是一项目前依然完全保密的做法。

此件为急件。

这套隐语把风向与各国相对日本的位置联系起来：美国在东，苏联在北，英国在西。东京还在一般情报（非新闻）广播中设置了一套与此近似的隐语。

当携带这些秘密信息的隐语在空中呼啸而过时，美国海军驻班布里奇岛 S 截收站收听到并一把将其捉住，随后电传给密码分析科。分析科认出是电报的 J19 密文，开始分析。

此时珍珠港特遣舰队的大量舰艇已经集结在荒凉的单冠湾（Tankan Bay），那里人迹罕至，仅有一座小型水泥码头、一所电台小屋、三间渔棚，周围是白雪覆盖的小山。11 月 21 日，巨型航母“瑞鹤号”（*Zuikaku*）在熹微的晨光中驶入这座偏僻港湾，集合完毕，等待出击命令。

几小时后，11 月 20 日（华盛顿时间），日本驻美大使海军大将野村吉三郎和新到任同事来栖三郎（Saburo Kurusu）将日本最终答复通告赫尔。通牒要求美国改变外交政策，默许日本进一步征伐，放弃中国，实际上是要求美国向国际不义屈服。赫尔开始起草答复之际，东京给两位大使发送 812 号电报指出：“我方欲于 25 日前确定日美关系，其原因你们不必深究。但是，如你们能在其后 3 到 4 日内结束与美方谈判；能不迟于 29 日（强调一下——29 日）完成协定签署；能互换相关照会；我方能与英国和荷兰达成谅解；简言之，如一切能顺利达成，我方就决定耐心等待那一天的到来。此番言论绝非玩笑，最后期限绝不可更改。时间一过，一切都将自动发生。”两天后，东条电告：“我 812 号电报设定的期限为东京时间。”

日历变成时钟，倒计时已经开始。

11 月 25 日，山本五十六命令珍珠港特遣舰队次日出击。11 月 26 日早上 6 点，特遣舰队 32 艘舰船（6 艘航母、2 艘战列舰及一群驱逐舰和支援船）浩荡出发，滑过波光粼粼的单冠湾海面。它们向东偏南航行，一头扎入“空海”——冬季的北太平洋波光清凌，商船罕至，洋面广袤无垠，足以吞下整个舰队。舰队得到命令，如果 12 月 6 日（东京时间）前被发现就立即返航；如果 7 日被发现，南云忠一将军将再做权衡，决定是否发动攻击。舰队奉命保持严格无线电静默。“比睿号”（*Hiei*）战列舰上，特遣舰队通信官高内和义[1]海军中佐卸下一个电台关键部件，放在他用作枕头的木盒内。舰队穿过大风迷雾和波涛汹涌的大海，没人发现他们。

此时，经过一周紧张地起草、磋商、修改，赫尔完成了美国对日本提议的答复。答复呼吁日本从中国和印度支那撤出全部军队，作为对价，美国承诺解冻日本资金，恢复贸易，但没有提及石油。11 月 26 日，赫尔将答复递交野村和来栖，同一天，一封来自东京的电报为他俩设置了一套电话隐语，便利他们及时汇报。隐语中，“总统”是“美子小姐”（MISS KIMIKO，音），“赫尔”是“文子小姐”（MISS FUMEKO，音），“求婚”（MARRIAGE PROPOSAL）代表“日美关系”，形势的紧迫程度用孩子快出生代替，“旧金山”表示“中国问题”……第二天，他们用这套隐语报告了与赫尔的会谈。来栖与外务省美国课课长山本熊一（Kumaicho Yamamoto）[2]于华盛顿时间晚上 11 点 27 分开始交谈，谈话时间持续 7 分钟。美国截收人员抢先在日本人之前打开了录音机，成功捕捉到这一罕见形式的通信。克雷默译出对话，解读了这一相当业余的隐语运用（甚至探测到试图通过无关评论来推动对话），他再加以精彩描述，刻画了细微语言变化和停顿，然后第二天经“魔术”常规渠道分发。

［**机　密**］

自：华盛顿

至：东京

1941年11月27日（23：27—23：34，东京时间）

（电话密码）——（见JD-1：6841）（陆军通信情报处#25344）

横越太平洋

[1] 译注：Kazuyoshi Kochi，后面拼作“Koshi”。

[2] 原注：请勿与山本五十六海军大将混淆。

电话

（来栖大使与日本外务省美国课课长山本的对话）

字面翻译	隐语含义
（接通后）	
来栖：“喂，喂。我是来栖。”	
山本：“我是山本。”	
来栖：“明白，喂，喂。”	
（约有6—8秒听不到山本说话，来栖转向一旁，自言自语或对身边某个人说：）	
来栖：“噢，我知道，他们在给通话录音，是吧？”	
（相信他的意思是，这6秒钟的中断是为了让东京开始启动录音。截收员的录音机几分钟前就已经启动。）	
来栖：“喂。抱歉老麻烦您。”	
山本：“今天婚姻进展如何？”	“今天谈判进展如何？”
来栖：“噢，你还没收到我们的电报[1]吗？大约……让我想想……在6点……不，7点。7点。大概3个小时前。”	
来栖：“文子小姐说的和昨天没什么两样。”	“赫尔的说法和昨天没什么两样。”
山本：“噢，没什么变化？”	
来栖：“对，没有。和以前一样，那个南方事务……那个南方、南方……南方事务，正在发挥巨大的作用。你知道，南方事务。”	
山本（明显想暗示日军在诸如法属印支地区的集结对华盛顿会谈的重大影响。他想围绕“文子小姐生小孩、婚姻”的隐语主题把这事说清楚。）	
山本：“噢，南方事务？它还有效吗？”	
来栖：“是，有一次，似乎可以解决婚姻问题。”	“是，有一次，我们似乎能达成协议。”
来栖：“但是……嗯，当然，还有些其他问题牵扯进来，但……就是……就是那个捣蛋鬼。详情写在很快到达的电报[1]里。时间不长，你很快可以读到。”	

山本：“噢，你发出来了？”

来栖：“噢，是，发出有一小会了。大概在7点。”

（停顿）

来栖：“那边情况怎样？是不是孩子要生了？”

“是不是看上去危机即将到来？”

山本（语气非常肯定）：“是，似乎孩子快生了。”

“是，危机确实快到了。”

来栖（语气有点惊讶，重复山本的话）：“小孩确实要生了？”

“危机确实快到了？”

（停顿）

来栖：“哪个方向……”

（突然为自己这个偏离隐语主题的口误停住。短暂停顿后很快恢复，然后为掩饰口误，继续说道。）

来栖：“会生个男孩还是女孩？”

山本（迟疑，然后笑了，接过来栖话头，继续谈话的隐语主题。“男孩、女孩、健康”的即兴表演没有其他含义。）

山本：“似乎会是个健康强壮的男孩。”

来栖：“噢，会生个强健的男孩？”

（相当长停顿）

山本：“是。”

山本：“你今天和美子小姐的谈话，（对报纸）发表声明没有？”

“你今天和总统的谈话，发表声明没有？”

来栖：“没有，什么也没说。除了我们会晤本身，什么也没说。”

山本：“关于那天电报[2]里提及的事务，虽然尚未做出明确决定，但请知悉实现它会很困难。”

来栖：“噢，很困难，是吧？”

山本：“是，很困难。”

来栖：“嗯，我想，那就没什么其他可做的了。”

山本：“嗯，对。”

（停顿）

山本："那，今天……"

来栖："今天？"

山本："婚姻问题，就是与安排婚姻有关的事务——不要中断。"

"关于谈判，不要中断。"

来栖："不要中断？你指会谈。"

（无助地）

来栖："噢，天。"

（停顿，然后自嘲地笑）

来栖："嗯，我将尽我所能。"

（暂停后继续说）

来栖："请仔细阅读今天电报中美子小姐的话。"[1]

"请仔细阅读今天电报里总统的话。"[1]

山本："你们今天的谈话是什么时候开始、结束的？"

来栖："噢，今天2：30开始。"

（数字2重复了又重复）

来栖："噢，你指多长时间？大概谈了一小时。"

山本："关于婚姻问题，我会发给你另一封电报。但是请记住，那天的事件非常困难。"

"关于谈判。"

来栖："但没有什么可谈的——他们想把婚姻问题继续下去，他们真的想。同时，我们面临着小孩出生的激动。而且，德川（Tokugawa）确实急不可耐，不是吗？德川等不及了，不是吗？"

"但没什么可谈的——他们想把谈判继续下去，真的想。同时我们自己正经历危机，军队急不可耐。你了解军队。"

（笑、停顿）

来栖："这就是我怀疑还有什么作为的原因。"

山本："我觉得情况没那么坏。"

山本："嗯，——我们不能卖一座山。"

"嗯，——我们不能屈服。"

来栖："噢，确实，我知道那个。那个问题早说好了。"

山本："嗯，那，虽然我们不能屈服，但我们会给你那封电报答复。"

来栖：“不管发生什么，美子小姐明天会离开华盛顿，将在乡下待到星期三。”

“不管怎么说，总统明天离开华盛顿，将在乡下待到星期三。”

山本：“请继续尽你们最大努力。”

来栖：“噢，当然，我会尽力。野村也在全力以赴。”

山本：“噢，好。那么，今天的谈话，有没有什么特别值得关注的事情？”

来栖：“没有，没什么特别值得关注的。只有一桩，现在很清楚，南方……呃……南部，南部事务正在发挥重大作用。”

山本：“明白。嗯，那么，再见。”

来栖：“再见。”

25443

JD-1：6890　　　　(M) 海军传送。11–28–41 ( )

[1] JD-1：6915（陆军通信情报处 #25495）。11月27日罗斯福—赫尔—来栖—野村会晤概况。

[2] 可能为 #1189（陆军通信情报处 #25441—42）。(JD-1：6896)。日本驻华盛顿使馆报告美国11月26日提交的两份提议。

此番对话同一天，东京又向主要大使馆通报了另一套隐语。“风”隐语适用于与大使馆中断一切通信的极端情况，而这套隐语——名为 INGO DENPO（隐语）电码——则用于较缓和的局势。它似乎是应驻新加坡领事的要求安排的，用于密码电报被禁，但可以发明语电报的情况。它设置了一些同义语，如：ARIMURA ＝密码通信被禁，HATTORI ＝日本与（国名）关系不及预期[1]，

[1]　原注：这是“魔术”给出的翻译科的科里（Cory）先生的字面翻译。但弗里德曼等人认为，这个译法没有考虑日本人迂回间接的说话倾向。弗里德曼建议，话语的本意应该可以更准确地译成，如“大难临头”或“灾难边缘”。克雷默承认，这句话不应该理解成英文表面所指的那种温和含义，而应该暗示“关系趋紧”。英国人把这话译成“日本和（国名）的关系极其危急”。

KODAMA = 日本，KUBOTA = 苏联，MINAMI = 美国，等等。“为区别这些电报与其他电报，”东京告知，“将其结尾加上英语单词 STOP（句号）作为指标。（不用日语字‘终リ’。）”

次日，11 月 28 日，海军破解 9 天前的 J19 电报移位系统，弄清了“风”隐语玄机。分析机构立即看出，“风”隐语取消了整个加密、发报、发送和解密过程，可以提前几小时给出对日本的相关警告。他们立即行动，尝试截收，从熟悉的商业线路（日本外交电报）、海军线路和无线电话信道中撤出设备，转战语音广播的收听。

陆军请联邦通信委员会[1]收听“风”隐语广播。夏威夷和旧金山的陆军台站转到新闻频道，海军也在科雷希多岛、夏威夷、班布里奇岛及四五个大西洋沿海台站守听。罗彻福特安排四个语言能力最好的军官，海军上尉福里斯特·比亚尔（Forrest R. Biard）、J. R. 布罗姆利（J. R. Bromley）、小阿林·科尔（Allyn Cole, Jr.）和 G. M. 斯洛宁（G. M. Slonim），24 小时值班，监听华盛顿建议收听的频率和他们自己发现的其他频率。爪哇的荷兰人和新加坡的英国人也在收听。在华盛顿，克雷默制作了一些 3×5 大小的卡片，准备分发给“魔术”收阅人。卡片上只有那些预示性的短语，“东风雨：美国；北风云：苏联；西风晴：英国”。

很快，截收的明语情报堆满了翻译分发科。为发送这些情报，班布里奇每天要花 60 美元的电费。克雷默和其他译员的任务本来就很重，现在还得每天浏览 30 米长的电传纸，寻找“风”隐语踪迹。而在这之前，每周送来的明语材料只有 1 米多长。检查完毕后，长长的电传纸条被扔进纸篓烧掉。好几次，分析科值班军官夜里打电话到克雷默家，请他到办公室检查可能的“风”隐语信息，但事实证明没有一次是真的。

同一时期，局势趋紧的其他迹象也开始显露。29 日，日本驻柏林的大岛浩报告说：德国外长约阿西姆·冯·里宾特洛甫（Joachim von Ribbentrop）告诉他，“如果日本与美国交战，德国当然会立即参战”。第二天，东京回复大岛：“隐秘地告诉他们，英美国家和日本间经武装冲突爆发

[1] 译注：英文为 Federal Communications Commission（FCC）。

的风险一触即发，同时告知，这场战争爆发的时间可能比任何人想象的都要快。”所有这些电报都于 12 月 1 日译出，罗斯福认为后一封非常重要，并要了一份副本作为保存。出于保密原因，克雷默意译了一份给总统。

在珍珠港，罗彻福特刚拿到令人不安的确凿证明，显示局势趋紧。12 月 1 日午夜，日本舰队重新分配了 2 万个电台呼号——离上次变更仅 30 天。在罗彻福特经历中，呼号变更距上一次如此之近，这还是第一次。

11 月 1 日那次变更在意料之中，那是继常规的春季呼号改变后，又经过正常的 6 个月间隔后的一次变更。罗彻福特的作战情报小队积累了长期经验和能力，很快就识别出大半的发报人和收报人。小队观察到日本海军 200 条信道上的报量有所增加，电报发往南方。这一点与一次广为人知的日军集结相吻合，那时全世界都认为它要进攻暹罗[1]或新加坡。11 月第三周，作战情报小队察觉到，日军成立了一支第三舰队特遣部队，并且即将开往这些地区。这次集结中，没有电报发给航母，航母也没有发出电报。在罗彻福特看来，这与 2 月和 7 月的情况类似，那两次，日本舰队南进支援占领法属印度支那，航母则留在国内水域作为后备力量。罗彻福特感觉，航母在那里保护日军暴露的侧翼，防备以甲米地和珍珠港为基地的美国舰队切断日本入侵部队的补给线。

舰队情报官莱顿和罗彻福特看法一致。他知道已经两三周没有监测到两支主力航空舰队发出的电报。他怀疑它们应该待在国内水域，但没有证据，于是在 12 月 1 日提交给基梅尔的一份关于日本舰队的报告中，他并没有提及自己的怀疑。莱顿回忆：

> 基梅尔海军上将说：“什么！你居然不知道第一和第二航空舰队在哪里！”
>
> 我回答：“是，将军，我不知道。我认为它们在国内水域，但不知道它们确切在哪里。不过我对其他部队的位置很有把握。”基梅尔海军上将表情严厉，两眼放光看着我，他有时候就这样，说：

[1] 译注：Siam，泰国旧称。

“你是不是说，它们可能在戴蒙德角（Diamond Head），而你不知道？”他的大意就是这样。而我的回答是，“我希望之前看到过它们”，或者类似的话。

在莱顿给基梅尔报告的同一天，海军情报局准备了一份“日本舰队位置”备忘录，莱顿看到后，认为它只是“一字不差地描述了”自己的估计。备忘录把“赤城”号（*Akagi*）和“加贺”号（*Kaga*）（第一航空舰队），“蛟龙”号[1]（*Koryu*）和“春日”号（*Kasuga*）放在九州南部海域，“苍龙”号（*Soryu*）和“飞龙”号（*Hiryu*）（第二航空舰队）、“瑞鹤”（*Zuikaku*）号、“翔鹤”号（*Shokaku*）、“凤翔”号（*Hosho*）及“龙骧”号（*Ryujo*）放在吴港大型海军基地。所有这些只是“国内水域”一个更具体的说法而已。

这些估计都基于11月的观察。12月1日的呼号变更使无线电情报部队付出巨大代价，之前辛辛苦苦建立起来的错综复杂的日军通信网络图变成废墟，一切又得重新开始。日军采用新的通信保密措施迷惑他们，电报用“伞形方式”发送——对舰队全体广播，所有舰只抄收。这种地毯式覆盖给美国无线电情报部队造成了识别困难。日军还运用多地址电报，发送假报，但这并没有使监听者困惑。就在呼号变更前，日本报务员发出许多旧报。罗彻福特小队收到这些电报，猜测它们要么是想充填报量，要么想在呼号变更造成通信困难前把电报发给收报人。

12月2日，仅分析新呼号两天后，罗彻福特小队在《通信情报总结》中写道：“对于航母，今天的信息几乎一片空白。信息匮乏来源于缺乏呼号识别。自12月1日呼号变更以来，情报分析员已部分识别200多个现行呼号，但还未识别一个航母呼号，显然获取航母报务事业处于低潮。”第二天总结中出现的航母信息是在12月7日前获取的，但它也于事无补：“无有用潜艇和航母信息”。

但其他情报清楚指出了向南推进信号，对此日军并没有遮遮掩掩。以前有两次，罗彻福特、费边、莱顿和海军情报局遇到过完全相同的形势，而且那两

[1] 译注：这是美军情报人员的误判，他们把它当成“苍龙”级第三艘航母，许是因为这几艘军舰的名字像一个“系列”。实际“苍龙”级只有两艘航母：“苍龙”号和“飞龙”号。日本只有一艘水下攻击舰（潜艇）叫“蛟龙”号。

次，他们都认为航母在日本海域，事实证明两次判断都对了。现在，他们认为同样情况再次发生。他们一时忽略了偷袭珍珠港的可能性，洞察着日军向马来亚进军，如同迷迷糊糊的观众，盯着魔术师空空的右手，而他的左手却从袖子里抽出一张王牌。

12 月 1 日，海军破译了两封当天“紫色”电报，破译结果强化了美国人的先入之见。第一封中，东京指示华盛顿：“如你们需要毁掉代码，请与驻地海军武官联系，使用他们存有的化学品，海军部应该已经提前知会过武官。”5 天前，分析员已经解读了东京的详细指示，指导使馆在危急形势下如何毁掉“紫色”机器。这两条销毁密码的电报似乎只是为紧张局势提供预防措施，但 12 月 1 日的第二条电报强化了这个认识。电报似乎实际上宣称将侵入英国和荷兰的领地，而把与美国的冲突推迟到这之后：“伦敦、香港、新加坡和马尼拉已经得到指示，不再使用密码机并处理掉它，而巴达维亚[1]的密码机已退回日本。忽略我方 2447 号通电（“魔术”没有这封电报）内容，驻美（使馆）保留了密码机和机器密码。”美国官员舒了一口气。这些电报似乎给了美国人一样他们最需要的东西——时间，来建设他们脆弱的海陆军。

就在世界把狭隘的眼光抛向东南亚、美国无线电情报部门设想日本航母在国内海域时，6 艘航母——“赤城”号、“加贺”号、“飞龙”号、“苍龙”号、“翔鹤”号和“瑞鹤”号，却在空阔的大洋上劈波斩浪，向东疾驶。东京时间 12 月 2 日午后，特遣舰队收到发给它的一条激动人心的地毯式隐语广播：NIITAKA-YAMA NOBORE（登新高山）。隐语通知特遣舰队，战争决定已经做出，指示它“继续进攻”。新高山（Niitaka-yama）又名莫里森山，海拔约 3949 米，是当时日本帝国占领的最高点，日本军官立马遵从指令，用油桶给舰队注满油，火速前行。

檀香山遭遇了麻烦。早在 11 月，联邦调查局就开始窃听一个日本大公司

[1] 译注：Batavia，今印度尼西亚首都雅加达。

经理的电话，希望从中发现间谍活动的蛛丝马迹。梅菲尔德也在一个电话公司雇员协助下窃听日本领事馆，这个雇员是14海军军区情报处发展的线人。但一个电话修理工意外发现了联邦调查局搭在接线盒连接线上的跨接线。那个海军线人立即向梅菲尔德办公室发出警告，后者又警告了联邦调查局，调查局立即向电话公司投诉，说他们的秘密被人泄漏。梅菲尔德担心这场混乱会泄漏他自己的电话监听，而这样的泄漏会给日本人采取各种行动的借口，因此他停止了窃听。他的录音员在最终记录中匆匆写下一条感伤的告别语："檀香山时间公元1941年12月2日，下午4点。别了，22个月朝夕相处的朋友。我会想念你！安好。"联邦调查局则继续进行其他窃听。

当天早些时候，檀香山领事馆收到经华盛顿转来的东京J19加密的2445号通报：

> 万勿泄露此信秘密。
>
> 请即采取以下措施：
>
> 1. 除各留一份O（PA-K2）和L（LA）密码外，请烧毁所有电报代码（包括三省间通信代码［鸠］和海军用代码）。
> 2. 完成后即电告HARUNA。
> 3. 烧毁所有收发电报的机密记录。
> 4. 注意不要引起外界怀疑，用同样方法处理所有机密文件。
>
> 这些是紧急形势下的预防措施，仅限你馆知晓，请不动声色地谨慎履行你们的职责。

代码如法烧毁，包括发送这封电报的"津"（J19）。当晚，喜多发出HARUNA。此后，领馆密码员月川左文（Samon Tsukikawa）只得用简单的PA-K2发送吉川猛夫（化名森村正）的间谍信息。

第一份PA-K2加密的间谍电报安排了4种信号系统，吉川用这些系统报告珍珠港内的舰只情况。向吉川提交这项安排的是一个在夏威夷的轴心国间谍，伯恩哈德·尤利乌斯·奥托·屈恩（Bernhard Julius Otto Kühn）。屈恩的女儿鲁特16岁时成为纳粹宣传部长约瑟夫·戈培尔（Josef Goebbels）的情妇。1935

年，戈培尔与鲁特发生一次争吵后，把屈恩派到夏威夷。屈恩在他的信号系统中规定，数字1到8代表一些特定信息，如：“若干航母准备出海（数字2）”和“几艘航母在4到6日间离港（数字7）”等。他再用特定时间、地点的篝火、屋内灯光或KGMG电台广播的分类广告来表示特定数字。如，夜里2点到3点拉尼凯滩（Lanikai Beach）一所房子窗户里的两盏灯，或上午10点到11点间的两块床单；夜里11点到12点间卡拉马的一所房子阁楼窗户的灯光，或者一个留下1476号邮箱、出售一整个养鸡场的广告：所有这些都表示数字7。如果这些都无法做到，则晚上8点到9点间，毛伊岛（Maui Island）某个山顶的篝火将代表7。这个系统的目的是消除吉川和屈恩直接接触所带来的危险。12月2日，屈恩测试了系统，发现它可行，转给了吉川。12月3日，吉川把它分成2个长部分，（用PA-K2）加密后发给东京。

这天是日本领馆把当月电报业务交给美国无线电公司的第三天。按照萨尔诺夫的指示，公司区域经理乔治·斯特里特（George Street）让人把日本领馆电报抄在一张白纸上，没写明收发件人身份。12月3日上午10点到11点左右，梅菲尔德来到分公司办公室，斯特里特塞给他一个装着电报的空白信封。梅菲尔德一回到14海军军区情报处，立即派人把电报送给罗彻福特。

那天是周三，在华盛顿，通信情报处译出一封发自东京的“紫色”电报。“魔术”收阅人两天前还推测日本可能会暂时放过美国，因而稍感宽心，现在突然认识到战争之箭可能随时离弦，大吃一惊。这封电报命令华盛顿使馆“烧毁所有（代码），只把与密码机一起使用的密码和O密码（PA-K2）以及略语密码（LA）各留一份……立即停用并彻底摧毁一套密码机……电告……HARUNA”。副国务卿韦尔斯看到电报，感觉“战争得以避免的概率从千分之一降到百万分之一”。总统海军助理比尔道尔把电报拿给总统时说（大意）：“总统先生，这封电报意义重大。”总统细读电报后问比尔道尔：“你看它何时会发生？”——意指战争爆发。“随时。”海军助理答道，他感觉那一时刻就在眼前。

马萨诸塞大道2514号的日本大使馆内，密码人员正在执行销毁命令。密码室位于使馆东南角，从窗户可俯视使馆停车场和隔壁的另一个使馆。密码室

RCA
RADIOGRAM
R.C.A. COMMUNICATIONS, INC.
Send the following Radiogram "Via RCA" subject to terms on back hereof, which are hereby agreed to
OFFICIAL JAPANESE GOVERNMENT BUSINESS
GAIMUDAIJIN TOKIO
HARUNA
KITA
1941 DEC 2 PM 9 03
411
PHONE 6116

喜多长雄领事发出密语 HARUNA，报告其密码已经销毁

中间紧紧地陈列着数十张桌子，西墙边上的那张放有两台密码机，等待销毁，第三台已经损坏，静静地躺在保险柜内。使馆完全违背了通信保密的规章，雇了一个叫罗伯特的老黑人门房每天打扫密码室，清理室内的绝密设备。但密码人员对保密规则还算尊重，只在密码室内有日本人时，才让罗伯特进入。这种情况，看起来就是个讽刺。就在日本外务省执行超常的保密措施，以及美国密码分析员为破解"紫色"密码机而精神崩溃时，一个美国公民却在放着这些复杂机器的桌子上挥舞尘掸，而它们正是这场无声战役的中心。

但是，正如日本人似乎没有认真怀疑过罗伯特可能是个间谍一样，美国人似乎也没有认真考虑过在日本大使馆安插一个间谍，从而减轻他们密码分析员的负担。当然，即使想到这一点，他们也可能会反对这个主意，因为间谍暴露将带来密码的自动更换。而通过分析来阅读密码将大大减少这种风险。

日本人的纸质代码本由 4 到 6 页折页纸组成，全部打开可伸展成一张长长的单页。负责密码室的使馆参赞井口贞夫（Sadao Iguchi）指示电信官堀内正名（Masana Horiuchi，音）和密码员梶员健（Takeshi Kajiwara，音）、崛弘（Hiroshi Hori，音）、吉田寿一（Juichi Yoshida，音）、川端冢尾（Tsukao Kawabata，音）和近藤健一郎（Kenichiro Kondo，音）烧毁纸质代码。密码机的销毁更加复杂，遵循外务省最近传来的做法。机器先用螺丝刀拆开，再用锤子砸烂，最后溶在海军武官处提供的酸液里完全销毁。一些销毁活动就在使馆花园进行，因此布拉顿在读到销毁密码的情报后，派出一个军官到日本大使馆刺探真相，很快得到证实。

美国官员终于认识到 HARUNA 报文的不祥含义。这些电报从纽约、新奥尔良和哈瓦那发出，被截收后当天就送到陆军通信情报处。陆海军最高司令部一致认为，销毁密码实际上发出了战争将在几天内爆发的确凿信号。按斯塔克副手的说法：“如果你中断外交谈判，不必烧毁密码。外交官回国时，可以把密码和洋娃娃一起打包带回国。同样，即使中断外交谈判，也不会中断领事关系，领事仍会保留。现在，在这一系列电报中，他们不仅通知驻华盛顿和伦敦外交官烧毁密码，还通知驻马尼拉、香港、新加坡和巴达维亚的领事烧毁密码。这意味着不是中断外交关系，而是战争。”

销毁密码的“魔术”情报到达斯塔克几小时后，他把这个惊人的消息传送给基梅尔和哈特：

> 据极可靠消息，日本方面于昨日已给驻香港、新加坡、巴达维亚、马尼拉、华盛顿和伦敦使领馆发出紧急指示，要求他们立即销毁代码、密码以及其他所有重要机密文件。

5 分钟后，他又发送了另一条电报：

> 12 月 1 日，东京 2444 号电报下令伦敦、香港、新加坡和马尼拉销毁“紫色”机器。巴达维亚的密码机已经遣回日本。12 月 2 日，华盛顿也得到指示，要求其销毁“紫色”机器和除一套外的其他所有密

码系统以及所有机密文件。伦敦英国海军部今天通报到，日本驻伦敦使馆已经执行。

在华盛顿，由于形势紧迫，人们将保密观念抛在脑后。不许提及“魔术”的严格禁令被完全忽视。基梅尔收到电报后问莱顿“紫色”是什么。因为严格的保密措施，两人面面相觑。他们询问舰队保密官赫伯特·科尔曼（Herbert M. Coleman）海军上尉，后者告诉他们，那是一台跟海军密码机类似的机器。

马歇尔给他的情报主管谢尔曼·迈尔斯（Sherman Miles）准将授权，命他指示驻东京武官销毁大部分代码和密码：

记住用于无重复、无指标的SIGNUD的2号紧急密钥词。销毁文件。保留SIGNNQ、SIGPAP和SIGNDT用于所有通信，保留到最后一步，直到它们最终销毁后，采用记忆的SIGNUD。立即销毁其他一切陆军部密码和代码，用隐语BINAB通知。与日本外交关系断绝的早期迹象已现。国务院通知你可以转告大使。

第二天午饭后，海军依法通知驻远东各武官：

依你方判断销毁此密码系统，用明语JABBERWOCK报告。销毁除CSP1085、6、1007、1008和此系统外的所有登记文件，发明语BOOMERANG报告执行情况。

12月4日，周四，晚上8点45分，美国联邦通信委员会无线电情报部（Radio Intelligence Division［RID］）值班员给海军情报局致电，问它能不能接收一条特定信息。海军情报局军官不太确定，说他会打回去。9点零5分，密码分析科值班军官布拉泽胡德致电联邦通信委员会，后者交给他一份日本天气预报，看上去就是上头要求通信委员会人员收听的内容。无线电情报部值日官读给布拉泽胡德：“东京，今日：风力稍强，今晚可能转多云；明日：少云，天气良好。神奈川县，今日：北风，多云；下午起：云系增强。千叶县，今日：北风，晴，可能转少云。海面：平静。”布拉泽胡德放下心来：里面没有任何意指美国的“东风雨”。但它似乎缺乏一个真正隐语通信必备的要素，例如，那句指向苏联的“北风云”并没有重复两次。虽然如此，布拉泽胡德还是打电话给海军通信主任利·诺伊斯（Leigh Noyes）海军少将，后者说道，他觉得风向很有趣。一致意见是，这不是一条真正的隐语通信，于是他们继续搜寻。

12 月 5 日，在东京，东乡外相接见了陆军参谋部和海军军令部的职员代表。一位陆军将军和另一位海军将军希望讨论一个细节，那就是日本向美国递交最终照会的准确时机。该照会由外务省美国课课长用英文草就，已经由“联席会议”（Liaison Conference）——一个 6 人组成的战争内阁——在前一天的会议上通过。照会拒绝了赫尔 26 日的提议，结尾写道：“日本政府在此遗憾地通知美国政府，鉴于你们的立场，日本政府认为，通过进一步谈判达成协议的可能性已经丧失。”

1907 年的《海牙（第三）公约》（Hague Convention）是一份战争法律文件，第一条规定，“……除非有预先和明确的警告……不应开始敌对行动。警告形式要么是有正当理由的宣战声明，要么是有条件宣战的最后通牒。”东乡向联席会议指出，照会效力远远超过最后通牒，发布明确的宣战声明将“只是重申显而易见的事实”。与会者欣然接受这一诡辩，因为它使得他们既可以符合预先通知的要求，又可以保证袭击的突然性。因为《海牙公约》没有明确规定这样的通知应提前多少时间发出，东条首相和其他参会者考虑尽量缩短这个时间。夏威夷黎明时分约为华盛顿的中午，联席会议暂时设定星期四，12 月 7 日中午 12 点 30 分（华盛顿时间），为递交照会时间。

但是，当两个军官次日去询问东乡准确时间时，海军军令部次长伊藤整一（Seiichi Ito）中将告诉外相（东乡后来写道）：“最高统帅部发现有必要把递交照会的时间在预先同意的基础上推迟 30 分钟，为此他们需要我的同意。我问推迟的原因，伊藤说因为他们计算有误……我追问通知和进攻之间可以留多长时间，但伊藤以作战机密为由拒绝回答。我要求他们给我一个保证，即使递交时间从 12 点 30 分改到 1 点，从这之后到进攻之前也应留有足够时间。伊藤给出保证。得到这个保证（无法知道更多情况），我同意了这个要求。离开时，伊藤说：‘我们希望您不要过早把通知发给驻华盛顿大使馆。’”这个要求埋下了日本实施国际犯罪的种子。

改用 PA-K2 密码后，檀香山的吉川猛夫继续发送船位报告。这些报告是准确、错误和弥天大谎的奇特混合。如 12 月 3 日，他准确报告了来自旧金山的邮轮“乐琳”号（*Lurline*）的抵达，但又子虚乌有地报告了一艘军用运输船离港。他在第二天告知东京，一艘“檀香山”级巡洋舰匆匆离港，实际 4 日并没有一艘这样的军舰进出港。5 日，他电告 3 艘战列舰抵达珍珠港，锚泊珍珠港的战列舰数量由此达到 8 艘——这个报告惊人准确。他的电报以喜多长雄签名发出，在外务省解密后送到北美科，随即加濑俊一（Toshikazu Kase）把它们转到海军省。这些报告在海军省重新起草，用海军代码加密，再用一个日本海军很少使用的特殊频率，也不标明任何直收地址，发送给珍珠港特遣舰队。海军中佐高内和义解密后把这个最新情报送给他的长官。

这个通信保密措施起了作用。夏威夷的美国无线电监听站是否漏掉这些电报已无关紧要了，即使成功截收也无济于事，因为电报没有指明收报人的外部指标，无法解读。10 月后期到 11 月间，罗彻福特攻击日本海军代码小有收获，但他只能读懂其中约 10% 的内容，其中大部分是气象和其他次要信息。罗彻福特说，从中获得的信息“无足轻重”。甲米地在解读部分 JN25 电报——其中没有透露任何有关珍珠港的信息，直到 12 月 4 日，高级加密系统突然改变。一封从 COPEK 信道发送的电报写道：“今天早上 6 点后截收的 5 封数字码电报表明了密码系统的改变，包括算法改变和指标变化。我们将 6 点后截收的所有电报与之前三系统比对，发现它们截然不同。”直到 12 月 8 日，科雷希多岛才初步突破新的高级加密系统。而可能用于发送吉川信息的仅有另一系统——旗舰官系统——依然牢不可破。

然而，当罗彻福特小队拿到吉川的原始信息时，他们才开始对警告有所察觉。周五上午，梅菲尔德偷偷从斯特里特那里拿到另一批电报，立即遣人送给罗彻福特小队。破译这些电报不属罗彻福特小队的职责[1]，但面对一位长

[1] 原注：这也许是罗彻福特不直接通过 COPEK 向华盛顿索要密钥的原因。

官和同事的请求，他很难拒绝。罗彻福特把破译电报任务交给39岁的电台主任法恩斯利·伍德沃德（Farnsley C. Woodward），1938到1940年间，他在上海站有解读过日本外交密码的经验。他得到罗彻福特的高级分析员海军少校托马斯·戴尔（Thomas H. Dyer）及其助手海军少校韦斯利·赖特（Wesley A. Wright）的协助。该小队并不从事日本外交密码破译工作，但它需要在“无线电情报出版物”（Radio Intelligence Publications［RIPs］）发布信息，以供其他所有部门参照。出版物上只有PA代码清单，摆在密码分析员面前的是艰巨的K2移位复原。周五下午1点30分到2点左右，几封电报和一些LA加密电报到了伍德沃德手中。他立即开始破译，连续几天每日工作12—14小时。LA电报破解并非难事，海军陆战队上尉阿尔瓦·拉斯韦尔（Alva Bryan Lasswell）把它们译成英文，最后发现电报里只有“垃圾信息”。但K2移位却是一道难题，迫使他一直工作到深夜。

当天下午5点左右，森元和（Motokazu Mori，音）夫人接到一个横越太平洋的电话，她是夏威夷日裔社区一个著名牙医的妻子，东京军国主义报纸《读卖新闻》（*Yomiuri Shimbun*）驻檀香山记者。森夫人前一天收到编辑发来的电报，要她安排电话采访一位日本要人，谈谈夏威夷的形势。她回电表示接受，但对采访对象毫无线索，于是她自己拿起电话。

读卖：喂，是森吗？

森夫人：喂，我是森。

读卖：抱歉给你添麻烦。打扰了。

森：没关系。

读卖：……我想请你谈谈你对现在夏威夷局势的印象。每天都有飞机飞行吗？

森：是的，许多飞机飞来飞去。

读卖：飞机大不？

森：大，相当大。

读卖：从早到晚都在飞吗？

森：嗯，没那么夸张，不过上周，它们倒是飞得挺勤。

随后是一问一答，谈到水兵数量，日本人和美国人的关系，工厂建设，人口增长，飞机是否带着探照灯，夏威夷天气，报纸上的评论，日本驻美大使来栖和苏联驻美大使马克西姆·李维诺夫（Maxim Litvinoff）在夏威夷逗留期间留下的印象比较。采访继续：

读卖：你知道美国舰队的情况吗？

森：不知道，我对舰队一无所知。因为我们尽量避免谈及这类事情，我们对舰队了解很少。不管怎么说，这里的舰队似乎不大。我不（知道是否）所有军舰都走了，但似乎舰队离开了。

读卖：是吗？夏威夷现在都有哪些花开放？

森：现在是全年开花最少的时期。不过现在芙蓉和一品红正开着。

编辑似乎有点给芙蓉弄糊涂了，但采访继续进行，他们讨论了白酒和第一、二代日本移民数量。最后编辑谢过森夫人。她请他稍等片刻，但他已经挂了。

两人都不知道，有人在一直窃听。而且那个人觉得，芙蓉和一品红的谈论听上去极为可疑——尤其是在昂贵的越洋电话中，在如今关系异常紧张的时期。

此时东京是 12 月 6 日，星期六，下午 1 点刚过。日本已将对赫尔 26 日照会的答复送往外务省电报室，准备发给驻华盛顿大使馆。电信课长龟山一二为方便操作，把答复分成大致相当的 14 个部分，命令用九七式欧文打字机将它们加密。他还加密了东乡的一封简短的"引导"电报，报上提醒大使馆，答复正在发送，指示使馆"打印成正式文件形式，做好一切准备，一收到指示立即提交美国政府。"晚上 8 点 30 分，电报室将主要信息发送给东京的中央电信局（Central Telegraph Office），45 分钟后，电报将从那里用无线电发到美国。班布里奇电台截收到这封电报，转给海军通信保密科。12 月 6 日（华盛顿时间），星期六，正午过后 5 分钟，通信保密科把电传副本送给陆军通信情报处，后者立即用"紫色"机器解密。下午 2 点，布拉顿得到翻译并打印好的电报。一小时后，它已经到了陆军收件人手上。通信情报处下午 1 点正式下班，6 点才上班，然后开始全天通勤。日本对赫尔 26 日照会的答复已苦等许久，而电报显示他们即将收到答复。下午 2 点 30 分左右，通信情报处打电话给职员玛丽·邓宁（Mary J. Dunning）和雷·凯夫（Ray Cave），要求他们上岗，两人于 4 点前抵达。

在东京，龟山已经把日本复照前 13 部分传到中央电信局。按照日本美国课指示，他压下关键的第 14 部分，该部分指向谈判终止。夜里 10 点过后不久，商业电台开始把前 13 部分发给华盛顿，大部分发送只用了不到 10 分钟。但最后一部分即使用上了两部电台，夜里 1 点 58 分才发送完毕。班布里奇电台当然没闲着，它按 1、2、3、4、10、9、5、12、7、11、6、13、8 的次序照单全收。其中一批于华盛顿时间 12 月 6 日正午前 11 分电传至保密科，另一批当天下午 3 点差 9 分到达。这天是 12 月 6 日，星期六，偶数日，轮到陆军处理电报，但海军也开始了破译，因为他们知道陆军通信情报处当天下午不上班，并且认为这封电报非常重要。破译进展不顺，似乎哪里出错了。分析科知道密钥，但每隔几个字母就会出错。分析员努力纠正。

同时，翻译分发科埃杰斯（Edgers）夫人收到了由吉川发出的日本 PA-K2 长电报，该电报采用夏威夷 Kühn 视觉信号系统的标志。“一眼看上去，”她说，“这封电报似乎比我篮子里的其他电报更有趣，我就选了它，并问另一个正在翻译其他电报的译员，这封要不要马上译出来。他告诉我说需要，于是我开始翻译。报上似乎有些错误需要改正，因此我费了点时间。此时是中午 12 点 30 分，或 12 点 30 分前后，不管几点，但到了下班时间，因为这天是星期六，我们中午下班。可我还没译完，于是需要加班做完。我估计我完成草译是在下午 1 点 30 分到 2 点之间。”埃杰斯夫人把完成后的译稿交给军士长布赖恩特处理。但电报内容依然不尽详知，而且埃杰斯夫人经验不足，她的译文还得经过进一步检查才能发出去。克雷默忙于那 13 部分复照，未及细看。

得知陆军通信情报处有人值班，为加速破译，分析科把 13 部分的第 1、2 部分送了过去。但当情报处杜德少校指示凯夫小姐到保密科帮助打印定稿时，可能因为电报内部错乱，这两部分又交回分析科破译。分析科后来送去的电报均留在情报处。

下午 3 点，在批准译员下班前，翻译分发科的克雷默和分析科确认，还有没有东京电报进来。因为外交照会关键部分通常在最后几句，分析科为他破解最后截收的一份电报。第一行开头的日文表明，这是一封 14 部分电报的第 8 部分。约 3 行日语序文后，电报内容变成英文，和外务省发出时一样。克雷默可以让他的译员下班了。英文文本中遍布代表标点、换行和编号的三字母密字，但他们早已还原出这些内容，因此这不成问题。

下午 4 点，当林（Linn）到分析科接班时，错乱还未消除。他决定从头开始，核对密钥，查找错误来源，重新破译电报而不是猜测错乱字母，那样可能会导致错误，严重曲解本意。重新破译造成了海军那台“紫色”机器的严重故障。约下午 6 点，分析科请陆军通信情报处进行协助。他们将第 9、10 部分送过去，1 小时后，手写译文送回。下午 7 点 30 分，陆军通信情报处正在破译最后一部分。

一些差错还没消除。第 3 部分有一处 75 个字母根本读不出，第 10 部分有 45 个字母，第 11 部分有 50 个字母搞不清。第 13 部分有两处出错。一处译出 *andnd*，另一处译出 *chtualylokmmtt*；分析科认为第一处应为 *and as*，第二处 *China, can but*。[1]

约 1.6 千米外的日本大使馆，晚饭前，密码员完成了电报前 7 到 8 部分的破译。随后他们一起前往五月花酒店，参加接到调令的西半球日本间谍头子寺崎英成（Hidenari Terasaki）的告别晚宴。

正当日本密码员享受晚餐时，美国国务院的密码员正在加密美国总统以个人名义发给日本天皇的和平呼吁。自 10 月以来，这份呼吁已被屡次推迟，罗斯福明显想把它当作最后一步棋。他确定现在时机已到。电报于 9 点发出，横跨超 11000 千米，1 小时后到达东京。但之前从日本中央电信局到美国大使馆的电报却用了 10 小时。

就在美国总统向天皇发出和平呼吁时，日本特遣舰队官兵却在收听战争电

[1] 原注：正确的明文其实就是 *and*，多出来的 *nd* 也许仅是无意的重复。而 *China, it must* 中的 LYL 也许是表示“逗号”的密词。

报。不久前，南云忠一用邮轮里的所有油加满战舰，准备发起最后一击。舰员挥手告别慢慢远去的油轮，军官向全体官兵宣读山本五十六发来的一封鼓舞军心的电报 :“为天皇效忠的时刻已到。帝国生死存亡系此一役。诸君当奋勇。”口号声响彻云霄，“赤城”号桅杆上飘扬着日本 1905 年大败俄国海军时悬挂的旗帜，这是一个激动人心的时刻。南云号（Nagumo）转向正南，加速到 26 节，舰队穿过汹涌的海面，驶向目标。

珍珠港一片安详美好，“静如一片原野，面朝天空”，茫然不知来势汹汹的无敌战舰。但此时此刻，还是有许多人在搜寻线索，查找日本意图，尤其是破坏行动的线索，他们认为这是一个严重威胁。这些人中就有联邦调查局檀香山分部的负责特工罗伯特·希弗斯（Robert L. Shivers），他得到司法部长（Attorney General）的授权，窃听了森夫人的电话采访。中午，他拿到电话英文稿。4 点刚过，他在檀香山亚历山大·扬格酒店六楼的办公室与梅菲尔德和陆军军事情报处助理乔治·比克内尔（George W. Bicknell）中校讨论它。卡尔海军上尉翻译了这段海军窃听到的电话，当天下午，他正好在海军军区情报处值班，梅菲尔德与他商量，一致认为卡尔应该听听原始录音，看看话里有没有隐藏的信息。希弗斯说第二天上午 10 点把录音交给他。比克内尔的职责包括领导陆军在夏威夷的反谍行动，他确信芙蓉和一品红暗含间谍意味，打电话给上司军事情报处负责人肯德尔·菲尔德（Kendall J. Fielder）上校，说有件要事，希望立即见他和肖特将军。

两人均参加了在斯科菲尔德兵营举行的晚餐，菲尔德问可否等到明天。比克内尔说事情十分重要，菲尔德同意见他。比克内尔急忙驱车到沙夫特堡，菲尔德和肖特在那里比邻而居。下午 6 点左右，三人就电话内容讨论了一阵，虽然他们认为电话“非常可疑，有鬼”，菲尔德说，“我们识不透它，完全一头雾水”。有关花卉的内容一点也不合时宜，似乎确实在用隐语传递军事情报，但另一方面，两个日本人又毫不掩饰地谈论了飞机和舰队。整个事情完全让他们摸不着头脑，得不出结论。

他们不知道，此刻东京街头兜售的《读卖新闻》上，就有一篇根据对森夫人采访写成的关于夏威夷环境的文章——以花卉的内容结尾。他们也明显没有意识到，日本人并不需要这样一个脆弱、冒险的密码，他们可以用外交代码发送更详细的电报。而且此刻，最讽刺的是，珍珠港的日本人就在这样做。就在三个美国军官站在肖特家门廊担心芙蓉的时候，美国无线电公司营业所正在一封日本领馆的电报上盖时间戳，"1941–12–6，下午 6：01"。电报签名为喜多，但实际发报人是吉川。电报不长（仅 44 组），费用低廉（6.82 美元），但报告内容为："(1) 5 日晚，'怀俄明'号（*Wyoming*）战列舰和 1 艘扫雷艇进港。6 日锚泊船：9 艘战列舰，3 艘扫雷艇，3 艘轻巡洋舰，17 艘驱逐舰；坞修船：4 艘轻巡洋舰，2 艘驱逐舰；重巡洋舰和航母都不在港。(2) 舰队航空兵似乎不进行空中侦察。"吉川还是一如既往地对错参半。他把"犹他"号（*Utah*）当成了"怀俄明"号，他的战列舰数量没错，但那天下午在港有 6 艘轻巡洋舰、2 艘重巡洋舰、29 艘驱逐舰、4 艘扫雷艇、8 艘布雷艇和 3 艘水上飞机母舰。发完这封电报后，吉川完成了他的任务。这也是日本驻夏威夷领馆发出的最后一封电报，从此电报发送中断多年。

华盛顿，晚上 8 点 45 分。复照前 13 部分已经顺利打出，并被放置文件夹内。克雷默开始打电话给收件人，确定他们的位置以便送去"魔术"。他还给妻子玛丽打了电话，玛丽答应开车送他。他们先到了白宫，时间为 9 点 15 分左右。海军助理比尔德尔已经汇报总统，晚上会有"魔术"电报送来。下午 4 点左右，比尔德尔命令通信助理海军上尉莱斯特·舒尔茨（Lester R. Schulz）待命，准备将电报呈交总统。克雷默到达时，舒尔茨正在位于白宫底层收发室一角比尔德尔的小办公室里等着。罗斯福夫妇正在举办一个大型招待会，但总统抽身出来。舒尔茨获准把"魔术"带给总统。一个门房把舒尔茨领到二楼椭圆办公室，向总统通报了他的到来。罗斯福坐在办公桌前，和他一起的只有哈里·霍普金斯。舒尔茨用比尔德尔给他的钥匙打开公文包，拿出一沓"魔术"交给总统。总统花了 10 来分钟读完那 13 部分，霍普金斯则在一旁慢慢踱步。总统看完后交给霍普金斯。第 13 部分拒绝了赫尔的提议，当霍普金斯把文件交还总统时，罗斯福转向他说，实际上，"这意味着战争"。霍普金斯表示同意，两人用了约 5 分钟讨论了当前形势、日军部署及其向印度支那的进军等问题。总统提到他给裕仁天皇的电报。霍普金斯谈到，在这场无法避免的战争

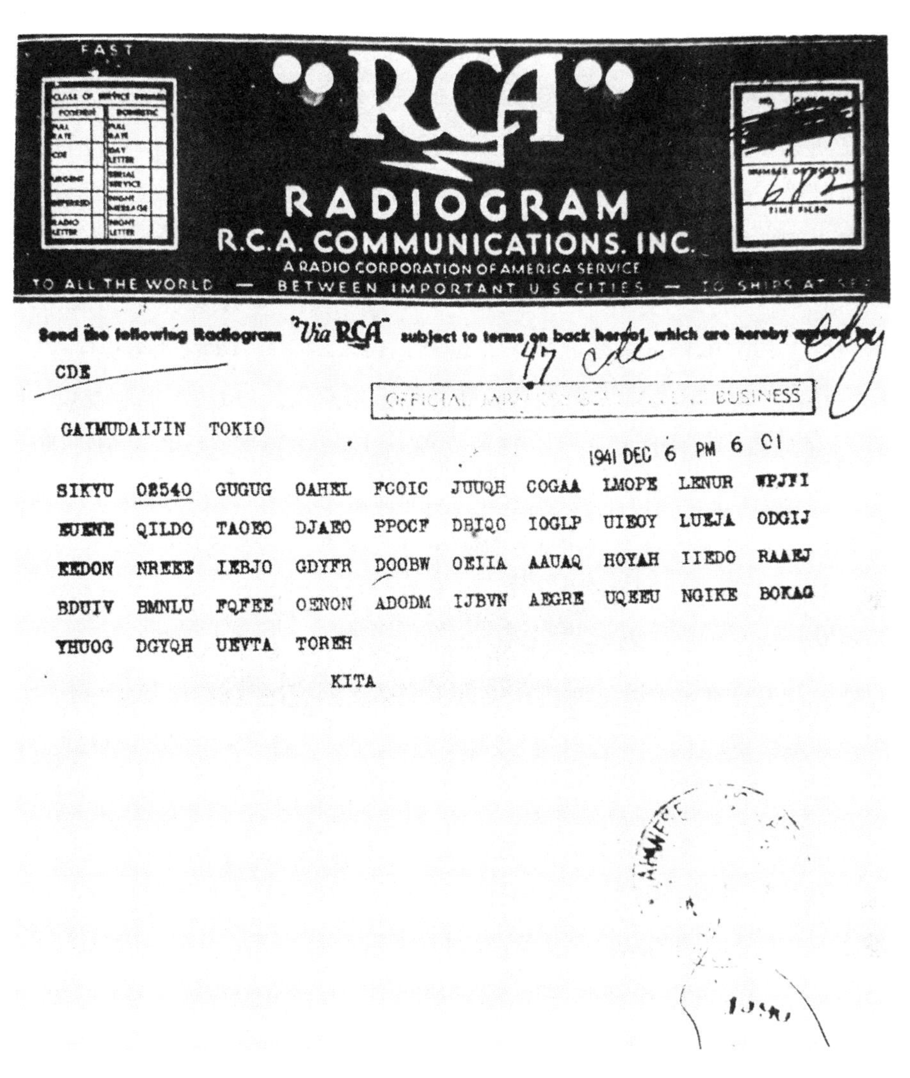

FAST

RCA

RADIOGRAM

R.C.A. COMMUNICATIONS. INC.

A RADIO CORPORATION OF AMERICA SERVICE

TO ALL THE WORLD — BETWEEN IMPORTANT U S CITIES — TO SHIPS AT SEA

Send the following Radiogram "Via RCA" subject to terms on back hereof, which are hereby agreed to

CDE

47 CDE

OFFICIAL JAPANESE GOVERNMENT BUSINESS

GAIMUDAIJIN TOKIO

1941 DEC 6 PM 6 01

SIKYU 02540 GUGUG OAHEL FCOIC JUUQH COGAA LMOPE LENUR WPJFI
EUENE QILDO TAOEO DJAEO PPOCF DBIQO IOGLP UIEOY LUEJA ODGIJ
EEDON NREKE IEBJO GDYFR DOOBW OEIIA AAUAQ HOYAH IIEDO RAAEJ
BDUIV BMNLU FQFEE OENON ADODM IJBVN AEGRE UQEEU NGIKE BOKAG
YHUOG DGYQH UEVTA TOREH

KITA

珍珠港遭袭前夜，吉川猛夫用喜多领事签名，PA-K2 加密，
发出他最后一封电报，报告美国舰队依然在港

中，不能开第一枪、不能阻止各种突然袭击，这对美国大为不利。

“不，”总统说（大意），“我们不能那样做，我们是一个民主国家，一个爱好和平的民族。”他提高了声音，“但我们会记下这一切。”斯塔克海军上将的电话没打通，总统怕引起不必要的恐慌，驳回了用国家大剧院广播找他的请求。

随后总统把文件还给舒尔茨，转身进入椭圆办公室。约半小时后，舒尔茨离开，回到收发室，他发现克雷默正坐在一张长桌旁。舒尔茨把报袋交给他后不久就回家了。克雷默则前往下一站沃德曼公园酒店（Wardman Park Hotel），诺克斯海军部长在那里有个套房。当克雷默与诺克斯夫人和诺克斯的《芝加哥每日新闻报》代理经理聊天时，海军部长花了20分钟看完复照前13部分。他同意克雷默的看法，认为虽然还不完整，但电报表明谈判已经终止。他到另一个房间打了几个电话，出来时嘱咐克雷默，第二天上午10点他与史汀生、赫尔在国务院开会，让克雷默把最新"魔术"情报送来。（布拉顿已于夜里10点把前13部分发给国务院值夜官，嘱他立即交给赫尔。）诺克斯把电报还给克雷默，后者继续将情报送到海军情报主任海军少将西奥多·威尔金森（Theodore S. Wilkinson）家，比尔德尔和陆军情报主任迈尔斯碰巧在那里做客。三人丢下其他客人，到另一个房间研究电报。比尔德尔阅读的是克雷默身上带的另一份副本情报。他们似乎也感觉谈判走到了尽头。

克雷默离开威尔金森家时已过午夜。妻子送他回海军部，他把"魔术"放回翻译分发科保险柜，并查看第14部分到达没有。确认没有后，最终他自己也回了家。

此时在陆军通信情报处，加速电报传送的新电传打字机正在"笼子"里安装。"笼子"是一个围着栅栏的房间，"紫色"电报就在这里处理。陆军通信情报处要求2号监听哨发来一些截收电报作为测试。在旧金山，主管军士哈罗德·马丁（Harold W. Martin）把从空运邮件中收到的一部分当天电报材料，以及之前的一些电报敲入电传打字机纸带，发送给陆军通信情报处。最新的一批电报中就有吉川的最后电报，因此它成为直接传送的第一批真正的非测试材料之一。午夜刚过，陆军通信情报处收到这封电报。但PA-K2是低优先级密码，而且电报来自一个领事馆，因此它被放在一边，等待处理。

此外，情报处还有更重要的事需要操心。和海军通信保密科一样，它也在发疯似地搜寻第14部分。截收部门负责人罗伯特·舒克拉夫特（Robert E. Schukraft）上尉和负责破译日本外交密码的文职分析员弗兰克·罗利特再三核对，看有没有哪个截收站收到它，但是由于疏忽没发送过来。电报前文中说这个部分确实存在，但他们找不到它的一丝踪迹。没人想到是日本外务省出于保密原因，故意推迟了这个结论部分的传送。

日本大使馆的密码员也没想到。9 点 30 分，寺崎英成的聚会结束，他们回到使馆，午夜时完成前 13 部分的解密。在等待最后一部分时，他们忙着处理前一晚所销毁密码机留下的残骸，没有遵从引导电报中要他们做好随时递交照会准备的指令。

最终，在前 13 部分全部传完 14 小时后，外务省发出了关于中断谈判的关键第 14 部分。东京时间下午 4 点，为确保正确接收，外务省命令电报由美国无线电公司和麦凯无线电报公司 [1] 两处发送。一个半小时后，外务省把指示下午 1 点递交 14 部分照会的加密电报传到中央电信局，这封电报也经上述两家公司发出。

和往常一样，班布里奇岛不知疲倦的天线探测到两封电报在空中的颤动。截收站于当地时间 12 月 7 日凌晨零点 5 分和 10 分之间收下麦凯公司传送的第 14 部分，更短的指示 1 点递交照会的电报于凌晨 1 点 28 分至 1 点 37 分收到。截收站把两封电报一次性传送给分析科，第 14 部分在 S 站的序号为 380，1 点那封序号为 381。分析科值班官布拉泽胡德用“紫色”机器解密两封电报。但很明显他在破译第 14 部分时遇到麻烦，花了一个小时才破解。到凌晨 4 点，他才得到英文文本。三字母代码组很快被译成标点，现在，电报只差打印了。但那封 1 点电报却是日文。他知道陆军通信情报处已经开始全天轮班，有译员值班，于是把电报送去翻译。此时是华盛顿时间早上 5 点多。

日本大使馆的密码员等待第 14 部分已等了一整夜，井口贞夫参赞建议他们回家。就在他们疲惫地爬上床时，海军武官到达使馆，发现信箱里塞满了电报。上午 8 点左右，值班军官给在家的密码员打电话，命令他们返馆工作。

瓦湖岛以北几百海里，日本特遣舰队带着飞机大炮和仇美情绪，向太平洋舰队奔去。几小时前，东京发来一封电报，让即将指挥第一波空袭的海军中佐渊田美津雄（Mitsuo Fuchida）长舒了一口气。这封电报转自吉川，报告指出美国舰队的防空阻塞气球尚未设置。这封电报也搬走了压在源田实（Minoru

[1] 译注：英文为 Mackay Radio & Telegraph Company。

Genda）海军中佐心头的石头。源田本想用浅水鱼雷攻击美国锚泊军舰，而电报中说美国战列舰似乎没有防鱼雷网保护。

檀香山，12 月 6 日刚过，7 日凌晨 1 点多钟，珍珠港突袭部队收到了吉川自东京发来的最后一封电报。美国军舰依然在港，茫然不觉地等着挨刀，甚至没有防空预警。这一切是圈套吗？特遣舰队通信官海军中佐小野宽治郎（Kanjiro Ono）仔细收听檀香山 KGBM 电台，寻找蛛丝马迹以证实美国人可能已经发现他们，却只听到岛上的靡靡之音。“飞龙”号上，甲板上的军官在每架飞机的电台发射按键和触点间塞上纸片，近两周来，他们采取一切谨慎措施，确保无线电保持静默，眼下最后几个小时，不要出什么漏子，为突袭带来不利。

正当吉川的最后报告在“赤城”号上解密时，克雷默回到离开仅 7 小时的海军部，开始工作。此时是 12 月 7 日，星期日，早上 7 点 30 分。

克雷默到达时，布拉泽胡德已将破译好的第 14 部分放在他桌上。他花了半小时左右准备好一个通顺的版本。8 点，他把一份打印整洁的副本交给麦克勒姆。其他副本送到陆军通信情报处分发。随后克雷默一直在办公室处理其他截收电报，只在 8 点 45 分出去过一次，那就是在海军情报主任威尔金森到达海军部时，他送去一份第 14 部分副本。9 点 30 分，克雷默离开，为陆、海军部长和国务卿的会议送去完整的 14 部分电报。他先到海军作战部长办公室，得知斯塔克得到电报后，快步走向白宫。9 点 45 分左右，他到达白宫，把“魔术”报袋交给比尔德尔，比尔德尔已做好准备，在此等候，因为他料到，前一晚在威尔金森家所看到电报的第 14 部分很可能会送来。

比尔德尔把文件夹带给正在卧室的总统。罗斯福和他打过招呼，读完电报，评论说看样子日本人打算中断谈判。随后总统把“魔术”还给比尔德尔，后者把它带回海军部。

此时克雷默正匆匆穿过白宫西草坪，走向丑陋俗气的国务院大楼。9 点 50 分左右，他到达国务院，陆军通信员带着给赫尔和史汀生的“魔术”几乎同时出现。赫尔的助手约翰·斯通（John Stone）把装有第 14 部分的“魔术”情报出示给三位国务院官员——亨培克、包兰亭、哈姆登。几人泛泛讨论了一阵局势，几分钟后部长和国务卿到达。克雷默把他的报袋交给诺克斯，自己回到海军部。

此时通信情报处已经把 1 点钟递交照会的那封电报译文送来。它到布拉顿手里是 9 点左右，那时他正在读照会答复的第 14 部分。电报“内容指向促使我立即采取疯狂行动[1]。从那时起，我忙于寻找各个参谋总部军官，只为与他们讨论这封电报及其含义”。布拉顿后来说。他第一个想联系的是马歇尔，于是打电话到他所在的迈尔堡（Fort Myer）家里，一个勤务兵告诉他，参谋长按每周日上午的习惯，骑马去了。布拉顿指示勤务兵：

“请立即出去找到马歇尔将军，如果必要，找人一起寻找。告诉他——请告诉他我的名字，叫他前往最近的电话，我要尽快与他通话，事情重大，务必做到！”勤务兵答应了。布拉顿又打电话给迈尔斯，告诉他电报内容，催他立即来办公室。10 点到 10 点 30 分间，马歇尔给布拉顿回电话。布拉顿说他立即带上那封 1 点钟电报开车过去，但马歇尔告诉他不用麻烦，他马上到办公室。布拉顿遵命照办。

10 点 20 分左右，克雷默回到翻译分发科，发现了那封 1 点钟电报。他和布拉顿一样大吃一惊，立即让布赖恩特军士备好一套新的文件夹，马上出门送报。这一套里还有陆军通信情报处破译的其他电报，是上午早些时候克雷默翻译的：东京序号 904 电报指示大使，打印递交国务院的 14 部分最终答复时，为绝对保密，不要使用普通职员；序号 909 电报对两位大使付出的全部努力表达了感谢；序号 910 命令销毁余下的密码机和所有机器密码。

正当克雷默再次匆匆出门时，分析科值班军官佩林带来一封日文明语电报。报尾的 STOP 露出马脚，表明这是一封隐语电报：KOYANAGI RIJIYORI SEIRINOTUGOO ARUNITUKI HATTORI MINAMI KINEBUNKO SETURITU KIKINO KYOKAINGAKU SIKYUU DENPOO ARITASI STOP TOGO。克雷默认出 KOYANAGI 是表示“英国”的密语，而 HATTORI 的密语含义他一时记不起来了。他查了

[1] 原注：至今一个悬而未决的问题是，这条密信只需 5 到 10 分钟时间翻译，为何扣在通信情报处达至少 2 小时，甚至或许达到 4 小时。布拉泽胡德把密信带到通信情报处时，时间或许才刚过凌晨 5 点，反正一定在 7 点前；到上午 9 点半前，密信还没回到翻译分发科，此时克拉默已带着第 14 部分离开，前去递送；但早上 8 点，布拉顿到达办公室时，并未看到密信。在布拉泽胡德之后，密信再一次出现在布拉顿跟前是 9 点。作者并未找到其延迟的任何原因。

他的密码清单，发现它表示“日本与（国名）关系不及预期”，但匆忙之中，他漏看了普通日文字 *minami*，它的意思是“南”，在隐语中表示“美国”。他把电报译成“请小柳理事发一封电报，说明南服部纪念图书馆所需花费的金额，以此来结束我们的生意”。[1] 因此，他口述了一个漏掉“美国”的译文：“日本与英国关系不及预期”。布赖恩特军士把它和另外几封来自陆军的次要电报塞进文件夹。这时克雷默画出一个领航员时刻表，表明华盛顿下午 1 点是夏威夷黎明，远东一带万人瞩目的新加坡和菲律宾则是在凌晨。他把文件夹一把塞进公文包，冲出门。

他首先来到斯塔克办公室，几名军官正在讨论第 14 部分。他叫来麦克勒姆，把装着指示最后销毁密码和 1 点钟递交照会电报的报袋交给他，向他说明后一个时间点的重大含义。麦克勒姆当即领会，走进斯塔克办公室。克雷默转身跑过走廊，走出海军部大楼，右转上了宪法大街，径直走向八九个街区外正在开会的国务院。他再次感到形势紧迫，于是开始加快脚步。

10 点 45 分左右，他连走带跑进入国务院。赫尔、诺克斯和史汀生还在开会，中间赫尔办公室的门开了一下，克雷默看到三人围坐在一张会议桌前讨论。他把“魔术”电报交给斯通，向他解释：1 点递交最终答复的时间与一支大型日本舰队在印度支那沿海向南运动有什么联系。他顺便提到，这个时间点正是夏威夷早上 7 点 30 分。最后销毁密码的信息不言自明。接着克雷默把一份“魔术”报袋送到白宫，最后满头大汗回到海军部，忙着处理更多“魔术”电报。约 12 点 30 分，他从那封隐语电报中发现了遗漏的“美国”，因为 1 点会面已经很近，他致电收件人加以纠正，类似情况以前发生过好几次。但这次只接通了麦克勒姆和布拉顿。克雷默告诉他们，7148 号文件中应插入“美国”。虽然这封电报的影响远不及那封 1 点递交照会的电报，但责任心超常的他还是准备挨个送出一个正确的版本。

萨福德估计，那个周末，通信保密科处理的材料是平常的三倍，分析科日志显示，那个周日，仅“紫色”处理的电报就至少有 28 封。克雷默说，这些电

[1] 译注：根据日文应译为“据小柳理事来电：服部－南纪念文库进行整顿，请急电告知该库设立基金的核准金额。东乡”——摘自《破译者》（艺群译，第 44 页译注）。

报的处理速度比以往任何时候都快得多。密码分析员履行了职责，而且做得非常出色。但是现在，事情的发展已不在他们的控制范围之内。

在东京，经过数十小时的拖延，美国总统给天皇的电报终于送到美国驻日大使格鲁（Grew）手中。邮电检查课长曾应军部一个中校的要求下发过命令，所有外国电报都要当日扣压 5 小时，次日 10 小时，如此交替。那个中校要求将此作为“一项预防措施”，加以执行。总统的“三重加急”电报到达那天是扣压 10 小时的日子，等到扣压够了规定时间，最后才于东京时间夜里 10 点 30 分发送。

格鲁立即约见东乡。电报解密后，次日凌晨零点 15 分，他驱车到东乡官邸，要求——这是所有大使的权利——东乡接收元首递交电报，然后向东乡宣读并递交给他一份副本。东乡承诺转告天皇。虽然夜已深，但东乡致电内阁大臣，请求谒见。内阁大臣可以随时晋见，因此谒见安排在凌晨 3 点，东乡开始让人翻译电报。

此时大约是夏威夷时间 12 月 7 日清晨 5 点 30 分。日本特遣舰队在珍珠港以北仅 250 海里。生命只剩不到 3 小时的 2000 多美国人对此却茫然不知，正在酣睡、玩乐。东京外务省、华盛顿的日本大使馆密码室、美国陆军部、海军部和珍珠港等地的时钟一圈圈转着，但都没有南云忠一军舰的螺旋桨转得快。5 点 30 分，一对侦察机从两艘巡洋舰上起飞，旨在查明美国人是否还在珍珠港。

9 点 30 分到 10 点间，日本大使馆职员陆续回到使馆工作。他们先开始解密较长的电报，经验告诉他们这些电报通常更重要。同时，使馆一秘奥村胜藏（Katzuso Okumura）正在打印最终复照的前 13 部分。外务省之所以让他打印，是因为出于保密考虑，他们禁止聘用普通打字员，而他是唯一打字过得去的高级官员。约 11 点 30 分，密码员吉田寿一按合适密钥调整好欧文打字机，打出一条简短密电。让全体人员吃惊的是，该电指示于华盛顿时间下午 1 点把第 14 部分电报递交国务卿赫尔，而第 14 部分甚至还没有从一堆送来的电报中解密！并且只剩下一台密码机用于解密所有电报！

几个街区外，马歇尔将军刚刚到达陆军部。他的桌上放着“魔术”文件夹，最上面是那封第 14 部分电报，指示下午 1 点递交复照的电报在它下面。他开始细读最终复照，一些地方读了几遍。布拉顿和陆军计划主任伦纳德·杰罗（Leonard T. Gerow）准将想让他看那封 1 点递交照会的电报，但作为下级，他很难打断一位四星上将。马歇尔看完最终复照后才看到那封关于复照递交时间的电报。他也和其他人一样感到形势紧迫，抓起电话打给斯塔克，看他是否愿意和自己联名给太平洋地区美军发一封警告电报。

大致同一时间，野村大使致电赫尔，要求下午 1 点会面。夏威夷以北 230 海里，第一波日本战机正怒吼着飞离航母甲板。

此时斯塔克正与海军驻国务院联络官舒伊尔曼（R. E. Schuirman）海军上校讨论那封 1 点钟电报的含义。他告诉马歇尔说，他觉得发出的警报已经足够，再发只会把指挥官搞糊涂。因此，马歇尔独自写下他想发的电报：

> 日本将于美国东部标准时间今天下午 1 点递交一份相当于最后通牒的照会，并且他们接到立即销毁密码机的命令。我们还不知道设定那一时间的具体意义，但务必保持警惕。

马歇尔桌上有一台保密电话，可以直通夏威夷的肖特。保密器就在他办公室隔壁房间，可以防止他人偷听未经扰频的对话，就像上次森夫人那样的谈话。马歇尔知道，保密器只能防止一般偷听者，但只要凭借合适设备，一个蓄谋已久的窃听者就可以突破这道防线。对总统与驻法大使蒲立德（William C. Bullitt）及后来与丘吉尔的越大西洋电话谈话保密问题，他在多个场合下发过警告——一个明智之举，虽然他还不知道，纳粹实际上已经破解了电话保密器。日本已经表现出对旧金山—檀香山保密电话的兴趣，马歇尔强烈感觉到，“日本会想尽一切办法”向美国的孤立主义者表明，美国政府的公然侵犯行径是迫使日本孤注一掷的原因。如果日本截听到警告，将有可能使美国以分裂状态进入战争。因此，马歇尔放弃电话通信，决定依靠稍稍迟缓但保密得多的加密电报。

就在他即将写完电报时，斯塔克经过一番重新考虑后，又打来电话，请马歇尔将常规提醒加进电报，把信息出示给海军同事看。马歇尔加上：“将此电通知海军当局。”斯塔克提出用海军通信渠道，但马歇尔说陆军可以同样快地发出信息。

马歇尔否定了先把电报打印出来的建议，把它交给布拉顿带到陆军部电报中心，发给菲律宾、夏威夷、加勒比地区和西海岸指挥官。布拉顿走时，杰罗对他喊，如果不知道先发哪个，就先发菲律宾。心急如焚的布拉顿把电报交给电报中心爱德华·弗仑奇（Edward French）上校，问需要多长时间发出去。弗仑奇告诉他，加密要 3 分钟，发送 8 分钟，送到收件人手里 20 分钟。布拉顿返回向马歇尔报告，但马歇尔对他的解释有点疑惑，于是派他回去确认。他的第二次报告还是让马歇尔疑惑，于是被命令第三次前去确认，马歇尔最终对他的答案心满意足。

此时弗仑奇已把电报打好，命人将它在一台被打字机键盘操控的机器上加密。加密的几分钟里，他检查了檀香山信道，发现自早晨起该信道就被严重干扰，陆军部的 10 千瓦小电台无法“突破”干扰。他知道旧金山的美国无线电公司有一部 40 千瓦电台，它能很容易发出电报；而且旧金山的西联电报公司营业所还有一条连通美国无线电公司营业所的过街通道。他前一天还得知，美国无线电公司正在安装一条连接其檀香山营业所与沙夫特堡肖特司令部的电传线路。弗仑奇认为这会是一条最快捷的路径。电报加密完成后，他亲自把它拿到一排六台西联电传机那里。12 月 7 日中午 12 点零 1 分，电报传出；12 点 17 分，从西联发出。46 分钟后，当地时间早上 7 点 33 分，檀香山的美国无线电公司收到电报。此时日本第一波战机离珍珠港仅有 37 海里。阿巴纳角（Opana Point）的美国雷达操作员已经跟踪机群几小时，他们首次报告时被告知“别管它”，现在飞机已经近到快要消失在附近山峰的盲区里。虽然沙夫特堡的电传线路前一天已经接通，但在周一测试前不工作。美国无线电公司把马歇尔的电报放入一只标着“司令官启”的信封，派人投送。

在东京，东乡受到天皇接见。他宣读了罗斯福的电报，又读了他和东条英机准备的日本答复草稿。答复中声明，那个第 14 部分的照会可以看作日本的答复。裕仁表示同意。凌晨3点15分，东乡离开皇宫，思潮涌动。他回忆："在一个内官引导下，我神情凝重，穿过几百码安详宁静的走廊。从坂下门（Sakashita Gate）车道入口出来，仰望璀璨星空，感觉沐浴在一片神圣中。无声地穿过皇宫广场，除了汽车碾过石子的声音，沉睡的首都一片寂静，我在想，短短几小时后，会不会是世界历史风云变幻一天的开始呢？"就在他深思的时候，日本战机正在珍珠港上空盘旋。

与东京的平静沉寂形成鲜明对比，马萨诸塞大道日本使馆一片忙乱。

那封1点钟电报解密后不久，奥村打完了前13部分。但他认为这种粗糙的草稿不符合递交给国务卿的文件格式。在低级译员烟石（Enseki，音）的协助下，他开始从头重打。密码室又送来两封电报，一封指示插入一个意外漏掉的句子，一封要改个单词，这些改动需要重打几页纸，包括刚刚大费周章打完的一页。这给他本已紧张的工作雪上加霜。约12点30分，密码室终于把最终答复的第14部分交给他，但奥村离结束前13部分还差得很远。野村不停从门口探进头来催他快打。1点过几分，文件一时半会无法完成已成定局，日本人致电赫尔，说他们要递交的文件尚未备妥，要求推迟到1点45分。赫尔同意了。

几乎就在赫尔接电话时，海军中佐渊田美津雄和他的机队——51架俯冲轰炸机、49架高空轰炸机、40架鱼雷轰炸机和43架战斗机，飞临珍珠港上空。他用信号枪射出一条"黑龙"，示意各中队展开完全突袭的攻击队形。9分钟后，他用无线电发出"突、突、突"——日语"冲锋！"的第一个音节和进攻信号。随着战机进入攻击位置，他坚信突袭已完全准备到位。7点53分，第一枚炸弹投下前两分钟，他在无线电中欢呼TORA! TORA! TORA!（虎！虎！虎！）——预先明确发出突袭密语。"赤城"号上，南云忠一转向一个同僚，长时间默默握住他的手。7点55分，第一枚炸弹在珍珠港中部福特岛（Ford Island）南端的水上飞机起飞台脚下爆炸。

奥村还在打字。正当他的手指碰击键盘的时候，鱼雷掀翻了"俄克拉荷马"号（*Oklahoma*），炸弹击沉了"西弗吉尼亚"号，1000人丧生在"亚利桑那"号（*Arizona*）的烈火中。华盛顿时间下午1点50分，袭击开始25分钟后，奥村终于到达打字马拉松终点。一直在前廊等待的两个大使一接到文件，立即动身前往国务院。

> 2点零5分，日本代表到达国务院，进入外交接待室（赫尔写道）。几乎同时，总统从白宫打来电话。他的声音坚定但有些急促。
>
> 他说：“有报告说日军袭击了珍珠港。”
>
> “报告证实了吗？”我问。
>
> 他说：“没有。”
>
> 我们俩都表示相信报告可能是真的，我满脑子里想着与两个日本大使的会面，建议总统找人核实……
>
> 2点20分，野村和来栖进入我的办公室。我冷冷地接待了他们，也没有请他们坐。
>
> 野村声音弱弱地说，他奉他的政府指示于1点向我递交一份文件，但电报解密问题耽误了他。随后他把日本政府照会交给我。
>
> 我问他为什么在第一次约见请求中指定1点。
>
> 他回说他不知道，那是他得到的指示。
>
> 我假装浏览照会。我已经知道内容，但自然不会有一丝表露。
>
> 读完2到3页后，我问野村是不是根据其政府的指示来递交文件。
>
> 他回答说是奉政府指示。
>
> 我浏览完文件，转向野村，盯着他。
>
> “我得说，”我说，“过去9个月来，在与你的所有谈话中，我从来没有一句虚言。这有记录确证。我在50年公职生涯中，也从来没有见到如此充满无耻谎言和歪曲事实的文件——如此弥天大谎和严重歪曲，今天以前，我从未想到这个星球上竟有一个政府能够说得出。”
>
> 野村似乎想说什么。他面无表情，但我感觉他情绪非常紧张。我打手势止住他，向门口点头示意。两个大使一言未发，转身低头走出。

From: Tokyo
To: Washington
7 December 1941
(Purple-Eng)

#902 Part 14 of 14

(Note: In the forwarding instructions to the radio station handling this part, appeared the plain English phrase "VERY IMPORTANT")

7. Obviously it is the intention of the American Government to conspire with Great Britain and other countries to obstruct Japan's efforts toward the establishment of peace through the creation of a New Order in East Asia, and especially to preserve Anglo-American rights and interests by keeping Japan and China at war. This intention has been revealed clearly during the course of the present negotiations. Thus, the earnest hope of the Japanese Government to adjust Japanese-American relations and to preserve and promote the peace of the Pacific through cooperation with the American Government has finally been lost.

The Japanese Government regrets to have to notify hereby the American Government that in view of the attitude of the American Government it cannot but consider that it is impossible to reach an agreement through further negotiations.

JD-1:7143 SECRET (M) Navy trans. 7 Dec. 1941 (S-TT)
25843

分发给“魔术”收阅人的日本最后复照第14部分[1]

---

[1] 译注：本图中英文大意如下（请读者注意，破译的明文和另一图中日本实际递交照会的明文完全一致）：

自：东京

至：华盛顿

1941年12月7日

（紫色——英文）

902号 第14部分/共14部分

（注：在给处理本部分的无线电台发送的指示中，出现英语明文“非常重要”）

7. 显然，美国政府意图与大不列颠和其他国家共谋，阻止日本在东亚建立新秩序来实现和平，特别是通过使日本与中国的继续交战，维护英美权利和利益。这个意图在当前谈判进

and China at war. This intention has been revealed clearly during the course of the present negotiation. Thus, the earnest hope of the Japanese Government to adjust Japanese-American relations and to preserve and promote the peace of the Pacific through cooperation with the American Government has finally been lost.

The Japanese Government regrets to have to notify hereby the American Government that in view of the attitude of the American Government it cannot but consider that it is impossible to reach an agreement through further negotiations.

December 7, 1941.

使馆一秘奥村胜藏打印，于珍珠港遭袭之际递交国务卿赫尔的日本照会最后一页

日本军阀意图将警告的时间压缩到最后一刻，然而他们的希望却在袭击的硝烟中砰然破灭。日本未经事先警告，发动了袭击。后来，不宣而战成为日本战犯受审指控的一部分——一些人被判有罪，付出生命代价。东乡试图为自己开脱，把责任推到使馆职员头上，怪他们未能即时解密电报，未能立即打印最终复照。也许，如果两位大使能够抓起奥村最初打印的文件，不管有多糟糕，于下午 1 点递交赫尔；又或者，如果他们 1 点时将清晰版本的前几页送去，然后指示馆员打完剩下部分火速送来，一些为他们辩护的律师论点可能还会成立。但即使全部文件及时递交，距袭击还剩下 25 分钟，美国政府也来不及采取全部必要措施来防止突袭：阅读文件；猜测一次军事进攻意图；通知陆军部

程中昭然若揭。因此，日本政府想通过与美国政府合作，改善日美关系，维持和促进太平洋地区和平的真诚愿望已最终落空。

日本政府不得不在此遗憾地通知美国政府，鉴于美国政府的立场，日本政府只能认为，通过进一步谈判达成协议的可能性已经丧失。

JD-1：7143 机密（M）海军翻译，1941 年 12 月 7 日（S-TT）25843

和海军部；制作、加密、传送和解密一份适当的警告；前沿部队做出预警。这正是日本将军的意图。但是，正如美国人接二连三犯下一系列人为错误，帮助日军完成战术偷袭一样，日本人一系列类似的人为错误也剥夺了他们最后一丝合法性。

进攻开始后不久，美国无线电公司檀香山营业所投递员渊上忠雄（Tadao Fuchikama，音）拿了一堆电报准备发送。他知道战争已经打响，也知道日本人在攻击港内军舰，但他觉得还是应该做好自己的事情。他扫了一眼信封上的地址，包括那个标着“司令官启”的信封，计划一条最好的路线。沙夫特在电报派送很靠后的位置。他骑着摩托车在拥堵的路上缓缓前进，还被国民卫队士兵（National Guardsmen）拦下过一次，他们差点把他当成日本伞兵。11 点 45 分，最后一架战机离去近两小时后，马歇尔的警告信息才送交通信官，下午 2 点 40 分，到达解密军官，3 点到肖特本人手中。他看了一眼，扔进废纸篓，说它没任何用处。

在东京，早上 7 点，一个电话将格鲁吵醒，约他 7 点 30 分与东乡会晤。格鲁到达后，外相把天皇给总统的答复交给他，感谢他的合作，送他出门。袭击开始已经过去 4 个小时，但东乡只字未提。不久，格鲁从在他窗外叫卖的《读卖新闻》号外中得知战争爆发。日本人很快关闭了使馆大门，禁发加密电报。格鲁命令执行国务院规定，销毁所有代码。使馆二秘查尔斯·波伦（Charles E. Bohlen）和三秘詹姆斯·埃斯皮（James Espy）反锁上密码室，销毁了上百份文件。“过程中没有日本人打扰，”格鲁写道，“他们也做不到，因为厚重的门紧锁着。我们的所有代码，哪怕其中一部分，以及所有保密通信，均没有一件落入日本人之手。”

日本人自己就没这么干净利落。他们在华盛顿没出岔子，加密最后一封电报后，销毁了最后一台密码机，烧掉全部代码。虽然做得不错，但他们加密的最后一封电报——华盛顿—东京线路的最后一封，也被美国破译员破译解读。在檀香山，袭击发生后，守卫领馆的警察闻到烧纸的味道，看到烟从一扇门后冒出。他们担心失火，破门进去，发现领馆人员正在地上一只洗衣盆里烧剩下的文件。警察没收了文件，后来发现是电报，还有整整五麻袋撕碎的文件。这些文件当晚被送到罗彻福特小队。伍德沃德依然在加班，努力破解梅菲尔德拿来的 PA-K2 电报。袭击发生后，对事物破坏的恐惧在他心中迅速滋长。“毫无头绪，”他在笔记中写道，“因此，我决定颠倒破译过程，考虑到加密方要么是故意以此种方式加密电报，要么就是在使用密码系统时忙中出错。这个方法奏效了。”

12 月 9 日凌晨 2 点，他破开从领事馆收缴的一封电报。这是 6 日外务省发给喜多的：“请参我 123 号电报后半部分，立即报告 4 日后舰队一切动向。”有了这个，他很快得以解开其他电报，包括那封设置屈恩灯光信号系统的长报。约在同时，克雷默也从上周六翻译分发科的繁忙事务中脱身，从“前 13 部分照会回复”转向瓦湖岛和毛伊岛地图的破译工作，帮助纠正电报错乱，并于周四终于拿到电报明文。马歇尔后来说，这是他所知第一封表明珍珠港袭击的电报——当然，这已经是马后炮了。电报中的信息立即转给了夏威夷反谍单位，美国人认为那里极有可能遭到入侵。反谍特工审问了电报中提及的街坊居民，听了 KGMB 电台分类广告，发现信号系统根本没用过。特工逮捕了屈恩，他确认了这一点。屈恩被判间谍罪，关押在莱文沃思重犯监狱（Leavenworth Penitentiary），直到战后被假释驱逐出境。

12 月 7 日，檀香山遭受毁灭性袭击，当人们还未反应过来时，联邦通信委员会监听员收听到日本 JZI 电台一次日语新闻广播。播音员吹嘘说此次珍珠港袭击是一次“冒死突袭”，还报道了其他事件。大约在这次广播中间时段，播音员播出“请允许我在此特别播报一个天气预报：西风晴”。海军情报局译员说到，“按我的记忆，以前从未播放过这样的天气预报”，“它可能是某种密码”。这是等待已久的风隐语，显然是暗示与英国的战争，确保那些还没有用隐语 HARUNA 向日本政府报告销毁密码情况的日本驻外机构烧毁密码。

在华盛顿，袭击次日午后不久，参众两院联席会议会场掌声如雷，主席台上的美国总统打开一本黑色活页笔记本。欢呼声渐渐停歇，会场一片肃静，总统开始讲话：

> 昨天，1941 年 12 月 7 日，一个史上不光彩的日子，美利坚合众国遭到日本帝国海空军蓄谋已久的突然袭击。

他暗示日本递交最后照会的致命迟延：

> 美国与该国和平共处，应其请求，还一直与其政府和天皇对话，希望维持太平洋地区和平。就在日本空军中队轰炸瓦胡岛一小时后，日本驻美大使和同僚递交国务卿一份复照，这是对美国最近一份照会的答复。虽然这份复照声明，继续目前的外交谈判已无必要，但字里行间却没有一句威胁，没有任何战争或军事攻击的暗示。

战争仍在进行，史上最背信弃义的袭击大获成功。日本滴水不漏地隐藏了突击部队。它以外交对话和大军南进为掩护；它采取了自己都难解其中奥妙的防范措施，把它的计划包裹在重重通信保密之内，没把一点风声传到电波中。

但是，如果说密码分析员战前没有机会预警这次袭击，未能挽救美国人生命，那么战争期间，他们精妙绝伦的才智依然有大量用武之地。在 1350 天的冲突中，愤怒的美国把日本在珍珠港的战术胜利转变成彻底的战略失败。在这些日子里，用国会联合委员会（Joint Congressional Committee）的话说，密码分析员“为打败敌人做出巨大贡献，大大缩短了战争，挽救了成千上万人的生命”。

当然，这又是另一个故事了。

补充说明：

因到底谁应承担珍珠港空袭灾难责任仍深陷争论，我认为我应在此向外界阐明我的观点。有观点认为，罗斯福及其密谋集团诱使日本攻击美国，使高高在上的美国卷入战争，他们隐瞒重大信息，拒不透露给夏威夷的军官，以确保日本偷袭珍珠港大获成功，在我看来，它是谬论。这些观点由约翰·弗林（John T. Flynn）、海军少将罗伯特·特奥巴登（Rear Admiral Robert A. Theobald）、乔治·摩根斯坦（George Morgenstern）、查尔斯·毕尔德（Charles A. Beard）等人发表，他们将这些写进他们的书籍和小册子中。我认为，珍珠港事件的根源在于日本军方的欺骗、冒险和保密，来自预测对手行动的困难，来自相互联系的无数微小错误、忽略、假想、失败和不在意，来自低效的政府（在夏威夷防卫和情报评估上暴露无遗），以及来自美国民众自认为战争远在天边、毫无作战准备。珍珠港事件根源绝非一处，而是处处；绝非显而易见，而是扑朔迷离——与一切重大事件的根源如出一辙。

这也是大多数国会委员会所持的观点。塞缪尔·莫里森（Samuel E. Morison）在其作品《两海之战》（*Two-Ocean War*）第 69—76 页中发表了自己的观点，虽简短，但极大地攻击了特奥巴登和其他修正主义者。他认为，若日本在珍珠港战败，美国也会参加二战，保存其珍珠港军事实力有益于自身作战。对这一事件分析最彻底的书籍是《珍珠港：预警与决策》（*Pearl Harbor：Warning and Decision*），作者为罗伯塔·沃尔斯泰特（Roberta Wohlstetter），书中观点认为，当错误甚嚣尘上时，很难掌握未来事件的真正信号。[1] 只有在事后，事物的真正征兆才显露无遗，而那些无足轻重的琐碎则淡出人们的记忆，隐匿到历史的画卷之中。修正主义者们戴着后知后觉的有色眼镜，信手拾起一些事物真实迹象，将其他弃之不顾，然后编出话来，说即使两目不视、两耳不闻的傻瓜也能看出珍珠港事件的端倪，但对于身处其中的人来说，事情远非如此简单。

占据委员会大部分时间的问题是“风代码”的执行。萨福德称它已于 10 月 4 日收到，并表示所有与它有关的记录均被马歇尔和金（King）销毁，以掩饰未能预警珍珠港事件的失败。修正主义者买了账，说要是夏威夷军官成功收到“风代码”的执行信号，他们就能成功预警，阻止珍珠港化为废墟。尽管萨福德在被严密盘问时的场景令人伤悲，他紧握手枪的姿势也颇富男子汉气概，但我不相信他所说的话。若信号确实抵达，一定有很多其他目击证人出来作证，但他们从未出现。对于那些提及“确实”抵达的文献，本书一律没有参考。而且，我和委员会大多数人一样，若信号真的抵达，相信它对已知事实也增添不了更多重要信息。想了解该事件的详细讨论，请参考委员会报告中附录 E。

我主要依赖于 *PHA*，它有 39 卷，包括之前 7 场珍珠港法庭调查的出庭记录、当庭出示以及法庭报告。国会联合调查委员会自己的报告名为《珍珠港偷袭调查》（*Investigation of the Pearl Harbor Attack*），它囊括了少数报告。

因篇幅有限，不能详列出庭证人，少量引用出自他们的证词文章。还有较多文献

[1] 编注：中译本《珍珠港：预警与决策》于 2020 年 12 月由金城出版社出版。

来自各领域记录，它们零零散散，但凑起来就是一篇完整的声明；有时，文献出自我自己出资获取的详细声明，它权威度不高，但由最好的证人提供。大体来讲，我只截取了密码学方面的数据，而非珍珠港袭击事件的细枝末节，这些数据来自 Walter Lord, *Day of Infamy*（New York: Henry Holt & co., 1957）；Mitsuo Fuchida, "I Led the Air Attack on Pearl Harbor," *United States Naval Institute Proceedings*, LXXVII (September, 1952), 939-952; and Samuel E. Morison, *The Rising Sun in the Pacific,1931-April,1942*, History of United States Naval Operations in World War II, vol. III(Boston, Little Brown &Co., 1950)。

在注释中，"报告"指的是委员会报告，IMTFE 指的是远东军事大法庭（International Military Tribunal for the Far East)，一系列《东京纽伦堡审判》的油印文件可在美国国家档案馆（National Archives）获取，《海军档案》或《陆军档案》是指由各自军种部门公共信息办公室发行的官方档案。

文中日本名字为英文而非日文形式，姓在后，与日文相反，可在很多文献中佐证。时间通常为当地时间，我已试图在文中说明这一点。

我想感谢沃尔斯泰特夫人悉心阅读此章初稿并做出一些修改。

第一部分

密码学盛会

The Pageant of Cryptology

第 2 章　最初 3000 年

约 4000 年前，尼罗河如缎带般向前流淌，河畔坐落着一个名为梅内特－库孚（Menet Khufu）的小镇，镇里有一个高明的书写员，他用象形文字记下了他主人的生平，从此开创了有文字记载的密码学史。

他的密写系统并非今天所理解的密码，使用的也不是成熟的象形符号替代密码。公元前 1900 年左右，他将铭文刻在贵族哈努姆霍特普二世（Khnumhotep II）主墓室的原生岩石上，铭文只是零星使用一些独特象形符号，来代替普通象形字。这些符号大部分出现在第 222 节铭文的最后 20 列，该部分记载了哈努姆霍特普为法老阿梅连希二世[1]建功立业的事迹。使用这些符号的目的不是为了让人看不懂，而是赋予铭文某种庄严和权威，或许和政府公告中用“公元一千八百六十三年”代替“1863 年”是一个道理。也许，这位无名书写员还在向后世展示他的学问。因此，这些铭文其实并非密写，但它包含了编码学的基本成分之一：文字刻意变形。这是已知最早的有意变形文字。

随着埃及文明的兴盛、文字发展和大人物坟墓的成倍增加，这些变形文字日趋复杂精巧，也越来越普遍。后来，书写员开始用其他书写形式来取代以往的象形字母，如以前用整个嘴型表示 /r/，现在则用部分嘴型表示。有时他们发

[1]　译注：Amenemhet II，古埃及第 12 王朝第 3 个法老，统治期在前 1929—前 1895 年。

明新的象形文字，用字母的第一个发音来代表字母，如一幅猪（rer）的图画就用 /r/ 表示。有时两个象形文字发音不同，但形象相似，如表示 /f/ 的角蝰可由表示 /z/ 的毒蛇代替。有时书写员按“以画代字”（rebus）的规则运用象形文字，就像在英语中画一只蜜蜂（bee）可以代表 *b*，一艘帆船（khentey）可代表另一个埃及单词 *khentey*，后者意为“执掌者”，是阿蒙神的称号“卡纳克的执掌者”[1] 的一部分。上述“截头表音法”（acrophony）和“以画代字”就是普通埃及文字的基本发展过程，通过这些过程，象形文字有了最初的音值。变形使得埃及文字更有深意、更精炼，人为痕迹更重。

变形无处不在：它们出现在悼词中，给透特[2] 的颂歌中，《亡灵书》[3] 的一个章节里，法老塞提一世[4] 的石棺上，卢克索[5] 陈列的王室头衔中，卢克索神庙柱顶横梁上，石柱上，歌功颂德的铭文里。事实上，这些变形并不想隐瞒什么，变形与许多正常的陈述形式并列。那么，为什么要变形？有时候，其原因与哈努姆霍特普墓室基本一样：令读者敬畏，有时则出于书法或装饰目的，极少的情况下是为指出当时某个发音，甚至还可能是故意使用古语抵抗外来文化的影响。

但也有不少铭文首次包含了密码的第二要素——保密。某些情况下，保密是为了增加神秘感，从而增加某些宗教文字的神秘力量。但在更多情况下，保密出于埃及人的一种合乎情理的愿望：吸引路人阅读墓志铭，将写下的祈福传给逝者。埃及人关注来世，墓志铭数量飞速增长，以至于人们来访的兴趣骤然减退。为重新激发他们的兴趣，书写员刻意把铭文写得晦涩难懂，用密码符号来吸引阅读者的眼球，激起他们的好奇心，引诱他们前来解谜——从而阅读祷

[1] 译注：阿蒙神（god Amon），埃及神话主神。卡纳克（Karnak）是埃及尼罗河上的一个村庄，现大部分与卢克斯特合并；该地是包括阿蒙神殿在内的古底比斯北部建筑遗迹所在地。

[2] 译注：Thoth，（埃及神话）月亮、智慧、正义和文字之神，各门科学的保护神及太阳神的信使。

[3] 译注：*Book of the Dead*，古埃及超度死者安入冥世的经书。

[4] 译注：Seti I，埃及帝国第 19 王朝法老，拉美西斯一世之子，拉美西斯二世之父，统治为前 1290—前 1279 年。

[5] 译注：Luxor，卢克索，埃及东部城市，位于尼罗河东岸，是古底比斯南部遗址所在地，有阿门霍特普三世建的寺庙及拉姆西斯二世建的纪念碑遗迹。

文。这是某种麦迪逊大街[1]的技术在国王谷[2]的应用。不过这个技术完全失败，它不仅没有吸引阅读者的兴趣，反而打消了他们仅有的一点阅读想法，因为墓志铭密码诞生不久后就被抛弃。

通过变形来实现保密让编码学得以诞生。它的本质实际上更类似于游戏：只求在尽可能短的时间内推迟人们对它的理解，不求长期无解；同样，密码分析只是一种解谜。因此，与今天严谨缜密的密码学相比，埃及密码只是一种准密码。但滔滔大河源于涓涓细流，这些象形文字虽然粗糙，却包含了构成密码学基本属性的两个要素：保密和变形。密码学由此诞生。

密码学最初 3000 年的发展不是一帆风顺的。它在各地独立诞生，大部分随其文明的消亡而消亡。然而，在某些地方，它被文学作品记载，流传下来，并给下一代人提供台阶，让他们攀登更高的山峰。但它的进步依然缓慢，起起落落，密码学失传多过继承。最初 3000 年，密码学不断萌发、繁荣、枯萎，如一块七拼八凑零碎的床单。直到西方文艺复兴，密码学才开始大步向前。换句话说，这一时期的密码学才正是人类历史的真实写照。

作为唯一使用表意文字的古文明国家，中国似乎未发展起真正的密码学[3]，也许原因就在于使用表意文字。使节和将领主要通过口述传信，信差记住信息然后转达。至于书面函件，中国人往往用极薄的帛或纸写就，卷成球，封入蜡丸。信差把蜡丸藏在身上，或塞进直肠，或吞入腹中。这当然是隐写术的一种形式。

实际密码通常用隐语。如果某人的名字里有“菊”字，通信人会把他说成“黄花”。但在军事应用中，11 世纪编纂的《武经总要》（*Wu-ching tsung-*

---

[1]　译注：Madison Avenue，纽约麦迪逊大街是美国广告业中心。

[2]　译注：Valley of the Kings，古埃及底比斯附近一河谷，约公元前 1550—前 1070 年新王朝法老的埋葬地。

[3]　原注：无人知道在西方崛起前，密码在中国是否被实际使用过。1962 年 5 月 18 日，美国国会图书馆报道称，唯一证明西方崛起前中国或日本曾使用密信交流的是黑社会的信号，例如黑龙社，这些信号由茶杯和筷子组成，我在文中并未提及它们。

专有名词和头衔的象形文密码，密文象形字在左，对应明文在右

yao）记载了一种真切小巧的代码。按照一张写有 40 个条目的清单，通信双方用一首诗的前 40 个字代表各条目，这些条目的内容不等，其中包括请求支援弓和箭、递送捷报等。例如，一个副将欲请箭，就把相应的字写在一封普通书信的特定位置，字上盖自己的印。将军可以写下同样的字，盖上自己的印以示批准，或者只盖印不写字表示拒绝。即使书信被人截取，保密内容依然不会被泄露。

但这类方法是否得到广泛使用，还有疑问。中国最伟大的征服者成吉思汗（Genghis Khan）似乎从未用过密码且使用密码似乎也不可能，汉字的表意特性妨碍了密码的使用。某个权威专家曾说过，通过改变笔画位置来改变字形的类密码技术，既不可行，也无效果。实际上，中国历史上很少使用密码，其中一次还是用一种西文字母作为密码。

1722 年，康熙年间，九皇子胤禟在争夺皇位斗争中败给哥哥胤禛（雍正），被流放西宁。他的支持者——曾教他拉丁文的葡萄牙传教士穆景远也被一起流放。胤禟以拉丁文为密码和儿子通信。1726 年初，他儿子用拉丁文写的一封信被雍正的特务截获。雍正一直在等这样一个机会，把胤禟逐出皇族，他立即把这封信作为叛逆证据，将胤禟从西宁迁至直隶保定圈禁。几个月后，胤禟死于痢疾，雍正宣布：胤禟遭到报应，被阴间招去。穆景远本人也在这前后死于狱中。

为什么中国文明在许多方面遥遥领先，却在密码学上止步不前呢？利兹大学教授欧文・拉铁摩尔（Owen Lattimore）一针见血的评论也许道出了其中奥妙：“虽然文字记载在中国源远流长，但识字总是限于少数人，因此把事情写在纸上，在某种程度上就相当于加了密。”

中国西边邻国印度，同样很早孕育出了高度发达的文明，其几种秘密通信方式不仅为人所知，而且被广泛应用。《政事论》（*Artha-śāstra*）相传是考底利耶（Kautilya）讲述治国方略的古典著作，它不仅描述印度的秘密间谍活动，还大力推荐情报机构人员采用密码给间谍分配任务。在宣扬佛陀经历和美德的《普曜经》（*Lalita-Vistara*）中，它讲述了佛陀的导师用 64 种不同书写方法教授佛陀，以及佛陀如何使导师大吃一惊的故事。其中的一些方法也可称为密码术，如竖写、乱序、散写、混写，虽然其中许多为凭空想象或也许根本不存在。

也许在专业和业余密码学家看来，最有趣的是婆蹉衍那（Vātsyāyana）的著名性爱教材《爱经》（*Kāma-sūtra*），它把密写列为妇女应当熟习的 64 艺（或“瑜珈”）之一。64 艺第 45 项从声乐开始，谈到变戏法、解字谜、诵秘诗等。这项技艺叫“秘密书信”（mlecchita-vikalpā）。雅沙达罗（Yaśodhara）的《爱经》评注中描述了两种不同的秘密书信，一种叫“高蒂吕雅”（kautiliyam），字母以语音关系为基础替代——如元音变成辅音，这种形式的一个简化叫“德博得哈”（durbodha）；另一种叫“莫拉德维亚”（mūladevīya），这种形式的密码表就是简单的反向代替：

a	kh	g̣h	c	t	ñ	n	r	l	y
k	g	n	ṭ	p	ṇ	m	ṣ	s	ś

其他所有字母保持不变。“莫拉德维亚”由商人使用，各地还有不同变种，既以口语形式（本身就在印度文学中占有一席之地）存在，也以书面形式存在，这种形式的“莫拉德维亚”叫作“gūḍhalekhya”。

除这些确定的编码形式之外，古印度还使用一种间接语言，即一种叫“萨巴萨”（sābhāṣa）的即兴隐语，和一种用指骨表示辅音、关节表示元音的手语“尼拉巴萨”（nirābhāṣa）。聋哑人还在用这种手语，商人和放债人也使用。

编码学在印度被大量提及，是因为实际应用，还是因为印度人对语法和语言强烈的一般兴趣——世界上第一个语法学家 Pāṇini 就是印度人——这一点依然存疑。古典政治阴谋剧《批环印》（*MudrāRākṣasa*）没有提及密码，这表明它并没有得到广泛使用。但另一方面，写于公元前 321—前 300 年间的《政事论》则建议政府代理人用密码分析获取情报："如果这样一次谈话（与人民谈他们的忠诚）行不通，则他（政府代理人）可以通过监视乞丐、醉汉和疯子的谈话或梦中人的癔语，或观察人们在朝圣地或庙宇留下的标记，或破译画作或密信中的密码等方式来获得此类信息。"（人们不禁怀疑，考底利耶将密码分析与这些信息来源相提并论，到底是想赞扬还是贬低密码分析。）不管如何，虽然他没有就如何破译画作或密信中的密码提出建议，但他知道破译可行这个事实说明，密码学水平已经较为高深。而且，他的书有史以来第一次提到了密码分析，把它作为政治工具。

第四大古代文明美索不达米亚[1]的编码学早期发展与埃及齐头并进，但后来独领风骚，达到令人惊讶的编码水平。它最早的加密文字可追溯到公元前 1500 年左右，它们出现在一小块仅 3 英寸 ×2 英寸（约 7.6 厘米 ×5.1 厘米）左右的楔形文字刻写板上，该板发现于底格里斯河岸边的一处古塞琉西亚遗址中，文字内容包含了已知最早的陶釉制作配方。书写员精心地守护着自己的专业秘密，采用拥有几个不同音节的楔形符号，再从几个音节中挑选最不常见的那一个加以应用。这类似萧伯纳[2]的做法，他用 tough 中 GH 的 /f/ 音，women 中 O 的 /i/ 音和 nation 中 TI 的 /sh/ 音，把 *fish* 写成 GHOTI。书写员还通过漏写最后几个辅音音节符号来截短音节，在不同位置用不同符号拼出同一个单词。有意思的是，随着制釉技术的普及，保密的需求变得不复存在，后来的文字直接由直白的语言写成。

[1] 译注：Mesopotamian，古代西南亚一地区，在今伊拉克境内底格里斯河和幼发拉底河之间；其冲积平原曾孕育了阿卡得、苏美尔、巴比伦和亚述文明。

[2] 译注：George Bernard Shaw（1856—1950），爱尔兰戏剧家、作家，其最著名的戏剧将喜剧与对传统道德和思想的质疑相结合；他是社会主义者，费边社的积极成员，1925 年获诺贝尔文学奖。

巴比伦[1]和亚述[2]的书写员有时用罕见或独特楔形符号在他们的黏土片上签名、标注日期，这些简短且格式固定的结尾称为“尾署”（colophons）。他们用独特符号代替通常符号不是为了保密，而只是为向后来的书写员炫耀他们掌握的楔形文字知识。那时识字普及，拼写标准，所以有此种现象，现代则完全没有这种做法。但可以比较的是，在现代，商人不写“收到你 5 月 25 日来信”，而写成“我方确认收到你方上月二十五日来函”，或一个学生在可以用短单词的地方用长单词——两者都是想用自己的知识打动对方。

楔形文字最后时期，公元前最后几十年，在塞琉西王朝[3]统治下的乌鲁克[4]时期出现的尾署中，书写员偶尔会把他们的名字变成数字。这种加密（如果算作一种的话）也许只是为了好玩或炫耀。因为尾署格式僵化，而且在大量明文中，多个加密尾署只有一两个数字符号，亚述学者能够轻易“破解”它们。如一块记载公元前 130 年至前 113 年的月食刻写板，尾署中有“palih 21 50 10 40 la...”。奥托·诺伊格鲍尔（Otto Neugebauer）比较它和另一块写有相同惯用语明文的刻写板，得出 21 = *Anu*，50 = *u*，10 40 = *An-tu*。这一惯用语的内容是：“尊崇 Anu 和 Antu 的人不应该移走它（刻写板）”。在这些对应文字帮助下，厄尔·莱希蒂（Erle Leichty）破解了一个签名，这个签名位于一块讲述伊斯塔[5]神话的大型刻写板下方。该神话也许就是以斯帖[6]圣经故事的间接来源，而以斯帖可能是“伊斯塔”的另一个名字。签名写着“tuppi ^{I}21 35 35 26 44 apil ^{I}21 11 20 42”，或“tablet of Mr. 21 35 35 26 44, son of Mr. 21 11 20

---

[1]　译注：美索不达米亚古城，位于幼发拉底河畔，公元前第二个千年时为巴比伦王国首都，现仅存遗迹。

[2]　译注：亚述古国位于今伊拉克北部，公元前第二个千年早期开始就一直是历代王朝的中心，公元前 8 世纪至前 7 世纪晚期为巅峰时期，其领土从波斯湾延伸至埃及，公元前 612 年被米底和巴比伦联盟合并。

[3]　译注：Seleucid，公元前 311—前 65 年统治叙利亚和西亚大部的一个王朝。

[4]　译注：Uruk，在今伊拉克境内。

[5]　译注：Ishtar，（近东神话）巴比伦人和亚述人的爱情和战争女神，即腓尼基人崇拜的女神阿斯塔蒂。

[6]　译注：Esther，圣经故事，以斯帖由于貌美，被波斯国王亚哈随鲁（一般认为就是薛西斯一世）选为王后，她利用自己对国王的影响力使被俘的以色列人免受迫害。

42”。莱希蒂给出的译文是“tablet of Mr. Anu-aba-uttirri, son of Mr. Anu-bel-su-nu”[1]，这两人的父子关系众所周知。

还有些刻写板使用同样的数字表示固定含义，但同文之间不是简单的对应关系。“对不同词汇系列的研究表明，数字不以符号的数位为基础，既不从前往后数，也不从后向前数。”莱希蒂写道，“当然，可能存在一块符号与数字对照的刻写板。”他认为，来自苏萨[2]的两块刻写板碎片也许包含这样一个代码，但他也说到，这些刻写板太短，尚无法确定。人们把这些黏土碎片上的楔形文数字按垂直顺序排列，同时拿楔形文符号与它们对照。不幸的是，上述密文中使用的数字没有一个出现在这些碎片中（35 除外，它的楔形文符号模糊到无法辨认），因此无法确定这些刻写板是否为尾署编码的代码。但如果确实是代码的话，它们就是世界上最早的代码。

《圣经》里也有少量密码，更准确地说，是原始密码（protocryptography），因为它欠缺保密因素。和哈努姆霍特普坟墓中的象形字或美索不达米亚书写员的尾署一样，《圣经》中出现变形，但显然不是为了保密。也许和其他地方一样，《圣经》文字变形的主要动机是人类的骄傲和对不朽的渴望。在《圣经》里，这个动机通过对文字的改动实现，这样后世抄写员忠实复制时，就会把某人自我的一部分代代相传。如果这是他们的真实想法，它无疑获得了成功。

希伯来传统在《旧约全书》（*Old Testament*）中有三处不同变形（《新约全书》中一处也没有）。《耶利米书》[3] 第 25 章第 26 节和第 51 章第 41 节中，SHESHACH[4] 两次出现在 *Babel*（巴比伦）的位置，其中第二处强烈表明它不是为了保密，因为有 SHESHACH 的句子后紧跟着一个有 Babylon 的句子。

---

[1] 译注：大意为，Anu-bel-su-nu 先生的儿子 Anu-aba-uttirri 先生的刻写板。

[2] 译注：Susa，今伊朗境内。

[3] 译注：*Jeremiah*，《圣经》中包括耶利米预言的一卷经书。耶利米（约前 650—前 585），希伯来先知，他预言了亚述的衰落，他的国家将被埃及和巴比伦征服，以及耶路撒冷的毁灭，据传《圣经》中的哀歌都是由他撰写的。

[4] 原注：几乎所有版本的《圣经》都将 SHESHACH 用作巴比伦的密码。在《圣经百科全书》中，它被解释为“人为的操纵”，或许是答案。

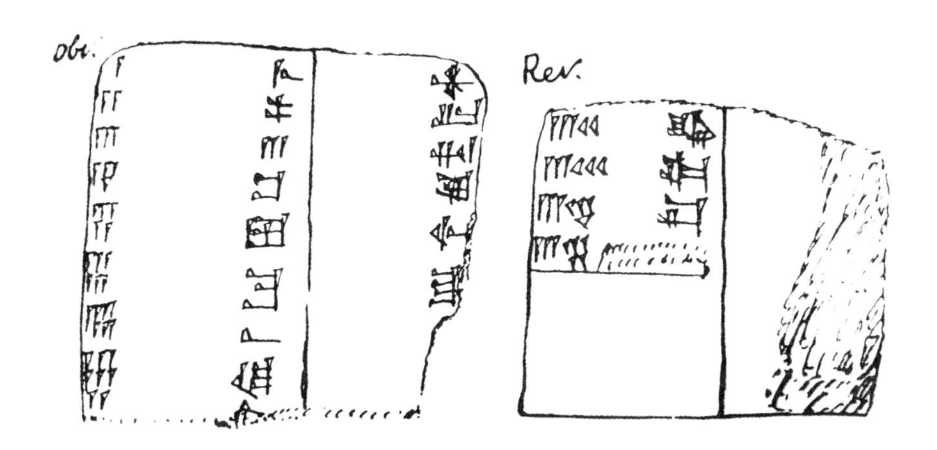

来自苏萨的一块楔形文字刻写板。与对面列的楔形文字符号对应，板上列出数字 1—8 和 32—35，这可能是世界上最早的代码

How is Sheshach taken!
And the praise of the whole earth seized!
How is Babylon become an astonishment
Among the nations! [1]

《七十子希腊文圣经》(*Septuagint*) 和《塔古姆》(*Targums*) 证实，SHESHACH 确是 *Babel* 的替代，而不是一个全新地名。《塔古姆》是《圣经》的阿拉姆语 [2] 译本，《旧约全书》版本中出现 SHESHACH 的地方，《塔古姆》里对应的就是“Babel”。第二个变形在《耶利米书》第 51 章第 1 节，LEB KAMAI（死敌）代替了 *Kashdim*（迦勒底人 [Chaldeans]）。

这两种变形都用了一种名为“逆序互代” [3] 的传统字母替代法。在这种方法中，希伯来语字母表第一个字母和最后一个字母互代，第二个和倒数第二个互

[1]　译注：大意是：示沙克（巴比伦）何竟被攻取！天下景仰之地何竟被占据！列国之中，巴比伦何竟成为荒场！

[2]　译注：Aramaic，又译阿拉米语、亚拉姆语，闪米特语族的一个分支。

[3]　原注：圣经百科全书中显示该短语可能为“逆序互代”（atbash）加密文字的一部分，但也可能是其他单词字母错误混淆导致。

代，依此类推。相当于英语的 a = Z，b = Y，c = X……z = A。

aleph	beth	gimel	daleth	he	waw	zayin	heth	teth	yod	kaph
א	ב	ג	ד	ה	ו	ז	ח	ט	י	כ
ת	ש	ר	ק	צ	פ	ע	ס	נ	מ	ל
taw	sin/shin	resh	qoph	sadhe	pe	ayin	samekh	nun	mem	lamed

据此，*Babel* 中的两个 *b*，或 *beth*（希伯来语第二个字母 ב），变成 SHESHACH 中的两个 SH（倒数第二个字母 שׁ）。类似地，*l*（ל）成为软腭爆破音 CH（כ）。*Kashdim* 中的 כ 反过来成为 LEB KAMAI 中的 ל。逆序互代中，希伯来语字母 שׂ 和 שׁ 的区别只是点的位置不同，被看成同一个字母。希伯来语只有辅音字母和两个不发音字母 א 和 ע。元音由点或线代替，通常位于字母下方。英文 LEB KAMAI 中的最后一个 *i* 是希伯来语字母 י，它的逆序互代是 מ。单词 atbash 正巧由以字母次序产生，因为组成它的字母 א、ת、ב 和 שׁ，正好是希伯来语第一个、最后一个、第二个和倒数第二个字母。

SHESHACH 和 LEB KAMAI 曾令圣经注释者大惑不解。对于为什么会有 LEB KAMAI 这种莫名其妙的用法，或为什么需要保密，他们有大量突发奇想的解释。一些人甚至认为 Sheshach 是巴比伦一处地名。但人为篡改似乎是最好的解释，也就是说那些东西根本不存在。这个篡改来自当代权威人士，来自对其他类似文化的吸收，以及书写员们玩弄辞藻时的自娱自乐。

这两个逆序互代显而易见，得到一致认同。但《旧约全书》中的第三个变形尚有争议，它采用一种不同的替代系统，名为“折半顺序互代”(albam)。它把希伯来语字母表一分两半，两部分相互对应。这样，前半部第一个字母 א 和后半部第一个字母 ל 互代，前半部第二个字母 ב 和后半部第二个字母 מ 互代，依此类推。Albam 一词来自此种做法的前四个字母。根据《米德拉什 · 阿巴》[1]（卷 18：21），《以赛亚书》（*Isaiah*）第 7 章第 6 节中的名字 TABEEL 是出现在第一、第四段中的 *Remala*（即 Remaliah）的折半顺序互代变形。但是，虽然该词前两个字母用了替代（第三个 ל 保持了原形，否则就会变成不发音的

[1] 译注：*Midrash Rabbah*，米德拉什（Midrash）是犹太圣人解释《塔纳克》（*Tanakh*，犹太教圣经三书）的说教故事总称；*Rabbah* 是“大”的意思。

א)，“译文”却没有解通原文。《米德拉什·阿巴》认为它是折半顺序互代，但没有给出任何依据。大部分权威学者似乎把“Tabeel”看成讹误，或某种形式的蔑称，而不是折半顺序互代。关于这一点，还请注意，许多权威也认为，无意义的名字 Shadrach、Meshach 和 Abed-nego 却是在有意无意中代表被歪曲的国王或国家的真实名称。如 Shadrach 可能代表 Marduk[1]。希伯来语 ס 和 מ 看上去差不多，而且辅音字母的互换也是普遍的语言现象。

希伯来文学中还有第三种传统字母替换形式，叫“分段逆序互代”(atbah)，与逆序互代、折半顺序互代一样，这个名字也源自它的替代系统。这种替代基于希伯来数字。和罗马数字一样，它也用希伯来语字母书写。字母表前 9 个字母中，选择互代字母的准则是让两个字母的值相加等于 10。这样，第 1 个字母 א 就和第 9 个字母 ט 互代；第 2 个 ב 和第 8 个 ח 互代。余下字母用类似系统结对，两个字母数值和等于希伯来语中的数字 100，相当于在十进制中，两个字母值之和为 28。这意味着第 13 个字母 מ 和第 15 个字母 ס 互代。第 19 个及以后的字母如何替代尚不清楚。这种替代系统中，应该自代的第 5 个字母 ה 和第 14 个字母 נ 互相替代。《圣经》中没用过这种令人头昏脑涨的替代，但在《巴比伦塔木德》[2]（《逾越节》[*Seder Mo'ed*]，住棚节［Sukkah］，52b）中至少用过一次，用单词“witness”及其分段逆序互代“master”说明一个道德立场。

这三种替代在希伯来语作品中俯首可拾，其中尤以逆序互代最为常见。但它们的重要性却在于，逆序互代在《圣经》中的使用促使中世纪僧人和书写员意识到字母替代概念。现代密码与代码不同，其作为秘密通信手段就是始于这些人。

由于缺乏保密因素，SHESHACH 和 LEB KAMAI 虽有变形，但不是一种完美的编码。而《圣经》中另一个“密码”——也许是最著名的——也不是一种完美的编码，其原因恰恰相反，它虽被秘密重重包围，但显然缺乏变形！

---

[1] 译注：马杜克，（巴比伦神话）巴比伦的主神，在征服了代表远古混乱的妖怪蒂马特之后成为天地众神之王。

[2] 译注：*Babylonian Talmud*，《塔木德》是公元 2—6 世纪间编纂的犹太教口传律法集总称，分《巴勒斯坦塔木德》和《巴比伦塔木德》，《塔木德》有时也专指后者。

这就是那条写在墙上的信息。[1] 它以一种不祥的方式出现在伯沙撒[2] 的盛宴上：MENE MENE TEKEL UPHARSIN。真正让人感到疑惑的不是这些话的含义，而是国王的智者都不认识它。《圣经》没提到秘密或不寻常文字，这些字本身是阿拉姆语（一种与希伯来语有关的语言，《但以理书》[*Book of Daniel*] 即以此语言写成）字根，意为“算”、“称”和“分”。伯沙撒叫来但以理，后者轻易读出这些文字，解释了三个词的意思：“MENE，上帝已经算出你王国的大限。TEKEL，你在秤上称过，亏欠太多。PERES，你的王国被分割给米底人和波斯人。”PERES 在阿拉姆语中得到延伸，与 UPHARSIN[3] 意思一致。这个词还表示一系列钱币，钱币的名字来自阿拉姆语字根：1 弥那（mina）、1 提克勒（tekel，在阿拉姆语中等于谢克尔［shekel］，值六十分之一弥那）和 1 昆勒斯（peres，半弥那）。虽然这个顺序不合逻辑，但连起来也许象征了巴比伦帝国的分裂以及财富的分布不均。为使之一目了然，赛勒斯·戈登（Cyrus Gordon）博士想出一个巧妙的美国式说法：“你将四分五裂，一分为二，堕入地狱。”[4]

虽然这些解释都说得通，但奇怪的是巴比伦神父却读不懂如此明明白白的信息。也许是他们不敢把坏消息告诉伯沙撒；也许是上帝蒙上了他们的眼睛，唯独打开了但以理的。不管怎么说，只有但以理一人解开了谜底，从而成为人们已知的第一个密码分析家。就像那时地球上人们对待巨人的态度一样，《圣经》对密码分析的奖赏空前绝后：“他们给但以理穿上紫袍，戴上金项链，宣布他为王国三位统治者之一。”

“王后安忒亚是普洛托斯之妻，她爱上英俊青年”，那个“无与伦比的柏勒罗丰（Bellerophon）……他浑身散发着男性魅力。安忒亚私下恳求他满足她的

[1] 原注：有作品显示它是由“逆序互代”或移位系统写出，所以造就了它的难解，但至今还没有支撑的证据。

[2] 译注：Belshazzar，生活于公元前 6 世纪，巴比伦最后一位国王之子及总督；《圣经·但以理书》第 5 章中称酒宴时神秘之手在王宫的墙上写下预言，说他将死于城市的洗劫之中。

[3] 译注：PERES 是 UPHARSIN 的复数。PERES 又可解释成“分割”（perisa）和“波斯人”（paras）。

[4] 译注：四分五裂（quartered），quarter 是 25 美分硬币。一分为二（halved），half 为半美元。堕入地狱（cent to perdition），cent 是 1 美分。

欲望”。荷马以此掀开了《伊利亚特》（*Iliad*）的故事，这是史上第一次在书中有意识地提到（不是使用）密写。

“但正直的柏勒罗丰拒绝了她。安忒亚对普洛托斯国王撒了个谎。‘普洛托斯，’她说，‘柏勒罗丰想引诱我。杀死他——不然你就会死。’国王听到这无耻的谎言，愤怒不已。他杀不了柏勒罗丰，他不敢这么做，但亲笔写了一封恶毒的信，打发柏勒罗丰带着信到吕基亚（Lycia）。他把大量携有致命信息的图案刻在一对合起来的石片上，交给柏勒罗丰，让后者带给他的岳父吕基亚国王，以此让柏勒罗丰命丧黄泉。”

吕基亚国王盛情款待柏勒罗丰。9 天过去了，“第 10 天降临，在清晨第一缕阳光中，国王讯问了他，要求查看女婿普洛托斯让他带来的信。当国王解开致命信息中的密码后，他首先命令柏勒罗丰杀死喀迈拉（Chimera）”。这是个狮头、羊身、蛇尾的吐火怪物，柏勒罗丰办到了。随后吕基亚国王为执行秘密指示，尝试了一个又一个阴谋，柏勒罗丰相继与索吕默人（Solymi）作战，打败亚马逊女战士（Amazons），杀死伏击他的吕基亚最好的武士。最终，吕基亚国王认识到，这个青年有众神保护。国王回心转意，把女儿和半个王国给了他。

这是《伊利亚特》中唯一一次提到密写。荷马的语言不是很清楚，没有准确描述刻在石片上的标记。也许它们只是些普通字母，实际上，在特洛伊战争[1]时期，用符号代替字母似乎太复杂。但荷马围绕石片制造出来的谜题确实说明，一些初级形式的保密手段曾被运用过。也许它们是一些暗示，如国王杀掉的某个人的名字，“用对待格劳科斯（Glaucus）的方式对待这个人”。整个故事基本可以确定的是，欧洲文明的第一部伟大文学作品透出了第一缕通信保密的微光。

几个世纪后，微光变成清晰的光柱。希罗多德[2]的《历史》（*Histories*）中有几篇故事专门讲述隐写方法（但不是编码学方法）。希罗多德讲述了一个名为哈尔帕哥斯的米底[3]贵族如何报复他的亲戚米底国王的故事。多年前，国王

[1]　译注：Trojan War，特洛伊（Trojan，亦称 Ilium）是荷马传奇故事中普里阿摩斯国王的城市，在特洛伊战争中被希腊人围攻达 10 年之久。它曾被认为只是传说中的城市，直至海因里希·施里曼（Heinrich Schliemann，详见第 25 章）挖出特洛伊遗址。

[2]　译注：Herodotus，公元前 5 世纪希腊历史学家，被称为“历史之父”。

[3]　译注：Median，米底王国（Media）是一个古伊朗王国。

欺骗哈尔帕哥斯吃了自己亲生儿子。哈尔帕哥斯把一封信，可能是给一个盟友的，藏在一只没剥皮的野兔肚子里，派一个信差扮成猎人，带着野兔，装作刚打到的样子，出发上路。沿途卫兵一点也没起疑。信使到达目的地，把信交给波斯国王居鲁士[1]，波斯当时是米底属国，而波斯国王本人幼时曾是米底国王企图刺杀的目标。信中告诉他，哈尔帕哥斯将作为内应，帮助他推翻米底国王。居鲁士一拍即合，领导波斯人反叛，打败了米底人，抓住米底国王。居鲁士则戴上王冠，封为“大帝”。

希罗多德还讲述了另一次造反，这一次是推翻波斯人的统治，它由史上最古怪之一的秘密通信方式推动。希司提埃伊欧斯（Histiaeus）想从波斯王宫把话带给女婿——米利都[2]暴君阿里斯塔哥拉斯[3]。他把一个可靠的奴隶头发剃光，将密信纹在他头上，等到一头新发长出，再派他到女婿那里，同时带去一份指示，叫女婿把奴隶的头发剃光。阿里斯塔哥拉斯照做后发现了写在奴隶头皮上、催他起义反抗波斯的信。

这封西方文明史上最重要的信件之一，就是通过秘密渠道传送的。它向希腊人传达了一条重要信息：波斯正在计划征服他们。根据希罗多德所写：

> 希腊人收到信息的方式十分不同寻常。阿里斯通[4]之子戴玛拉托斯（Demaratus）当时被流放在波斯，我推断——这样推断理所当然——他并不是那么偏向斯巴达人，因此，他这样做是出于慈悲还是恶意的娱乐仍是个问题。总之，他在苏萨获知薛西斯一世[5]决定入侵希腊的消息，他觉得必须把信息传给斯巴达。然而被发现的风险太

[1] 译注：Cyrus（约前 600 或前 576—前 530），通称“居鲁士大帝”，公元前 559—前 530 年波斯国王，阿契美尼德王朝创建者，冈比西斯之父，公元前 550 年击败米底王国，后征服小亚细亚、巴比伦、叙利亚、巴勒斯坦和伊朗高原的大部分地区。

[2] 译注：Miletus，小亚细亚西南部爱奥尼亚希腊人的古城，公元前 7 世纪至前 6 世纪是实力雄厚的港口，以此为中心在黑海沿岸、意大利和埃及建立过 60 多个殖民地。

[3] 译注：Aristagoras，公元前 6 世纪末到前 5 世纪初的米利都统治者。

[4] 译注：Ariston，斯巴达王，约公元前 550 年即位，死于约公元前 510 年之前。

[5] 译注：Xerxes，此处指 Xerxes I（前 519—前 465），波斯国王（前 486—前 465）。

> 大，他只能想到一个把信息送过去的办法：刮去一对木片上的蜡[1]，在下面的木片上写下薛西斯的意图，再用蜡覆上。这样，表面没有字迹的木片就不会引起沿途士兵的怀疑。但当信件到达目的地时，没人能猜出其中的秘密。我所知的是，直到最后，克列欧美涅斯[2]之女，列奥尼达[3]之妻歌果（Gorgo）才发现了它。她告诉其他人，如果把蜡擦掉，就会发现底下木片上写的字。人们将蜡擦去，发现了信息，随即把它传给了其他人。

接下来的事情大家都知道。温泉关、萨拉米斯和普拉蒂亚[4]勠力同心，消除了第一次东方入侵的危险，挽救了西方文明之火。然而这个故事还带有一丝辛辣的讽刺，因为在某种程度上，被称得上是第一位女密码分析家的歌果宣布了自己丈夫的死讯：列奥尼达率斯巴达勇士在狭窄的温泉关山口挡住斯巴达大军三天，英勇战死。

斯巴达人——希腊最好战的人——建立世界上第一个军事编码系统。早在公元前 5 世纪，他们就部署了一种名为"天书"（skytale）的装置，这是最早的密码学器具，也是整个移位密码科学史上所发明的少数装置之一。"天书"由一截木棍制成，上面被一长条沙皮纸、皮革或羊皮纸缠着。密信沿木棍从上至下写在羊皮纸上，人们再取下羊皮纸，将它送出去。这些不连贯的字母毫无意义，只有把羊皮纸重新缠在一根与先前同样粗的木棍上，单词才会逐圈露出，显示原本信息。

修昔底德[5]讲述了一位斯巴达执政官如何用"天书"加密一封信的故事。野心勃勃的斯巴达王子保萨尼亚斯（Pausanius）将军图谋与波斯人结盟，于是斯巴达执政官写信命他随传令官回国，否则将向他宣战，他照办了。这件事发

---

[1]　译注：当时是在木板上涂蜡再写字。

[2]　译注：Cleomenes，即 Cleomenes I（死于约前 489 年），斯巴达王（约前 520—约前 490）。

[3]　译注：Leonidas，又译李奥尼达，斯巴达王，死于前 480 年。

[4]　译注：温泉关（Thermopylae）、萨拉米斯（Salamis）和普拉蒂亚（Plataea）。这三处都是希腊人抗击波斯薛西斯一世入侵大军的战场。

[5]　译注：Thucydides（约前 455—前 400），希腊历史学家，传世之作《伯罗奔尼撒战争史》（*History of the Peloponnesian War*）分析了战争的起源和过程。

生在公元前475年左右。据普鲁塔克[1]记载，约一个世纪后，又一封“天书”把另一位斯巴达将军吕山德（Lysander）召回，使其接受抗令指控。色诺芬[2]也记载了用“天书”加密一个名单，发给一位斯巴达指挥官的故事。

世上首个通信保密指南来自希腊人。它作为一个章节，出现在早期军事学著作《论城堡的防御》（*On the Defense of Fortified Places*）中，该书作者是军事家埃尼斯（Aeneas the Tactician）。埃尼斯重述了希罗多德的一些故事，列出几种密码。一种用点代替明文的元音——一个点表示α，两点表示ε……七点表示ω，辅音则不加密。在一个隐写系统中，人们在一个半圆或圆盘上钻洞，代表希腊字母，然后加密者用纱线依次穿过表示密信字母的洞，完成加密；解密者解开线后，需要颠倒全文，进行解读。另一个隐写系统沿用到20世纪：埃尼斯在一本书或其他文件上指出，在密信字母下方或上方刺上眼洞；德国间谍在一战中就使用这种密写系统，在二战中也是，却稍稍加了点变化——用显隐墨水在报纸字母上加点。

另一种信号系统由希腊作家波利比乌斯[3]设计，后被广泛使用：他把字母排在一个方表内，给每行每列标上号。用英文字母表时，*i*和*j*放在一个格内，字母表装入一个5×5的方表内：

	1	2	3	4	5
1	a	b	c	d	e
2	f	g	h	ij	k
3	l	m	n	o	p
4	q	r	s	t	u
5	v	w	x	y	z

[1] 译注：Plutarch（约公元46—约120），希腊传记作家、哲学家，主要因《希腊罗马名人比较列传》（*Parallel Lives*）一书而闻名。

[2] 译注：Xenophon（约前435—前354），古希腊历史学家、作家和军事领导人，著有《希腊史》。

[3] 译注：Polybius（约前200—前118），希腊史学家，他的40卷《历史》分年代记录了公元前220—前146年间罗马帝国的兴起，只有部分保留至今。

每个字母都由两个数字，即所在行数和列数表示。据此，e = 15，v = 51。波利比乌斯提出，这些数字可用火炬传递，如右手拿一把，左手拿五把表示 e，这种方法可远距离传送信号。但现代编码学家发现，波利比乌斯方表，即现在通称的“棋盘密码”(checkerboard)，有几个别具价值的特征：字母变成数字，符号的数量减少，一个单位分成两个可单独控制的部分。波利比乌斯棋盘密码由此作为众多密码系统的基础，被人们广泛使用。

对于任何一种替代密码是否被实际使用过，这些希腊作者从未提及。经证实，此类密码的第一次军事应用源自罗马人——实际上，来源于最伟大的罗马人。尤利乌斯·恺撒[1]在他的《高卢战争》(*Gallic Wars*) 中讲述了这个故事。他强行行军到达内尔维边境，并且：

> 他从战俘口中得知了有关西塞罗[2]驻地的情况，以及该地形势的危急程度。他许以重赏，说服一位高卢士兵送一封信给西塞罗。为防止这封信被敌人截获而泄露作战意图，尤利乌斯·恺撒将信用希腊文字写成。他指示送信人，如果无法接近西塞罗，就把信绑在矛后面，投进军营。他在信中说，他已经率领军团出发，将很快前来会合，嘱西塞罗一如既往地保持勇气。那个高卢人担心陷入危险，于是按指示投出长矛。长矛意外地牢牢扎在塔上，两天都没被部队发现。第三天，一个士兵发现了它，于是将它取下送给西塞罗。西塞罗看完信，在士兵队列前宣读，所有人听完后一片欢腾。

驻军士兵士气大振，顽强抵抗，一直坚持到恺撒前来解救。

后来，像在许多其他领域一样，恺撒改进了这一技术，把他的名字永远留在了密码学历史上。古罗马娱乐专栏作家苏埃托尼乌斯[3]说，在恺撒给西塞罗

---

[1] 译注：Julius Caesar（约前 100—前 44 年），恺撒大帝，古罗马将军、政治家、历史学家。

[2] 译注：全名马库斯·图利乌斯·西塞罗（Marcus Tullius Cicero，前 106—前 43），罗马政治家、雄辩家、作家。

[3] 译注：Suetonius（约公元 69—150），罗马传记作家和历史学家，著有《诸恺撒生平》等。

和其他朋友写信用的密码中，明文字母由其字母后三位的那个字母代替：D代表*a*，E代表*b*，等等。据此，*Omnia Gallia est divisa in partes tres*[1]一句可以加密成（用现代26个字母的字母表）：RPQLD JDOOLD HVW GLYLVD LQ SDUWHV WUHV。时至今日，所有标准序列代码表都与恺撒用的密码如出一辙：

明文	a	b	c	d	e	f	g	h	i	j	k	l	m	n	o	p	q	r	s	t	u	v	w	x	y	z
密文	D	E	F	G	H	I	J	K	L	M	N	O	P	Q	R	S	T	U	V	W	X	Y	Z	A	B	C

就算密码不从字母D开始，也称为“恺撒密码”。后世作家奥卢斯·格利乌斯（Aulus Gellius）似乎有所暗示，说恺撒有时使用更复杂的密码。但罗马第一位皇帝，恺撒的侄子奥古斯都（Augustus，在许多方面都不及恺撒），也使用了一种更为简单的密码。“奥古斯都用密码写信时，”苏埃托尼乌斯说，“只是用字母表里后一个字母代替前一个字母，除了用AA代替x（罗马字母表最后一个字母）外。”

在罗马，编码似乎是一个普遍现象。苏埃托尼乌斯的措辞表明，两位皇帝习惯性地使用密码，且在多种场合使用。西塞罗嘲弄性地把SAMPSICERAMUS、ARABARCHES和HIEROSOLYMARIUS作为*Pompey*[2]的代号。这三个词暗示与庞培一生有关的重要人物和地点。许多拉丁作家也提及了一些简单形式的密码通信。一个叫普罗布斯（也许名为瓦勒里乌斯·普罗布斯［Valerius Probus］）的语法学家甚至写了一本论述恺撒密码的专著，这本书没有存世，是第一本失传的密码学图书。

也许文学作品能在很大程度上衡量某个文明的发展程度，而一旦文明发展到某个水平，编码学将自发产生——构成编码学基础的语言和文字大概也是如此。在社会生活中，人类对通信保密有着各种需求和愿望，所以只要是人类繁衍生息和创作的地方，密码学就会产生。而文明传播似乎是一个不可行的解释，

[1] 译注：大意为，高卢全境分为三部分。

[2] 译注：庞培（前106—前48），罗马将军、政治家，他建立了第一个“三巨头”统治，但后来跟恺撒发生争执。恺撒在法萨卢斯战役中打败了他。他随后逃往埃及，在那里遭谋杀。

因为许多地方都诞生了密码，其中不少相隔千里，互不交往。

雅兹迪人约有 2.5 万，是个无名少数教派，生活在伊拉克北部地区；因为担心遭到周围穆斯林教徒的迫害，他们在自己的圣书里使用了密码文字。在官方通信中，藏族人则用一种叫“仁蚌”（rin-spuns）的密码，它的名字来自 14 世纪的发明者仁蚌巴（Rin-c’[hhen-]spuns[-pa]）。在尼日利亚，Nsibidi 秘密社团想尽一切办法来阻止欧洲人看到他们的象形文字，其象形文字有着编码特性，看似直白淫秽，实则表达爱意。泰国编码学发展深受印度影响，一段早期密码学研究文字甚至出现在銮・巴硕（Hluang Prasot Aksaraniti [Phe]）的语法著作《*Poranavakya*》中。在一个名为“错误的暹罗文”的系统中，精美的暹罗字母互相替代，使得该系统得以成立；在另一个系统中，辅音被分成 7 个五字母组，要表示某个字母时，人们先写出字母所在组的暹罗数字，再在下面垂直加点，点的数量等于字母在这一组的位置。还有一个名为“隐士变形字母”的系统则采用逆写方法。

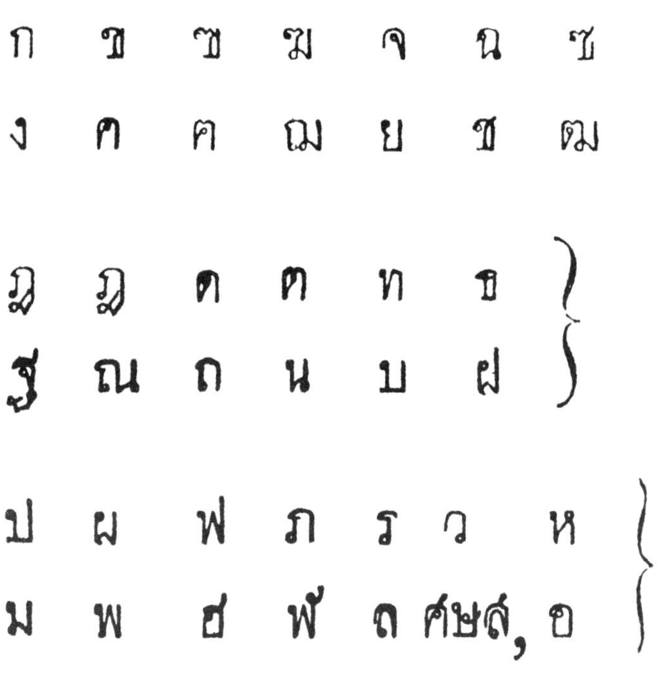

ก ข ฃ ฆ จ ฉ ซ ญ
ง ค ฅ ฌ ย ข ฒ ฑ

ฎ ฏ ด ต ท ธ
ฐ ณ ถ น บ ฝ

ป ผ ฟ ภ ร ว ห
ม พ ฮ ฬ ถ ศษส, อ

“错误的暹罗文”——一种泰语编码形式，上行是明文，下行是密文印度洋马尔代夫群岛与世隔绝，岛上的人使用两种密写方式。在“Harha tana”中，他们用自己字母表“gabuli tana”中的两个连续字母与其进行互代，因此，*h* = RH，*rh* = H，依此类推。也许该系统的名字就来自第一个等式。在“De-fa tana”中，他们则把字母表分成两半进行替代。在马来亚，当地人把他们的编码字母表叫作“gangga malayu”，它由稍加变化或反转的阿拉伯字母马来语[1]符号组成，还包括一些爪哇语符号。在16世纪的亚美尼亚，两个书写员曾使用一种类似波利比乌斯的棋盘密码，使他们的宗教文本带上一丝神秘气息；还有一位书写员则写下了一个由两字母组成的代码，其数值和等于明文字母——如z，值为6，写成GG，每个G的值为3。

在公元第一个500年中，波斯似乎将编码用于政治目的。某编史者提到一种“名为‘shāh-dabīrīya’的语言，它曾在波斯国王之间流行，但平民不准使用，因为国王担心平民会发现他们的秘密”。虽然这位历史学家没有给出例子，但他还提到“另一种名为‘rāzsahrīya’的文字，国王用这种文字写秘密（书信）给其他国家的收信人。这种文字元、辅音的数量是40，每个元辅音都有固定形式，纳巴泰语[2]中没有这种形式。”10世纪，一个为书写员编写手册的人写下两种单表替代密码[3]，声称它们源自波斯。其中一种用鸟名代替字母，另一种把字母与二十八宿对应：白羊的两只角、白羊的腹部、昴星团，等等。

约6世纪晚期，埃及塞加拉[4]的科普特教耶利米修道院荒废前，有个人用单表替代加密了一条信息，并将它刻在通向院子的门后的墙上。他许下一个奇怪且永恒的愿望，“以全能上帝的名义，”这篇穿越世纪的题词恳求道，“我，维克托，一个卑贱的贫民——记住我。”维克托加密了自己的恳求，他的愿望得到实现。在另一座科普特教修道院，位于南部埃及谢赫阿卜杜勒古尔纳（Sheikh-abd-el-Gourna）的7世纪埃皮法纽斯修道院内，人们在埃利阿斯

[1] 译注：Malayan Arabic alphabet，爪夷文用阿拉伯字母书写马来语。

[2] 译注：纳巴泰人属古阿拉伯人，公元前312年开始建立独立王国，首都佩特拉（今约旦佩特拉）；公元63年起与罗马帝国结盟，106年被归并为阿拉伯省。

[3] 原注：用任何语言写成的有关密码学的书都将会讲述如何解开这种密码，其中最好的列在文献中。

[4] 译注：Saqqara，埃及境内一个古代大型墓地，位于开罗以南约30千米。

(Elias）神父的地下室发现了一个不寻常的物品。那是一块干枯的木头，约 30 厘米长、10 厘米高，上面有黑墨水写成的两行文字。上行是一段稍稍模糊的希腊文诗句，它引人注目的不是它的美丽，而是因为它包含了科普特语希腊字母表中的全部字母。诗句多出 5 个字母转到下一行。下行包括上述字母表的 21 个字母，分成打乱颠倒的 4 个不等部分。埃利阿斯神父如何使用它不得而知，但似乎可以肯定，这块现存于纽约大都会艺术博物馆（Metropolitan Museum of Art）的木板是现存世界上最早的密钥（不同于类似代码的楔形文字板）。

顽强的编码学之树不仅生在南部骄阳似火的气候中，还在阴凉潮湿的北部生根发芽。欧洲两种非拉丁语文字——日耳曼如尼文[1]和凯尔特欧甘文[2]，也时不时用密码加密。

7—9 世纪，如尼文在斯堪的纳维亚和盎格鲁－撒克逊的不列颠繁荣昌盛。它们几乎总是用于宗教目的。这是一种僵硬、棱角分明的文字，字母表分成三组，每组有八个如尼字母。如字母“thorn”是第一组第三个字母，它看上去像现代的 *p*，代表“thin”和“then”的第一个音。所有如尼文编码系统都用一组数字表示字母，这组数字由字母所在组序号和字母在该组位置的数字组成。“Isruna”系统用短如尼字母 *i* 代表字母组序号，*i* 是一条名为“is”的短竖；用长 *i* 代表位置号。这样，第一组第三个字母“thorn”由一短竖和三长竖代表。另一个如尼文编码系统“hahalruna”把代表这些数字的斜线附在一根竖杆上，组号在左，字母位置号在右。有时候这些斜线穿过竖杆。这个系统的其他变种有“lagoruna”、“stopfruna”和“clopfruna”。如尼文字编码出现在许多地方，其中洛克如尼文石碑（Rök stone）上最多。这是一块 13 英尺（约 4 米）高的厚花岗岩石板，矗立在瑞典洛克教堂庭院西端。洛克如尼文石碑上的如尼字母超过 770 个，其中包含各种类别的如尼文密码。

欧甘文主要保存在墓碑上，其字母表由五组字母组成，每组又各有五个字母，它们用一条水平线上伸出的一到五根线表示。第一组线条向水平线上方伸展；第二组向下；第三组垂直向上向下；第四组倾斜向上向下；第五组混杂

[1] 译注：Teutonic runes，如尼字母是一种与罗马字母有亲属关系的古日耳曼字母。

[2] 译注：Celtic oghams，欧甘文，一种古英国和爱尔兰文字，由 20 个字母组成。

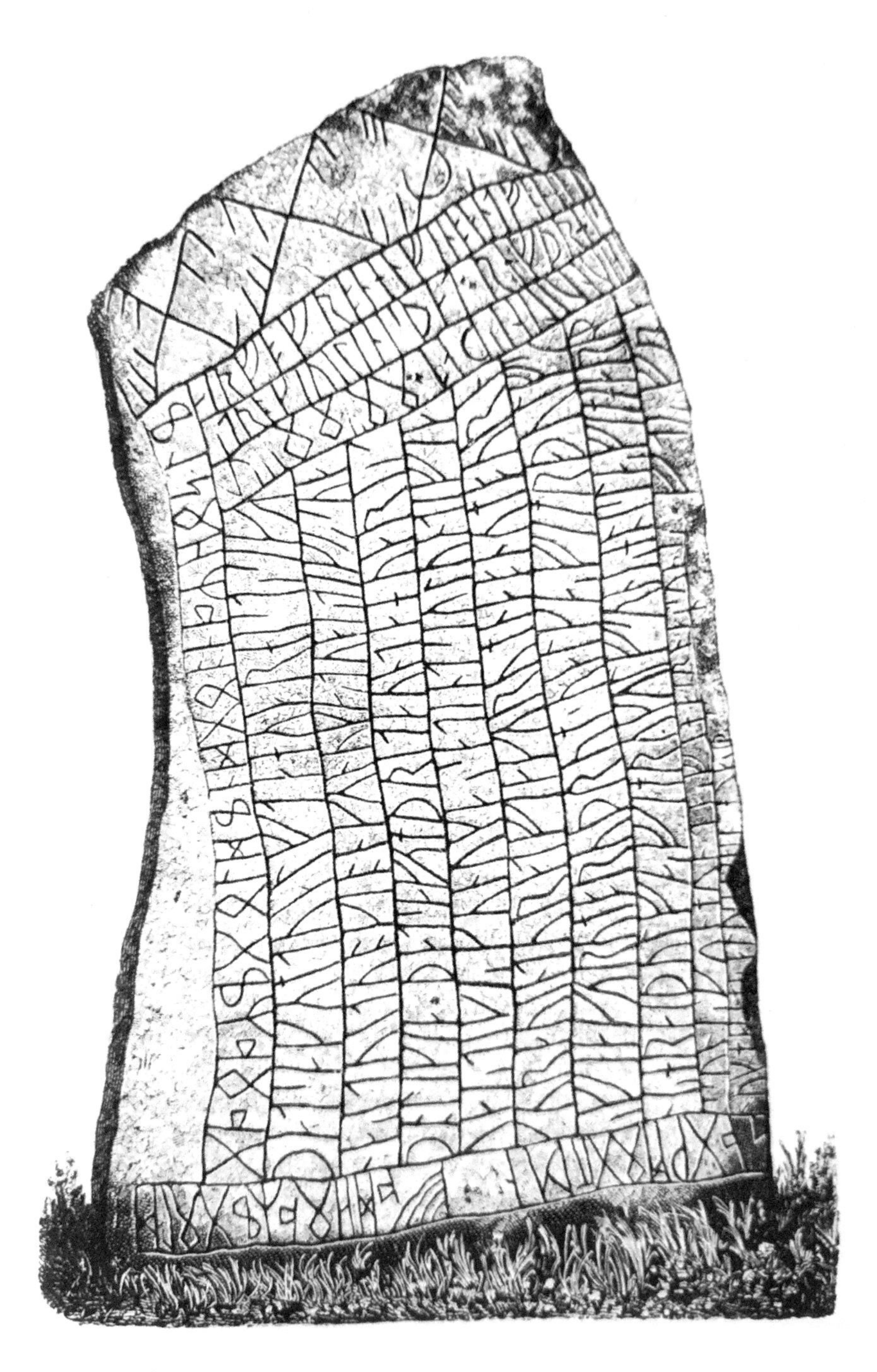

13 英尺（约 4 米）高的瑞典洛克如尼文石碑，覆盖着加密的如尼文字

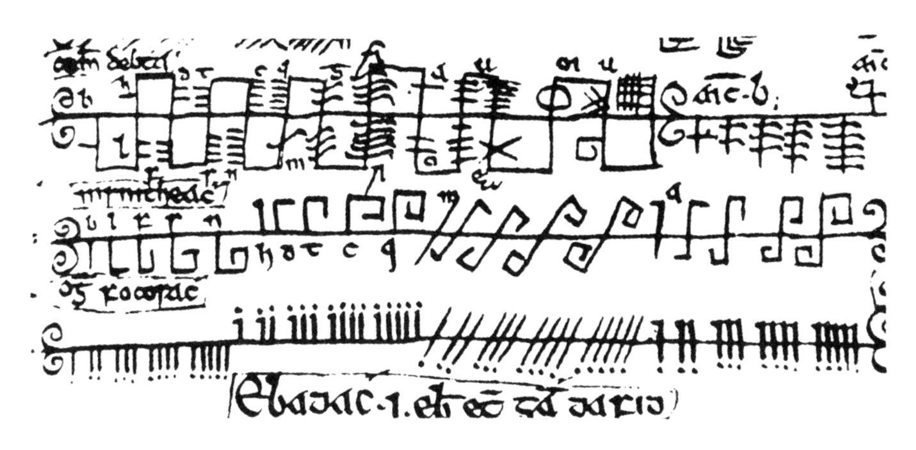

《巴利莫特书》中显示的三种形式的加密欧甘文字："头错（head of quarreling）"、"交织（interwoven）"和"脚标（well-footed ogham）"

型。欧甘文加密方法收录在《巴利莫特书》（*Book of Ballymote*）中，这是一部 15 世纪历史、宗谱和其他重要事项的汇编。

最有趣的是这些系统的名字，它们是密码学中最迷人的名字，充满了爱尔兰人与生俱来的诗意、俏皮和智慧。如有个密码叫"使布瑞斯迷惑的欧甘文"[1]，用字母名代表字母，如 *who* 加密成 DOUBLE-YOU AITCH OH。这个密码的名字来自一个故事，古代英雄布瑞斯在前去打仗之际收到一封如此加密的信，他对信的内容十分困惑，他拼命想搞清楚，由于精力分散，结果吃了败仗。"避难所欧甘文"（Sanctuary ogham）在每对字母间加一划。"穿过石南的蛇"（Serpent through the heather）在首尾相连的字母上下方画一条波浪线。"大斑点"（Great speckle）有一个与代表的字母倾斜和长度一致的符号，后面跟着若干个点，点的数量比字母的划少一个。"双胞胎欧甘文"（twinned ogham）双写每个字母。"团伙欧甘文"（host ogham）的每个字母写三次。"伤心的诗人"（Vexation of a poet's heart）把线缩成从空矩形外伸出的短划。"眼中刺"（point against eye）颠倒字母表。在"伪欧甘文"（fraudulent ogham）中，字母由后面隔一位的字母代替。在一个系统中，一团混乱的代替字母似乎像被一个愤怒的爱尔兰人用橡树棍打得四分五散，被称为"愤怒发作欧甘文"（outburst of rage ogham）。也许这些都没有真正用于

[1]　译注：布瑞斯（Bres），爱尔兰神话中的古代国王。

加密欧甘文字，它们似乎只是幻想出来取乐的。但《巴利莫特书》有一页底部用另一种叫“布利克琉的欧甘文”[1]书写。稍加修改，它可以解释成一段古代督伊德教的祈祷文——它也许是现代仅知的一段督伊德教祈祷文，与此对应，也是唯一一处曾经使用过加密欧甘文的祈祷文。

当代编码学发源自拉丁字母，然而在使用拉丁字母的欧洲，编码学却并不兴盛。罗马帝国垮台后，欧洲陷入黑暗时代[2]，文学消失不见，艺术和科学堆放在被人遗忘的角落，编码学也难逃幸免。只有在中世纪的少量散见手稿中，偶尔才有个聊以自娱的僧人会给签名或注释或“感谢上帝”（deo gratias）的呼唤加密，时不时照亮一下密码学的黑暗，就像一支蜡烛在宏伟的中世纪大厅摇曳，微弱的光芒只是黑暗的衬托罢了。

这些密码简单至极：短语竖着或倒过来书写；点代替了元音；希腊语、希伯来语和亚美尼亚语字母等外来字母表被用于加密；每个明文字母由后一个字母代替；最高级的系统用特殊符号代替字母。从公元500年前到1400年的近千年时间中，虽然15世纪末简单的密码系统正逐渐消失，且7世纪或15世纪间可能出现了一个“高级”系统，但西方密码学发展仍是停滞不前。

几个名字从迷雾中闪过。传说8世纪，盎格鲁—撒克逊传教士圣·博尼费斯（St. Boniface）在德国兴建了修道院，他把编码猜谜游戏传入欧洲大陆。这种游戏基于一个用点代替元音的密码。公元999—1003年的教皇西尔维斯特二世[3]，也就是才华横溢的僧人热尔贝。他以学识渊博闻名，曾用“太罗速记符号”[4]的音节系统记笔记。据说该音节系统由图利乌斯·太罗（Tullius Tyro）发明，他原本是西塞罗的奴隶。热尔贝甚至用这种速记系统把自己的名字写在他的两头牛身上。11世纪，修女希德嘉·冯·宾根（Hildegard von Bingen）曾看到世界末日景象，后被封为圣徒，她自称有一个密码，由神灵启示赐予。9

[1] 译注：Bricriu's ogham，布利克琉是爱尔兰神话中的医院牧师、捣乱者和诗人。

[2] 译注：Dark Ages，西欧一个时期，介于罗马帝国崩溃和中世纪鼎盛时期之间，约公元500—1100年。中世纪从罗马帝国衰亡至君士坦丁堡沦陷（公元5世纪—1453），狭义指约1000—1453年这段时期。

[3] 译注：Pope Sylvester II（约946—1003），教皇，出生名热尔贝（Gerbert [d' Aurillac]）。

[4] 译注：tyronian notes，本书后文拼作“Tironian notes”。

世纪早期，达布萨奇（Dubthach）——一个爱尔兰人，住在威尔士国王的城堡时，不怀好意地编了段密码，把它作为对来访同胞的智商测试。他似乎想让他们难堪，以此报复他在国内受到的羞辱。他很有信心，“没有爱尔兰学者，更别提不列颠人”能解开它。但是，四个聪明的爱尔兰人——康乔布拉克（Caunchobrach）、弗格斯（Fergus）、多米尼克（Domminnach）和苏阿巴（Suadbar），解开密码，打败了他。他的密码由一小段希腊字母写成的拉丁明文组成。四人很谨慎地把答案寄给他们的老师，催促他“把这个信息给想渡过爱尔兰海的头脑简单的爱尔兰同胞，防止他们不明所以，看不懂那些文字，在伟大的不列颠国王默明（Mermin）面前丢脸”。

中世纪唯一一个描述而不只是使用密码的作者是罗杰·培根[1]，他是一个拥有令人惊讶的现代思想的英格兰僧人。他在写于 13 世纪中叶的《论秘术作品和魔法的无效》（*Secret Works of Art and the Nullity of Magic*）中说道：“一个人如果不能以普通人看不懂的方式写下秘密，这人一定不正常。”他列出七种刻意书写隐蔽文字的方法。其中有的只用辅音，有的用图示，有的用外文字母、

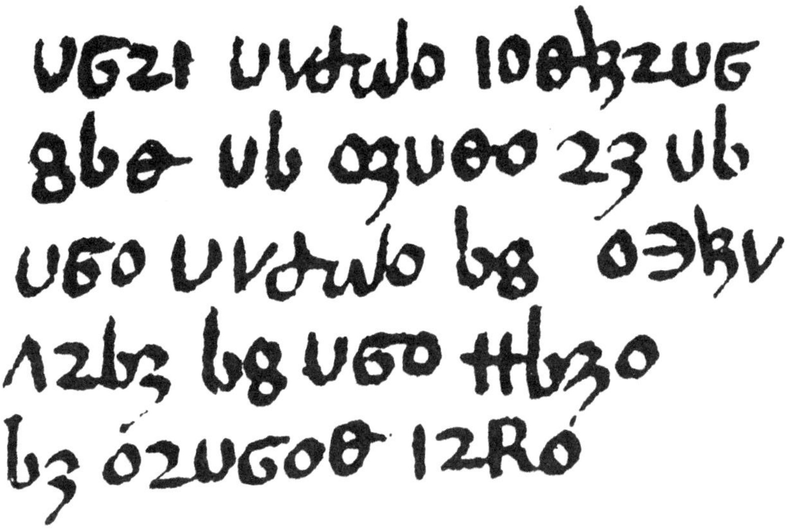

杰弗雷·乔叟编写的一封密信

[1]　译注：Roger Bacon（1214—1294），英国方济各会修士、哲学家、炼金术士。以光学研究著名，强调科学研究需采用经验的方法。他学识渊博，著作涉及当时所知的各门类知识。

自创符号、缩写，有的则用“魔法符号和咒语”。

熟悉中世纪密码学的人物中，最有名的是英国海关官员、业余天文学家、文学天才杰弗雷·乔叟[1]。他在和《星盘详解》一起出版的《行星定位仪》中介绍了一种天文仪器的工作原理，书中有六篇密码短文。他用一个符号表加密这些短文。举个例子，*a* 由一个像大写字母 V 的字母代替，*b* 由一个像手写体 α 的字母代替。一篇短文写道：“该表用于填制月球方程式两边的表。”密文给出了使用定位仪的简化指南——别管那些复杂的技术解释，只要一步步按指南操作，结果自然出来。这些密文由乔叟自己发明，已成为史上最有名的密码之一。

在密码史期间，密码学得到了一个今天依然涂抹不去的污点，即许多人相信，密码学是一种妖术，是某种形式的神秘学。按照威廉·弗里德曼恰如其分的评论，鼓捣密码的人“一定天天与幽灵打交道，磨炼他的脑力柔道技艺”。

密码的罪恶某种程度上来自联想。诞生初期，密码学曾用于掩盖威力强大巫术著作的关键部分：占卜、符咒、咒语等各种赋予施法者超自然力的东西。这种做法首先隐现在埃及密码中。普鲁塔克记载，在特尔斐，“各种古老的神谕由神父用密写记录下来”。罗马帝国衰落前，密写是巫师的强大同盟，使他们的巫术不受亵渎。

一部最有名的巫术手稿发现于底比斯，它写于公元 3 世纪，所用文字为希腊文和一种最新形式的高度简化的象形文字。这份手稿名为《莱顿草纸文稿》（*Leiden Papyrus*），其重要配方的关键部分被密码加密。例如，在讲述如何让某人得一种无法治愈的皮肤病的章节中，草纸文稿中用秘密符号加密“皮肤病”一词和蜥蜴的名字：“你想让某人得一种无法治愈的皮肤病，用一只 *hantous*– 蜥蜴和一只 *hafleele*– 蜥蜴，与油一起煮，用这些混合物给那个人洗澡。”大部分密码章节的明文（包括一段讲述如何使一个女人需要一个男人的内容——当然它不起作用）是希腊文，密码主要由希腊字母符号组成。整个中世纪，密码频繁用于巫术目的，即使到文艺复兴时期，人们依然用它来掩盖炼金术配方。

[1] 译注：Geoffrey Chaucer（约 1342—1400），英国诗人，最出名的著作是《坎特伯雷故事集》（*Canterbury Tales*）。

1473—1490 年间，阿纳尔多·德布鲁塞拉（Arnaldus de Bruxella）在那不勒斯编制了一部手稿，哲人石（philosopher's stone）制作过程的关键部分用五行密码隐藏。

巫术与密码学的联系得到其他一些因素的强化。神秘符号被用于诸如占星术和炼金术之类的神秘领域，这里各种命运星辰和化学物质都有一个特别的符号，如火星的圈和箭符号，就像它们用在密码中一样。类似密码文字的符咒和咒语，如“abracadabra[1]”，看上去像一派胡言，但实际上有强烈的隐藏含义。

密码学与犹太卡巴拉[2]的混淆是一个非常重要的因素。这种犹太神秘哲学甚至吸引了不少有神秘主义倾向的基督徒。它的信条之一是，来自上帝的语言反映了世界的基本精神特性，因此是宇宙万物本身的表达。通过写下来自《托拉》[3]的每个单词、字母，甚至每个元音符号和重音符号隐藏的含义，犹太秘法家（Kabbalists）得到了关于存在的新启示。“真相，”他们说，“比谎言更站得住脚。”——希伯来语“谎言”（falsehood）一词头重脚轻倚在一边，有点像英文字母 r；而“真相”（truth）一词的重心四平八稳地落在两条腿上，像个 h，这个断言就基于这一事实。他们的做法有“数值换算法”[4]：给希伯来语单词字母规定数值，再相加，通常还要与其他有同样数值和的单词比较，解释其结果。例如，《创世记》[5]第 14 章第 14 节载，亚伯拉罕带着 318 个仆人来帮助侄子罗德。但 318 是亚伯拉罕仆人以利以谢（Eliezer）名字的数值和。因此，318 实际只有一个以利以谢。他们还有一些重要性不及数值换算法的方法：把单词中的字母当作整个句子缩写的“省略法”[6]；依据不同规则互换字母的“互

[1]　译注：魔术师变魔术时念的咒语。这一词也表示“符咒，胡言乱语”。

[2]　译注：kabbalah，对《圣经》作神秘解释的古代犹太传统，起初通过口头流传，并且使用了包括密码在内的许多秘密方法。

[3]　译注：*Torah*，犹太教律法书，上帝向摩西启示的律法，记录于《旧约》首五卷（《摩西五经》）。

[4]　译注：gematria，希伯来字母代码，犹太神秘哲学通过计算单词字母的数值来阐释希伯来经文的方法。

[5]　译注：*Genesis*，《圣经》首卷，包括关于上帝创造天地、诺亚方舟、通天塔以及始祖亚伯拉罕、以撒、雅各和约瑟的故事。

[6]　译注：notarikon，犹太文学拼词法是选取句中词语的起首、居中或结尾字母创造新词的技巧。

换法”（temurah），包括逆序互代。这些做法的原材料和密码学一样，不一样的是，它们更灵活，更随意。其中一些不严谨的做法似乎影响了密码学，而神秘的发音似乎又给它们增加了魔法成分。

后来的作者吹嘘他们破译密码的能力，也吹嘘他们在记录人类声音、心灵感应术和与地下深处或数千米开外的人交流等方面的高超本领。巫术受到当时教会谴责，一个身为修道院院长的知名作者用不会招来反对声的密码掩盖有关巫术的文章，这进一步强化了二者的联系。后世作者把密码与巫术混为一谈，要么是因为他们相信两者互相联系，要么就是他们想用自己骇人的能力打动读者。所有这些超自然的一派胡言都玷污了密码学。

虽然以上因素都至关重要，但归根到底，密码学是黑巫术的观点还是源于密码学与占卜在表面上存在相似性。从密文中提取读得通的信息，似乎与通过观察鸟类飞行、天体位置、手纹长度和交叉方式、羊内脏、杯中残渣的状态等获得知识的做法是一回事。所有这些做法中，巫师般的施法者从奇形怪状的、陌生的、表面无意义的符号中提取意义，从未知中得出已知。这样的类比当然是错误的。占卜、占星、手相、内脏占卜和其他占卜术本质上都是主观的、无效的，而密码学则是客观的、完全有效的。虽然如此，表象常常掩盖了这个现实。头脑简单者甚至把普通解密看成魔法，稍有点脑子的把密码分析当成魔法，它揭开深藏不露的事物的面纱，这在他们看来既神秘，又不可思议。他们把密码学与魔法等同起来。

所有这些给密码学涂上浓重的神秘主义色彩，其中一些至今依然存在并且显著影响了密码学的公众形象。人们依然认为密码分析十分神秘。书商依然把密码学归入“秘学”一类。1940 年，美国给日本外交密码分析的代号就是“魔术”。

迄此为止讨论的所有密写中，没有一个详细谈及密码分析。偶尔有一些孤立的例子，如那四个爱尔兰人，或但以理，或任何可能猜出一些象形文墓志铭的埃及人。但这里没有任何密码分析学成分，只有编码学。因此，包含编码和密码分析两方面的密码学尚未出现。

阿拉伯人开创了密码学，首次发现并写下多种密码分析方法。7 世纪，这个民族涌出阿拉伯半岛，很快遍布旧大陆。他们创造了前所未有的灿烂文明：科学繁荣；阿拉伯医药和数学领先世界——实际上，“密码”[1] 一词正是来自阿拉伯数学；阿拉伯实用工艺繁荣、管理技术发达。因阿拉伯宗教排斥绘画和雕塑，在推动伊斯兰教圣经《可兰经》（*Holy Koran*）经义发展的过程中，阿拉伯文明将蓬勃的创造力投入到文学创作中。以山鲁佐德（Scheherazade）的《一千零一夜》（*Thousand and One Nights*）为代表的故事创作、字谜、画谜、双关、回文 [2] 以及类似的游戏在那个时候十分盛行。语法成为一门大学问，包含其中的就有密写。

他们对密写的兴趣出现很早。阿拉伯历 241 年（公元 855 年 [3]），学者本·瓦希亚 [4] 的《狂热爱好者学习古代铭文之谜的愿望》[5] 一书中有几个用于魔法的传统密码表。一个密码表叫作“dâwoûdî”，意为“大卫文”（Davidian），这个名字来自以色列国王 [6]，由通过改变希伯来字母草书形式，给字母加尾巴或去掉字母一部分发展而来。1076 年，一本巫术活动专著抄写员用大卫文加密“opium”（鸦片）一类词汇。大卫文被看成杰出的巫术字母表，有时也被称作“rihani”，这是“magic”（巫术）一词的一种形式。另一个古典代字表一直用到 1775 年，它被用在一个密探写给阿尔及尔（Algiers）摄政王的一封信里。这种文字在土耳其被称为“Mişirli”（埃及语），在埃及被称作“Shāmī”（叙利亚语），在叙利亚称“Tadmurī”（巴尔米拉语）。在一本可能来自 14 世纪的埃及兵法手稿中，一种用于投掷被困据点的混合物的关键成分由密码写就。伊斯兰极端教派也发展编码学，保护他们的著作不被正统教派察觉。

极少数情况下，伊斯兰国家才使用密码——不是代码，他们似乎还不知道代码——用于政治目的，他们的行政管理大多效仿波斯帝国，这个做法多半也

[1]　译注：cipher，这一词既表示“密码”，还表示“阿拉伯数字”或“0”等含义。

[2]　译注：anagrams，颠倒字母改缀词或短语的游戏，字谜。

[3]　原注：除非另有说明，所有日期为公元年份。

[4]　译注：全名为 Abū Bakr Aḥmad ben ‘Ali ben Waḥshiyya an-Nabatī（约 9—10 世纪），伊拉克炼金术士、农学家、农业毒物学家、埃及古物学者、历史学家。

[5]　译注：书名原文为 *Kitāb shauq al-mustahām fī ma'rnfat rumūz al-aqlām*。

[6]　译注：David（约前 1040—前 970），据《撒母耳记》，他是以色列王国第二任国王；据《新约全书》，他是耶稣的祖先。约前 1010—前 970 年统治犹大王国。

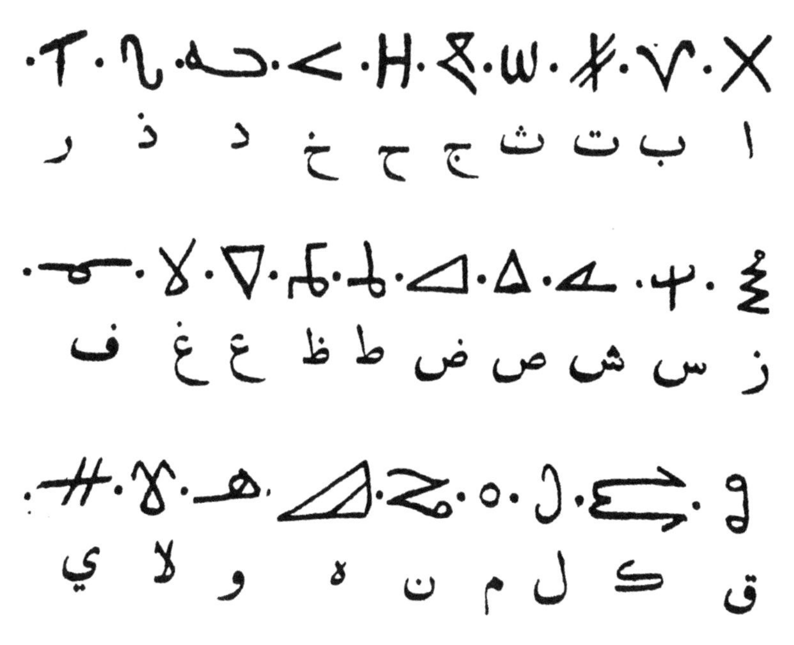

阿拉伯“大卫文”替代密码

源自那里。波斯伽色尼王朝[1]政府被征服后，少量加密文件保存下来。一位编史者记载，高官就任新职前会获得一份个人密码。但伊斯兰国家普遍缺乏连续性，因而未能建立起永久行政机构，也没有在外国设立常驻使节，所有这些都妨碍了编码学的广泛应用，对此，阿拉伯作者也偶有提及。一册家谱谈到一个8世纪书写员本·易卜拉欣（Mullūl ben Ibrāhīm ben Yaḥzā aṣ-Ṣanhāğī），说“他雄辩，懂多种语言；能用古叙利亚文[2]（也许指古典 Shāmī 密码表）和密写符号等写作，并且精于此道”。埃及历史巨著《历史绪论》（*The Muqaddimah*）由伊本·赫勒敦（‘Abd al-Raḥmān Ibn Khaldūn）于14世纪写就，被阿诺德·汤因比称为“无疑是有史以来全世界所有作者创作的同类作品中最伟大的”。书中记载政府税务和军事官员，“互相之间使用一个非常特别且类似谜语的密码，

[1] 译注：Ghaznavid (Dynasty)，土耳其历史上一穆斯林王朝，公元977年建于阿富汗的伽色尼，势力一直扩展到波斯和旁遮普，直至1186年。

[2] 译注：Syriac，古叙利亚语，阿拉姆语的一种西部方言，很多重要基督教早期经文都以此种语言保存，现在一些叙利亚基督徒仍把它作为礼拜语言使用。

使用香料、水果或花鸟名字，或与公认字母形状不同的字母来代替字母。通信者之间协商一致使用此种密码，以便用文字交流他们的想法。”鸟名让人想起同样使用这种替代的波斯密码，表明它们源自波斯，至少这种密码是这样，可能还有其他密码。

税务官使用的特别编码名为“qirmeh”，它简化了阿拉伯字母的形式；缩减了字母主体尺寸，加长了字母尾尺寸；去掉变音符；单词连写，有时重叠或混合；许多词用了缩写。qirmeh 首先出现在 16 世纪的埃及，直到 19 世纪后半叶，伊斯坦布尔、叙利亚和埃及的大部分财政记录还在用 qirmeh 书写。这种编码只用于税务文件，用于保密税收信息。

阿拉伯的编码学知识全面记录在《愚者之光》（*Ṣubḥ al-a ‘sha*）的密码学章节中，这部浩大的 14 卷百科全书完成于 1412 年，旨在给书写员阶层提供所有重要学科的系统知识，这一点上它做得很成功。该书作者为生活在埃及的艾哈迈德·卡勒卡尚迪[1]。其密码章节“关于用字母隐藏秘密信息”分成两部分，一部分论述象征性情节和影射，一部分讲述显隐墨水和密码。该节有一个很长的标题，“论从伊斯兰诞生直到现在，在东西方和埃及土地上，书写员在通信中使用的技术程序”。该节本身又在一个名为“论通信形式”的单元内。

卡勒卡尚迪书中的大部分密码学内容来自伊本·杜拉欣[2]的作品，后者生

[1]　译注：Shihāb al-Dīn abu ‘l-‘Abbās Aḥmad ben ‘Ali ben Aḥmad ‘Abd Allāh al-Qalqashandi（1355 或 1356—1418），中世纪埃及作家、数学家。（原注：英国爱丁堡威廉缪尔研究所［William Muir Institute］的约翰·R. 沃尔什［John R. Walsh］在 1964 年 1 月 26 日和 2 月 18 日的信中强烈声称，阿拉伯人“从未”有密码学这门科学。他认为尽管卡勒卡尚迪是埃及大臣的一位公职人员，但后者并没掌握第一手密码学知识。而且，“在藏有成百上千万卷书籍的土耳其图书馆内，我至今未曾听说过其中有一册用密码写成”。这些都是强有力的论点，但我感觉卡勒卡尚迪的作品论调只来自与密码学有关的经验，而他随手提及的“对所有信件都有彻底的研究”关系重大，不应轻易被否决。因此，我对博斯沃思［Bosworth］的夸张观点稍稍有些平饰［他认为“为政府管理和外交目的，密码已经普及”］，我的观点是密码学和密码分析在伊斯兰世界都已经广为人知。文中所写反映了这一点。）

[2]　译注：阿拉伯密码学家，首先提出方表概念。他的一本书 *Clear Chapters Goals and Solving Ciphers* 最近被发现。

活于1312—1361年，在叙利亚和埃及马穆鲁克[1]手下当过各种教职或官职。除一本神学专著外，杜拉欣其他作品都没有存世，但据说他写了两部与密码学有关的作品。一部是一首自由格律诗“UrJūza fi ‘l-mutarjam”，这种格律通常用于教学诗，也可能用于帮助记忆。另一部是诗歌“Miftāh al-kunūz fi īdah al-marmūz”的散文评注。虽然这本书应归为密码学失传之作，但其中大部分信息或许已保存在卡勒卡尚迪的全书中。

卡勒卡尚迪开篇解释了隐瞒的必要性，“因为敌人在收发人之间，如两个统治者或两个普通人之间，设置了障碍或其他类似困难。（它用于）规避行动不能奏效的情况，如因为拦截者的伏击，或因为通信双方发出的所有信件受到彻底检查”——后一句话清楚揭示了编码的必要性，也说明当时很可能存在密码分析的做法。

在说明了可以用别人不懂的语言来达到保密目的之后，按卡勒卡尚迪书中说法，伊本·杜拉欣给出7种密码系统：

（1）一个字母代替另一个。

（2）编码者可逆写单词，*Muhammand*（用阿拉伯辅音字母表）就写成DMHM。

（3）他可以颠倒信上单词内交替出现的字母。

（4）他可以在密码系统中给字母一个数值，用阿拉伯数字写下这个数值，*Muhammand*就写成40+8+40+4，密信看上去就像一组数字。

（5）编码者可用两个阿拉伯语字母代替每个明文字母，两个字母数值和等于那个明文字母的数值。举例之后，卡勒卡尚迪说明，“也可用其他字母，只要它们加起来等于原字母的值”。

（6）“他可用人名或类似名字代替每个字母。”

（7）编码者也可用二十八宿作为字母替代，或以一定次序列出国名、水果、树木等名字，或画鸟或其他动物，或直接自创特定符号作为替代密文。

这份清单与伊本·赫勒敦的清单相似，表明两位作者的信息都来自一本10

---

[1] 译注：Mameluke，原中东部分地区一统治集团成员，该集团原为奴隶，曾统治过叙利亚（1260—1516）和埃及（1250—1517）。

世纪的书写员手册，其作者苏利给出了鸟和二十八宿替代，并阐明这些替代源于波斯。

在编码学中，这个名单首次包括了移位和替代系统；而且，在系统 5 中，它首次采用一种密码，用多种替代来代表一个明文字母。虽然这是一个了不起的发展，但下文提及的内容，即史上第一次对密码分析的阐述，却足以令它相形见绌。

在卡勒卡尚迪解释伊本・杜拉欣的文字中，密码分析已经完全成熟，但它的起源也许可以追溯到巴士拉、库法和巴格达[1]学派，语法学家为阐释《古兰经》经义，对它进行的全面细致的研究。语法学家进行了各种研究，他们计算了单词频率，尝试确定《古兰经》各章节的写作年代，发现其中一些单词被认为只用在后期章节。他们检查单词发音，确定它们是阿拉伯语还是外来词，由此总结出阿拉伯单词的构成。例如，一位语法学家在提到舌音 ra'、lām、nūn 和唇音 fā'、bā'、mīm 时声称："舌头很容易发出这六个（舌音和唇音）字母的音，它们因此成为常见语音形式。也因此，所有真正的五辅音字根[2]都离不开它们，或至少离不开其中之一。"这条规则重现于伊本・杜拉欣的著作中。在语言现象的研究中，词典学的发展对密码分析同样具有重要意义。编制词典时，编纂者自然要考虑到字母频率和字母是否搭配的问题。例如，阿拉伯人早就认识到 zā' 是阿拉伯语中最罕见的字母，反之，无处不在的定冠词 al- 使 alif 和 lām 成为普通文字中最常见的字母。

因此，阿拉伯世界第一个大哲学家——综合词典概念首创者、巴士拉学派语法家中的明星，在历史长河中相对较早地写出一本《秘密语言书》（*Kitāb al-mu'ammā*）就在情理之中了。他就是哈利勒，生活于阿拉伯历 100—170 到 175 年（公元 718/719—786 到 791）。哈利勒曾解开拜占庭皇帝发来的一封希腊文密信，由此，他深受鼓舞，写下《秘密语言书》，这显然又是一本失传之作。被问及他是如何做到时，他说，"我（对自己）说，信的开头肯定是'以上帝之名'之类的话。据此我推出前几个字母，问题迎刃而解"。

[1]　译注：巴士拉、库法、巴格达都是伊拉克城市名，巴格达是首都。

[2]　译注：quinquiliteral roots，阿拉伯语系动词和大部分名词字根由辅音构成。

哈利勒花了一个月时间解开密信，该事实说明阿拉伯人还没有形成以字母频率为基础的密码分析技术——这一点可以理解，因为伊斯兰教纪元[1]开始约150年后，阿拉伯人也许还处在语言研究的初级阶段。但600年后，到伊本·杜拉欣时代，这些研究一定已经枝繁叶茂，启发了一些无名天才，并把他们的发现用于破译密码。实际上，伊本·杜拉欣对密码分析的论述已经非常成熟，这一点已在卡勒卡尚迪作品中得到反映，这说明密码分析经历了一段较长时期的发展。密码分析已不是秘密，伊本·赫勒敦在《历史绪论》中写道："偶尔有些熟练的书写员，虽然不是第一个发明某个密码的人（并且以前不知道它），但他们发挥聪明才智，发展出他们自己称之为'解谜'（密码分析）的综合破译方法，找到了（破译）规则。关于此类主题的有名记载，当地人们依然有所保存。上帝无比睿智，心知肚明。"

伊本·杜拉欣—卡勒卡尚迪的密码破译阐述从基础开始：分析员须知道密信所用的语言。因为阿拉伯语是"所有语言中最高贵的"，是（当地）"使用最多的一种语言"，文中详细讨论了它的语言学特征。清单列出了从未在一个词中一起出现的字母，很少在一个词中共同出现的字母，不可能的字母组合（"因此tha'不会出现在shin之前"），等等。最后，文中列出一个字母表，"以《古兰经》研究为依据的（字母）在阿拉伯语中的使用频率"为次序。作者甚至提到，"在非《古兰经》作品中，频率可能与此不同"。讲完基础知识后，卡勒卡尚迪继续写道：

> 伊本·杜拉欣说过：要破译一封你收到的密码信件，首先计算字母数量，再计算每个符号的重复次数，写下各自总数。如果密码设计者考虑得很周全，在信中隐藏了字母间隔，此时首先要做的是找出分隔单词的符号。你可以取一个字母，假设下一个字母是字间隔，用这个间隔检查整封密信，同时注意前面解释的组成单词的可能字母组合。如果这样做行得通，（那很好）；不行的话，取这第二个字母后一个字母，如果可以，（很好）；如果不行，再取下一个字

[1] 译注：公元622年，穆罕默德由麦加逃亡到麦地那，此年即定为伊斯兰教纪元。

> 母，一直试下去，直至能够确定字间隔。下一步，注意哪些字母在信中出现频率最高，比较前述字母频率类型。如果发现信中某个字母出现频率高于其他，可假设它是“alif”；再假设次高频率字母是“lām”。大部分文字中，“lām”跟在“alif”后面，这一点可确定你的推测是否准确……接下来，你先要在信中寻找双字母词，估计双字母词最有可能的字母组合，直到确信你已经发现一些正确组合，注意它们的符号，写下与这些符号对应的字母（所有它们在信中出现的地方）。对信中三字母词适用同样原则，直到得出确定结果，（在整封信中）写下对应字母。按前述步骤对四字母和五字母词如法炮制。有疑时，设想两到三个或更多猜测，把每一个都写下，直到通过其他单词确定下来。

卡勒卡尚迪在这份清晰解释之后举出一个破译例子，长达四页，来自伊本·杜拉欣。例子中密文由两行韵文组成，显然是用随意创造的符号加密。最后他提到，全文有八个字母没用到，而它们就是频率表中最后八个字母。“但这纯属偶然：有一个字母可能出现在上述清单指定位置之外。”他写道。这个评论说明，当时的分析经验已经相当丰富。为使整个过程更加明白，卡勒卡尚迪举出伊本·杜拉欣的第二个例子，一封相当长的密信，长达三页，卡勒卡尚迪以该例子结束了其作品中的密码学部分。

阿拉伯人在此表现出的非凡才能在多大程度上用于破译军事和外交密信，以及对穆斯林历史的影响，这些尚不清楚。但似乎可以肯定的是，和阿拉伯文明一样，这些知识被废弃并很快失传，250 年后的一段插曲强烈地凸显了这种衰落。

1600 年，为与伊丽莎白女王[1]结盟对抗西班牙，摩洛哥苏丹艾哈迈德·曼苏尔（Aḥmad al-Mansūr）派心腹大臣阿布德·瓦赫德率代表团出使英格兰。这

---

[1] 译注：Elizabeth，伊丽莎白一世（Elizabeth I，1533—1603），亨利八世之女，英格兰和爱尔兰女王（1558—1603），她从其信仰天主教的姐姐玛丽一世处继承王位，重新把温和的新教确立为英国国教；统治期间主要应对恢复天主教的威胁及与西班牙的战争，该战争以 1588 年击溃西班牙无敌舰队而告终；尽管有很多追求者，但她终身未婚。

位使节用单表替代密码写了一封信，向国内报告出使成果。不久后，信落入一个阿拉伯人之手，他看似极为聪明，但早已将本民族密码遗产抛之脑后。他在一篇回忆录中写道：

> 赞美安拉！在阿布德·瓦赫德大臣的信中，我发现他用秘字写下了一些交给我们保护者阿巴斯·曼苏尔[1]的信息。信息与基督徒（愿真主毁灭他们！）的女王[2]有关，1009年她在伦敦居住。从信到我手中那一刻起，我从未停止过对信上符号断断续续的研究……直到约15年后，真主（荣耀归主！）帮助我，允许我理解这些符号，虽然没有人教过我……

15年！伊本·杜拉欣只需几个小时就能解开！但人类文明就是充满了这样的故事。

分析字母频率和连缀是最普遍、最基本的密码分析方法，这是理解后面所有替代密码分析技术的前提。因此，我似乎有必要像卡勒卡尚迪举出的阿拉伯文例子一样，在下文给出一个详细的以英文为明文的破译实例。

密码分析基于一个事实：一种语言的所有字母都有自己的“个性”。在一个随意的观察者眼中，它们可能和列队接受检阅的士兵一样，看上去没什么区别，但班长知道谁是“懒汉”“小鬼头”“好兵”，与此同理，密码分析员也熟悉某种语言的所有字母。虽然在密信里，它们穿着伪装，但分析员观察它们的作用和特性，由此能推断它们的身份。在普通单表替代中，分析员的工作相当简单，因为每个字母的伪装都不同于其他字母，而且这个伪装在整个密文中保持不变。

那么，他怎么剥去下面这封密信的伪装呢？

---

[1] 译注：Abū l‘Abbas al-Mansūr，这里当为上述摩洛哥国王艾哈迈德·曼苏尔。

[2] 译注：Sultana，意为苏丹的王妃、女眷，这里指英格兰女王。

GJXXN	GGOTZ	NUCOT	WMOHY	JTKTA	MTXOB	YNFGO
GINUG	JFNZV	QHYNG	NEAJF	HYOTW	GOTHY	NAFZN
FTUIN	ZANFG	NLNFU	TXNXU	FNEJC	INHYA	ZGAEU
TUCQG	OGOTH	JOHOA	TCJXK	HYNUV	OCOHQ	UHCNU
GHHAF	NUZHY	NCUTW	JUWNA	EHYNA	FOWOT	UCHNP
HOGLN	FQZNG	OFUVC	NZJHT	AHNGG	NTHOU	CGJXY
OGHTN	ABNTO	TWGNT	HNTXN	AEBUF	KNFYO	HHGTU
TJUCE	AFHYN	GACJH	OATAE	IOCOH	UFOXO	BYNFG

分析员首先计算每个字母的频率（它在文中出现的次数）和连缀关系（它与哪些字母相连，与几个不同字母相连）。这篇密文的频率计算如下：

17	4	13	0	7	17	23	26	5	12	3	2	2
A	B	C	D	E	F	G	H	I	J	K	L	M
36	25	1	5	0	0	23	20	3	6	9	13	8
N	O	P	Q	R	S	T	U	V	W	X	Y	Z

一份关于 200 个广泛使用的普通英文字母的频率统计表如下：

	16	3	6	8	21	4	3	12	13	1	1	7	6
	A	B	C	D	E	F	G	H	I	J	K	L	M
百分比：	8	1.5	3	4	13	2	1.5	6	6.5	0.5	0.5	3.5	3
	14	16	4	½	13	12	18	6	2	3	1	4	½
	N	O	P	Q	R	S	T	U	V	W	X	Y	Z
百分比：	7	8	2	0.25	6.5	6	9	3	1	1.5	0.5	2	0.25

但是，简单地按频率顺序列出密文字母，再比对普通文本按频率次序列出的字母，机械地用“明文”替代密文，这种做法行不通。在这种情况中，两个清单如下：

按频率顺序排列的字母

普通文本	e	t	a	o	n	i	r	s	h	d	l	u	c	m	p	f	y	w	g	b	v	j	k	q	x	z
密　　文	N	H	O	G	T	U	A	F	C	Y	J	X	Z	E	W	I	Q	B	K	V	L	M	P			

直接用上排字母替代密文开头部分的下排字母，会得到这样的“明文”：*oluueooanceihanpjatd*……很明显，两个频率统计并不对应。这一点在意料之中，因为不同文本使用的单词不同，单词内的字母也不同。虽然字母相对频率的微小变化导致特定情况下，（比如说）*i* 出现的次数比 *a* 多，但字母一般不会偏离它们所属的频率表区域太远。因此，*e*、*t*、*a*、*o*、*n*、*i*、*r*、*s*、*h* 通常出现在高频组；*d*、*l*、*u*、*c*、*m* 在中频组；*p*、*f*、*y*、*w*、*g*、*b*、*v* 在低频组；*j*、*k*、*q*、*x*、*z* 在罕见组。而且，高、中频之间通常有一个频率突然断层，高频组字母 *h* 的最低频率通常是 6%，而中频组字母 *d* 最高频率只有 4%。这种断层在密文字母频率统计中相当明显：

N	H	O	G	T	U	A	F	C	Y	J	X	Z	E	W	I	Q	B	K	V	L	M	P
36	26	25	23	23	20	17	17	13	13	12	9	8	7	6	5	5	4	3	3	2	2	1

断层出现在 F 和 C 之间。虽然九个高频字母有一个溜出所属分类，但分界线以上剩下的八个字母几乎无疑全是高频字母。N 很可能代表最常见字母 *e*（普通文本每八个字母中就有一个）。仅靠频率分析不能揭示更多信息。

但连缀却可以。物以类聚，字母也是，每个字母都有一群自己喜欢的小伙伴，它们构成该字母最醒目的特征。如果分析员为高频密文字母建一个像下面这样的连缀表，他几乎可以一眼就认出这些字母。表中，被统计字母在左，其他字母按频率顺序列于右边行中。行中字母上方一划表示此行该字母出现在被统计字母前一次，下方一划表示它跟在被统计字母后一次。

36 N　N H O G T U A F C Y J X Z E W I Q B K V L M P

26 H　N H O G T U A F C Y J X Z E W I Q B K V L M P

25 O　N H O G T U A F C Y J X Z E W I Q B K V L M P

23 G　N H O G T U A F C Y J X Z E W I Q B K V L M P

23 T　N H O G T U A F C Y J X Z E W I Q B K V L M P

20 U　N H O G T U A F C Y J X Z E W I Q B K V L M P

17 A　N H O G T U A F C Y J X Z E W I Q B K V L M P

17 F　N H O G T U A F C Y J X Z E W I Q B K V L M P

13 C　N H O G T U A F C Y J X Z E W I Q B K V L M P

13 Y　N H O G T U A F C Y J X Z E W I Q B K V L M P

12 J　N H O G T U A F C Y J X Z E W I Q B K V L M P

高频密文字母连缀表

此表显示，H 出现在 N 前三次，换句话说，双码 HN 出现过三次；H 出现在 N 后一次，双码 NH 只出现一次。

在这样一张表中，密码伪装下的明文 *e* 就像化装舞会上一个两米高的大个子一样鹤立鸡群。它是这个字母共和国的总统，因为它的频率领先其他，但它又很亲民，它联系的各种不同字母数量超过任何其他字母，它的伙伴还包括不少低频组字母。无疑这里的 N 指的是总统 *e*。

个性稍逊的是三个高频元音 *a*、*i*、*o*。和社交舞会上醋意很重的单身贵妇一样，它们彼此之间尽量不碰面。瞄一眼连缀表，我们可发现密文 O、U、A 之间最为排斥。(H 很少与 U 和 A 连缀，排除了其为元音的可能性，因为它与 O 联系太多。）因此，这三个字母很可能代表那三个高频明文元音。具体哪个代表哪个，一般可以通过明文双码 *io* 相当常见，而其他五种组合（*oi*、*ia*、*ai*、*oa*、*ao*）非常罕见这个现象确定。连缀表显示了这些频率：OA，2；OU，1；UO、UA、AO、AU 都为 0。如果 OA = *io*，U 则为 *a*，OU 则为 *ia*，恰好是其他五组双码中最常见的。更可喜的是，出现过五次的 UN 将代表所有双码元音中频率最高的 *ea*，密文中未出现的UN将代表最罕见的*ae*。这是一个很好的元音身份证明。即使无法识别单个元音，先确定哪些字母是四个最高频元音常常是明智之举。

辅音字母如何确定呢？明文*n*最好认，因为在它之前的字母中，五分之四是元音。连缀表显示，23次中有17次，密文T跟在密文N、O、U和A之后。它很可能是*n*。

表中Y行为诡异。它像先锋官一样出现在N（= *e*）之前，从不跟着它；另一方面，它总是尾随H，从不抢在它前头。实际上，它的行为就像明文*h*。双码*he*是英文中最常见的双码之一，而*eh*非常罕见；*th*最为常见，而*ht*也相当罕见。如果Y = *h*，密文H一定是*t*，这个假定与它的频率吻合。在去掉*the*的电文中，明文*h*通常能够识别，因为（与*n*相反）它出现在元音前的次数大约是跟在元音后的10倍。

尚未识别的高频字母只剩下*r*和*s*。它们的基本区别是，攀龙附凤的*r*比*s*更喜欢与元音——贵妇*a*、*i*、*o*和总统*e*——勾勾搭搭，而天生无产者*s*则与字母表中的蓝领辅音打成一片。它们的这些连缀区别既是绝对的，也是相对的。检查表中仅余的两个高频字母G和F的连缀条，发现的证据互相矛盾：F与已识别元音的连缀比G更多——21对17，虽然F的频率更低，但它与三个高频辅音字母（*t*、*n*、*h*）的联系更多——4对3。

没必要非得做出一个决定，即使没认出这几个字母，密文280个字母中，已经有160个尝试性地给出了对应明文。当然，这些尝试是否正确的真正考验，是看它们代入密文是否有意义。在此过程中，许多分析员用不同颜色铅笔表示明文和密文，使之易于分辨。他们还在密文行间留下大量空白，留出多重假设、删除、在重复字母下划线等操作的空间。

```
G J X X N G G O T Z N U C O T W M O H Y J T K T A M T X O B
        e     i n   e a   i n       i t h   n   n o   n   i

Y N F G O G I N U G J F N Z V Q H Y N G N E A J F H Y O T W
h e       i     e a       e       t h e   e   o     t h i n

G O T H Y N A F Z N F T U I N Z A N F G N L N F U T X N X U
  i n t h e o     e   n a   e   o e     e   e   a n   e   a

F N E J C I N H Y A Z G A E U T U C Q G O G O T H J O H O A
  e         e t h o     o   a n a       i   i n t   i t i o

T C J X K H Y N U V O C O H Q U H C N U G H H A F N U Z H Y
n         t h e a   i   i t   a t   e a   t t o   e a   t h
```

这部分密文破译起来已不简单。破译员尝试性地用这些明文探出其他密文字母含义。他通过猜测缺失的字母来凑足读得通的文字。如开头附近出现了一串明文字母 *--ith-*，这可能是单词 *with* 的一部分。

如果此时要分析员提出任何证据证明他的假设是正确的，他还做不到。现在一切都还只是猜测，指导猜测的可能规则漏洞百出。后面的猜测会进一步证实或否定前面的假设，如果是后者，分析员就得放弃前一步的猜测。但每个后续假设一开始都是建立在同样脆弱的基础上。最后，内部结果达到高度统一，破译结果的有效性几乎成为必然。但如果分析员在做出每个假设时都要为它找出绝对证据，他永远也找不到，永远也破不了密码。

此处 *with* 好像有可能。这个假定表明 M = *w*，这个对应明文可以填到密文中所有出现 M 的地方，看它能不能提示更多单词。10 个字母后，它形成了另一串字母 *with-n-nown-i-*……提示短语 *with unknown*。长明文串 *-int-ition-* 可供核对：J = *u* 正好可以填进去形成 *intuition* 一词。这个新的明文字母填入后，结果又可用于提示更多字母。还原明文也许是密码分析中最容易、最有趣的过程，被称为“填字”（anagramming [1]）。

一个与上述步骤同时进行的还原步骤——还原密钥字母表，可以大大加速这一过程。如果密文字母写在自然序明文字母表下，它们的排列本身往往可以指出更多对应字母。至此已还原的密文字母排列如下：

明文	a	b	c	d	e	f	g	h	i	j	k	l	m	n	o	p	q	r	s	t	u	v	w	x	y	z
密文	U				N			Y	O		K			T	A					H	J		M			

因为很难记住构成一套密码的 26 个无关联字母，密文字母表通常以一个容易记住的单词为基础。推导方式可能各不相同，但最简单的一种就是写出密钥词，忽略重复字母，再在其后写下字母表其他字母。这样，从密钥词 CHIMPANZEE 得出的密码如下：

[1]　原注：此术语用法很少与其传统含义冲突。它原来表示重排文字中字母次序，拼出另外的单词，如从 *night* 变成 *thing*。

明文	a	b	c	d	e	f	g	h	i	j	k	l	m	n	o	p	q	r	s	t	u	v	w	x	y	z
密文	C	H	I	M	P	A	N	Z	E	B	D	F	G	J	K	L	O	Q	R	S	T	U	V	W	X	Y

密钥词后面的这部分密文字母表包含长长的顺序字母串。分析员通常可以填满已有部分填充的片段，由此还原更多对应字母。如果他看到 QR-TU，不用费多少脑筋就能想到缺的字母是 S。

从密文部分还原出的字母表中，一个这样的片段映入眼帘：HJ-M，只有 K 或 L 可以填在这里，但是因为密文 K 已经分配给明文 *k*（从 *unknown* 中得到），L 挤进来代表 *v*，这样分析员又不劳而获认出一个字母。这个方法还有另一个用途：确定 F、G 与 *r*、*s* 的对应关系。如果 F ＝ *s*、G ＝ *r*, *r* 和 *s* 下的密钥字母串就成为逆序：

…*rs*…
…GF…

这种可能性不大，因此 F ＝ *r*，G ＝ *s*。密码表同样可以提示明文对应字母。如，密码表中 U ＝ *a*，因此如果分析员在密文中看到 V，他可以尝试 *b* 作为它的可能明文，完成 *ab* 下的 UV 片段。本例中，这个做法正好碰对了。把这些新值代入最上面两行，差不多大功告成：

G	J	X	X	N	G	G	O	T	Z	N	U	C	O	T	W	M	O	H	Y	J	T	K	T	A	M	T	X	O	B
s	u			e	s	s	i	n		e	a		i	n		w	i	t	h	u	n	k	n	o	w	n		i	
Y	N	F	G	O	G	I	N	U	G	J	F	N	Z	V	Q	H	Y	N	G	N	E	A	J	F	H	Y	O	T	W
h	e	r	s	i	s		e	a	s	u	r	e		b		t	h	e	s	e		o	u	r	t	h	i	n	

两个 X 肯定是两个 *c*，组成 *success*；B 一定是 *p*，组成 *ciphers*；E 肯定是 *four* 里的 *f*；W 是 *things* 和 *-ing* 里的 *g*；等等。至此，假设源源涌入，快得来不及写。明文（加进标点）如下："*'Success in dealing with unknown ciphers is measured by these four things in the order named: perseverance, careful methods of analysis, intuition, luck. The ability at least to read the language of the original text is* *very desirable but not essential.' Such is the opening sentence of Parker Hitt's Manual for the Solution of Military Ciphers.*"[1]

补出明文*j*、*q*、*z*的对应密文字母后，完整密钥字母表的基础就是密钥短语NEW YORK CITY。

明文	a	b	c	d	e	f	g	h	i	j	k	l	m	n	o	p	q	r	s	t	u	v	w	x	y	z
密文	U	V	X	Z	N	E	W	Y	O	R	K	C	I	T	A	B	D	F	G	H	J	L	M	P	Q	S

有时候，对不同明文字母特征的详细研究似乎没有必要。有单词间隔的单表替代情况下，通过试破常见词（*the*、*and*），猜测构成独特重码结构（WXYZY可能是*there*）的典型词，或比较短词（HX、XH、HL、PL和PX可能是*on*、*no*、*of*、*if*和*in*），常常可以实现破译。但熟悉明文特征是破译明文隐藏得更深的复杂密码的关键。自然，短密文不及长密文那样容易破译，因为长密文的语言统计样本更多、更可靠。对于更复杂的破译，破译高手给新手两点提示：(1) 制作连缀表：对这份辛劳的回报是更快、更准确的识别；(2) 破译遇阻，看不到明显的明文时，试试猜点什么，看能得到什么结果，即使猜错，它至少缩小了可能性范围。光看不动手是解不开密信的。最后应当指出，使用数字或符号作为密文替代的单表替代与使用字母的破法一样。不同的伪装不会改变底码的语言特征。

---

[1] 译注：大意为，"决定密码破译成败的四因素依次为：坚持、细致的分析方法、直觉、运气。阅读原文语言的起码能力非常理想，但非必须。"这是派克·希特的《军事密码破译手册》（*Manual for the Solution of Military Ciphers*）的开场白。

第3章　西方崛起

自脱离中世纪封建主义，西方世界就开始使用政治密码，不间断持续至今。与注定引领世界文明的其他新生事物一样，当时的密写还处于发展初期，它很少使用且无规律可循；虽然当时的教会势力强大、无所不在，但它们使用的密码也非常初级。然而，此时的密码学已穿越了千年雾霭，正昂首阔步，稳步向前发展。发展伊始，西方就诞生了两种基本现代密码形式：代码和密码。

代码替代部分源自缩略语，部分源自神谕和巫术中使用的晦涩称号和比喻。梵蒂冈档案里最早的编码文件包含了两种来源的替代。这是一张人名对应表，编制于1326或1327年，应用于意大利中部支持教皇的归尔甫派成员和支持神圣罗马帝国皇帝的吉伯林派成员[1]之间的斗争中。它用一个字母O代替*official*称号，显然这个词代表所有当权者。*Ghibellines*变成EGYPTIANS（埃及人），*Guelphs*成为CHILDREN OF ISRAEL（希伯来人，犹太人）。10年后，另一份清单不再使用这种隐语，而是把诸如*our lord*（基督）写成LORD A，赋予缩写一点保密性。最终，在一页没有日期的纸上——可能比上述第二张表稍晚，第一部现代代码出现了。代码很短，但它的基本特性货真价实：以保密为首要目标的替代（虽然它们也注重缩写这一次要便捷因素）：A = *king*（国王），D =

[1] 译注：Ghibelline，意大利中世纪较大的两个政治派别之一的成员，历史上支持神圣罗马帝国皇帝、反对教皇及其支持者归尔甫派。归尔甫派（Guelph）是支持教皇、反对罗马帝国皇帝的教皇派。

the Pope（教皇），S = *Marescallus*（元帅），等等。

整个中世纪，僧人在抄写时用密码来自娱自乐；而在对苏埃托尼乌斯等人古典作品的研究中，文艺复兴时期的人了解到古人曾将密码用于政治目的。因此，密码的基本概念早已为人所知。早在 1226 年，一种脆弱的政治编码就出现在威尼斯的档案里，在几个零散的单词中，点和叉代替了元音。一个半世纪后，1363 年，那不勒斯大主教彼得罗·迪格拉齐（Pietro di Grazie）常用密码加密给教廷和主教的信件。1378 年，对立教皇[1]克雷芒七世逃到阿维尼翁，天主教由此开始了大分裂[2]，两个教皇都宣称拥有统治权。1379 年，克雷芒认为他的新教廷需要新密码。他的秘书之一加布里埃利·迪拉文德（Gabrieli di Lavinde）来自帕尔马，似乎曾经在某个北部意大利城邦的某个部门工作过。他为克雷芒的 24 个通信对象编制了一套个人密钥。这些对象中有那不勒斯的尼可罗、蒙特威尔第公爵和威尼斯主教。

拉文德的密钥集——现代西方文明现存最早的密钥——包含了几个兼具代码和密码成分的密钥。除一个常含有虚码的单表替代密码表外，几乎每个密钥都有一张小清单，清单列出十几个常见词或名字，与双字母代码词一一对应。这是最早的准代码实例，这种编码系统将在随后的 450 年里统治欧美大地。准代码结合了密码的字母替代表和代码的单词、音节、名字对应表，成为两种基本系统的混合体。早期准代码的代码和密码分立，后合而为一。拉文德的准代码只有几十个名字替代表，到 18 世纪的沙俄，代码替代表扩大至 2000—3000 个音节和单词。

初期替代字母表只给每个明文字母一个替代符号，后期提供了多重替代。西方第一个已知的多重密码替代出现在 1401 年曼图亚公国（Duchy of Mantua）制作的一份密码中，它被用于与西梅奥内·德克雷马的通信中。每个明文元音都有几个可能的对应密文。这从侧面说明，当时西方世界已经懂得密码分析，因为除此之外，没有其他解释能说明这些多重替代或多名码替代出现的原因。曼图亚的密码书记（cipher secretary）采用多重替代，给任何试图破译拦截信

---

[1]　译注：antipope，与按教会法规遴选的教皇分庭抗礼的教皇。

[2]　译注：Great Schism，此处指西派教会大分裂。1378 至 1417 年，西派教会因对立教皇的产生而分裂。

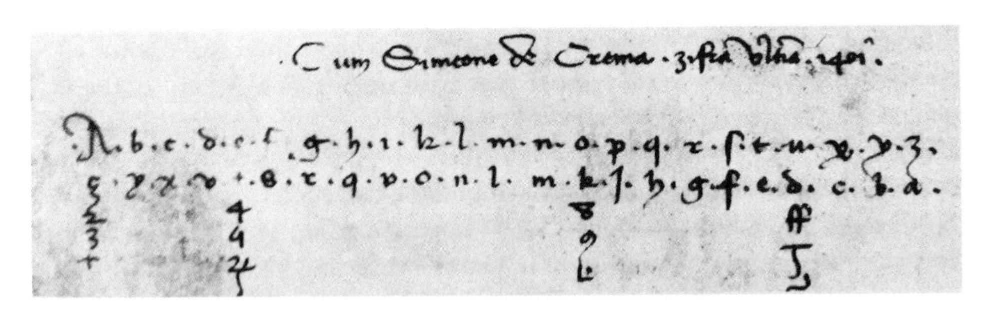

西方世界已知最早的多名码替代密码，用在1401年曼图亚（Mantua）与西梅奥内·德克雷马（Simeone de Crema）的通信中

件的人设置障碍，因为每增加一个密文符号就意味着更多破译工作，密码分析员就需要发掘更多的对应文。多名码替代用于元音，而非一概运用，这说明它至少需要进行频率分析。

分析的知识又从何而来？也许是土生土长的。虽然十字军东征[1]期间，欧洲文明与穆斯林和其他文明进行接触，带来了欧洲文艺复兴；且大量阿拉伯科学、数学和哲学著作经由西班牙的摩尔[2]学术中心涌入欧洲，但密码分析为舶来品的可能性不大。原因在于，首先，密码分析更多被看成语法学的一个分支，不属于科学或数学；其次，它在阿拉伯传统中与《古兰经》联系紧密；再次，它远不及医药、代数或炼金术重要。而且不管怎么说，伊本·杜拉欣和卡勒卡尚迪的著作（已知仅有的全面讲述密码分析技术的作品），没有一本被译成外文。不排除某个派到阿拉伯世界的外交官带回密码分析知识的可能性。可是这样的文化传播应该会留下一些文字记录，而有关密码分析从伊斯兰传到基督教世界的记录，却一份也没有。无中生有的推断靠不住，但考虑到存在两种可能性（自主发展和外地传入），没有记录也许暗示其中一种可能性更大：如果密码分析是自主发展起来的，那么没有记录产生更说得通。聪明的总督府官员解开截获信件中的加密词语含义后，对这份能给他带来额外金钱和荣誉的信

[1] 译注：Crusades，中世纪的军事远征，11、12和13世纪欧洲基督教徒为了从穆斯林手中收复圣地而进行的一系列战争。

[2] 译注：Moorish。摩尔人（Moor），非洲西北部穆斯林，为柏柏尔人与阿拉伯人的混血后代；8世纪时曾征服伊比利亚半岛，15世纪末被逐出在格拉纳达的最后据点。

息，不管是以口头还是书面形式，他都不大可能泄露。

虽然能证明西方政治密码分析自主起源的文件尚未发现——也没有相反证据，但这种可能性最大。最开始通过猜字实现了破译的官员，可能就与解开达布萨奇密码的四个爱尔兰人的情况一样。随着密文分析的积累，他对字母特征越来越熟悉，最终他可能偶然发现了频率分析的原理。同样的发展也许在几个公国独立发生，不难想象，一个破译者可能通过推敲另一个城邦使用元音多名码的机理，得出自己的频率分析方法！

可以确定的是，14 世纪 90 年代和 15 世纪初，随着意大利各世俗公国开始常规性使用密码，它们的密码表开始为元音提供多名码。但密码学发展实在缓慢，直到 16 世纪中，辅音才开始有了多名码。类似地，直到 16 世纪开始后很久，准代码的代码表才有了大的扩展。

现代外交的发展直接推动了密码学进步。第一次，国与国有了正常邦交。常驻使节（被称为“体面间谍”）正常向国内报告，而意大利城邦之间的妒忌、怀疑和阴谋常常使得加密这些报告成为必要。这表明，这些报告有时会被拆阅，如有必要还会被破译。到 16 世纪末，密码事务已经变得十分重要，许多国家设置了专职密码书记，专门编制新密钥，加解密信件，破译拦截信件。有时密码分析员不与密码书记待在一起，只在需要时才召来。

最精巧的密码组织也许在威尼斯。它直接受“十人委员会”（Council of Ten）控制。十人委员会是一个强大而神秘的机构，由精干的秘密警察组成，统治着整个共和国。威尼斯的杰出成就在很大程度上要归功于乔瓦尼·索罗（Giovanni Soro），他也许是西方第一个伟大的密码分析家。1506 年，索罗出任密码书记，破译诸多公国的密码，获得巨大成功。他破译了神圣罗马帝国皇帝马克西米连一世[1]的军事统帅马克·安东尼·科仑纳（Mark Anthony Colonna）的一封信，信上要求获取 2 万达克特[2]或请求皇帝亲临军中。这封信暴露出科仑纳的一些问题。索罗名声如此响亮，以至于许多其他城邦加强了他们的密码

[1]　译注：Maximilian I（1459—1519），腓特烈三世的长子，神圣罗马皇帝查理五世的祖父，亦是哈布斯堡王朝鼎盛时期的奠基者。（腓特烈三世是神圣罗马帝国皇帝、罗马人民的国王、奥地利大公。）

[2]　译注：ducat，中世纪在欧洲多国流通的金币。

系统，并且早在1510年，教廷就把罗马无人能破的密码送给索罗破译。1526年，教皇克雷芒七世（请勿与同名的对立教皇混淆）两次送来密信让他破译，索罗两次告捷——一次是马克西米连一世的继承者、西班牙的神圣罗马帝国皇帝查理五世[1]写给他的驻罗马使节的三封长信，还有一次是法拉拉公爵写给他的驻西班牙大使的几封信。当克雷芒将一封信交给佛罗伦萨人时，他叫道，“索罗能破开任何密码！”，并给索罗送来那封信的副本，看它是否安全。当索罗报告无法破译时，他心上的石头才落了地，但人们怀疑索罗只是用虚假的保密安慰教皇。

1542年5月15日，余生还剩两年的索罗有了两个助手，从此威尼斯有了三位密码书记。他们的办公室设在书记楼上的总督府内，闲人不得进入。威尼斯人一拿到外国密信，会立即下令进行破译。他人不得打扰密码分析员，并且，据说分析员在得到破译结果前也不许离开办公室。破译结果要立即送给十人委员会。分析员的正常薪水是每月10达克特（后来是12），半年一付。威尼斯还有一个类似学校的机构传授分析技艺，甚至在每年9月组织考试。分析员也撰写专著，阐述他们的技术。索罗16世纪初撰写的破译拉丁文、意大利语、西班牙语和法语密码的专著成为密码学另一本失传之作。虽然他在1539年3月29日把书稿上交十人委员会，但档案中找不到它的踪影。他的继任者乔瓦尼·巴蒂斯塔·卢多维奇（Giovanni Battista de Ludovicis）撰写的笔记片段被保存下来。杰罗拉莫·弗兰切斯基（Girolamo Franceschi）、乔瓦尼·弗朗切斯科·马林（Giovanni Francesco Marin）和阿戈斯蒂诺·阿马迪（Agostino Amadi）等密码书记对密码分析领域做过全面细致的研究，他们的作品亦有存世。其中阿马迪的手册尤为出色，为了奖赏他的杰出工作，威尼斯给他的两个儿子发放每月10达克特的终身年金。十人委员会举办密码竞赛，并给佼佼者提供奖励：1525年，马可·拉法埃（Marco Rafael）因为发明一种新的隐写方法而获赏100达克特，他后来成为英格兰亨利八世的宠臣。当提出有价值建议，密码书记会得到提拔。另一方面，如果他们泄露国家密码机密，则可能会被处死。

[1] 译注：Holy Roman Emperor Charles V（1550—1558），即西班牙国王查理一世，菲利普一世之子，1516—1556年在位，1519—1556年为神圣罗马帝国皇帝。

除了不遗余力地破译竞争对手的密码，十人委员会还非常注重保护自己的密码。它备有几部准代码，时刻准备着替换保密性受损的代码。如 1547 年 8 月 31 日，它把新密码寄给威尼斯派驻罗马、英格兰、法国、土耳其、米兰和神圣罗马皇帝的使节。1595 年 6 月 5 日，一个威尼斯归国大使报告，其密码被破开。6 月 12 日，十人委员会命令用当时最好的密码书记彼得罗·帕特尼奥（Pietro Partenio）编制的新准代码全面更换所有大使的准代码。在此之前，索罗曾制定一个用于大使间通信的"通用密码（准代码）"，将其作为各大使用于与国内通信的"专用密码"的补充。

但威尼斯不是文艺复兴时期唯一拥有密码分析家的城邦。在佛罗伦萨，1546 到 1557 年间，萨塞塔伯爵皮罗·穆塞费利（Pirrho Musefili, Conte della Sasseta）曾破译了数十封书信，他还原的密码中含有法国亨利二世[1]与他的驻丹麦大使通信用的准代码，亨利二世与派往锡耶纳的特使通信用的准代码，那不勒斯门多泽主教的密码。和索罗一样，穆塞费利专业知识出众，许多人慕名而来，请他破译密码。一个教廷密码分析员谈及当时才俊，说穆塞费利"是当之无愧的一流分析家"。他的客户中有阿尔瓦公爵[2]和英格兰国王，后者曾给他送来一封密信，信是在来自法国的一双金鞋鞋底发现的。穆塞费利的继任者卡米洛·朱斯蒂（Camillo Giusti）的专业名声更响亮。穆塞费利和卡米洛的前任为美第奇家族[3]，该统治集团（尤其是伟大的洛伦佐[4]）编制的密码非常详尽地讨论了密码分析方法，他们则延续了这个优秀传统。《军事学》（*The Art of War*）是密码活动重要性的另一个证明，该书作者为佛罗伦萨另一个著名人物——尼可罗·马基亚维利[5]。

---

[1]　译注：Henry II（1519—1559），法国瓦卢瓦王朝国王。

[2]　译注：Duke of Alba，是西班牙王国最悠久的公爵封号之一。

[3]　译注：Medici family，又译"梅迪契家族""梅第奇家族"等。意大利望族，15 世纪大部分时间内实际统治着佛罗伦萨，1569 年以后成为托斯卡纳大公。

[4]　译注：Lorenzo the Magnificent，即洛伦佐·德·美第奇（Lorenzo de' Medici，1449—1492），意大利政治家，文艺复兴时期佛罗伦萨的实际统治者，被同时代的佛罗伦萨人称为"伟大的洛伦佐"。

[5]　译注：Niccolò Machiavelli（1469—1527），意大利政治思想家、历史学家。他最有名的著作《君主论》（*The Prince*，1532）认为，统治者为获取和掌握权力可不择手段。

残暴阴险、胆大妄为的米兰执政者斯福尔扎家族[1]也拥有优秀的密码人员。其中一个为秘书奇科·西莫内塔（Cicco Simonetta），他写下了世上第一篇完全讲述密码分析的小短文。1474 年 7 月 4 日在帕维亚，他制订了破译保留单词间隔的单表替代密码的 13 条规则。这篇写在两页狭长纸条上的手稿开头写道："首先要看文件是用拉丁文还是本国文字写成，这一点可由下述方法确定：观察文中单词是只有五种词尾，还是更少或更多。如果只有五种或更少词尾，你可以断定它是本国文字写成……"九年后，米兰密码学有了一个引以为傲的聪明把戏：用两个符号把所有夹在它们之间的密文符号标记为虚码。对米兰的最大恭维间接来自摩德纳[2]的密码学家，15 世纪初，他们为所有驻外使节编制准代码，其中以驻米兰大使的最为精巧。

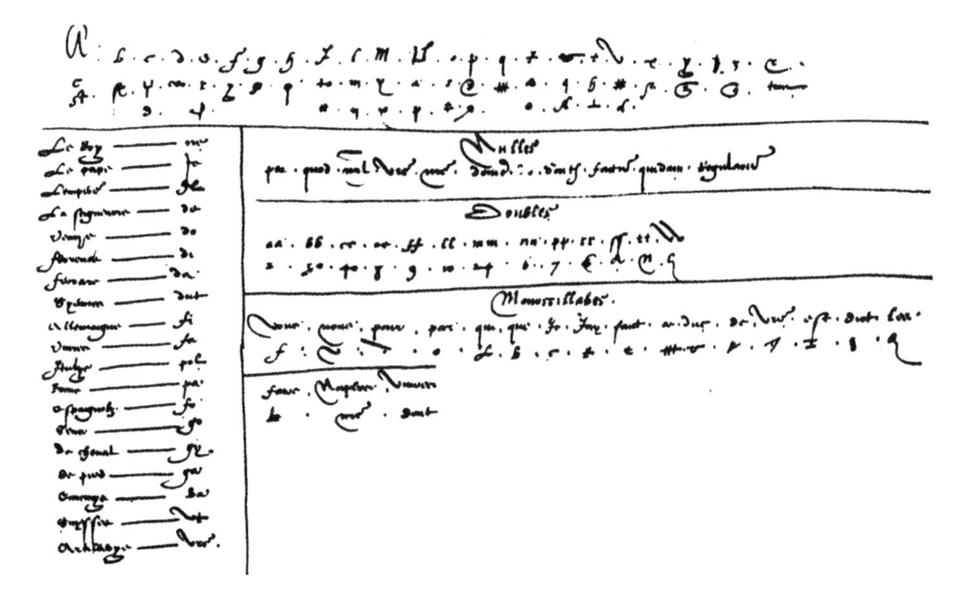

一份典型早期准代码，编制于 1554 年，科西莫·美第奇[3]统治期间的佛罗伦萨

[1] 译注：意大利文艺复兴时期以米兰为中心的统治家族，曾建立统治米兰将近百年的王朝。

[2] 译注：Modena，意大利北部城市。

[3] 译注：Cosimo de' Medici（1389—1464），意大利政治家和银行家，通称"科西莫一世"（Cosimo the Elder，本书后文写作：Cosimo I de Medici）；他奠定了美第奇家族在佛罗伦萨的地位，1434 年成为该城统治者，他将大量财富用于发展文艺和教育事业。

意大利以外的王室也有密码分析家。在法国，第一大臣菲利贝尔・巴布（Philibert Babou）为法兰西斯一世[1]破译拦截到的信件。一个旁观者看到巴布“常在破译密码，且没有字母表，请注意，许多拦截到的信件是西班牙文、意大利文、德文，虽然他不懂这些语言，或懂得很少[2]，但经过三周夜以继日的耐心工作，解出其中一个单词：第一个缺口打开了，余下的破译势如山崩，源源而至”。顺带可以提一下，就在巴布为国王做牛做马的时候，国王却在与巴布美丽的妻子打得火热。巴布深得国王宠爱，但是谁知道，这些宠爱是为他的密码技艺，还是为了给他戴绿帽子。

英格兰偷拆威尼斯大使写给亨利八世王室的信件，想必其他大使的信件也不能幸免，并且无疑解开了或试图去解开它们的密码。但威尼斯大使得到家乡优秀密码分析家的指点，在把指示发给英格兰人前，会先把加密部分用不同措辞表达，防止它们成为解开密钥的大量对照明文。

文艺复兴时期，教皇拥有的世俗势力和精神力量一样强大，那些为教皇工作的密码员是专家中的专家。教皇很早就有自己的编码员，但继承克雷芒七世的教皇保罗三世最终认识到，把密码送到威尼斯破译不符合教廷利益，于是把全部密码工作委托给能够“娴熟破译密码”的安东尼奥・埃利奥（Antonio Elio）。埃利奥后来升任教皇秘书、波拉主教，最终成为耶路撒冷大主教。1555 年，教廷设立密码书记一职，由特里芬・本乔・德阿西西（Triphon Bencio de Assisi）担任。1557 年，在特里芬任期内，教皇的密码分析员破开西班牙国王腓力二世[3]的一个密码，当时腓力与教廷正在短暂交战中。1567 年，这位教皇

[1]　译注：Francis I（1494—1547），法国国王（1515—1547），在位期间大部分时间在和西班牙国王查理五世作战。他支持艺术，授权兴建包括罗浮宫在内的新建筑。

[2]　原注：一个人完全可以破译一封以他“不懂”的语言写成的密信，如果“不懂”仅表示他不知道词语的含义，此处就是这种情形。要实现破译，分析员只需大致了解一门语言的单词结构和形式。这种类型的破译并不鲜见。显然，分析员对一门语言越熟悉，他破译该语言的密信就越得心应手。如果他从未见过以该语言写成的句子，破译几乎不可能——“几乎”（不是完全不可能）是因为，所有语言都具有的元、辅音交替规律也许能提供某些线索。

[3]　译注：Philip II（1527—1598），查理一世之子，1556—1598 年在位；腓力在父亲退位后继承王位，在位期间全力反对新教改革，耗尽了国家经济实力，无敌舰队攻打英格兰（1588）也以失败告终。

代理人用了不到六小时，破解了一封“由土耳其文写成且全文认不全四个单词”的密信。16 世纪 80 年代后期，密码书记职务落入一个密码分析望族。虽然他们担任这个职务不到 20 年，但依然在密码学史上留下了足迹。

这个家族就是阿尔真蒂家族（Argentis）。1475 年间，他们的祖先从萨沃纳[1]来到罗马，指望在同乡西斯克特四世教皇手下做个吃空饷的牧师。这家人住在一所自建的房子里，位于罗马特莱维喷泉附近，就在圣・贾科莫・德拉穆拉特（San Giacomo della Muratte）修道院对面。作为安东尼奥・埃利奥的私人秘书，乔瓦尼・巴蒂斯塔・阿尔真蒂（Giovanni Batista Argenti）能进入教皇机关，深得埃利奥的密码学真传。虽然乔瓦尼渴望成为教皇密码书记，但不得不让位给有裙带关系的人。直到西斯克特五世成为教皇后，50 多岁的乔瓦尼才如愿以偿。但这已经为时太晚：1590 年，教皇格列高利十四世即位，不得不说服乔瓦尼留任，因为这个职务需要不胜其烦地奔波至法国和德国。乔瓦尼自知大限不远，匆匆把密码学知识传授给侄子马泰奥・阿尔真蒂（Matteo Argenti）。乔瓦尼死于 1591 年 4 月 24 日。

30 岁的马泰奥继承了叔叔的职位，被五任教皇续用。他把密码学知识传授给弟弟马尔切洛（Marcello），后者是一个主教的密码书记。显然马泰奥希望把这个职务在家族中传承下去，但 1605 年 6 月 15 日，他突然被解除职务。他显然成了一场权力斗争的牺牲品，因为后来教皇召见他，告诉他这不是他的错，给他 100 达克特年金。马泰奥用新得来的空闲编了一本 135 页的牛皮封面密码手册，列出他叔叔编制的多部准代码，并且根据自己的经验，在书中概括了文艺复兴时期的密码学精华。

阿尔真蒂家族率先采用单词作为助记密钥，据此打乱密码表，这个做法被广泛采用。他们写出一个密钥词，去掉所有重复字母，再在其后写上字母表中的其他字母：

p	i	e	t	r	o	a	b	c	d	f	g	h	l	m	n	q	s	u	z
10	11	12	13	14	15	16	17	18	19	20	21	22	23	24	25	26	27	28	29

[1] 译注：Savona，意大利西北部城市。

阿尔真蒂家族清楚，明文中一如既往地跟在 *q* 后面的 *u* 会同时暴露两个字母，因此把两个字母合并为一个单元加密。他们还注意到（意大利语）单词内频频出现的重复字母总是辅音字母，删去这种双字母的后一个字母：*sigillo* 就写成 *sigilo*。当然，他们也认识到，破译多名码替代密码的基本方法是寻找部分重复，像下面这样：

13　24　81　66　41

13　24　49　66　41

如果这是用类似但非同一方法对一个单词加密的结果，那么49和81就代表同一个字母。如果密文足够长，分析员就可以建立所有这些对应，密文就可以用普通字母频率分析法破译。为了阻止人们的对比，阿尔真蒂家族在每行中设置了不少于三到八个虚码，嵌入整封密信。

通过禁用单词间隔、标点、重音符号和明文词，他们消除了全部启发性很强的线索。他们不使用间隔，写出所有密文数字，并且为了提高人们查出正确密文数量的难度，他们混写一位数字与两位数字。这样，若一个分析员把文本直接按两位数分割，他将得到完全错误的结果。他们确保一位数的数字不在两位数的数字中，防止解密时的混淆。他们还聪明地把一位数字分配给高频明文字母，提高密文中一位数字的出现频率，这样它们就不会因为罕见而显得突兀。下面例子来自马泰奥的一个密码：

a	b	c	d	e	f	g	h	i	l	m	n	o	p	q	r	s	t	u	z	et	con	non	che	*nulls*
1	86	02	20	62	22	06	60	3	24	26	84	9	66	68	28	42	80	04	88	08	64	00	44	5, 7
				82														40						

这样，*Argenti* 可加密成5128068285480377。他们有时还使用多义码（polyphones），即一个密码符号有两三个明文含义。多义码对应的明文经仔细选择，不会误导解密人，但这些明文共用的符号同时有两种不同的字母特性，表现出分裂特征，把分析员搞得莫名其妙。

阿尔真蒂家族并不满足于此，他们还根据使用场合来设计密码。一个用于加密意大利文的密码不会把符号浪费在意大利语明文中没有的 *k*、*w* 和 *y* 上。而驻德国和波兰大使的字母表有 *k* 和 *w*，驻西班牙大使的密码中有 *y*。马泰奥在一篇笔记中评论，教廷的密码在波兰、瑞典和瑞士没什么危险；德国人几乎是密码盲，他们宁愿烧掉截获的密信，也不想去破译它们。因此，马泰奥建议在这些国家只使用简单密码。但他对法国、英格兰、威尼斯和佛罗伦萨的密码学水平推崇备至，在制作拟在这些地方使用的密码时极为谨慎。

密码的使用，正如马泰奥评论指出的那样广泛。准代码整齐地写在一张被严密保护的对开纸上，成为不逊于火绳枪钩的战争工具，和其他武器一样随战旗行遍天下，其数量也随着征服土地的增长而成倍增加。这一点在西班牙身上表现得极为明显，追踪密码扩散可以看到这个国家的崛起之路。密码故事在欧洲强国富国内频频上演，共同构成了当时密码实践的一个有趣缩影。

斐迪南和伊莎贝拉[1]赶走了摩尔人，带领全国走上世界强国之路。大致就在这个时期，密码学逐渐传入伊比利亚半岛[2]。1480 年，米格尔·佩雷斯·阿尔萨曼（Miguel Perez Alzamán）引入初期密码，把明文转换成罗马数字。这些系统非常烦琐，许多解密文件空白处写着“一派胡言”、“岂有此理”、“不可理喻”和“指示大使重发一封信”，等等。据说 1498 年，克里斯托弗·哥伦布（Christopher Columbus）在新大陆写信给兄弟，叫他击退西班牙派来的总督，用的大概也是一种这样的密码——这封信成为总督将哥伦布押回西班牙的理由之一。1504 年伊莎贝拉死后，西班牙为日益增多的驻外使节制作了更简单的密码。此后西班牙密码再无大的发展，直到精明、阴鸷、自负的宗教狂腓力二世

[1] 译注：阿拉贡的斐迪南（Ferdinand of Aragon，1452—1516），卡斯蒂利亚国王（1474—1516），阿拉贡国王（1479—1516），人称“天主教徒斐迪南”，1469 年与卡斯蒂利亚的伊莎贝拉（Isabella）联姻，成为斐迪南五世，和伊莎贝拉共同继承了卡斯蒂利亚的王位，后又作为斐迪南二世戴上了阿拉贡的皇冠，与伊莎贝拉一起成为君主，1478 年共同设立了西班牙宗教裁判所，1492 年支持哥伦布探险，同年从摩尔人手中夺得格拉纳达，有效实现了西班牙的统一。

[2] 译注：Iberia，欧洲半岛，含西班牙和葡萄牙两个国家。

继承西班牙王位。1556 年 5 月 24 日，腓力二世即位 4 个月后，29 岁生日过后 3 天，事必躬亲的他写信给叔叔——匈牙利国王、神圣罗马帝国皇帝斐迪南一世，说自己决定更换父亲查理五世统治期间使用的密码，因为它们已经失效或不再保密。他请叔叔用他送来的一个新密码，另外还附有一份拥有密钥之人的名单。

腓力的第一个密码是 1556 年新版通用密码，是当时最好的准代码之一。它包含：一个多名码字母替代表（辅音由两个符号，元音由三个符号替代）；常用双码和三码对应符号表（每个双码由一个符号和一个二位数表示）；一个小代码，其中单词和称号由二码和三码组表示；一条规定，言明符号上加一点表示虚码，加两点代表重复字母。虽然在准代码的发展中，独立部分趋于融合，符号被数字代替，代码部分扩大到上千个条目成为家常便饭，但这部西班牙准代码确立的编码形式一直沿用到 17 世纪。也不是所有准代码都如此复杂，和索罗一样，腓力也把他的密码分成两类：通用密码，用于驻各国大使互相通信和与国王的通信；专用密码，用于腓力与特定使节间的通信。密码每三到四年一换，如 1614 年的通用密码于 1618 年更换，与意大利公使通信用的 1604 年专用密码上写明它只在 1605—1609 年间使用。西班牙编制了大量不同准代码，用于与美洲各新殖民地总督间的通信。他们把有关黄金船队即将启航的报告隐藏在密码中，防止海盗发现踪迹，劫持盖伦帆船[1]及其信件。这种做法早在西班牙殖民之初就已经开始。现存最早的新大陆编码实例来自埃尔南·科尔特斯（Hernán Cortés）的一封信，日期为 1532 年 6 月 25 日，发现于他新近征服的墨西哥。科尔特斯用的小准代码内含一个多名码单表替代，其中每个字母由两到三个符号代表，几个专有名词由文字代码组成。

西班牙在政府指挥中心全球办事处管理编码活动，从那里，信使不分日夜，随时奔赴世界各地。1561 年，西班牙迁都马德里，全球办事处设在阿尔卡萨城堡，由外交大臣贡萨洛·佩雷斯（Gonzalo Perez）负责。

在阴谋充斥的西班牙朝廷，解密不单单取决于对编码规律的简单运用。如果一个大使要求支付薪水，或者想得到主教职位，而解密秘书不是他的朋友，

[1]　译注：galleon，一种较轻、速度较快的帆船。

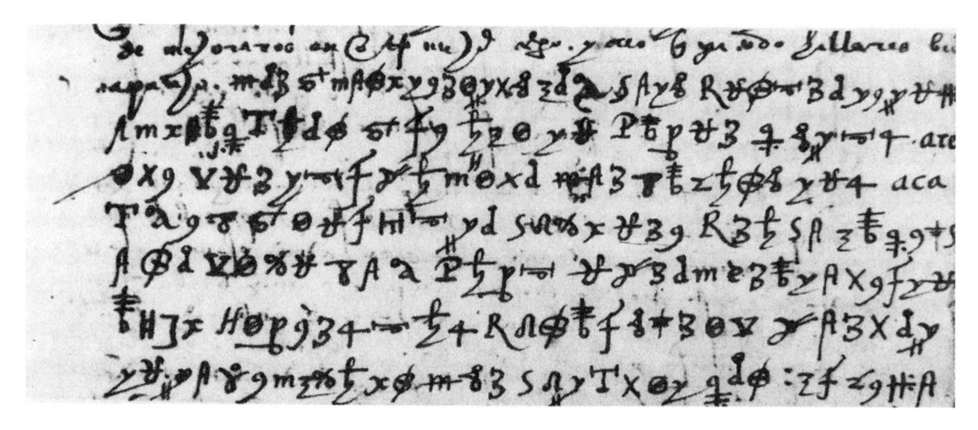

现存最早的新大陆密信：埃尔南·科尔特斯的一封密信，1532 年 6 月 25 日

那段话就可能不被解密。腓力本人就曾指示解密秘书，向议会隐瞒某些不想公布的文章段落。除了这些“不作为之罪”，还有成堆的“作为之罪”。有时这些罪行非常严重，不止一次，代表 *king of England*（英格兰国王）与表示 *king of France*（法国国王）的密词被刻意混淆！

密码分析成功的喜悦从未弥漫在阿尔卡萨城堡的房间内，但腓力的死敌——新教的英格兰、以胡格诺教徒[1]为国王的法国、叛乱的西属荷兰省份，却对这个天赐的宝贝信息格外重视。他们的分析能力使得腓力成为教皇和大部分欧洲国家的笑料，挫败了腓力征服英格兰和改变英格兰宗教信仰的宏图，并且最终宣判了那位最美丽迷人的王室妇人——腓力弟弟垂涎三尺的苏格兰女王玛丽——的死刑。

1598 年，法国历史上最受欢迎的国王纳瓦拉的亨利（他提出了口号“所有农夫的锅里每个星期天都应有一只鸡”）加冕成为亨利四世[2]。亨利深陷与神圣

[1] 译注：Huguenot，胡格诺派，16—17 世纪法国新教徒，主要是加尔文教徒，因受天主教多数派严重迫害，数千人离开法国。

[2] 译注：Henry IV（1553—1610），法国国王（1589—1610），人称纳瓦拉的亨利（Henry of Navarre）。

联盟[1]的激烈斗争，这个天主教派别拒绝承认新教国王，其领导人马耶讷公爵控制着巴黎和其他法国大城市，并且从西班牙腓力那里接受大量人员和资金。亨利四面楚歌。就在这一时期，腓力与他的两个联络官——指挥官胡安·德莫雷奥（Juan de Moreo）和马诺西（Manosse）大使的一些信落入亨利手中。

信用密码写成，但当时亨利政府里有一个名为比戈蒂耶领主弗朗索瓦·韦达（François Viète, the Seigneur de la Bigotière）的人，他是来自普瓦图的一个 49 岁律师，后来升为图尔法院参议员及亨利私人顾问。多年来韦达以数学爱好为乐——“数学奇才”，塔勒芒·德雷奥（Tallement des Réaux）说。韦达是第一个在代数中用字母代表数量的人，他给这门学问赋予了特有的面貌，被今人称为“代数学之父”。一年前，他曾解开西班牙寄给神圣联盟西班牙军司令帕尔马公爵亚历山德罗·法尔内塞（Alessandro Farnese）的一封信。亨利把新拦截到的信交给韦达，看他这次能否破解成功。

他做到了。值得一提的是，莫雷奥这封长信的明文满是与马耶讷谈判的细节：“……陛下在这些省份（荷兰）有 6.6 万人，为一项紧迫需要分配 6000 人算不了什么。如果您的拒绝被传开来，什么都没了……对此我一句也没向帕尔马公爵透露……马耶讷公爵向我宣称，他的要求是当国王，我无法掩饰自己的惊讶……”这封信用腓力在莫雷奥启程赴法时特地给他的一部准代码加密；它包含通常的多名码替代表，再加一个 413 项的代码表，代码条目由双码或三码组（LO = *Spain*；PUL = *Navarre*；POM = *King of Spain*）或二位数字组表示，数字不是加下划线（$\underline{64}$ = *confederation*）就是加点（$\ddot{9}4$ = *Your Majesty*）。二位数字组上方的一条线代表虚码。

莫雷奥信上的日期是 1589 年 10 月 28 号，虽然韦达有过经验，而且信也不长，但直到次年 3 月 15 日，韦达才得以把完整的破译结果寄给亨利，尽管在此之前他已经提交了一些零碎片段。韦达还不知道，一天前，在巴黎以西、离图尔约 180 千米的伊夫里，亨利以少胜多，打败了马耶讷。他的破译实际上失去了作用。

---

[1]　译注：Holy League，此处指 1576 年和 1584 年的法国神圣联盟（亦称天主教联盟），法国宗教战争中天主教极端分子组成的联盟。

懊恼并没有阻止韦达继续密码分析并取得成功。寄送莫雷奥译文时，他在信中说："别担心这个破译会导致您的敌人更换密码，从而隐藏得更深。他们已经两次三番更换过，但他们过去的花招已经败露，以后还会一直败露下去。"这是个准确的预测，因为韦达一直在阅读西班牙和其他公国的加密信件。然而骄傲使得他直接掉入别人设下的圈套。就像他从优美神秘的符号中巧妙地探出秘密一样，一个精明的外交官也以同样巧妙的方式从他口中套出秘密信息。威尼斯驻法大使乔瓦尼·莫森尼戈（Giovanni Mocenigo）说到他某日在图尔与韦达的交谈：

> 他（韦达）刚告诉我，他拦截了西班牙国王、（神圣罗马帝国）皇帝和其他公国的大量密信，并破译和翻译了这些信。正当我大为吃惊时，他告诉我：
>
> "我会向贵政府展示充分证据。"
>
> 他立即拿给我一大摞他破译的前述提及公国的信，说道：
>
> "我还想让你知道，我知道并且已译出你们的密码。"
>
> "我不信，"我说，"除非亲眼见到。"
>
> 我有三种密码：一个我用的普通密码，另一个我不用的，第三个名为 dalle Caselle，他向我表明他知道第一种。因为事关重大，我想了解更多，于是问他，"无疑你知道我们的 dalle Caselle 密码？"
>
> "关于那个，你得跳过很多。"他答道，意指他只知其中一部分。我请他让我看些我们破译的信件，他答应给我看，但自此不再与我谈及此事。而且离开以后，我再也没见过他。

这是莫森尼戈给十人委员会的报告，正是在听到他的话后，十人委员会立即更换了现有的密钥。

同时，腓力从自己拦截的法国书信里得知韦达破译了西班牙人——他们似乎对密码分析了解很少——认为不可破解的密码。他对此很恼火，告诉教皇，亨利一定是用巫术破开他的密码的。腓力觉得向教皇告状只会给法国带来麻烦，而不会损及他自身。但这个做法却搬起石头砸了自己的脚。教皇对自己的分析员乔瓦尼·巴蒂斯塔·阿尔真蒂的能力心知肚明，他甚至可能知道，30 年前，教廷密码分析员就曾破译过腓力的一个密码。对西班牙人的抱怨，教皇没有采取任何措施。腓力白费心思，得到的只是所有人的冷嘲热讽。

一个 50 岁的佛兰芒[1]贵族也许是笑得最开心的人之一，他刚刚完成了一个西班牙密码的破译。他就是圣－阿尔德贡德男爵菲利普·范马尼克斯（Philip van Marnix），奥兰治的威廉[2]的得力助力，后者是荷兰与佛兰德反抗西班牙联军的领导者。马尼克斯是约翰·加尔文[3]的密友，是今天荷兰国歌的曲作者，也是一位杰出密码分析家。一个对手曾形容他："高贵、聪明、优雅、精明、雄辩、经验丰富且对事物有准确理解，懂得与人相处的艺术。他精通希腊语、希伯来语、拉丁语；轻松读写西班牙文、意大利文、德文、法文、佛兰芒语、英文、苏格兰语和其他文字——水平超过这个国家的任何人。他 40 岁上下，中等身材，深色皮肤，但相貌丑陋。他是世界上最坚决、最忠诚的反天主教分子，甚至比加尔文本人还坚决。"

马尼克斯破译的西班牙密信是亨利四世围困巴黎期间拦截的。与韦达破译的密信一样，作者还是倒霉的胡安·德莫雷奥，收件人还是腓力国王。马尼克斯在围攻巴黎时加入亨利队伍，显然他早已名声在外，法国国王亲自把这封三页半密信交给他的新教盟友。马尼克斯破译的密信中，有莫雷奥对帕尔马公爵（他还是西班牙在低地国家[4]的总督）的辱骂之词，莫雷奥用恶毒的语言指责后者破坏腓力在低地国家的计划。1590 年 8 月，亨利让马尼克斯把译文和作为证据的密文寄给帕尔马公爵，指望挑起一些矛盾。公爵知道莫雷奥是被诬蔑中伤，因此对此不屑一顾。他保留了马尼克斯的译文，但没有采取对方所期待的行动。

---

[1]　译注：Flemish，佛兰芒人，佛兰德（Flanders）地区的人。佛兰德是中世纪欧洲一伯爵领地，包括现比利时的东、西佛兰德省以及法国北部部分地区。

[2]　译注：威廉三世（William III，1650—1702），查尔斯一世的孙子，1689—1702 年在位；通称"奥兰治的威廉"；1688 年应心怀不满的政客要求，废黜詹姆斯二世，接受《权利法案》，与其妻玛丽二世一起加冕。

[3]　译注：John Calvin（1509—1564），法国新教神学家和改革家。

[4]　译注：Low Countries，包括比利时、荷兰和卢森堡三国在内的欧洲西北部地区。

这不是马尼克斯第一次破开西班牙密码。13 年前，他就这样做过，而且他对密码的成功破译引发了一系列喋血事件。

1577 年，腓力通过同父异母的弟弟——荷兰总督奥地利的唐胡安（Don Juan of Austria）——统治荷兰。唐胡安在勒班陀大败土耳其人[1],成为当时基督教世界第一勇士。但他的野心不会受制于这些狭窄的边境，他梦想率一支大军横渡英吉利海峡，进入英格兰，推翻伊丽莎白，迎娶迷人的苏格兰女王玛丽，与她共享天主教的英格兰王位。腓力同意了他的入侵和婚姻，一旦胡安恢复荷兰的和平，两项行动都可开始。

但英格兰不会坐以待毙。伊丽莎白那位凶神恶煞的大臣——弗朗西斯・沃尔辛厄姆（Francis Walsingham）爵士，建立了一个高效的秘密情报组织，据说它一度曾在欧洲大陆雇佣了 53 个特务。得到胡安求婚的消息时，沃尔辛厄姆开始嗅到阴谋的气味。但是直到 1577 年 6 月底，胡格诺派将军弗朗索瓦・德拉努（François de la Noue）在加斯科涅[2]拦截到唐胡安的一些密信，他的怀疑才得到证实。因为这些信看上去事关低地国家，被送往当地机关，实则不然。

这些信辗转到了马尼克斯手中。一月之内，他破开密码。这是一本当时典型的西班牙准代码，总词汇约 200 左右，有一个通常的字音表和一个字母表。不同的是，每个明文元音在通常的一字母二数字外，还有一个花饰符做替代。这样，如果一个辅音出现在一个元音前，这个花饰就和表示辅音的密文数字合成一个字符，代表这两个字母。

译文似乎揭示出胡安的计划：他在西班牙的精兵假装被风暴吹离航线，寻找避风港，趁机登陆英格兰。7 月 11 日，在阿尔克马尔[3]的一次宴会上，奥兰治的威廉把密信内容透露给沃尔辛厄姆的特务丹尼尔・罗杰斯（Daniel Rogers），指望以此说服伊丽莎白帮助他。罗杰斯在给沃尔辛厄姆的报告中写道：

[1] 译注：1571 年，唐胡安和阿里・帕夏（Ali Pasha）指挥的神圣联盟海军在勒班陀海战（Battle of Lepanto）中大败土耳其海军，阻止了土耳其人继续向北亚得里亚海和第勒尼安海扩张，打破了土耳其海上力量不可战胜的神话。

[2] 译注：Gascony，法国西南部旧省份。

[3] 译注：Alkmaar，荷兰北部城镇。

> 亲王（威廉）告诉我，该让女王陛下知道唐胡安和教皇大使的谈判情况，这些情况记录在唐胡安和埃斯科韦多（Escovedo，唐胡安的秘书）4月的通信中，现在这些信被拦截了。之后，亲王叫来圣阿尔德贡德，叫他把这些信捎来……圣阿尔德贡德拿来九封信，全部用西班牙文写成，除一封外，余者大部分内容都加了密。三封是唐胡安写的，其中两封给（西班牙）国王，第三封给国王秘书安东尼奥·佩雷斯（Antonio Perez）。剩下全部是埃斯科韦多写给国王的，从印章和签名来看，这些信不是伪造的。亲王还给我看了拉努的信，信封里有他在法国拦截的所有的信。我认为摘录信中要旨还是有用的。

这份报告给了英格兰确凿证据，揭示了腓力的侵略意图，英格兰也因此提高了警惕，11年后，当腓力的无敌舰队[1]最终准备发动入侵时，这份警觉或许给英格兰提供了莫大帮助。胡安的计划成为泡影，因为在开始英格兰计划前，他必须在荷兰实现和平，但他未能与叛军达成停火协议。而当沃尔辛厄姆知晓了马尼克斯的罕见才能后，他诱使这个贵族为他破译密信。1578年3月20日，他写信给佛兰德的英格兰特务威廉·戴维森（William Davison）："迅速破译这封葡萄牙大使的信，这对女王陛下非常重要。请就此事郑重迅速接洽圣阿尔德贡德。密码非常简单，不需费多大事。"

一个上司从不会觉得自己分配的任务有多难，这一次，他的乐观期待居然没落空。4月5日，戴维森回复："圣阿尔德贡德今天去沃尔姆斯[2]了……出发前的余隙不够解开您上次来信所附密信，但他为我另找了一个人破译。在此附上译文……"葡萄牙大使在这封长信上向他的国王抱怨，诉说伊丽莎白如何在他请求觐见时装病避而不见。

初次收到马尼克斯的破译时，沃尔辛厄姆一定被这种他想都没想到的能力弄得目眩神迷，因为此后他想方设法，确保在不必依靠外国专家的情况下，自

[1] 译注：1588年，西班牙无敌舰队进入英吉利海峡，准备与帕尔马公爵会合，护送公爵的登陆部队入侵英格兰。舰队在英吉利海峡与英格兰舰队交战失败，损失不大，但在随后的海上大风中几乎损失殆尽。

[2] 译注：Worms，德国城市。

1577 年，奥地利的唐胡安使用的准代码，由菲利普·范马尼克斯破译已能获得密码分析所带来的丰富情报。当年晚些时候，他在巴黎安排了一个聪明的年轻人，对大量加密信息进行破译。他就是英格兰第一个伟大的密码分析家——托马斯·菲利普（Thomas Phelippes）。

菲利普的父亲是伦敦关税长官，菲利普后来继承了这一重要职位。也许是作为沃尔辛厄姆的巡视代表，他在法国四处游历。他一回到英国，就成为沃尔辛厄姆的亲密助手之一。他是个工作狂，写得一手好字，不知疲倦地与沃尔辛厄姆手下许多特务进行通信。从他的信可以看出，他精通文学典故和古典作品，而且似乎能熟练破译拉丁文、法文和意大利文密码，也能破译西班牙文。对于他的外貌，唯一已知的描绘来自苏格兰的玛丽，她形容金发黄胡子的菲利普，“矮小瘦弱，脸上有麻子，近视，看上去 30 来岁”。

玛丽不留情面的评论暴露了她对菲利普的怀疑——怀疑并非空穴来风，因为菲利普及其主子沃尔辛厄姆以同样确信的理由在怀疑玛丽。虽然由于一系列错综复杂的事件，玛丽被驱逐，并且强大的新教徒对她不检点的行为厉声反对，禁止她回国，但在表面上，她还是英格兰王位继承人，也是名义上的苏格兰女王。她是个不寻常的女人：勇敢、美丽，拥有非凡的个人魅力，手下人对她忠诚，拥有虔诚的宗教信仰；但另一方面，她轻率、固执、反复无常。各天主教派别曾不止一次策划让她登上英格兰王位，从而恢复教会统治，结果却致使玛丽先后被囚禁在英格兰各个城堡，这也提醒了沃尔辛厄姆，叫他寻找机会一劳永逸地根除这个“肿瘤”，不再对他的女王伊丽莎白产生威胁。

1586 年，机会来了。玛丽的前侍从安东尼·巴宾顿（Anthony Babington）进行组织，计划利用伊丽莎白的侍臣对她实行刺杀，并煽动英格兰天主教徒总暴动，扶植玛丽登上王位。推翻政府的阴谋自然需要全国各地的响应，巴宾顿还得到腓力二世支持，后者答应一旦确认伊丽莎白已死，会派出远征军协助。但这个计划最终需要玛丽的默许，为此，巴宾顿需要与她联系。

这可不是件易事。玛丽当时软禁在查泰雷的乡间庄园，无法与外界交流。但巴宾顿雇佣的信差，一个名叫吉尔伯特·吉福德（Gilbert Gifford）、英俊的前神学院学生想出一个办法，把玛丽的信放在啤酒桶里偷运进查泰雷。这个办法实施良好，法国大使把过去两年积压的给玛丽的信全部交给吉福德。

信的大部分都加了密。但这仅是玛丽确保通信安全措施的一部分。她坚持重要书信要在她的公寓里写成，加密前读给她听。所有寄出的书信都要当她面封好。实际加密通常由她信任的秘书吉尔伯特·柯尔（Gilbert Curll）操作，偶尔由另一个秘书雅克·诺（Jacques Nau）完成。玛丽常常下令，变更她那部比外交代码小得多、脆弱得多的准代码。

玛丽和巴宾顿都不知道，就算他们谨小慎微，他们的信前脚写好，后脚就被送给了沃尔辛厄姆和菲利普。吉尔伯特·吉福德是个双面间谍，一个投靠沃尔辛厄姆的不成器的家伙。沃尔辛厄姆看到这个将触角伸入玛丽圈子的绝妙机会，雇佣吉福德，窃取玛丽的所有书信，复制好后再寄出去。其中包括法国大使交给吉福德的两年来的积信，以及随着巴宾顿的阴谋步步推进而迅速增加的通信。这些密信几乎一到菲利普手中就被破解。7 月中旬，正当阴谋即将达到高潮，他有时一天要读两封以上密信：两封来自女王的信上标着“1856 年 7 月 18 日破译”，另两封标着 7 月 21 日破译，同一匝记录中还有其他没有标记的密信。

这三个月里，狡猾的沃尔辛厄姆没有逮捕任何人，只是任由阴谋发展，积累信件，希望玛丽自投罗网。他的期望没有落空。7 月初，巴宾顿在一封给玛丽的信中详述了计划细节，提到西班牙的入侵，她的解脱，以及“对篡位者的清算”。玛丽考虑了一周，精心写好答复，让柯尔加密，于 7 月 17 日寄给巴宾顿。这成为一封封喉信，因为玛丽在信中承认“这项计划”，向巴宾顿提供了“把它引向成功”的方法。菲利普破译后，立即在信上做了绞刑架标记。

但对于执行刺杀任务的六个年轻侍臣的名字，沃尔辛厄姆依然一无所知。

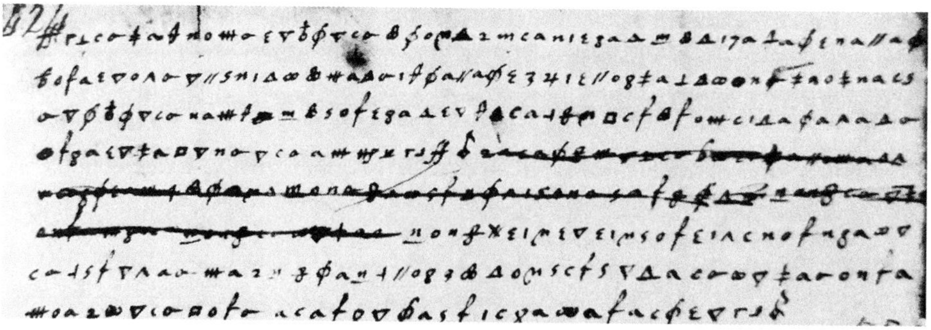

托马斯·菲利普在苏格兰女王玛丽的信中加入的伪造加密附言

因此当这封信送到巴宾顿手里时，上面多了一条离开玛丽之手时还没有的附言，附言中请巴宾顿告知“将完成计划的六位绅士的名字和地位”。伪造和使用正确密钥加密似乎都是菲利普的拿手把戏。

其实这是多此一举。巴宾顿需要去国外组织入侵工作，按沃尔辛厄姆的指示，有人暗中在他的护照上做了手脚。然而巴宾顿丝毫没有起疑，大胆地来找沃尔辛厄姆帮他通融。就在他与沃尔辛厄姆的一个手下在附近小酒馆用餐时，一份逮捕他的通知从天而至。他瞥了一眼，以付账为借口，把外衣和剑留在椅背上，随后溜之大吉。追捕者贴出通缉令，六个年轻侍从心惊胆战，争相逃命。但一个月内，六人和巴宾顿悉被抓获，经两天审判，最终被判死刑。处决他们前，精明的当局从巴宾顿那里下手，得到了他与玛丽通信的密码表。

这些密码表和她的信一起，在皇室法庭[1]成为无懈可击的证据，宣判了玛丽的叛国罪。伊丽莎白庄严平静地批准了她的死刑，消息传到玛丽耳中。1587 年 2 月 8 日上午 8 点，玛丽动人地重申了她的清白，大声为她的教会、伊丽莎白、她的儿子和所有敌人祈祷之后，昂首走上断头台，跪下，坦然接受了刽子手的三斧头[2]，她的勇气成了她一生所有其他行动的标志。就这样，苏格兰女王玛丽离开了世间，谱写了更持久的生命传奇，正如她的座右铭所预言：“吾之终点即起点”。以当时的政治环境，她或许不能寿终正寝，这一点似乎没什么疑问。但密码分析加速了她的非正常死亡，这一点同样似乎没什么疑问。

[1]　译注：Star Chamber，15 世纪晚期发展起来的一个英国民事和刑事审判法庭，专门审判影响王室利益的案件，以专断暴虐的审判出名。1641 年被废除。

[2]　译注：据说刽子手喝多了，砍了三斧才完成。

第 4 章　多表替代溯源

“我和达托（Leonardo Dato）在梵蒂冈教皇花园散步。和往常一样，我们谈到文学，两人都很欣赏那位德国发明家，他可以用活字印刷方法，把一个作者的三部作品，在 100 天内印出 200 多份。他按一下印版就可以印出整整一大页手稿。我们就这样漫天闲聊，赞叹人类在各种活动中展示出的创造力。直到最后，达托热情赞赏了那些可以熟练使用我们称之为‘密码’的人。”

这是莱昂·巴蒂斯塔·阿尔贝蒂（Leon Battista Alberti）在他那本简洁但意义深远的作品开篇不久后的一段话，这本书为他赢得了“西方密码学之父”的称号。一群作者从零开始，一步步发展出一种囊括今天大部分系统的密码类型，阿尔贝蒂是其中开创者。这个系统就是多表替代。

顾名思义，它包含两个及以上密码表。因为不同密码表在密文中使用相同的替代符号（通常是字母），根据所用密码表不同，某个符号可代表不同明文字母。这一点自然会迷惑密码分析者，当然这也是它的精髓所在。但它也会迷惑解密者，除非他知道当时用的是哪个密码表。这一点表明，密码表运行基于一种轮换规则。所有这一切与简单使用多名码或更罕见的多义码不同。某个多名码总是表示同一个明文字母，而某个多义码总是表示选定的同一组明文字母，通常最多两到三个字母。它们与明文成分的关系维持不变。在多表替代中，这种关系随时变化，它标志着密码学迈出的一大步，虽然在 400 多年时间里，它没有取代政治编码用的准代码。到 20 世纪，明密文对应关系变得极其复杂，足以给编码者提供超凡的保密性。

是业余密码学家创造了这类密码。密码专家的密码分析知识无疑超过了他们，但是专家们专注于密码系统的实际问题，全然不知它已经过时。没有这些现实束缚的业余爱好者登上了理论巅峰。插上思想翅膀的四个人是：一个著名建筑师、一个聪明的牧师、一个教廷侍臣和一个自然科学家。

也许除列昂纳多·达芬奇（Leonardo da Vinci）外，建筑师阿尔贝蒂是最符合文艺复兴时期全才标准的一位。1404 年，阿尔贝蒂出生于一个富有的佛罗伦萨商人家庭，虽然是私生子，但深得宠爱。阿尔贝蒂表现出超常的智力和运动天赋，家人不惜代价培养他，让他在博洛尼亚大学[1]学习法律，并在他 25 岁上下时送他到欧洲各地游历。然而，一场大病让他部分失忆，中断了他可能成为主教的职业生涯，阿尔贝蒂的注意力由此从法律转向艺术和科学。作为建筑师，他筑成了碧提宫，建起罗马第一个特莱维喷泉（后在翻新中被替代）。他建造的大量建筑中，有文艺复兴时期诸多教堂典范的曼图亚圣安德勒圣殿，还有里米尼马拉泰斯塔教堂。

阿尔贝蒂多才多艺，精通绘画、作曲，而且被认为是当时一流的风琴手。他作为主角之一出现在一篇杜撰的哲学对话中。他文思泉涌：诗歌、寓言、喜剧，一本有关飞行的专著，给他的狗的悼词，一篇关于化妆品和调情的仇视妇女的文章，第一个关于透视的科学研究，关于道德、法律、哲学、家庭生活、雕塑和绘画的多部著作。他的《论建筑艺术》（*De Re Aedificatoria*）是第一本有关建筑的印刷书籍，写于哥特式[2]教堂依然在建时期，影响了许多非哥特式结构建筑的建筑师。罗马圣彼得大教堂就是这类非哥特式建筑。《论建筑艺术》这本书成为“文艺复兴时期的建筑学理论基石”。阿尔贝蒂还是一个杰出的运动家，据说他能够掷出硬币，砸到教堂高耸的尖顶，能驯服最狂野的烈马。经典名作《意大利文艺复兴时期的文化》（*The Civilization of the Renaissance in*

[1] 译注：博洛尼亚位于意大利北部，博洛尼亚大学建于 11 世纪，是欧洲最古老的大学。

[2] 译注：12 至 16 世纪西欧盛行并在 18 世纪中期至 20 世纪早期复兴的建筑风格，特点有尖拱、扇形肋穹顶和拱扶垛，窗户较大，窗饰精美。

Italy）作者雅各布·布克哈特（Jacob Burckhardt）把阿尔贝蒂列为真正的通才之一，他的成就远超许多同时代多面手。另一个伟大的文艺复兴学者，约翰·西蒙兹（John Symonds）宣称“他代表了15世纪黄金时期的精神”。

他的朋友中有与他同龄的学者——教皇秘书列昂纳多·达托。达托在那次令人难忘的梵蒂冈花园漫步中引出密码学话题。“你总是对这些天生的神秘事物感兴趣。”达托说，“你怎么看这些解密者？你既然知道那么多，自己有没有试过手？”

阿尔贝蒂会心一笑。他知道达托分管密码工作（那时教廷还没有独立的密码书记）。“你是教廷秘书长，”他揶揄道，“是不是在教皇陛下的重大事务中，有时要用到这些东西？”

“这就是我提到它的原因。”达托坦承，“因为职务原因，我希望自己能够解码，而不必使用外面的译员。教廷把密探拦截的密信交给我时，那可不是闹着玩的。所以，如果你想出任何与这事有关的新点子，请告诉我。”于是阿尔贝蒂答应做点功课，这样达托就不会觉得白问了他。结果就是1466年或1467年初，他于62或63岁时写下的那篇文章。

他暗示频率分析的主意是他独自想出的，但他提出的概念太过成熟，不大像初创。尽管如此，这篇清晰明了的25页拉丁文短论依然是西方现存最早的密码分析文章。[1]“首先，我要考虑字母数量以及数量规则导致的现象。”他在分析开头写道。“元音居首……没有元音，就没有音节。因此，如果你观察一页（拉丁文）诗歌或戏剧，分别计算文中元音和辅音的数量，你一定可以发

[1] 原注：阿尔贝蒂描述了两部本密码的制定无疑是真的。他说道：“对我来说，你我手头各有两张表是很好的建议。一张表上，数字按顺序排列，这样开头就能为读者提供便利；另一张表上，短语按字母顺序排列，放在标题下面，这样作者就能随时看到它们，而不需要时不时地往上找标题。”但两部本密码的制定是为了增加保密，所以我觉得阿尔贝蒂的想法不是这样的。他没有具体说明，数字必须和他圆盘上的密文字母一样，与明文混合排列；但却具体说明了排列的便利性。历经500年时光后，很难再揣测他的动机。在原则上，我更倾向于依靠客观证据。但由于保密是密码学的重要因素，也是人的原始渴望，我必须要考虑到动机。就像弗里德曼所说，阿尔贝蒂描述了两部本密码（尽管它不是完全以混乱的顺序），但在制作两个密码表上，他原本无意加强保密。按“两部本密码”的定义来看，我否认他发明了两部本密码，发明者应是安东尼·罗西诺尔（Antonie Rossignol）。

现，元音非常多……如果一页中所有元音加在一起，比如说，达到 300 个，那么所有辅音的数量加起来大约有 400 个[1]。我注意到元音中，字母 *o* 虽然不比辅音少，但没有其他元音常见。”他继续以这种方式详细描述了拉丁文的特征：“跟在元音后的词尾辅音只能是 *t*、*s* 和 *x*，也许还可以加上 *c*。”他简短地谈及意大利文，指出如果一封密信有超过 20 个不同元素，其中可能就有虚码和多名码，因为拉丁文和意大利文只有 20 个字母。

解释了如何破译密码后，他才转到防止密码破译的方法——这是一个聪明的步骤，通常被密码系统发明者忽视。阿尔贝蒂首先回顾了各种不同的加密系统：各种替代、单词内的字母移位、在一篇掩护文字的字母上加点来拼出一封密信、显隐墨水，等等。最后他以自己发明的一个密码结束了文章。他称它为“密码之王”，和其他发明者一样，宣称它牢不可破。这就是开创多表替代的密码圆盘。凭借这个发明，在密码学方面与东方并驾齐驱的西方永远地获得了领先地位。

“我用铜片做了两个圆盘。大的称为定盘，小的称动盘。定盘直径比动盘大九分之一。我把每个圆盘外周分成 24 等分，称为格。我在大盘各格内用红色写上大写字母，一格一个，按字母次序，第一个 A，第二个 B，第三个 C，一直写下去，漏掉 H 和 K（和 Y），因为它们用不上。”这样他有了 20 个字母，因为 J、U 和 W 不在他的字母表中，剩下四个空格内，他用黑色写下数字 1 到 4。（红色和黑色似乎仅仅表明那是阿尔贝蒂喜欢的颜色。）在动盘 24 格内，他写下“黑色小写字母，但不是定盘中那样的常规顺序，而是随机乱序。这样我们假定第一格是 a，第二格 g，第三格 q，一直写完其他字母，直到盘中 24 格填满，因为拉丁字母表有 24 个符号，最后一个是 et（也许意为‘&’[和]）。完成这些步骤后，我们把小盘叠在大盘上，用一根针穿过两盘中心作为二者的轴，动盘可以针为圆心旋转”。

[1]　译注：拉丁字母表中的辅音字母个数大大多于元音字母。

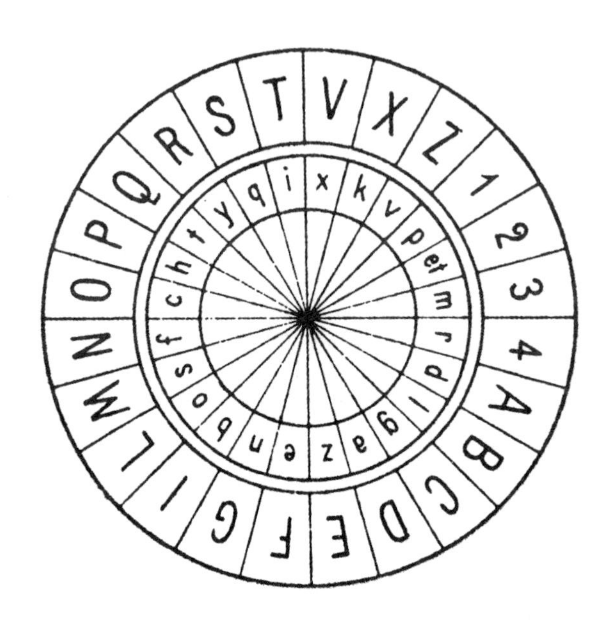

莱昂·巴蒂斯塔·阿尔贝蒂的密码圆盘

两个通信者——阿尔贝蒂细心地指出，二人须有同样圆盘——约定动盘上一个指标字母，如k。加密时，加密者（发信人）把预定指标字母对准外盘任一字母，写下该字母作为密文第一个字母，以此把盘的位置通知收信人。阿尔贝蒂以k对准B为例。“以此为起点，密信的所有其他符号都将获得它们定盘上方符号的字形字音。”[1] 至此一切都还平淡无奇。但下面的句子表明，阿尔贝蒂将编码学引入错综复杂的现代编码学之路。“写完三四个单词后，我会转动圆盘，改变指标字母在系统中的位置，这样，指标字母k会对准，比如说D。于是我在信中写下大写字母D，从这里开始，（密文）k将代表D，不再是B。顶端所有其他定盘字母将得到新的含义。”

“新含义”成为关键。每个新的内盘位置带来不同的内外圈对应字母。相应地，每次转动意味着明文字母将由不同的密文字母对应。如，明文词NO在

[1]　原注：在阿尔贝蒂的圆盘中，外圈大写字母是明文，内圈小写字母是密文。这一点与本书约定做法相反，只是为了避免改变阿尔贝蒂的文字，仅在有关他的段落使用。这一区别通过小写字母不用斜体来表示。（译注：有关阿尔贝蒂圆盘的论述中，明文用了小型大写字母，密文用了小写字母。）

某个设置中可加密成 fc，在另一套设置中加密成 ze。同样，每次转动后，某个给定密文字母将代表与之前设置不同的明文字母。这样，之前代表 NO 的 fc 在新设置中可能代表明文 TU。这种明密对应的双向变换将多表替代与多名码或多义码替代区别开来。多名码替代中，明文 E 可能由 89、43、57 和 64 替代，但这四个数字总是一成不变地替代同一个明文，而在多表替代中，对应密文字母有不同的明文含义。而且多名码替代中，E 只限于那一组对应密文，而在多表替代中，它可以由任何一个密文字母替代。多义码替代中，密文 24 可代表明文 R 和 G，但它只能固定表示这两个字母，而多表替代中，一个密文符号可以代表任一明文字母。多表替代的密文符号在不同地方表示不同含义，这种捉摸不定、转瞬即逝的特性，令分析员极为头大；同时，当分析员一开始认出的代表明文 A 的密文符号，他想再看到同样替代只能成为幻想，这一点能沉重打击他的信心。

阿尔贝蒂密码盘的每个新设置都能产生一个新密码表，每个新密码表的明密对应关系都发生了变化。密码盘有多少位置，就有多少个这种密码表。这种多样性意味着阿尔贝蒂设计出第一个多表替代密码。

给这项成就——密码学史转折点——锦上添花的是阿尔贝蒂的另一项卓越发明：加密代码。这就是他在外圈写上数字的目的。他把数字 1—4 按两位、三位、四位一组排列在一张表中，从 11 到 4444，作为一个小代码的 336 个数字代码组。“根据约定，我们在这张表的数字旁填入我们想要的任何完整句子，如对应 12，‘我们已如约备妥船只，配好军队与粮草。’”这些代码组的含义和圆盘乱序字母表一样固定不变，但代码加密得到的数字将和明文字母一样用密码盘加密。用阿尔贝蒂的话说，“我再按圆盘密码方案，用表示这些数字的字母替代它们，插入信中。”随着圆盘转动，这些数字的对应密文也发生改变。这样，意思可能为“Pope”（教皇）的 341 在某个位置是 mrp，换个位置又成了 fco。这构成一个极好的加密代码。至于阿尔贝蒂有多超前，也许可以从一个事实看出来：直到 400 年后，近 19 世纪末，当时世界主要大国才给他们的代码信息加密，即便如此，他们的加密系统也比这简单得多。

阿尔贝蒂因三个非凡首创——在西方最早阐述密码学、发明多表替代、发明加密代码——而成为西方密码学之父。尽管他将专著收入作品集，于 1568

年用意大利文发表，尽管他的理念被阿尔真蒂吸收并由此影响了随后的密码学，但如此巨大的成就却从未产生它应有的推动力。西蒙兹对阿尔贝蒂作品无足轻重的评价可能解释了其中原因，同时也总结了今人认为其对密码学贡献的看法："这位多面天才出世太早，施展不开他的非凡才能。不管是从艺术、科学，还是文学角度，他都扮演了各路先驱和指路人的角色。他一直在开创，一直在思想，在自己无法进入的领域预言，身后留下各种模糊的伟大形象，却没有一座实实在在的丰碑。"

1518 年，随着密码学第一本印刷书籍问世，多表替代又有了新发展。图书作者是一个当时声名卓著的学者，我们只知道他是海登堡的约翰内斯。1462 年 2 月 2 日，他生于德国特里滕海姆，父亲是一个富裕的葡萄园主。海登堡是这位作者的故乡，他出生一年后父亲去世，他也跟着父亲叫约翰内斯，先由妈妈养育，后由一个相当严厉的继父抚养。继父总是嘲笑这个男孩旺盛的求知欲。17 岁时，约翰内斯离家，一心想进入海德堡大学学习，校长达尔贝格的约翰内斯（Johannes of Dalberg）欣赏这个青年的才华，批给他一纸贫民证书，免了他的学费。不久后，达尔贝格的约翰内斯、鲁道夫·许斯曼（Rodofphe Huesmann）和年轻的约翰内斯成立了莱茵文学社（Rhenish Literary Society），每人依惯例取了一个拉丁和一个希腊名字。这个年轻人选择了"特里特米乌斯"（Trithemius），这个名字听起来有点像他故乡的名字特里滕海姆，也表明他是第三个参加该组织的人[1]。自此以后，人们就称他为约翰内斯·特里特米乌斯。

1482 年 1 月，年轻的特里特米乌斯从海德堡回乡拜年，路遇暴风雪，在德国施潘海姆一座有 437 年历史的本笃会圣马丁教堂躲避风雪。在那里，他对僧侣生活产生了极大兴趣，并很快成为见习修士。一年半后，仅在立下誓约没过多久后，他就被选为修道院院长——或许是因为僧侣们认可他的才华，或者是他们认为他年轻，不会实行严格的戒律。然而，他一直担任院长职位，并在 24 岁时出版了一本布道书，由此一夜成名。他应召给各位亲王讲道，在宗教大会上布道。他以博学闻名，著述等身——几本历史著作、一本德国名人

[1] 译注：名字的前三个字母"tri"有"三"的含义。

传记词典、一本本笃会名僧传记词典、巴伐利亚诸公爵和各巴拉丁伯爵纪事、圣・马克西姆和一位美因茨大主教的生平纪事，等等。他与学者通信。他了解浮士德博士的人物原型[1]，认为他是伪学者。强大的君主，如勃兰登堡侯爵（Margrave of Brandenberg）和神圣罗马帝国皇帝马克西米连一世，邀他到他们的城堡做客。后人景仰他。他最重要的作品是《教会作家书目》，这是 1494 年出版的一本按时间顺序排列的图书目录，收录了 963 位作者的约 7000 本神学作品。这本书为他赢得“文献学之父”称号。授予他这一称号的西奥多・贝斯特曼（Theodore Besterman）是《世界书目作品目录》（*World Bibliography of Bibliographies*）一书编纂人，他称特里特米乌斯“不是书目编制第一人，但无疑是文献学的开创者”。

这些都是严肃作品。但他的其他作品却被阴影笼罩着，这源自他对神秘力量几近信仰般的浓厚兴趣。（和他的同代人一样，这种兴趣与他虔诚的基督教信仰并行不悖，因为一些重要神秘学专著，据说是一个叫赫尔墨斯・特利斯墨吉斯忒斯[2]的埃及神父所著，实际上是公元 2 世纪的基督徒所编，因此其中并不包含严重冒犯教会的内容。）在特里特米乌斯论述的炼金术中，他细致地把女巫分成四个类别，并对众王统治下的 12 个与主要风向和罗盘方位有关的天使等级做出解释。他还提到诸如犹菲勒和萨德基尔之类的名字，以 7 个行星天使的 354 年周期来分析历史，确定创世时间为公元前 5206 年。这些著述奠定了他的神秘学大师地位。今天，该学科著作尊他为最优秀的炼金术士，称他是另两位传奇神秘学者帕拉塞尔苏斯（Paracelsus）和科尼利厄斯・阿格里帕（Cornelius Agrippa）的导师。

1499 年，特里特米乌斯经过长期思考，最终得出结论：有些事情不可知。据说一个神灵在他梦中造访，教给他许多密码学知识。他把它们写成一卷本，

---

[1]　译注：Dr. Faustus，卒于约 1540 年，德国天文学家和巫师，据传将灵魂卖给了魔鬼，因此成为歌德的一部戏剧、古诺的一部歌剧以及托马斯・曼的一部小说中的主题。

[2]　译注：Hermes Trismesgistus，后文拼作：Hermes Trismegistus。又译：赫米斯・特里斯美吉斯托斯。被认为代表了希腊神灵赫尔墨斯和埃及神灵透特的结合，传说他是炼金术和其他秘术的创始人，新柏拉图主义者等人认为他著有某些关于占星术、魔术和炼金术书籍。

准备编成八本书，称之为《隐写术》（*Steganographia*）[1]。这个词来自希腊语，意即“隐写”。在前两本书中，他描述了一些基本的元—辅音互代和一个系统的几个变种的情形，该系统使用无意义单词，只有其中某几个字母表达含义，其余字母为虚码。例如，以 PARMESIEL OSHURMI DELMUSON THAFLOIN PEANO CHARUSTREA MELANY LYAMUNTO……开头的一段密信中，从第二个单词开始，解密者隔词取间隔字母，因为第一个指明适用的系统。这样，拉丁明文开头就是 *Sum tali cautela ut*……但所有这些论述似乎只是作为第三本书所描述的魔法活动的掩护。那本书只字未提编码学。在此，特里特米乌斯又一次滑向诸如瓦特米尔、考雷尔和萨梅龙之类神灵的幽暗世界，而且讨论了一些类似传心术（telepathy）的方法。如，要想在 24 小时内把信息传递给希望的接收人，你只需在某个通过复杂的占星来计算出确定的时刻，对着一幅行星天使的肖像说出它，把肖像和接收人肖像卷在一起，放在门槛下烧掉，念一段以“In nomine patris & filii & spiritus sancti, Amen”结尾的恰当咒语。特里特米乌斯向读者保证，不需要言辞、文字和信使，信息就会传到。特里特米乌斯讲述了如何用天使网络传送想法、获得世间万事万物的知识，这其中包括对天使名字数值进行类似卡巴拉的计算。和其他神秘学者一样，特里特米乌斯把摩西[2]看成犹太教的赫尔墨斯·特利斯墨吉斯忒斯。

他给一个来访者看了未完成的《隐写术》。它对六翼天使粗俗的称呼，它的蒙昧主义和荒谬论断，所有这些令那位客人大惊失色，不禁指责它为巫术。特里特米乌斯写给一个朋友的信在朋友死后才到，修道院副院长拆开这封信时，同样大为震惊，把信四处传阅。特里特米乌斯陷入施行巫术的阴影中，对此甚至连教会都皱起了眉头。他终止了《隐写术》的写作，但并非在意他长期所获得的巨大名誉有所损害，因为他不是一般的自我吹嘘和沽名钓誉者。通过

[1] 原注：对于《隐写术》第三册，沙科纳克（Chacornac）称其似乎并非真正的特里特米乌斯作品，因为它的内容超越了前言所述，与前两本书的风格也不同。然而，在我看来，沙科纳克的观点却十分荒谬，我拒不接受。即使早期的手稿、特里特米乌斯自己和其他评论家的声明，对该书的详细解释都没有给出更有说服力的证据，我认为作者不可能是其他人。

[2] 译注：Moses，约生活于公元前 14 世纪—前 13 世纪，希伯来先知、法典制订者，亚伦之弟。

自己的一些书，他完成了教会文献目录——“应我的一些朋友请求”加进去的，他说。他对一个到访者吹嘘，说他曾在一小时内教会一个目不识丁的德国亲王拉丁文，然后在那位亲王离开前收回他的全部知识。他提出可以让小偷把偷窃的东西全部归还，只要此人有足够的信心——当然他不会有足够信心。特里特米乌斯声称他理解智慧本身。这种事情自然吸引了一大批好奇者和希望成功的人，甚至在他还活着时，有关他拥有神秘力量的谣言就已在蔓延。某个传言说，这位院长来到一个酒食所剩无几的酒馆，敲敲窗户，用拉丁语喊了一声，立即就有一个精灵递给他一条煮好的狗鱼和一瓶红酒。

特里特米乌斯深信他的做法不违背基督教精神，所以并不出面澄清传言，只是否认他的行为是妖魔或反基督教的。实际上，他的神秘学知识名声巨大，以至于《隐写术》以手抄本形式流传了上百年。许多人认为其中隐藏着秘密，渴望探知这些秘密，于是抄写了这本书。得到抄本的人中就有焦尔达诺 · 布鲁诺[1]。《隐写术》名声大振，也引发了极大争议。如 1599 年，耶稣会会士马丁 · 安托万·德尔里奥[2]称它“极其危险、迷信”。1606 年，《隐写术》印行，引发更大争议。1609 年 9 月 7 日，天主教会将其列入《教廷禁书目录》[3]，象征反对派获得一次重大胜利。它列在禁书目录中超过 200 年，其间禁书目录经过无数次重印，最后一次重印晚至 1721 年。许多学者攻击它，但也有学者写整本专著为它辩护。随着理性时代[4]的观念深入人心，围绕魔法的更广泛的争议逐渐消散，这本书也渐渐失去了吸引力。

然而，即使特里特米乌斯在世期间，这本书也给他带来了麻烦。1506 年，在他旅行外出期间——显然因为他魔法师的名声，很大程度上也归因于《隐写术》为修道院带来的恶名——施潘海姆修道院僧侣反叛。他再也没有

[1] 译注：Giordano Bruno（1548—1600），意大利哲学家，赫尔墨斯 · 特利斯墨吉斯忒斯的追随者，支持哥白尼的太阳中心说；因宣扬异端，遭宗教法庭审判，被绑在火刑柱上烧死。

[2] 译注：Martin Antoine Del Rio（1551—1608），西班牙裔耶稣会神学家。

[3] 译注：官方提供的书单，列出了有悖天主教信仰或道德而禁止罗马天主教徒阅读或仅可阅读其删改版的书籍，1557 年发行第一册，后经多次修改，1966 年废除。

[4] 译注：文艺复兴后，启蒙运动前这段时期。广义的启蒙运动（1600—1800）则包括这一时期。

回去，而是转至维尔茨堡圣雅各修道院。1506 年 10 月 3 日，他当选为圣雅各修道院院长。1508 年初，他致力于写作一本完全讲述密码学的书，似乎想证明那是他的一贯目的。因为书中包含多种写法，他称之为《多种密写术》（*Polygraphia*）。他可能在 46 岁生日那天开始写作，因为他在 2 月 12 日完成《卷一》，而且他平均用 10 天时间写完了六卷书中的一卷。以这个速度，他很快写完。成书大概是 4 月 24 日——题献给神圣罗马帝国皇帝马克西米连一世的日期。和他的其他作品一样，这本书也没有立即出版，特里特米乌斯转而写作其他作品。就这样，他在维尔茨堡过着平静的生活，学习、写作、通信、会客。1516 年 12 月 15 日，他在那里去世。

一年半后，他以前的导师达尔贝格的约翰内斯的后人付钱出版了《多种密写术》，使之成为第一本密码学印刷书籍，书名为《多种密写术六卷，作者约翰内斯·特里特米乌斯，维尔茨堡修道院院长，前施潘海姆修道院院长——献给马克西米连皇帝》[1]。1518 年 7 月，阿亚的约翰内斯·哈泽尔贝格（Johannes Haselberg of Aia）完成了书的印刷。这是一本漂亮的、红黑色 540 页的袖珍对开书，标题页采用木刻而成，内容借鉴自特里特米乌斯之前的一本书。书末的“多种密写术语”（Clavis Polygraphiae）重复了木刻标题页，并列出前六卷概要。书于 1550、1571、1600、1613 年四次重印。加布里埃尔·德科朗热（Gabriel de Collanges）的法文译本（经过重大编辑修改）于 1561 年问世，1625 年重印。这本书成为举世闻名的剽窃对象。1620 年，一个叫多米尼克·德奥廷加（Dominique de Hottinga）的弗里西亚人出版了科朗热译作，将其据为已有，甚至还抱怨其中艰辛!

该书绝大部分的纵列单词，由大写花体字印刷而成，这是特里特米乌斯在他的编码系统中使用的字体。六卷书的第一卷包含 384 列拉丁文单词，每页两列，这是特里特乌斯最著名的发明——“福哉玛利亚”（Ave Maria）密码。每个单词均代表相应的明文字母。特里特米乌斯仔细挑选单词，这样，从连续的表中选取替代字母的单词时，它们将具有连贯含义，看起来就像单纯的祷文。

[1] 译注：原文为 *Potygraphiae libri sex, Ioannis Trihemis abbatis Peapolitani, quondam Spanheimensis, ad Maximilianum Caesarem*。

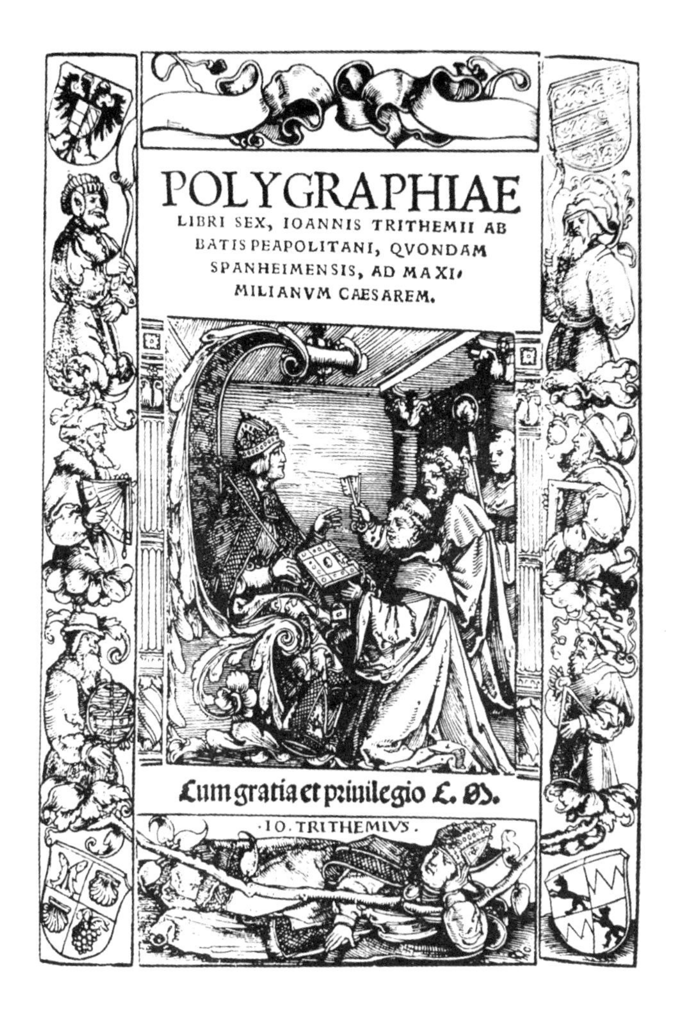

第一本密码学印刷版的木刻标题页。虽然取自同一作者约翰内斯·特里特米乌斯的一本早期图书，但插图明显与这本书很相配。图上作者穿着本笃会教士服，身前地上搁有修道院院长法冠，他跪着把书（与其秘密特征很相称地锁着）献给受献人——神圣罗马皇帝马克西米连一世。奥格斯堡王室城堡内，皇帝坐在王位上，戴着王冠，穿着王袍，一手握权杖，一手给特里特米乌斯赐福。特里特米乌斯身后的人——如果不是另一个僧人，就是出版人——把书的两把钥匙呈给马克西米连，这些都象征着马克西米连的宗教权威和世俗权力。背景中，特里特米乌斯的随从牧师，一个年轻僧人，拿着院长权杖。画面下方，特里特米乌斯抱着一根硕果累累的树枝侧卧，它代表那句格言“好树结好果”，暗示特里特米乌斯著述丰厚，值得称道。上方左边是神圣罗马皇帝的徽章，右边为雕刻者纹章。下左是特里特米乌斯纹章（背靠背鲈鱼象征他的基督教信仰；贝壳象征他的宗教地位；葡萄象征他的葡萄园主父亲），右为时任维尔茨堡主教纹章。边上，几位哲学家拿着浑天仪、六分仪和直角尺；其他人托着横幅末端据此，*abbot* 将加密成 DEUS CLEMENTISSIMUS REGENS AEVUM INFINIVET。《卷二》列出 284 列类似的字母表。《卷三》有 1056 个编了号的行，每行有三个人造单词，上下纵列对齐。一个典型的列从 HUBA、HUBE、HUBI、HUBO 开始，一直排到第 24 个单词 HUBON。这些列的用法和“福哉玛利亚”密码一样，但难以看出它是如何避免人们怀疑的。《卷四》列出 117 列人造单词，这些单词的第二个字母每列不同，从 *a* 到 *w*（特里特米乌斯所用字母表最后一个字母，跟在 *z* 后）：BALDACH、ABZACH、ECOZACH、ADONACH……这些单词用于编造一段隐蔽文字，文中每个单词只有第二个字母才用于传递秘密信息。从他的前三份字母表中选取单词来排序，就成为 ABZACH HANASAR ADAMAL。还是那句话，这怎么看都不像普通文字。也许特里特米乌斯离不开这些咒语般的词汇。《卷六》自以为是地给出了法兰克人[1]和诺曼人[2]的密码，同时首次在印刷书籍中描述了太罗速记符号。

特里特米乌斯对多表替代的贡献出现在《卷五》中。这里出现了密码史上第一个方表（square table），亦称底表（tableau）。这是多表替代的基本形式，

a	Deus	a	clemens
b	Creatoꝛ	b	clementiſſimus
c	Conditoꝛ	c	pius
d	Opifex	d	pijſſimus
e	Dominus	e	magnus
f	Dominatoꝛ	f	excelſus
g	Conſolatoꝛ	g	maximus
h	Arbiter	h	optimus

约翰内斯·特里特米乌斯的“福哉玛利亚”密码第一页

[1] 译注：Frank，日耳曼人的一支，公元 6 世纪攻克高卢，后控制西欧大部达数百年之久。

[2] 译注：Norman，法兰克人和斯堪的纳维亚人混血后裔，公元 912 年起定居于诺曼底，11 世纪成为西欧和地中海地区的主要军事力量。

因为它一次性列出一个特定系统中的全部密码。这些通常都是同顺序字母，只是错开与明文字母表的相对位置，相当于阿尔贝蒂密码盘内圈相对外圈字母表的不同位置。底表字母有序排列——所有字母表一行行排下去，每个字母表比上一个左移一位。这样，每行为顶行明文字母表提供了一套不同的密码替代。因为行数只能与字母数相等，所以底表是方的。

最简单的底表用位置不同的自然序字母表作为密码。换句话说，每个密码等于一个恺撒替代。特里特米乌斯的底表即属此种，他称之为“方形表”(tabula recta)。它的首尾几行如下 ：

```
a b c d e f g h i k l m n o p q r s t u x y z w
b c d e f g h i k l m n o p q r s t u x y z w a
c d e f g h i k l m n o p q r s t u x y z w a b
d e f g h i k l m n o p q r s t u x y z w a b c
e f g h i k l m n o p q r s t u x y z w a b c d
. . . . . . . . . . . . . . . . . . . . . . . .
z w a b c d e f g h i k l m n o p q r s t u x y
w a b c d e f g h i k l m n o p q r s t u x y z
```

特里特米乌斯把这个表用于多表替代加密，而且用的是最简单的方式。他用第一行字母表加密第一个字母，第二行加密第二个……（他没有另外给出，但顶行常规字母表可作明文字母表。）这样，一段以 *Hunc caveto virum*……开头的明文就成为 HXPF GFBMCZ FUEIB……在这条信息中，他加密 24 个字母后换用另一张底表，但在另一例中，他采用了一个更普通的做法，以 24 个字母为一组，重复使用这张底表。

相比阿尔贝蒂的方法，这种加密的优点在于每个新字母都用一个新字母表。阿尔贝蒂只在加密三四个单词后才换字母表，这样他的密文会明显地映射出一些重复的字母，如 *Papa*（教皇）或英文中的 *attack*（进攻）这类单词。分析员就能抓住这种映射特征，突破密文。而逐字加密则抹去了这种痕迹。

特里特米乌斯的系统还首次采用了渐进式密钥，所有密码字母表用完后才开始重复。现代密码机往往体现了这种密钥渐进做法。自然，它们避免了特里特米乌斯初级系统的主要缺陷 ：字母表数量少、使用次序固定。

特里特米乌斯对密码学的影响极为深远，部分因为他的名声，部分因为他是第一本印刷版密码学书籍的作者。逐字母加密很快成为多表替代理论的传统，而底表本身则成为密码学的一个标准，构成无数密码的基础。方表如此重要，仅仅凭此一项，一些德国作者就想把他们的同胞奉为“密码学之父”[1]。虽然他功不可没，但这样的荣誉还是当之有愧。

如果说，多表密码学这座大厦的前两块基石是两个时代巨人奠下的，那么第三块就是一个普通得几乎没留下足迹的人加上的。他就是焦万·巴蒂斯塔·贝拉索（Giovan Batista Belaso），关于他的一切，我们只知道他来自布雷西亚[2]一个贵族家庭，是一位卡尔皮主教的随从。1553 年，他写了一本小册子，名为《焦万·巴蒂斯塔·贝拉索先生的密码》（*La cifra del. Sig. Giovan Batisfa Belaso*）。他在其中提出在多表替代密码中使用一个容易记忆和更换的文字密钥——他称之为“暗号”（countersign）。贝拉索写道：“这些暗号可以由一些意大利语或拉丁语或其他语言单词组成，单词可多可少。然后把我们想写的话写在纸上，字母之间不要靠太近。再在每个字母上方写上我们的暗号。如，假设我们的暗号是短语 VIRTUTI OMNIA PARENT，同时假设我们要写这些话：*Larmata Turchesca partira a cinque di Luglio*，我们按下面的方式把它们写在纸上：

```
VIRTUTI  OMNIA  PARENT  VIRTUTI  OMNIA  PARENT  VI
larmata  turch  escapa  rtiraac  inque  dilugl  io
```

与某个明文字母对齐的密钥字母表示用于加密该明文字母的密码。据此，*l* 将由 V 密码加密，*a* 由 I 密码加密，依此类推。密钥系统提供了很大的灵活性：所有信息不必再由少数几个标准字母序列之一加密，相反，大使们可以拥

[1] 原注：Glydén 指出，德国强调密码学而轻视密码学分析的传统严重阻碍了德国密码学在一战时期的发展，使得它任由盟军摆弄。他将德国密码学追踪到西勒诺斯，后者的贡献只不过是对特里特米乌斯的作品做了点评。然而，我认为，在拉丁文书籍外，人们既然可以找到德国密码学受重视的原因，同样也可以找到盟军胜利的原因。

[2] 译注：Brescia，意大利城市。

有个人密钥，如果担心某个密钥被盗或被破，他可轻而易举用一个新密钥加以代替。密钥很快风靡开来，贝拉索的发明也成为今天极其复杂密钥体系的基础。这些体系使用的密钥不是一个，而是多个，而且不定期进行更换。

但和特里特米乌斯一样，贝拉索也使用自然序字母表作为密码字母表。将阿尔贝蒂的乱序字母表恢复，把阿尔贝蒂与特里特米乌斯和贝拉索的想法结合成现代多表替代概念，这一切还有待一个青年天才去实现——他就是后来组织了现代第一个科学学会的乔瓦尼·巴蒂斯塔·波尔塔（Giovanni Battista Porta）。

波尔塔 1535 年生于那不勒斯，由一个博学智慧的叔叔带大，10 岁就开始用拉丁文和意大利文写作。结束通常的欧洲游历后，22 岁的波尔塔回到那不勒斯，出版了他的第一本书，这是一本研究奇异事件和科学奇观的作品，名为《自然魔法》。后来他在那不勒斯的家中聚集了一批关注自然魔法的志同道合人士。与特里特米乌斯的神灵魔法不同，自然魔法用实验手段研究自然界神秘现象。他们定期聚会，做实验。这就是“自然秘密学会”（Accademia Secretorum Naturae），学会成员自称“闲人”（Otiosi）。它是所有科学家社团的鼻祖，作为科学家组织，它首次实现了科学研究从个人爱好到今天的组织化和社会化活动的转变。然而，人们很快开始怀疑这些闲人从事的魔法活动，波尔塔被召到罗马解释有关巫师药膏和妖术的传言。虽然受到警告，但他在教皇保罗五世前证明了自己的清白。实际上，他的“魔法”只是些客厅魔术——笼罩着神秘外衣，但很容易解释的戏法。波尔塔还是另一个早期科学协会“山猫学会”（Accademia dei Lincei）副会长。伽利略就是该协会成员。

1586—1609 年间，波尔塔写了几本书，论述所谓人物相貌与动物性格的关系、气象学、光的折射、气体力学、别墅设计、天文学、占星术、蒸馏和改善记忆力等等，其中相貌与性格关系的观点影响了意大利犯罪学家切萨雷·龙勃罗梭（Cesare Lombroso）对“罪犯类型”的定义。他还写了 14 部喜剧、两部悲剧和一部悲喜剧。《自然魔法》的一个 20 卷扩容版记录了这些闲人的大量实验，它和原始版本一样大受欢迎，被翻译和重印了不下 27 次。它被称为“最有趣和最容易检索的科学作品”，书里的怪异行为包括：把女人的脸变成红色、绿色或弄起疙瘩，以此取乐；用杂耍者烧野兔油的把戏使妇女脱光衣服，等等。（波尔塔的把戏并非都灵。）《卷十六》给出大量隐写墨水配方，还有一些小把戏，如隐写在人的皮肤或一枚蛋上，这样“可以派出送信人，他们不知道自己带着信，从他们身上也搜不到”；或者把信藏在活物体内（把信藏在肉里喂狗，再杀狗取信）。描写他的实验和生活时，波尔塔有时候会添油加醋，粉饰真相。但他是第一个认识到光的热效应、第一个阐述植物生态类群的人。温和可亲的波尔塔死于 1615 年，享年 80 岁。

1563 年，年仅 28 岁的波尔塔出版了他作为密码学家的成名作。《密写评介》（*De Furtivis Literarum Notis*）是一部杰作，时至四个世纪后的今天，它依然长盛不衰、魅力无穷，而且富有指导性。这本书最大的特点是它的视角：波尔塔从各个角度考察密码学。全书分四卷，分别论述了古代密码、现代密码、密码分析和有助破译的语言特征清单，囊括了当时的全部密码学知识。他研究了前人的各种标准密码，但也毫不留情地批评了古老的猪圈密码（pig-pen，也称“共济会密码”[1] 或“玫瑰十字会密码”[2]），嘲笑它是“村妇和小孩”用的。在“现代”密码（其中许多大概是波尔塔自己的）中，出现了密码学第一个双码密码：两个字母由一个符号替代。

波尔塔将密码分成三种：改变字母次序（移位）、改变字母形式（符号替代）和改变字母含义（用另一个字母表中字母替代）。虽然原始，但这是将密码分成移位和替代的现代标准分类的最早实例之一。他主张在明文中使用同义词，解释说“如果避免单词重复，就能增加破译难度”。与阿尔真蒂家族一样，他提议故意拼错明文单词：“对书写员来说，被指无知总比计划败露而受罚强。”书中还包括一套装饰华丽、可移动的密码盘，波尔塔也在书中某处解释了如何将密码盘转化为一个方表。他对两者关系的把握清楚表明了他在这方面的融会贯通。他的一些示例明文也妙趣横生，引人入胜，其中最惊人之处大概是那句用于连续六次加密的“我今天摧残了我心仪的对象”。在那个密码分析常常依赖单词间隔的时代，他第一次在欧洲出版物中描述了没有单词间隔或

---

[1] 译注：Freemasons' cipher，共济会最早出现于 18 世纪的英国，至今已遍布全球。共济会是一种准宗教的兄弟会，基本宗旨为倡导博爱和慈善，追求个人美德与社会完善。

[2] 译注：Rosicrucians' cipher，玫瑰十字会是 17 世纪初在德国创立的一个秘密会社，提出借“神秘智能”改造世界的主张。

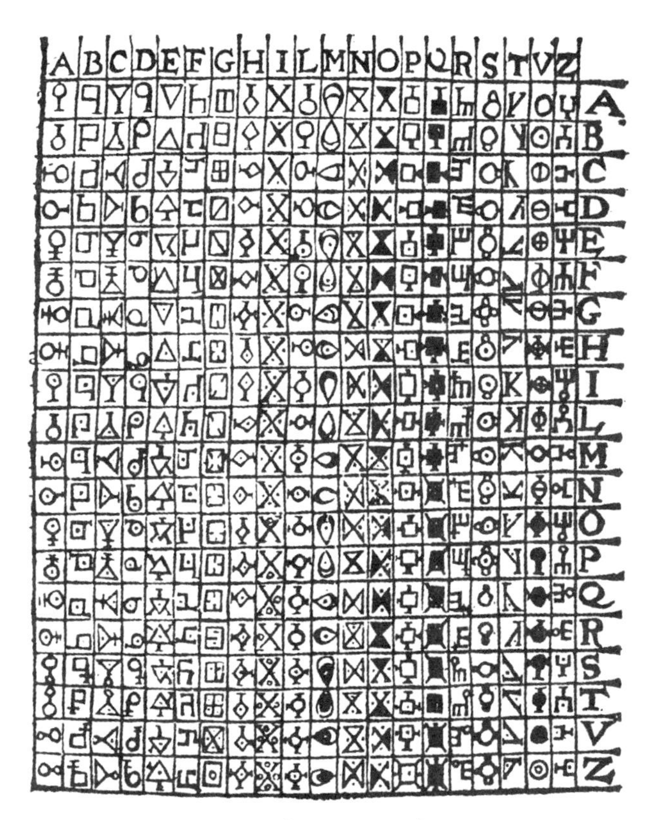

已知最早的双码密码：乔瓦尼·巴蒂斯塔·波尔塔用行、列交叉处的符号代表每对字母

只有伪单词间隔的单表替代的破译方法。

早于其他所有密码学作者，波尔塔阐述了猜测可能字的方法。今天，这一技术被看成密码分析技术的第二种主要形式。波尔塔还进一步把它与语言分析区别开来："……主题已知时，"他写道，"破译员可以猜测与破译文字主题有关的常用词汇，这点并不难，可以基于观察文中各单词字母数量和各位置字母的异同……每种主题都少不了几个常见词汇，例如，谈到爱情，有 *love*，*heart*，*fire*，*flame*，*to be burned*，*life*，*death*，*pity* 和 *cruelty*；谈到战争，有 *soldier*，*leader*，*general*，*camp*，*arms*，*to fight*，等等。这样不以研究文件本身为基础的破译形式，或不以区别元辅音为基础的破译形式，可以减轻破译工作量。"

他在意大利文艺复兴时期曾提出一些工作方法，这些睿智的建议今天依然有效：

> 破译要求注意力完全集中，要付出最大的努力，脑中没有杂念，抛开一切干扰，完全致力于一项工作，把手中任务成功带到彼岸。但是，如果有时需要集中花费大量时间在任务上，这种注意力集中也不应该一直持续，大脑的弦也不能绷得太紧。因为过度紧张和长时间脑力活动令大脑疲劳，导致无法从事破译工作，最终一事无成……特别是，当我遇到与密码有关的工作、要破译出这些密码时，这种情况就常常发生。即便工作了一整天（几乎没意识到七八个小时过去了），我却感觉才过了一两小时，要不是看到阴影，看到光线变暗，我都没意识到傍晚已经到来。

最后，波尔塔在一句话中无意泄露了一些实践经验："信件由作者或熟练书写员书写，这点也很重要。因为当拦截到信件时，如果由于抄写错误，或出于一个不了解密码术的人之手，结果很可能是：因为书写不清，所有破译的路都被堵死。"这类知识只可能来自破译实践，在密信中经常遇到遗漏、移位或写错的字母，因为人们在书里发现的问题，无一例外拼写准确，一破即开。其中实情可能是因为他为教廷做过一些密码分析。

然而波尔塔对多表替代的贡献何在？他的贡献主要在于把已有要素——特里特米乌斯的逐字母加密、贝拉索的易更换密钥和阿尔贝蒂的乱序字母表——结合成一个现代多表替代系统。然而遗憾的是，虽然波尔塔特别提到了"（底表字母的）次序……可随意排布，只要不遗漏字母"，但在阐释系统的时候，他只用了自然序字母表，并且当一个懒惰的后人把这个微不足道的系统以波尔塔的名字命名时，他还未能全面承认波尔塔的贡献。波尔塔聪明地用了一个长密钥——CASTUM FODERAT LUCRETIA PECTUS ALGAZEL，并且建议选择"不相干单词"作密钥，因为"它们离常识越远，为密文提供的保密性就越强"。虽然波尔塔对多表替代没有做出大的独创性贡献，但他首次阐明了现代多表替代概念。

对波尔塔杰出才能的全面衡量，也许来自他对文艺复兴时期最困难密码

乔瓦尼·巴蒂斯塔·波尔塔的一个密码圆盘

问题的大胆尝试——破译多表替代密码。虽然多表替代声隆一时，波尔塔却不承认它们牢不可破，并且绞尽脑汁想出一些破解方法。虽然这些方法人为痕迹太重，但它们的重要性不在于它们不高的内在价值，而在于他提出这些方法时的勇敢态度，这是引领密码分析获得成功的唯一态度。

在第一次破译中，波尔塔攻击了乱序渐进式密码字母表。密文由一个密码圆盘产生，定盘上有一个顺时针排列的自然序明文字母表，动盘上是一些古怪的密码符号，每加密一个字母，动盘顺时针转一格。波尔塔观察到，如果明文单词中有 3 个字母按字母表顺序排列（如 *deficio* 中的 *def*，或 *studium* 中的 *stu*），圆盘转动一格就会把同一个密码符号逐个转到 3 个字母对面，密文中就会出现该符号的三连码。以此为基础，波尔塔破开了一封自拟的密信，还原出符号密码。第二次破译出现在 1602 年版《密写评介》增加的一章中，波尔塔修改了第一次的方法，破译另一封巧妙的多表替代密信，这封密信用自然序密码，但是用了一个文字密钥。这一次，密文三连码表示 3 个字母序排列的密钥字母加密了 3 个逆字母序排列的明文字母。这次论述已经无限接近他追求的通用破译方法：“因为第一个三连码 MMM 和第 13 个单词中重现的同样三连码之间共有……51 个字母，我推出密钥一共应用了 3 次，确定它由 17 个字母组成。”他从未利用这个观察结果发财。如果这样做，他将使多表替代密码的保密性失去它过于响亮的名声，这个名声像保护性光环一样围绕着多表替代闪耀了 300 年。

和波尔塔的其他作品一样，《密写评介》被数度再版，并于 1591 年得到它的终极荣誉：一个无良伦敦印刷商约翰·沃夫盗印了这本书，以 1563 年原始版本为准，他的伪造版堪称完美。一个 1593 年的合法版本——以《秘写评介》（*De Occultis Literarum Notis*）为书名出版——书后包含密码学第一套一览表。这些表用图表形式显示了分析员分析一封具体密信应遵循的步骤，其中列出分支条目，供分析员在密信显示相反特征时进行选择。查尔斯·门德尔松（Charles J. Mendelsohn）博士对那个时期的研究比其他所有学者都要深入，他很好地指出波尔塔在当时密码学界的地位：“依我之见，他是文艺复兴时期杰出的密码学家。在该学科上，也许一些在密室默默耕耘的无名人士超过了他，但在那些有作品可供研究的作者中，他是个巨人。”

虽然在波尔塔的努力下，现代多表替代密码的三个基本要素被融合在一起，改进总还是可能的，16 世纪另外两个人改进了贝拉索的密钥方法。

一信一密钥明显要比几封信重复使用同一密钥提供的保密性更强。当然，关键在于每封信内更换[1]的密钥。那两个人设计出极其聪明的方法，确保密钥随每个字母而改变：让信本身作为它自己的密钥。这种密钥被称为“自动密钥”(autokey)。第一种系统有缺陷而不实用，它的发明者主要因为对隐写术的贡献被人们记住。第二种相当完善，但是，尽管它的保密性能远远超过简单密钥词、发明人对它的描述清楚明白，尽管来自密码学名著，它仍然被人完全遗忘，发明者却因一个与他无关，他不屑一顾的多表替代的原始、低级形式而出名。

第一个不完善的自动密钥系统发明人是吉罗拉莫·卡尔达诺（Girolamo Cardano），他是一个米兰医生和数学家，今天，他主要作为最早的科普学者和世上第一篇概率论文章作者而闻名。

卡尔达诺生于 1501 年，他有着名垂青史的强烈欲望——甚至不管是流芳还是遗臭。他试图通过天量作品来确保他在历史上保有一席之地。在他一生出版的 131 本图书及留下的 111 部手稿中，他讨论了数学、天文、占星术、物理、象棋、赌博（其中包括他对概率论的开创性探索）、灵魂的不朽、安慰剂、神奇疗法、辩证法、死亡、尼禄[2]、宝石和色彩、苏格拉底热、毒药、空气、水、营养、梦、尿、牙齿、音乐、道德和智慧。他没有写过一本专门讲述密码学的书，但他把该方面的信息放入两本畅销科普书中。第一本是《微妙的事物》(*De Subtilitate*)，展示并试图解释各种科学现象，包括一些诸如教授盲人如何通过触摸来阅读、书写的话题。《微妙的事物》（出版于 1550 年）既体现了当时最先进的物理知识，也囊括了天花乱坠的揣测。公众非常喜爱卡尔达诺趣味横生的讲解和稀奇古怪的例证，以至于六年后，他以某种续集形式，继续出版了《奇事大观》(*De Rerum Varietate*)。这两本书都被欧洲各地印刷商翻

[1]　译注：原文是“随每封信更换”(with each message)，实际上重复了前一句的“一信一密钥”，也与下文内容不符，当为“within each message”(在每封信内更换）之误。

[2]　译注：Nero（公元 37—68），罗马皇帝（54—68），全称尼禄·克劳迪亚斯·恺撒·奥古斯都·杰马尼库斯（Nero Claudius Caesar Augustus Germanicus），因残酷而声名狼藉，肆意杀戮有名望的罗马人；在位期间，公元 64 年的一场大火使半个罗马化为灰烬。

译、盗印。

在两处密码学的讨论中，卡尔达诺描述了中世纪前的古典方法；尝试了一次不幸最终走向自我矛盾的分类方法，给出偷拆信件指南，制定了一些破译信件和显示隐写墨水的初级规则，提出了一些他自己的方法——自然少不了通常的自吹自擂："依我们给出的方法，（密码分析）将需要一位阿波罗[1]。"这些方法之一就是自动密钥。

他以明文为密钥给明文本身加密，从每个新明文单词词首开始重复应用密钥：

密钥	S	I	C	S	I	C	E	S	I	C	E	R	G	O	E	L
明文	s	i	c	e	r	g	o	e	l	e	m	e	n	t	i	s
密文	N	T	F	Z	C	L	T	Z	V	H	R	Y	V	I	P	E

虽然自动密钥是个绝妙的主意，但卡尔达诺的做法却有缺陷。首先，它允许一个密文解出多个明文。用卡尔达诺的（自然序）密码，密文 N 可以表示用密钥 F 加密的明文 *f*，以及用密钥 S 加密的明文 *s*。其次，也是更糟糕的，在破解第一个明文单词这一点上，解密者和破译者处于完全相同的地位。一旦解出第一个单词，信件其余部分就迎刃而解。[2] 因此，卡尔达诺的方法被人忽视是理所当然的，而他强烈想获得不朽名声的愿望，却在密码学中因一种以他名字命名的隐写术得以实现。

"卡尔达诺漏格板"（Cardano grille）由硬板制成，比如一块硬纸板、羊皮纸、金属片，板上刻有不规则分隔开的矩形空格，高度不一，为每行文字的长度。加密者把这个"面具"盖在纸上，在空格里写下密信，其中一些会是完整单词，一些是单个字母，还有一些是单个音节。他再拿开漏格板，在余下空处

[1] 译注：Apollo，太阳神。希腊神话，宙斯与勒托之子，掌管音乐、诗歌灵感、箭术、预言、医药、畜牧等。

[2] 原注：1564 年，贝拉索（Bellaso，现在把名字拼成两个 l）出版了他的小册子第三版。他在册中描述了一种没有这些问题的自动密钥形式。它用第一个密码给信件第一个字母加密，连续用后面的密码给后面的字母加密。再用第一个单词首字母作密钥给第二个单词首字母加密，随后的字母连续用其后密码加密。重复应用这种部分自动密钥、部分渐进式密码做法，直至加密完整封信。

填上貌似无关紧要的掩护文字。卡尔达诺要求密信抄写三次，消除文字中会暴露秘密的所有突兀痕迹。解密者只需把他的漏格板罩在收到的密信上，从“窗口”读取隐藏的信息。当然，这种方法的主要缺点是，生硬的遣词用句可能暴露这些词句本应保护的秘密：也就是其中包含的隐蔽信息。虽然如此，16、17世纪，不少国家在外交通信中使用卡尔达诺漏格板。

卡尔达诺还获得了一个令人怀疑的名声，他被看成第一个认为密码不可破的分析家。他引用一个编码系统数量庞大的内在变量作为“证据”，证明一个分析员穷其一生，也无法完成一份破译。他描述了一种单表替代，其中三码字母组（AAA、AAB、AAC、ABA……CCC）的 27 种排列代表 24 个密码字母和 3 个常见词，然后宣称：“字母表排列（的可能数量）将达到 28 位数”，并且“如此数量的排列很多书都容纳不下”。他的意思是，在试破中，27 个明文成分对应的可能密文数量将达到 28 位数。实际上，它达到了 29 位数，因为其组合数为：

$27 \times 26 \times 25 \times \cdots\cdots \times 2 \times 1$，即 10888869450418352160768000000。

以卡尔达诺为首的一大溜编码学家错误地把编码密度寄托在大数字上——这个迷信一直延续至今。卡尔达诺的例子反驳了他自己的观点。分析员不可能逐一试验密钥来破译单表替代——或任何其他类似密码。一个 26 字母的字母表可能有 $26 \times 25 \times \cdots\cdots \times 1$，即 403291461126605635584000000 种不同密码。如果分析员每秒试验其中一个，他将需要 6×10^{18} 年完成所有试验，这个时间超出了已知宇宙的年纪。实际上，大部分单表替代的破译只是几分钟的事情。

谈到第二种可接受的自动密钥系统发明人，密码学编史学中的戏剧性错误和遗漏则达到了令人啼笑皆非的高潮。历史不但忽略了发明者的重要贡献，反而把一种落后的初级密码错误地归到他名下。传统的力量是如此之大，以至于即使有了现代研究结论，布莱兹·德维热纳尔（Blaise de Vigenère）的名字还是与已经成为多表替代原型的密码系统紧紧联系在一起，该系统也许是有史以来最著名的密码系统。

维热纳尔不是贵族，名字中的“德”仅仅表明其祖籍是维热纳尔村。1523 年 4 月 5 日，他在位于巴黎和马赛之间的圣－普尔桑（Saint-Pourçain）村出生。17 岁时，他中断学业，被派到王室，5 年后作为最低级秘书派往沃尔姆斯议会，这给了他初步接触外交事务的机会，并且随后的欧洲旅行开阔了他的视野。24岁时，他开始为讷韦尔公爵（Duke of Nevers）工作，除了为王室工作及1549年26岁时到罗马执行两年外交任务期间外，他余生一直在公爵手下服务。

正是在这里，他首次接触到密码学，并且沉迷其中。他阅读特里特米乌斯、贝拉索、卡尔达诺和波尔塔等人的著作和未出版的阿尔贝蒂手稿。他显然与教廷密码专家有交流，因为他讲述的一些轶事只能来自与这些职业密码学家的交谈。比如这样一个故事，一个家伙发明了一个密码，厚着脸皮要求迪贝莱主教奖赏他一笔2000埃居[1]的巨款，但当他听说他的密码不到三小时就被破开时，不由得满脸羞愧。维热纳尔39岁时离开王室，继续中断的学业，但1566年又被派到罗马做国王查理九世的秘书。在那里，他重新恢复了与密码专家的交往，而且这一次，他获准进入他们的密室，因为他说曾见到圣彼得大主教在六小时内破开一封土耳其密信。最终，1570年，47岁时，维热纳尔离开了王室，把他每年1000里弗尔[2]的年金赠给了巴黎穷人，娶了比他小得多的玛丽·瓦雷，全心写作。

维热纳尔1596年死于喉癌，生前写了20来本书。当时有一种迷信认为，彗星是愤怒的上帝投出的，用于警告这个邪恶世界，虽然他的《论彗星》被认为有助于打破这一迷信，但他的大部分译作和历史著作都已湮没无闻。不过他的《论密码》（*Traicté des Chiffres*）却成为密码工作者经常引用的一本书。1585年，尽管受一岁女儿的干扰，他还是完成了此书；1586年，该书用优美的红字标题出版，次年重印。

这是一部奇书。它600多页的篇幅不仅是维热纳尔时代密码学知识的提炼（密码分析是一个主要例外，按他的奇特说法，它是“对大脑的无情碾压”），也是各种其他话题的大杂烩。它包括了欧洲第一个对日本表意文字的描述。它的话题引申到炼金术基本原理、合法和非法的巫术、卡巴拉的秘密、宇宙之谜、炼金配方和哲学思考。“世间万物皆构成密码，”作者宣称，“万物本质只是一种密码和密写。上帝的大名和本质，他创造的奇迹，人类的言行举止和野

[1] 译注：écu，法国古货币单位。

[2] 译注：livre，法国古货币单位及其银币。

心——在很大程度上，除了密码之外，还能是什么呢？”从某种寓意上，这个说法也有一定道理，帕斯卡本人也说《旧约全书》是一部密码，但它不能推动密码科学的进步。

虽有这些闲扯漫谈，《论密码》的密码学信息还是可靠的。维热纳尔理解并且准确引用了其他作者的材料，诚实地注明了出处。他很会讲故事，有这样一则关于捉弄一位名为保罗·潘卡图齐奥（Paulo Pancatuccio）的故事。维热纳尔讲述，教皇雇潘卡图齐奥破译密码文件，“实际上，他精于此道，并且成功破译了几个简单密码”。某个“好伙伴”想挫挫他的傲气，设计编造了一封密信，标着“极其重要”，落到潘卡图齐奥手里。信的开头是一段很简单的移位密码，潘卡图齐奥很快解开，却发现上面写着：“你这可怜的密码破译奴隶，你在这上面浪费了所有时间和精力，煞费苦心满足这些无用的好奇心，对你有什么好处。你以为通过辛辛苦苦研究，就可以窥探别人的秘密，你让上帝情何以堪？”后面是一大段同样语气的调侃，结尾是一道难题，看潘卡图齐奥能不能得出下面“一封短信”的含义。这封短信用一个复杂密码加密，维热纳尔详细描述了它，但没提到这位愤怒的潘卡图齐奥有没有费心尝试破译它。

维热纳尔讨论过无数密码（如将密信隐藏在一幅星空图中），多表替代是其中之一。他的每个多表替代都用一个特里特米乌斯式的底表，虽然维热纳尔在顶行和侧列应用了乱序字母表。他列出各种密钥——单词、短语、诗句、信件日期——推移应用全部密码，然后提出他的自动密钥系统。和卡尔达诺系统一样，该系统也用明文作密钥，但它在两方面完善了卡尔达诺系统。首先，它提供了一个初始密钥。这是一个加密、解密双方都知道的字母，解密者可用这个字母解开密信第一个字母，开始解密工作。解得第一个明文字母后，他即可以此为密钥解开密信第二个字母，再用那个明文作密钥解开密信第三个字母，就这样一路解下去。其次，与卡尔达诺不一样，维热纳尔不是从每个明文单词开始重复使用密钥（这是个弱点），而是连续更换密钥：

密钥	D	A	U	N	O	M	D	E	L	E	T	E	R	N	E
明文	a	u	n	o	m	d	e	l	’é	t	e	r	n	e	l
密文	X	I	A	H	G	U	P	T	M	L	S	H	I	X	T

这种密钥系统容易操作而且提供了相当强的保密性，许多现代密码机也采用了它的原理。

维热纳尔还描述了另一种自动密钥，这种系统在初始密钥之后用密信本身作为密钥：

密钥	D	X	H	E	E	C	O	U	M	X	G	N	A	B	Q
明文	a	u	n	o	m	d	e	l	’é	t	e	r	n	e	l
密文	X	H	E	E	C	O	U	M	X	G	N	A	B	Q	O

这种系统的优点是密钥不成文，但也有一个大弱点，分析员可以一览无余地看到全部密钥。

	a	b	c	d	e	f	g	h	i	j	k	l	m	n	o	p	q	r	s	t	u	v	w	x	y	z
A	A	B	C	D	E	F	G	H	I	J	K	L	M	N	O	P	Q	R	S	T	U	V	W	X	Y	Z
B	B	C	D	E	F	G	H	I	J	K	L	M	N	O	P	Q	R	S	T	U	V	W	X	Y	Z	A
C	C	D	E	F	G	H	I	J	K	L	M	N	O	P	Q	R	S	T	U	V	W	X	Y	Z	A	B
D	D	E	F	G	H	I	J	K	L	M	N	O	P	Q	R	S	T	U	V	W	X	Y	Z	A	B	C
E	E	F	G	H	I	J	K	L	M	N	O	P	Q	R	S	T	U	V	W	X	Y	Z	A	B	C	D
F	F	G	H	I	J	K	L	M	N	O	P	Q	R	S	T	U	V	W	X	Y	Z	A	B	C	D	E
G	G	H	I	J	K	L	M	N	O	P	Q	R	S	T	U	V	W	X	Y	Z	A	B	C	D	E	F
H	H	I	J	K	L	M	N	O	P	Q	R	S	T	U	V	W	X	Y	Z	A	B	C	D	E	F	G
I	I	J	K	L	M	N	O	P	Q	R	S	T	U	V	W	X	Y	Z	A	B	C	D	E	F	G	H
J	J	K	L	M	N	O	P	Q	R	S	T	U	V	W	X	Y	Z	A	B	C	D	E	F	G	H	I
K	K	L	M	N	O	P	Q	R	S	T	U	V	W	X	Y	Z	A	B	C	D	E	F	G	H	I	J
L	L	M	N	O	P	Q	R	S	T	U	V	W	X	Y	Z	A	B	C	D	E	F	G	H	I	J	K
M	M	N	O	P	Q	R	S	T	U	V	W	X	Y	Z	A	B	C	D	E	F	G	H	I	J	K	L
N	N	O	P	Q	R	S	T	U	V	W	X	Y	Z	A	B	C	D	E	F	G	H	I	J	K	L	M
O	O	P	Q	R	S	T	U	V	W	X	Y	Z	A	B	C	D	E	F	G	H	I	J	K	L	M	N
P	P	Q	R	S	T	U	V	W	X	Y	Z	A	B	C	D	E	F	G	H	I	J	K	L	M	N	O
Q	Q	R	S	T	U	V	W	X	Y	Z	A	B	C	D	E	F	G	H	I	J	K	L	M	N	O	P
R	R	S	T	U	V	W	X	Y	Z	A	B	C	D	E	F	G	H	I	J	K	L	M	N	O	P	Q
S	S	T	U	V	W	X	Y	Z	A	B	C	D	E	F	G	H	I	J	K	L	M	N	O	P	Q	R
T	T	U	V	W	X	Y	Z	A	B	C	D	E	F	G	H	I	J	K	L	M	N	O	P	Q	R	S
U	U	V	W	X	Y	Z	A	B	C	D	E	F	G	H	I	J	K	L	M	N	O	P	Q	R	S	T
V	V	W	X	Y	Z	A	B	C	D	E	F	G	H	I	J	K	L	M	N	O	P	Q	R	S	T	U
W	W	X	Y	Z	A	B	C	D	E	F	G	H	I	J	K	L	M	N	O	P	Q	R	S	T	U	V
X	X	Y	Z	A	B	C	D	E	F	G	H	I	J	K	L	M	N	O	P	Q	R	S	T	U	V	W
Y	Y	Z	A	B	C	D	E	F	G	H	I	J	K	L	M	N	O	P	Q	R	S	T	U	V	W	X
Z	Z	A	B	C	D	E	F	G	H	I	J	K	L	M	N	O	P	Q	R	S	T	U	V	W	X	Y

现代维热纳尔密码

虽然维热纳尔清楚描述了他的方法，这两个系统却完全被埋没，直到19世纪被人再次发明，它们才进入密码学主流。而密码学作者则在维热纳尔的伤口添上一刀，把他的系统贬低成一个初级得多的密码。

现在通称的“维热纳尔密码”[1]只用到自然序字母表和反复使用的短密钥词，这是一种比维热纳尔的自动密钥脆弱得多的系统。其底表由一个现代方表组成：26 行自然序字母表，每行比上一行左移一位，一起构成密码。一个代表明文的常规字母表位于顶行。另一个常规字母表仅重复横行的密码首字母，从上到下排在左侧，作为密钥字母表。通信双方须知道密钥词。加密者在明文字母上方重复写下密钥词，直到每个字母上方都有一个密钥字母。他从顶行字母表中找到明文字母，从左列找出密钥字母，再从顶行向下、左列向右查找，密文字母就在行、列交叉处。加密者对所有明文字母重复这一步骤。解密时，解密员从密钥字母开始向右搜索密码，找到密文字母，再沿字母列向上，从顶行找出明文字母。例如：

密钥 T Y P E T Y P E T Y P E T Y P E T Y P E T Y P E T
明文 n o w i s t h e t i m e f o r a l l g o o d m e n
密文 G M L M L R W I M G B I Y M G E E J V S H B B I G

这个系统显然比维热纳尔最初的系统更容易破译。然而，传说却把这种退化形式的维热纳尔系统说成不可破的卓越密码，而且传言的力量如此强大，甚至直到 1917 年，在传言打破半个多世纪后，维热纳尔密码还被《科学美国人》（*Scientific American*）这样的知名杂志吹捧为“不可能破译”！

这个传言不是当时的密码分析家制造的。他们深知，这种密码并非“不可能破译”，因为他们自己有时就破开过。“请允许我在此提及，”波尔塔写道，“不久前，一个住在罗马的密码爱好者给我一封这种密信。出乎他的意料，我在收到后一个小时内译出这封信，因为它的密钥是家喻户晓的谚语 OMNIA

[1] 译注：Vigenère cipher，又称维吉尼亚密码、维热纳尔方阵。

VINCIT AMOR[1]。”乔瓦尼·巴蒂斯塔·阿尔真蒂在他密钥书的一个波尔塔式的密码下方写下：

> Qaetepeeeacszmddfictzadqgbpleaqtacui.
>
> In principio erat[2]，这就是索拉公爵、我的保护人、杰出的贾科莫·邦孔帕尼（Iacomo Boncampagni）先生（教皇格列高利十三世的侄子）写下上述密文所用的谚语或曰密钥[3]。他于1581年10月8日，星期天，在托斯科拉娜别墅把它交给我，告诉我这篇密文不可能破开。我很快发现这张有10个密码的底表和这句谚语。上行字的含义和文字是：
>
> Arma virumque cano troie qui primus ab oris。[4]

马泰奥·阿尔真蒂也吹嘘破解了一份多表替代测试，但他也许只是冒领了叔叔的功劳。

波尔塔和阿尔真蒂的破译成功都归因于容易猜测的密钥：一个是普通谚语，另一个是《约翰福音》开头几句话。而且，阿尔真蒂的破译更加简单，其明文就是维吉尔[5]的《埃涅依德》第一行。但是，即使没有这些帮助，多表替代偶尔也可以破开，只要具备几个其他条件：密文保留了原文单词间隔；密码是自然序；分析员识别出密钥重复。有了这些，他就可以猜测明文词，还原所用密钥一部分；如果部分还原有意义，他可以试猜密钥其他部分，或者，如果猜测不成功，则试破密文其他部分。这种碰运气的破译在文艺复兴时期也不是完全做不到的。波尔塔在他自拟的破译中识别出密钥反复：“我推出密钥应用了3次，确定它由17个字母组成。”维热纳尔也在他的评论中暗示了这一知识：

---

[1] 译注：拉丁文，大意为“爱情战胜一切”。

[2] 译注：含义参下文原注。

[3] 原注：完整密钥实际是IN PRINCIPIO ERAT VERBUM（《约翰福音》[*Gospel of St. John*]第一章第一节开头，“太初有道，道与神同在，道就是神”的第一句。译注）。密文倒数第三个字母C应为I。

[4] 译注：《埃涅依德》（*Aeneid*）开篇第一行诗，大意为“我歌唱战争和来自特洛伊海岸的英雄”。

[5] 译注：Vergil，或Virgil（公元前70—前19），罗马诗人。

“密钥越长，密码就越难破译。”

但是只要去掉单词间隔，猜中正确明文词的可能性就会大大降低，而且只是简单把密码排成乱序，就剥夺了文艺复兴时期密码分析家一切破译机会。当时编码者的标准做法是把单词连成一气，但是他们知道打乱字母表的技术。因此，他们有能力编出时人无法破译的多表替代密码。这解释了阿尔真蒂对它的溢美之词：“密钥密码是世界上最高贵、最伟大、最安全、最可靠的密码，没人能解开它。”

既如此，为什么波尔塔之后，准代码还能统治达 300 年之久？为什么编码学家不以这种“最高贵、最安全”的密码将其取而代之呢？

原因显然是他们不喜欢密钥密码的缓慢低效，不相信它的准确性。用多表替代系统加密需要随时掌握当前使用的密码字母表，确保密文字母取自那个字母表，其加密速度无法与准代码加密相提并论。1716 年，路易十四[6]的前大使弗朗索瓦·德卡利埃（François de Callières）在其经典外交手册《论与亲王谈判的方式》中宣称，使用以“一般类型”为基础的“无数不同密钥”可以得到不可破的密码。“我不是指，”他补充道，明显是讲多表替代，“大学教授依代数或算术规则发明的某些特定密码，它们要么太长，要么使用困难，因而不实用。我指的是所有大使都用的普通密码，用这些密码写一封信，几乎和用普通字母一样快。”布鲁塞尔皇家档案馆有一篇 17 世纪无名作者的“密码破译艺术论文”（Traitté de l’art de deschiffrer），那位见多识广的作者声称，大使不用多表替代，是因为它加密耗时太长，并且丢掉一个密文字母就会打乱之后的信息。1819 年，威廉·布莱尔在一篇优秀的密码学百科文章中表达了同样观点：多表替代“耗时太多”，且“即使错误最少的书写都会导致混乱不堪，收信人用他的密钥根本无法恢复条理”。

你也许觉得，密码员可以通过试错纠正这些错乱，尤其是在那个不慌不忙的时代。但他们不是密码分析家，可能不知道或不想知道如何进行必要的尝试。因此，严重错乱的信件只有在信差带着纠正版本回来之后才读得懂。以此观之，

[6]　译注：Louis XIV（1638—1715），路易十三的儿子，1643—1715 年在位，通称“太阳王”（Sun King）；在他统治时期，波旁王朝以及法国在欧洲的势力都达到了顶峰。

密码就不是保护通信，而是阻碍交流了。这样的错乱糟糕到信件无法读取的地步，迫使两个聪明绝顶的美国人，美国宪法的缔造者，放弃使用多表替代系统。

虽然因为速度缓慢、容易出错，多表替代未能取代准代码，但它们也时不时冒个头。那篇17世纪"论文"的作者说，它们断断续续在荷兰得到应用。1601年10月12日，耶稣会把一个以CUMBRE为密钥词的多表替代数字密码寄到秘鲁，用于与罗马通信。多表替代不可破的神话偶尔也被打破。阿尔真蒂家族在常规通信中不用多表替代，但有时会把它们交给主教用于个人通信。其中一个密码名为"驻法主教（恩里克·）卡埃塔尼阁下与帕尼卡罗拉主教通信用的密码,1589年10月3日"[1]。教皇西斯克特五世派卡埃塔尼（Enrico Caetano）到法国，推动神圣联盟反对亨利四世。该密码的前两个字母表如下（密钥字母在左）：

AB	a	b	c	d	e	f	g	h	i	l
	m	n	o	p	q	r	s	t	u	z
CD	a	b	c	d	e	f	g	h	i	l
	n	o	p	q	r	s	t	u	z	m

阿尔真蒂家族谨慎地设置了两个长密钥（FUNDAMENTA EIUS IN MONTIBIS SANCTIS；GLORIOSA DICENTUR DE TE QUIA POTENTER AGIS），规定K、X和Y为虚码，附上一个小准代码，由上方加点、加长音符或加音调符的字母组成。他们曾考虑给帕尼卡罗拉（Panicarola）一个含10个数字的多表替代密码，这样它可以被当作混合密码，但最终他们还是用了这种自然序密码——"更简单、更安全"，他们说。

这成为这个密码的灾难。第二年年中，教廷用它告诉卡埃塔尼，西斯克特去世了——显然是极为重要的消息。亨利的一位胡格诺派教徒记录这些拦截的信件时写道："因为这些信件用双重密码[2]加密，非常难解，因此有必要将它们

[1] 原注：原文为cifra con mons. rev^{mo} Panicarola apresso l'ill^{mo} signor (Enrico) cardinal Caetano legato in Francia, 3 Ottobre 1589。

[2] 原注：一个表示多表替代的术语，来自它需要的两个"密钥"：一个是密码字母表，另一个是密钥词或密钥短语。现代法语中称为"双重密钥密码"(double-key cipher)。

交给肖林（Chorrin）处理。他能破解别人破不开的全部密码，在那个时代，没人可以达到他那么高的造诣。”肖林是弗朗索瓦·韦达的同代人，仅凭这次成就，即使名声稍逊，他的才能足可比肩韦达。他还为亨利的财政大臣叙利公爵[1]破解过一些密信。

大约同一时期，伊丽莎白的英格兰密码学家凭借德雷克[2]般的勇气，扬帆驶向了多表替代的未知海域。他们用一个类似波尔塔的底表与驻外使节通信，一个维热纳尔密码与一位阿什利先生通信。另一个系统由世上最古老的同类装置构成。它有一个结实的竖条纸板，上面写着自然序明文字母表。字母表两侧开缝，一张纸塞在缝里，纸上竖写着 10 个不同密码。纸可在缝中移动，密码要对准明文表，以便读取对应密文字母。

17 世纪初密码学作者偶尔提及多表替代的破译。他们用一些含糊不清的术语，这也许反映了他们自己的模糊想法；也反映出他们知识的匮乏，让密码不可破的神话得以生根发芽。于是托斯卡尼大公的秘书安东尼奥·马里亚·科斯皮（Antonio Maria Cospi）在其 1639 年的《密码破译》（*La interpretazione delle cifre*）中提及：“两种密码，一种简单，一种复杂……后者实际上不可能破译。”后面他还写道，“目前的方法对破解更难的简单密码也不是完全一无用处……对双重和多重密码也是如此。”那位布鲁塞尔“论文”作者，在 1676 年为西班牙破解法国王室密码而锋芒毕露，在遇到多表替代时，他却一筹莫展，只能提出一种几乎无用的技术，逐个试猜可能的明文字母，直到他在密钥中得出连贯的字母组合。可以理解，他没有演示这种冗长的方法。否则，如此庞大的组合数量，他到今天还在猜呢。他在这方面的失败与其在接下来的论文中展示的技术才华形成了鲜明对比。

那篇“论文”的写作时间和地点，作者在破译多表替代上的失败，以及他对西班牙的支持，这些都可能表明这位密码分析家实名为马丁。他将出现在一次多表替代的破译事件中，而这次事件也显示了多表替代的破译是有多罕见和幸运。雷斯主教[3]是受人欢迎的法国自由主义政治家，他的《回忆录》讲述了

[1]　译注：全名为 Maximilien de Béthune, first Duke of Sully（1560—1641）。

[2]　译注：弗朗西斯·德雷克爵士（Sir Francis Drake，约 1540—1596），英国航海家及探险家，第一个环球航行（1577—1580）的英国人。

[3]　译注：de Retz（1613—1679），法国教士、投石党运动煽动家，回忆录撰写人。

他遭两年政治监禁后，于 1654 年 8 月 8 日从南特城堡逃脱的经历。他把话题转到密码：

> 我有一个与领主夫人[1]通信用的密码，我们称它“不可破”，因为我们总觉得，如果不知道双方商量好的单词，没人可以突破它。我们完全信任它，毫不顾忌，什么都写，用普通信差寄出最重要、最秘密的信。就是用这个密码，我写信告诉（巴黎最高法院）院长我要在 8 月 8 日逃脱……（孔代）亲王[2]有一个世界上最好的破译家，好像叫马丁。亲王带着这封密信和我在布鲁塞尔盘桓了六周[3]。他告诉我，马丁向他承认这封信不可破……一段时间后，（居依·）若利（Guy Joly，巴黎沙特莱法院参事，雷斯的一位追随者）破开它。他虽非破译专家，但一番深思后猜出了密钥。那时我正在乌得勒支[4]，他把信带来交给我。

雷斯本想说明“密码隐藏不了什么秘密”，但是，靠一个密友六年后的幸运猜测才破解，这一事实似乎反倒增加了密码的价值。

准代码时代最有趣的多表替代破译发生在一个世纪后。它的有趣之处来自一个分析家，他是一个典型的与密码分析完全无关领域的人物，他对那个领域如此痴迷，以至于全身心投入密码分析。

故事发生在 1757 年。当他与朋友——一个富有的于尔费夫人（Madame d’Urfé）——谈论巫术、炼金术和化学时，她给他看了一部描述如何将贱金属转化成黄金的密码手稿，并告诉他，她不必将它上锁，因为只有她才有密码的密钥。她把手稿交给他，说她不相信密码分析。“五六个星期后，”他在回忆录中称，“她问我有没有译出手稿，知晓转化程序。我说译出了。”但于尔费夫人还是不相信，回道：

---

[1] 译注：Madame La Palatine，这里可能指后文提到的塞维尼侯爵夫人（Marie de Rabutin-Chantal, marquise de Sévigné，1626—1696），一个以书信为后人所知的贵族女性。

[2] 译注：Prince of Condé，请勿与后文“波旁家族亨利二世孔代亲王”混淆。

[3] 原注：1658 年，雷斯到布鲁塞尔拜访孔代。

[4] 译注：Utrecht，荷兰城市。

> “没有密钥，先生，请原谅，我认为这是不可能的。”
>
> “要不要我说出你的密钥，夫人？”
>
> “愿闻其详。”
>
> 于是我把不属于任何语言的密钥词告诉她，看到她一脸惊讶。她告诉我这不可能，因为她相信只有她自己知道那个词，她把它记在脑子里，从没写出来。
>
> 我本该告诉她真相——我从手稿分析过程中得知密钥词。但一个奇想闪过脑际，我告诉她，一个精灵把密钥词透露给我。这个虚假诠释致使于尔弗夫人再也离不开我。那天我主宰了她的灵魂，滥用了我的力量。一想起这事，我就痛苦、自责。现在，我在回忆录中讲出真相，承担责任，为自己赎罪。

但在当时，这份内疚并没有阻止他在说出密钥词（NABUCODONOSOR，意大利语拼写的 Nebuchadnezzar[1]）时胡说一通，让那位夫人惊叹不已。最后，他“带着她的灵魂，她的心，她的智慧和最后的理智”离开。

那个密码分析家是？卡萨诺瓦[2]。

不那么戏剧性的多表破译发生在 19 世纪初，发生在一位退休德国步兵少校于 1863 年出版一般破译法之前。这么多破译似乎应该打破了多表替代不可破的神话，但它们都是十年难遇的罕例，凤毛麟角，普通密码学作品都不收录它们。多表替代依然是密码应用中的怪物，专业人士避之犹恐不及。不流行保护着它们。如果多表替代应用再广泛些，分析家也许会机缘巧合地发现它的破解之道。但既然世界为准代码驻足，不可破神话自然屹立不倒。

当时的一些无名作品助推了这个神话。这些书对多表替代没有新贡献，对

[1]　译注：尼布甲尼撒二世（Nebuchadnezzar II，约前 634—前 562），攻占耶路撒冷、修建空中花园的那位古巴比伦国王。

[2]　译注：全名乔瓦尼·雅各布·卡萨诺瓦·德塞恩加尔特（Giovanni Jacopo Casanova de Seingalt，1725—1798），因讲述其性经历及其他业绩的回忆录而闻名。

当时的政治密码学一无所知。它们脱离现实，陶醉于评论以特里特米乌斯作品为主的早期著作，以描述几个小发明而自鸣得意。大部分被丢进了时间的坟墓，只有少数略有裨益。

1526年，佛罗伦萨人雅各布·西尔韦斯特里（Jacopo Silvestri）在罗马出版了第二本密码学印刷图书。他的《新作……》[1] 从一个地狱般的场景开始描写，作者逃离瘟疫盛行的罗马，来到台伯河 [2] 附近一所乡村小庄园。一个伊特鲁里亚 [3] 朋友来访，和他讨论古代书写形式，谈到密码学，朋友恳求西尔韦斯特里为了大家利益，把他的知识写下来。但这本88页的《新作……》大部分内容都是描写一个可构成一本小代码的词汇表。

1624年，德国不伦瑞克－吕讷堡（后来的汉诺威）公爵奥古斯特二世 [4] 用假名"古斯塔夫斯·西勒诺斯"（Gustavus Selenus）出版了《破译和编码书九卷》（*Cryptomenytices et Cryptographiae libri IX*）。GUSTAVUS是打乱次序的*Augustus*（当时*u*和*v*通用），Selene（赛勒涅）是希腊神话中的月亮女神，即拉丁语中的"luna"（月神），代表*Lüneberg*。这位公爵是英格兰乔治一世 [5] 的祖父的侄子，也许是地位最高的密码学书籍作者。他和当今英国女王都是韦尔夫王朝的忏悔者恩斯特 [6] 的后代。在这本近500页的小开本书中，他以17页来自其廷臣的献词为序（"月亮女神很快用明亮的火炬，照亮蒙尘的斗篷掩盖的黑夜，同样，现在，古斯塔夫斯·西勒诺斯揭开了长久以来隐藏在阴影中的真

---

[1] 译注：*Opus novum...*，全名为 *Opus novum ... principibus maxime vtilissimum pro cipharis*。

[2] 译注：Tiber，意大利中部河流，流经罗马。

[3] 译注：Etruscan，公元前10世纪到前1世纪生活在亚平宁半岛中北部的一个民族，位于罗马北部。大约在公元前500年，伊特鲁里亚文明处于鼎盛时期并对罗马人产生过重要影响。公元前3世纪末，罗马人征服了伊特鲁里亚人。这一词也指伊特鲁里亚语（参见第25章）。

[4] 译注：Augustus II, Duke of Braunschweig-Lüneberg（1579—1666），被称为"小奥古斯特"（Augustus the Younger）。

[5] 译注：George I（1660—1727），詹姆斯一世的曾孙，1714年—1727年在位，1698年—1727年为汉诺威选帝侯，根据1701年的嗣位法继任英格兰王位；作为从未学会英语的外国人，他在英格兰不受欢迎，国务由诸大臣处理。

[6] 译注：Ernest the Confessor。不伦瑞克－吕讷堡公爵恩斯特一世（Ernest I, Duke of Brunswick-Lüneburg，1497—1546），通称"忏悔者恩斯特"。

相”）。这样一篇题为“抒情诗”的特别颂歌，似乎是献给默默无闻西勒诺斯的作品。其实他就是仁慈的奥古斯特公爵本人！虽然这本书包含一些密码系统，但主要还是为特里特米乌斯的神秘主义辩护。

耶稣会会士阿塔纳修斯·基歇尔[1]是一位名噪一时的学者，因“破译”象形文字和下到维苏威火山口研究地下应力（这次壮举和一本关于地下世界的书为他赢得“火山学之父”称号）而成名。1663 年，他在罗马出版了《新世界语》（*Polygraphia nova et universalis*）。这本书主要内容为加密过程，还含有一个多语言交叉索引代码，这是有关阐释世界语言的早期文章之一。两年后，他的学生，耶稣会物理学家加斯帕尔·肖特（Gaspar Schott）在纽伦堡推出了《密写学》（*Schola steganographia*）。和老师的一样，肖特的书主要也是密码系统的汇编。

该时期只有两本英文密码学著作值得一提。第一本为英文写就的匿名作品，出现在 1641 年，但这本《信使：秘密、迅速的送信人》（*Mercury, or the Secret and Swift Messenger*）的作者其实是约翰·威尔金斯（John Wilkins），他是个“强壮、魁梧……肩宽背阔”的年轻牧师，后娶了奥立弗·克伦威尔[2]的妹妹，成为切斯特主教和皇家学会[3]创建者和首任书记。《信使》是一本简洁、有深厚古典学基础的图书，它在英语中引入了 *cryptographia*（威尔金斯定义为“文字保密”）和 *cryptologia*（“言语保密”）。作者保留了 *cryptomeneses*，即“秘密交流”，作为秘密通信技术的总称。除了总结当时已有知识外，威尔金斯描述了三种几何密码。几何密码是一种神秘化了的系统，使用该系统的信息由点、线或三角形表示。自然序或乱序字母表的字母按已知空间间隔写出，这个间隔就作为密钥。这行字母放在一页纸顶端，通过在密钥字母表的字母下方加点表示各个明文字母，每个点比前一个点低，拼出密信。然后这些点可以连起

[1] 译注：Athanasius Kircher（1602—1680），欧洲 17 世纪著名学者。本书第 25 章还有关于他的内容。

[2] 译注：Oliver Cromwell（1599—1658），英国将军、政治家，1653—1658 任共和政体护国公。

[3] 译注：Royal Society，全称“Royal Society of London”。英国最古老和最有声望的科学学会，由弗朗西斯·培根的信徒为促进科学，尤其是自然科学的讨论而成立，1662 年获查理二世颁发的特许状。

来，或两点连成线，或三点连成三角形，或全部连成一个曲线图的样子——也可以什么都不连。收信人有一个相同比例的密钥，对照字母表比例尺记下点、线段末端或三角形顶点的位置，读出明文。

第二本英文密码书极为出色。《破译总览》（*Cryptomenytices Patefacta*）的作者是约翰·福尔克纳（John Falconer）。关于他，我们只知他是苏格兰哲学家大卫·休谟[1]的远亲，据说后来的詹姆斯二世[2]把私人密码事务委托给他，他在追随詹姆斯期间，被短暂流放法国，在此丧命。这本书在他死后于1685年出版，作者名只写作“J. F.”。书出版后大受欢迎，1692年再版时用了一个新标题页，清楚指明了这本180页书包含的内容：《解释和破译各种密写方法的规则》（*Rules for Explaining and Decyphering all Manner of Secret Writing*）。

福尔克纳偏好密码分析，对普通密码的批评一针见血，也促使他向多表替代这个老大难发起冲击，着实勇气可嘉。他提出猜测密信里的短单词，推断密钥字母（这些是标准字母表），看它们“能否连起来构成密钥的一部分”。知道密钥字母数是一个极大的帮助，他说，“因为这样，你就能观察到每个密码的几次重复”。这项技术对有单词间隔的密信相当有效，显示出他敏锐的思维。对最早有密钥的栅栏密码，福尔克纳也进行了描述，这是一种现在广泛使用的基本移位密码，法国军用密码、日本外交高级加密密码和苏联间谍密码都用过（修改后的）这种系统。

这五本书，以及同期出版的一些影响稍小的书——福尔克纳的作品可能是个例外——都在某种程度上脱离了现实。这不是没有原因的。这些作者借鉴了早期作品的知识，添上自己的一些猜测，然后胡乱吹嘘一番。他们自己没有实际制作密信，他们的猜测似乎从未经过密信破译的残酷现实的检验。这些密码学文献全是理论上的、不切实际的。它们的作者不了解遍布欧洲的密闭房间里正在应用的真正密码学，不知道沉默的密码员为实现国家意图正在从事的隐秘工作。

---

[1] 译注：David Hume（1711—1776），苏格兰哲学家、经济学家和历史学家，认为知识中不可能存在确定性，声称所有的理性材料都来自经验。主要作品有《人性论》《英格兰史》等。

[2] 译注：此处指1685—1688年间的英格兰、爱尔兰詹姆斯二世及苏格兰詹姆斯七世（1633—1701）。

第 5 章　黑室时代

1628 年 4 月 19 日（星期三）拂晓，波旁家族亨利二世孔代亲王[1]率领的王室军队包围了法国南部城镇雷阿勒蒙，城墙内的胡格诺教徒正在拼命抵抗。他们从一座塔楼向孔代开炮，轻蔑地拒绝了他的劝降，宣称他们宁死不屈。孔代从几十千米外的阿尔比调来五门巨炮。星期日，大炮列成一排，虎视眈眈，直指雷阿勒蒙。

同一天，他的士兵抓住一个企图向外面胡格诺派军队送密信的市民。孔代手下没人能解开密信，但在那一周，亲王得知，在阿尔比，一个望族的后代对密码颇感兴趣，且小有名气，或许他能解开它。

孔代送去密信，年轻人当场解开。信上显示胡格诺教徒亟须弹药，若得不到补充，他们只有投降。这是个极有价值的消息，因为天主教徒的轰炸虽然摧毁了不少房屋，但雷阿勒蒙仍在顽强抵抗，没有丝毫投降的迹象。孔代将密信归还给雷阿勒蒙居民。1628 年 4 月 30 日，星期日，虽然雷阿勒蒙要塞尚未被攻破，且它的防守似乎还足以抵抗一场长期围攻，城内人却出乎意料地放弃了抵抗。这次戏剧性成功之后，破解密码的年轻人开始了他的生涯。他将成为法

[1]　译注：Henry II of Bourbon，Prince of Condé（1588—1646）。波旁家族是法兰西王室的一支，自 1589 年亨利四世继承王位以后，波旁王朝一直统治法兰西，直到 1848 年整个王朝被推翻。

国第一个职业密码分析家：伟大的安托万·罗西尼奥尔（Antoine Rossignol）。

事件消息传到主教黎塞留[1]耳中，这个精明强干的法国幕后控制者当即把这个有用之才招入他的门下。罗西尼奥尔几乎立即就证明了他的价值。黎塞留的天主教军队包围了拉罗谢尔的胡格诺派主要据点，拦截到一些密码信件。这位阿尔比的年轻破译员轻松读出信件，告诉主教说，饥饿的市民正苦苦期盼英国人承诺的海上援助。但援助舰队到来时，却被严阵以待的守卫船和要塞吓得屁滚尿流，不敢靠近码头入口，也不敢强行闯入。一个月后，拉罗谢尔在英国舰队眼皮底下投降——反映法国密码精湛的伟大传统由此建立。

罗西尼奥尔很快在王室机关站稳脚跟。1630年，他凭破译密码带来的财富在巴黎以南约19千米远的瑞维西盖了一所小巧精致的别墅，后来又在它周围建了一个漂亮的不规则花园，由凡尔赛宫园艺师勒诺特雷（Le Nôtre）完成设计。1634、1635和1636年，从枫丹白露回巴黎途中，路易十三[2]三度在此停留，以看望这个年轻的密码分析家。

在那个外强中干的朝廷，以及在后来辉煌的路易十四王朝，罗西尼奥尔的工作一直都得心应手。埃丹据点之所以提前一周投降，就是因为他破译了一封加密的求助信，之后又用同样的密码编造了一封回信，告诉市民他们的希望多么渺茫。至于他迫使多少其他城市投降，使多少外交行动成为可能，以及在那个盟友频繁倒戈的时代，他又揭露了多少大贵族的背叛，他都从未讨论过。这份缄默引得一些朝臣不满，指责他从未实际破译过一个密码，是主教散布谣言，夸大其能力，恐吓可能的阴谋者。但实际上，黎塞留常对手下说些这样的话："依我之见，关于梅济耶尔市政当局逮捕的那个人，有必要利用他的信。我的意思是，把这些信交给罗西尼奥尔，看看里面有没有什么实质内容。"还有，8年后，1642年，黎塞留写信给德努瓦耶和德沙维尼："我在罗西尼奥尔给我的一些摘要上看到，英格兰国王和奥兰治亲王正谈判停火。我认为这无关紧要，但……这是你们的事，诸位，请保持警惕。"

---

[1] 译注：Richelieu，阿尔芒让·普莱西公爵（duc de Armand Jean du Plessis，1585—1642），法国政治家，1624至1642年担任路易十三的首相时控制了法国政府，1635年创建法兰西学院。

[2] 译注：Louis XIII（1601—1643），亨利四世之子，1610—1643年在位。

路易十三临终前向王后推荐罗西尼奥尔，把他当成保证国家利益必不可少的人才之一。两年后，1645 年 2 月 18 日，黎塞留的继任者马萨林[1]主教任命他为财政法院院长和国务参事。和黎塞留一样，马萨林本人有时也把拦截的信件交给他破译。例如 1656 年，他转来一封雷斯主教的信，指示罗西尼奥尔译出来。路易十四时期，罗西尼奥尔常常在凡尔赛宫国王书房旁边的一个房间工作，源源不断的译文从那里流出，帮助这位太阳王操纵法国政治。

罗西尼奥尔 45 岁时娶了 23 岁的凯瑟琳・康坦，她是一个贵族的女儿、主教的侄女，因此，他的社会地位有所提升。这是一段幸福的婚姻，充满了欢乐和恩爱，他们育有两子，博纳文图尔和玛丽。

他们有个密友，是诗人布瓦罗贝尔[2]，有关法兰西学院的想法就是他提出的。他喜欢在罗西尼奥尔家丰盛的餐桌上侃大山，喜欢男主人的好酒和女主人罗西尼奥尔夫人的魅力。（在一首献给女主人的十三行诗中，他赞扬她的友谊“比奶糖还甜”。）当在朝中失宠时，诗人给有权有势的分析家朋友写了一首诗，诉说自己的苦恼。罗西尼奥尔给马萨林展示了这首诗，于是马萨林在下次和大家会面时，特地提及了布瓦罗贝尔，并对他大大赞扬了一番。布瓦罗贝尔对这份宠幸欣喜不已，献给罗西尼奥尔一首表示感谢的诗。许是出于感激，后来他写下史上第一首献给密码分析家的诗，其中极尽对罗西尼奥尔的溢美之词。“Épistre 29”长达 66 行，没有标题，来自 *Épistres en Vers*，下面是其中几行：

Il n'est plus rien dessous les Cieux	31	天底下没有事情
Qu'on puisse cacher à tes yeux;		能逃过你的眼睛；
Et crois que ces yeux de Lyncée*		我相信，这些林叩斯的眼睛，
Lisent mesme dans la pensée.		能直达内心深处。

[1] 译注：全名儒勒・马萨林（Jules Mazarin，1602—1661），意大利出生的法国政治家，1634 年作为意大利教皇使节被派到巴黎，后入法籍，1642 年成为法兰西首相。

[2] 译注：全名 François le Métel de Boisrobert（1595—1662），法国诗人、剧作家、朝臣。

Que ton service est éclatant	35	你的才能和智慧多么神奇，
Et que ton Art est important!		你的技艺多么显要！
On gagne par luy des Provinces,		有了它，大片土地为我所得，
On sçait tous les secrets des Princes,		所有大公的秘密为我所知，
Et par luy, sans beaucoup d'efforts,		通过它，不费吹灰之力，
On prend les villes & les forts.	40	市镇和城堡为我攻陷。
……………………………………………		……………………………………
Certes j'ignore ton adresse,	57	确实，我不懂你的技艺，
Je ne comprends point la finesse		我也永远无法理解
De ton secret; mais je sçay bien		你的秘密；但我可以体会
Qu'il t'a donné beaucoup de bien;	60	它带给你的利益。
Tu le mérites, & je gage		你当之无愧。无惧无畏——
Qu'il t'en donnera davantage;		你的能力带给你前程似锦。
Tousjours fortune te rira,		财富也只是唾手，
Et, tant que guerre durera.		只要世上还有战争，
Bellone** exaltera tes Chiffres	65	贝娄娜就会在未来的冲突中，
Parmy les tambours & les fiffres.		伴着战鼓声声，赞美你的密码。

（注：* 林叩斯是阿尔戈英雄之一，他的眼神异常锐利，能穿透大地深处。** 贝娄娜是罗马女战神。）

由于工作原因，罗西尼奥尔能接触到一些国家和朝廷的重大秘密，他也因此成为显赫的路易十四王室中的一个重要人物。他还出现在当时的一些重要回忆录中。塔勒芒·德雷奥（Tallement des Réaux）在他的《历史》（*Historiettes*）中不加掩饰地讲述了罗西尼奥尔的一些故事，称他是“一个可怜的家伙”。而以《回忆录》树立法国文坛丰碑的圣西蒙公爵（Duke of Saint-Simon）则把罗西尼奥尔写成“欧洲最精湛的破译家……没有他破不开的密码；许多他可以当场读出。因此，他与国王关系密切，显赫一时”。罗西尼奥尔还成为仅凭密码学能力而被立传的第一人。夏尔·佩罗（Charles Perrault）以创建“鹅妈妈童话”（Mother Goose tales）而闻名，在他的《本世纪法国名人》[1] 中，有两页关于罗西尼奥尔生

[1] 译注：英文为 *Illustrious Men Who Have Appeared in France During This Century*。

平的概述，并配有一幅他的雕版肖像，与黎塞留等人并列。1658 年，马萨林认为有示好的必要，特地写了一封信，对在巴黎给罗西尼奥尔造成的一些伤害表示歉意；两个月后，他又续写一纸通知，递给一个法庭官员，敦促他公正对待这位密码分析家，“以弥补曾给他带来的侮辱和伤害”。国王对他的慷慨赏赐是表明他重要地位的一个特殊标志：1653 年 14000 埃居，1672 年 150000 里弗尔，以及晚年的 12000 里弗尔年金——这些只是他收入的一部分。[1]

集权力、财富和朝廷宠爱于一身，罗西尼奥尔的小市民头脑不由得飘飘然起来。他与傲慢的法国公爵和亲王一起漫步罗浮宫画廊，穿着花边装饰的大袖口华服和雪白的丝袜，与国王本人玩最新的台球游戏——而且制成版画广为宣传，他积累假发商的账单，早于其他人知道谁成了国王的新情妇，最让他兴奋的是浑身散发着宫廷气息回到阿尔比的家中。“大人，”一天他得意扬扬地和黎塞留说起他以前的邻居，“他们不敢走近我，把我看成大红人——而我，还是像以前一样和他们相处。他们对我的平易近人非常惊讶。”黎塞留只能耸耸肩。

但罗西尼奥尔的能力无可辩驳。他不仅为法国破译密码，还为它编制密码。他还对盛行 400 年的准代码做出了最重要的技术改进。

罗西尼奥尔开始密码工作时，准代码的明文和密文元素都按字母顺序排列（或者在数字代码的情况下按字母、数字顺序排列），明密与此对应。自准代码于文艺复兴初期出现以来，这种相对简单的排序就已经存在。仅有的例外偶尔出现在小准代码中，简短的名单以乱序写成，但密文部分一直以字母顺序升序排列。罗西尼奥尔一定是在密码分析中很快观察到，明密平行排列有助他还原明文。例如，如果他在一封英文信中确定 137 代表 *for*，168 代表 *in*，他就会知道 21 不可能代表 *to*，因为表示 *t* 打头单词的密数应该比表示 *i* 打头单词的密数大。而且他还会知道，依字母顺序，*from* 介于 *for* 和 *in* 之间，

[1] 原注：一个有关罗西尼奥尔的故事需要澄清。故事说，他的破译方法“在时人看来如此神奇，以至于直到现在，万能钥匙在法语中依然叫作 *rossignol*（罗西尼奥尔）”。虽然这个词不假，但它指向的出处却不对。不幸的是，如此有趣的一个词源，*rossignol* 一词的特别用法，早在 1406 年就作为犯罪分子的黑话出现在警察文件中——比这位分析家早生两个世纪。该词也有“夜莺”的含义，很有可能小偷用它作撬锁工具的俚语，因为它的咔嗒声和锉磨声的午夜独奏是他们耳中的美妙音乐。

其密数应在 137 和 168 之间，这样他就可以据此查找。

由此出发，取消平行排列，其他分析员将很快对这类线索无踪可寻。罗西尼奥尔就是这样打乱密文元素与明文的相对关系的。现在需要的是两张表，一张明文元素按字母序排列，密文元素乱序；另一张用于解密，密文元素按字母或数字序排列，对应明文则为乱序。这两张表很快被称为“加密表”（tables à chiffrer）和“解密表”（tables à déchiffrer），并与过去的“一部本”相对，这种混合型准代码成为“两部本”。两部本准代码相当于一部双语对照词典。前半部分，母语单词按字母序列出，外语词乱序；后半部分外语单词按字母序排列，母语词被打乱。

这项革新显然是罗西尼奥尔在为王室服务期间开始采用的。时势造英雄，他能够想到这个主意，环境至关重要。当时，其他国家分别雇佣不同的人来编制和破译准代码，分析员只在必要时才招来，密码员则负责编制准代码。只有在法国这个足够富裕而活力十足的国家，政府才需要一个专职的密码分析家，并且支持他的工作，让他施展拳脚，改进法国的秘密通信。

“两部本”结构迅速传到其他国家，同时准代码的内容还在扩大。代码内容越多，保密性就越强，因为大代码意味着分析员在破译时需要还原更多的代码元素。到 18 世纪初，一些准代码达到 2000 到 3000 个元素。但编制这么大的“两部本”耗资巨大，因此出于经济考虑，一些准代码牺牲了部分保密性，退化到一种变形的“两部本”形式。它的密码元素与明文并列，分成几十个组，但这些组本身为乱序排列。例如，在一本 1677 年的西班牙通用准代码中，*bal* 到 *ble* 的音节由 131 到 149 之间的数字表示，而跟在 *ble* 后面的 *bli* 则加密成数字 322，该系列一直到以 343 表示的 *Bigueras* 才结束。而数字 150 则在该系列后面很远再次出现，代表密码组 *c*。

上了年纪后，罗西尼奥尔退休回到瑞维西乡间的家，但据说他还在那里表演他的特别魔法，直至生命结束。在最后的日子里，他再次大放光彩，源于一次袒露无遗的王室器重：太阳王在回枫丹白露途中，特意绕道去瑞维西看望他——这事发生在朝臣争宠的时代，在每日早朝的大小接见中，他们都争着要为国王拿睡衣！不久后，1682 年 12 月，罗西尼奥尔去世，离他 1 月 1 日的 83 岁生日只有几天之隔。

在罗西尼奥尔身为密码分析家时，法国正处在历史上一个无与伦比的时代。这一时期，法国群星璀璨：戏剧家莫里哀、哲学家帕斯卡、寓言家拉方丹，还有世界上最杰出的王室。和众多杰出人物一样，在这个鼎盛时期的欧洲，在这个最显赫的王朝，罗西尼奥尔也是他自身艺术的伟大践行者。

罗西尼奥尔的工作经由一手调教的儿子继承。博纳文图尔继承了父亲的 12000 里弗尔年薪。1688 年，他从参事晋升为财政法院院长。一个同时代的人形容他是“丑陋的阴谋家，从破译密信中坐收大利”。他的朋友包括著名书信作者塞维尼侯爵夫人。1705 年，在他去世时，马基・德当若（Marquis de Dangeau）在其《回忆录》中评论说，他是欧洲最好的破译家。《优雅快报》同样赞扬他：“国王亲口承认为他的去世而烦恼：仅此足可做他的悼词。”圣西蒙只是承认：“他精于此道，但还没到他父亲的程度。他们是诚实的谦谦君子，”他总结，“都靠着国王发家，他们甚至还送给年龄尚小、不会破译的家人 5000 里弗尔的年金。”博纳文图尔的长子死于一次事故，于是原本要在教会发展的次子安托万－博纳文图尔（Antoine-Bonaventure）转而从事家族密码分析事业。安托万延续了罗西尼奥尔敏锐的密码分析能力，最终继承父亲成为财政法院院长。

罗西尼奥尔家族的重大贡献之一是，使法国统治者清楚地认识到书信破译在政策制定方面的重要性。他们的工作卓有成效地表明了这一观点，以至于陆军大臣卢瓦大力鼓励人们，提供此类情报。1673 年 7 月 2 日，安托万・罗西尼奥尔还在世时，卢瓦命人赏赐万布瓦（Vimbois）200 埃居，“因为他发现了密码”；四年后，又给西厄尔・德拉蒂克赛罗蒂埃（Sieur de La Tixeraudière）600 里弗尔，奖励他的破译。第二年，佛兰德斯边境的一位南克雷伯爵送给他一份敌军密码表，他表示了感谢，说“如果你提到的那个人可以帮你成功（破译一些加密信件），你可以向他保证，国王陛下会满足他的一切要求”。卢瓦还有个密码分析员叫鲁里耶。集所有这些努力，“黑室”（Cabinet Noir）由此建立，它贯穿 18 世纪初，常规解读外国使节的加密书信。

这些成功使法国绷紧了弦，认识到保护自己密码系统的必要性。他们的预防措施包括频繁更换和严格控制密码。1676 年，卢瓦给各省总督寄去十几部两部本准代码，几个月后又下达一条详细的国王命令，指示他们如何把每本代码放在各自包装内，细致地做上记号。1690 年，路易十四下令更换通用密码，于是卢瓦指示各总督返还旧密码，提醒他们使用新准代码中的多名码，且不要一直重复同样的密码符号。1711 年，路易已是风烛残年，脾气乖戾，离大限仅剩四年，但他还是命令给总督们寄去另一套准代码。路易十四死后，路易十五[1]继位，在他统治下的陆军部中，现存记录里包括一部准代码，其中有数百个完全打乱的数字组，用于与不同的人进行通信。还有几本特殊的"加拿大密码表"（Canada Tables），有一本供蒙卡尔姆侯爵所用，日期为 1755 年，是专门为这位将军启程去新法兰西[2]抵抗英国人进攻而准备的。他后来在亚伯拉罕平原对乌尔夫[3]的战役中英勇牺牲。有一部 1756 年的准代码，专门为法国在亚洲的殖民活动定制，在它的名单里，东方专有名词像宝石一样闪闪发光：*the Mogul*[4]、*the Nabob*[5]、*Pondichéry*[6]，以及 *India*（印度）这个词。还有另一本准备给 10 人使用的准代码，上面的备注表明了使用此代码的注意事项："格外小心，"这条注释写道，"德马伦维尔（de Marainville）先生已丢失此本。"

这种谨慎并非小题大做。1774 年，就在路易十五快退位的某一天，一名法国官员把一个来自维也纳的包裹呈给国王。路易打开它，惊讶地发现，里面不仅有普鲁士国王给驻巴黎和维也纳特工的信，还有他自己的绝密密信的明文副本，以及他的间谍组织头子与斯德哥尔摩大使的通信，这个大使参与了瑞典政变，扶植极端亲法的古斯塔夫三世[7]成为瑞典专制君主。路易得知，这个包裹来自法国驻奥地利大使秘书阿博特·若热尔（Abbot Georgel），是他在某天半夜用 1000 达克特与一个蒙面人交换而来的。他回到房间，打开包裹，发现他可以每周两次得到维也纳黑室的全部收获，所有大国信件都在这间黑室偷拆、破译、

---

[1] 译注：Louis XV（1710—1774），路易十四曾孙和继承人，1715—1774 年在位，领导法国卷入七年战争（1756—1763）。

[2] 译注：New France，16 世纪末到 1763 年法国在北美的殖民地。

[3] 译注：1759 年，詹姆斯·乌尔夫（James Wolfe，1727—1759）少将率英军进攻法国在加拿大的殖民地，与法国将军蒙卡尔姆侯爵（Marquis de Montcalm，1712—1759）双双战死。

[4] 译注：莫卧儿人（印度穆斯林，16 至 19 世纪统治印度大部分地区）。

[5] 译注：印度莫卧儿帝国时代的地方穆斯林长官。

[6] 译注：本地治里，印度一个中央直辖区，过去曾是一处法属定居点。

[7] 译注：Gustavus III（1746—1792），瑞典历史上褒贬最多的国王（1771—1792 年在位）。

阅读。若热尔同意了这项交易，继续在午夜与这个神秘人见面，每周两次通过特使把文件送给路易。

黑室在 18 世纪初非常普遍，但全欧洲最优秀的黑室却是维也纳黑室——“秘密办公室”（Geheime Kabinets-Kanzlei）。

它以几乎难以置信的高效运行着。每天早上 7 点，黑室收到当天上午要送到维也纳各大使馆的邮包，在这里，人们用蜡烛化开封蜡，拆开信。信封内的信标出次序后被送给一个副主管，他阅读后指示抄下重要部分。所有雇员都能快速抄写，有些还懂速记。为赶时间，长信由人口述，有时候四个速记员抄一封信。如果一封信以抄写员不懂的语言写成，副主管会把它交给一个熟悉该语言的黑室雇员，两个译员随时待命。这里能读懂所有欧洲语言，并且如果有读懂一种新语言的需要，一个官员就会去学习它。例如，一个懂几国语言的黑室雇员只花了几个月就学会亚美尼亚语，他也因此得到了 500 弗罗林 [1] 的常规奖励。抄写后，这些信按原顺序放回信封，重新封好，用假印章覆盖原来的蜡封。上午 9 点 30 分前，这些信被送回邮局。

上午 10 点，经过这个欧洲大陆枢纽的邮包到达黑室，再次被如法炮制，但节奏没那么快，因为这是中转邮包。虽然有时会被扣压到晚上 7 点，但通常它会在下午 2 点返回邮局。上午 11 点，出于警察政治监视目的而拦截的信件到达黑室。下午 4 点，信差送来各大使馆当天发出的信件。下午 6 点 30 分前，信件遣回。黑室主管接手抄下的材料，摘录特定内容的信息，转给相关机构，如警察、军队或铁路管理部门，大量外交材料则交给王宫。算下来，这个 10 人黑室平均每天要处理 80 到 100 封信。

令人惊讶的是，尽管他们工作速度飞快，但他们灵活的手指却很少把信装错。少数有记录的疏忽之一是，一封拦截到的给摩德纳公爵的信在重新装袋时被错误盖章，所用的章是相似度极高的帕尔马印章。公爵注意到这个偷梁换柱，把信寄给帕尔马，附上一条讽刺的提醒，“不光是我——还有你”。两国均提出抗议，于是维也纳人索性装起糊涂，一问三不知。虽然如此，黑室的存在

[1]　译注：Florin，欧洲国家不同时代使用的金币或银币。

已为各国派驻奥地利王室的使团所熟知，甚至得到奥地利默认。当英国大使幽默地抱怨说他拿到的是副本而不是他的原信时，奥地利大臣冷淡地答道，“这些黑室家伙多笨拙！”

通常，破译要经过密码分析过程。这是个累人的工作，但维也纳人在这方面取得了巨大的成功。通过若热尔从蒙面人处买来的材料，法国大使获知了奥地利的成就，吃惊地评论：“我们1200（组）密码在奥地利破译家手下毫无抵抗之力。”他补充说，虽然他建议采用新的加密方法，并经常更换密码，“我依然找不到任何方法，可以把秘密安全护送到君士坦丁堡、斯德哥尔摩和圣彼得堡”。

维也纳人的成功至少部分归功于他们先进的用人策略。除紧急情况外，分析员工作一周休息一周——明显是防止过于紧张的脑力工作把他们压垮。他们虽然工资不高，但破译的奖金丰厚。如1780年3月1日到1781年3月31日间，为奖励破译15个重要密钥，黑室发放了高达3730弗罗林的奖金。但也许，对密码分析员来说，最重要的奖励来自王室对其价值的直接承认，以及由此带来的名望。卡尔六世曾亲自给分析员颁发奖金，感谢他们的出色工作。玛利亚·特丽萨女王（Empress Maria Theresa）也经常与黑室官员讨论密码业务和其他国家的密码分析能力，这位杰出女性显示了她在这一领域的能力，她会询问她的每一位大使，问他们是不是过多地使用了同一个准代码进行通信，要不要获得一个新密钥。有时候，即使没破解密码，分析员也能拿到奖金：如果某大使馆的一个密钥被盗，破译员会得到某种失业补偿，因为他们没有机会赢得奖金。如1833年，法国公使的密钥在一天夜里被盗、复制并重新放回法国使馆秘书卧室的一个纸盒内，维也纳黑室因此得到五分之三的破译奖金。

同样，黑室对分析员的训练是以全面发展为目标。能说流利的法语和意大利语、懂点代数和简单数学、品行良好的20来岁年轻人被安排给分析员当培训生。在学习制作密码时，他们并不知道真正的工作性质。接着，他们要接受测试，看能不能破译他们编制的密码。如果失败，他们就被调转从事其他文官工作；如胜任，他们就会接触到黑室的秘密，被派到国外接受语言学训练。分析员起薪为每年400弗罗林，第一次破解密码后工资加倍，而他们的导师也会得到额外的指导费。想要成为黑室主管，年轻人必须成为分析员，因为所有主管都得是分析员。主管是一个地位很高的职位，工资介于4000到8000弗罗林之间，这是个很高的水平。主管常常能得到圣史蒂芬骑士团勋章这类荣誉，还常常能直接见到君主，以及得到与此有关的所有特权。

伊格纳茨・德科赫男爵（Baron Ignaz de Koch）是黑室最杰出的主管之一。以玛利亚・特丽萨的秘书职务为掩护，他于 1749—1763 年间担任黑室主管一职，他的信很好地概括了取得的成就。1751 年 9 月 4 日，他把一些破译的信寄给奥地利驻法国大使，这些信“让人更深入地了解到法国内阁所遵循的主要原则”。两周后，他在谈及一些其他密码分析时写道：“这是我们今年破译的第 18 个密码……不幸的是，人们认为我们在此领域能力太强，因此，那些担心我们会得到他们信件的朝廷不时改变他们的密钥，可以说，他们每次寄出的信都更复杂，更难破译。”黑室存在期间，维也纳破译了包括拿破仑、塔列朗[1]和一大批次要外交官的信件。这些破译的文件通常成为奥地利决策的基础。

英格兰也有自己的黑室。它的起源可以追溯到一个年轻人对密码的分析，他不经意进入密码行业时，与罗西尼奥尔同龄，地位也相差无几。他就是约翰・沃利斯（John Wallis），他更有名的身份是牛顿之前最伟大的英国数学家。

1616 年 11 月 23 日，沃利斯出生于肯特郡阿什福德，父亲是当地的一个教区长。他在剑桥伊曼纽尔学院学习，成为女王学院的研究员，后被任命为牧师。他以算术难题自娱而出名。1643 年年初一个傍晚，他正在为寡妇维尔夫人举行宗教仪式，一个先生带给他一封信，这是在清教革命期间，一支议会军队占领奇切斯特后发现的。沃利斯告诉他，他不知道自己能否解开它，“不过还是补充说道，如果它只是一眼看上去像一种新字母表，我觉得也许可以破译。这位绅士，”沃利斯后来写道，“没想到会得到这样一个回答，于是他告诉我只要我有任何一丝想法，他将留下信件，他确实这样做了。晚饭后（我看到它时，天色已经很晚了），我想了一会该从何下手，进行破译。几小时内（睡觉前），我完成了破译，用可以辨认的字体誊写了那封信。这次简单密码（它本来如此）的成功破译让我有了信心，使我相信，也许我能以同样轻松的心态读

[1]　译注：全名为查尔斯・莫里斯・德塔列朗（Charles Maurice de Talleyrand，1754—1838），法国政治家，参与了使拿破仑上台的政变，拿破仑帝国覆灭后成为新政府首脑，后来又参与了推翻查理十世和路易斯・菲利普继任事件。

懂任何不比这复杂的其他密码。”

但下一个数字密码为一个有单词间隔的长单表替代，比第一个复杂得多，于是沃利斯拒绝了它。要不是不久后，有人设法说服沃利斯尝试一封放了两年无人能解的密信，他的密码生涯就会在萌芽前被扼杀。这封信里的密数范围超过了 700，沃利斯写道，因为第一封密信“是最简单的，这一封是我遇到过的最难解的密信之一”。他曾几度“绝望”地想要放弃，但约三个月后，“我终于攻克了这个难题”。

这次成就让他时来运转。1643 年，按照议会指示，他破译了内战期间英格兰查理一世[1]的一些信件，获得奖赏，先是成为伦敦圣加百利教堂教士，后又成为议会[2]秘书。1649 年，因给议会破译了其他信件，他在 32 岁时被任命为牛津大学萨维尔几何学教授。1660 年，查理二世[3]与伦敦长老会牧师的复辟谈判情况“为我所知”，议会情报头子托马斯·斯科特（Thomas Scot）说：“我先是通过一位哈维先生获得谈判情况，他死后，我又通过每天与查理二世待在一起的梅杰·亚当斯（Major Adams）来获取信息，但大量情报还是来自拦截的信件。通常这些信每个字母和音节都加了密，由一位当时在这方面最能干的学者（牛津大学的沃利斯博士）破译。（他从未做过这事，只是出于他的技艺和天才。）他的作用和帮助真是无与伦比。”尽管从斯科特的供认中得知沃利斯为议会做事，但查理二世深知他的价值，登上王位后，很快就雇用了这个不久前还与他作对的人。沃利斯确实证明了他是不可或缺的，查理二世不仅给他另外的小额赏赐，最后还任命他为国王牧师。

沃利斯似乎是自学成才。他研究了波尔塔和其他人的著作，但从中所获甚少，因为在他看来，它们主要探讨加密方法。“因此我发现，从别人那里得不到多少帮

[1] 译注：Charles I (of England)，英格兰查理一世（1600—1649），詹姆斯一世之子，英格兰、苏格兰和爱尔兰国王，1625—1649 年在位。

[2] 译注：Westminster Assembly。威斯敏斯特是伦敦一个区，英国议院和许多政府部门位于这里，因此它也用来指英国议院。

[3] 译注：Charles II (of England)，英格兰查理二世（1630—1685），查理一世之子，英格兰、苏格兰和爱尔兰国王，1660—1685 年在位；克伦威尔倒台后，查理复辟，宗教和政治冲突在其统治时期从未中断，但他在处理艰难的宪法危机中表现出相当的手腕。

助。但如果我碰到更多前述情况，我需要依靠自己的努力，凭借自己的观察解决问题。并且事实上，”他很敏锐地继续说道，“事物大多都不会偏离其本质；尽管几乎所有新密码都是用一种新方法编制的，但破解方法不一定要时刻改变。”

这样的智慧，可以在没有外界帮助的情况下，找到穿过密码学迷宫的正确道路，也可以照亮数学未知领域的新道路。沃利斯做到了。他的《无穷算术》（*Arithmetica Infinitorum*）包含了二项式定理的萌芽，书中结论被牛顿用作发展微积分的跳板。沃利斯发明了无穷大符号 ∞，他是第一个用插值法（interpolation）——他偶然发明的一个词——得到 π 值的人。晚年，他自学心算以打发不眠之夜，其中惊人之举包括：求一个 53 位数的平方根，并口述其结果（证明是正确的）达到 27 位。

沃利斯身板硬朗，精力充沛，中等个头，小脑袋，以叙事生动出名的约翰·奥布里[1]形容他是“一个真正有价值的人”，他“自成一家，不依赖任何其他人出名。但他贪慕虚名，甚至不惜剽窃别人的成果。例如，在记录克里斯托弗·雷恩爵士[2]、罗伯特·胡克[3]先生和威廉·霍尔德[4]博士等人的谈话时，他不诚实地把他们的见解记在自己的笔记本上，然后出版时却不提及作者，因此常招来他们的抗议”。沃利斯协助创立了皇家学会。虽然他成就斐然，但 1665 或 1666 年 12 月 16 日见过他的塞缪尔·佩皮斯[5]在日记中写道：“还有一位沃利斯博士，著名学者和数学家，不过此人没什么出息。”

沃利斯在密码学方面最活跃的时期是在晚年，那时他受雇于威廉和玛丽[6]。1689 年，在向威廉的陆军大臣诺丁汉伯爵报告中，他说道，在过去两周中，他

---

[1] 译注：John Aubrey（1626—1697），文物学家，作家，著名作品有名人传记集《小传集》。

[2] 译注：Sir Christopher Wren（1632—1723），英国建筑师，1666 年伦敦大火后负责设计了圣保罗大教堂等多座伦敦教堂，还设计了格林尼治天文台。

[3] 译注：Robert Hooke（1635—1703），英国科学家。

[4] 译注：William Holder（1616—1698），英国牧师、音乐理论家。

[5] 译注：Samuel Pepys（1633—1703），英国日记作者和海军行政长官，他的《日记》记载了诸如伦敦大瘟疫、大火灾等重大事件。

[6] 译注：玛丽二世（Mary II，1662—1694），詹姆斯二世的女儿，1689—1694 年在位。1689 年，她信奉天主教的父王被废，当她应邀取代其父登基时，坚持要求其丈夫奥兰治威廉一起接受加冕。

提交了三批译文，但现在手头有五封尚不清楚用三四种密码加密的信。他告诉一直在后面催促的诺丁汉，他还不能给出一些密信的译文，虽然他继续说道，“我已经在它们身上花了约七周时间，每天努力研究八到十小时，甚至常常更多。这类事情，对一个像我这么大年龄（当时已经 70 多岁）的人，实在是个艰难的差事，再这样下去，我的脑子都要炸了。”实际上有一次，因急于破开卢瓦写给手下一位将军的信，诺丁汉告诉沃利斯，他已经命令送来这些密信的信差在外等候，直到破解为止。四天后，沃利斯竭尽全力译出准代码密信，递回明文时，他告诉诺丁汉一些密码方面的实际情况，巧妙地解释了他让信差先走的原因。

他的破译——几乎全是准代码，只有少数为单表替代——大大影响了当时事件的进展。1689 年夏，他破译了路易十四与其波兰大使的通信。在一封信中，路易催促波兰国王和他一起对普鲁士宣战；另一封信上，他鼓励波兰王子和汉诺威公主自主联姻。沃利斯在一封要求提拔的信中描述了这一工作的价值：“这些信的破译粉碎了当时法国国王在波兰的图谋，使其大使被驱逐，颜面丢尽。这件事，”他尖锐地指出，“对陛下及其盟友益处巨大，远超出我在这件事上的所有个人需求。”

虽然沃利斯请求诺丁汉不要公开他的破译，担心法国会像以往十来次那样更换密码（也许是在内行的罗西尼奥尔指导下），但他的非凡才能还是传开了。普鲁士国王赏给他一条金链子，以作为一次破译的奖励；勃兰登堡选帝侯颁给他一枚勋章，因为他读通了 200 到 300 页密码。而汉诺威选帝侯，因不想依靠一个外国分析家，让沃利斯的学者同事戈特弗里德·冯·莱布尼茨[1]男爵用重金游说沃利斯指导几个年轻人学习密码分析。当莱布尼茨问他如何做到这些令人不可思议的事情时，沃利斯搪塞说并没有一定之法。莱布尼茨很快表示赞同，暗示沃利斯说这项技艺将会随其离世而失传，坚持请他指导几个年轻人。沃利斯最终只好直言，如有需要，他将乐意为选帝侯效劳，但没有国王准许，他不能把技艺传到国外。

[1] 译注：Gottfried von Leibnitz（1646—1716），德国数学家、哲学家。涉足法学、力学、光学、语言学等 40 多个领域，被誉为 17 世纪的亚里士多德。和牛顿先后独立发明了微积分。

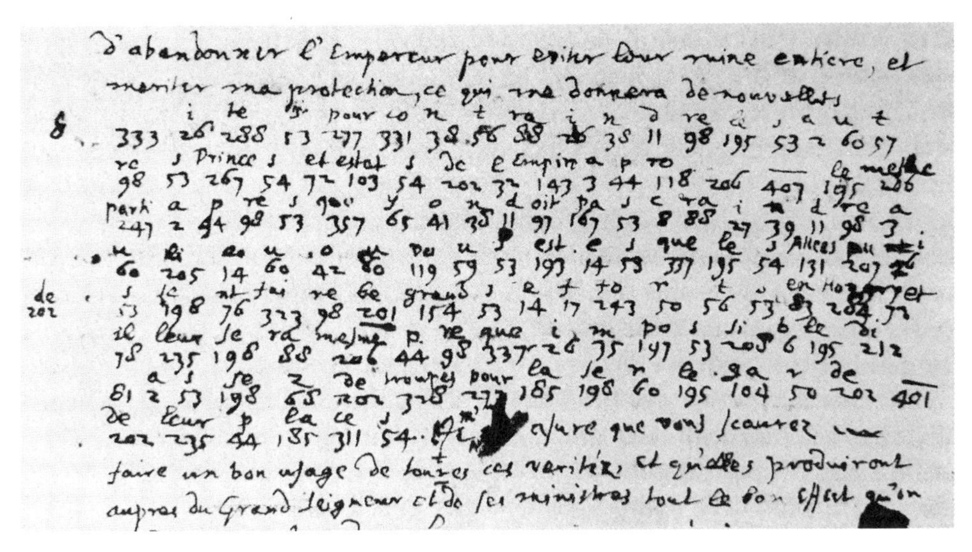
d'abandonner l'Empereur pour eviter leur ruine entiere, et
meriter ma protection, ce qui me donnera de nouvelles
faire un bon usage de toutes ces verités et qu'elles produiront
auprès du Grand Seigneur et de ses ministres tout le bon effect qu'on

约翰·沃利斯破译的 1693 年 6 月 9 日法国路易十四的一封信

这个精明的老密码分析家，频频为其破译结果索取更多金钱，并且利用了莱布尼茨的观点，催促大臣们为他指导自己孙子学习密码分析支付报酬。虽然大臣们在 1699 年同意了他的要求，但直到 1701 年，沃利斯写信给国王，说小伙子取得很大进步，已经破开一个英国最好的密码和一个极佳的法国密码，他们才共同拨给他每年 100 英镑，从 1699 年起算。

沃利斯的密码生涯与罗西尼奥尔惊人相似。两人所处年代大致相当（罗西尼奥尔比他年长不超过 17 岁）；两人都在年近 30 岁时完成第一份破译；破译的密码都来自本国内战需要。两人都是数学天才，而密码学知识大部分靠自学；都从这项非凡才能中名利双收；都活到 80 多岁；都在现实和象征意义上成为本国“密码学之父”。区别当然有，罗西尼奥尔只能为更独裁的法国王室效劳；沃利斯似乎在牛津或远离伦敦的乡村地区完成他的大部分工作。罗西尼奥尔很可能管理着法国的编码活动，而沃利斯似乎只制定过一个英国密码，而且是在非常不正式的场合下。因此，这两个密码学巨人，即使身处欧洲敌对强国，但彼此发生碰撞的可能性不大。也因此，两人谁可能更强的问题——不同于他们轻易解决的密信——可能永远没有答案。

1703 年 10 月 28 日，沃利斯去世。他指导过的孙子，年仅 20 岁的玛格达琳学院学生威廉·布伦考（William Blencowe）承担了密码分析职责。作为“破译员”（Decypherer），他接收大臣们给祖父的100英镑指导费，也因此成为第一个拥有正式头衔，并因密码分析得到正常薪酬的英国人。布伦考的工作非常出色，六年后，他的工资翻倍，而且深得王室宠幸：他在牛津万灵学院当研究员，在一次与学院的争议中，安妮女王[1]特地插手，以维护他的利益。但1712年，在一次高烧过后的恢复期间，布伦考神智失常发作，开枪自杀。50岁的牛津天文学教授约翰·基尔（John Keill）博士接替了他的职位。身为皇家学会会员的基尔完全无力胜任，1716年5月14日，他被22岁的牛津奥里尔学院牧师爱德华·威尔斯（Edward Willes）取代。

威尔斯立即开始了一段在密码学和教会历史上都独一无二的事业。他不仅设法将宗教使命和一种曾被教会谴责的活动调和起来，还将成为史上唯一一个凭密码分析才能获得宗教奖赏的人。两年之内，他破译300多页密码，揭露了瑞典在英格兰煽动叛乱的阴谋，为此被任命为贝德福德郡巴顿教区长。1723年，当他在上院作证时，确立了自己的前途走向。那时，罗彻斯特主教弗朗西斯·阿特伯里（Francis Atterbury）因为企图扶植一个僭位者登上英格兰王位，在此受到同僚审判。

这个僭位者得到了众多英格兰人的支持，整个国家都在关注阿特伯里的审判。与指控阴谋有关的大部分事实来自他被拦截的信件，大部分定罪证据来自威尔斯和安东尼·科比埃尔（Anthony Corbiere）破译的部分加密信件。科比埃尔年约35岁，是一名前驻外官员，1719年被任命为破译员。上院“认为应传唤破译员出庭，以便上院能够确定破译的真实性”。为说明这一点，威尔斯和科比埃尔宣誓作证：

> 那几封用此密码写成的信，由两人分别破译，一人远在乡间，另一人在伦敦；然而他们的译文一致。
>
> 此等事实，在他们破译时尚不为二人和英国政府所知，并随后被

---

[1] 译注：Queen Anne（1665—1714），英格兰和苏格兰（1707年后统称大不列颠）及爱尔兰女王（1702—1714），斯图亚特王朝最后一代君主。

各方面的发现所证实；特别是，他们在政府注意到“霍尔斯特德”号（*Halstead*）离开英格兰前两个月就破译出“*H*……船过来接 *O*……去英格兰”。

7 月末，人们在丹尼斯·凯利（Dennis Kelly）的文件中发现的该密码附录，与他们 4 月份从那个密码中得出的密钥一致。

落款为“琼斯·伊林顿和 1378”的书信破译结果——其密钥后被用于加密其他信件——立即豁然开朗。这说明，虽然已加密单词重现在不同段落，并且组合不同，但它们与那些已部分解密的信件有着明显的联系和一致性。

两位破译员几次出席上院法庭，为他们的破译作证。阿特伯里两次反对，两次驳回。但 5 月 7 日，当威尔斯为最有说服力的三封信的密码分析作证时，阿特伯里主教感觉到收紧的绞索。虽然上院支持威尔斯拒绝作答，但主教坚持要与威尔斯对质破译的有效性，一场混乱由此引发，以致他和他的律师被责令退出。最终，上院投票表决议案，“本院认为，询问破译员任何可能导致泄露破译技艺或秘密的问题，不符合公共安全利益。”议案表决通过，破译被上院接受。主要基于这一证据，阿特伯里被判有罪，被褫夺官职，逐出王国。

威尔斯则在第二年成为威斯敏斯特大教堂教士，薪水增加了一倍多，达到 500 英镑。此后每隔四到六年，他都会爬上一个更高的职位。最终，1742 年，当他三个儿子中的老大小爱德华被授予破译员职位时，他被封为圣大卫教堂主教，次年提拔到名望更高的巴斯和威尔斯主教教区任职。这位主教和儿子一道共享每年 1000 英镑的高薪。1752 年，他把二儿子威廉带进这一行，最终工资为 200 英镑；六年后，三儿子弗朗西斯入行，但不知何故没有工资。

威尔斯死于 1773 年，葬在威斯敏斯特大教堂。儿子小爱德华和弗朗西斯继承了他的很大一部分财富和地产，在巴顿和汉普斯特德继续从事密码分析工作，过着富有乡绅的生活。他们的兄弟威廉于 1794 年退休，但威廉的三个儿子，爱德华、威廉和弗朗西斯·威尔斯，于 18 世纪 90 年代加入破译科（Decyphering Branch）。

虽然威尔斯家族在密码分析部门独大，但也有其他人在此工作。科比埃尔以一些闲职名义领取薪水，如驻牙买加海军官员，尽管他从未离开英格兰；如葡萄酒特许专员，听起来像个极清闲的职务。他升到邮政局副局长职位，但还是继续他的密码分析工作，直到 24 年后的 1743 年去世，那时他的薪水达到 800 英镑。各个不同时期的其他分析员有詹姆斯·里弗斯、弗雷德里克·阿什菲尔德、约翰·兰珀、乔治·纽伯格、小约翰·博德，还有斯科林和波尔斯特林，等等。

这些人从特工处（Secret Office）得到拦截的外国信件，从内务处（Private Office）得到国内信件，这两个部门都是邮政局分支机构。特工处设在紧邻外交部的三个房间里，从圣玛丽教堂路单独进入。一个房间里，炉火和蜡烛彻夜不熄；工作人员住另两个房间。一些人一辈子只专门做开启外交邮袋、蜡封的工作，他们手法娴熟，重新封上后都看不出动过手脚的迹象。小约翰·博德的父亲博德就是一个拆信人。他通常花三小时处理普鲁士国王的信，先拆开，再用特制的蜡和精心伪造的印章封上。也许出人意料的是，在一个人权保护的大本营，拦截活动却完全合法。创建邮政业务的 1657 年法令公然宣称，邮政是发现威胁英联邦阴谋诡计的最佳手段。1660 年和 1663 年的经营租约允许政府官员可凭自己签发的许可证开拆邮件，1711 年《邮政法》确认了这个做法。官员们通过颁布无所不包的总许可，绕开这个烦琐程序。[1] 特工处把拦截的明文信件送交国王，密信交给密码分析员。

他们被总称为破译科。与特工处不同，这个科没有固定场所。为数不多的专家主要在家里工作，通过特别信使得到材料。它也没有任何正式组织，高级破译员只是破译员中的高手。该科比特工处更隐秘，活动资金由邮政局长秘密拨发，或用议会财政节余支付。它的保密措施非常严格——在任何一个给定时刻，整个英格兰大概只有 30 人知道破译科当时在解读哪些外交信件。虽然如此，大部分重要人物都知道偷拆私人信件的做法，需要保密时，他们常常加密他们的信件，或把它交给私人信使。

1714 年，汉诺威选帝侯继承英格兰王位，成为乔治一世，同时继续保持

[1] 原注：这一实践形成了现代电话窃听的法律先例，至少是在英国。然而值得注意的是，拦截通信权力的渊源却从未确立过。王国政府直接行使这一权力，虽然时有争议，它依然继续在这样做，大概是出于国家安全必要得到公众默许的吧。

对德国的统治，破译科与汉诺威政府设在宁堡的黑室进行合作。分析员博德、兰珀和纽伯格甚至从宁堡转到英格兰——世事难料，前几年，沃利斯还拒绝向汉诺威透露他的技术。偷拆信件成为常态。乔治及其继任者对这一工作倾注了持久的个人热情，常常用皇室赏赐来鼓励人才。乔治等人命令密切监视通信对象，从中寻找信息转给破译科。

18 世纪初，这个部门平均每周破译两到三封密信，有时一天仅有一封。分析员破译的信件来自法国、奥地利、萨克森和其他德意志国家、波兰、西班牙、葡萄牙、荷兰、丹麦、瑞典、萨丁、那不勒斯和其他意大利公国、希腊、土耳其、俄国，以及后来的美国。法国拦截的信件记录横跨两个世纪，由 5 卷共 2020 页信件加 3 卷密钥组成。其中最典型的也许是西班牙卷宗——3 卷共 872 页的拦截信件，时间跨度为 1719 到 1839 年。并不是所有信件一截收就被破译，许多被搁置，有的积累到足够破译的数量，有的则等到破译成为必要时。

译文由国王和少数重臣阅读，可以警告政府外国统治者和大使的阴谋，以及即将到来的战争。一封拦截的西班牙驻伦敦和巴黎大使的通信清楚表明，西班牙已经与法国结盟，将在七年战争[1]中对抗英格兰。这封信在 1761 年 10 月 2 日的英国内阁会议上宣读。那位“布衣伟人”老威廉・皮特[2]引用这封信来支持他的提议，认为英格兰应采取主动，在西班牙宣战前先向它宣战，扣押西班牙从其美洲领地运输黄金回国的财富船队。建议被拒绝后，他断然辞职。但战争还是来了——不过是在大量金块货物在加的斯[3]卸载之后。

法国和英格兰密码分析员的成功主要归功于他们的技艺。但事物总有另一面，弗朗索瓦・德卡利埃在他杰出的外交手册中指出了这一点。密码分析员

[1] 译注：Seven Years' War，1756—1763 年间，欧洲两大军事集团，英国—普鲁士同盟与法国—奥地利—俄国同盟间为争夺殖民地和霸权而进行的一场大规模战争。汉诺威与葡萄牙为英普的盟友，法奥俄的盟友则为西班牙、萨克森与瑞典。

[2] 译注：William Pitt the Elder（1708—1778），七年战争期间领导英国的政治家，因在 1766 年以前一直拒绝贵族封号，被称为“布衣伟人”（Great Commoner，一译“伟大的下院议员”。下院是平民院，上院是贵族院，commoner 意为平民，亦可指下院议员）。

[3] 译注：Cadiz，西班牙西南沿海港口城市。

英格兰破译科破译的一封 1716 年法国密信

说：“成就和功名只能归因于使用拙劣密码者的疏忽，归因于错误使用密码的公使及其秘书的疏忽。”

卡利埃忽略了重要的经济因素。在 18 世纪初的英格兰，破译科先是测试，1745 年后又编制了英格兰的外交准代码。这些准代码通常有四位数代码组和大量多名码，用大张纸印刷，贴在板上给密码员使用。本应知道实情的密码分析员却认为“它们几乎不可能被破译”。但它们因最初专门词汇和多名码数量众多的优点，最终却成为一项弱点：外交部门不情愿更换一部准代码，因为在 18 世纪初的后期，这需要 150 英镑；也不愿为不同国家定制不同的准代码。这样，某些准代码持续使用十几年甚至更长，有一些则同时用于几个大使馆。如 1772 和 1773 年，巴黎、斯德哥尔摩和都灵均使用 K、L、M、N、O、P 加密和解密；佛罗伦萨使用 K、L、O 和 P；威尼斯用 K 和 L 与佛罗伦萨通信，M 和 N 用于其他目的；那不勒斯用 M 和 N；直布罗陀用 O 和 P。

但卡利埃对密码不“正确使用”的评论恰如其分。一次又一次，外交官加密驻在国政府交给他们的文件，为这些政府的密码分析员提供了理想的对照明文；他们用明文重发已经用密码发过的信件；由于语言障碍，他们雇佣外国人从事秘密工作；并且，他们的首长往往不相信密码分析，因为密码分析意味着更多的工作。如 1771 年，法国驻英格兰大使抱怨说，他只有两部老密码本，而伦敦有“一个主教（威尔斯）负责破译外国公使信件，他成功发现所有密码的密钥”。他的上级答复说，没有主教可以译出“不属于某种系统，不可能从中发现密钥，因为不存在密钥”的法国密码。随后他武断地指出，有时候是密码持有人的不慎损害了密码，又补充说，“我宁可相信魔法师，也不愿相信破译员”。

关于这一观点，伏尔泰[1]的评论最为尖锐，“有些人吹嘘说，他们可以破译一封密信，不必知道信中讨论的事项，也无须任何其他辅助。跟这些人相比，那些吹嘘不用学习就能懂一门语言的骗子只能算小巫见大巫。”但这一次，他的名言似乎没那么正确。

大西洋对岸，密码学同样生根发芽，它反映了当地民族的自由和个人主义特征。那里没有黑室，没有相关组织，也没有领取薪水的密码分析员。在此土生土长的密码学如拓荒者一般，呈现出许多非正式的散漫特性，但它依然发挥了一点作用，帮助美洲殖民地在世界大国之林中崛起，成为独立平等国家。实际上，早在这些殖民地宣布独立之前，第一个与密码相关的事件就已经发生。

故事始于 1775 年 8 月。面包师戈弗雷·温伍德（Godfrey Wenwood）在罗得岛纽波特迎来了一个访客——一个早年与他关系密切的女孩。她请他帮忙联系几名英国军官，要把一封信交给他们。温伍德这个支持起义的爱国者起了疑心。他说服女孩把信给他转交，并在他的未婚妻得知女孩来访前把女孩打发走了。但他没有转交这封信。

[1]　译注：Voltaire（1694—1778），法国作家、剧作家、诗人，原名弗朗索瓦－马利·阿卢埃（François-Marie Arouet）。启蒙运动代表人物，其激进的观点和讽刺作品经常与统治集团发生冲突。代表作品有《哲学书简》和讽刺作品《老实人》。

相反，他请教了一个当学校校长的朋友。朋友打开封蜡，里面是三页纸，纸上是一行行印刷着清晰的希腊文字、奇怪的符号、数字和字母。他解不开这个谜，把信还给温伍德。温伍德收好信，脑子里还在盘算这件事。但不久后，他收到女孩一封信，她抱怨说，“你从来没有送出你答应送的信”。他的怀疑更加深了。他辗转上报，最后在9月末，他来到乔治·华盛顿少将司令部，把信交给华盛顿。

这位总司令也看不懂，但他可以审问那个女孩。于是当晚她被带来。华盛顿后来说，虽然“很长一段时间，她抵住一切威胁和劝诱，不肯交出作者”，但强化审讯最终将她击垮。第二天，她终于招认，说这封信是她现在的情人小本杰明·丘奇（Benjamin Church）博士给她的。华盛顿大为震惊。丘奇是他的医务部长，是个成功的波士顿医生，马萨诸塞州议会领导人，塞缪尔·亚当斯[1]和约翰·汉考克[2]在新众议院的同事。他刚刚请求辞去医务部长职务，华盛顿拒绝了他的请求，因为自己“不愿失去一个好军官”。一个如此受人尊敬的人，怎么可能牵涉到这种见不得人，甚至可能是背叛的通信中呢？但他还是被押了进来。

他很快承认，这封信是他写给在波士顿的哥哥弗莱明·丘奇（Fleming Church）的——虽然信上写着给“驻波士顿皇家军队的（莫里斯·）凯恩少校”，译出来你就会发现信上没有任何非法内容。虽然一再强调他对独立事业

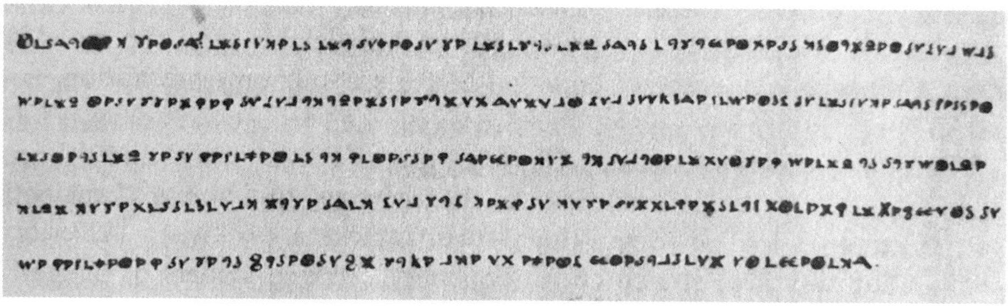

亲英间谍本杰明·丘奇博士密信的最后几行

[1] 译注：Samuel Adams（1722—1803），美国革命家、政治家，马萨诸塞州人，策动震惊全美的波士顿倾茶事件。

[2] 译注：John Hancock（1737—1793），美国革命家、政治家，独立宣言的第一个签署人。

的忠诚，他还是不愿把信的内容译成明文。

华盛顿到处寻找一个可以破译的人。他们找到一个相当固执的牧师，45 岁的教士塞缪尔・韦斯特（Samuel West）神父，讽刺的是，他碰巧是丘奇在哈佛的同学。韦斯特尤其对神秘的事物感兴趣，相信《圣经》的预言部分预示了美国革命的进程，他后来成为 1787 年制宪会议[1]代表。

华盛顿需要一个密码分析员的消息传出后，马萨诸塞州后勤委员会主席，31 岁的埃尔布里奇・杰里（Elbridge Gerry）义务提供帮助。杰里后成为美国第五任副总统，他就是今称"蜥蜴脚尾[2]"的政治操纵丑行的始作俑者。杰里还推荐了早他一届的哈佛同窗、马萨诸塞州民兵上校伊莱沙・波特（Elisha Porter）。杰里和波特合作攻击密信，韦斯特则独自一人开夜车。

10 月 3 日，经最后证明，华盛顿收到了两份单表替代的译文。两份译文一致。丘奇在信中向英军司令托马斯・盖奇（Thomas Gage）报告了美国的军火供应、武装民船的服役计划、给养、新兵招募、货币、一次攻击加拿大的提议、他在纽约金斯布里奇得到的大炮数量、费城的兵力和大陆会议[3]的气氛，等等。结尾写着："务必谨慎，不然我死定了。"

丘奇辩称，他故意把这些消息传递给英军，给他们造成义军力量强大的假象，阻止他们在美军火力不足之际发动进攻。但在华盛顿看来，破译结果驳斥了他的说辞，也使殖民地大部分领导人相信他有罪。"……做出如此背叛行径的人，他的灵魂该有多丑恶，多疯狂啊！"一个愤怒的罗得岛代表喊道。大陆军军需长评论说，"现在我明白了，为什么盖奇知道我们议会的所有秘密，为什么我们最近的一些计划会流产。"译文还揭示，丘奇提供的信息致使盖奇派

[1]　译注：Constitutional Convention，又叫"费城会议"（Philadelphia Convention）等，1787 年 5 月 25 日至 9 月 17 日在宾夕法尼亚州费城召开，此次会议制定的美国宪法经多次修订，至今依然有效。

[2]　译注：Gerrymander。重新划分选区获得对自己（政党）有利的结果。因始作俑者名字杰里（Gerry）和他重新划分选区的形状（像一只有脚有尾的蜥蜴 [salamander]）而得名。

[3]　译注：Continental Congress，北美殖民地为反抗英国统治于 1774、1775 和 1776 年召集的三届会议之一；在列克星敦和康科德战役后召集的第二届大陆会议组建了大陆军（Continental Army）作战，最终赢得美国独立战争。

兵到波士顿夺取美军在康科德的储备——导致了历史性的列克星敦冲突[1]，由此开启了美国独立战争。

丘奇被监禁。马萨诸塞州立法机构开除了他。在他短暂获释时，一群人围攻了他。议会拒绝了英国交换他的提议。最终，1780 年，他被驱逐到西印度群岛，禁止回国，否则将被处死。但他搭乘的小型纵帆船出海后就杳无音讯，第一个因密码分析失去自由的美国人显然也因此丢掉了性命。

另一个叛徒更好地运用了密码。野心勃勃的本尼迪克特·阿诺德（Benedict Arnold）不再使用简单的单表替代，他下的赌注高得多，并且他的密码保密性能卓越。他的接头人约翰·安德烈（John André）是个年轻英俊的英国少校，因其勇敢被一些人称为“英国的内森·黑尔[2]”。负责西点要塞的阿诺德与安德烈的通信用几种密码加密。阿诺德似乎自己给自己的信加密，但英方的加解密主要交给亲英的纽约教士乔纳森·奥德尔（Jonathan Odell）和另一个亲英的费城商人约瑟夫·斯坦斯伯里（Joseph Stansbury）。

一开始他们用一个书本密，以布莱克斯通的经典法学著作《英国法律评论》[3]牛津第五版卷一为基础。“三个数字组成一个单词，”安德烈教斯坦斯伯里，“第一个表示页码，第二个是行，第三个是单词。”书中没有的单词就拼出来，在密数最后一个数字上划线区别其他密数，划线数字就代表该行某个字母，而不是单词。

他们很快遇到了始料未及的实际困难。书里只找到少数几个完整的加密单词（信件仅部分加密），如 *general*（35.12.8）和 *men*（7.14.3）。阿诺德查到第

[1] 译注：列克星敦和康科德战役（Battles of Lexington and Concord），美国独立战争第一场军事冲突。1775 年 4 月 19 日，战役发生在马萨诸塞州米德尔塞克斯县，波及城镇包括列克星敦、康科德、林肯、阿灵顿以及毗邻波士顿的剑桥。这场战役意味着英国与其北美 13 个殖民地正式爆发了战争。

[2] 译注：Nathan Hale（1755—1776），美国独立战争英雄。1776 年，他志愿做间谍，扮成一个学校校长到英军后方搜集情报。被捕后未经审判就绞死。死前那句“我唯一的遗憾，我只有一次生命献给我的祖国”成为名言。

[3] 译注：全名 *Commentaries on the Laws of England*。作者威廉·布莱克斯通爵士（Sir John Blackstone，1723—1780），英国法学家。

1780 年 7 月 15 日，本尼迪克特 · 阿诺德写给约翰 · 安德烈少校的字典密信，部分内容如下，“*If I* point out *a* plan *of* cooperation *by which S* [ir Henry Clinton] shall possess him self *of* West Point, *the* garrison *&c &c &c*, twenty thousand pounds sterling *I think will be a cheap purchase for an* object *of so* much importance....”[1] 阿诺德的密码签名 172.9.192 表示他的代号 MOORE

[1]　译注：大意为，如果我提出一项合作计划，根据这项计划，亨利 · 克林顿（Henry Clinton）爵士将得到西点要塞、驻军等等，我认为，对如此重要的目标，2 万英镑是一个很便宜的价格……

337 页才找到单词 *militia*，而 1779 年 6 月 18 日信上的其他单词则来自第 35、91 和 101 页。大部分单词和专有名词只得凭借极其烦琐的方式拼出来，这需要不厌其烦地数出每个字母，再写下四个数字作为对应密数。如 *Sullivan* 就成为（每组最后一个数上有一划）35.3.1 35.3.2 34.2.4 35.2.5 35.3.5 35.7.7 35.2.3 35.5.2。结果，阿诺德用这个布莱克斯通密码只发出一封信，从斯坦斯伯里和奥德尔处收到一封信，随即放弃了它。

几个密谋者转而用销量很大的内森 · 贝利（Nathan Bailey）的《通用英语词源词典》（*Universal Etymological English Dictionary*）作为密码书，它按字母表顺序排列的单词相当好找。后来他们又转向一本至今尚不知名的小词典，阿诺德秘密通信的绝大部分可从它的字里行间找到。他把西点要塞出卖给英国人，换来金钱、安全和虚名。通信双方还对密数加密，给三个数字中的每一个加上 7——包括中间那个代表序列的数字，它之前总是写成会暴露密码系统的 8 或 9。但这个系统的保密性从未经过殖民地密码分析员的检验，因为这些书信发出前，安德烈就被捕了，阻止了这场背叛图谋。安德烈被绞死；阿诺德出逃，一生背负着污名。

两个最重要的美国特工将英国间谍的编码水平甩在身后。1779 年间，长岛塞陶克特的塞缪尔 · 伍德赫尔（Samuel Woodhull）和纽约的罗伯特 · 汤森德（Robert Townsend）向华盛顿提供了大量有关英军占领纽约的情报。他们用一本约 800 个条目的一部本准代码加密他们的报告。华盛顿的一个间谍头子，康涅狄格第二轻骑兵团少校本杰明 · 塔尔梅奇（Benjamin Tallmadge）编制了这部准代码。他从约翰 · 恩蒂克（John Entick）的《新拼写词典》里摘出他认为要用到的单词，竖写在一张双页大开纸上，给它们编上号。人名和地名作为一个特别部分跟在后面。据此，28 = *appointment*，356 = *letter*，660 = *vigilant*，703 = *waggon*，711 = *George Washington*，723 = *Townsend*，727 = *New York*，728 = *Long Island*。另外，下面的半乱序密码表可用于加密代码表中没有的单词：

a	b	c	d	e	f	g	h	i	j	k	l	m	n	o	p	q	r	s	t	u	v	w	x	y	z
E	F	G	H	I	J	A	B	C	D	O	M	N	P	Q	R	K	L	U	V	W	X	Y	Z	S	T

塔尔梅奇为两个间谍和华盛顿提供了这些袖珍代码副本，自留一份。一

封落款塞陶克特，日期为 1779 年 8 月 15 日，来自伍德赫尔的典型密信这样开头："Sir: Dqpeu Beyocpu agreeable to 28 met 723 not far from 727 and received a 356, but on his return was under the necessity to destroy the same, or be detected...." [1]（DQPEU BEYOCPU 是乔纳斯·霍金斯，一个信差。）两个间谍进一步用代号隐藏他们的身份，伍德赫尔是 CULPER SR.（老考伯），汤森德是 CULPER JR.（小考伯）。

大小考伯大量使用隐写墨水。华盛顿供给他们的墨水来自詹姆斯·杰伊（James Jay）爵士，他是伦敦的前内科医生，是美国政治家约翰·杰伊（John Jay）的哥哥。约翰就是后来的第一任首席大法官（Chief Justice）。在一封多年后写给托马斯·杰弗逊 [2] 的信中，詹姆斯爵士讲到这些墨水的故事：

> 对抗发生前，美国形势日益紧张并可能走向内战，我突然想到，兴许可以发明一种密写墨水，它能躲过常规检查手段，但一种合适的显影剂依然能让它重露真容。考虑到在政治和军事领域，我们可能从这种情报获取和传递的方式中得到巨大好处，我开始了这项工作。经过无数次试验，我终于如愿以偿。我从英格兰给纽约的弟弟约翰寄去大量这种墨水……战争期间，华盛顿将军也用上了它们，我收到他的信，赞扬它们非常有用，要求提供更多……通过这种情报传递手段，我把英国内阁（British Ministry）决定迫使美洲殖民地无条件投降的第一份可靠描述传回美国，美国收到这份报告。当时英国内阁向美国隐瞒了这个意图，提出了一些和解措施。我的通信方法是：如果我只给当议员的弟弟约翰写信，就可能引起怀疑，为防止这一点，我用黑墨水给他写一封短信，同样也给家里其他一两人写一封信，这些黑墨水写的内容都不超过三四行，纸上空白处为别人看不到的、我认为对美国独立事业有用的情报和内容……我寄出这种隐形文字，信件穿过

[1]　译注：大意为，敬启，乔纳斯·霍金斯如约在纽约近郊与汤森德接头，收到一封信，但返回时，不得不毁掉此信，否则就会被发现。

[2]　译注：Thomas Jefferson（1743—1826），美国民主共和党政治家，第三任总统，在领导美国独立战争中做出了巨大贡献，是 1776 年《独立宣言》的主要起草者。

伦敦到巴黎邮路，把伯戈因[1]准备从加拿大远征的计划告诉了（本杰明·）富兰克林[2]和（西拉斯·）迪恩[3]。

1799年7月，华盛顿给老考伯写信："我手头的全部（实际上，我近期能弄到的全部）白色墨水放在一号瓶里，由韦布[4]上校寄来。二号瓶中液体是显影剂，第一种写完吹干后，用蘸二号液体的细刷弄湿就可以显出字来。尽快把这些送给小考伯。切勿提及你从我或其他任何人处收到过这种液体。"虽然华盛顿敦促用黑墨水写一段掩盖文字，但大小考伯照常把密信写在一张白纸上，把它夹在一沓同样的信纸里一个预先确定的位置。

无数这样"染色"——按华盛顿和大小考伯对这种秘写墨水的一般说法——的信件逃过了英国人的眼皮，向美国总司令传递了大量情报。大小考伯的报告详尽丰富，如哪里部署了多少部队，哪些军舰锚泊在纽约港，多少补给正在运进纽约，等等。华盛顿称他们的报告"聪明、清晰，令人满意"，说到小考伯，"我依赖他的情报"。

英军使用隐写墨水比美国人还早。列克星敦战役后仅几天，波士顿的英军司令部收到一封隐写密信，其中透露了新英格兰[5]义军的一些军事计划。"……第一次行动将是佯攻波士顿市，"部分隐写内容这样写道，"同时他们的军队主力将图谋要塞。"笔迹显示这份文件来自本杰明·汤普森（Benjamin Thompson），一个可恶的亲英分子。后来经过一番有趣的历险，他成了神圣罗马帝国拉姆福德伯爵和知名科学家。他用单宁酸制作隐写墨水。英国人用硫酸亚铁制备这种

[1] 译注：约翰·伯戈因（John Burgoyne，1722—1792），英国将军和剧作家；1777年10月萨拉托加战役（Battle of Saratoga）失败后向美军投降。

[2] 译注：Benjamin Franklin（1706—1790），美国政治家、发明家、科学家，美国独立战争后美英和平协议的签署人之一。

[3] 译注：Silas Deane（1737—1789），美国商人、政治家、外交官。曾游说法国政府帮助美国独立战争。

[4] 译注：塞缪尔·布拉克利·韦布（Samuel Blachley Webb，1753—1807），独立战争期间的美国军官，西拉斯·迪恩的继子。

[5] 译注：New England，美国东北的一个沿海地区，由缅因州、新罕布什尔州、佛蒙特州、马萨诸塞州、罗德岛和康涅狄格州组成。

酸——一种波尔塔描述的工艺，少年时代就迷上科学的汤普森大概是从他的《自然魔法》中学到的。

至于密码，英国人用的系统可谓无所不包。驻在纽约的英军司令亨利·克林顿爵士（Sir Henry Clinton）有一本小型一部本准代码，还有一个单表替代密码，*a*=51，*b*=52，*c*=53，等等。他还有一个缩短的 12 行方表，甚至使用一个猪圈密码。这个编码动物园里还住着其他动物，但我们只知道克林顿在战争初期用过一种退化的漏格板形式，名为“哑铃密码”，因为它有一个形状像哑铃的大洞。

1777 夏，约翰·伯戈因将军正沿哈得孙河南下，意图将殖民地一分为二，克林顿不得不通知他，自己北上与他会合的计划受阻，因为他的上级威廉·豪[1]爵士把他的大部分军队抽调到费城。8 月 10 日，作为他密信的一部分，克林顿写下一句真心话，“*Sir W's move just at this time the worst he could take*”[2]。他为这部分写下掩护文字，自然需要囊括其中许多单词，但表达意思却恰恰相反，“SIR W'S MOVE JUST AT THIS TIME HAS BEEN CAPITAL; WASHINGTON'S HAVE BEEN THE WORST HE COULD TAKE IN EVERY RESPECT”[3]。但一个司令宣称自己的部队被抽走是“一步妙棋”，显然是荒唐的；这个例子直戳漏格板的要害。这封信是否送到，若送到，它是否打击到伯戈因的信心，这一点不得而知。我们知道的是，没有了来自南线克林顿部的支持，伯戈因输掉了萨拉托加战役，该战役成为独立战争转折点。

独立战争期间，代码和密码系统遍地丛生，密码分析却在沉睡。其原因似乎是，除去丘奇密码那样的偶然事件，还没有其他密信被拦截。直到临近战争结束，截获信件数量才有所增加，常规性密码分析得以成为可能。这些信大部分由大陆会议代表，可称得上是“美国密码分析之父”的詹姆斯·洛弗尔

[1] 译注：William Howe, 5th Viscount Howe（1729—1814），美国独立战争期间英国陆军在美国的第二任司令，虽然在战争中取得一些胜利，但未能消灭为数不多的华盛顿军队，1778 年辞职回国。

[2] 译注：大意为，威廉爵士此刻的行动是他能采取的最糟糕行动。

[3] 译注：大意为，威廉爵士此刻的行动是一步妙棋；无论从哪个方面看，华盛顿的行动都是他能采取的最糟糕行动。

（Jame Lovell）破译。

洛弗尔，1737 年 10 月 31 日生于波士顿，1756 年哈佛毕业后，在父亲的波士顿南文法学校教了 18 年书。他父亲是狂热的亲英派，但洛弗尔被提名为第一个演讲者，在纪念波士顿惨案[1]的会议上发言。1775 年，他被英国人作为美国间谍逮捕。交换回国后，他于 1777 年当选大陆会议代表，任后立即以热情和勤奋脱颖而出，尤其是在外事委员会（Committee of Foreign Affairs）的工作中。据说，他在随后工作的五年中从未探望过妻儿。他提出过美国国徽的设计，但被拒绝。1782 年 4 月，他退出大陆会议，出任波士顿税收官，1789 年任财政部驻波士顿和查尔斯顿地区海关官员，直至 1814 年去世。

他被看成天才阴谋家和神秘事物爱好者。他从何处学到的密码知识尚不清楚，但早在 1777 年，他就支持阿瑟·李[2]的一项提议，当时阿瑟·李建议秘密通信委员会（Committee of Secret Correspondence）用一本词典作为密码书。两年后，他催促霍雷肖·盖茨[3]少将，“找我的挚友约瑟夫·加德纳（Joseph Gardner）博士，让你的办事员抄一份我给他的密码表。”在盖茨与华盛顿的总司令之争中，洛弗尔支持盖茨。洛弗尔说的系统是一个用数字不用字母的维热纳尔密码；他以 JAMES 的名字为密钥，用这个密码加密了一封给盖茨的信。1781 年，洛弗尔用以 CR 为密钥的同一个系统加密寄给约翰·亚当斯[4]和阿比盖尔·亚当斯[5]的信。第二年，弗吉尼亚的大陆会议代表使用的有 846 个条目

[1] 译注：Boston Massacre，1770 年 3 月，英国殖民当局屠杀北美殖民地波士顿人民的流血事件，5 名美国人被英国军队杀死，被殖民者的奋起反抗导致事件恶化，最后逐步走向 5 年后的美国独立战争。

[2] 译注：Arthur Lee（1740—1792），美国外交官、医生，奴隶制度反对者，独立战争期间曾任驻西班牙、普鲁士、法国公使。

[3] 译注：Horatio Gates（1728—1806），出生于英格兰，原是英国军官，美国独立战争爆发后站到义军一边，指挥了 1777 年的萨拉托加战役。

[4] 译注：John Adams（1735—1826），美国政治家，第二届美国总统（1797—1801），协助起草了 1776 年《独立宣言》。

[5] 译注：Abigail Adams（1744—1818），亚当斯总统的夫人。她写给丈夫的信生动描绘了殖民时期马萨诸塞州人民的生活。第六届美国总统约翰·昆西·亚当斯（John Quincy Adams，1767—1848）是他们的长子。

的准代码失密，缘由是一次邮车抢劫。国会代表之一，尖酸刻薄的埃蒙德·伦道夫（Edmund Randolph）向另一个代表詹姆斯·麦迪逊[1]提议，他们使用“洛弗尔先生教给我们的密码，再将那个黑人男孩的名字作为密钥，就是过去服侍我们朋友 Jas. Madison 先生的那个男孩”。黑人男孩的名字是 CUPID，而那个密码系统是一个数字维热纳尔方表。值得注意的是，洛弗尔在此推广的是一个使用相对较少的不知名系统，然而它是当时唯一超出密码分析范围的密码类型。但是后来，密码系统的错误迫使该系统被抛弃。

洛弗尔的破译成功来得正当其时。1781 年秋，英军在美副司令康沃利斯侯爵率部从卡罗来纳北上，转战弗吉尼亚。他坚信应先占领弗吉尼亚，才能守住南方殖民地。他沿詹姆斯河向沿海进军，指望得到在纽约时的司令——克林顿将军——途经海上，过来增援。他计划击垮弗吉尼亚，征服卡罗来纳，为大不列颠陛下乔治三世[2]平息这次起义。

就在这关键时刻，美军南方指挥官纳撒内尔·格林（Nathanael Greene）和往常一样，把截获的、其司令部无人能读懂的英军密信附在一份总报告里，送到大陆会议。这些英国信件中含有康沃利斯及其几个下属的信。

9 月 17 日，格林的报告在会议宣读。4 天后，洛弗尔破开附件。几封信用一种简单的单表替代加密，但大部分用一种混合了最拙劣的单表和多表替代特征的杂交系统加密。一个数字密码单表加密了 4 到 10 行，后面转而用一种新的密文替代。如第一封信首页第 1、10 和 14 行的位置如下：

行	a	b	c	d	e	f	g	h	i	k	l	m	n	o	p	q	r	s	t	u	v	w	x	y	z
1	19	9	17	13	16	7	12	8	14	15	26	4	18	21	3	2	11	5	24	29	1	25	23	22	6
10	23	22	6	19	9	17	13	16	7	12	8	14	15	26	4	18	21	3	2	11	5	24	29	1	25
14	5	24	29	1	25	23	22	6	19	9	17	13	16	7	12	8	14	15	26	4	18	21	3	2	11

[1]　译注：James Madison（1751—1836），美国民主共和党政治家，第四任总统；他在美国宪法起草中发挥了重要作用，并提出了《人权法案》。

[2]　译注：George III（1738—1820），乔治二世之孙，1760—1820 年在位，1760—1815 年为汉诺威选帝侯，1815—1820 年兼汉诺威国王，曾发挥重大政治影响。

30 以上的数字都是虚码，这些虚码随意散布在信中各处。密码表更换既可以由一个像括号一样的标志，也可以由一组 4—7 个虚码表示。密码表更换没有固定的类型，大概它是以一个通信双方事先约定的列表为依据的。

不幸的是，战术形势瞬息万变，卡罗来纳截获信件所提供的情报用处不大。但洛弗尔还原的密钥或许以后会派上用场，因此他提前写信给华盛顿："敌人可能有一个书信加密的程式，这个程式普遍被他们的司令官采用。如果是这样，请阁下让秘书抄下我经您转交给格林将军的密钥和评论，兴许以后用得上。"

洛弗尔真是精明到家了。正如他猜测的那样，他破解的密码也用于加密康沃利斯与驻美英军总司令克林顿的通信。康沃利斯此时已经退守约克敦，等待克林顿的增援。华盛顿命 1.6 万人包围了该镇，同时法国海军上将德格拉斯伯爵用 24 艘战列舰阻断了海上救援。10 月 6 日，法美盟军联合向英军防线推进后不久，华盛顿写信给洛弗尔："我的秘书曾抄下密码，在其中一个密码表的帮助下，我们破译了最近截获的一封信中的一段，此信由康沃利斯侯爵寄给亨

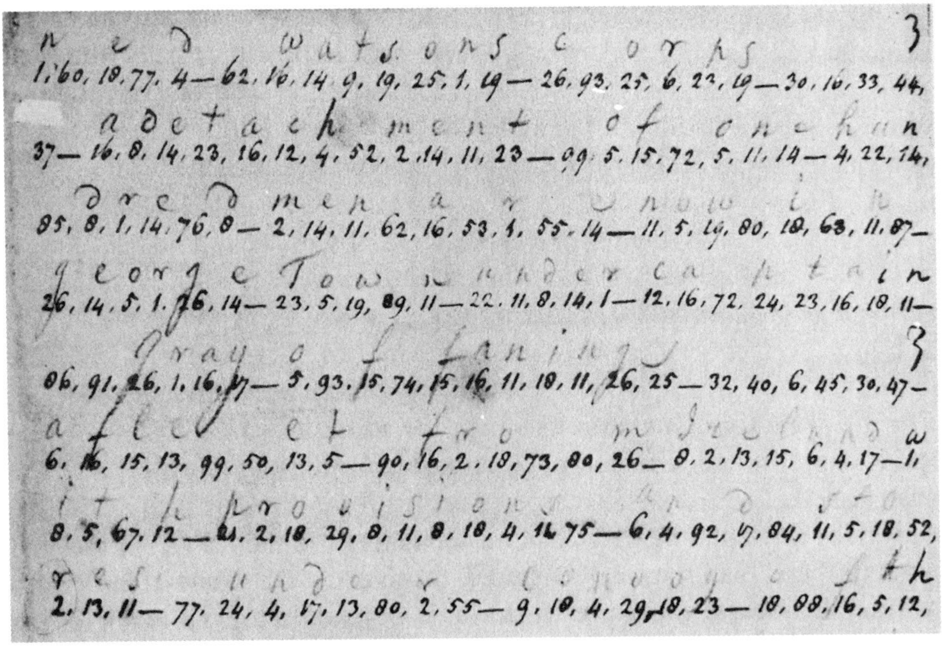
n e d watsons c orps 3
1,60, 18,77, 4—62, 16, 14 9, 19, 25, 1, 19—26, 93, 25, 6, 22, 19—30, 16, 33, 44,
a detachment of one hun
37—16, 8, 14, 23, 16, 12, 4, 52, 2, 14, 11, 23—99, 5, 15, 72, 5, 11, 14—4, 22, 14,
dred men a r e now i n
85, 8, 1, 14, 76, 8—2, 14, 11, 62, 16, 53, 1, 55, 14—11, 5, 19, 80, 18, 63, 11, 87—
george Town under captain
26, 14, 5, 1, 26, 14—23, 5, 19, 89, 11—22, 11, 8, 14, 1—12, 16, 72, 24, 23, 16, 18, 11—
Gray of fanings 3
86, 91, 26, 1, 16, 17—5, 93, 15, 74, 15, 16, 11, 18, 11, 26, 25—32, 40, 6, 45, 30, 47—
a fleet from Ireland w
6, 16, 15, 13, 99, 50, 13, 5—90, 16, 2, 18, 73, 80, 26—8, 2, 13, 15, 6, 4, 17—1,
ith provisions and sto
8, 5, 67, 12—21, 2, 18, 29, 8, 11, 8, 18, 4, 16, 75—6, 4, 92, 17, 84, 11, 5, 18, 52,
res under convoy of th
2, 13, 11—77, 24, 4, 17, 13, 80, 2, 55—9, 18, 4, 29, 18, 23—18, 88, 16, 5, 12,

詹姆斯·洛弗尔破译的一封 1781 年给康沃利斯侯爵的信

利·克林顿爵士。”很有可能，华盛顿凭这封信掌握了英军内部防御情况。

与此同时，克林顿设法通过小艇与康沃利斯保持联系，但他 9 月 26 日和 10 月 3 日从纽约派出的小艇被义军俘获。其中一艘小艇被赶到小蛋港附近的岸边，携带一批信件的亲英分子在被捕前把信藏在一块大石下。亲英分子被带到费城，“我们连蒙带骗，并且承诺不追究，”按一个美国人的说法，他终于答应找回这些信。搜索至少用了两天时间，可能因为“海滩太大，许多地方看上去都差不多”，大陆会议主席托马斯·麦基恩（Thomas McKean）这样写信告诉华盛顿；也可能是那个家伙在拖延时间。一直到 10 月 13 日下午 3 点，他都还没有带着信件回到费城，第二天上午也是如此。这时，洛弗尔通过一个法国军官给华盛顿送来一封信，似乎是对英国系统的补充：“不出所料，我发现他们有时使用恩蒂克的词典，把页、列和单词写作 115.1.4。这是查尔斯·蒂雷（Charles Dilley）出版的 1777 年伦敦版本。”

10 月 14 日某个时刻，那个亲英分子带着信件返回。洛弗尔立即开始破译，很快获得成功，因为他惊喜地发现，这些信和其他克林顿—康沃利斯的通信一致，用同一个密码表加密。在两封明显被截获的信中，克林顿 9 月 30 日重发、康沃利斯 10 月 10 日收到的那封更为重要。“大人，”信开头写道，“请您放心，我正尽我所能以采取直接行动来解救您。根据格雷夫斯海军上将（Admiral Graves）今天给我的保证，我有理由相信，10 月 12 日前，只要风向合适且没有意外发生，我们就能够穿过封锁：然而结果可能不尽人意。因此，如果能得到你的消息，我必定按你的要求去做，我将坚持我的想法，采取直接行动，直到 11 月中旬……”

10 月 14 日晚，洛弗尔致信华盛顿：“写完（上午）那封信后，我一直在加紧破译大陆会议主席送来的信件。现已确认所有英军司令官使用同种密码。敌人孤注一掷，愿阁下指挥同盟军，荣耀出战！”

和这封信一起的还有一封大陆会议主席的信，他告诉华盛顿：“我的情报准确：附上我手头两封亨利·克林顿爵士给康沃利斯侯爵的原密码信，它们已经被洛弗尔先生解开（我有幸在约 14 天前把它们的密钥转给您）。两封信完全证明了实际情况。”

麦基恩同时还把译文寄给了德格拉斯，后者的军舰将阻止格雷夫斯和克林顿解救康沃利斯。“英国将军和海军上将似乎要孤注一掷，不惜为计划中的解救冒一切风险。”他写信给德格拉斯，同时预言性地补充道，“如果失败，他们似乎有意放弃争夺北美。”德格拉斯继续封锁康沃利斯，监视英国舰队。洛弗尔完成密码破译，揭示英国计划五天后，康沃利斯投降。但胜利还未实现。华盛顿认识到这一点，第二天，10 月 20 日，他收到麦基恩寄来的译文，“一刻也没有”耽搁，转给了德格拉斯。法国海军上将收到双重警告，做好了对付英国攻击的准备。10 月 30 日，他吓退英国舰队，奠定了美国独立战争的最后胜利。

随着胜利在望，建立新国家的难题迫使美国开国元勋不仅继续进行，而且扩大和改进了他们的秘密通信。1781 年秋，外长罗伯特·利文斯顿（Robert A. Livingston）印了一些表格，一面是从 1 到 1700 的数字，另一面是顺序排列的字母、音节和单词。以这些为基础，通信人可以方便地按他们希望的次序为明文元素分配密数，编出自己的准代码。

这些表格得到广泛应用。1785 年，麦迪逊和托马斯·杰弗逊在其中一张表格的基础上编了一本代码，至少用到 1793 年。就在这一年，在弗雷德里克斯堡度假的麦迪逊收到杰弗逊的一封信，因为他的密钥丢在费城，只能对着下面这段话干瞪眼：“We have decided unanimously to 130... interest if they do not 510... to the 636. Its consequences you will readily seize but 145 ... though the 15...”。另一本在利文斯顿表格基础上编制的代码注着“门罗[1]先生的密码”。门罗 1805 年出使英国，以及詹姆斯·贝亚德（James A. Bayard）1814 年协助谈判达成结束 1812 年战争[2]的条约时，两人用的就是这部代码。甚至到 1832 年，在给一个外交代理人的信中，安德鲁·杰克逊[3]总统依然用这个代码。因此，它似乎是美国宪

[1] 译注：詹姆斯·门罗（James Monroe，1758—1831），美国民主共和党政治家、第五任总统；杰弗逊任总统时以公使身份赴法国，于 1803 年谈判并签订了“路易斯安那购地案”；但他主要因提出门罗主义而被人铭记。

[2] 译注：1812—1814 年美英之间发生的一场战争。起因之一是在拿破仑战争期间，英国对法国及其盟国港口的封锁限制了美国贸易；起因之二是英国和加拿大支持北美印第安人抵制美国向西部拓展。战争最后以一项条约结束，条约规定被占土地归还战前所有国。

[3] 译注：Andrew Jackson（1767—1845），美国将领，民主党政治家，美国第七任总统。任总统期间，他撤换了约 20% 的公职人员并把这些职位委派给民主党支持者。这个做法被称为“政党分肥制”。

法制定后的第一批正式代码之一。

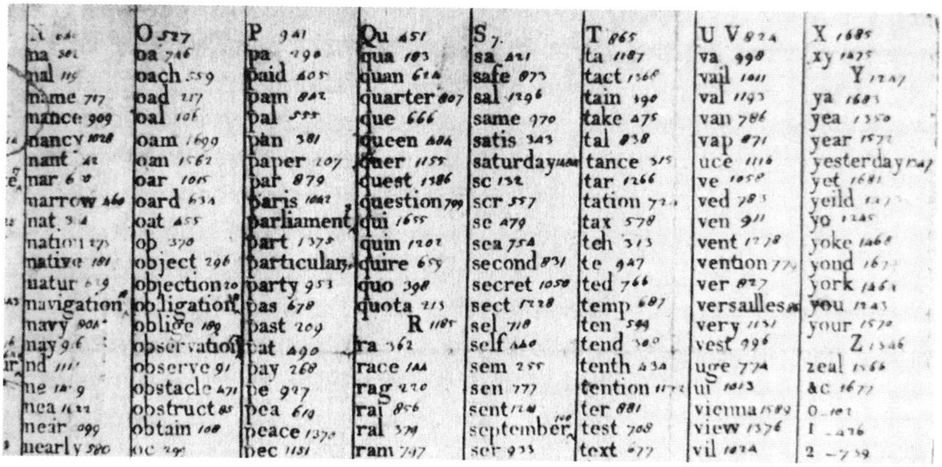

N	O 527	P 941	Qu 451	S 7	T 865	U V 824	X 1685
na 502	oa 746	pa 790	qua 103	sa 421	ta 1187	va 998	xy 1475
nal 119	oach 559	paid 405	quan 614	safe 873	tact 1368	vail 1011	Y 1747
name 717	oad 217	pam 842	quarter 807	sal 1296	tain 190	val 1193	ya 1683
nance 909	oal 106	pal 555	que 666	same 970	take 475	van 786	yea 1350
nancy 1028	oam 1699	pan 381	queen 484	satis 343	tal 838	vap 871	year 1572
nant 42	oan 1562	paper 207	quer 1155	saturday 1484	tance 315	uce 1116	yesterday 1247
nar 6	oar 1015	par 879	quest 1386	sc 132	tar 1266	ve 1058	yet 1681
narrow 460	oard 634	paris 1062	question 799	scr 557	tation 724	ved 783	yeild
nat 34	oat 455	parliament	qui 1655	se 479	tax 578	ven 911	yo 1245
nation 175	ob 370	part 1375	quin 1202	sea 754	teh 313	vent 1778	yoke 1468
native 181	object 296	particular	quire 659	second 831	te 947	vention	yond
natur 619	objection 20	party 953	quo 398	secret 1050	ted 766	ver 827	york 1461
navigation	obligation	pas 678	quota 215	sect 1228	temp 687	versailles	you 1243
navy 904	oblige 189	past 209	R 1185	sel 718	ten 549	very 1151	your 1570
nay 916	observation	pat 490	ra 362	self 440	tend 300	vest 996	Z 1546
nd 1111	observe 91	pay 268	race 144	sem 255	tenth 434	ugre 774	zeal 1566
ne 1419	obstacle 471	pe 927	rag 220	sen 777	tention 1172	ui 1013	&c 1677
nea 1422	obstruct 85	pea 610	rai 856	sent 1241	ter 881	vienna 1589	0 — 101
near 099	obtain 108	peace 1370	ral 374	september 100	test 708	view 1376	1 — 476
nearly 580	oc 295	pec 1151	ram 797	ser 933	text 477	vil 1024	2 — 759

杰弗逊 1785 年编制的准代码，用于与麦迪逊和门罗的通信

当其他公使使用秘密通信系统时，他们代表的美国还只是联合起来的 13 个殖民地。1781 年在法国，本杰明 · 富兰克林给一大段法文里的 682 个字母和标点符号分配了连续数字，编成一个多名码替代密码 ：

v	o	u	l	e	z	-	v	o	u	s	s	e	n	t	i	r	l	a	d	i	f	f	e	r	e	n	c	…
1	2	3	4	5	6	7	8	9	10	11	12	13	14	15	16	17	18	19	20	21	22	23	24	25	26	27	28	…

一封密信以“I HAVE JUST RECEIVED A 14，5，3，10，28，76，203，66，11，12，273，50，14，……”开头，数字解密成 *neuucmiissjon*[1]。两个 *u* 不能省，因为那段法文里没有 *w*。明文 *e* 由 100 多个不同数字代表。另一位早期使节，驻马德里公使威廉 · 卡迈克尔（William Carmichael）似乎提出了第一个被记录的提议，他建议采用一个标准美国外交密码。1785 年 6 月 27 日在巴黎，他在一封给杰弗逊的信中写道 ：“我一直诧异，大陆会议没有指示海外雇员使用这个总（密码）：为此目的，应给每个公使和代行大使一个通用密码。”

一些其他系统也在使用。在使用利文斯顿的表格准代码前，杰弗逊和麦迪

[1]　译注 ：“neuucmiissjon”当为“new commission”。连起来大意是 ：我刚接到一项新任务。

逊商定用一本法英词典作为密码书。1777 到 1779 年，阿瑟・李、理查德・亨利・李和威廉・李三兄弟用一个词典密码通信，大概是克林顿曾用过并为洛弗尔发现的 1777 年恩蒂克词典。

美国国内历史上影响最深远的密信用了不止一种，而是三种编码系统。它为那场轰动一时的叛国罪审判提供证据，被告就是那个以一票之差输掉 1800 年总统竞选，屈居副总统的阿龙・伯尔（Aaron Burr）。

1804 年，在一场决斗中打死亚历山大・汉密尔顿[1]后，伯尔前往西部。当时美国与西班牙的战争一触即发，伯尔一心梦想在西班牙控制的西南地区开创一个殖民帝国。至于这个帝国将属于美国还是伯尔，这一点从未搞清楚。在这项宏伟计划中，伯尔的军事同谋是詹姆斯・威尔金森（James Wilkinson）将军。他还不知道，威尔金森是西班牙职业特工。1800 年，伯尔曾用过一个带数字的多表替代纸板密码圆盘，但在 1804 年给将军女婿的一封信中，他和威尔金森决定，为了他们的伟大事业，把三种密码结合成一个单一编码系统：举个例子，一个符号代码，其中圈表示“总统”；一个符号密码，其中破折号代表 *a*；以及一个以 1800 年威尔明顿版本为基础的无所不包的恩蒂克词典密码。1806 年 10 月 8 日，当威尔金森在路易斯安那纳基托什军营等待时，一个信差带来一封伯尔用该密码写成的密信，落款为 7 月 22 日，他在信中概述了他为这次伟大冒险制订的计划。

信的具体内容成为永远的谜。威尔金森根据自己的不同需要，一次又一次擦除、修改、重新解密这封信。信的最终版本开头写着：“Your letter post marked 13th May is received. I have at length 263.13ed 176.3. and have 35.3 93.10ed...”，继之描述伯尔如何计划带 500 到 1000 人沿俄亥俄河和密西西比河西行，与威尔金森会合，“然后决定是先占领还是绕过巴吞鲁日[2]，看哪个做法更有利”。威尔金森没有按信中所言与伯尔会合，而是用信出卖了他。他给托

[1] 译注：Alexander Hamilton（1755—1804），美国开国元勋，华盛顿的参谋长，美国财政制度奠基人，首任财政部长，第一个美国政党创立者，参加制定美国宪法，成为它最有力的宣扬者和推动者之一。

[2] 译注：Baton Rouge，路易斯安那州首府。

马斯·杰弗逊总统寄出一份译文，总统立即命令解散伯尔的远征队。

这位前副总统被捕，因叛国罪受审，大法官约翰·马歇尔（John Marshall）主审。那封密信成为主要呈堂证供。对质时，威尔金森厚着脸皮承认，他改变了那份文件，以免把自己卷进去。他一会儿声称解密匆忙，不准确，不完整；一会儿又声称解密细致、累人，花了很长时间。控方主要证人的摇摆不定让人有理由怀疑伯尔的罪行是否成立，因此陪审团宣判他无罪。但受那封密信影响，民意法庭定了他的罪。终其余生，伯尔永远没有洗清密信加在他名声上的污点。

多年来，欧洲黑室并没有因为新生国家的弱小和遥远而放过它的通信。早在 1777 年，英国黑室就在研究美国隐写墨水写就的信件：英国化学家在往来于巴黎和伦敦间的信件上标上“全部用白墨水写成”和“R15th”。其中一封信的空白处写有本杰明·富兰克林的名字。

第二年，一位美国商人的一封信被拦截破译，该信由伦敦寄往富兰克林在巴黎的秘书。1780 年，威尔斯主教的儿子弗朗西斯·威尔斯破译了当时在费城的拉法耶特侯爵 [1] 给法国外交大臣韦尔热纳伯爵的一袋密信。其中一封 5 月 20 日的长信用一本大型两部本准代码加密。这篇内容丰富的报告总结了拉法耶特眼中的总体形势——大陆货币大幅贬值；若法国军队及时赶到，即可占领纽约；华盛顿正考虑征服加拿大；以及“美国朋友”的能力、诚实和坚定。当英国人截获携有该邮袋的船只时，船上的人立即将它抛向舷外，但几个士兵跳下水捞起了它。国王乔治三世看到了译文，可能获得了一些宝贵提示，更好地指挥美国战争。

1798 年 7 月到 1800 年 2 月间，英国破译科读取了美国驻伦敦、海牙和柏林公使间的通信，当时美国驻柏林的大使是美国后来的总统约翰·昆西·亚当斯。这些用多名码替代加密的信似乎是后来才破开的。1841 年，英国人揭开一本美国两部本准代码的面目，窥视了美国驻西班牙公使与西班牙在财政上谈判成功的报告。

---

[1]　译注：Marquis de Lafayette（1757—1834），法国将军、政治家，同时参与过美国革命与法国革命，被誉为“两个大陆的英雄”。

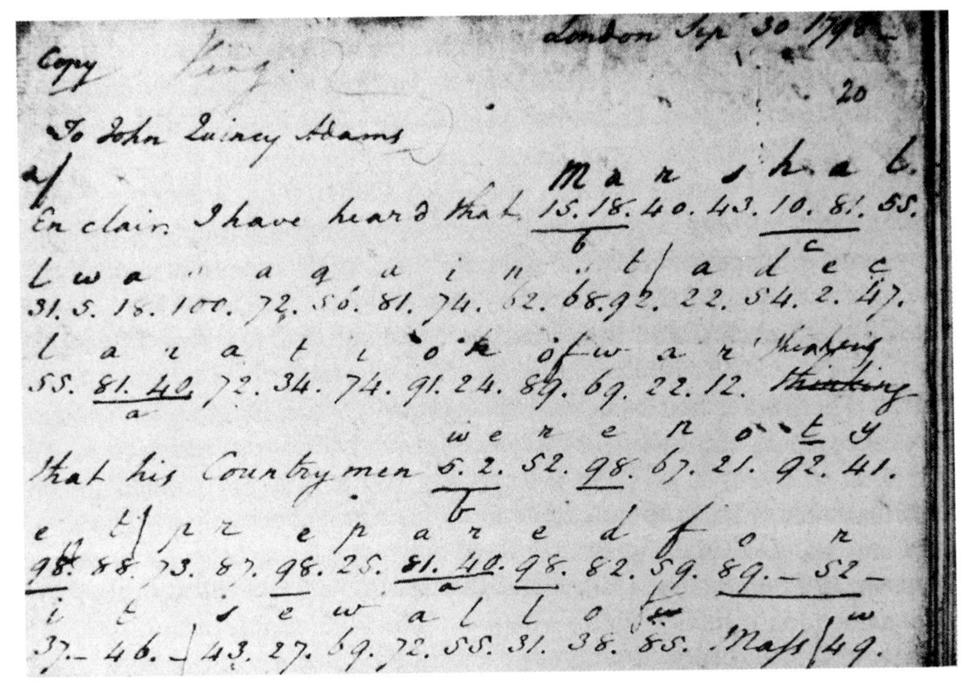
Copy

London Sep 30 1798

To John Quincy Adams

En clair I have heard that 15.18.40.43.10.81.55.
31.5.18.100.72.56.81.74.62.68.92.22.54.2.47.
55.81.40.72.34.74.91.24.89.69.22.12. thinking
that his Countrymen 6.2.52.98.67.21.92.41.
98.88.73.87.98.25.81.40.98.82.59.89._52_
37._46._|43.27.69.72.55.31.38.85. Mass|49.

破译科破译的一封1798年给美国驻柏林公使约翰·昆西·亚当斯的外交密信

那时破译科仅有两个人。18世纪90年代，威尔斯的三个孙子加入其中，但最终只有弗朗西斯·威尔斯还在操持家业。弟弟威廉曾短暂做过帮手，另一个弟弟爱德华死于1812年，是拥有破译员称号的最后一人。弗朗西斯因工作负担太重，把外甥威廉·威尔斯·洛弗尔（William Willes Lovell，显然与詹姆斯·洛弗尔没关系）牧师招来做助手。

法国也没闲着。1812年9月26日，美国公使给麦迪逊总统写信时，谨慎地加密了两个法国官员的名字，这两人支持他反对拿破仑，他特意请总统不要透露二人名字。但从事密码分析的罗西尼奥尔家族后代自有办法，他们为小个子皇帝查出结果，那两人就是康巴塞雷斯[1]和塔列朗[2]。

[1] 译注：Cambacérès（1753—1824），法国律师、政治家，1804年《法国民法典》主要编撰人，这是第一部现代民法典。

[2] 译注：Talleyrand（1754—1838），法国外交家，历任路易十六、拿破仑、路易十八、查理十世、路易腓力等法国皇帝的高官（主要作为外交大臣）。

这是诸多黑室临死前的喘息。变革之风酿成了 19 世纪 40 年代的政治风暴，部分因为国家密码被破译，部分因为工业革命，风暴摧毁了大部分欧洲专制独裁机构。欧洲新生的自由之风与政府私拆信件的做法格格不入。在英格兰，公众和议会强烈反对偷拆信件的行为，迫使政府于 1844 年 6 月终止了对外交通信的拦截。同年 10 月，政府解散了破译科，让威尔斯和洛弗尔退休。在奥地利，1848 年，秘密办公室关门大吉。在法国，自大革命起就一直走下坡路的黑室也在动荡的 1848 年消失。就在同一年代，强大的社会力量虽结束了黑室时代，但同时也催生了一项彻底改变编码学的发明。

第 6 章　业余爱好者的贡献

电报造就了现代编码学。1844 年，塞缪尔·莫尔斯[1]发出“上帝创造了多大奇迹！”的呼声。第二年，他的律师及推介人弗朗西斯·史密斯（Francis O. J. Smith）出版了一本商业电码本，名为《秘密通信词汇表；改编用于莫尔斯电磁电报》[2]。他在前言中宣称“通信保密是头等大事”。这种保密由一个高级加密提供。九年后，英格兰《评论季刊》（*Quarterly Review*）一篇关于电报的文章同样强调了保密的极端重要性：

> 还应采取措施，扫除目前通过电报发送私人通信的一项障碍——对隐私的侵犯，因为发送任何一封电报，都总有几个人能看到两人通话的全部内容。英国电报公司（English Telegraph Company）职员发誓保守秘密，然而往往有些内容，我们无法忍受“看到”陌生人在我们面前阅读。这是电报的一大缺点，需要通过某种措施补救……至少应采用一些简单易行但安全的密码，通过这种方法，对除收件人以外的任何人来说，电报实际被“封”上了。

[1]　译注：Samuel F. B. Morse（1791—1872），美国画家、发明家，莫尔斯电码发明人。

[2]　译注：*The Secret Corresponding Vocabulary; Adapted for Use to Morse's Electro-Magnetic Telegraph*，以下简称《词汇表》。

作为 19 世纪上半叶最激动人心的发明，电报当时引发的兴趣不亚于后来的苏联人造卫星。巨大的保密需要唤醒了潜藏在众人心中的密码兴趣，许多人开始跃跃欲试。人们纷纷尝试构想自己认为不可破译的密码。这些人几乎全是业余爱好者，专家（除少数几个密码员外）已经在黑室消亡时丢了饭碗。许多业余者是当时的智识和政治领袖。他们将智慧和创造力投向了令人着迷的密码学领域，贡献了几十种密码系统，丰富了密码学。

随着商人和公众越来越多地使用电报，他们发现自己对保密性的担心实属杞人忧天。电报公司尊重客户隐私，员工公事公办，处理电报。诸如史密斯《词汇表》之类的商业电码为节约电报费，用单个密词或密数代替单词和短语，让人一眼看不出其中含义，本身就能给大部分商业交易提供足够保密性。中间人和商人很快认识到，这些商业电码的主要优势在于经济性。

史密斯的开创性工作被几十、上百乃至数百种商业电码本效仿。虽然有些多达十来万条目，也有些专用电码本仅有几百个，但考虑到最优使用性和售价，大部分电码本的条目集中在史密斯《词汇表》的 5 万个上下。它们对史密斯电码本做出两点改进：一、用词典单词作为密词，代替史密斯用的字母—数字组。比起史密斯《词汇表》用“A.1645”表示“*alone*”，发送一个 ALBACORE 更方便、更经济。二、大大增加了短语数量，提高了它们在费用节约方面的潜力。史密斯用了 5 万个单词，只在一页纸上列出了 67 条短语，而后期电码本的短语数量达到单词的 10 到 20 倍。

政府部长也用电报，不过一开始他们用准代码加密。虽然保密对他们极其重要，但出于节约电报费用，他们也喜欢用一本大型电码本——尤其是当他们发的电报越来越多时。所以，当需要重新编制准代码时，他们索性放弃了这种形式，转向仿照商业电码本，编制出完整代码。准代码有一两千个次序被打乱的密数，然而陆军和外交部长们不愿花大价钱来编制 5 万个条目的两部本代码，也没有专业密码分析员来警告他们一部本形式所蕴藏的危险，于是他们依靠“发行量少、保密性强、词汇量大（其他条件相同时，大代码比小代码更难破译）和高级加密”来保证保密性。为方便使用，代码保留了密数，没有采用密词。到 19 世纪 60 年代，这场演变基本完成，在高层军事和外交编码中，大型一部本代码代替了小型两部本准代码。

与此同时，电报——这场演变的发起者，正在战争中创造着新生事物：信号通信，即大量指挥和侦察信息。当然，这类信息以前就以火把、信鸽和信使的形式存在，但这些形式相当罕见，根本都称不上“信号通信”。有了电报，对于大量分布在广大区域的人员，指挥官可以进行史无前例的实时连续控制。同时，法定征兵制开始实行，为民主国家进行民族战争储备了庞大军队（与王国混战时期小型专业化军队相比），而电报的出现，使铁路长途快速输送大军成为可能，也使工业社会能更好地为军队提供补给。和后膛炮一起，这些发展将人类带入了现代战争时代。

对一个将军来说，像拿破仑和汉尼拔[1]那样策马登上山头、查看战场、派传令兵发出迂回或反击命令的时代已经一去不复返了。参战部队数量太多，战场也太大，他必须待在遥远的后方指挥部，根据电报和地图来掌握战斗进程，这种做法要比他的肉眼观察范围广阔得多。通过电报，他可以发出命令，协调视线外的侧翼间运动，调动后备力量抵挡敌军冲锋，快速补给食物和弹药。相应地，随着通信数量的增长，指挥部成了实际上的通信中心。

这些战术信息需要保密：电报线路可能会被窃听。不管是过去的准代码，还是新的代码，它们都满足不了要求。代码容易在战斗中被缴获，而分布广泛的众多电台迅速频繁地分发新代码又难度巨大。于是通信军官转向拾回了那个编码弃儿——密码。密码可以很经济地印在一张纸上，轻松分发。密码的保密性基于可变密钥，因此，缴获通用系统甚至一个密钥不会危及一支军队的全部秘密通信。防止破译的方法是快速更换密钥。密码是理想的战区通信手段，第一次现代战争美国南北战争（American Civil War）就把密码用于战场通信，由此孕育了一个新的编码学分支：战地密码（field cipher）。

第一个战地密码呼之欲出。这是一个多表替代，采用重复短密钥自然序维热纳尔密码形式。人们以前反对它的使用，原因是它不能及时纠正出错的信件，但随着电报的出现，该漏洞早已不复存在。它既拥有独特的系统，又容易更换密钥，还具有不可破译的美名——若密报不按单词分隔，在很大程度上它

[1] 译注：Hannibal（前 247—前 182），迦太基将军，在第二次布匿战争中，多次取道阿尔卑斯山击败罗马军队，但未能攻下罗马城。

是不可破的。军方立即采用了这种密码。

接着，1863 年，一个退役的普鲁士步兵少校发现了周期重复密钥多表替代的一般破译法，一举打破了这个唯一不可破的编码结构。于是，负有保密通信职责的通信官四处搜寻新的战地密码。他们从业余编码学家的作品中发现了不少好主意，后者曾为保护私人信息推出一些密码，其中一些系统很快就在欧美各国军队派上用场。19 世纪中叶，一些国家军事院校，如圣西尔军校 [1]，增加了信号通信课程，其中许多编码想法就来自学习过编码学的军官。不可避免的是，密码分析员——他们要不是业余爱好者，就是具有专业背景的士兵，因为纯专业分析员还不存在——运用新技术来攻破新密码。在发展缓慢的准代码时代，首次引进有特殊意义的 *Disregard the preceding group*（忽略前组）象征着一个巨大的技术进步，密码学的攻防赛开始加速它的现代步伐。

就这样，密码学历经黑室灭亡、电报诞生以及第一次世界大战，走完了一段自我发展历程。没有罗西尼奥尔和威尔斯家族、没有大战和外交斗争，密码学对国际事务产生不了影响，的确，除一两次偶然事件外，它确实没带来影响。电报推动了密码学演变，打破了准代码的垄断。准代码作为一个通用、全能的系统整整统治了 450 年，但它既不能满足高层外交或军事通信的要求，也不能像电报一样满足基层信号通信的需求。每种通信方式都要求有自己的专用密码系统，通信官按等级分类这些系统，从简单灵活易破的低级系统到难以攻破的庞大系统。这样，电报激发了大量新密码的发明，反过来又催生了众多新的密码分析方法，把两者推入一场混乱难解的拉锯战。

许多这类密码和分析技术已成为经典，直至今天还在沿用。而且，编码学依然遵循等级制度、运用各种专门系统。电报为编码学完善了结构和内容，使其成为今天的样子。

万物有源，和电报一样，电报产生的编码系统也有自己的前身。1805 年，可以称得上是现代代码最早的印刷物雏形出现在哈特福德。《词典；可使任何

[1] 译注：St. Cyr（École Spéciale Militaire de Saint-Cyr），法国最重要的军校，与美国西点军校齐名，由拿破仑创建于 1803 年。

两人保持秘密通信,其他任何人都不可能发觉》[1] 是一本以字母顺序列出单词和音节的小书，对应这些单词和音节，通信双方按顺序标出数字，每 10 个数字中删掉一个，这样，他们得到的每套词典中的对应密数都不同。

早在电报发明之前，一种密码系统就远远领先其时代，与后期发明的内涵完全一致，因此可归入现代发明之列。实际上，它堪称一流密码系统，是毫无疑问的杰出系统。它设计巧妙，甚至在它发明后，经过一个半世纪的技术飞速进步，至今依然在使用。

发明它的是一个伟人，知名作家、农学家、藏书家、建筑师、外交家、小玩意爱好者及政治家，他就是托马斯·杰弗逊。他称它为“轮子密码”(wheel cypher)，发明时期似乎是在 1790—1793 年间，或是 1797—1800 年间。1790—1793 年，他是美国首任国务卿，负责执行外交政策、保护通信不受英法的破译、整合分裂的美国内阁、作为专利法管理人倡导发明精神，所有这些因素都激发了他发明创造的才能；当时他还与罗伯特·帕特森（Robert Patterson）博士有联系，后者是宾夕法尼亚大学数学家，美国哲学学会副会长，对密码感兴趣。1797—1800 年，他与帕特森再次开展密切联系，1801 年，帕特森寄给他一个密码。杰弗逊对轮子密码的解释一如既往的清楚、简洁：

> 车一段白木，直径约 5 厘米，长约 15—20 厘米。中间钻一孔，可插进一根直径约 3—6 毫米的铁轴。外周分成 26 等分（分给字母表的 26 个字母），用一根尖针，连接圆木两端所有等分点刻出平行线。用墨水清晰描出这些线，再把圆木横切成约 4 毫米厚的圆片，样子像没有字的双陆棋。切下后在每片一面标上号，这样你可以把它们按任意次序排列。在每片外周黑线间乱序写下字母表中字母，每片字母次序不同。现在以数字为序把圆片穿在一根铁轴上。铁轴一端有帽，另一端有螺纹螺母，它们的用处是按你选择的次序固定圆片。再给你的通信人一个同样排列的同样圆柱，轮子密码就可以用了。

[1] 译注：原文为 *A Dictionary; to Enable Any Two Persons to Maintain a Correspondence, With a Secrecy, Which Is Impossible for Any Other Person to Discover*。

假设我要加密这样一段话：“Your favor of the 22d is recieved.”（22日来函敬悉）：

转动第一个轮子，直到出现字母 y；

转动第二个轮子，把它的字母 o 置于第一个轮子上的 y 旁边；

转动第三个轮子，把它的字母 u 置于第二个轮子上的 o 旁边；

第四个……………………r 置于第三个轮子上的 u 旁边；

第五个……………………f 置于第四个轮子上的 r 旁边；

第六个……………………a 置于第五个轮子上的 f 旁边；

依此类推，直到我把那段话的所有单词排成一条线。用螺母固定轮子，你可以观察到圆柱给出另外 25 行毫无规律、胡乱排列、没有意义的字母。把其中任意一行写在信上，寄给对方。他收到后，在自己的圆柱上按同样次序把同样打乱的字母排在一条线上，再用螺母固定好，查看其他 25 行，发现其中一行写着：“y o u r f a v o r o f t h e 2 2 i s r e c i e v e d”。他抄下这些字母，因为其他行字母是一团乱麻，没有意义，他不可能错过真正想表达的内容。就这样继续解密信的每个其他部分。数字最好用上方加点的字母表示，如用 6 个元音、4 个流音。因

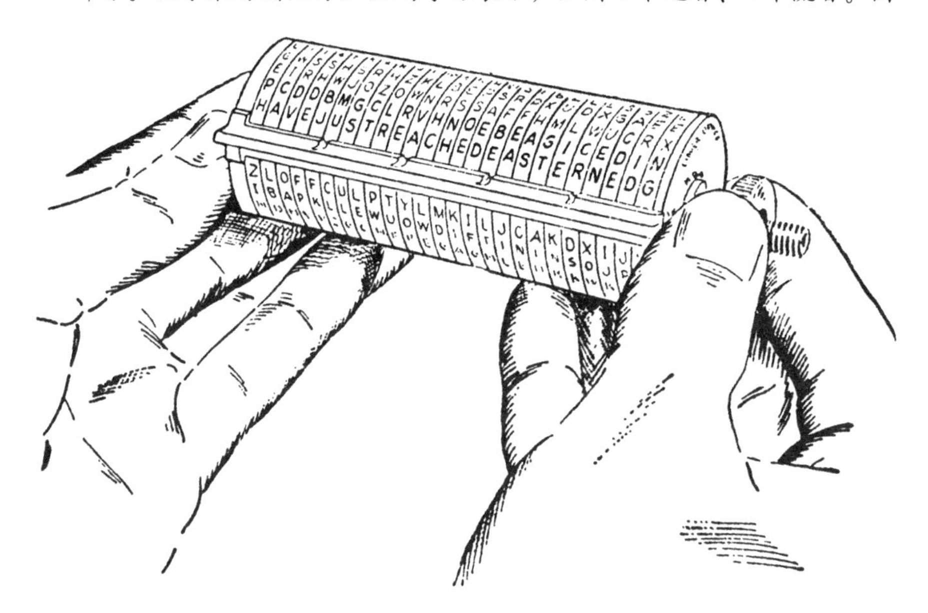

美国陆军使用的一种杰弗逊轮子密码

为如果为了字母和数字将圆柱外周分成 36 而不是 26，会增加在轮子上找字母的难度。

外周写着乱序字母的轮子组成的圆柱固定时，只要改变轮子在圆柱中的位置，即可为不同的通信人提供大量不同密码。因为不管有多少轮子，如果你把轮子数及以下的所有自然数连乘，其积就是这些轮子的可能排列数量，也就是它们可以为不同通信人提供的，彼此间完全读不懂的密码数量……

杰弗逊继续说，如果圆柱长 15 厘米（“这可能是个比较合适的长度，用时可卡在左手中指和拇指之间”），轮子总数将达到 36，它们穿在轴上，为不同通信人组成不同密码的排列方式将达到 36 的阶乘，即 $1 \times 2 \times 3 \times \cdots\cdots \times 35 \times 36$。杰弗逊的计算结果为近似“372 后面 39 个 0。”更准确一点，36 阶乘等于 371993326789901217467999448150835200000000。

杰弗逊轮子密码的设计先进，在当时遥遥领先，它似乎是一个神来之作，而非对密码学反复思忖后所得来的结果。杰弗逊任国务卿时还在继续使用准代码，他在编码方面独创性的唯一表现是选用一个维热纳尔密码，作为刘易斯和克拉克[1]考察时用的正式密码。而且 1802 年 3 月 22 日，在美国哲学学会会长帕特森博士向杰弗逊提交一种密码后，他写信给帕特森说：“我仔细考虑了您的密码，发现它比我的轮子密码使用更方便，我正向国务卿提议在国务院使用它。”一个月后，他又补充说，“我们正在外交通信中采用您的密码。”帕特森的是一种栅栏密码，每列顶端是虚码，其安全性根本无法与杰弗逊密码相提并论。杰弗逊没有采用轮子密码，只能说明他的密码学思想还不够先进。

如果杰弗逊把他自己的系统推荐给国务卿詹姆斯·麦迪逊，他将给他的国家提供一种秘密通信方法，几乎足以抵抗当时的一切密码分析。然而，他似乎在写下后就把它抛诸脑后。直到 1922 年，人们才在国会图书馆的杰弗逊文件中发现它，而这一年，美国陆军正巧采用了一个独立且几乎与它一模一样的

[1] 译注：梅里韦瑟·刘易斯（Meriwether Lewis，1774—1809）和威廉·克拉克（William Clark，1770—1838），美国探险家，1804—1806 年，二人率领探险队穿越北美大陆，考察美国刚从法国购得的路易斯安那地区。

发明装置。后来美国政府其他部门也用上稍加修改的杰弗逊系统，在通常情况下，它能令任何一个试图攻破它的 20 世纪密码分析员都无能为力！时至今日，美国海军还在使用它[1]，这是一个相当长的跨度。杰弗逊系统如此重要，以至于他因此获得“美国编码学之父”的称号。它伟大的独创性足以使杰弗逊傲视群雄，把维热纳尔和卡尔达诺远远甩开，虽然后两人通常被视为密写史上家喻户晓的人物。

1817 年，另一个美国人创立了一种编码系统，和杰弗逊系统一样，他在密码学中引入了新原理。毕业于耶鲁大学的德西厄斯·沃兹沃思（Decius Wadsworth）上校创立该系统时 49 岁，曾两次退伍（一次是想在皮毛生意中发大财），又分别两次在与英国和法国的战争前夕重新入伍；他是如何，又为何对密写感兴趣，至今不得而知。但他对机械装置十分迷恋，这很有可能促进了他与伊莱·惠特尼[2]的友谊，他欣赏惠特尼的轧棉机，也对带通用部件的惠特尼滑膛枪感兴趣，并在检查后批准它在美国陆军中使用。1812 年，成为美国陆军军需长时，他再次支持了惠特尼。1812 年 6 月，疾病迫使他辞去职务并退伍，跟随心怀感恩的惠特尼来到纽黑文。在那里，惠特尼每天看望他，确保他得到精心照料。但沃兹沃思还是于 11 月 8 日离世。

他的革新让明文和密文字母表有了不同长度。实现这一点的装置是一个黄铜密码盘，放置在一只直径约 16.5 厘米，高近 7.6 厘米的抛光木盒中。这个装置可能是惠特尼为他做的。它的外圈符号表由 26 个字母加 2 到 8 的数字组成，共计 33 个符号；内圈只有 26 个字母。一个小黄铜盘标出内外圈上的某一点，在这一点上，内外圈的字母正好对齐；通过这个盘上的两条窄缝，显出这两个字母，内外圈各一，被看成对应的明密文。（没有记录表明沃兹沃思用哪个字母表作明文，哪个作密文，此处假设内圈为明文字母表。）内外圈圆盘均可转动，在盒内用两个齿轮互相连接，一个 33 齿，一个 26 齿。外圈字母和数字刻在黄铜镶块上，可按任意次序组装。加密前，通信双方商定好密文圈字母，打乱字母次序

[1] 译注：本书初版为 1967 年，“至今”说法应以那时为准。

[2] 译注：Eli Whitney（1765—1825），美国发明家，提出批量生产互换零件的想法，并将该想法应用于一份火枪供应合同的实施过程。

以及两圈初始对应位置，比如外圈的 R 对准内圈 V。齿轮应该可以脱开，以实现这一设置。

现假设通信双方做秘鲁羊毛生意，他们的信息以 *llama*（驼绒）——一个非常适合演示该装置编码原理的词——开头。加密方通过一个小把手转动内圈盘，直到第一个 *l* 出现在黄铜盘内圈缝隙中；他写下外圈缝隙中的字母作为第一个密文字母。他再转动内盘，直到 *l* 再次出现在内圈缝隙中。齿轮会把这个动作传递到外圈，但是因为内外字母表长度不同，内盘转动一圈时，外盘只转过 26/33 圈。相应地，虽然两个密文字母都代表同一个明文字母，第二个密文字母在外圈字母表上比第一个密文字母领先 7 个。若保持这一过程，*l* 的对应密文字母要到外圈全部 33 个字母和数字都用完后才会重复。这是因为 26 和 33 没有公因数，使最初的对应字母更早会合。

加密过程就这样构成一个推移系统，与特里特米乌斯最初的多表加密一样，系统用上了全部密码字母表。但明密字母表长度差异产生了两个关键差别：一是沃兹沃思装置[1]使用 33 个密码表，特里特米乌斯的为 24 个；二是这些密码表不是依次使用，而是以一种不规则方式——一种取决于明文字母的方式。这种不规则比特里特米乌斯的顺序推移对密码的保护要强得多。

即使沃兹沃思在世期间，他的装置也鲜为人知，在他死后更是很快被湮没。最终，一个知名英国科学家获此殊荣，发现了两个不等长字母表相对移动的原理，在此基础上独立设计了一个机械装置。

查尔斯·惠斯通[2]的创造力就像喷涌不竭的源泉。他在莫尔斯之前曾造出一台电报机，还发明了六角手风琴，改进了发电机，研究了水下通信，制作出最早的一批立体画，出版了数本声学作品，在印刷物上讨论了语音学和语音机器的设想，做了大量电学实验，推广了一种准确测量电阻的方法，即现在常用的"惠斯通电桥"。他凭借出色研究跻身于英国皇家学会，获得爵位。他是伦

[1] 原注：沃兹沃思装置由汉姆顿历史学会（Hamden Historical Society）持有，现保存在纽黑文殖民历史协会博物馆。我很感谢汉姆顿历史学会秘书长艾拉·伍德女士，感谢她允许我查看该装置。

[2] 译注：Charles Wheatstone（1802—1875），英国物理学家、发明家，以电学发明闻名，包括电动时钟和变阻器，与库克爵士合作，发明了电报。

敦国王学院实验哲学名誉教授，但因过于害羞，几乎没有真正讲过课。1860 年左右，年近 60 岁时，他破译了一封查理一世的长密信。这封密信由 7 页写满数字的对开纸组成，每页顶端有国王签字。译出来后，惠斯通发现它是由法文写成的给德戈夫先生的指示，用一本一部本小准代码加密（a = 12、13、14、15、16、17；b = 18、19；*France* = 478）。

惠斯通在 1867 年巴黎世博会上首次展示他的"密码器"（Cryptograph）。它与沃兹沃思装置仅在细节上稍有不同。惠斯通装置的外圈字母表有 27 个明文符号——26 个自然序字母加一个表示字间空格的空白，内圈是 26 个字母的乱序密码表。两个字母表上有两根旋转的类似钟表的指针，通过齿轮连接。"（加密）开始时，"惠斯通的说明书写道，"长针须对着外圈空格，短针与它重合。长针依次指向信中字母（外圈），写下短针指示的内圈字母。每个单词结束时，长针对准空格，写下短针指示的字母。通过这种方式，密文就是连续的，没有单词间隔的提示。出现二连码时，用一个不常用字母（如 q）代替重复字母，或省略后一个字母。"两个字母表长度差异意味着，长针走完一圈时，短针已经走入第二圈第一格。

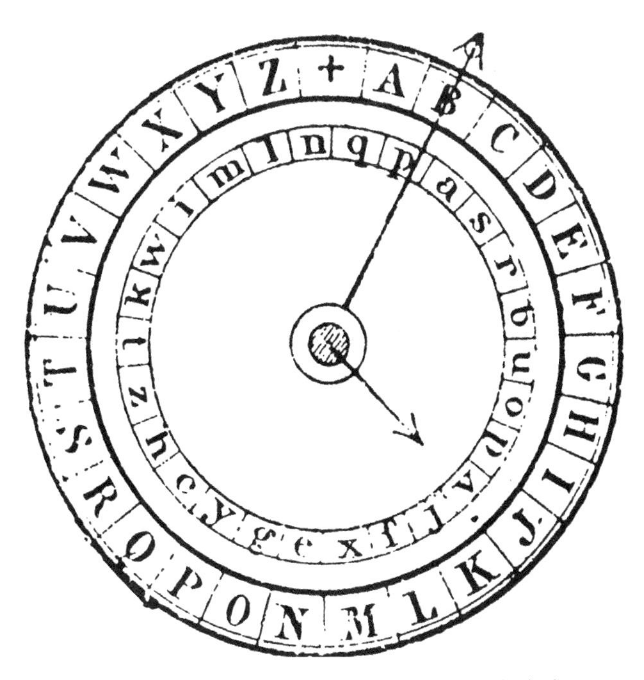

惠斯通的密码器，明文表在外圈，密文表在内圈

这个自动装置简单、小巧，表面看起来不可突破，吸引了许多世博会观众。其中有法国代表团的洛瑟达上校，他在寻找有军事应用潜力的展品。他在报告中对惠斯通密码器赞赏有加，甚至说到它“提供了绝对保密”。

实际上，该装置产生的密文保密性不及沃兹沃思装置，因为惠斯通的字母表长度差只有一个单位。因此，一对重复密文字母只能表示它们代表的两个明文字母是字母表中的倒序连续字母，如常见双码 *on* 或 *ts*，可能会给对方提供突破口。实际上，惠斯通的装置展出仅四年后，《麦克米伦杂志》（*Macmillan's Magazine*）刊出一篇仅署名“C.P.B.”的极有见地的文章，作者阐明了一种破译方法：句子可能以 *the* 开头。

这是密码史上另一个阴差阳错的故事。惠斯通的名字与他人之前发明，且从未得到重视的装置连在一起；而一种确确实实由他发明，享誉多年的密码，却不记在他的名下。惠斯通发明了用于电报通信保密的密码，但它的名字却属于另一个人——他的朋友莱昂·普莱费尔（Lyon Playfair），圣安德鲁斯普莱费尔第一男爵。普莱费尔是维多利亚时期的科学家、公众人物，先后担任过下院副发言人、邮政局长、英国科学促进协会会长。作为城市公共卫生委员，他帮助建立了现代卫生设施的基础。他与惠斯通都住在伦敦，两家中间隔着哈默史密斯桥。因为两人个子都不高，都戴眼镜，经常有人把他俩搞混——甚至是惠斯通夫人。他们星期天一起散步，以破译伦敦《泰晤士报》上的加密个人信息自娱。他们轻易读懂了一个牛津学生与他的年轻伦敦情人的通信，当那个学生提议私奔时，惠斯通插入一段用同样密码加密的广告劝诫他的情人。随后出现了一段张皇失措的“亲爱的夏尔：别写了。我们的密码被发现了！”——之后就是沉默。

1854 年 1 月，在执政委员会主席格兰维尔伯爵举办的一次晚宴上，普莱费尔演示了他称之为“惠斯通新发明的对称密码”。客人中一位是维多利亚女王[1]的丈夫艾伯特亲王；另一位是内政大臣及后来的首相帕默斯顿子

[1] 译注：Queen Victoria（1819—1901），英国历史上在位时间最长的国王（1837—1901）。她积极关注政务，但在丈夫艾伯特亲王于 1861 年去世后，几乎退出公众生活。

26 March 1854 '80

Specimen of a Rectangular Cipher

m b p y a
d q z g f
r n h s e
u t k v i
l w c o x

A despatch in the above cipher preserving the separations of the words

We have received the
xn epis erxhyfrf knr

following telegraphic despatch
gzam bytet inxatsexekp frkybiph

A despatch in the same cipher with no external indication of the separations of the words

We have received the
xnznyinferxhgfrfvgeh
following telegraphic despatch
inyymalsygrrxsfcmhpkxutsexckwh

The same cipher arranged in a different rectangle.

m b p y a d q z g
f r n h s e j u t
k v i l w c o x —

We have received the following telegraphic despatch
cs sycr uasnbpas feh jkddaqu fhcxirwnty hynasgte

Key to the permutated alphabet employed in the preceding Ciphers

m a g n e t i c
b d f h j k l o
p q r s u v w x
y z

m b p y a d q z g f r n h s e j u t k v i l w c o x

C. Wheatstone

已知最早对普莱费尔密码的描述，
落款是发明人查尔斯·惠斯通，日期为 1854 年 3 月 26 日爵。普莱费尔向他解释了这种密码。几天后，他在都柏林收到帕默斯顿和格兰维尔用这种密码加密的两封短信，表明两人都掌握了这种密码。

这是密码史上第一个双码文字密码[1]——加密两个字母，加密结果取决于两个字母的结合。惠斯通认识到，这种密码既可用矩形表，也可用方表，但它很快固定使用后一种形式。惠斯通同时使用了一个完全打乱的密码表，他用一个密钥词移位生成这种密码表——这种方法的早期实例之一。他在密钥词下方写下字母表剩余字母，然后从列表中选取字母，得到乱序密码表：

M	A	G	N	E	T	I	C
B	D	F	H	J	K	L	O
P	Q	R	S	U	V	W	X
Y	Z						

据此得到：MBPYADQZGFRNHSEJUTKVILWCOX。随着密码落入类似维热纳尔密码之类的俗套，这个重要特征很快被人遗忘。密钥词被直接写入一个 5×5 方表，字母表中剩余字母跟在后面。（I 和 J 并入一格。）这种做法降低了保密性能，但加快了操作。很有可能，这就是普莱费尔在格兰维尔的宴会上，以 PALMERSTON 为基础匆匆忙忙建一个密钥方表的方式：

P	A	L	M	E
R	S	T	O	N
B	C	D	F	G
H	IJ	K	Q	U
V	W	X	Y	Z

加密时，明文分成字母对。一起出现在字母对中的重复字母中间用 *x* 隔开，这样 *balloon* 就加密成 *ba lx lo on*；*i* 和 *j* 被视作同一个字母，因此 *adjacent* 将按

[1] 原注：波尔塔的双码密码不是文字的，用的是符号。

adiacent 加密。现在，每对字母的相对关系在密钥方表中只有三种：两个字母出现在同一行；或同一列；或既不同行，又不同列。出现在同一行的各个字母由其右边字母替代，这样 *am* = LE、*hi* = IK、*os* = NT。每一行被看成周期反复的，这样一行最后一个字母右边的字母就是该行左首第一个字母，因此 *le* = MP、*ui* = HK。出现在同一列的字母各自由其下方字母替代，周期反复规定依然适用，因此，*ac* = SJ（或 SI，根据加密人意愿）、*of* = FQ、*wi* = AW、*br* = HB。

如果一对明文字母既不同行，又不同列，每个字母则由与其同行，与另一个字母同列的字母替代。如要加密 *sq*，加密人先在方表中找到两个字母，再沿第一个明文字母（*s*）所在行移动，直至到达第二个明文字母（*q*）所在列：

·	·	·	M	·
R	*S*	T	O	N
·	·	·	F	·
·	·	·	*Q*	·
·	·	·	Y	·

行列交叉处的字母（o）就是第一个密文字母。然后加密人沿第二个明文字母（*q*）所在行移动，直到与第一个明文字母（*s*）所在列相交：

·	A	·	·	·
·	*S*	·	·	·
·	C	·	·	·
H	IJ	K	*Q*	U
·	W	·	·	·

交叉处字母（I）就成为第二个密文字母，于是 *sq* = OI。其他字母对加密为 *af* = MC、*at* = LS、*ed* = LG。为保持字母顺序，第一个明文字母所在行字母总是先取出，因此 *cl* = DA 而不是 AD，后者表示 *lc*，并且 *we* = ZA。

解密与加密程序完全相同：如果 *ow* = SY，则 *sy* = OW。其他两例中，明文字母可在密文字母左边或上方找到。这样，使用同一个方表，一段密文解密如下：

MT	TB	BN	ES	WH	TL	MP	TA	LN	NL	NV
lo	rd	gr	an	vi	lx	le	sl	et	te	rz

末尾 *z* 是虚码，补全最后一个字母对。

惠斯通和普莱费尔向助理外交大臣解释了这个密码，当然也指出它的主要优点——有一个共同字母的两对明文在密文中可能没有任何相似之处，正如上面的 *le* 和 *te* 加密成 MP 和 NL 一样。而且，一旦掌握方法，加密起来非常简单迅速。当那位助理大臣反对说，这个系统过于复杂，惠斯通自愿提出，可以在 15 分钟内教会附近小学每四个男孩中的三个。助理大臣止住他。“那很有可能，”他说，“但你永远教不会使馆随员。”

普莱费尔觉得这个说法针对的是外交官，不是密码，他依然对这种密码充满热情。他的热情不是没有道理的。第一，双码消除了单字母的特征，例如 *e* 不再被识别为一个独立单位，这一点破坏了单表替代的频率分析方法。第二，双码加密使频率分析可用的元素减半。一段 100 个字母的文字将只有 50 对密码符号。第三，也是最重要的，双码的数量远远大于单字母，相应地，其语言特征分布于更多元素，因此它们被区别处理的机会也少得多。字母只有 26 个，但双码有 676 个；两个最常见英文字母 *e* 和 *t* 的平均频率是 12% 和 9%，两个最常见双码 *th* 和 *he* 的频率各自只达到 3.25% 和 2.5%。换句话说，不仅可供选择的单元更多，这些单元间的区别也更模糊，破译更是难上加难。

仅从编码角度考虑，这些特征足以使这种密码凌驾于当时大部分密码之上；它也许被看成是不可破译的。它的许多实际优点：无须表格或设备，密钥词易记易换；操作非常简便，使之成为一种理想的战地密码。普莱费尔在那次晚宴上向艾伯特亲王提及时，也正是想把它用于即将到来的克里米亚战争[1]。没有证据表明它当时得到应用，但有报告说它用在布尔战争[2]中。英国陆军部显

[1] 译注：Crimean War，1853—1856 年发生的俄国与英、法、撒丁王国、土耳其联盟之间的战争。俄国侵略土耳其，引发战争。1854 年，土耳其的欧洲盟国干预摧毁俄国在黑海的海军力量，经过长期围攻，于 1855 年最终占领了要塞城市塞瓦斯托波尔。

[2] 译注：Boer War，英国和布尔人间为争夺南非殖民地展开的战争。布尔战争一共有两次，分别是 1880—1881 年和 1899—1902 年。此处当指第一次。

然保守了这种密码的秘密，因为陆军部已经采用它作为英国陆军战地系统的一部分。而普莱费尔对朋友系统的无私倡导无意中剥夺了惠斯通的编码遗产，虽然普莱费尔从未声称这是他自己的发明，陆军部还是开始称之为“普莱费尔密码”。直到今天，他的名字依然与它联系在一起。

1857 年，英格兰市面上出现一种约 10 厘米 ×13 厘米的卡片，卡片上用红黑色印着一张方表，售价 6 便士。这是一种“适合电报和明信片”的密写系统，后者是一种比电报还新的通信方式。英国皇家海军上将弗朗西斯 · 蒲福（Francis Beaufort）爵士发明了这种密码，他的弟弟在他去世几个月后出版了它。蒲福曾拟定蒲福风级，气象员据此用数字 0（无风）到 12（飓风）表示风力。卡片封套上写着用法：“为前述密码设置密钥时，可以是不易忘记的一行诗，或值得记住的人名或地名……现在，从边上一列中找到文字第一个字母（*t*），再向右在表中找到密钥第一个字母（*v*），在 V 所在列顶端会发现字母 C。”这就是密文字母。

这个方表本质上与维热纳尔密码表一样，不同的是它在四面全部重复自然序字母表，因此这个方表扩展到横竖 27 个字母，四角都有 A。它的加密相当于逆序维热纳尔密码表。该系统最初由一位名为乔瓦尼 · 塞斯特里（Giovanni Sestri）的人提出，出现在罗马 1710 年出版的一本无人问津的书里，比蒲福早了近 150 年。但在蒲福名下，这个密码表转了一圈回到原地，成了一种密码标准，虽然它在理论上无足轻重。

它还催生了一个名为“蒲福变种”（Variant Beaufort）的系统。在这个系统中，加密人不是从明文字母，而是从密钥字母开始加密：从表中找到明文字母，再向上找出密文字母。实际上，这个系统叫成“维热纳尔变种”（Variant Vigenère）更合适，因为解密时，解密员要执行维热纳尔密码的加密操作：在边上找到密钥字母，顶行找到密文字母，从两个字母开始在表中交叉处找到明文字母。因此，维热纳尔和蒲福变种是互逆的——此系统的加密操作成为彼系统的解密操作。另一方面，真正的蒲福密码本身是互逆的，因为同样的操作——从已知字母开始，找到密钥字母，再向上找到未知字母——既用于加密，也用于解密。

两年后，一个当时在一家制炉和铸造公司工作的美国人，和蒲福一样蜻蜓点水般地涉足了密码学。与蒲福一样，他的成果也是一部单一的简短作品。但和那位海军上将不同，这部作品进入了未知领域，打开了崭新视野，但它很快沉入了密码学大海，杳无踪迹，正如默默无闻的蒲福一样。

“蒲福变种”系统的发明者是时年 39 岁的普利尼·厄尔·蔡斯（Pliny Earle Chase）。这个天才少年 15 岁进入哈佛，后来在费城教了 7 年书，直到健康状况恶化，迫使他进入稍微轻闲的商业领域工作。1861 年，他重回教职，成为费城附近哈弗福德学院的自然科学教授，后任哲学和逻辑学教授。他的课很有趣，尤其是在讲授天文学时，他还与霍勒斯·曼（Horace Mann）合著了一本算术教科书。但他最耀眼的成就大概要数他为学术杂志撰写的 250 多篇文章。其中一篇写于 1859 年，虽然只在新出的《数学月刊》（*Mathematical Monthly*）占了短短三页，但它首次在出版物中描述了“分组加密系统”（fractionating cipher systems），或曰“分层加密系统”（tomographic cipher systems）。

这类密码系统的基础可以追溯到几千年前的波利比乌斯。直到今天，这个公元前 2 世纪的希腊历史学家传下的密码表有时还被称为“波利比乌斯方表”，虽然它更常见的名字是“棋盘密码”。侧边和顶端数字代表某个字母的行和列。类似系统不时出现在密码学中。一些用三种符号，三个一组替代字母表（a = 111、b = 112、c = 113、d = 121，等等），一些用两种符号，五个一组（a = 00000、b = 00001、c = 00010，等等）。但似乎大家都只是把这些符号看成是无法更改的整体部分，没人把它们看成可以操作的单元。

直到蔡斯出现。他割断符号间的相互联系，用不同编码方法处理得到的部分。他从一个填充 10 列希腊字母的棋盘密码开始：

	1	2	3	4	5	6	7	8	9	0
1	x	u	a	c	o	n	z	l	p	φ
2	b	y	f	m	&	e	g	j	q	ω
3	d	k	s	v	h	r	w	t	i	λ

蔡斯竖写坐标，这样他的示例明文 *Philip* 就是这样：

1	3	3	1	3	1
9	5	9	8	9	9

他再把下面一行乘以 9，得到以下结果：

	1	3	3	1	3	1
8	6	3	9	0	9	1

他把这个代回他的棋盘密码，恢复为文字形式，8（本身）= L、J 或 T、16 = N、33 = S、39 = I，等等，最终密文为 LNSIΦIX。

蔡斯还提出了其他变换底行的方法，如加上一段重复密钥，或给出该行的对数，并指出还可以使用更复杂的步骤。"但只要能达到保密效果，密码越简单越好。"他明智地总结道。蔡斯系统提供了如铁桶般的保密，而且操作相对简单。然而密码学历史显示，虽然蔡斯系统远远胜过许多实际使用的系统，还没有人曾经用过它们。

维多利亚时期的密码分析家中，最耀眼的当数那位剑桥卢卡斯数学教授[1]查尔斯·巴贝奇[2]。他阐述的原理成为现代大型计算机运行的基础，他本人制造了计算机原型，成为这一领域的先驱。他的大部分密码分析成果从未发表过，因此从来没有影响到这门科学，但他的分析方法惊人的先进。他是最早在密码分析中使用数学符号和公式的人之一，他在多表替代依然被看成"不可破译密码"的时代破译了它；他似乎是第一个破译自动密钥的人。在少量作品中，他

[1] 译注：卢卡斯数学教授席位是英国剑桥大学的一个荣誉职位，授予对象为数理相关的研究者，同一时间只授予一人，此教席的拥有者被称为"卢卡斯教授"(Lucasian Professor)。牛顿和霍金曾拥有这一称号。

[2] 译注：Charles Babbage（1791—1871），英国数学家、哲学家、发明家、机械工程师，可编程计算机概念发明者，被称为"计算机之父"。

展示了对这门学科的独到见解和对这一领域的杰出把握。

巴贝奇生于 1792 年。他兴趣广泛：铁路研究、考古、潜艇导航、遮光式灯塔、研究树木年轮来知晓古代气候、开锁（仅为科学目的）、今日所称的运筹学，等等。从银行家父亲手里继承的一大笔财富，为他的众多爱好提供了资金支持。他痛恨伦敦街头风琴手，长期不懈地激烈反对他们，但毫无成效。巴贝奇迷恋统计现象，编制了死亡率表和对数表，计算了各种文字中的字母比率，测量他碰到的所有动物的心率和呼吸频率。密码学也许是他的统计学兴趣的一个分支，这一点也导致他终生致力于将机器用于计算数学表格。他 30 岁时写了一篇与此有关的论文，获得第一枚天文学会[1]颁发的金质奖章。巴贝奇穷其余生，努力实现他的差分机（Difference Engine）和分析机（Analytical Engine）梦想。他甚至在七年后辞去剑桥教授职位，完全致力于发明这些机器。

问题在于，他从未完成一件事。对于研究的两种数学机器，他总是不停地想到新主意，推翻之前的工作。雪上加霜的是，因为没有任何具体成果，政府撤回了资金支持（他自己还搭进去大量资金），这些使晚年的巴贝奇从一个谈吐风趣、富有幽默感的社交绅士变成一个愤世嫉俗的人。虽然他在 78 岁时带着遗憾离世，但他的设想最终得以实现，特别是他的分析机逻辑结构，我们依然可以在今天的大型电子计算机中看到它的身影。

巴贝奇发表过一篇密码学小短文，在那些破译一篇小广告到凌晨 3 点的业余爱好者看来，其开场白是如此熟悉："在我看来，解密是所有技艺中最迷人的，我担心自己在这上面浪费了太多时间。"与熟人惠斯通和普莱费尔一样，巴贝奇也乐于破译充斥报纸"私事广告栏"的加密个人广告，这也许为他进一步的言论做出解释，"很少有密码值得一破"。

巴贝奇还是唯一已知因密码分析受到身体伤害的人。这事发生在他上学时："大男孩们编出密码，但只要得到几个单词，我通常都能破出。这份机灵的结果常常是痛苦的：虽然错在他们自己的愚蠢，密码的主人有时会把我痛打一顿。"

他因密码分析才能而有的名气在后来的日子中没有衰落，回报也变得没

[1] 译注：Astronomical Society，英国皇家天文学会（Royal Astronomical Society，1831 年成立）前身。

那么痛苦。1850 年 7 月，他破译查理一世王后亨利埃塔·玛丽亚（Henrietta Maria）的一个密码，但回绝了破译国王一封七页密信的任务，他转而推荐了惠斯通，后者破译成功。他破译了一篇速写笔记，解开了一个历史之谜：谁是首位皇家天文学家约翰·弗拉姆斯蒂德[1]生平的写作者。1854 年 4 月 20 日，大律师金莱克（S. W. Kinglake）从林肯律师学院致信巴贝奇，请他帮忙破译某份密件中的一些重要密信。巴贝奇接手这一任务，破开一札单表替代密信，读到这样一些悄悄话："*Where is it to end*" 和 "*You have had warnin[g] long ago of what I wished*"[2]。

这些年，他也在破译多表替代。在多表替代中，密信保留了单词间隔，巴贝奇抓住这点作为突破口。如在 1846 年，他破开侄子亨利写来的一封密信，猜测它以 *Dear Uncle*（亲爱的叔叔）开头，以 *nephew*（侄子）和 *Henry* 结尾。密信用维热纳尔密码加密，密钥是 SOMERSET。他对周期性（密钥重复）有着深刻的理解，并且在回应一次公开挑战时，他设法从精心设计的密码中还原出两个初始密钥 TWO 和 COMBINED，解开一个维热纳尔双重加密密码，第一步用一个密钥，第二步用另一个密钥。

"破译艺术最奇妙的特征之一，" 他在自传《一个哲学家的生平插曲》（*Passages from the Life of a Philosopher*）中宣称，"是每个人，哪怕只是粗略知晓密码，都有一个强烈信念，认为他可以编出一个无人能解的密码。我也注意到，越是聪明人，他的信念越坚定。在研究这个问题的初期，我也有这种看法，而且保持了多年。"

"有一次，当我与已故的皇家学会会长戴维斯·吉尔伯特（Davies Gilbert）先生讨论它时，" 他继续说道，"我们都认为自己有一个绝对不可解密码。结果是，我们都想到同样的做法。" 就是用每个密文字母做密钥，加密其随后的明文字母。采用乱序密码表，巴贝奇和吉尔伯特都各自重新发明了卡尔达诺和维热纳尔自动密钥——虽然巴贝奇坦承，"我确定肖特的《密写学》，甚至特里特米乌斯的《隐写术》中，或许存在这种密码"。多年后，他向一个朋友解释这

[1]　译注：John Flamsteed（1646—1719），英国天文学家，格林尼治皇家天文台的首位皇家天文学家，绘制了首幅航海用的星相目录。

[2]　译注：前一句字面大意为：如何收场？后一句为：我的心愿早就告诉了你。

种密码时说，“一个能破译它的模糊想法进入我的脑海。”他开始破译它，无疑是得到单词间隔的帮助，最终完成了史上第一个自动密钥密码的破译。正是由于乱序密码表，这一成就才如此斐然。

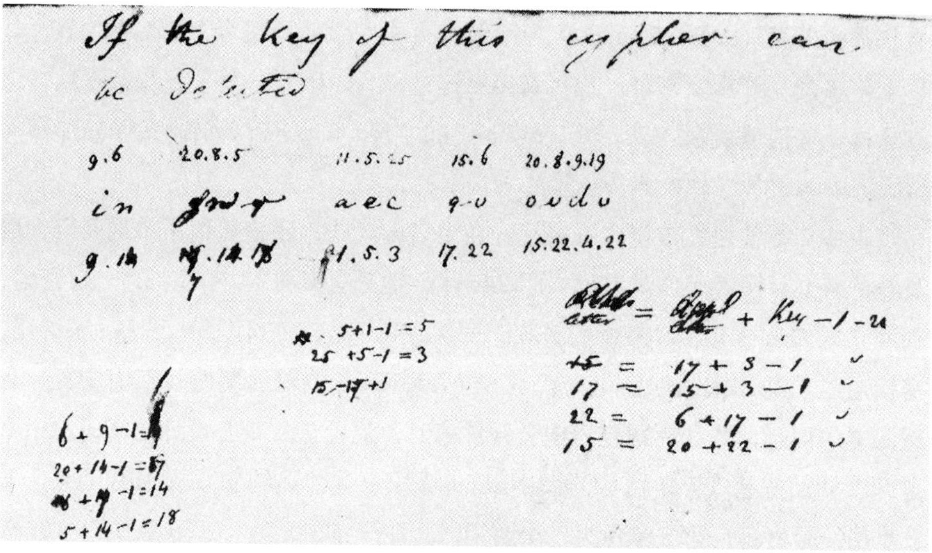

查尔斯·巴贝奇用数学方法破译一个密码

将代数用于密码学，巴贝奇的独创思想闪现出耀眼的光芒。他的纸上写满了公式，他用这些公式帮忙破译密码，深入解析密码的内在结构。遗憾的是，他的笔记太潦草、不完整，谁想要去尝试了解，看到这些公式只能干着急。他最为壮观的公式如下，这是他处理吉尔伯特发给他的一封数字密信时，匆匆写在草稿纸上的：

$$a=\frac{A_1R_1-A_1R_2-A_2R_1+A_2T_2-A_0R_2+A_0R_3-A_1R_2-A_1R_3}{A_1^{\,2}-2A_1A_2+A_2^{\,2}-A_0R_2+A_0R_3+A_1A_2-A_1A_3}$$

看上去挺吓人，或许很有效，但人们既找不到符号用法表，也没有公式用途的任何线索。

像在其他领域一样，巴贝奇在密码学上也有着出色的才能，但这些才能都受制于同一个缺点：总想着不断改进，却完不成一件哪怕不完美的工作。要是他将任何一个详细的密码分析结果发表，其独特的见解也许会颠覆这门学科。但他的缺点剥夺了他的这份殊荣。

还有一位密码学道路的开创者，对于他，除去服役记录提供的概况外，我们所知不多，但好在记录虽然不够详细，至少还算完整。他就是弗里德里希·卡西斯基（Friedrich W. Kasiski），作为东普鲁士第 33 步兵团军官度过了整个职业生涯。1805 年 11 月 29 日，卡西斯基出生于西普鲁士施洛豪（Schlochau，今波兰奇武胡夫）。他 17 岁入伍，加入第 33 步兵团。3 年后，1825 年，他被任命为少尉——担任这一军衔长达 14 年；但他担任中尉军衔时，只用 3 年就被提拔为上尉连长，然后在这一位置待了 9 年。1852 年，他以少校军衔退役。虽然从 1860 到 1868 年，他忙于指挥一个国民卫队性质的营，但还是挤出足够时间来研究密码学；1863 年，经由著名的米特勒和佐恩出版社，他简短但具有划时代意义的著作在柏林出版。

《密码和破译技术》（*Die Geheimschriften und die Dechiffrir-kunst*）用四分之三的篇幅集中回答一个困扰了分析员 300 多年的问题：如何实现重复密钥多表替代密码的一般破译。（一章专门讲述“法文密码破译”，在这本献给普鲁士陆军大臣阿尔布莱希特·冯·罗恩［Albrecht von Roon］伯爵的书中，这是一个相当不祥的兆头。短短 7 年后，伯爵打造的一支军队打败了法国。[1]）多表替代的破译打开了通向现代密码学的大门，但这本 95 页的图书当时似乎没产生什么影响。卡西斯基本人也对密码学失去了兴趣。他成了一个热心的业余人类学家，加入了但泽自然科学学会，挖掘史前古墓，为学术期刊撰写他的工作报告。（《不列颠百科全书》［*Encyclopaedia Britannica*］引用了他的一篇学术文章。）卡西斯基死于 1881 年 5 月 22 日。几乎可以肯定，他没有认识到，他给密码学带来了一场革命。

这场革命始于此：卡西斯基抓住了一个波尔塔等人注意到但没有看清的现象，即一段密钥重复和明文重复的结合产生了密文重复：

[1] 译注：普法战争中，1870 年 9 月 1 日，普鲁士军队在色当大败法军，拿破仑三世被俘。

密钥	R U N R U N R U N R U N R U N R U N R U N R U N R U N R U N R U N
明文	t o b e o r n o t t o b e t h a t i s t h e q u e s t i o n
密文	K I O V I E E I G K I O V N U R N V J N U V K H V M G Z I A

密钥 RUNR 每次加密重复明文 *to be* 时，都会产生重复四字母密文 KIOV。同样的原因，产生同样的结果。同理，重复密钥段 UN 用于加密重复的 *th* 时，得到重复密文 NU。

显而易见，当某段密钥加密几个间隔开的明文字母片段时，密钥词至少重复一次。两段重复密文间的字母数量将记录下密钥词重复次数。两段重复“之间”的间隔数量实际上包括了重复字母，因此，第一段 KIOV 和第二段之间的间隔为 9，计算方法是：5 个非重复字母加 4 个重复字母。这个 9 字母的间隔来自这样一个事实：密钥词有 3 个字母，重复了 3 次。这些重复暴露了隐藏在密信表面下的密钥词的活动，恰似鱼标的起伏显示出鱼的咬钩动作。对重复间隔的分析可以揭示密钥词长度。

很明显，并非所有明文重复都会表现出密文重复。*That is* 和 *question* 中的两个 *ti* 就没有，因为它们由不同的二连密钥字母加密，*is the* 和 *question* 中的两个 *st* 也是这样。而且，有时重复只是巧合的结果。如用 CO 加密 *th* 就成为维热纳尔密码中的 vv，但是用 NE 加密 *ir* 也会得到 vv。因此，两次出现 vv 并不一定是明文 *th* 的重复。这些假象在多表替代破译中通常被称作“伪重复”(accidental repetitions)，用以区别 KIOV 这样的“真重复”(true repetitions)。

伪重复自然会在密钥词长度上给出一些虚假线索。但因它们分布散乱，而真重复分布集中，所以密钥词的真实长度通常呈现得相当清楚。知道密钥词用了几个字母，就能知道多表替代加密用了几个密码表。有了这些信息，分析员即可筛选出密信中的字母，把所有用第一个密钥字母加密的字母归入一组，用第二个密钥字母加密的归入另一组，依此类推。因为所有第一组中的（比如）*e* 都在一个单一密钥字母影响下转换成同一个密文字母，所有 *a* 也转换成一个密文字母；依此类推，每组字母集合都构成一个单表替代密码，从而可以按单表替代破译。

下述密信示例可以厘清这一点：

ANYVG YSTYN RPLWH RDTKX RNYPV QTGHP HZKFE YUMUS AYWVK
ZYEZM EZUDL JKTUL JLKQB JUQVU ECKBN RCTHP KESXM AZOEN SXGOL
PGNLE EBMMT GCSSV MRSEZ MXHLP KJEJH TUPZU EDWKN NNRWA GEEXS
LKZUD LJKFI XHTKP IAZMX FACWC TQIDU WBRRL TTKVN AJWVB
REAWT NSEZM OECSS VMRSL JMLEE BMMTG AYVIY GHPEM YFARW AOAEL
UPIUA YYMGE EMJQK SFCGU GYBPJ BPZYP JASNN FSTUS STYVG YS

三连字母及以上重复用下划线标出；虽然二连字母重复在短密信中很有价值，但因出现频率太高，可被忽略。单字母频率统计如下：

E	S	M	Y	T	A	K	U	L	N	P	G	J	R	Z	V	W	B	H	C	X	F	D	I	Q	O
22	18	16	16	15	14	14	14	13	13	13	12	11	11	11	10	9	8	8	7	7	6	5	5	5	4

此处显然不同于单表替代频率统计。所有 26 个字母都出现了几次，而一段相同长度的单表替代密信里则会缺少几个字母。没有突出的字母，两个最高字母频率只达到 7.7% 和 6.3%，相比之下，单表替代则达到 12%。一眼看上去，我们也看不到高频、中频、低频和罕见字母平台；相反，它呈现平缓下降特征。这些特征是由单个字母频率分布在几个密码表中而导致的。

确定重复后，卡西斯基建议分析员“计算各重复间距离……尝试把该数字分解成因数……出现频率最高的因数指出了密钥字母数”。分析员通常用表格形式执行这项操作——现称“卡西斯基分析”（Kasiski examination）。

	位置			
重复	**第一次**	**第二次**	**间隔**	**因数**
YVGYS	3	283	280	2×2×2×5×7
STY	7	281	274	2×137
GHP	28	226	198	2×3×3×11
ZUDLJK	52	148	96	2×2×2×2×2×3
LEEBMMTG	99	213	114	2×3×19
SEZM	113	197	84	2×2×3×7
ZMX	115	163	48	2×2×2×2×3
GEE	141	249	108	2×2×3×3×3

频率最高的因数是 2，各例都出现过。但因为 2 是每个偶数间隔都有的因数，而且因为只有 2 到 3 个字母数的短密钥可能性极小，分析员通常只考虑 4 及以上的长度。以上列表中，4（即 2×2）在 8 个间隔中出现五次；5 只有一次；6 出现六次；7，两次；8，两次；9，两次；12，四次。所有其他因数（除去这些因数的积，如 18 和 24 等外）只出现一次。首先，根据频率，6 似乎是正确选择，但细想一下，考虑到以 12 为周期的重复，其出现频率只有以 6 为周期的一半，12 的表现更佳。但这时分析员检查发现，若以 12 为周期，LEEBMMTG 的 2×3×19 间隔就成了伪重复，这种可能性极小，以 6 为周期则保持它是密钥引起的重复。于是分析员又回到周期 6。YVGYS 的重复表现只能暂时忽略。

然后分析员抄写密信，六字母一行，在假定用同一密钥加密的字母下面写下密钥字母。分析员分出各列，尝试找出每列字母的对应明文字母。在上述密信中，他在第一列找到下面 48 个字母。它们是由第一个密钥字母加密的所有字母（周期 6 正确的情况下），由密信中的第 1、7、13、19、25、31……个字母组成：ASLKVHUWZLJUKHMSGMSZKUWWSLHZWUTJAZSJMVEWUYJGJJSY。

虽然频率统计的数据稀少，但它明确反映出单表替代特征；相对来说，多表替代频率统计看上去比这平滑得多：

A B C D E F G H I J K L M N O P Q R S T U V W X Y Z

这是个振奋人心的标志，因为只有当分析员推断的周期正确时，这种统计才呈现出单表替代特征。

在经验丰富的人眼中，这个频率统计的峰峦沟壑描绘出一样东西：标准轮廓，即（英文）标准频率统计得到的轮廓。它不必始于 *a*，它甚至以循环形式保持了形状。处理维热纳尔家族中的恺撒密码表时，分析员碰到最多的就是这种形式。标准轮廓里最持久、最醒目的特征是低长的 *uvwxyz* 准平原，它几乎占整个轮廓四分之一，并且位置被压得很低。高耸在这个盆地两侧的，一边是 *rst* 山脉，另一边是独峰 *a*。这个轮廓的其他特征很容易被例文长度缩减侵蚀。顶点 *e* 通常出现在 *a* 和双塔 *hi* 间的中点，后面跟着急剧下降的 *jk*。高频 *n* 和 *o* 同样隆起成双峰。然而在短例文中，轮廓的谷通常是比峰更可靠的指标。

这个地貌以一种发育不全的形式出现在上面的统计中。低频洼地无疑是 NOPQR。*rst* 组不能对应 KLM，因为如果那样的话，高频 J 将代表 *q*，高频 S 将代表 *z*。因此它只能与 JKL 一致，虽然这会给明文 *u* 一个稍显不称的频率，但它依然在允许范围内。明文 *c* 也有一个过高的频率，但这是分析员必定会碰到的正常偏离之一。因此总体而言，配对结果令人满意。如果明文和密文字母表都像此处一样为已知对象，都是自然序字母表，认出一个明文字母就能对齐明文和密文字母表，从而立即认出所有其他密文字母。此例中，分析员在 *uvwxyz* = MNOPQR 这一“点”上对齐明密成分，得到下面结果：

明文 i j k l m n o p q r s t u v w x y z a b c d e f g h
密文 A B C D E F G H I J K L M N O P Q R S T U V W X Y Z

一种更常见的排列是把明文 *a* 转到最前面，但明密对应关系维持不变。由第一个密钥字母加密的 48 个字母的对应如下：

密文 A S L K V H U W Z L J U K H M S G M S Z K U W W S L H Z W U T J A Z S J M V E W U Y J G J J S Y
明文 i a t s d p c e h t r c s p u a o u a h s c e e a t p h e c b r i h a r u d m e c g r o r r a g

这是一个可以接受的明文字母集，破译过程开始加速。

也许，当分析员把密码表识别成标准轮廓之后，从中他得到的最重要结论是密码属于维热纳尔类型。这为人们运用各种特殊技术打开了一扇大门，而这些技术的基础是：该类型密码表都是已知的。这些技术也可用于任何其他密码表已知的多表替代密码，但在维热纳尔类型中，这种情况出现的频率要高得多，因为它采用的 A 至 Z 排列标准众所周知，并且被广泛应用。

其中一个特殊技术是，自动识别明文字母。它采用套印明文字母的纸板条，9 个高频字母（*e*、*t*、*a*、*o*、*n*、*i*、*r*、*s*、*h*）用红色，其余为黑色。分析员把这些纸板从上到下排列，使密文字母在最左边排成一列，而右边自动生成的列代表那组密文字母的所有可能译文。分析员扫视各列，看哪一列最红，高频字母最多。通过概率论，可以预测最红一列为正确译文的可能性：有 9 个密文字母时为 42%；有 12 个密文字母时为 61%；15 个时为 74%。如果它们算上次红列，正确明文的概率则分别上升到 74%、85% 和 90%。

此法的一个缺陷是，因为这 9 个字母占到字母表的三分之一，大部分列看上去都会相当红。因此，去掉错误列比选择正确列更容易，而最好的剔除标准是：剔除过多出现罕见字母的那一列。颜色原则也许适用于这些罕见字母：5 个低频字母由蓝色表示。印刷附表中演示了这种技术，罕见字母 *j*、*k*、*q*、*x* 和 *z* 用黑体字表示。表中显示的 10 个密文字母（密文第 2、8、14、20、26……个字母）由第二个密钥字母加密。现在，5 个低频字母的总频率约为 2%。在一段像这样有 48 个字母的文字中，这 5 个字母中 4 个出现的概率几乎为零，如果一列有 3 个或以上粗体字母，分析员可以放心地去掉这些列。

密文	可能明文
N	n o p **q** r s t u v w **x** y **z** a b c d e f g h i **j k l** m
T	t u v w **x** y **z** a b c d e f g h i **j k l** m n o p **q** r s
W	w **x** y **z** a b c d e f g h i **j k l** m n o p **q** r s t u v
X	**x** y **z** a b c d e f g h i **j k l** m n o p **q** r s t u v w
Q	**q** r s t u v w **x** y **z** a b c d e f g h i **j k l** m n o p
Z	**z** a b c d e f g h i **j k** l m n o p **q** r s t u v w **x** y
M	m n o p **q** r s t u v w **x** y **z** a b c d e f g h i **j k l**
V	v w **x** y **z** a b c d e f g h i **j k l** m n o p **q** r s t u
M	m n o p **q** r s t u v w **x** y **z** a b c d e f g h i **j k l**
J	**j k l** m n o p **q** r s t u v w **x** y **z** a b c d e f g h i

基于以上分析，只有以 *flop* 开头的列可以接受。当这些字母与明文中出现在它们前面的字母放在一起时，两次选择的正确性无可争议：

1	2	3	4	5	6
A	N	Y	V	G	Y
i	f				
S	T	Y	N	R	P
a	l				
L	W	H	R	D	T
t	o				
K	X	R	N	Y	P
s	p				
V	Q	T	G	H	P
d	i				
H	Z	K	F	E	Y
p	r				
U	M	U	S	A	Y
c	e				

1	2	3	4	5	6
W	V	K	Z	Y	E
e	n				
Z	M	E	Z	U	D
h	e				
L	J	K	T	U	L
t	b				
J	L	K	Q	B	J
r	d				
U	Q	V	U	E	C
c	i				
K	B	N	R	C	T
s	t				
H	P	K	E	S	X
p	h				

……

从这里开始，分析员可以试猜单词，看看可以带来什么结果，最后完成破译。如，*he* 前面急需一个 *t*，这是第六列的 E。*t* = E 是维热纳尔密码中以 L 为密钥字母的那张表，以此表试破，得到的结果令人满意：*e*、*e*、*n*、*t*、*a*、*r*、*m*……

最终得出的密钥是 SIGNAL，明文如下：*If signals are to be displayed in the presence of an enemy, they must be guarded by ciphers. The ciphers must be capable of frequent changes. The rules by which these changes are made must be simple. Ciphers are undiscoverable in proportion as their changes are frequent and as the messages in each change are brief. From Albert J. Myer's Manual of Signals*。[1]

长度最长的重复 LEEBMMTG 来自两个 *frequent* 与密钥 GNALSIGN 的重合。次长的 ZUDLJK 来自两个 *must be* 与密钥 NALSIG 的重合。另一方面，*ciphers* 的三次重复和 *change* 的四次重复都没有从密文长度中脱颖而出，因为它们每次都遇到不同的密钥片段。伪重复 YVGYS 源于一个极为罕见的情况，密钥 GNALS 加密了 *signa*，尔后密钥 SIGNA 又加密了 *gnals*。虽然三连码以上的伪重复出现过，但还是极其罕见。

如果重复密钥系统的密码表未知，该怎么办呢？分析员只有逐个找出明文字母，因为认出一个并不会解出全部。通常他会做一次语言分析，以连缀、频率等为基础，尝试做出假设。这些均遵循单表替代的破译步骤。他把这些假设代入密信，一点点还原明文，通常借助于还原密钥和重建密码表。要想在这一过程获得成功，他需要找出 40—60 个与明文对应的密钥字母。

[1] 译注：大意为，若通信能为敌方所悉，则须加密。密码应能经常更换。更换规则须简单。密码更换越勤，每个密钥所发信息越短，密码越不易暴露。摘自艾伯特·迈尔（Albert J. Myer）的《通信手册》（*Manual of Signals*）。

第7章　联邦危机

萨姆特要塞[1]的致命炮声打响后不久，一个36岁的电报员被召到俄亥俄军区辛辛那提司令部。他就是平步青云的安森·斯泰杰（Anson Stager），时任新成立的西联电报公司首任总监。战争动员时，他被指派负责俄亥俄军区军事电报业务。斯泰杰以前曾为俄亥俄州长丹尼森设计了一个密码，用于与印第安纳州和伊利诺斯州的州长通信，效果不错。他还受乔治·麦克莱伦（George B. McClellan）少将邀请，编制一个州与州间的军事密码。

斯泰杰接受了任务。不久后，麦克莱伦开始依靠这个密码，保护他的通信安全，在西弗吉尼亚战役期间取得节节胜利，西部军区司令约翰·弗雷蒙（John C. Frémont）少将也用这个密码来发送作战命令。艾伦·平克顿（Allan Pinkerton）是最早使用这个密码的人之一，他是平克顿侦探事务所创建人。密码的密钥很短，一个上校干脆就把它记在一张名片背面。麦克莱伦喜欢它的简洁、可靠，1861年后期，到东部任波多马克集团军（Army of the Potomac）指挥官时，他就带上它。它很快在联邦军队中传开，成为南北战争中最优越、最著名的密码。它也是第一个广泛使用的军事密码，这在很大程度上是因为在南北战争中，电报首次得到大规模应用。

---

[1]　译注：Fort Sumter，1861年4月12日凌晨4点30分，南方邦联军队向萨姆特要塞开炮，打响美国南北战争第一枪。

这是一种单词移位密码。显然，斯泰杰的电报工作经历促使他设计出一种密文由普通单词构成的密码——和新的电码本一样，普通单词远比一堆乱七八糟的字母更不易出现致命错误。这个系统极致简单：明文先横着写，再以特定次序竖着誊，从某些列向上，再从另一些列向下。随着战争进行，一些简单改进显著地增加了它的保密性：虚码搞乱了密文，矩形字组日益膨大，取词路径穿过矩形内由对角线和中断的列形成的迷宫。尤利塞斯·格兰特[1]的密码员塞缪尔·贝克威思（Samuel H. Beckwith）建议，他精心选择能尽量减少报文错误的密语，代替重要词汇。一开始，这个密码可以写在一张卡片上，到战争结束时，它需要12页标出取词路径，36页列出1608个代码词。它就是“4号密码”（Cipher No. 4）——美国北方在不同时期采用的12个系列密码中的最后一个。[2]

1863年6月1日，亚伯拉罕·林肯[3]寄出的一封加密电报很好地演示了这个系统：“For Colonel Ludlow. Richardson and Brown, correspondents of the Tribune, captured at Vicksburg, are detained at Richmond. Please ascertain why they are detained and get them off if you can. The President.”[4]加密所用的“9号密码”提供了下述替代密语：VENUS表示*colonel*（上校）；WAYLAND表示*captured*（被捕）；ODOR为*Vicksburg*（维克斯堡）；NEPTUNE是*Richmond*（里士满）；ADAM代表*President of U.S.*（美国总统）；NELLY表示发报时间*4:30p.m.*（下午4点30分）。加密员把信息写成七行，每行五个单词，最后用三个虚码补全矩形：

---

[1]　译注：Ulysses S. Grant（1822—1885），美国南北战争时北军总司令，第18任总统（1869—1877）。

[2]　原注：这些不包括几个军区在各自辖区内采用的密码——大部分是简单的单词移位。密苏里军区比其他军区更广泛地使用这些密码。步兵通信部队成员也提出不少其他密码系统。这些密码通常由各种多表替代系统组成，其中一个——一套26个木质扇形牌，各有一个不同密码，由埃德温·霍利（Edwin H. Hawley）中士设计，与一个密钥词共同使用——后来发展成美国颁发的第一个密码装置专利（专利号：48681，1865年7月11日）。

[3]　译注：Abraham Lincoln（1809—1865），美国共和党政治家，美国第16任总统（1861—1865），他因主张反对奴隶制度的政治纲领而当选总统，这一点加速了美国内战的爆发；战争结束后不久遇刺身亡；他以简洁、雄辩的演讲闻名于世，其中包括1863年的葛底斯堡演讲。

[4]　译注：大意为，致勒德洛上校，在维克斯堡被捕的《论坛报》记者理查森和布朗关在里士满。请查清拘留他们的原因，如果可以，释放他们。总统。

For	VENUS	Ludlow	Richardson	and
Brown	correspondents	of	the	Tribune
WAYLAND	at	ODOR	are	detained
at	NEPTUNE	please	ascertain	why
they	are	detained	and	get
them	off	if	you	can
ADAM	NELLY	THIS	FILLS	UP

这种形状的取词路径为从第一列向上，第二列向下，第五列向上，第四列向下，第三列向上，每列结尾插入虚码。电报以密钥词GUARD开头，提示矩形尺寸和取字路径，得到密文："GUARD ADAM THEM THEY AT WAYLAND BROWN FOR KISSING VENUS CORRESPONDENTS AT NEPTUNE ARE OFF NELLY TURNING UP CAN GET WHY DETAINED TRIBUNE AND TIMES RICHARDSON THE ARE ASCERTAIN AND YOU FILLS BELLY THIS IF DETAINED PLEASE ODOR OF LUDLOW COMMISSIONER."

该电报发自陆军部，电报上署名者是陆军电报总监托马斯·埃克特（Thomas T. Eckert）少校，他后来成为西联电报公司董事长。因为经埃克特部门收发的命令和报告所提供的战争信息比其他任何来源都详细、及时，于是林肯经常光顾该部。战役期间，他几乎住在这里。电报部门及附属密码部位于陆军部大楼二楼，分别为一个改造的图书馆和接待室。陆军部紧邻白宫，林肯每天来此休息，与三个年轻的电报员、密码员聊天。这三人是戴维·霍默·贝茨（David Homer Bates）、查尔斯·廷克（Charles A. Tinker）和艾伯特·钱德勒（Albert B. Chandler）。战争开始时，贝茨年仅18岁，多年后他回忆道：

"除了他的内阁成员和私人秘书，没人比密码员更接近林肯，与他关系更密切……因为内战期间，除白宫外，总统不睡觉时，待在陆军部电报部门的时间比其他任何地方都多……他高大、熟悉的身影日复一日地穿过白宫和陆军部之间布满阴影的草坪。"林肯进入密码室后，会打开一张桌子的小抽屉，阅读电报复件。密码员把这些电报复写在信纸大小的薄纸上，摊在那个抽屉里给总统看。

"他的习惯是从上往下看，"钱德勒写道，"看到已经读过的电报时，他微笑着说，'啊，我猜我已经见到葡萄干了。'看到我似乎不明白他的意思，他解释说，一个小女孩，喜欢吃葡萄干，由于吃的葡萄干过多，质量又不是很好，因此病得很重，只有在胃病迫使她节制饮食时，病情才好转些。一段令人痛苦的折磨过后，她兴奋地大喊她的麻烦快结束了，因为她已经'见到葡萄干了'。"

一日，恰逢全国禁食日，林肯走进电报办公室，他看到所有报务员都在忙，说道："诸位，今天是禁食日，我很高兴看到你们正在加紧[1]工作；我宣布了禁食日，因为我知道它对你们的工作会有促进作用。"战役进行时，总统会在年轻密码员身边，看他解密一封极其重要的电报。有时他会大声读出电报，当他读到 HOSANNA 和 HUSBAND 之类的密语，或者读到 HUNTER 和 HAPPY 时，他会无一例外地把它们译成"Jeffy D"和"Bobby Lee"。上述前两词在某个密码里都代表 *Jefferson Davis*[2]，后两词表示 *Robert E. Lee*[3]。

战争是灾难，谢尔曼[4]说，但他不了解邦联的密码编制。与联邦的严密组织相比，南方似乎把州自治权原则扩展到编码领域，允许各指挥官选择自己的代码和密码。因此 1862 年 4 月 6 日，夏洛战役前夕，那位杰出但不重视密码编制的艾伯特·约翰斯顿（Albert S. Johnston）将军与他的副司令皮埃尔·博雷加德（Pierre Beauregard）商定，在军事通信中用一个恺撒替代密码！两周前，杰弗逊·戴维斯总统寄给约翰斯顿"一本词典，我也有同样一本……*junction* 一词将写成 146. L. 20"，各部分分别指页码、左列和单词号码。博雷加德则寄给巴顿·安德森（Patton Anderson）少将一个单表替代密码，用于保护他们的通信秘密。按海军部长史蒂芬·马洛里（Stephen B. Mallory）的指示，约翰·马菲特（John N. Maffitt）海军上尉也购买了两本同样的词典作为密码书。马菲特当时正在莫比尔装备"佛罗里达"号巡洋舰，准备对北方军队的运输进行毁灭性打击。他的同事，勇敢的拉斐尔·塞姆斯（Raphael Semmes）海军中校，将指挥邦联第

[1]　译注："fast"一词可表示禁食，也可表示快速。

[2]　译注：杰弗逊·戴维斯（1808—1889），南北战争期间的南部邦联总统。

[3]　译注：罗伯特·李（1807—1870），美国将军，南北战争期间任南部邦联北弗吉尼亚州部队司令，1865 年投降。后文博比（Bobby）是罗伯特的昵称。

[4]　译注：威廉·特库姆塞·谢尔曼（William Tecumseh Sherman，1820—1891），美国将军，1864 年在南北战争中担任联邦军西部总司令。

一艘军舰“萨姆特”号干扰北方商船。作为准备工作的一部分，塞姆斯也出于同样目的购买了几本《里德英语词典》(*Reid's English Dictionary*)。

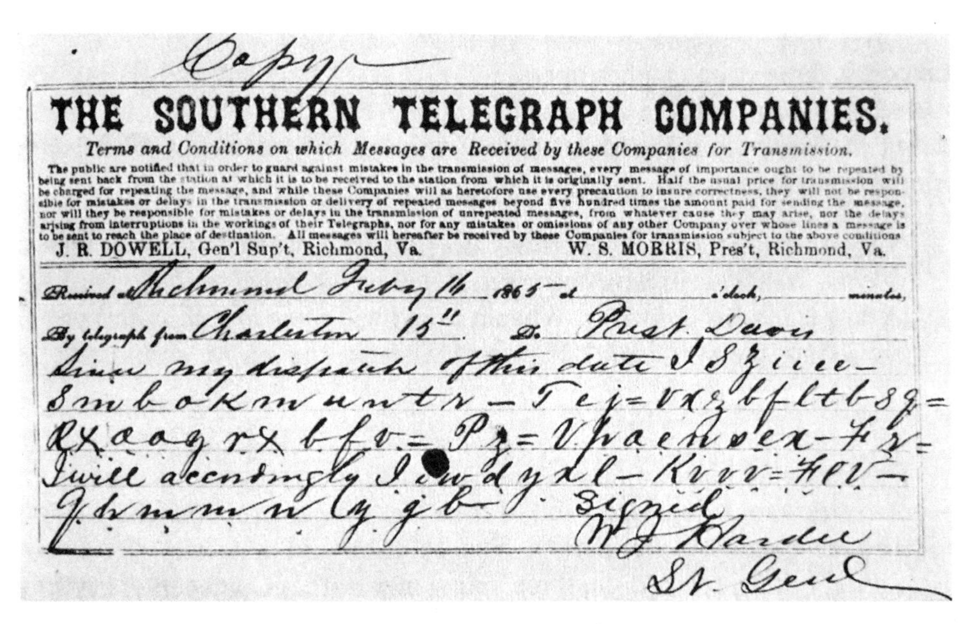

Copy

THE SOUTHERN TELEGRAPH COMPANIES.

Terms and Conditions on which Messages are Received by these Companies for Transmission.

The public are notified that in order to guard against mistakes in the transmission of messages, every message of importance ought to be repeated by being sent back from the station at which it is to be received to the station from which it is originally sent. Half the usual price for transmission will be charged for repeating the message, and while these Companies will as heretofore use every precaution to insure correctness, they will not be responsible for mistakes or delays in the transmission or delivery of repeated messages beyond five hundred times the amount paid for sending the message, nor will they be responsible for mistakes or delays in the transmission of unrepeated messages, from whatever cause they may arise, nor the delays arising from interruptions in the workings of their Telegraphs, nor for any mistakes or omissions of any other Company over whose lines a message is to be sent to reach the place of destination. All messages will hereafter be received by these Companies for transmission subject to the above conditions.

J. R. DOWELL, Gen'l Sup't, Richmond, Va. W. S. MORRIS, Pres't, Richmond, Va.

Received at Richmond Feby 16 1865 at ___ o'clock, ___ minutes,

By telegraph from Charleston 15th To Prest Davis

Since my dispatch of this date I [illegible]

I will accordingly [illegible]

Signed W J Hardee Lt Genl

一封用维热纳尔密码加密的邦联密电

不过，南方叛军主要还是依赖维热纳尔密码，它的形式有时为一个黄铜密码盘。理论上，这是个很好的选择，因为南方认为这种密码牢不可破。实际上，它成了一大败笔。首先，增减个别字母的传送错误（美国莫尔斯电码特别容易出现这种情况）打乱了密钥与密码的结合，造成无休止的麻烦。一次，科比·史密斯（Kirby Smith）将军参谋部的坎宁安少校花了12小时试图解开一封错乱的电报，最终气愤地放弃努力，策马绕过联邦军队，找发报人核实内容。其次，直觉技巧可以破译它。如果说南方难以读懂自己的密码信息，北方却可以。“有时，破译截收电报时间太长，无法带来任何好处。”尤利塞斯·格兰特写道，“但有时，它们也会提供有用信息。”

维克斯堡围攻战期间，格兰特部队抓获了8名叛军，他们正带着20万支雷管潜入这座孤城。联邦士兵在其中一人身上发现这样一封密信，格兰特把它送到华盛顿，“希望那里有人能解开它”：

Jackson, May 25, 1863

Lieutenant General Pemberton: My XAFV. USLX was VVUFLSJP by the BRCYAJ. 200000 VEGT. SUAJ. NERP. ZIFM. It will be GFOECSZOD as they NTYMNX. Bragg MJTPHINZG a QRCMKBSE. When it DZGJX. I will YOIG. AS. QHY. NITWM do you YTIAM the IIKM. VFVEY. How and where is the JSQMLGUGSFTVE. HBFY is your ROEEL.

J. E. Johnston

林肯的三个年轻密码员——廷克、钱德勒和贝茨——很快破开这封密信。信用维热纳尔密码加密，密钥是 MANCHESTER BLUFF，（改正后的）明文如下（三人没有译出括号内的两个单词）：

Lieutenant General Pemberton: My (*last note*) was *captured by* the *picket.* 200000 *caps have been sent.* It will be *increased* as they *arrive.* Bragg *is sending* a *division*. When it *joins* I will *come to you. Which* do you *think* the *best route?* How and where is the *enemy encamped? What* is your *force?*

J. E. Johnston[1]

三人组破译了大量邦联密电，这只是其中之一。刚二十出头的三个小伙子也许是史上最年轻的密码分析员。这篇译文没能帮助格兰特占领维克斯堡，但给三个年轻人提供了一个邦联密钥。战争期间，南方似乎只用了三个密钥。1865 年初，美国海军代理主管德沃向海军助理部长报告两个已知密钥，MANCHESTER BLUFF 和 COMPLETE VICTORY（这一希望破灭多年后，邦

[1] 译注：大意为，彭伯顿少将：我的前一封信被特勤队缴去。20 万支雷管已送出。到达后再增加数量。布拉格正派出一个师。他们到达后，我将与你会合。你认为哪条路线最佳？敌人在哪里驻扎？驻扎情况？你的部队情况？约翰斯顿（Joseph Eggleston Johnston，1807—1901），南方邦联将军，在维克斯堡被格兰特打败，1865 年向谢尔曼投降。

联依然坚持使用这个短语[1]），同时承认“新密钥未知”。但这些年轻人最重要的破译涉及的是政治，与军事无关。

1863 年 12 月，纽约邮政局长艾布拉姆·韦克曼（Abram Wakeman）发现，一个信封上显示，其收信人为新斯科舍哈利法克斯[2]的小亚历山大·基斯（Alexander Keith, Jr.）。得知此人与叛军特工频繁通信后，韦克曼把信交给陆军部长。部长发现信中内容用一种非常复杂的混合符号密码写成。陆军部职员徒劳地对着这些神秘符号苦思冥想两天后，把密信交给了“三圣人”（Sacred Three）。这是贝茨、钱德勒和廷克所喜欢的自称，他们决心完成那些职员完不成的任务。

他们确定，对方加密员在信中混合了五种不同符号以及普通字母作为替代。但他不明智地用逗号隔开单词，且每个单词只限于使用一种符号，明文的字母类型因而一览无余。一个六字母单词的第二和第六个字母相同，后面跟着一个四字母单词，其后又跟着明文短语 *reaches you*。三人推测，这一组单词应该是 *before this reaches you*。贝茨认出其中密文符号是猪圈密码，该密码曾在他少年时工作过的匹兹堡商铺用作价格标记。由此，他迅速还原整个猪圈密码，将密信破译向前推动了一大步。识别的日期行的符号代表“N.Y. Dec. 18, 1863”，给破译提供了更多有价值的信息。就这样，三人组——总统在一旁焦急地踱来踱去——用了大约四小时解开密码。上面写道：

N Y Dec 18 1863

Hon J P Benjamin Secretary of State Richmond Va

Willis is here The two steamers will leave here about Christmas Lamar and Bowers left here via Bermuda two weeks ago 12000 rifled muskets came duly to hand and were shipped to Halifax as instructed We will be able to seize the other two steamers as per programme Trowbridge has followed the Presidents orders We will have Briggs under arrest before this reaches you Cost $2000 We want more money How shall we

[1] 译注：这个密钥短语意为“完胜”。

[2] 译注：哈利法克斯（Halifax）是加拿大新斯科舍省省会。

draw Bills are forwarded to Slidell and rects recd Write as before

JHC[1]

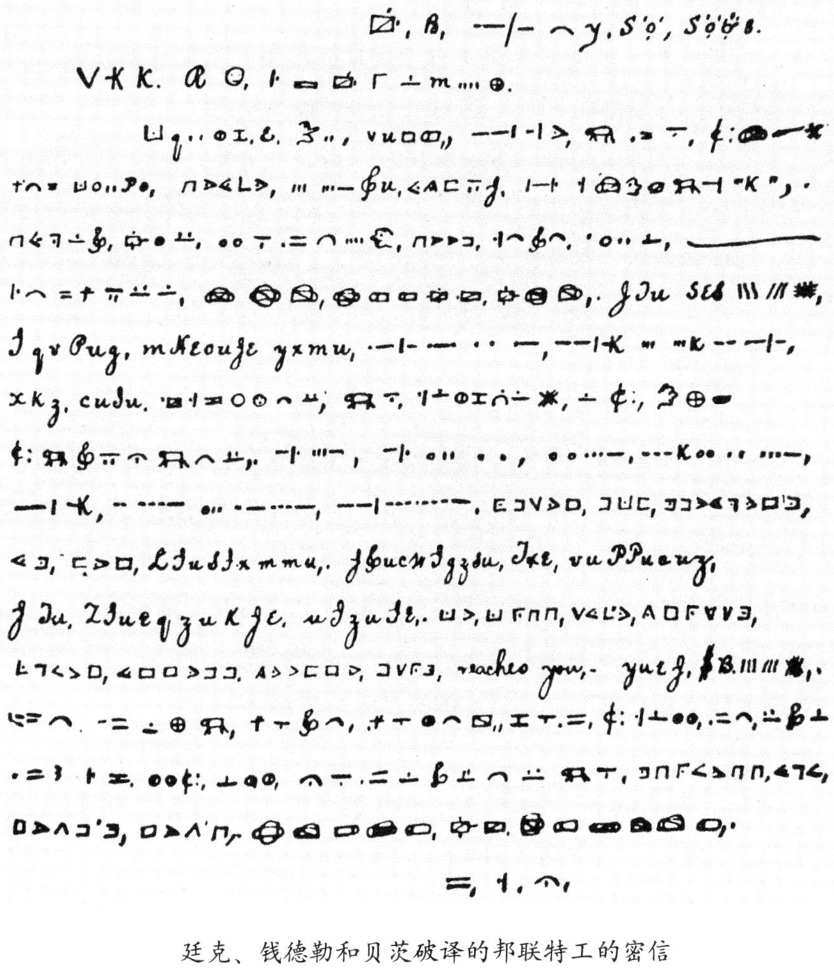

廷克、钱德勒和贝茨破译的邦联特工的密信

[1]　译注：大意如下：

1863年12月18日，纽约

弗吉尼亚里士满，国务卿本杰明敬启，

威利斯在这里。两艘轮船圣诞节左右离开此地。两周前，拉马尔和鲍威尔斯经百慕大离开此地。1.2万支膛线步枪收到，按指示运到哈利法克斯。我们会按计划捕获另外两艘轮船。特罗布里奇已经执行总统指示。我们会在你收到这封信前逮捕布立格。支出2000美元。我们需要更多钱。我们的提款方式已经转给斯莱德尔，收据收到。写信方法同前。

JHC

一次临时内阁会议紧急召开，当晚 7 点 30 分，陆军助理部长查尔斯·达纳启程前往纽约进行调查。两天后，另一封给基斯的密信被拦截，并立即被破译。“告诉梅明杰（Christopher G. Memminger），”信中写道，“希尔顿会完成机器制作和印模雕刻，准备好 1 月 1 日前发运。印版的雕刻非常出色。”克里斯托弗·梅明杰是邦联财政部长，这封信表明，叛军印刷钞票的印版在纽约制作。雕刻师希尔顿在下曼哈顿的地址很快被查到。当年最后一天，联邦执法官搜查了他的工厂，查扣了印版、机器、印模和已经印好的价值几百万美元的债券和现金。阴谋被撞破，邦联失去了急需的印版。由于在这次行动中起到关键作用，三个初级分析员获得了可观的加薪，每人每月薪水增加了 25 美元。

南方军队有时都读不懂自己的密信，更别提破译联邦密信了。特尔斐神谕的胡言乱语看上去肯定比联邦的路径移位还要好懂。虽然约 650 万条北方电报中的许多加了密；虽然邦联窃听了联邦线路；虽然他们的骑兵在袭击中肯定缴获过明密对照的电报副本；虽然北方密码先天不足——虽有这么多线索，但叛军却从未解开北佬的词语谜团。如果不是他们不打自招，在他们的报纸上刊出大量密信公开求解，说出来恐怕都没人信。即使他们缴获了两份密码——1864 年 7 月缴获 12 号密码；9 月缴获 1 号密码——也没能帮到他们自己。北佬只要推出一条新的取字路径和黑话清单，结果总能令叛军疲于应付。

阿波马托克斯[1]本身并没有终止南北战争的密码活动。约翰·威尔克斯·布思[2]被打死后，官员从他留在国民酒店房间的箱子里找到一个维热纳尔方表。八个南方同情者被控合谋刺杀总统，在对他们的审判中，虽然没人作证他们用了这个密码，但它还是被作为证据，显然这是想把他们与实际杀手联系起来。公诉人随后试图说明是邦联政府策划了这次罪行，展示了一个“密码卷轴”，埃克特少校证实它与布思密码一致。这个奇怪的东西从邦联国务卿朱达·本杰明的里士满办公室一个架子上搜到，只是由一个维热纳尔方表绕在一

[1] 译注：Appomattox，美国弗吉尼亚州中南部一城镇，位于林奇伯格东部。1865 年 4 月 9 日南部邦联将军罗伯特·李在阿波马托克斯县城向联邦军尤利塞斯·格兰特将军投降，美国南北战争就此结束。该址现为国家历史公园。

[2] 译注：John Wilkes Booth（1838—1865），刺杀林肯总统的美国演员。

管圆柱上构成，上面有一个臂，支撑着两个指针，大概指向字母。这个密码在审判中没有解开任何信息。最后，这场滑稽剧达到高潮，一个叫查尔斯·德尔的北卡罗来纳州打桩员，讲述他和一个朋友如何破开他在工地附近水里发现的一个漂浮的密码。那段明文落款“五号”，开头是：“我很高兴地通知你，Pet 很好地完成了任务，他很安全，Old Abe 已死[1]。”虽然所有这些证据与被告的联系从未弄清，他们还是被绞死。

大约与布思等人被缉拿归案同一时期，杰弗逊·戴维斯用第三个维热纳尔密钥撰写邦联最后一封正式密信。4 月 24 日，罗伯特·李投降近两周后，戴维斯把信寄给秘书，在信上发出徒劳的反抗信号，命令“主动行动应于 48 小时后重启”。没人知道是谁，又出于什么原因选择了邦联的这个最后密钥。但是，鉴于戴维斯即将出现的失败，以及摆在面前的南方重建[2]的黑暗日子，这个密钥成为整个密码学史上最阴暗的预言：COME RETRIBUTION（报应来临）。

1878 年 10 月 7 日，星期一上午，《纽约论坛报》大肆鼓吹业内一大独家新闻。通栏大字标题“缴获的密电”（The Captured Cipher Telegrams）下，当天头号新闻赫然列出该报破译的一封又一封密电的明文。这些密电回顾了美国历史上最著名的选举争议，密码第一次在美国政治生活中发挥了重要作用。

1876 年总统选举全民投票，根据统计，民主党候选人塞缪尔·蒂尔顿（Samuel J. Tilden）的得票，比共和党对手卢瑟福·彼尔查德·海斯[3]净多 25 万票。但佛罗里达州、路易斯安那州、南卡罗来纳州和俄勒冈州的选举结果模棱两可、互相矛盾，其中哪些结果有效，将由总统选举团投票决定。为解决这个问题，国会成立了一个特别选举委员会，经过直接党派投票，最终票数比为 8 : 7，于是委员会把 22 张有争议的选票全部给了海斯。他因此在选举团中领先 1 票——获得总统职位。

[1]　译注：Pet 指刺杀林肯的人。Old Abe 指林肯。

[2]　译注：南方重建时期（Reconstruction，1865—1877），美国南北战争后的一段时期，在此期间，联邦政府控制着南部邦联各州，同时采用了给予黑人新权利的社会立法。

[3]　译注：Rutherford B. Hayes（1822—1893），美国共和党政治家，第 19 任总统（1877—1881），在任期间结束了南方重建时期。

随后的立法会议一片混乱，在此期间，民主党不断曝料说，共和党曾购买选举人的票，为了查证这个传言，议会成立了一个国会委员会。作为调查的一部分，从各政客与四个州的代理人之间频繁往来的29275封电报中，委员会索取了其中641封——为了宣扬对客户通信隐私的保护，西联烧毁了绝大多数电报。1878年夏，一大捆没收的电报堆满了委员会房间，并且通过一个复杂链条，一个委员会信差将信传到共和党全国委员会主席手中，27封密电由此被透露给亲共和党的《纽约论坛报》。他们希望这些电报能抹黑民主党。

几周前，蒂尔顿的一个亲密政治顾问曼顿·马布尔给纽约《太阳报》写了一封公开信，比较了共和党见不得光的做法和蒂尔顿"暴露在强光下"的立场。《纽约论坛报》的杰出编辑怀特洛·里德依共和党主席建议，把这些密电插入社论中，作为对马布尔公开信的一个巧妙评论。《纽约论坛报》职员对这些密文的巧妙利用令民主党人无地自容，难道这些让人摸不着头脑的密电就是民主党人自吹自擂的坦率？而且随着越来越多电报从其他大老党[1]同情者那里涌向里德，他想出一个更庞大的计划。他判断，民主党的协商是在密码外衣掩护下进行的，如果从掩盖下揭出协商内容，将会是对他们的沉重打击。里德开始设法破译密电。

在社论的暗自鼓励下，无数读者提出了他们的破译建议。斯凯勒·科尔法克斯（Schuyler Colfax）曾是格兰特第一任副总统，从小爱好密码学，他建议里德参考几篇杂志上的密码学文章，但它们毫无作用。国务卿威廉·埃瓦茨（William M. Evarts）有个好主意：让一个数学系学生找出这些密信遵循的数学规律。但这仅带来一线希望，并未产生实质结果。里德甚至尝试了直接方法，当年8月，他在温泉疗养胜地萨拉托加碰到蒂尔顿，"我告诉他，我们有他的机构与佛罗里达间的所有密电，半开玩笑地向他要密钥。我告诉他，我们看不懂密电，想请他帮忙。他微笑着，红着脸，像婴儿般无辜，然后走开了。"事情没取得任何进展。

同时，底特律《邮报》从之前的一个商业伙伴、民主党代理人帕特里克处得知，民主党人曾用一个词典密码加密与俄勒冈的选举通信，帕特里克在他的采矿公司用过同样密码。加密员从1876年伦敦出版的《常用英语词典》中查出单词，记下单词在该页的页码，取词典前四页的相应单词作为对应密词，解

[1] 译注：GOP（Grand Old Party），美国共和党别称。

密员则反向重复这一过程。例如，能作为最有力证据的俄勒冈电报密文如下：

BY VIZIER ASSOCIATION INNOCUOUS TO NEGLIGENCE CUNNING MINUTELY PREVIOUSLY READMIT DOLTISH TO PURCHASED AFAR ACT WITH CUNNING AFAR SACRISTY UNWEIGHED AFAR POINTER TIGRESS CUTTLE SUPERANNUATED SYLLABUS DILATORINESS MISAPPREHENSION CONTRABAND KOUNTZE BISCULOUS TOP USHER SPINIFEROUS ANSWER

J. N. H. PATRICK

第一个密词 BY 是第 30 页中的第 29 个单词。解密员向后数到第 34 页，第 29 个单词是 *certificate*。完整明文写道：

Portland, Nov. 28, [1876]

W. T. Pelton, New York

Certificate will be issued to one Democrat. Must purchase Republican elector to recognize and act with Democrat and secure vote and prevent trouble. Deposit ten thousand dollars my credit Kountze Brothers, Twelve Wall Street. Answer.

J. N. H. Patrick[1]

9 月 4 日，《纽约论坛报》编辑约翰·哈萨德以底特律《邮报》的发现为依据，刊出三栏半密电和译文，内容显示民主党人曾想以 1 万美元收买一个共和党选举人，但只是因为信息传送迟延，最终交易失败。

但对于其他三州来说，《常用英语词典》并不是急需的密电密钥。里德再

[1]　译注：大意为：

波特兰，(1876 年) 11 月 28 日

佩尔顿，纽约

任命书将签发给一个民主党人。须收买共和党选举人，认可采取与民主党一致的行动，获得选票，防止出差池。1 万美元存入华尔街 12 号孔策兄弟公司我的户头。请复。

帕特里克

也得不到外来帮助，只有让自己的职员全力破译。

哈萨德当年42岁。1872年，霍勒斯·格里利（Horace Greeley）去世后，哈萨德成为总编。他瘦高个子，浅棕色头发，络腮胡子，褐色眼睛，衣着整洁，总是一本正经。他优雅的社论展示了他的风格魅力和渊博知识。他在15岁时改信天主教——无知主义[1]最活跃时期的一个壮举。以班级优异成绩从圣约翰学院毕业后，他计划成为一名牧师，但不得不因为健康原因而放弃。他成为纽约第一位大主教约翰·休斯的秘书，并于后来撰写了这位主教的传记。1876年，他从拜罗伊特[2]向《纽约论坛报》发回了《尼贝龙根的指环》首演系列报道。在帮助将瓦格纳音乐引入美国方面，这些报道做出的贡献可能超过了当时任何其他作品。哈萨德自告奋勇接受了破译密电的挑战，没日没夜的工作导致他一次长久未愈的感冒发展成肺结核。在随后的10年中，他与病魔斗争，但最终不幸于1888年离世。

哈萨德开始他的工作后不久，《纽约论坛报》另一个编辑也对此产生兴趣，独自破解密码谜团。他就是1875年成为经济编辑的威廉·格罗夫纳（William M. Grosvenor）上校，比哈萨德早入职三年。这年他43岁，孔武有力，浓眉长发，大胡子，头大如狮。在圣路易斯《民主报》当编辑时，他展示了他的统计才能。他仔细比较了圣路易斯各酿酒厂的威士忌产量以及政府所得的收入，结果清楚地指向白酒行业存在欺诈行为，最终揭露了臭名昭著的威士忌酒业犯罪集团。作为土生土长的马萨诸塞州人，他在内战中指挥了一个黑人团。格罗夫纳后来成为著名的《邓恩评论》编辑，政府税务和货币立法专家常向他讨教。他在这些事务上极其诚实，甚至有一次他的诚恳建议使他损失了整个印刷公司。他有数学和语言天赋，是纽约最专业的台球选手之一，可以同时下三盘国际象棋，而且网球和惠斯特纸牌水平非同一般。他死于1900年。

格罗夫纳和哈萨德各自在家攻克着同一个顽固难解的陌生学科。他们并不知道，他们不仅在解决一个难住许多人的问题，还在那门学科里开创新领域。

---

[1] 译注：指1853—1856年的美国一无所知党成员，该党强烈反对罗马天主教和新移民。

[2] 译注：Bayreuth，德国巴伐利亚城市，德国作曲家瓦格纳的墓葬地，当地定期为其举办歌剧节。《尼贝龙根的指环》（*Nibelungen Ring*）是瓦格纳根据德国13世纪史诗《尼贝龙根之歌》改编的史诗音乐剧。

THE WESTERN UNION TELEGRAPH COMPANY.

ALL MESSAGES TAKEN BY THIS COMPANY SUBJECT TO THE FOLLOWING TERMS:

To guard against mistakes, the sender of a message should order it repeated; that is, telegraphed back to the originating office. For repeating, one half the regular rate is charged in addition. And it is agreed between the sender of the following message and this Company, that said Company shall not be liable for mistakes or delays in the transmission or delivery, or for non-delivery, of any unrepeated message, beyond the amount received for sending the same; nor for mistakes or delays in the transmission or delivery, or for non-delivery, of any repeated message, beyond fifty times the sum received for sending the same, unless specially insured; nor in any case for delays arising from unavoidable interruptions in the working of their lines, or for errors in cipher or obscure messages. And this Company is hereby made the agent of the sender, without liability, [illegible] other Company when necessary to reach its destination.

Correctness in the transmission of messages to any point [illegible] by contract in writing, [illegible] rates, in addition to the usual charge for repeated messages, [illegible] exceeding 1,000 miles, [illegible] per cent. for any greater distance. No [illegible] authorized to vary the foregoing.

The Company will not be liable for damages in any case where the claim is not presented in writing within sixty days after sending the message.

A. R. BREWER, Secretary.　　WILLIAM ORTON, President.

566

360　　　　187

Send the following Message subject to the above terms, which are agreed to:

To Col. Pelton 15 Gramerey Park New York

Certificate required to Moses decision have London hour for Bolivia of just and Edinburgh at Moselle hand a any over Glasgow France received Russia of.

25 [illegible] 300

《纽约论坛报》破译并发表的一封密电，
电报显示为佛罗里达州选举人票开价 20 万美元

“两人都做得很好，”里德后来说，“独立工作，诚实地交换信息，在一项极重要的工作上通力合作。哈萨德在这一领域稍稍领先，从这一点来说，应受到特别赞扬；但格罗夫纳同样敏锐，在我的记忆中，两人同样成功。有时他和哈萨德会攻击同一封电报的不同几行，在一次次失败之后，最终，住在第 18 大街的哈萨德和住在恩格尔伍德的格罗夫纳在同一晚破译成功。”

他们还不知道，华盛顿美国海军天文台的一位年轻数学家也在埋首工作，破译社论中里德激怒马布尔的那篇示例密码。他就是 31 岁的爱德华·霍尔登（Edward S. Holden）。1870 年，他以班级第三名的成绩毕业于西点军校，三年后进入海军天文台。1879 年，破译这些密电的第二年，他被任命为天文台图书馆馆长。1885 年，他成为加利福尼亚大学校长和利克天文台台长。1888 年，天文台建设完工时，他辞去校长职务。他创立了太平洋天文学会（Astronomical Society of the Pacific），组织了五次日食观测，编辑了天文台出版物。从 1901 年到他去世的 1914 年，他是西点军校图书馆馆长，为馆藏增加了 3 万本图书，为它们编制了目录，罗列了大量参考文献。

这些密电的“新奇和独创特征”吸引了霍尔登。“1878 年 9 月 7 日前，”他后来说，“我一直在寻找一个规律，通过它可以准确无误地找到……一切最艰难和最巧妙密码的密钥。”《纽约论坛报》曾经看好埃瓦茨提出雇一位数学家的主意，他联系了报社，哈萨德寄给他一大堆电报。但哈萨德和格罗夫纳各自独立发现了霍尔登的破译理论，并且早于霍尔登破译了一些密电。里德说，在哈萨德和格罗夫纳破开这些电报前，没有一篇霍尔登的译文送到《纽约论坛报》，但总的来说，霍尔登的工作成果是确凿的。

那些最重要，并且适用这个新破译理论的电报以一种单词移位形式加密。显然，这种密码受到南北战争中那个优秀系统的启发，但它是一种比原系统大大退化的密码系统。该系统只用了四个密钥，每个分别用于加密 15、20、25 和 30 个单词的密电，更长的电报由两个或更多密钥加密。解密密钥有时被用于加密，一些专名和重要单词用代码掩盖。25 个单词的加密密钥（18、12、6、25、14、1、16、11、21、5、19、2、17、24、9、22、7、4、10、8、23、20、3、13、15）如实地用于加密塔拉哈西[1]的腐败报价：

1 2 3 4 5 6 7 8 9 10 11 12
Have just received a proposition to hand over at any hour required
13 14 15 16 17 18 19 20
Tilden decision of canvassing board and certificate of Governor Stearns
21 22 23 24 25
for two hundred thousand. Manton Marble.

代码表中，BOLIVIA 代表 *proposition*，RUSSIA 表示 *Tilden*，LONDON 是 *canvassing board*，FRANCE 为 *Governor Stearns*，MOSELLE 表示 *two*，GLASGOW 是 *hundred*，EDINBURGH 表示 *thousand*，MOSES 表示 *Manton Marble*。发送到纽约的电报如下：

CERTIFICATE REQUIRED TO MOSES DECISION HAVE LONDON HOUR FOR BOLIVIA OF JUST AND EDINBURGH AT MOSELLE HAND A ANY OVER

[1] 译注：Tallahassee，佛罗里达州首府。

GLASGOW FRANCE RECEIVED RUSSIA OF

此信的回复被保存下来，语义清晰明白，而且用的是明文："电悉。要价太高。"

破译这类电报的哈萨德—格罗夫纳—霍尔登理论，适用于用大量移位密钥加密的通信。它现在被看成是移位密码的通用破译方法，因为只要有两封或更多同密钥等长的密信可供分析，它就可用于所有移位密码。该方法——在密码学史上首次凭观察发展起来的方法，后被人们称为"复合易位分析"（multiple anagramming）。虽然霍尔登没有使用这一术语，但他很好地描述了这一技术："有且只有一种方法可以解决一般问题。那就是取两段单词数相同的密信，A 和 B，把每封信的单词标上数字；把密信 A 排列成有意义的次序，再把密信 B 按同样次序排列。有且只有一个次序可以使得两封密信同时有意义，这就是密钥。"

霍尔登的描述表明了进行成功复合易位分析的一个要求（两封密信等长），但预设了另一项要求（它们的密钥相同）。这项技术依赖这一事实：如果两封等长密信用同一个密钥以同一种系统移位，它们的各个单词将以同样的相对位置被打乱。换句话说，如果明文第一个单词在第一封信中成为密信第 15 个单词，第二封信明文的第一个单词同样会绕到第二封密信第 15 的位置上。这是移位版的同因同果，而且这个原理适用于所有移位系统，不管是单词移位还是字母移位，也不管它们的打乱步骤。

该原理可以用同样密钥加密的两个五字母密词来说明：GHINT 和 OWLCN。假设分析员首先尝试还原第一个密词的明文，他假定明文以 *th* 开头。这意味着加密密钥是把第一个明文字母（此密词中为 *t*）移到（GHINT 中）第五的位置，第二个明文字母（*h*）移到（GHINT 中）第二的位置。分析员可以确定，同样的密钥将使第二个密词以 *nw* 开头——算不上是一个好开头。如果现在分析员转而分析第二个密词，他可能尝试从 *cl* 开始。第一个密词中的相应易位将把 *n* 和 *i* 一起移到密词开头。这样易位在两个密词中的可能性都很大，因此更令人满意。分析员继续琢磨两个密词，互相印证，直到两个同时还原成 *night* 和 *clown*。他还原的密钥将破开任何用它加密的五字母密词。针对每个密钥和每封不同长度密信，每个过程也会有所不同。复合易位分析无法用于独信，因为没有对应控制，独信可以易位成许多相似的明文，如 GHINT 一词就可以整理成 *thing* 和 *night*，而且没有交叉印证可以表明哪个正确。

在民主党政客发送的信息中，单词移位系统加密的信息数量最多，最具爆炸性。这还不是唯一系统。佛罗里达州和南卡罗来纳州的信息明显由一本词典加密，但俄勒冈州披露的那本词典解不开这些信息。三个密码分析新人分别注意到，这些电报中有单词 *geodesy*，他们推断，对方可能使用袖珍词典，而这是一个相当不寻常的词汇。霍尔登在国会图书馆查了一个半小时，找到那本词典；当他发电报把消息告诉《纽约论坛报》时，一个头昏眼花、查找了四五十本词典却一无所获的编辑，正准备去核对哈萨德和格罗夫纳正确猜测的那本《韦伯斯特袖珍词典》。它与俄勒冈那本词典用法一样，只是选择密词时往前翻的页数从 1 到 5 不等。

民主党人还在单表替代中使用数字对。哈萨德通过猜测密文 84 66 33 87 66 27 27 与 *canvass* 同型，破开这个系统。在一封来自佛罗里达州的部分加密电报中，他猜测，ITYYITNS 代表县名 *Dade*，由此破开一个棋盘密码，最后发现棋盘坐标（也用于两位数密码）是 10 个不同字母，能拼出一个极其适宜的短语：

	H 1	I 2	S 3	P 4	A 5	Y 6	M 7	E 8	N 9	T 0
H 1										
I 2					k		s			d
S 3	l		n	w					p	
P 4		r		h				t		
A 5		u			o					
Y 6		x				a		f		
M 7					b		g			
E 8		i		c			v		y	
N 9			e			m			j	
T 0										

交给哈萨德和格罗夫纳的 400 封信中，只有 3 封（所用密码未用在别处）没被译出。民主党人没意识到他们的诡计已被揭穿，在议会中期选举激战正酣之际，大肆宣扬共和党在总统选举中的欺骗行径。1878 年 10 月 3 日，《纽约论坛报》报

道已经完成电报破译，并且发表了其中几封，暗示民主党人要自行承认，但他们什么也没说。4 天后，《纽约论坛报》突然曝出佛罗里达州和路易斯安那州的民主党阴谋故事。第一篇报道详细说明了所用密码的加密方式；次日的第二篇报道则曝出电报文本；10 月 16 日，南卡罗来纳州的诡计曝光；最后总结部分则是蒂尔顿外甥、私人秘书威廉·佩尔顿上校通过马布尔等人为选举人票数讨价还价。

报道引发轰动。公众惊叹这些密码破译者的天才本领。成千上万的读者测试了密钥，证实破译是准确的。民主党人认为，这些电报是只给出佩尔顿个人的信息，但情况似乎表明，只是因为佩尔顿对价格的迟疑不决及随后的错误和迟延才导致他的计划流产。这次曝光，《纽约论坛报》准备充分、内容巧妙，甚至它亲民主党的对手《太阳报》也不得不表示赞赏。曝光时机也恰到好处：离选举只差几周。那次选举中，大老党在国会中取得了决定性胜利。正如《纽约论坛报》无比自豪地推测的那样，纽约州、宾夕法尼亚州、马萨诸塞州和康涅狄格州用选票谴责了这次密码欺诈。

但事件的影响没有就此结束。这些电报发到纽约格拉梅西广场 15 号的佩尔顿，那里是蒂尔顿的住址。虽然感冒常年不愈，但一脸憔悴的蒂尔顿在议会调查委员会宣誓作证，他本人不知道侄子在他的家里搞什么鬼，所有活动都未经他同意，但他已经名声扫地。这次揭露终结了他的总统野心。一贯支持他的《太阳报》遗憾地承认，"蒂尔顿先生再也不会成为任何政党的总统候选人"。

实际上他已经不是了。1880 年大选，里德的私交詹姆斯·加菲尔德[1]击败民主党候选人温菲尔德·汉考克（Winfield S. Hancock）。在 900 万张全民投票中，加菲尔德只领先 7000 张，但在选举人投票中，他以 214 比 155 的绝对优势领先。甚至一个为蒂尔顿作传的支持者也承认，"这些密电带来的结果之一就是，共和党占了上风，并且可能赢得 1880 年大选。很多人相信，百万富翁总统候选人曾让自己的政党领导人花他的钱，企图不惜以最高代价赢得大选。"密码分析帮助选出了一位总统。《纽约论坛报》的胜利成为最早的媒体对政府腐败的大揭露之一，它帮助提高了美国报纸的地位，使之承担起公共监督人的

[1]　译注：James A. Garfield（1831—1881），美国政治家，共和党人，1881 年 3 月至 9 月任美国第 20 任总统，上任数月后被暗杀。

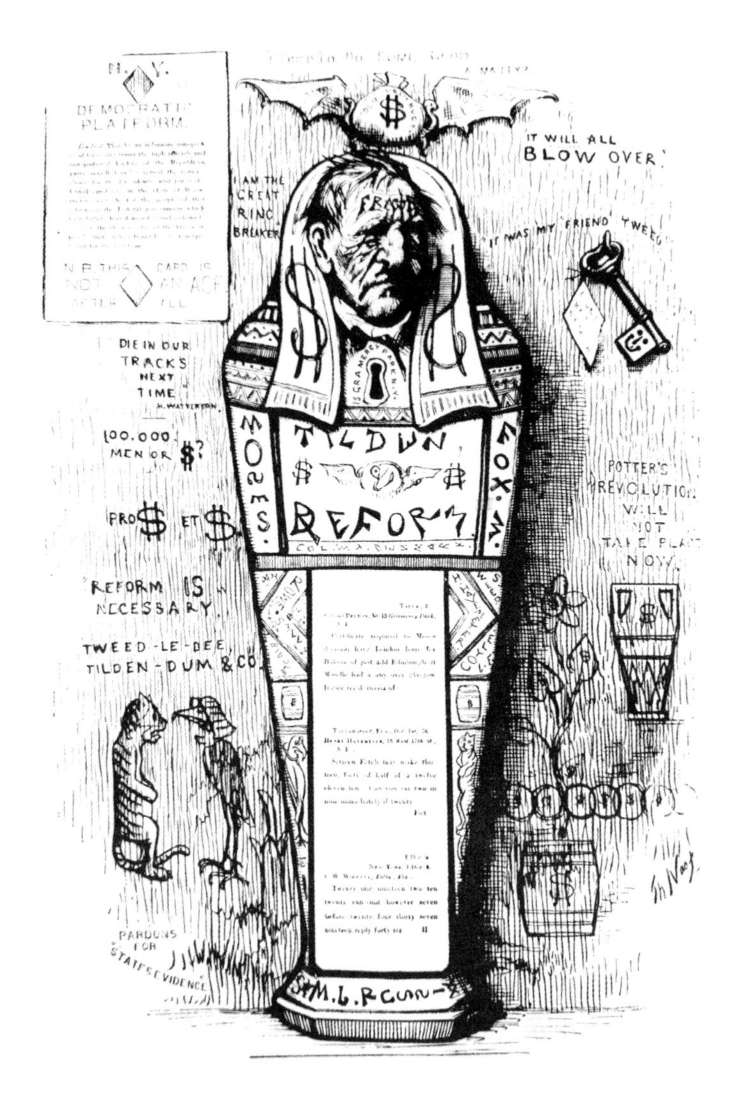

"《纽约论坛报》挖出的密码哑剧"。《哈珀周刊》(*Harper's Weekly*)刊登出托马斯·纳斯特(Thomas Nast)画的塞缪尔·蒂尔顿漫画像

角色，还把《纽约论坛报》带进共和党权力中心。里德后来获任驻英国王室大使。但哈萨德–格罗夫纳的密码分析和《纽约论坛报》戏剧性揭露的长期价值，也许是里德传记作者提到的："它把总统是一个能买到的荣誉的想法永远钉在了历史的耻辱柱上。"

第 8 章　教授、士兵和魔鬼岛囚徒

在任何一门学科的发展历程中，堪称伟大的作品都屈指可数。有些作品记载某种技术创新，令这门学科焕然一新。纵观 19 世纪，阿尔贝蒂和卡西斯基的密码学作品即属此类，这些作品发掘了学科内涵。

另一些伟大作品则开拓了学科外延。它们把这门科学带到最前沿——让它与时代同呼吸——并因此给人类带来新的益处。为了做到这一点，它们消化吸收相关领域的进展（如测量仪器的改进）；总结最新经验教训，推导出它们的现实意义；根据新知识重新组织这门学科的概念。虽然这样的工作确实具有内在说服力，但它并不意味着简单的普及；相反，它意味着新的方向、新的视角。

300 年来，波尔塔的作品是密码学中唯一属于第二类的伟大作品。他最早勾画了一幅统一的密码学图像。他的思想之所以长期屹立不倒，是因为密码学没有经历根本改变。通信由信使传递，相应地，准代码占据了统治地位。但电报发明后，他的观点再也不敷需要。新形势需要新理论、新视野。1883 年，密码学第二本外延开拓的伟大作品应运而生，这就是《军事密码学》（*La Cryptographie militaire*）。

1835 年 1 月 19 日，该书作者生于荷兰努特，取名为让 – 纪尧姆 – 于尔贝 – 维克托 – 弗朗索瓦 – 亚历山大 – 奥古斯特 · 克尔克霍夫 · 冯 · 尼乌文霍弗[1]。其父是一个富裕的地主，是林堡佛兰德公爵领地中一个最古老、最尊贵家族的成员。克尔克霍夫在亚琛附近一个小神学院求学。为了提高英语水平，他在伦敦住了一年半。后又回到列日大学，获得文学和科学两个学位。他在荷兰两所学校教了四年现代语言，加入了各种文学社团。后作为旅行秘书，陪一个美国青年克拉伦斯·普伦蒂斯游历英格兰、德国和法国，后者是路易斯维尔《信使日报》[2] 创建人的儿子。最后，克尔克霍夫回到巴黎附近的莫城，在那里再次教授现代语言。

1863 年，他获得默伦中学的现代语言教席。默伦是巴黎东南约 40 千米的一个大镇。第二年，他娶了一个当地女孩。1865 年，他 30 岁时，他们有了独生女波利娜。他在默伦待了 10 年，教授英语和德语。他的年薪约为 1600 法郎，除此之外，他还让学生住在家里来获取租金贴补家用——一个官方禁止，但对此睁一只眼闭一只眼的做法。

这些年，他参加了各种各样的活动，表现出极为广泛的兴趣。他举办语言构成和文学讲座；组织了一个学会，推动默伦的教育；免费教授英语和意大利语；还作为法国考古学会地方分支机构代表，参加了 1868 年在德国波恩举行的国际大会。法国 1870 年大败后，他卷入一些小型政治纷争。他学识渊博，足以胜任先后担任过的拉丁语、希腊语、历史和数学教师职务。

这一时期，他把名字缩写为奥古斯特·克尔克霍夫。他留着胡子，个性高傲，讲话不慌不忙，虽然性格古怪，不能在课堂上维持纪律，他依然是一个“有学问、有能力、热情”的老师，能够激发起学生对课业的兴趣。上级说“他的学生喜欢他，成绩也好”。因此，当一个不友好的官员想拒绝克尔克霍夫请假深造的要求时，却发现这个老师有一帮“热心的保护人”。请假得到批准。

1873—1876 年，克尔克霍夫在波恩大学和蒂宾根大学学习，获得博士学位。他靠教授年轻的圣马麦吉伯爵为生，伯爵后来成为葡萄牙国王秘书，克尔克霍夫为此获封圣殿骑士团骑士。之后他回到巴黎，作为私人导师教授圣马麦吉家族的两个小儿子。1878 年，出于对军事的兴趣，他申请巴黎高等军事学校

[1] 译注：全名为 Jean-Guillaume-Hubert-Victor-François-Alexandre-Auguste Kerckhoffs von Nieuwenhof。

[2] 译注：*Journal*，全称为 *The Courier-Journal*。

德语教席，但由于一个职员没记录他已于 1873 年归化为法国公民，申请失败。1881 年，克尔克霍夫成为巴黎高等商业研究学院和阿拉戈学校德语教授。就是在此期间，47 岁的他写下《军事密码学》。这不是他的第一本书：他已经写了一本佛兰芒语法书，一本英语语法书，一本德语动词手册，一本（德语）德国戏剧起源研究，以及一部探讨艺术与宗教关系的作品。

《军事密码学》出版后的时期是他最忙碌的一段日子。德国神父约翰·马丁·施莱尔（Johann Martin Schleyer）发明了一种称为“世界语”（Volapük）的国际语言。1885 年左右，世界语风靡法国，以快速列车般的速度传遍全国，不仅在知识分子中，而且在各阶层流行，甚至在大街上也能听到有人说世界语。从法国开始，它又扩散到世界各地。最活跃的世界语宣传家就是奥古斯特·克尔克霍夫。在 1887 年慕尼黑第二届世界语大会上，他被宣布为国际世界语学会会长（世界语称“Dilekel”）。这门不断发展壮大的语言的各种语法、词汇和正字问题都由这个组织负责。

作为法国世界语传播协会书记，克尔克霍夫不遗余力地推广这种人造语言。1888 年，182 种世界语教材问世——出版速度达到每两天一本；巴黎梅西百货、春天百货公司赞助了世界语课程。到 1889 年，世界各地有 25 种世界语或与之有关的期刊发行，283 个世界语俱乐部组织聚会。1889 年 5 月，当克尔克霍夫主持的第三届世界语大会在巴黎召开时，服务生和门童都在用世界语交谈。一个不受巴别塔[1] 枷锁阻碍的人类交流黄金时代似乎即将到来。

其实这是个海市蜃楼。这届世界语大会看似将预告世界语伟大时刻的到来，实际却成了世界语运动内部关系紧张和分裂的象征。施莱尔的目标是创造一种最丰富、最完美的文学语言，在这一点上，他得到德国世界语爱好者的支持；而克尔克霍夫和其他世界语活动家则希望采用一种最简单、最实用的商业和科学语言，与施莱尔的目标互相冲突。从一开始，克尔克霍夫就从他的语法手册中去掉了一些形式，让施莱尔母语德语的痕迹在世界语中消失殆尽，如动词的祈使和希求式结尾。但这位神父坚持，作为世界语之父，他应该对任何变

[1]　译注：Babel，《旧约·创世记》，古巴比伦人建筑通天塔，上帝因为他们狂妄，责罚他们各操不同的语言，彼此不相了解，结果该塔无法完成。

更拥有最终决定权。对立不断加深，当学会拒绝赋予施莱尔全权否决权时，世界语运动一分为二。

当克尔克霍夫把一部完整的语法，而不是一些单个问题提交给世界语学会时，世界语运动内部四分五裂，根本无法达成一致。学会其他成员推出自己的方案，作为对克尔克霍夫的反驳。世界语运动崩塌的速度令人难以置信：1889 年，它似乎要征服世界；1890 年，它已经在垂死挣扎。1891 年，克尔克霍夫辞去会长一职。到 1902 年，在这门曾经拥有约 21 万爱好者的语言中，只剩 159 人还留在世界语通信录中；只有四个小俱乐部还在苟延残喘。克尔克霍夫的《世界语全教程》（*Cours complet de Volapük*）、《世界语—法语双向词典》（*Dictionnaire Volapük-Français et Français-Volapük*）和《完全世界语教科书》（*Vollständiger Lehrgang des Volapük*）成为一个辉煌梦想的残骸。

一个似乎理所当然的梦想破灭了，克尔克霍夫备受打击。也可能因此积怒，某一天突然爆发，他毫不留情地批评了全国学校考试制度，导致 1891 年他未能在高等商业研究学院的合同到期时续签。靠着一些有势力朋友的帮助，他才在波尔多附近的蒙德马桑中学谋得一个教授德语的职位。该中学的上级领导说他："知识极为广泛，教授方法灵活、严密、准确，这在一个兴趣如此广泛的人身上难得一见。"第二年，为了离巴黎更近，克尔克霍夫搬到布列塔尼海港洛里昂，再次执起德语教鞭。那一学年中途，他的女儿离世。他又坚持了一年，但到 1895 年，他已届花甲，身体每况愈下，精神也垮了，但还住在巴黎，离索邦不远。他请了一年假，随后每年续假，直到 1903 年 8 月 9 日，大概在瑞士度假时，他的生命走到了尽头。

不过，如果说他的世界语作品已死，他的密码学思想却依然闪光。《军事密码学》初于 1883 年 1 月和 2 月在《军事科学杂志》上分两次连载，当年晚些时候由该杂志出版商以平装书形式重新发行。这是有史以来最简洁的密码学图书。克尔克霍夫拥有抓住编码要害的本能，他在这本 64 页的书里塞进了几乎全部已知的密码学领域知识，包括乱序多表替代、加密代码和密码装置等。该书也是最有见地的密码学图书之一，其脚注引用了大部分经典和大量现代图书资源，一些评论，如"这不是这位奥地利作者犯的唯一历史学或文献学错误"，表明作者深入研究过这些来源。这本书还充满了生命力。克尔克霍夫选择一篇加密通讯稿为例进行破译演示。他讨论了德国现行的做法，并与当时法国的实践进行比较；他审视了惠斯通装置之类的最新密码；他在书中倾注了他的非凡学识。值得注意的是，至少三部密码学伟大作品的作者——克尔克霍夫、阿尔贝蒂和波尔塔——都不是狭隘的专家，而是横跨斯诺[1]后来所称的科学和人文“两种文化”的通才。

新形势带来密码学新问题，对这些问题答案的不懈探索成就了克尔克霍夫作品的伟大名声，而且他提出的解决方案可靠、合理，值得称道。当时的主要问题是，电报产生新的信号通信，人们需要找到一个编码系统来满足新信号的要求。这个问题至今依然吸引着密码学家的关注。当其他作者还在空中楼阁讨论各种密码系统的时候，克尔克霍夫已经直奔时代主题。这个主题使他的图书得以问世：“因此我想到，向那些对军事编码学发展感兴趣……的人提供拟用于战争的各种密码编制和评估的指导原则，使他们从中受益。”直到今天，他阐明的原则依然指导着密码学家。

克尔克霍夫把战地密码看成必然，根本没意识到它们是电报的产物，认为它们在 17 世纪时就已经存在。但这个历史错误并没有妨碍他对当时形势的了解。在选择优秀战地密码的问题上，他认为，任何切实可行的密码都必须能够承受大量报务压力。“有必要细致地区分两种系统，一种用于少数人的临时通信，一种用于不同军队长官的长期通信。”他写道。克尔克霍夫明辨了电报用于军事通信前后的区别。这句话隐含了军事编码系统所必须具备的大部分条件，如简单、可靠、迅速，等等。对这一新形势的清晰认识是克尔克霍夫对密码学的第一个伟大贡献。

他的第二个贡献是，在现代条件下重新确认了此项原则：只有密码分析员才知道一种密码系统的保密性。当然，在克尔克霍夫之前，其他人也认识到这一点：罗西尼奥尔依此原则发明了两部本准代码；18 世纪初，英国破译员在评估后编制了英国的准代码。但在黑室关闭后，这个原则被遗忘了；另一方面，评估一部准代码抗分析能力的单一标准不再适用于当时提出的复杂密码系统。

---

[1]　译注：全名为查尔斯·珀西·斯诺（C. P. Snow，1905—1980），英国小说家、科学家。《两种文化》（*Two Cultures*）是他的讲座稿。

这些系统的发明者并没有把他们的代码交给密码学家进行经验性的裁定，而是自己进行先验性的评估。他们会计算组合总数，看需要多少世纪才能解开他们的密码，或坚称破开某种特定连锁系统如何在逻辑上行不通。克尔克霍夫观察并针砭了这个现象：

> ……对于我们的教授和学者讲授、推荐的战时密码系统，一个最没有经验的分析员用不了一小时就能发现密钥，这点实在令我惊讶。
>
> 这种对某些特定密码的过度自信，我很难解释，恐怕只有黑室的消失和邮政通信的保密使得编码学研究停滞不前才说得通；类似地，很有可能，某些作者的夸大其词，加之没有任何破译技艺方面的严肃作品，在很大程度上导致了我们对编码系统价值的错误认知。

针对这一问题，克尔克霍夫表示，密码分析是通向编码学光明大道的唯一途径，只有通过艰难险峻的密码分析之路，才能抵达编码系统的真理之巅。只有破译才能有效地测试一种密码的保密性能。克尔克霍夫虽然没有用这么多话阐述这一点，但他的观点相差无几，他的整本书都在强烈地表明这一点。《军事密码学》本质上是一本密码分析小册子；它的整个侧重点都在密码分析。克尔克霍夫把密码分析这一令人折磨的过程确立为军事编码唯一可靠的检验方法，这也是今天依然在使用的检验方法。

从这两个选择实用战地密码的基本原则出发，克尔克霍夫提出六条具体要求：(1) 系统即使不是理论上不可破，也要实际上不可破；(2) 系统的泄露不应给通信带来不便；(3) 密钥不需要写下就能记住，而且应该容易更换；(4) 密信应能通过电报传送；(5) 设备或文件应能由一个人携带、操作；(6) 系统应简单，人们既不必懂一长串规则，也无须费多大脑力。

这些要求依然是今天军事密码追求的最高目标。虽然它们被改头换面，不清楚之处得到澄清，但如果一个现代编码员找到一种满足全部六条要求的密码，他一定会心满意足的。

当然，从来没人做到这一点。六条要求之间似乎有某种不可兼容性，不可能同时全部被实现。通常被舍弃的是第一条要求。克尔克霍夫强烈反对这样的观点：一种战地密码，只需在它传送的命令执行完毕前能抗住破译即可。这还不够，他声称："在远距离通信中，秘密事项常常在信息发出日之后依然重要。"他是个理想主义者，但不可破译的实用战地密码当时不存在，现在也没有，因此军事编码只能推迟而不是打败密码分析。

一眼看去，也许第二条要求最为惊人。克尔克霍夫解释，他说的"系统"是指"系统的物质部分：密码表、代码书或各种必要的机械设备"，而非"密钥本身"。克尔克霍夫在此第一次提出了通用系统和具体密钥的区别，这已经成为现代密码学的基本概念。为何其他系统需要保密，如一本代码书；而通用系统"无须保密"呢？为何它必须是"一个连我们的邻居都能复制或采用的……程序"？因为克尔克霍夫说："如果一个要求保密的系统经太多人之手，凡是参与过的人都可能会泄露系统，要理解这一点，并不需要凭空想象和怀疑雇员、副官的清白。"这已为事实证明，并且克尔克霍夫的第二条要求已被广泛接受，我们有时称之为"军事编码学基本假设"：敌人知道我方通用系统。但不知具体密钥，他们依然无法破译用它加密的信息。克尔克霍夫思想的现代表述说明，秘密完全寄托在密钥身上。

若克尔克霍夫只是单纯地针对后电报时代编码学面临的问题发表他的看法，提出相应的解决方案，他就足以在密码学先贤中占据一席之地。但他做得更多。他贡献了两种密码分析方法，虽不及卡西斯基的方法给这门学科带来的颠覆性变革，但它们在大部分现代破译中依然扮演着举足轻重的角色。

其中第一种是重叠法（superimposition），这是多表替代系统中最一般的破译方法。与卡西斯基的方法不同，除少数情况外，它对密钥的类型和长度没有限制，对密码表也没有限制，密码表可以互相关联，也可以毫不相干。它只需用同一密钥加密几条信息。分析员需要把几条信息上下排列，使同一个密钥字母加密的字母落入同一列。举个最简单的例子，对每封都用从头开始的连续密钥加密的密信，分析员只需把全部第一个字母排在第一列，所有第二个字母排在第二列，依此类推。

克尔克霍夫以一个用长密钥加密的 13 段短密信为例说明这一程序。他把前 5 段密信重叠成下面的样子：

	1	2	3	4	5	6	7	8	9	10	11	12	13	14	15	…
密信1	U	H	Y	B	R	J	I	M	B	C	F	A	M	M	T	…
密信2	U	H	W	P	R	B	Q	L	K	I	B	L	W	R	E	…
密信3	I	E	W	H	C	H	Q	K	Q	M	T	M	V	G	J	…
密信4	U	W	V	R	R	H	I	K	M	C	W	W	E	G	H	…
密信5	U	H	S	H	A	H	K	S	V	C	J	W	Z	V	X	…

因为所有这些密信都用同一段密钥文字加密，第一列所有隐藏的明文字母都由同一个密钥字母加密，这意味着这些字母用同一个密码加密。相应地，所有明文字母 *a* 都有同一个对应密文字母，所有明文字母 *b* 同样都有它们固定的对应密文字母，依此类推。这一特征对各个列都有效。这样就可以和周期多表替代的列一样，把各列当成普通单表替代来破译。

如果密钥在每封密信中不是从头开始适用，分析员可以对齐几封密信的重复部分，获得正确重叠位置。

重叠法并不要求密码表第一与第二列间有任何关系。因此，它适用于诸如克罗恩（C. H. C. Krohn）系统之类的密码。1873 年，克罗恩在柏林出版了一本有 3200 个密码表的秘密通信词典。克尔克霍夫轻蔑地评论这个数字“太多，也太少”。但重叠法的成功依赖足够的列高度。克尔克霍夫认识到这一点，并举例说明，如果能找到同一个密钥字母加密的两个列，它们的有效高度就增加了一倍。这一点在有意义的连续密钥中价值特别重大，因为成文密钥的字母具有明文的不规则频率，由它们确定的密码表也将以不规则频率适用。如果由密钥字母 E 确定的密码表加密的所有列都能被识别、汇总并集中破译，就能还原（用一个英文连续密钥加密的）约 12% 明文。克尔克霍夫指出，通过找到频率统计相近的列，可以识别出用同一个密码表加密的列。

克尔克霍夫还找到另一个从少量密文中提取更多明文的方法。和大部分确定明文的密码分析技术不同，这种技术确定密文字母——这些无疑可以立即转换成明文。因此，它可以被看成一种间接技术，但它是密码分析员的撒手锏之一。克尔克霍夫称之为“位对称法”。

它的工作原理可以从一个乱序底表的一部分中看到：

明文	a	b	c	d	e	f	g	h	i	j	k	l	m	n	o	p	q	r	s	t	u	v	w	x	y	z
	N	E	W	Y	O	R	K	C	I	T	A	B	D	F	G	H	J	L	M	P	Q	S	U	V	X	Z
	E	W	Y	O	R	K	C	I	T	A	B	D	F	G	H	J	L	M	P	Q	S	U	V	X	Z	N
密文	W	Y	O	R	K	C	I	T	A	B	D	F	G	H	J	L	M	P	Q	S	U	V	X	Z	N	E
	Y	O	R	K	C	I	T	A	B	D	F	G	H	J	L	M	P	Q	S	U	V	X	Z	N	E	W
	·	·	·	·	·	·	·	·	·	·	·	·	·	·	·	·	·	·	·	·	·	·	·	·	·	·

这里明显可以看出，这张底表的每个密码表中，N 总是跟 E 在一起（密码表看成是循环反复的）。同理，N 在每个密码表中总是与 Y 差三位。还有，R 在每张密码表中都在 B 前面六位（或六格）。这类关系可以在两个（或更多）密文字母中确定下来，而且它们在这张底表的每个密码表中都有效。因此，如果分析员确定了一个密码表中两个密文字母间的长度距离，并且确定了其中一个字母在另一个密码表中的位置，他就可以按已知距离，把第二个字母安在第二张密码表中。这就贡献了一个他原先没有的对应密文字母，他就可以在整个密信中解密出这个字母，增加少量明文，推进破译。

例如，假定分析员在破译一封以上述底表为基础的密信过程中，确定了 K 和 H 代表明文 *e* 和 *n*。相应地，K 和 H 在密码表中相差九个位置：

明　文	a	b	c	d	e	f	g	h	i	j	k	l	m	n	o	p	q	r	s	t	u	v	w	x	y	z
密码表I					K									H												
距　离					0	1	2	3	4	5	6	7	8	9												

再假定，在另一个密码表中，他发现密文 K 代表明文 *i*。他可以立即数到 K 后面九个位置，如下：

明　文	a	b	c	d	e	f	g	h	i	j	k	l	m	n	o	p	q	r	s	t	u	v	w	x	y	z
密码表II									K																	
距　离									0	1	2	3	4	5	6	7	8	9								

在那个位置插入密文 H 后，现在他可以把密码表 II 中的所有密文 H 解密成明文 *r*。如果他发现，比如说，明文 *e* 在密码表 II 中加密成 w，他计算 K 和 W 间的距离（前推四位），在密码表 I 中的 K 前四位插入一个 W，就得到密码表 I 中的一个明文 *b*。因为这张方表中，所有密码表字母间的距离保持固定，几个密码表中几个字母的正确识别可以导致许多其他字母的识别。

克尔克霍夫止步于此——显性位对称。多表替代的破译中，分析员在构建带 *a* 至 *z* 自然序明文字母表的底表轮廓时看到了这一点。但现代分析员发现，带乱序明文字母表的多表替代底表将呈现一种隐性位对称。它把直线距离原则扩大到水平和垂直部分。这是一种非常复杂，但价值极高的技术。有时候，一次连续相互定位可以还原出整个底表。更常见的是，它会白送给分析员一些重要对应密文字母，或者告诉他，某个特定假设与位对称原则矛盾，因此行不通。因为今天广泛使用明密字母表都为乱序的多表替代，隐性位对称法成为现代分析员不可或缺的工具。

最后，克尔克霍夫推广和命名了密码拉尺（slide），并且说明它与多表替代底表是一回事，以此结束了他的著作。他以教授这种拉尺的法国国家军事学院的名字为它命名，称之为“圣西尔系统”（St.-Cyr system）。圣西尔拉尺有一张长条纸或纸板，名为“定尺”（stator），上面均匀印着字母表，字母表下方和边上开两条缝，一张长纸条（动尺）穿过这两道缝隙，纸条上重复印着一个字母表。

如果两个字母表都是自然序，这个装置就构成一个简化版的维热纳尔方表，因为生成底表中任一给定密码表的做法，是在动尺字母表内找到密钥字母，把这个字母置于定尺字母 A 下方。定尺字母表将代表明文字母表，动尺字母表代表密码表。字母表不一定非得是自然序，如果是乱序，动尺（这个术语有时包括整个装置[1]）将代表一个乱序字母表底表。任一动尺都可以扩展成一张底表；任何两个字母表或其部分顺序推移得到的底表都可压缩成更方便的圣西尔形式。克尔克霍夫还指出，密码圆盘只是变成圆形、首尾相接的圣西尔拉

[1] 译注：拉尺和动尺英文都叫“slide”，本书将整个装置译为“拉尺”，滑动部分译作“动尺”，以示区别。

尺。他还重申了波尔塔的结论，认为密码圆盘可以发展成一个等值底表，从而把底表、密码圆盘和圣西尔拉尺并入一个相关器械家族，其区别只是形式不同而已。

这些都是《军事密码学》的杰出贡献，它也成为密码学杰作中的杰作。它的精准、清晰，它坚实的学术研究基础，价值无法估量的新技术，尤其是它的成熟、智慧和洞察，使之当之无愧地成为密码学的伟大作品。也许，只有克尔克霍夫这样多才多艺，这样敏锐的人才能写出这样的作品。

讽刺的是，像克尔克霍夫这样一个怀有世界主义思想的人，他最有生命力的作品结出的却是民族主义果实。也许《军事密码学》的最直接后果是它赋予了法国在密码领域的领先地位，直至日积月累，在一战时给法国带来了丰硕成果。法国陆军部购买了 300 本《军事密码学》；通信军官和业余爱好者阅读它；并且，为了击败强大的重叠分析技术，他们发明或重新发明了一系列系统，如自动密钥。各种作品层出不穷，法国进入密码学“文艺复兴”全盛时期。

然而，法国对密码学的兴趣并非全在于这门学科智力上的挑战，其大部分推动力肯定还来自 1870 年败给普鲁士的切肤之痛和复仇欲望——同样的欲望促使法国建立了欧洲最强大的陆军。值得注意的是，1883 到 1914 年间，法国出版了 20 多种密码学图书和小册子，更不用提大量的密码学文章；德国只出版了区区几本，而且除少量优秀的密码史研究外，都是三流作品。

德国对密码领域的漠然可能来源于几个因素。1870 年胜利可能让德国人相信，他们的做法是正确的，无须改变。德国人倾向于接受严格管制，不像自由散漫的法国人那样容易挑战权威，提出新主意。而且德国人似乎喜欢依据理论预先把事情做好，喜欢在纯粹理性基础上建立复杂结构。按他们的严密逻辑和不可动摇的傲慢，他们追求在编码学方面复制哲学领域的成功——制作出理想的系统。克尔克霍夫已经表明这样的做法即使不是危险的，也是徒劳的。但德国人对条顿民族各方面的优越性充满信心，坚持一条道走到黑。他们的作者不顾密码分析的现实，沉醉在自己的编码作品中。更为实际的法国人则让他们的密码经历实际破译的严酷考验。

法国战前密码学的发展道路可以从它的文献中找到踪迹。这些图书大部分是二流的，没有创新，它们对克尔克霍夫的作品不断吹捧，见解均来自其中。这些图书作者的典型人物是炮兵上尉若斯（H. Josse），他的主要成就是把克尔克霍夫的六条要求浓缩成一条准则，这条准则似乎决定了一战前的法国战地密码选择："准确地说，军事编码须采用一种只需纸和笔的系统。"若斯大量引用了克尔克霍夫作品，以致他觉得有必要在一大段引文后插入一段表示歉意的文字："在编码学方面，克尔克霍夫先生的大名如雷贯耳"。除此之外，还是有四位优秀作者曾帮助当时的法国在密码学上领先世界：德维亚里（de Viaris）、瓦莱里奥（Paul Louis Eugène Valério）、德拉斯特勒（Félix Marie Delastelle）和埃蒂安·巴泽里埃斯（Étienne Bazeries）。

德维亚里原名"Marquis Gaëtan Henri Léon Viarizio di Lesegno"，按法文写成德维亚里。1847 年 2 月 13 日，他在瑟堡出生，父亲是一个炮兵上尉。19 岁的德维亚里以第 48 名成绩进入巴黎综合理工大学，以第 102 名（134 人中）成绩毕业。他 21 岁加入海军，两年后被任命为海军少尉，但是只服役了四年，25 岁退伍。他后来成为警察局长助理和步兵军官。

他可能是在 19 世纪 80 年代中期对密码学萌发兴趣。他设计了一些含有一体打印装置的早期密码机器[1]：加密后，加密员按下一个按钮，机器就把密文字母打在一条纸带上。他在密码学史上第一次出版了他所称的"编码方程"(cryptographic equations)。（巴贝奇在自己的作品中采用了这样的方程，但从未公开描述过它们。）

1888 年 5 月 12 日和 19 日，德维亚里在科学杂志《土木工程学》上发表了两篇文章（一个后来汇集成书的系列的前两部分）。他在文章中提议用希腊字母 χ 代表任一密文字母，γ 代表全部密钥字母，小写 c 代表所有明文字母。随后他证明了代数公式 $c + \gamma = \chi$ 将产生一个维热纳尔密码，与标准操作的底表、拉尺或圆盘一般无二。如果把字母表中字母编成从 0 到 25 的数字，则：

[1] 原注：已知最早的打印式密码机似乎是 1874 年以前埃米尔·维奈（Émile Vinay）和约瑟夫·戈森（Joseph Gaussin）发明的，但未见关于它的描述。

a	b	c	d	e	f	g	h	i	j	k	l	m	n	o	p	q	r	s	t	u	v	w	x	y	z
0	1	2	3	4	5	6	7	8	9	10	11	12	13	14	15	16	17	18	19	20	21	22	23	24	25

维热纳尔密码可以用数学方法加以复制，做法是把明文和密钥值相加的和（26 及以上时则减去 26）再转换成字母。如，标准方表对明文 *d* 用密钥 G 加密则得到密文 J。按照公式，这几个字母得出 3 + 6 = 9，即 J。不同的密码自然有不同的公式。

自然序多表替代“三巨头”的公式如下（使用现代概念，P 表示明文，K 表示密钥，C 表示密文）：

	加密	**解密**
维热纳尔	P + K = C	C − K = P
蒲福变种	P − K = C	C + K = P
蒲福密码	K − P = C	K − C = P

这些公式的对称性清楚显示，蒲福是一种互代，蒲福变种和维热纳尔是逆操作。它清楚地展示了数学如何照亮密码的结构，把它们的框架暴露在耀眼的强光下。

数学只是德维亚里在 19 世纪 80 年代的一次灵光闪现，没人对他的公式多看一眼，即使他自己也没有深入研究这个问题。但它们证明了他的独创能力。1893 年，他出版了另一本书，和克尔克霍夫的作品一样，这本书也强调密码分析。书中包含一个分析员同行对复杂密码做出的精彩破译。在此期间，他重组了外交部密码局（Bureau du Chiffre），建立了一种新的通信方法——大概是他的《ABC 词典》（*Dictionnaire ABC*）。使用一条印有数字的软带，这本 1898 年出版的书简化了高级加密。德维亚里 1901 年 2 月 18 日去世。

1892 年 12 月，炮兵上尉保罗 · 路易 · 欧仁 · 瓦莱里奥的著作开始出现在《军事科学杂志》上，大约刚好比克尔克霍夫第一篇文章晚 10 年。克尔克霍夫风格简洁，但瓦莱里奥却详尽。1895 年 5 月，经 10 次连载，最后一篇发表，

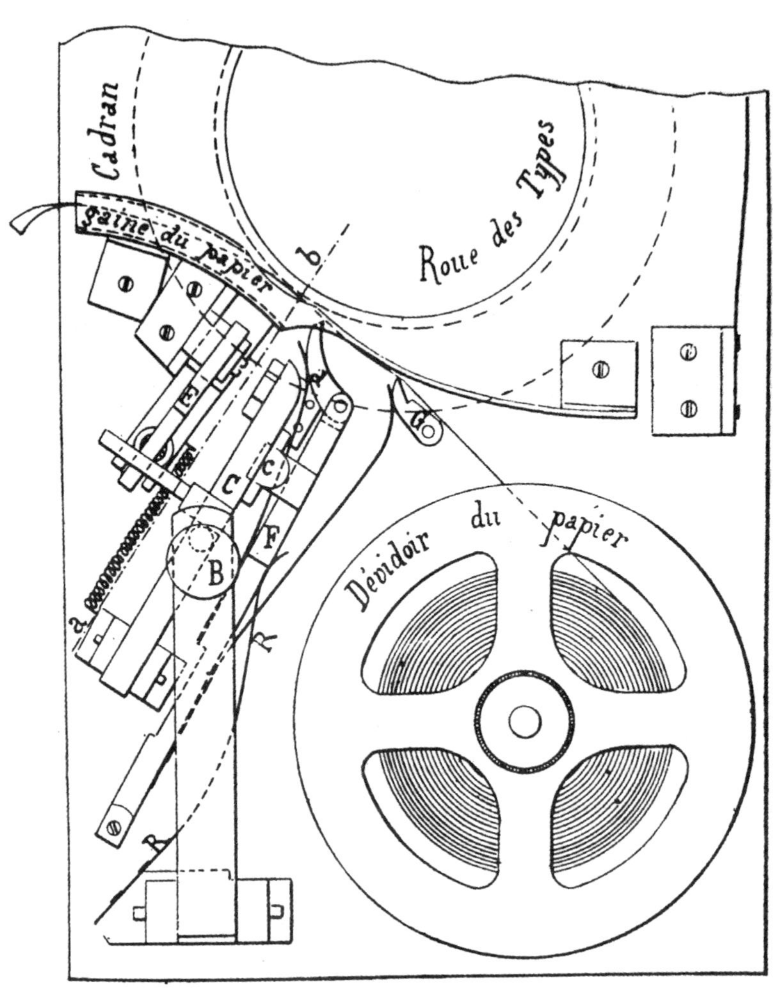

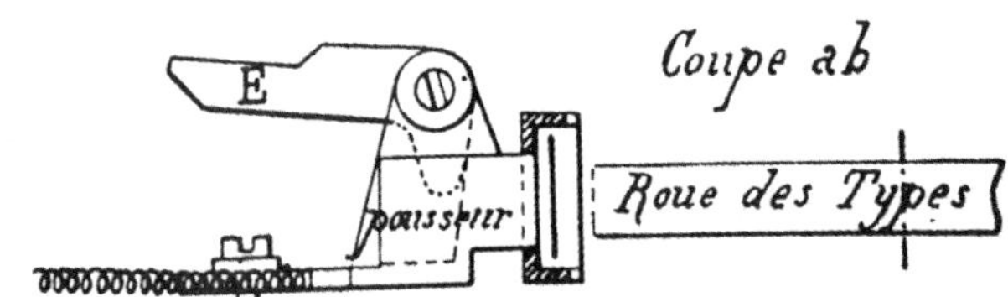

B *Bouton pousseur et son levier*
C *Bras actionnant l'équerre E et portant la came c.*
E *Equerre actionnant le pousseur*
F *Levier actionné par la came c et muni du doigt métallique d.*
G *Cliquet maintenant le papier*
RR *Ressort principal.*

德维亚里的打印式密码装置设计图

这部作品总计达到 214 页。其中，对欧洲主要语言语音学特征的深入研究占了超过三分之二篇幅；感受到时间易逝，瓦莱里奥的研究开始集中关注德语。作品的其余部分——后合编成一本《密码学》（*De la cryptographic*）——详细介绍了密码和代码系统的破译，这大概是在密码学中第一次出现代码破译。除了对代码破译的描述外，瓦莱里奥没有对这门学科做出多少新贡献，但他推进了前人浅尝辄止的领域，让法国密码学前所未有地变得完整和充实。

在主要的密码学作者中，费利克斯·马里·德拉斯特勒是当时唯一一个非军人作者。1840 年 1 月 2 日，他生于布列塔尼海港圣马洛的一个航海世家——他的海船船长父亲在费利克斯 3 岁时丧生大海。从圣马洛学院毕业后，德拉斯特勒得到法国政府烟草管理局的一份烟草检查员工作，其职责包括检查大至马赛这类城市的仓库。他在这个职位上做了 40 年。1900 年退休后，这个沉默寡言的单身汉搬到圣马洛附近帕拉梅的一座公寓酒店克尔卡多尔，致力改进 7 年前写的一本密码学小作品。他在前言部分的落款是 1901 年 5 月 25 日，帕拉梅；《密码学基础》（*Traité Élémentaire de Cryptographie*）一书于次年由著名的戈蒂埃－维拉尔出版社出版。1902 年 4 月 2 日，他正要出发到刚去世的哥哥奥古斯特·米歇尔家时，心脏病发作，当天去世。

这本 156 页的书主要讲述高级加密系统。德拉斯特勒不失公正地批评之前大部分作品，“只是各种密码系统详尽程度不一的目录，没有一个经过深入研究，甚至一些只是外表不同。因此我相信，”他在前言中写道，“我做了一些有益的事情，把所有这些系统分门别类，探讨如何从中推出基本原理。”

虽然千姿百态的密码系统妨碍了德拉斯特勒的计划，但他美好的愿望得到了回报。在寻找一种不太烦琐的 26×26 加密表的双码加密法时（他在研究过程中独立发明了普莱费尔型密码），德拉斯特勒发明了一种在密码学中相当重要的分组加密系统。与普利尼·厄尔·蔡斯不同，他的分组加密系统在字母重新结合前，对它们做替代处理，德拉斯特勒则进行移位操作。他的二分密码（bifid cipher）需要运用基本的二分替代（bipartite substitution），但不知何故，他从未把它们写成棋盘形式：

a	b	c	d	e	f	g	h	i	j	k	l	m
42	22	14	32	34	25	11	53	51	41	15	23	54
n	o	p	q	r	s	t	u	v	x	y	z	
12	55	33	31	52	21	35	13	24	44	43	45	

明文以规定好的长度（如五个字母）写成，对应数字竖写在每个字母下方。德拉斯特勒把他的明文设为 *Attendez des ordres*（待命），如下：

a	t	t	e	n	d	e	z	d	e	s	o	r	d	r	e	s
4	3	3	3	1	3	3	4	3	3	2	5	5	3	5	3	2
2	5	5	4	2	2	4	5	2	4	1	5	2	2	2	4	1

形成密文时，各组数字横向配对，转换成字母：43 = Y、33 = P、12 = N、55 = O，等等。完整密文是：YPNOA PYDZV FHIRB DJ。如果这种重写使用不同密码表，这种系统就叫共轭阵（conjugated matrices）二分密码；如果字母分解成三位数（*a* = 111、*b* = 112、*c* = 113，等等），再将各元素以不同结合方式打乱重组，这种系统就叫三分密码（trifid cipher）。

德拉斯特勒尝试通过改变圣西尔拉尺的密钥、明文、密文和指标字母位置，使克尔克霍夫的位对称法失效。传统做法把定尺字母表首字母作为指标字母，密钥设置在这个字母下方，此时明文就在定尺字母表中，密文在它下方的动尺上。德拉斯特勒打破这些框框，表明其他做法同样可行。如，密钥字母可以在定尺字母表中，明文对准它下方，此时作为指标的字母可以在动尺上，密文从它上方的定尺中找出。因为德拉斯特勒没有移动指标字母，他只找到 8 种这类形式，但实际上应该有 12 种，即便德拉斯特勒做出努力，这些形式仍都显示出某种对称性，不管是隐性还是显性，垂直还是水平，也不管是在明文还是密文成分中。

埃蒂安·巴泽里埃斯是伟大的密码学实践者。他的理论贡献可忽略不计，但他是这门学科中最伟大的天才密码分析家之一。在他聚精会神的攻击下，各大密码纷纷解体。历史密信、新发明、官方系统、阴谋者的秘密通信——连连退却，丢盔弃甲，最后在他的猛攻下缴械投降。他还是这门学科中最自负的分析家。他肆无忌惮的宣言像投出来的朱庇特[1]的霹雳，激怒了同代人，把通常波澜不惊的密码学之水搅得天翻地覆。

1846 年 8 月 21 日，巴泽里埃斯生于旺德尔港一个地中海小渔村，父亲是一名骑警。渔村地处巨大的比利牛斯山脉山阴，在那里长大的巴泽里埃斯同时学习了法语和加泰罗尼亚语。刚过 17 岁生日的第 5 天，为了躲避家里为他安排的农业岗位，他加入陆军第四后勤中队。他参加了普法战争，在梅斯失陷时被俘，但他伪装成一个砖瓦匠得以逃脱。他的提拔虽然缓慢，但一步一个脚印，即便他的个人主义意志坚定，拒绝接受现实：当中尉时，他大胆地告诉一位将军，团里的马具弄伤了中队的马。1874 年，他被提拔为中尉，次年被派到阿尔及利亚，他三度在那里服役，这是其中第一次。1876 年回国后，他娶了玛丽－路易莎－埃洛迪·贝尔东，两人生了三个女儿。

似乎是在破译报纸个人栏目的密信过程中，他对密码学产生了兴趣。这些密信有的是安排偷情幽会，这些堕落细节成为他餐桌上的谈资。驻扎在南特时，1890 年的某一天，他在第 11 军司令部大声告诉一个军官同僚，法国正式军事密码（一种复杂的移位形式）可以不用密钥就能读懂，引来哄堂大笑；但有一个人没有加入取笑的大军，他就是当时的名将——军长夏尔·亚历山大·费伊（Charles Alexandre Fay）将军。他接受了巴泽里埃斯言语中暗示的挑战，给了他用该系统加密的几封密信。巴泽里埃斯译出密信，给同僚和费伊留下深刻印象，甚至陆军部都一片哗然，立即准备了一个新系统。巴泽里埃斯再次完成壮举，超越之前的成就，在新系统还没来得及投入使用前，破解了用它加密的信息。

显然，人们开始争相讨论他的能力，一直传到军队之外。第二年初，南特的博尔先生用自己发明的一种打印式密码机加密了八封密信，交给他破译。巴泽里埃斯也承认该密码机是“一个极好的设备”，这话说于 1891 年 1 月 8 日。但到了 31 日，试图挽救自己系统的博尔又用该机器一个更复杂的设置加密了五封信，交予巴泽里埃斯。后来，巴泽里埃斯又破解两封称不上困难，但更为

[1] 编注：罗马神话里统领神域和凡间的众神之王。

复杂的密信，逼得他直想叫停这个令他乏味的重复。他让博尔编制一条用最终系统加密的信息。巴泽里埃斯毫不费力地破解，发现信上写着："要是你再破开这个，我真想被绞死"。他赶忙请求那位发明家不要做傻事。后来他评论说，如果谁的密码被破开，他就要被绞死，那这种刑罚也就没有任何意义了。

此时他的名声已经传到位于巴黎的法国外交部[1]，因为在 1891 年 8 月，陆军把他临时借调到外交部密码局。1892 年，他被提拔为自己后勤中队的指挥官，1894 年再次为外交部服务。

在巴黎的这些年是他在密码学方面最活跃的时期。新密码刚一出现，就被他攻破。他破译过拉弗亚德系统（La Feuillade）、赫尔曼系统（Hermann）和德奥卡涅系统（d'Ocagne），以及加夫雷勒（Gavrelle）和德维亚里的密码器——对德维亚里密码器的破译将很快受到反击。总参谋部一个指挥官研究路易十四的战役，请他帮忙解读一些加密信件，他开始对密码历史产生兴趣。巴泽里埃斯破开这种系统，又从档案里翻出其他系统，成功破开法兰西斯一世、二世[2]，亨利四世、米拉波[3]和拿破仑的准代码。他发现这些军事天才的作战密码如此不堪一击，以至于他在有关这些密码的专论标题中，轻蔑地给"密码"一词加上引号。

在现实密码分析过程中，他的手上也沾满了鲜血。1892 年，法国当局逮捕了一群无政府主义者，把他们押上审判席。证据中包括巴泽里埃斯破译的一批密信。被捕者用一种名为格伦斯菲尔德（Gronsfeld）的系统，这是一种被截短的维热纳尔密码，以格伦斯菲尔德伯爵的名字命名，伯爵和 17 世纪作者加斯帕尔·肖特一起从美因茨去法兰克福时，在路上向后者描述了这个系统。它的密钥由数字构成，每个数字表示加密者在自然序字母表中从明文字母向后数到密文字母的字母个数。如，无政府主义者的密钥是 456327，4 月 30 日信件的第一个单词 *Demande* 将用以下方式加密成 HJSDPKI：从 *d* 向后数四个字母是 E、

[1] 译注：Quai d'Orsay，奥赛码头，法国外交部所在地，法国人喜欢用所在地名称呼政府机构。

[2] 译注：Francis II（1544—1560），法国国王（1559—1560），苏格兰玛丽女王的丈夫。

[3] 译注：全名为奥诺雷·加布里埃尔·里凯蒂·米拉波伯爵（Honoré Gabriel Riqueti, Comte de Mirabeau，1749—1791），法国政治革命家；要求实行君主立宪，在法国大革命早期产生重大影响。

F、G、H——H 就是密文字母；*e* 向后五个字母是 J，依此类推。但巴泽里埃斯在这里却大失水准：仅是密信首尾各六个虚码就把他的破译推迟了半个月之久。不知为什么，他总是把这个实属最烂的破译说成最好的。

1899 年从陆军退伍后，外交部雇他做密码分析员。他大部分时间生活在凡尔赛，有时待在家里，有时在办公室工作。同一年，外交部向警察部门推荐他破译一系列缴获的信件。这些用数字蒲福密码加密的信发现于舍维莱住所，他是觊觎法国王位的奥尔良公爵的支持者。密信由一组四位数构成，最小为 1111，最大为 3737。巴泽里埃斯据此看出，每对数字代表一个字母，11 表示 A，12 代表 B……直到 36 代表 Z，37 又再次表示 A。但一个密码上的不幸巧合，罕见又极迷惑人，耽误了他好长一段时间：一封多表替代密信中的大段重复完全出于偶然，而不是巴泽里埃斯一直以为的周期密钥与重复明文相互作用的结果。如，在 1898 年 2 月 17 日的一封电报中，数字 30 24 14 12 以 21 的间隔重复，指出密钥周期为 3 或 7。密报译出后，第一处重复原来是密钥 ERVE 加密的明文 *lesd*，第二处是密钥 IERV 加密的明文 *prou*。另一封电报中，一个伪三码重复表明其周期为 8。巴泽里埃斯最终通过一系列灵光乍现的可能字词猜测破开密信，发现它们分成两部分，一部分以阿尔弗雷德 · 德缪塞（Alfred de Musset）的名诗《十二月之夜》中的连续诗句为密钥，另一部分以发信星期和日期为密钥。这样每封密信都有自己的密钥，使得它们需要一一破译——但巴泽里埃斯译出几封后，推导出密钥中的密钥。

就这样，他满心欢喜地译出一封公爵本人都无法解密的密信，因为其中内容错误连篇，他读到公爵简短、尖锐的回复。1898 年 12 月 13 日，星期二，上午 9 点 35 分，公爵经过一夜毫无成效的解密努力之后，寄出这样一封信：3733 3737 1514 1224 2920 2524。巴泽里埃斯用密钥 MARDI TREIZE D (ECEMBRE)[1] 译出这封信，发现了一个收到错乱电报的密码员表达的由衷厌恶。几个虚码 *q* 增加了密信的文字量，但有意义部分粗鲁直白：*Merde*[2]。“这个词，”这位分析员以少有的轻描淡写评论道，“犀利。”后来，在高等法院对

[1] 译注：法语，12 月 13 日，星期二。

[2] 译注：法语，粪便。骂人的话。

这些阴谋者的审判中，巴泽里埃斯出庭为他的译文作证。

1913 年，因女儿的健康原因，巴泽里埃斯在离他出生地不远的小镇塞雷买了栋房子。邻居都不知道，这个留着胡子，头发花白，目光锐利的宽脑门绅士就是“外交部的猞猁”、“密码拿破仑”、魔法师。他们很少见到他，因为他只有在准备重要破译时才从凡尔赛过来，然后躲在家里，以烟斗和咖啡为武装，攻击外交部从巴黎送来的密信。他的家位于喷泉广场，家里只雇用文盲仆人。只有经过一段长时间连续工作，疲劳之后，他才会现身，去附近山里野炊。妻子和三个女儿，塞萨琳、费尔南德和波勒，穿着当时最流行的沙沙作响的长裙，跟着拄拐杖的父亲穿过乡村，到达一个高地农场。他会用加泰罗尼亚语询问农夫，试图说服几个女儿喜欢当地的鲁西永红酒，他妻子则无法忍受这种酒。一战到来时，他帮忙破译德国军事密码。他直到 1924 年，78 岁时才退休，1931 年 11 月 7 日在努瓦永去世，享年 85 岁。

但如果说他在密码分析方面算得上是捷报频传，那他在编码战斗中却一败涂地。一直以来，他努力让军方采用他设计的密码，代替他称之为“几乎抵挡不住分析”的正式密码。他不费吹灰之力就证明了它们的脆弱：除了南特的破译外，在阿尔及利亚服役期间，一个炮兵将军给了他一篇测试密报，他在从君士坦丁到菲利普维尔的约 400 千米列车旅行中破开它。但正如他自己所说：“证明现行密码一无是处是一回事，提出一个更好的替代密码又是另一回事。”

他对官方密码的蔑视伤及自身，他自己的两个多表替代系统接连被否，都被总参谋部以太复杂为由拒绝。在南特的一个同他关系不错的军官——可能是费伊将军——建议，如果他设计一种密码装置，密码员用起来“不必想破脑袋”，他可能会获得更大成功。巴泽里埃斯重新设计了一种使用 20 个不同密码表的系统，搞出了“圆柱密码”（cylindrical cryptograph）。它实际上与杰弗逊的轮子密码一样，只是它用 20 个圆盘，圆盘外周有 25 个字母，而不是有完整字母表的 36 个圆盘。1891 年 2 月 12 日，他把它提交给陆军部，费伊写了一封推荐信支持它。同年 9 月 19 日，他在马赛的法国科学促进协会的一次大会上描述了它。陆军认为它太复杂，拒绝采用。巴泽里埃斯简化了装置，在 1893 年 2 月 9 日的一次军事密码委员会（Military Cryptography Commission）会议上再次提交。巴泽里埃斯讲述道，当时出席会议的还有一个上尉，他是现行系

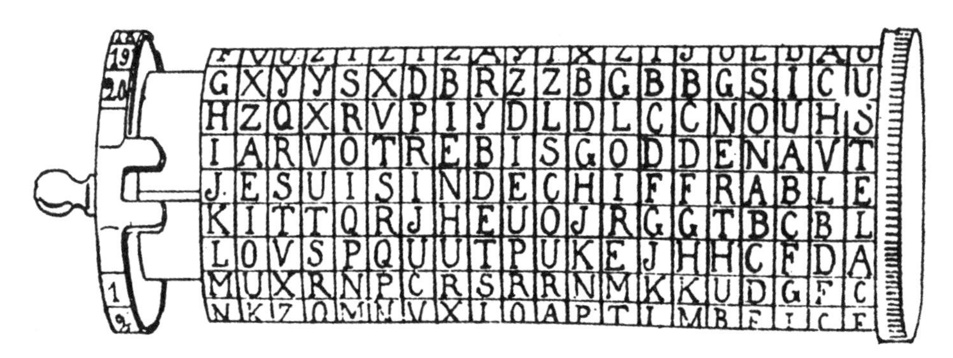

埃蒂安·巴泽里埃斯自己画的密码圆柱，明文写着“我是不可破的”

统的发明者，他的系统曾被我破译。“我们知道，”巴泽里埃斯后来写道，“作为一个不可避免的结果，他会敌视所有密码系统的发明者。”巴泽里埃斯圆柱——这是它的一般称法——确实未被采用，但德维亚里侯爵，也许不满巴泽里埃斯破开他的密码装置，竭尽全力破开了巴泽里埃斯给他的连续三封密信，粉饰了陆军的决定。

他的方法要求拥有密码装置，这个先决条件不符合克尔克霍夫提出的军事密码不应要求装置保密的原则。巴泽里埃斯接受那项原则，但声称只靠密钥，即圆盘放置在轴上的次序，就可保证系统绝对不可破。德维亚里的方法中，分析员先转动圆盘，直到只有 *a* 位于“明文”线上。随后的每一条线——称为“发生行”（generatrix）——由可能位于该发生行的 *a* 的所有对应密文字母组成。并且，对应字母在每一发生行的排列与任一其他发生行都不同。如在巴泽里埃斯原始装置中，*a* 下面的前两个发生行如下：

盘　号	1	2	3	4	5	6	7	8	9	10	11	12	13	14	15	16	17	18	19	20
明　文	a	a	a	a	a	a	a	a	a	a	a	a	a	a	a	a	a	a	a	a
发生行1	B	E	E	Z	Z	Z	L	V	R	F	N	I	U	T	J	I	B	B	C	C
发生行2	C	I	B	Y	X	X	O	D	Y	N	D	C	X	I	B	M	C	C	H	F

巴泽里埃斯以一种特别方式构建容易记忆的字母表，上述结构就是这个做法的结果。一些字母表由穿插的元音和辅音组成；另一些来自爱国主义（“God protects France”“Honor and country”）、说教（“Avoid drafts”“Instruct youth”）

和白话（“I like onion fried in oil”[1]）短语。其他字母表会产生另外的结构。

现在，前两个发生行采用一套特有的字母作为 *a* 的替代字母：

	替代 *a* 的字母
发生行1中	B C E F I J L N S T U V Z
发生行2中	B C D F G I M N O X Y

分析员现在假设，在他破译的密报中，一个可能词或词的一部分如 *-ation*，完全由一个发生行加密。他再次纵向列出第一发生行所有可能替代 *a*、*t*、*i*、*o*、*n* 的字母。他把这五个列沿密报下方滑动，寻找一个五字母组，其首字母出现在 *a* 的一列替代字母中，第二个字母出现在 *t* 的一列替代字母中……任一这样的组明显可能构成 *-ation* 的第一发生行替代。

假设分析员找到这样一个组。如果那一组中，*a* 的替代字母是 V，此刻所用的圆盘一定是 8 号，它是第一发生行中唯一用 V 替代 *a* 的圆盘。如果替代字母是 Z，所用的圆盘一定是 4 号、5 号或 6 号。其他字母的选择范围也相应缩小。分析员此时可根据这些选择尝试性地组装一个圆盘组，并且因为密信一次加密 20 个字母，他以 20 个字母为间隔进行试破。如果明文小环礁捅破了密文海面，他显然找到了部分圆盘的正确排列。他可以通过猜字把小岛扩大成群岛，最终把它们连成一整块明文大陆。如果没有可靠的明文出现，分析员必须沿密报正文移动他的清单，直到出现另一种可能性。如果第一发生行替代字母中没有这样一个组出现，分析员须尝试第二发生行的可能字母……整个步骤，德维亚里说，解释起来比做起来还慢。

尽管确实为密码分析杰作，巴泽里埃斯还是不想承认德维亚里已经做到的事情：发现了巴泽里埃斯圆柱的有效破译方法。他指出，在马塞提出的密文依然未被破译，坚称它永远不会被破译，重申了对自己发明的信心。后来的一个评论者说，“不幸的是”，他通常表现得“很缺乏学者风度，这是一个科学家应

[1] 译注：God protects France 意为“天佑法国”，Honor and country 意为“荣耀与国家”，Avoid drafts 意为“逃避征兵”，Instruct youth 意为“指导青年”，I like onion fried in oil 意为“我爱吃炒洋葱”。

向对手表现出的大度，哪怕在自己珍视的理论瓦解时也当如此”。

尽管被德维亚里破开，尽管巴泽里埃斯自信过头，多个密码同步加密的系统依然是一种优秀密码，只要稍加修改、勤换密钥，其依然可以作为一种相当有效的战地密码。也许巴泽里埃斯永远不会知道，他的正确性在生前就已得到证明：1922 年，美国陆军采用了他的系统。

圆柱密码被拒后，巴泽里埃斯心里充满了忧虑，他担心脆弱的军事密码会危及他的祖国。他强烈的爱国主义，他拒绝屈服权威的精神，他的正当信念——他的密码分析成就让他有资格来评价密码价值，所有这些都促使他提出一个终极系统。它符合总参谋部的要求——很可能来自若斯的教条——操作只需要铅笔和纸。

简而言之，它由一个每信一换的单表替代和一个移位结合而成。密钥在每封密信开头，由两个字母组成，两个字母按 A = 1、B = 2……的简单规则转换成数字，再把这个数字写成短语，构成密码表。以英文为例，SF 就是 186，即 ONE HUNDRED EIGHTY-SIX，再得到密钥的密码表 ONEHUDRIGTYSXABCFJKLMPQVWZ。明文用这个密码表加密后，被分成三字母一组，各组颠倒。在每个这样的三字母组前，可插入元音作为虚码；如果该组密文以元音开头，就有必要在前面插入虚码以防止混乱。巴泽里埃斯认为，密钥每信一换有效地保护了他的系统，他提供了一封示例密信。虽然法国分析员从未破开它，但 1899 年 4 月 19 日，陆军部给他写信，说“该法不能充分保证保密性”。

这一次，这些官僚倒是正确的。在大量通信中，没有任何单表替代能够确保保密。很自然，巴泽里埃斯根本不服气，1901 年，他在一本尖刻、轻蔑、插曲式的图书《密码内幕》（*Les Chiffres Secrets Dévoilés*）中做出报复。“愿这次揭露能让陆军部改弦更张。”他在图书引言中宣称，该书封面巧妙地放有巴泽里埃斯圆柱的照片。他抨击总参谋部在密码事务上的“装聋作哑”，详述他自尊心受伤的故事，重新为他的密码辩解，反驳了官方对它们的批评。他言辞激烈：“法军总参谋部采用这些方法的时候，相信自己进步了。它实际只是倒退了。”他讽刺性地赞扬了陆军“例行公事的良好精神”，指责它的密码是“一个公共危险”。

这本书也不全是批判。巴泽里埃斯对主要的密码系统进行了概括，讲述了一些有趣的故事，展示了他如何破译出无政府主义者和奥尔良公爵的密码。他傲慢地审视了当时著作，在若斯和德维亚里等作者的观点与他相左时，谴责他们为“异端”。这本书完全展示了他的个性。巴泽里埃斯的尖刻腔调甚至用在他干巴巴的技术讨论中：“放弃替代方法，改用移位方法，”他夸夸其谈，“就是用一匹独眼马换来一匹瞎马。”巴泽里埃斯输掉与当局的斗争是密码学的收获，因为其产生了也许是整个密码学中最有趣的一本书。作者的胜利在于，他依然活在这本书里。

值得一提的是，虽然巴泽里埃斯和法国总参谋部意见不一，但双方几乎毫无疑问都同意在战场使用密码，而不用代码。这种做法在当时非常普遍，它证实了战地密码的支配地位。在西班牙采用的系统中，他们使 10 到 99 的两位数密文组随机变动，生成一个乱序明文字母表，每封信的字母表位置，以及相应的每个字母的对应多名码都不同。1894 年，步兵中尉华金·加西亚·卡蒙纳（Joaquín García Carmona）在《密码专论》（*Tratado de Criptografia*）一书中把这种系统批得体无完肤。这本书是最优秀的西班牙语密码学作品，在所有语言类作品中也算是上乘之作。

19 世纪 90 年代初，古巴岛伟大的自由先行者何塞·马蒂[1]用一个数字维热纳尔密码指导革命斗争。如 1894 年 12 月 8 日，在他著名的古巴起义计划中，他从纽约写信：“1. Todos los trabajos deberán dirigirse desde ahora con la idea de comenzar, todos unidos, 16, 3, 5, 10, 16, 7 | 17, 16, 7, 22, 19, 6, | 20, 19, 22, 6, 36, 6, | 23, 23, 7, 15, 20, 22.”他把密钥 HABANA（哈瓦那）用于一个方表，字母表中包括西班牙字母 *ll* 和 *ñ*。解密后，这一部分写道，*hbcia (hacia) fines del presente mes*，整句话意为：“1. 从现在起，所有工作都要有一个从头开始的指导思想，直到本月末。”1895 年初，起义如期爆发。甚至在遥远的埃塞俄比亚，在那片古老土地反对殖民势力、争取独立的混乱战争期间，一个用乱序字母表的多表替代都派上了用场。

[1] 译注：José Martí（1853—1895），古巴诗人、民族英雄、思想家。15 岁起参加反抗西班牙殖民统治的斗争，42 岁时牺牲在独立战争战场上。

但就在陆军坚持用密码的时候，各国海军和外交部还在使用代码。如果保密得好，这些经发展后的准代码提供了比密码更好的保密性，而且为外交官节约了电报费，为海军指挥官节约了通信时间。大部分代码为一部本，而且大部分把代替明文的文字代码组和数字代码组一并列出。两种方式各有所长。密词比密数更不易出现传输错误，电报中的莫尔斯电码增减一个点就可把一个密数从 7261 变成 7262，把它的含义从 *he will*（他将……）变成 *he will not*（他将不……），因为代码明文组通常把这类短语放在否定形式上方。这种情况不大可能发生在密词身上，如 MALSANIA 和 MALSANOS。

另一方面，密数在高级加密时更容易操作。高级加密包括密数加密、密词加密，两者均能提供额外的保密性。加密可采用直接替代，一串如 PALMETO FEODALISER CONTABOR ANGROLLEN 这样的密词可以像普通明文一样，用单表替代、维热纳尔密码或任何一种系统加密。（移位系统似乎没有被采用，因为它们会破坏密词。直到 1904 年 7 月 1 日，当新的电报规则生效时，代码语言才规范成五字母组。）同理，密数可以用一个密钥转换成字母。通常采用一个没有重复字母的十字母单词，如 REPUBLICAN，以 1 = R，2 = E……为基础转换数字，但这种高级加密比另外两种以密数为基础的系统用得少得多。

一种高级加密可以改变密数数字的次序。如 8264 可以打乱，变成其他 23 种排列中的任何一种。在 1868 年初版的畅销商业电码本中，西特勒（F.-J. Sittler）提出该法，为电码本提供保密性能。该电码本的密数前两位数字表示页码，后两位表示行。加密者可以用容易记忆的 PA（page，页）和 LI（line，行）代表这些数字，用 PALI 代表密数整体，随意用各种组合加密，如 IPLA。

第二种高级加密是一种替代形式，所加“密码表”就是一些普通数字。这种方法把一个叫“加数”（additive）的密钥数加在名为“密底码”的原始数字上，最终形成的密报就是所谓的“加密代码”。19 世纪后期，单个密钥数字常被用作一封密信所有代码组的加数。如密底码 2726 7074 8471 可以用加数 2898 加密，得到加密密数 5634 9972 1369，1369 前多出来的 1 自然被去掉。一个世纪前，本尼迪克特·阿诺德就用过这种加数方法的雏形，在词典密码的数字上加上 7。

然而，也可双管齐下，同时利用并列的数字和文字代码组，这既有利于高级加密，又能进行准确传输。密码员可以记下短语的数字密底码，如 3043，心

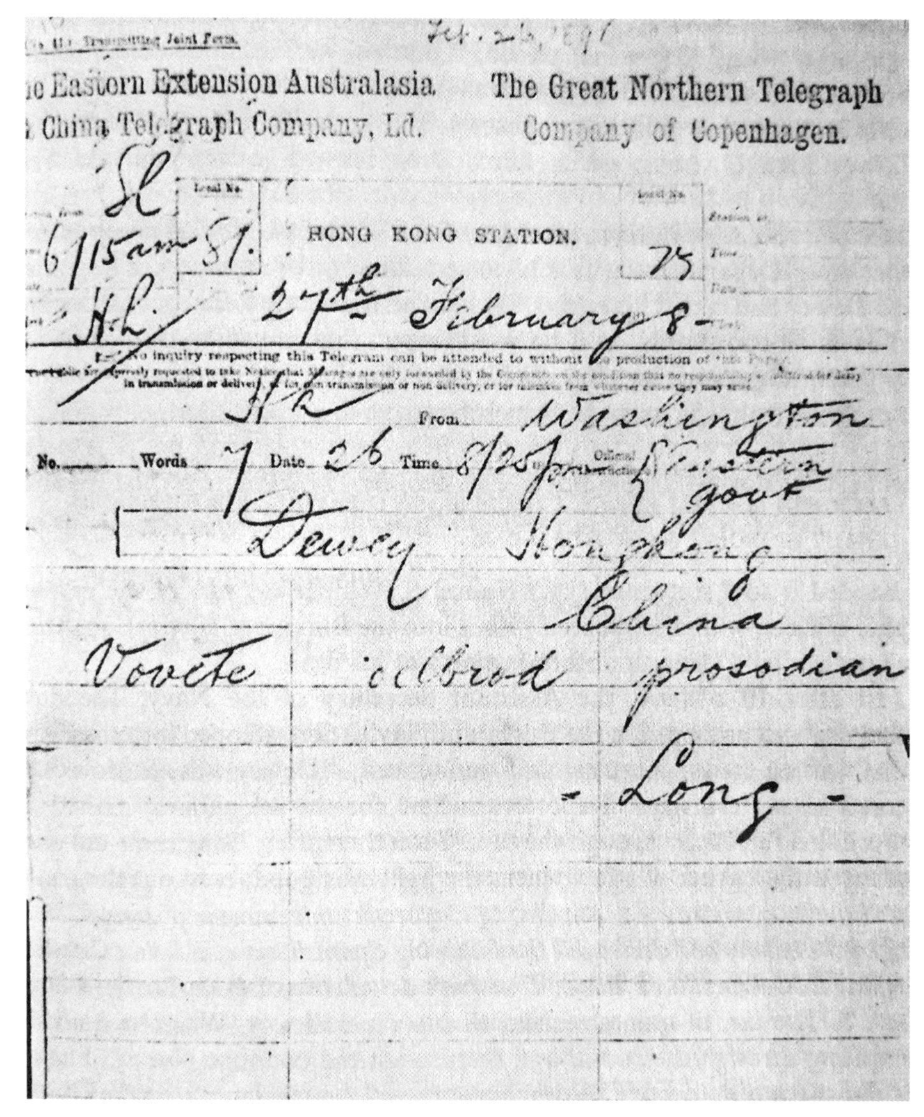

Transmitting Joint Form.

ie Eastern Extension Australasia
. China Telegraph Company, Ld.

The Great Northern Telegraph
Company of Copenhagen.

HONG KONG STATION.

6/15am 81. 75

27th February 8-

No inquiry respecting this Telegram can be attended to without the production of this Paper.

From Washington

No. Words 7 Date 26 Time 8/25pm

Dewey Hongkong
China

Vovete ccbrod prosodian

Long

战争将至：海军上将乔治·杜威（George Dewey）收到海军部长约翰·朗（John D. Long）的一封加密电报，电报警告，“加满煤，这是目前能采取的最好措施”

算加上一个加数，该加数须为简单数字，如800，再取出对应这个中介加密密数3843的密词，作为最终加密密词。（1876年，同样做法已经被帕特里克用在词典密码上，他用它加密俄勒冈州总统有关选举人的电报。）在这种方法中，密数转换成密词，贡献了额外的保密性。密码分析员会发现，确定密底码—

加密密数对（如 10053 和 12053）的加数，比确定文字对（如 CAVARONO 和 CIANICO）的加数更容易，后者仅提供了代码元素间数值的最一般线索。

这可能是当时最保密、最先进的代码系统，美国海军似乎在美西战争[1]期间使用了该系统。它标志着美国海军秘密通信的最新阶段。1809 年，海军部给在新奥尔良的戴维·波特（David Porter）海军中校发去一条用简单单表替代加密的信息。波特后来成为美国海军英雄。按照美国海军成立以来的一贯做法，此时海军密码编制由海军委员会高级成员负责。1842 年，随着局制度的建立，编码职责归工程、设备和修理局，1853 年转给军械和水文局，1862 年引航局接过这项工作，一直到 1917 年。1877 年，至少在部分通信中，海军使用了维热纳尔密码。1887 年，它印制了《海军代码》（*Navy Secret Code*），直到 1898 年，该书还在使用，与另一个高级加密系统一起。在那个时代，密电的接收和解密最令人激动，并引发了混乱，而美国海军的密码活动也经历了短暂辉煌。

1898 年 5 月 1 日，乔治·杜威海军上将在马尼拉湾大胜西班牙舰队。消息传回美国，全国立即陷入一片狂热，大家都在焦急地等待官方正式通报。美国为通报做好了精心准备。驻中国香港领事怀尔德曼将首先接收来自马尼拉的船只带来的消息。他接到命令，一收到消息即用电报发出。而准备解密电报的国务院和海军引航局官员则 24 小时值班。5 月 7 日，周六，雨。早上 4 点 40 分，写着“Hong Kong, McCulloch, Wildman”的电报到达，表明“麦卡洛克”号（*McCulloch*）缉私艇已经带着杜威的报告抵达，海军上将的电报很快就到。不到半小时，海军部长约翰·朗就得到通知。很快，整个城市都在激动地等待。

9 点 30 分左右，西联电报公司营业部经理马肯先生拿着一封电报出现在海军部，纸上是杜威用于加密其报告的神秘隐语。他把电报直接交给约翰·朗，约翰·朗盯着上面 88 个密词，似乎他将用意念读出它们的含义。但他绞尽脑汁也不能从电报中得到一星半点意义。电报写着：

[1] 译注：Spanish-American War，1898 年西班牙和美国在加勒比海和菲律宾进行的一场战争。美国公众被西班牙在古巴的暴行激怒，后来在圣地亚哥海湾的“缅因”号战舰又被西班牙击毁。美国因此向西班牙宣战，并且成功侵占了古巴、波多黎各和菲律宾。1898 年的《巴黎条约》中，西班牙放弃了上述所有领土。

CRAQUIEREZ REFRENANS VIJFVOETIG IMPAZZAVA PRESABERE INTRUSIVE REGENBUI EDIFIERS RETAPIEZ DECRUSAMES IMPAVIDEZ RIBOTIEZ GOLD-KRAUT RIONORAISANSCRITO…

他把电报交给密码官休姆斯·惠特尔西（Humes S. Whittlesey）海军中尉，中尉拿着电报走进引航局。约翰·朗装作在办公桌前处理其他事务的样子。

10点刚过，海军助理部长西奥多·罗斯福[1]从引航局出来，走进一直在等待的报社记者中间，宣布“杜威摧毁或俘虏了全部六艘巡洋舰”。随后，记者纷纷掏出电话；送信的男孩在雨中踩着自行车向前狂奔。很快，约翰·朗走出来，站在明亮的角窗前，读出明文：“中队于今天破晓抵达马尼拉，即与敌交战，摧毁以下西班牙军舰：‘克里斯蒂娜皇后’号、‘卡斯蒂利亚’号、‘唐·安东尼奥·德乌略亚’号、‘奥地利的唐胡安’号、‘吕宋岛’号、‘古巴岛’号……”名单似乎没有尽头。当他读完时，欢呼声响彻房间，随后传遍全国。直到很久以后，这个国家才读出这封电报的真正含义：美国获得全球控制权，开始走上承担国际义务的道路。

1894年10月15日上午9点，总参谋部阿尔弗雷德·德雷富斯（Alfred Dreyfus）[2]上尉出现在巴黎圣多米尼克大街陆军部，向一个由几名高级军官组成的会议报到。他们怀疑他写了一份向德国提供军事信息的所谓备忘录。上尉核对了他的笔迹，发现与那份备忘录相近，少校梅西耶·迪帕蒂·德克朗（Mercier du Paty de Clam）侯爵于是起身，把手搭在德雷富斯肩上，宣布道：“德雷富斯上尉，我以法律之名逮捕你，你被指控叛国罪。”

---

[1] 译注：Theodore Roosevelt（1858—1919），美国共和党政治家，美国第26任总统（1901—1909）。

[2] 原注：由于德雷富斯事件的最初来源资料为一团乱麻的抄本和历史文件，因此第一和第二修订本除了德雷富斯事件专家能理解外，旁人无不无比惊异。也由于赖纳赫（Reinach）和吉耶曼（Guillemin）对该事件所撰的文章几乎句句都有史可循，得以让后来大胆（抑或鲁莽）的学者站在他们的肩膀上，对该事件一探究竟，我认为无须将这个注释的每一点都与原始材料对应。我已经查询了原始材料，确保载有帕尼扎尔迪电报（Panizzardi telegram）中两篇文章的所有观点的准确性，在两篇文章中均没有阐明的事项我才加以注释。

虽然逮捕事件一开始秘而不宣，但 11 月 1 日，反犹报纸《自由之声》（*La Libre Parole*）抢在巴黎其他媒体之前，用大字标题爆出独家新闻，“叛国罪！犹太军官德雷富斯被捕！”报纸暗示德雷富斯是德国或意大利职业间谍。就在同一天，意大利武官亚历山德罗·帕尼扎尔迪（Alessandro Panizzardi）上校给他的罗马首长写信，说他和德国同行对这个囚犯一无所知，虽然他承认德雷富斯可能直接为意大利总参谋部工作，但他本人不知情。随着媒体声浪渐高，第二天，帕尼扎尔迪感觉有必要拍出一封电报，说如果德雷富斯与罗马没有联系，应刊登一份正式否认书，平息报纸评论。

11 月 2 日，一封电报加密发出，和所有通过法国邮电部电报线路的其他外交密电一样，帕尼扎尔迪文本的一份半透明纸复写副本被送到外交部进行试破。这封即将成为煤气灯时代最轰动密电的电报写道：

Commando stato maggiore Roma
913 44 7836 527 3 88 706 6458 71 18 0288 5715 3716 7567 7943 2107
0018 7606 4891 6165

Panizzardi

外交部密码局由 7 人组成，[1] 局长是夏尔－马里·达梅（Charles-Marie Darmet）。40 年前，他作为档案局雇员加入外交部，3 年后进入密码局，收到帕尼扎尔迪电报时，他还差两周就要过 59 岁生日。他曾作为代表出席 1878 年柏林会议[2]，大概是秘密履行密码分析职责。他步步高升，直到 1891 年 1 月 22 日被任命为密码局局长，薪水在 7000 到 10000 法郎之间。他的副局长是阿尔班－克里索斯托姆·马尔诺特，54 岁，在密码局工作近 37 年，与达梅任局长同一天成为副局长。另外几位是：莫里斯－埃德姆－卢多维克·加亚尔（Maurice-Edmé-Ludovic Gaillard），53 岁，在密码局工作 23 年；夏尔·多切（Charles Dauchez），

[1]　原注：关于 9 月份借调给密码局的巴泽里埃斯此时是否在密码局工作，现存记录未载。他的书中关于帕尼扎尔迪电报的讨论非常粗略，他参与破译的可能性似不大。

[2]　译注：1878 年，俄土战争（1877—1878）后，欧洲强国与奥斯曼帝国在德国柏林举行会议，希望重建巴尔干半岛的秩序，签订了《柏林条约》，它代替了旧的《圣斯特凡诺条约》。

Pag. ....

00	**Raziocinio**	50	Reggimento Bersaglieri
01	**Razionale**	51	» Cavalleria
02	**Razza**	52	» Linea
03	Di buona razza	53	Reggio Calabria
04	Di cattiva razza	54	Reggio d' Emilia
05	(Re) Il Re di	55	Regia
06	S. M. il Re	56	Regìa cointeressata
07	Reagi-re, Reagente	57	Regime
08	Reagito	58	Passato regime
09	Realista, Reale	59	Sotto il regime
10	Realizza-re, Realizzazione	60	Regina
11	Potete realizzare	61	La Regina di
12	Realizzate	62	S. M. la Regina
13	Realizzato	63	Regio
14	Potuto realizzare	64	Regione, Regionale
15	Realtà, Realmente	65	Registra-re, Registrazione
16	Reazione, Reazionario	66	Registro
17	Prodotta una reazione	67	Regna-re, Regno
18	Recalcitra-re, Recalcitrante	68	Regolamento, Regolamentare
19	Recapito	69	Regola-re, Regolato
20	Reca-re, Recato	70	È in regola
21	Recede-re, Receduto	71	Si ponga in regola
22	Recente, Recentemente	72	Si regoli
23	Recidivo	73	Sono in regola
24	Recinto	74	Regolarità
25	Recipiente	75	Regolarizza-re, Regolarizzato
26	Reciprocità	76	Regresso, Regressivo
27	Reciproco, Reciprocamente	77	Reichsrath
28	Reciso, Recisamente	78	Reichstag
29	Recita-re, Recitazione	79	Reichsmark
30	Reclama-re, Reclamo	80	Reimpo-rre, Reimposizione
31	Reclami	81	Reintegra-re, Reintegrato
32	Recluso, Reclusione	82	Reis
33	Recluta-re, Reclutamento	83	Reiteratamente
34	Recrimina-re, Recriminazione	84	Relativ-o-amente
35	Redattore	85	Relatore
36	Reddito	86	Relatore del Bilancio
37	Redige-re, Redatto	87	» della Commissione
38	Redime-re, Redimibile	88	Relazione
39	Reduce	89	In relazione
40	Referendario	90	Presentata la relazione
41	Refezione	91	Pubblicata la relazione
42	Refrattario	92	Relega-re, Relagazione
43	Refrigerio	93	Religione
44	Regala-re, Regalo	94	Religioso, Religiosamente
45	Reggente	95	Reliquia
46	Regge-re, Reggenza	96	Remissibile
47	Reggia	97	Remissione
48	Reggimento	98	Rende-re, Reso
49	Reggimento Artiglieria	99	Renda

帕尼扎尔迪电报中使用的巴拉韦利商业电码本的第 75 页

46 岁，同样服务 23 年；路易 – 马里 – 莱昂诺尔 · 贝甘 – 比耶科克（Louis-Marie-Léonor Béguin-Billecocq），29 岁，在密码局工作 7 年；弗朗索瓦 · 比耶科克（François Billecocq），29 岁，服务 4 年；约瑟夫 – 加布里埃尔 – 克洛德 – 伊波利特 · 梅齐埃（Joseph-Gabriel-Claude-Hippolyte Mézière），21 岁，2 年服务经历。3 位年长者全是荣誉勋位团成员；4 个年轻人都有法律学位，似乎是直接招来做密码工作的。

这些分析员注意到，帕尼扎尔迪在一封电报中混合了一位、二位、三位、四位数字的代码组，这一点与当年早些时候工程师保罗 · 巴拉韦利（Paolo Baravelli）在都灵出版的一本意大利语商业电码本一样。这本名为《秘密通信词典》（*Dizionario per corrispondenze in cifra*）的电码本由四部分组成：表 I 中，元音和标点符号由从 0 到 9 的一位数代表；表 II 中，辅音、语法形式和助动词用两位数表示；表 III 由三位数字表示的音节构成；最后是词汇表本体，其中单词和短语用四位数代码组表示。一些四位数代码组空着，用户可以插入他们需要的词语。

而且，因为几个月前的一次有趣事件，这些破译员记住了巴拉韦利电码本。6 月，高大、性感的格拉齐奥利公爵夫人住在巴黎温莎酒店时，每天与意大利国王的侄子都灵伯爵都有神秘的电报往来。迟钝、不动声色的法国陆军情报处头子让 · 桑代尔（Jean Sandherr）上校从中嗅出间谍气味；外交部长助手莫里斯 · 帕莱奥洛格的职责包括监督密码分析部门，但他说它只散发出风流韵事的味道。（帕莱奥洛格后成为法兰西学院院士，一战时任法国驻俄大使。）不久，桑代尔拿着一本香水味四溢的单调小书冲进帕莱奥洛格办公室。那是一部巴拉韦利电码本。桑代尔手下一个特工乘公爵夫人去赛马场时，从她的一堆手帕下偷来的。两天后，帕莱奥洛格带来译文。里面什么也没有，他说，除了“简单、原始、本能的感觉。但在大部分电报中重复出现的一连串四位数依然没有解开（大概因为它表示这对男女自己加进去的空白）。我们的破译员能够说得上来的就是，这些启示性数字代表某些不寻常的、不能忘怀的崇高事物！”

这次经历——本身就不寻常、无法忘怀、崇高——告诉这些分析员，巴拉韦利为了在一本公开发行的书中实现保密，采用了一种当时商业电码本常用的策略。它有100页词汇表，每页有两列，每列50行，单词、短语和空白分布在其间，每行分配一个从00到99的印刷数字。每页下方外角用两个小型印刷数字标号，号码从字母页第一页的00到最后一页的99。用户既可以对这些数字加密，也可以在每页顶上印的大字“页”后面填上自己的页码，再把这个页码两位数与单词两位数合并成词汇部分的四位数。

其他部分有同样的安排。表III（音节）以完全相同的方式建立，只是它只有10页，页码不是两位数而是一位数。表II（语法形式、辅音）分成10组，每组10个元素，表示组的第一个数字旁有一条虚线，可以在上面写替代数字；表示该组元素的第二个数字被印出。表I（元音、标点）10个数字前都有一条虚线。

外交部密码分析员无疑会尝试用所有印刷出来的数字解读帕尼扎尔迪的电报——换句话说，对页码和组数字不用任何替代。试破结果如下：

913	44	7836	527	3	88	706	6458	71	...
us	le	rimprovera,	nar	i	te	ren	pensato	sarà	...
uss		-re	narr	j					
				ì					

一堆胡言乱语表明帕尼扎尔迪用了高级加密。确定怎样被加密是法国分析员的任务，因为这是帕尼扎尔迪用他的特别系统发出的第一封电报，这个任务异常艰巨。

不过他们也得到巴拉韦利电码本中一个特别结构的帮助，在这种结构下，各密底码数字表示行的部分保持不变，因为它们是印刷好的。从这里开始，加上德雷富斯事件泄露引发的纷扰，分析员很容易确定，那个被捕者的名字应该出现在电报中。在巴拉韦利电码本里能找到的明文元素中，*Dreyfus* 只能以一种方式分解加密：*dr, e, y, fus*。*dr* 和 *fus* 都在表III中：*dr* 在第2页第27行；*fus* 在第3页第06行。*y* 在表II第9组第8行；*e* 在表I第1行。这样在密底码中，*Dreyfus* 就是227 1 98 306。

帕尼扎尔迪电报中有一个类似的由三、一、二和三位数组成的代码组系列：527 3 88 706。而且，这串数字中可能代表行的数字——27、8、06（去掉表 I 中的一位数字）——与代表 *Dreyfus* 的一串数字相同。因此显而易见，数字串 527 3 88 706 表示帕尼扎尔迪加密的 *Dreyfus*。分析员从这里看出代表行的数字没有加密。他们还确定了表 III 两个页、表 II 一个组和表 I 一个行的加密。

以此为突破口，外交部密码分析员解出——大概就在第二天——一份初步译文："被捕的（是）与德国没有联系的德雷富斯上尉……"这段文字绝大部分是假定的，能确定的单词只有 *Dreyfus*。与外交部分析员频繁密切接触的桑代尔看到后立即来了兴趣，因为电报关系到一次轰动性丑闻的主角是否清白，而事件又与他的工作有关。到周二，11 月 6 日，分析员发现，他们最初试破中译成 *arrestato*（被捕）一部分的代码组 913，只是帕尼扎尔迪的序列号，并且他们得到一段自认为除结尾以外都准确的译文："如果德雷富斯与你们没有关系，请大使予以正式否认是明智之举。我们的使者已经得到警告。"最后一句话似乎隐约暗示德雷富斯有罪，虽然这句话正位于推测的那一段，但一直认为德雷富斯是卖国贼的桑代尔借来了分析员的工作底稿，上面罗列了依次排在每个代码组下面的假设，还有一个对最后四个单词性质猜测的问号，*uffiziale rimane prevenuto emissario*（我们的使者已经得到警告）。他据此向上级报告，对参谋长夏尔·勒穆顿·德布瓦代弗尔（Charles Le Mouton de Boisdeffre）说，"好吧，将军，这里有另一份德雷富斯有罪的证据"。桑代尔让人抄下一份工作底稿，迪帕蒂·德克朗饶有兴致地研究起来，原件则退回外交部。

到周六，11 月 10 日，分析员最终破开帕尼扎尔迪用的加密系统，还原出对应密底码，得出明确的密报文字。列出对应密底码如下：

74	1336	227	1	98	306	5858	31	08	7588
Se	Capitano	Dr	e	y	fus	non	ha	avuto	relazione

2215	2116	4367	0343	8607
costà	sarebbe conveniente	incaricare	ambasciatore	smentire

9518	3306	1791	8865
ufficialmente	evitare	commenti	stampa

或译成英文："If Captain Dreyfus has not had relations with you, it would be wise to have the ambassador deny it officially, to avoid press comment."[1]

帕尼扎尔迪实际上用了一个相对简单的系统。行数字没有改变，两位数的词汇表印刷页码被移位，并且按以下密码表进行代替：

密底码第一位数	0	1	2	3	4	5	6	7	8	9
加密代码组第二位数	9	8	7	6	5	4	3	2	1	0
密底码第二位数	0	1	2	3	4	5	6	7	8	9
加密代码组第一位数	1	3	5	7	9	0	2	4	6	8

这样，*capitano* 的密底码 1336 成为 7836，*evitare* 的 3306 成为 7606。上述两个密码表中的第二个同样分别用于加密 III、II 和 I 的页、组和行数。这样，*fus* 的密底码 306，页数 3 成为 7，得到加密代码组 706；*y* 的密底码 98 成为 88；*e* 的密底码 1 成为加密代码组 3。

这个版本由保罗–亨利–菲利普–霍勒斯·德拉罗什–韦尔内（Paul-Henri-Philipe-Horace Delaroche-Vernet）传送给桑代尔，丝毫不能证明德雷富斯有嫌疑。28 岁的韦尔内是帕莱奥洛格的手下，是分析员和陆军间的联络人（1908 年成为密码局局长，在这个职位上待了 5 年）。桑代尔不满意这个新版本，转给他的首长时，加上了自己的评论"外交部这帮人不顶事，你永远不能确定这些事情——它们没有准确性可言"。这时他的手下，陆军与外交部的联系人，39 岁的炮兵中校皮埃尔–埃内斯特·马顿（Pierre-Ernest Matton）想出一个消除一切疑问的主意。他将诱使帕尼扎尔迪发出一封电报，内容则已为法国人所知；这封电报的解读将证实或反驳对德雷富斯电报的分析结果。桑代尔批准了这个做法。

马顿编造了一条信息，单词选自巴拉韦利电码本，单词所在页码对加密非常关键，信息内的专有名词只能用一种方式分解。他巧妙地把信息内容编得极为重要，让帕尼扎尔迪无法忽视，同时又非常紧急，他只能用电报传到罗马。信息讲述，"某甲，现在乙地，将在几天内出发去巴黎，身上带着他从总参谋部一些部门搞来的，与陆军动员有关的文件，此人住在丙大街。"其中一个专有名

[1] 译注：大意为，如果德雷富斯与你们没有关系，请大使予以正式否认，避免媒体评论，当属明智之举。

词是 *Schlissenfurt*，巴拉韦利只能用一种方式加密它。马顿让一个双面间谍把信息透露给意大利武官。帕尼扎尔迪落入圈套，几乎一字不差地加密了这条信息，于 11 月 13 日上午 8 点 10 分将其拍成电报发给罗马。经常规渠道，薄纸复写件

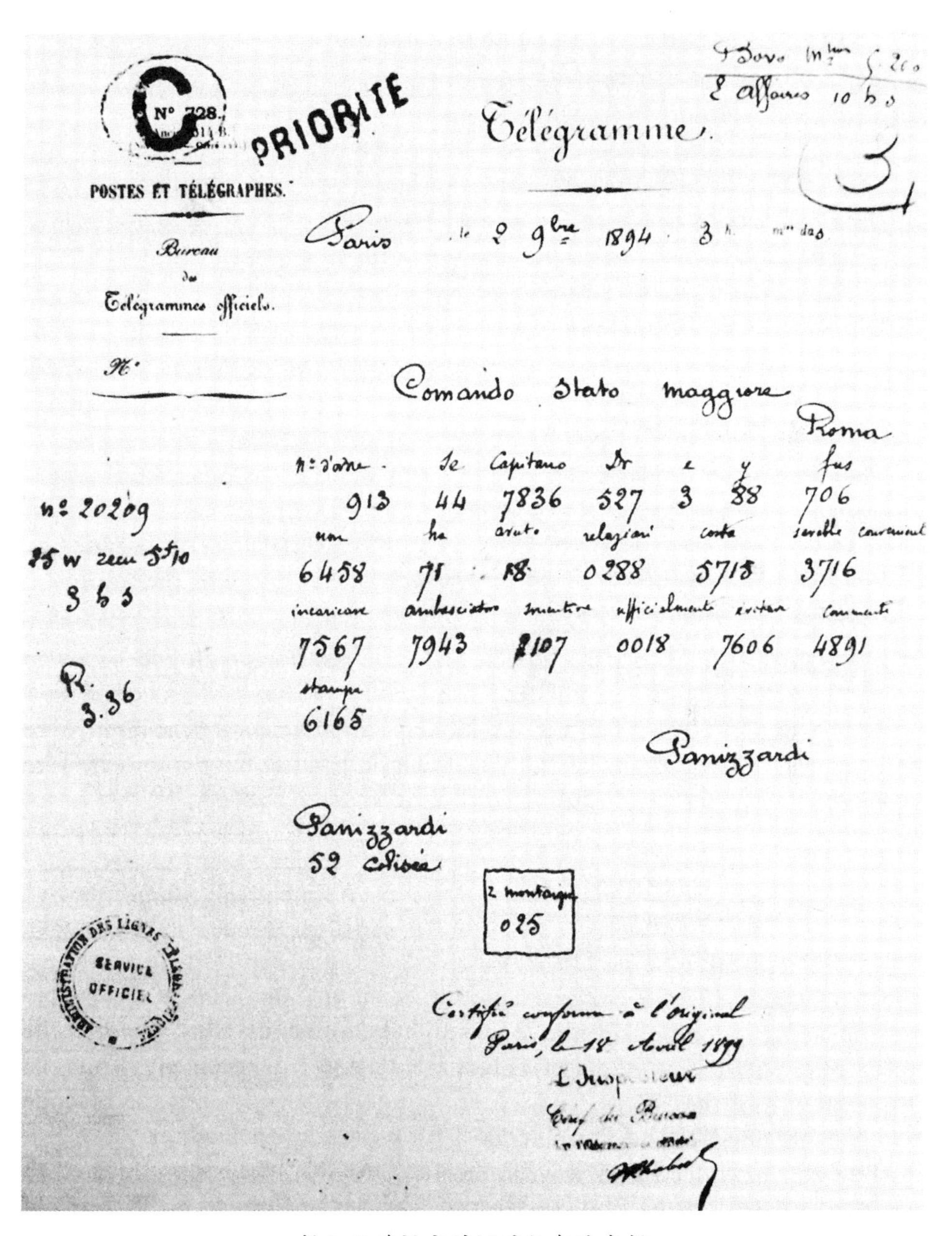
PRIORITE

POSTES ET TÉLÉGRAPHES.

Bureau des Télégrammes officiels.

Télégramme

Paris le 2 9bre 1894 3 h.

Comando Stato maggiore Roma

n: d'ordre	se	Capitano	Dr	e	y	fus
913	44	7836	527	3	88	706
non	ha	avuto	relazioni	conte	sarebbe conveniente	
6458	71	18	0288	5718	3716	
incaricare	ambasciatore	smentire	ufficialmente	evitare	commenti	
7567	7943	2107	0018	7606	4891	
stampa						
6165						

n: 20209

Panizzardi

Panizzardi
52 Colisée

025

SERVICE OFFICIEL

Certifié conforme à l'original
Paris, le 18 Avril 1899

插入正确译文的帕尼扎尔迪电报

到了外交部分析员手中。他们还不知道陆军手里有明文，他们译出电报，因为电报的军事意义，又将其转给了陆军。当德拉罗什–韦尔内把译文拿来时，马顿说他打断了那位正在说话的年轻官员：

"'请稍等。我去拿原件。'我到我办公室拿出我写的那张纸，与他们破译的电报一字不差。我告诉他，'现在你可以确信你们的解密是正确的。'"那段为德雷富斯开脱的文字的正确性无可辩驳。

破译有效性的这份确凿证据似乎不容置疑。但这个说法没考虑到某些人的固执和坚持，他们有的觉得德雷富斯有罪，有的认为宁可冤枉德雷富斯，也不能承认陆军所犯的错，而成为公众批评对象。对德雷富斯的第一次审判中，布瓦代弗尔及其同僚拒绝允许帕尼扎尔迪电报作为证据，他们告诉起诉人，渐趋准确的译文变幻不定，以此否定了电报作为证据的价值。德雷富斯被判犯有叛国罪，关押在魔鬼岛（Devil's Island）。

但这封电报不能一直被压着，而且对德雷富斯持反对意见的军官在随后的案件审理和上诉中塞入一个对被告极为不利的伪造版本："德雷富斯上尉被捕；陆军部掌握了他与德国人关系的证据。各方已极隐秘地得到通知。我的密使已得到警告。"这篇文字作为44号文件出现在所谓的"秘密档案"中。迪帕蒂·德克朗凭记忆口述录下它，他似乎是从桑代尔处借来的原始工作底稿上的各种假设中，编造出这么一段。这一版本中，"证据"和"关系"同时出现自相矛盾。两个词都出现在巴拉韦利电码本不同页的第88行（*provi*［证据］在第71页，*relazione*［关系］在第75页），因此，两者很明显不可能同时为加密代码组0288的对应明文。

面临着这样的困难，桑代尔偷偷与军事密码委员会（Military Cryptography Commission）前秘书米尼耶[1]中校商量。中校满口唬人的专业术语，指出这个错误的版本在密码学上是正确的。最终，1899年4月27日，帕莱奥洛格和两个军官为最高法院译出帕尼扎尔迪一个经过证实的原电报副本。结果当然与

[1] 原注：米尼耶（Munier）说密文由20组四位数组成，这首先是错的；然后他说第10组和第17组的数字是一样的，这也是错的；密信中有两组第10组和第17组，也是错的。在所有论调的基础上，他声称"第10组与第17组意思表达一致；如今，这在第二版当中已成事实，因此我可以将其运用到第一版的原始代码当中"。米尼耶去世前一直没质疑过自己的结论。

外交部分析员破译的最终版本一样——帕尼扎尔迪在这个版本中暗示与德雷富斯没有任何联系。正确译文最终归档。但仅此还不足以证明德雷富斯的清白；又过了 7 年，他才得以平反，恢复原职，重归荣誉勋位团。（在此期间，那份备忘录的真正作者原来是费迪南·瓦尔森·艾什泰哈齐［Ferdinand Walsin Esterhazy］少校。逮捕他时，在他的文件中发现大量漏格纸板，大概是与德国武官通信用的。）但是，因为证明了伪造译文如何被用于支持捏造的反德雷富斯案，这一点也帮助洗刷了这个魔鬼岛上的人。多年前逮捕德雷富斯的军官迪帕蒂·德克朗本人也惊叹这封电报的重要作用，虽然他的话本意是一种谴责。“这封电报，”他宣称，“对我来说，是这一事件的关键。”

1906 年，德雷富斯案结束时，离一战浩劫只剩不到 10 年。这一时期，局势不断趋紧，世界做好了战争准备，各国均有自己的密码学传统，在该领域给予了不同程度的关注。法国传统底蕴最深厚，克尔克霍夫以来的出版作品反映了该国对这一学科的深刻理解。实际应用也得到大量事实佐证：帕尼扎尔迪电报；在帕尼扎尔迪破译三年和五年后，法国对意大利外交部绝密代码的破译；法国对德国外交代码的掌握，法国因此得以在一战前夕读到德国重要信息。

法国陆军的密码水平比巴泽里埃斯的大嘴巴所说的要好得多。军事密码委员会大致由 10 名军官组成，这些人从各兵种有密码分析才能的人中选出。委员会测试人们给陆军提议的系统，研究别国尤其是德国的密码系统。1900 年，委员会主席为军事电报部门总督察弗朗索瓦·珀内尔（François Penel）；同一年，一个毕业于巴黎综合理工大学的 37 岁工程师被派到总参谋部任珀内尔的副官和委员会秘书，他就是后来在一战中成为法国军事密码局局长的弗朗索瓦·卡蒂埃（François Cartier）上尉。一战前，法国电台在德军演习期间截收到以 ÜBCHI 为前缀的演习电报，卡蒂埃在此基础上起草了一份关于如何破译德国陆军密电的备忘录。委员会还通过间谍、叛逃者和招募的外籍军团成员获得其他信息。委员会成员从事业余密码工作，获得额外收入，他们共同构成了一个拥有宝贵密码分析经验的核心团队。凭借这一切，当 1914 年战争打响时，法国获得了密码方面的领先优势。

另一方面，德国人似乎不屑于研究密码学。德国军官认为他们的军队可以像 1870 年那样凭强大武力打败法国。密码分析只在情报工作中扮演了一个小角色，因为它需要窃听电报线路来获取电文。德国人未能预见到无线电的广泛使用，以及通过无线电频道发送大量信息。因此，德军总参谋部从它的情报部门得到的别国编码信息微乎其微，也就没在密码分析这类花架子上浪费人力。至于他们的密码——难道它们不是德国人的吗？该问题没有下文。就这样，只有编码学，没有密码分析的德国密码学头重脚轻地正步迈向战争。

在密码学无知中并肩前行的还有其他大部分欧洲军队。英国也做得甚少，仅给它的小规模陆军分配了战地密码；而意大利对密码学的兴趣，大概和它对其他方面差不多，如社会改革。各国都没有有组织的军事密码分析机构，除了法国及奥匈帝国。

哈布斯堡王朝[1]的密码分析史也许要追溯到秘密办公室时代，历史积淀给了奥匈帝国这方面的意识。1908 年，它截收了意大利的无线电报，1911 年，当争夺的黎波里的意土战争[2]爆发时，它又截收了“洒向”天空的无线电波。后来的军事情报处（Nachrichtendienst，总参谋部军事情报组织）头子，警觉的马克斯·龙格（Max Ronge）上校看到了机会。1911 年 11 月，他组建了一个密码分析科，科长是安德烈亚斯·菲格尔（Andreas Figl）上尉。在和平年代，科员分析俄国密电，发现它非常难解。龙格还购买了一些意大利密码，作为手下分析员的防头疼药片。

他不是唯一的买家。在菲利普·奥本海姆[3]笔下的战前东欧世界，代码和密码价格像牛市里的投机股票一样越炒越高。领跑市场的就是奥匈帝国股票，作为欧洲中心，它几乎成了间谍活动的巢穴。

有这么个故事。一个年轻美貌的意大利“伯爵夫人”结交了奥匈军队司令部的一名中尉，从司令部一只敞开的保险柜里偷走一本红色封面的代码，又放

[1] 译注：Hapsburg，或 Habsburg，中欧从中世纪至现代的一个主要王朝。

[2] 译注：Italo-Turkish conflict（Italo-Turkish War），又称的黎波里塔尼亚战争或利比亚战争，是意大利为夺取奥斯曼帝国在北非沿海地区的剩余属地——的黎波里塔尼亚和昔兰尼加（今利比亚）发动的一场侵略战争。意大利在战争中开创了使用飞机完成军事任务的首例，引起世界各国瞩目和效法，大大促进了军事航空事业的发展。

[3] 译注：E. Phillips Oppenheim（1866—1946），英国小说家。

进一本看起来一样的书——但里面只有空白页！一段时间后，一个密码员取书用，发现已被调换。恐慌冲击波袭过总参谋部，疯狂的追捕开始了。最后，一个俄国使馆随员笑着告诉一个参谋，他曾出价购买这本代码，但对方开出的 40 万卢布价格太高，他没有接受，奥地利人这才找到偷走代码的人。

还有一次，一个神秘男子向奥地利人兜售一本手抄塞尔维亚代码，这是他在塞尔维亚密码室工作的侄子冒死抄来的。为了证明它的真实性，他说，他会把它留给奥地利人，让他们用随后的两封塞尔维亚密电进行测试。第二天，两封密电如期而至，奥地利人用这把新密钥解开密电，发现它与一些关税事项——日常琐碎使馆事务——有关。神秘人物拿到 10000 克伦[1]，奥地利人的自得之情溢于言表，尤其当他们互相提醒说，比起被盗来，一本抄写的代码不大可能被更换。很快，更多塞尔维亚电报流入。“我们从保险柜里拿出密码，”一个前参谋回忆，“把我们的电报排在桌上，开始工作。我们试来试去，汗流浃背，牢骚满腹，鼓捣不出一个有意义的句子——一个字母、一个音节、一个标点。运用了一些想象力，我们从中拼凑出一句话，‘军舰的公妈妈已经建成。’”

“这时我们想出个绝妙的主意。我们编造了一封给塞尔维亚大使的电报，用我们 10000 克伦的密钥加了密。”他们给它标上“加急”发出去。很快，一个愤怒的塞尔维亚小秘书跑进维也纳中央电报局，要求重发那三封错得无可救药的电报。当然，这些就是奥地利人一开始用他们的新密钥解密的两封，和他们用它编造的一封。原来，那本代码是个纯粹的假货，是那个神秘男子自己写出来的，他让一个同伙用它发了两封给塞尔维亚大使馆的电报。塞尔维亚人没理这两封电报，没有解密，直到那封加急电报促使他们采取行动。

不过奥地利人也不总是做冤大头。实际上，有一次他们也显示出自己的足智多谋。通过密码分析，在罗马和君士坦丁堡使用的意大利代码通信中，他们认出了 150 个左右单词，但随后停滞不前。于是他们在一份君士坦丁堡出版的意大利语报纸中插入一段有用的军事信息。如他们所愿，意大利武官读到这段信息（后来发现一字不差），用代码加密后发给罗马。奥地利人开始记下这

[1]　译注：kronen，奥地利旧金币。

些段落，扩大他们的代码词汇，三个月内，他们有了一个相当奏效的意大利代码，总词汇约 2000。

随着战争逼近，各国巩固了他们的联盟，加紧了军事动员。1911 年，英法在伦敦召开一次高层会议，安排战争形势下的英法信息互通。除其他事项，会议决定编制一本英—法代码。与会的卡蒂埃后来返回伦敦，与英国施皮尔斯中尉商谈代码的词汇和使用规则。1913 年，代码印刷之前，他检查了最后定稿。不久后，施皮尔斯带了三本代码到巴黎——一本给法军总司令部，一本给予英军协同作战的法国陆军，第三本给法国密码部门。

这些准备工作面面俱到，反映出英法总参谋部 1914 年春完成的“W 战争计划”的严密，该计划甚至规定了英国远征军（British Expeditionary Force）每个营的驻地，细到部队喝咖啡的位置。德国的同盟国也没有松懈。最终，有人在巴尔干半岛的一个阴暗角落里刺杀了一位大公[1]，将各国迅速卷入了血雨腥风的战场。

[1] 译注：1914 年 6 月 28 日发生在巴尔干半岛波斯尼亚的萨拉热窝事件，奥匈帝国皇位继承人斐迪南大公夫妇被塞尔维亚族青年普林西普刺杀。7 月，奥匈帝国向塞尔维亚宣战，成为第一次世界大战的导火索。

第9章　40号房间

1914年8月5日，世界大战第一天，一个又一个国家陷入动荡，数百万人的生命将被剥夺。破晓前，一条满载设备的船悄悄驶过北海[1]波涛汹涌的黑暗水面，在荷兰、德国海岸交界处的埃姆登，扑通扑通丢下一些打捞抓机。不久，巨蟒似的怪物淌着水，裹满泥浆海草，从海里升起。一阵嘟囔声、切割声，这些大蛇很快被斩断杀死，扔回大海深处。这些就是德国的越大西洋电缆，是德国连接世界的主要通信生命线。那条船是英国电缆艇“特尔科尼亚”号（*Telconia*）。切断这些电缆是英国在一战中的第一次进攻行动，但在1912年计划这次行动时，英国国防委员会（Committee of Imperial Defence）做梦也没想到，它构成了结束战争链条的第一环。

现在，德国只能通过无线电或敌方控制的电缆与协约国包围圈外的世界通信，从而把它最隐秘的计划拱手交给敌人，只要这些敌人能够剥开德国人包裹在信息外的代码和密码外衣。这给英国人提供了一个始料未及的机会，但他们很快抓住了它。

战争第一天，海军情报主任亨利·奥立弗（Henry F. Oliver）海军少将与海军教育主任阿尔弗雷德·尤英（Alfred Ewing）爵士共进午餐。尤英是海军

[1]　译注：North Sea，大西洋位于欧洲大陆和不列颠岛海岸之间的部分。

部唯一对密码学感兴趣的人，几个月前，他设计了一个后来称之为“无用的”密码装置，还与奥立弗谈到编制密码的新方法。奥立弗提到，一些海军和商业电台正在把获取到的密电发给海军部，密电在他桌上越堆越高。海军部没有部门处理敌方密电，他说。尤英立即产生了兴趣。那天下午，他看到那些电报，认识到它们可能是德国海军信号，破译它们可能具有重大价值。他立即接下这个任务。

尤英，苏格兰人，物理学家，当年59岁，矮个、敦实、浓眉、蓝眼，性情温和、说话轻声细语。三年前，他因科学贡献和公共服务被授予爵位，这些贡献包括多个领域的开拓性研究：日本地震、磁现象、受力材料力学迟滞效应（现用他创造的词“滞后作用”命名），以及他在海军教育上展现出的杰出领导力。他后来成为英国科学促进协会会长，是当时英国最优秀的力学专家。现在，他将建立一个几乎可称为传奇的密码分析机构，它将对历史进程产生巨大的直接影响。

他开始钻研不列颠博物馆图书堆里的密码，伦敦劳埃德公司和邮政总局档案里的商业电码结构。他请来达特茅斯和奥斯本海军学院的四个老师——丹尼斯顿、安斯蒂、格林和霍普，他们精通德语，都是他的朋友。几人一起围坐在他的办公桌旁，查看天书般的字母和数字，脑子里只有如何开始的大概轮廓。

在第一批电报里，有一封可能会影响到整个战争进程——如果他们能够解开的话。它可能在奥立弗给尤英看的第一批电报里，因为德国海军统帅部8月4日凌晨1点35分签署该电报，通过柏林郊外瑙恩的大功率电台发给地中海司令威廉·苏雄（Wilhelm Souchon）海军上将。这封51号电报写道：“8月3日达成与土耳其盟约。即赴君士坦丁堡。”苏雄立即率战列巡洋舰“戈本”号（*Göben*）和轻巡洋舰“布雷斯劳”号（*Breslau*）从中地中海向东行驶。英国海军地中海中队在西西里岛以西水域巡逻，他们认为苏雄会尝试强行通过直布罗陀海峡，而事实上苏雄却在墨西拿装煤。一艘英国巡洋舰最终发现他出了墨西拿海峡，向东疾驶。英国中队拼命想追上并打败他，但他在希腊岛屿间躲过了追踪。8月10日，星期日，“戈本”号驶进达达尼尔海峡。按温斯顿·丘吉尔的说法，它带来的“灾难、杀戮、毁灭超过了以前任何一条船”。因为“戈本”号的实力强悍，对俄国黑海港口进行大肆轰炸，将土耳其拖入战争，切断了俄国与盟友的联系，最终导致俄国退出战争，造成了严重后果。如果海军部像他们在战争后期所做的那样读懂苏雄的命令，英国也许会赢得这场致命的捉迷藏游戏，其成果也许要超过这场战争中任何一次成就。

所有这一切，白厅[1]都不可能预见到。就在那个周日，尤英在怀特霍尔街给家里写信说："工作紧张。完全不同于我平时的工作。"他们发现，他们搜集的几部德国商业公司电码本一点忙也帮不上。战争爆发时，他们从一艘在澳大利亚的德国商船上缴获了一本德国海外船只使用的商业通信簿，但它也不起作用。与此同时，无线电爱好者拉塞尔·克拉克律师在亨斯坦顿建立了第一个长波截收站，为他们带来一手材料。不久，在克拉克和另一个无线电爱好者希皮斯利上校帮助下，14座海岸截收台的电报通过陆上直达线路流入"尤英海军部"。

在这一小队先驱者中，没人有过真正的密码分析知识。最初的几周进展缓慢，如蚁行一般。但尤英对这项工作兴致盎然，直到10月25日，星期日，他才休了一天假。此时，英国交到一次意外好运，它的密码分析工作获得极大进展，以至于在随后的战争中远远领先对手。当时领导海军部的海军大臣温斯顿·丘吉尔本人的话很好地讲述了这个故事：

> 1914年9月初，德国轻巡洋舰"马格德堡"号（*Magdeburg*）在波罗的海失事。几小时后，俄国人捞起一个德军下级军官的尸体，他怀里牢牢抱着德国海军密码和通信簿，及标明详细坐标的北海和黑尔戈兰湾地图。9月6日，俄国海军武官来见我。他收到彼得格勒来信，告诉他上述事件，以及俄国海军部在密码和通信簿帮助下，至少已经能够解读一部分德国海军密电。俄国人认为，作为领先的海军力量，英国海军部应该得到这些密码书和海湾图。若我们可以派一艘船到亚历山德罗夫，保管这些图书的俄国军官会把它们送到英国。我们立即派出一艘船。10月的一天午后，我和（海军军务大臣［First Sea Lord］，巴滕堡）路易斯亲王从忠实的盟友手中拿到了这些沾满海水印迹的无价之宝。

[1]　译注：Whitehall。怀特霍尔是伦敦威斯敏斯特的一条街名，是英国主要政府机关所在地。指代英国政府时一般称"白厅"。

这一天为10月13日。如摆弄晶体收音机一般，拉塞尔·克拉克熟练地摆弄着照相机，在家里给密码书拍了照。但即便像“马格德堡”号密码书这样巨大的意外收获——或许是整个密码史上最幸运的收获——也未能让尤英的队伍读懂德国海军电报，因为电报上没有出现密码书中的四字母密语。最后，首席德语专家、舰队军需部长查尔斯·罗特（Charles J. E. Rotter）发现代码用一个单表替代加密了。有了代码书，破译这种加密并非难事。和普通明文一样，某些密语出现频率更高，而且在熟悉的字母群中，一个密语中的字母以不同排列出现在其他密语中，密语本身也有一些结构上的规律：德国海军代码中，辅音与元音在一个四字母密语中交替出现。了解这些特征后，分析员几乎可以像识别明显的普通明文特征那样识别它们，可以利用这些特征破开加密。

英国分析员毫无经验，花了近三周才开始读懂一部分德国海军密电。丘吉尔说，这些“大部分是日常性的，‘晚上8点，我方一艘鱼雷艇将驶进七号区’，等等。但精心组合起来，这些片段就能提供一组完整信息，从中可以相当准确地了解敌人在黑尔戈兰湾（与德国西北沿海接壤）的布置”。

此时尤英的人手大幅增加，办公室都装不下。在尤英接待教育方面的来访者时，他们只能把工作藏起来，对连续不断的打扰深感心烦。因此11月中旬左右，整个分析组搬至海军部老楼40号房间。这是一个大房间，还带个小附房，里面有张行军床，供人疲劳时休息。老楼40号房间的好处是，它既避开了海军部人员辐辏之地，又离接收它译文的海军作战处不远。虽然后来这些分析员被分配在“25科”（ID25，海军情报处25科），但“40号房间”这个名字既十分方便，又听上去无害，因此它很快成为该组织的通称。甚至当25科搬到更大的办公场所时，这个名字依然保留下来。

40号房间迅速扩张。12月末，一艘英国拖网渔船送来一只沉重的箱子，里面装满了图书和文件。10月16日，在黑尔戈兰湾一场战斗中，四艘德国驱逐舰被击沉，其中一艘被它扔进海里。箱子里找到一本“马格德堡”号上没有的德国密码书。分析员立即用它解读发往德国巡洋舰的通信，这些军舰正在袭击英国运输船。但好几个月来，他们都没发现，该密码书还可以用于破译柏林和德国驻外海军武官的通信。报量增加，需要五个新人手，把值班人员增加到两人。随着更多密码的发现，40号房间常常以一种英国式的随意方式，将更多的人员招了进来。

战俘管理员弗朗西斯·托伊（Francis Toye）是一个年轻译员，曾经在英国审查部门工作过，后成为知名音乐评论员。某周四晚，他参加了金融家马克斯·伯恩（Max Bonn）的一次家庭晚宴，客人中有一个 40 号房间骨干弗兰克·蒂亚克斯（Frank Tiarks），他是金融公司亨利·施罗德公司的合伙人、英格兰银行的董事。

“我们谈得很投机，”托伊后来回忆，“晚饭后，他把我拉到一边，问我愿不愿去海军部。理所当然地——而且毫不做作地——我很惊讶，回答说，我想不出海军部有什么用得着我的地方。

“‘马克斯刚告诉我，你的德语很棒，’他回答说，‘你看上去很聪明，而且从你的记录来看，应该值得信任。符合这其中一项的人有几百个，两项的有一些，但三项全有的非常少。你觉得如何？’

“‘我现在的工作怎么办？陆军部以及其他的呢？’

“‘如果你来，可把这些事都交给我们来安排。’

“‘如果真的需要我，乐意效劳。’

“‘好极了，我会对你做个调查，很快会通知你。’……约半个月后，长官派人叫我去，直接交给我一封陆军部电报：‘请副翻译官托伊尽快向海军部报告，接受特别任务。’英国海军部真是神通广大，雷厉风行，想象一下这两周内办完了多少烦琐手续！”

与此同时，海军情报部门也在开展与密码分析相辅相成的活动。他们在洛斯托夫特、约克、穆卡和勒威克建立了大型无线电测向台，把数据发到怀特霍尔，这在很大程度上归功于奥立弗的先见之明。在确定德国舰队位置和潜艇动态方面，这些数据功不可没。德国人无法防止英国获取其定位，除非保持无线电静默。德军当然知道这个事实，而且在这一点上，英国没有刻意隐藏无线电测向活动，而是将它作为更隐蔽、价值更高的密码分析工作的烟幕。另外两个无线电情报来源于舰艇无线电呼号识别和发报员“手法”识别，后者是指报务员发出莫尔斯电码的特有方式。如果海军部知道监听到的一个来自北海的呼号来源于 12 炮战列舰“威斯特法伦”号（*Westfalen*），它将采取不同策略，区别于“U-20”号潜艇的呼号。这些无线电情报和密码分析以及其他流入海军部的信息，由前海军军务大臣、海军政治元老、海军上将阿瑟·威尔逊（Arthur Wilson）爵士汇总、解释。丘吉尔让他负责通知高层军事官员情报要点。

1914 年 12 月 14 日，晚上 7 点左右，威尔逊向丘吉尔报告，情报显示，德国军舰将出击，目标区域可能为英国沿海一带。三小时内，海军部命令英国舰队舰艇立即驶向一处"肯定会拦截到返程之敌的地点"。15 日一大早，当德国第一巡洋舰中队对英国东岸城镇哈特尔普尔和斯卡伯勒投下高爆炸弹时，四艘英国战列巡洋舰和六艘世界上最强大的战列舰正在其以东 150 海里处，切断了德国舰队归路。12 月 16 日，德国人结束轰炸返航，驶向威廉港亚德河内的德军基地。雾气浓重，风雨交加，能见度下降，但英国海军情报部门部署的轻巡洋舰"南安普敦"号（*Southampton*）正准确地停靠在德国军舰航线上。上午 10 点 30 分，分舰队司令古迪纳夫看到德舰影子掠过浓雾，但不能确定它们是不是参与伏击的英舰，于是向它们发出识别信号。对方没有回应，他开炮射击，但很快失去目标。两小时后，强大的英国舰队发现敌人。但是，当德国轻巡洋舰舰长发现蒙蒙细雨中虎视眈眈的英国战列舰巨大身影时，他沉着机智地打出古迪纳夫不久前刚发给他的识别信号。随后，在他的诡计还没暴露，13.5 英寸（343 毫米）大炮还没把他炸飞之前，他掉转方向，在薄雾掩护下逃之夭夭。

英国海军铆足了劲，想在对德国公海舰队（High Seas Fleet）的战斗中一试锋芒，结果却大失所望。但一个月后，机会再次来临。1915 年 1 月 23 日中午时分，威尔逊走进丘吉尔办公室，告诉他：

"部长，那些家伙又要出动了。"

"何时？"

"今夜。我们刚好可以把戴维·比提（David Beatty）派去。"威尔逊解释说，他的主要情报来源是 40 号房间——无疑是在"马格德堡"号的密码书帮助下——破译当天上午 10 点 25 分发给弗朗茨·冯·希佩尔（Franz von Hipper）海军少将的一封电报："侦察部队高级军官将派遣驱逐舰军官率领第一、二侦察组和两支小舰队侦察多格浅滩，今晚天黑后离港，明晚天黑后返回。"

英国采用了和上次一样的战术，海军中将比提爵士的舰队堵住了德军归路。这一次他们运气不坏。次晨 7 点 30 分，两支舰队相遇。冯·希佩尔看到大量英舰，便集合自己的舰队迅速逃跑。速度更快的英国无畏级战列舰一路紧追。上午 9 点，比提旗舰“雄狮”号（*Lion*）从 2 万码（约 18 千米）外开炮。局势很快变成四艘英国主力舰和四艘德国主力舰之间的混战，德舰“布吕彻尔”号（*Blücher*）被击沉，“塞德利茨”号（*Seydlitz*）和“德夫林格”号（*Derfflinger*）遭重创，但一发炮弹击中比提的旗舰，给英国中队造成混乱，德国人趁机逃脱。德舰一路冒烟起火，甲板上一片狼藉，挤满了死伤士兵。它们跌跌撞撞回到港口，在之后一年多时间里再也无法发动攻击。

这场多格浅滩海战（Battle of Dogger Bank）使海军部确立了对 40 号房间的信心。不久后，那位威严的新任海军军务大臣费希尔男爵（Lord Fisher）授予尤英处置权，可以获得改进其工作所需的一切条件。尤英增加了人手，在截收站和测向站安装了先进设备，把台站数量增加到 50。

约在这一时期，旧的德国高级加密再也不能得出正确代码组。但此时 40 号房间已经对这些密语的怪癖和特征了如指掌，经过全部成员一夜努力，新密钥被发现。它似乎是这样：

密底码	a	b	c	d	e	f	g	h	i	j	k	l	m	n	o	p	q	r	s	t	u	v	w	x	y	z
加密代码	I	L	D	S	A	M	X	Z	O		B	N	C	V	U	G		T	W	F	Y	P		R	E	H

这个密钥被用于 1915 年 2 月 19 日的一封密电，电报指示，被扣留的海军辅助船“奥登林山”号（*Odenwald*）船长应自行判断采取行动，“避免帝国损失”：

密　底　码 k y t u l o c u k o r y h a r o z u n o k o z a p o c u k o l a r a k e n u m e…
加密代码 B E F Y N U D Y B U T E Z I T U H Y V Y B U H I C U D Y B U N I T I B A V Y C A…

元音代表元音，辅音代替辅音，以保持密语发音的可读性。上午，丘吉尔亲自打来电话，表示祝贺。

破译高级加密（当时值得海军大臣亲自来电）很快成为常规。德国人逐渐加快了密钥更换频率，从战争开始时的三月一次，到 1916 年的每天午夜更换。但到那时，40 号房间已经驾轻就熟，快的时候，新密钥凌晨两三点钟就被破开，而一般上午九十点钟都能破开。

德国海军中将赖因哈德·舍尔（Reinhard Scheer）被迫龟缩在基地内，窝了一肚子火。他决定设法把英国大舰队引入潜艇攻击范围，以使他的公海舰队可以攻击其一部分而不必冒全面交火的风险。此时他的命令就握在英国密码分析员手中。但 1916 年 5 月 30 日下午 5 点，海军部似乎得到非密码分析情报，通知其成员，德国公海舰队可能要出海。据此消息，英国大舰队添足动力，几乎倾巢出动，浩浩荡荡驶出斯卡珀湾、因弗戈登和罗赛斯，力求一次舰队决战，为英国赢得绝对制海权，满足其战略的急剧需求。

不起眼的错误常常改变历史，此时就冒出了一个。出发时，舍尔把他的旗舰“弗雷德里希·德格罗塞”号（*Friedrich der Grosse*）无线电呼号 DK 转到威廉港海军中心，企图掩盖他离港的事实。40 号房间意识到这一做法，但 5 月 31 日，当被问及呼号 DK 所在位置时，它仅仅回复了“在亚德河”，没有提到这次呼号转移。白厅电告海军上将约翰·杰利科（John Jellicoe）爵士，上午 11 点 10 分，无线电定位确定敌方旗舰在港内。三小时后，正当杰利科还认为敌人在港口时，两支舰队在北海中部相遇。这件事动摇了杰利科对海军部情报的信心。而且根据海军部报告，他推算出德国巡洋舰“雷根斯堡”号（*Regensburg*）的位置几乎正好在他当时所处的位置！这进一步加深了他对海军部情报的不信任。当时没人知道，“雷根斯堡”号领航员计算时错算了 10 海里，那个荒唐结果错在德国军官，而不是 40 号房间的分析员。

在日德兰海战（Battle of Jutland）的简短激战后，双方都没有达成决定性的满意战果。晚上 9 点 14 分，舍尔下令：“我方主力继续前进。保持航向南南东偏东 1/4；航速 16 节。”9 点 46 分，他稍稍修正航向至南南东偏东 3/4。所有这些信息都以令人难以置信的速度被 40 号房间破译，10 点 41 分，杰利科旗舰就收到了情报总结。但杰利科已经对海军部情报失去信心，而且总结遗漏了舍尔 9 点零 6 分要求对霍恩礁周围进行空中侦察的情报，这份情报将帮助确定舍尔的意图。因此，当“南安普敦”号的战斗报告指向敌方另一条航线时，没有任何信息能对此加以反驳。杰利科因此拒绝了这次本是正确的海军部情报。结果，他转向一方，舍尔逃向另一方，在一系列错误、错失战机和不信任中，英国赢得一场决定性海军胜利的希望烟消云散。

日德兰海战后，德国的重心转向潜艇战，40 号房间重点加强了对德国潜艇信息的破译。这些信息用德国公海舰队的四字母代码加密，但是用栅栏密码加密。德国人把用于常规潜艇的密码称为“gamma epsilon（γε）”，把用于大型巡航潜艇、密钥词不同的密码称为“gamma u.（γu.）”。密钥词经常更换，但不是每日一换。40 号房间的三四名成员专门处理这种加密，他们深谙此道，通常不仅能把打乱的密词还原成正常形式，甚至能还原出移位表的密钥词。他们的破译大大帮助了英军作战。最终，德国人再也不能把大量英舰三番五次拦在他们航线上的咄咄怪事归结为偶然事件。1916 年 8 月，他们更换了代码。但 40 号房间的测向和呼号部门依然运行良好，输送着可观的情报。

不久，它们将无须承担此负担。9 月，齐柏林飞艇“L-32”号（Zeppelin L-32）在比勒里基被击落，艇上一本新代码被抢救了出来，其严重烧坏，但依然可读、极有价值。海军部也不完全依赖这些偶尔的运气。几个月前，为寻找一切有关德国潜艇新装备的情报，海军部派一名潜水员潜入一艘沉没在肯特郡沿海的德国潜艇内。他就是造船师米勒，一个瘦小、苍白，但结实有力的年轻潜水教练。他有非凡的勇气，而且比大多数人能承受更大的深水压力。第一次下潜，他从艇壳上的一个洞钻进去，在阴森森的黑暗中搜寻，不时撞到各种物体——他的电筒照出是些尸体。他推开尸体钻过去，打开军官舱后部一个小门。小室内有一个铁盒，盒内装着潜艇上的代码。

米勒带上来许多极有价值的材料，因此他一次又一次被派下去。这不是一件令人愉快的工作。狗鲨，他说，“如影相随，它们会吃掉一切。在交配季节，它们本能地仇视着所有入侵者。许多次，它们追着我跑，我用靴子踢，它们总是咬住靴子……潜艇内总有些相当可怕的场面……我看到成群成群的康吉鳗，其中一些有两米多长，十几厘米粗，全都在大吃尸体。实在令人震惊”。虽然这份工作令人极度不快，米勒几乎每次都能找到他已经非常熟悉的铁盒，他一共摸索了 25 艘德国潜艇——没有任何英国人比他更熟悉它们的内部构造，从其中一艘里，他找到英国急需的德国海军新代码。战后，国王在白金汉宫为他授勋。

敌方电报日益增加，米勒的发现给分析员的破译带来了帮助。40 号房间正走向巅峰，截收电报通过气动管涌入，速度飞快，以至于有时候，它的小型容器发出的排气声听起来像机关枪。（战后估计，1914 年 10 月到 1919 年 2 月，40 号房间截收破译了 15000 万份德国秘密通信。）即使在齐柏林飞艇轰炸[1]期间，在遮得严严实实的黑窗帘后的昏暗灯光下，破译海军电报的工作依然昼夜不息。

40 号房间的人员进一步增加，它招收了负伤军官和大学德语学者，其中许多人得到皇家海军志愿后备队（Royal Navy Volunteer Reserve）任命，这样他们可以穿着制服，防止公众投来怀疑的目光。妇女也被招了进来，她们把分析员从业务性的工作中解放出来。海军和政治密码分析被分成两个独立部门，领导海军分析部门的是尤英最初的四个酒友之一丹尼斯顿。事实证明他对密码分析极为在行，因此二战时又回到这一行。他功勋卓著，后成为圣迈克尔和圣乔治勋位骑士团低级爵士和英帝国勋位骑士团骑士。政治密码分析部门负责人是乔治·扬（George Young），他有外交背景，曾在华盛顿、雅典、君士坦丁堡、马德里、贝尔格莱德和里斯本等地任职。他放弃了一份闲差，在 40 号房间工作。后来他继承了一个准男爵爵位。

随着报量增加，40 号房间不再直接把编辑过的截报转给作战处，开始向它发送整合了密码分析、测向和其他无线电情报的每日简报。1917 年 5 月，威廉·詹姆斯海军中校取代霍普海军上校，成为海军电报译文的编辑和协调人。詹姆斯后成为海军情报处 25 科（40 号房间）行政负责人。自 1916 年 11 月开始，海军情报主任秘书休·克莱兰·霍伊（Hugh Cleland Hoy）通读上百封截收电报，从谷糠中筛出小麦，再把麦粒送给相关政府部门——内阁、陆军部或苏格兰场[2]。

40 号房间有几个已经或即将小有名气的成员。除托伊、蒂亚克斯和尤英本

---

[1] 原注：40 号房间警告英国防御即将到来的齐柏林飞艇袭击——该警告至关重要，因为齐柏林飞艇飞行高度高，没有它，升空缓慢的追逐机很难袭击航空母舰。战争早期，40 号房间通过齐柏林飞艇发出的“甲板上只有 HVB”的密信获知该袭击，HVB（Handelschiffsverkehrsbuch）是德国的商业密码，它并不属于保密性密码，只报告敌方领地信息。1916 年 3 月 31 日起，40 号房间已经能破解空袭密信（也许是气象方面的密码），并据此发布抵抗警报。

[2] 译注：Scotland Yard，伦敦警察厅总部，1890—1967 年间指位于泰晤士河堤畔的新苏格兰场。这一词有时也指伦敦警察厅侦缉处。

人，成员还有后来成为天主教神父的罗纳德·诺克斯，他翻译的《圣经》广受好评；剑桥大学国王学院院长弗兰克·埃柯克博士，后来作为 11 卷《剑桥古代史》（*Cambridge Ancient History*）三个合编者之一，因出色工作而被授予爵位，他在二战时也是密码分析员；知名作家和评论家德斯蒙德·麦卡锡，后被授予爵位，他和诺克斯一样，也是到战争后期才加入；蒙克布莱顿男爵二世是 1920 到 1930 年间伦敦郡议会议长；莱昂内尔·弗雷泽，后任三家大型金融公司（法国巴黎银行、康泰保险公司、斯堪丁韦斯特信托公司）主席，及巴布科克－威尔科克斯有限公司董事；杰拉德·劳伦斯，演员；布洛教授是女明星埃莉奥诺拉·杜丝的女婿。

公众知之甚少或有时根本一无所知的杰出密码分析员是罗纳德·诺克斯的哥哥迪尔温，他的功劳是在浴盆里破译了三字母德国海军旗舰代码，并且他发现密码分析很对他的胃口，因此成为陆军部专业密码分析员；约翰·比兹利博士，当时的牛津大学导师，后来的牛津古典考古学教授，后被授予爵位；吉尔伯特·沃特豪斯博士，都柏林大学德语教授，被认为是“一流分析员”；伦纳德·威洛比博士，牛津德语讲师，后来的伦敦荣誉市民；奎金教授，破译奥地利密码获得巨大成功；道格拉斯·萨沃里博士，贝尔法斯特大学法语和罗曼语言学教授，后被封为爵士，他在奎金去世后接手奥地利报务，破译出一些重要电报。

40 号房间群星并不全是密码分析员；实际上，在全部人员中，只有约 50 人属于这类精英。其他人属于辅助部队或从事其他无线电情报工作。如蒂亚克斯和劳伦斯负责解读测向数据；托伊工作的呼号部门由克拉克负责，克拉克的父亲是曾为奥斯卡·王尔德[1]辩护的律师。后来的著名服装设计师爱德华·莫利纽克斯是陆军部送来的一个负伤军官，他在 40 号房间接听电话，整理收到的电报。这里挤满了贵族、名流，看上去就像某个伊顿公学校友会：麦卡锡、蒙克布莱顿男爵、乔治·扬、诺克斯等等全部出场。打字员必须是海军军官的女儿或姐妹，至少要懂两门外语！她们的首长是抽雪茄的汉布罗夫人。

---

[1]　译注：Oscar Wilde（1854—1900），爱尔兰剧作家、小说家、诗人、哲人。1895—1897 年，王尔德因同性恋指控入狱，最后死于流放。

40 号房间最大的人事变动是尤英退休，海军情报主任接替他成为直接主管。1916 年 5 月 6 日，爱丁堡大学提议尤英出任校长一职。这是个很诱人的提议，尤其对他这样一个 1903 年作为工程学和应用力学教授，担任了 25 年海军教育主任的人。而且此时尤英已经很少参与实际破译，因为随着人手增加，40 号房间有了不少破译才能远胜于他的人。他们会以他的普通智慧无法理解的敏捷快速得出结论，他说。他基本上成了这个部门的管理人。几周后，他与他的上司，新外交大臣阿瑟·贝尔福讨论了爱丁堡大学的提议，后者正巧是该校董事。贝尔福告诉他，他把 40 号房间组织得非常完善，可以安心把它交给别人管理。于是 1916 年 10 月 1 日，尤英接受提议，不再任海军教育主任，这是他领导 40 房间时期的职位—— 一个让他愉快胜任的职位。他继续以顾问身份每周造访白厅，但到第二年，爱丁堡大学坚决不让他再身兼二职。1917 年 5 月 31 日，最终他告别了他的海军部朋友。

此时 40 号房间已经牢牢掌握在一个杰出军官手中。他能给每个见到他的人留下难忘的印象，在国家最需要的时候发挥了他的间谍才能。他就是海军情报主任，皇家海军威廉·雷金纳德·霍尔（William Reginald Hall）上校。他可谓是天生情报工作者：其父曾是海军部第一个情报主任。霍尔 14 岁加入海军，35 岁升到舰长，先后指挥过一艘巡洋舰和一艘战列巡洋舰，1914 年 11 月被任命为情报主任。他衣着整洁，动作敏捷，有一个溜圆、早谢的脑门和一只大鹰钩鼻。45 岁左右的霍尔看上去像一个精力充沛的穿着制服的庞奇先生[1]。

但他最显著的特征是那双有着催眠般穿透力的眼睛。“他有一双令人惊叹的眼睛！”美国大使沃尔特·海因斯·佩奇在给总统伍德罗·威尔逊[2]的信中写道。“霍尔能一眼把人看穿，他和人谈话的时候，能看到对方内心的每个动作。”神经痉挛导致他的一只眼睛不间断地抽搐，他因此得到一个“信号灯”的外号。他总是精力充沛，信心十足。“他是我知道的最能鼓舞人的领导，”托伊后来写道，“……他和你说话时，你感觉为了得到他的赞许，你愿意做任何事，一切事情。”佩奇做出最好的总结：“霍尔是战争培养的天才。不管在传说

[1] 译注：Mr. Punch，木偶戏《庞奇和朱迪》中的男主角，一个奇形怪状、钩鼻、驼背的小丑。
[2] 译注：Woodrow Wilson（1856—1924），美国民主党政治家，第 28 任总统（1913—1921）。

中，还是现实中，你都找不到像他那样的人。我所知他的精彩事迹中，有那么几件值得用一本书来描述。这个人是天才——一个毫无疑问的天才。跟他一比，其他所有的特工都是业余的。”霍尔和佩奇将很快在一场国际阴谋和宣传中携手共舞，给战争带来深刻影响。但是 1916 年秋，当霍尔接替尤英时，二人均对此毫无预料。

虽然英国 40 号房间高效运转，但并没有垄断一战期间所有海军和外交密码的破译。法国陆军部密码分析部门内，外交—海军分部取得第一场胜利，保罗·路易·巴西埃（Paul Louis Bassières）上尉和预备役译员保罗－布吕蒂斯·德雅尔丹（Paul-Brutus Déjardin）还原出德国潜艇代码；乔治·潘万（Georges Painvin）上尉破译出四字母德国海军代码、高级加密等等，部门负责人马塞尔·吉维耶热（Marcel Givierge）破开三字母旗舰代码。

战争后期，法国人发现，每天午夜，瑙恩电台向地中海的德国潜艇播报法国船只离开马赛的时刻和航程——这些信息显然是潜伏海边的间谍发给德国人的。法国电台截收到加密信息，转给破译局。根据传送准确程度，法国分析员需要 30 分钟到 1 小时破开这些密电。一个信使骑自行车把译文送到海军部。凌晨 3 到 4 点，马赛港务长能及时得到通知，改变航行计划，让德国潜艇空等一场。而已出海船只也得到了改变航线的无线电通知。但有一次，已经出海的运兵船“阿尔及尔”号因为雷暴没有联系上，被鱼雷击沉，损失了 500 名士兵和大量物资。那些间谍后来被抓住。

法国把他们破译的大量海军电报发给伦敦，但 40 号房间给予的回报却少之又少。霍尔或许从没把“马格德堡”号的代码或任何其他现行海军代码发给法国人。他的动机可以理解。英国的生死存亡依赖制海权，多一个人知道德国密码被破译，就多一份失去这个宝贵情报的风险，从而危及英国人对海洋的控制。但在法国密码部门首长弗朗索瓦·卡蒂埃看来，霍尔雪藏他的密码分析秘密的举动超出了正常界限。

一次，卡蒂埃拜访霍尔时，告诉这位海军情报主任，他的密码局正在破译德国海军代码，但只取得部分进展。霍尔建议卡蒂埃把海军电报留给英国人，他们拥有德国代码的实际副本，可以轻松读懂德国密电，并且把一切重要信息通知给法国人。卡蒂埃反过来告诉他，法国的一次部分破译如何使一艘改装的法国巡洋舰免遭可能的鱼雷攻击；英国人一定已经从同一封截收电报里知道了危险，但他们没有警告法国人。这个情报主管解释说，与其采取预防措施，冒着把密码分析泄露给德国人的危险，还不如损失这条船。“如果这艘巡洋舰是英国的，你还会这么想吗？”卡蒂埃冷冷地问。霍尔避开这个问题，最终，一次代码交换结束了这场谈判。

有时出于双方需要，协约国会克服这些分歧，而且他们在密码分析方面也一直在合作。例如，英国读懂柏林—马德里间的西班牙语和德语代码外交电报时，把它提供给法国；法国设法在这种代码启用当日破开高级加密，把结果发给霍尔。就是通过这部代码，德国驻马德里海军武官发报到德国，为特工“H-21”要求资金，寻求指示。H-21是一个派到巴黎的漂亮舞蹈演员，她艺名“玛塔·哈莉”更为人熟悉。法国人读到这些电报，获得第一批确凿证据，证明玛塔·哈莉就是德国间谍。法国人抓住她，虽然她一口咬定这些钱是情人给她的，但电报铁证如山。几个月后，她拒绝戴上眼罩，英勇赴死，被一支12人的行刑队枪决。

法国人还破开一部奥匈帝国代码，后又从霍尔处得到同一本代码，他们还破开一部奥匈帝国海军代码，它以一种特殊方式加密，生成PLESDEPOTS、CODYFIGARO和OGNISEXUAL这样奇怪的密词。1916年5月，法国人发现，在十个密底数中，前四个用两组二位数加密，后六个用两组三位数加密。这个破译对意大利极有价值。显然奥地利人后来更换了这部代码，因为1917年秋，霍尔得知，虽然奥匈帝国舰队大量使用无线电，但意大利人很少能够得到它们的动态信息。他派出三名40号房间分析员，组成“秘密信息特勤组”，研究奥匈帝国通信。英国驻意大利大使后来写信告诉外交大臣，这个小组“能快速准确获得亚得里亚海对面情况，对我们极有价值。我认为，如果不是他（霍尔）设计出系统，推动意大利人工作，不管是我们还是意大利人都不可能获得这么多情报”。

在协约国这边，对海军和外交密电的解读不仅限于40号房间；同样，在交战国阵营中，对密码的解读也不仅限于协约国。德国最终设立了一个密码分析部门，截收和传送站位于新明斯特。他们成功突破英国海军代码（至于是缴获还是分析所得尚不清楚），日德兰海战期间，他们读到杰利科的命令，要求驱逐舰聚集到旗舰尾部，阻挡一波鱼雷的攻击。新明斯特把这份命令转给舍尔。与其他情报一起，这条信息确认了舍尔的位置在英国战列舰队尾部。舍尔据此判断，可以安全地从敌方尾迹中穿过——他就这样安全返回，没有遭遇有绝对作战优势的英国无畏级战列舰。

40 号房间拦截并且解读这些电报。虽然不知是不是此事促使他们更换或改进自己的海军代码，但可以肯定，战争结束时，他们无疑拥有那个时代最好的代码。这就是“SA 密码”（Cypher SA），显然它是由一个叫 J. C. F. 戴维森的人发明的，他为此得到 300 英镑的奖赏。它于 1918 年 8 月 1 日中午启用，代替原来的“W 密码”。

虽然名为“Cypher[1]”，它实际上是一部两部本代码，分成两本，包在标准铅制封面内，紧急情况下投水即沉。代码加密部分有 341 页，为从 *A* 到 *Zwyndrecht* 的所有元素提供五位数代码组，许多明文措辞有多达 15 个多名码。如 *Ship* 的多名码就达到 15 个，而它的有效数字甚至更大，因为包含 *Ship* 一词的短语有 35 个，如本身就有三个多名码的 *ship will be*，还有一些 *ships*、*shipping*、*shipped* 等等独立条目。代码里包括：两页虚码；双码和单字母表，后者可拼出代码词汇里没有的单词；单列出的数字、日期、信息附注、高级军官名字、英国军舰和外国军舰名等；还有转到一个独立“代码索引”的指示，索引上是重要的商船和轮船名字。536 页的解密部分一直从 00100（表示 *Vathy*）到 53698（表示 *Nought one four five*），但在代码组序列中，许多数字被跳过；如在某个位置依次是 07401、07403、07404、07406。使用手册规定的电报须以一个虚码开头，每封至少要用 25% 虚码。

但这部代码的主要特征却是大量使用多义码。这是一种具有多种含义的代码组，显而易见，如果代码组 07640 既可以代表 *eight*，又可以代表 *fifth April* 或 *then North-ward*，分析员的工作难度就会大大增加。在 SA 密码中，这样的情况随处可见，这种代码组占了很大比率。那么，合法解密者又如何区分含义，不会错误地在需要 *fifth April* 的地方选择 *eight* 呢？代码通过在多义码的三个密数

[1]　译注：可狭义理解为“密码”。

前后加上一个 A 或 B 或 C，区分这三个含义。加密时，前一个代码组末尾是什么字母，密码员就得找出组前有同样字母的代码组。换句话说，一个以 B 结尾的代码组，后面必须跟一个以 B 开头的代码组。当密码员需要做出这种选择时，代码的结构提供了可供选择的代码组。换句话说，所有多义码都是多名码（反之不然）。发报前，密码员去掉那个 A 或 B 或 C。解密员可以从第一组虚码中找出这条线索，因为所有虚码和许多明文组前都有一个破折号。这意味着它们不必跟在任何特定字母后，因此可以作为文字链的自由端。但是，它们词尾的字母形成文字链条的第一环，解密员能在他的代码中循着这根链条解密。

多义码是迷惑密码分析员的有力武器，因为一个代码组将呈现不同含义。当然，这并不是说 SA 密码是不可破的；但比起其他代码来，破译它要求更多时间，需要更多报文、更多相关信息，而且一个内行也会着迷于它的精深雅致。

Shershel 268

– 51648 *C*...**Shershel**
– 07510 *B*...**Shetland** Islands
– 18855 *B*....Shetland Mainland
– 43026 *C*...**Shetlands**
– 53038 *A*...**Shiant** Islands
– 04216 *C*...**Shield**—*for*
– 35998 *C*...**Shielday**
– 43144 *B*...**Shielded**
– 35732 *B*....Shielded by
– 10726 *B*....Shielded from
– 53124 *C*...**Shielding**
– 06656 *B*...**Shields**—*for*—*of*
– 17848 *B*....Shields, North
– 41802 *A*....Shields, South
– 28814 *C*...**Shift**-s

A 10569 *B*, *B* 53472 *C*, *C* 03917 *A* } Ship is
– 35613 *A*....Ship is **not**
– 50968 *C*....Ship is **not** to
– 06679 *A*....Ship is **not** to **be**
– 18641 *C*....Ship is now—*at*
– 42583 *C*....Ship is to
– 10247 *A*....Ship is to be
– 53180 *C*....Ship must
– 07006 *A*....Ship must be
A 51738 *B*, *B* 41759 *C*, *C* 10994 *C* } Ship of

显示多名码的海军部 SA 密码加密的一页

霍尔接替尤英时，大规模海战已渐近尾声，这在很大程度上要归功于 40 号房间。“没有密码部门，就没有日德兰海战。”丘吉尔写道。日德兰一役有效遏止了德国舰队，它再也没有冒险出击。战争在这个阶段结束，减少了战术情报的需求，好斗的霍尔把重点转向战略情报。通过 40 号房间，外交密电破译让他接触到更广阔、更激动人心的外交事务领域。这是权力滥用，因为他的职

–	**07700**	B...Spontaneous-ly
–	07701	B...Sow-s-ing
–	07703	B...Rodd
–	07704	C...Vacate-s
–	07705	B...To what
–	07707	A...What time—*is*—*are*
A	07708	C...Hornet, H.M.S.
B	07708	A...Referring
C	07708	B...Wednesday
–	07709	A...Send-s mails for
–	**07710**	C...Worth
–	07712	B...Riddled by (with)
A	07713	A...Smoke-s—*from*—*of*
B	07713	B...Will be
C	07713	C...13th April
–	07714	A...Tsu Sima
–	**07750**	A...Dummy group
–	07751	A...Recurrences—*of*
–	07752	B...Report when she
–	07754	A...Rush-es-ing
–	07755	C...Purpose of
–	07756	C...Withdrawn from
–	07758	B...Sheep
A	07759	C...12th April
B	07759	A...Was no-t
C	07759	B...In convoy
–	**07760**	C...She could
–	07761	A...That every
–	07763	A...Sulen Isles
A	07764	C...Begins
B	07764	B...Spell word of 13 letters
C	07764	A...Acknowledge

显示多义码的海军部SA密码加密的一页

责仅负责海军情报，而且事实上，外交部一方面感谢他提供的情报，另一方面也对他的滥权不满。但无法阻止他，因为他控制着40号房间，掌握着情报的产出：从揭露大规模叛乱、阴谋以及同盟国的夸大宣传，到一个小间谍加密的只言片语。虽然霍尔也把这类情报转给其他政府部门（通常以一种隐瞒了来源的方式），但他还是染指了不止一个政治领域。对英国来说，幸运的是，他总能获取丰硕的成果。

甚至早在尤英离开前，他就开始了这种做法。有一次，40号房间破译了阴谋分子的密信，揭露了德国在波斯鼓动叛乱的计划。还有一次，心怀不满的前议员特雷比奇·林肯把军事情报发给驻中立国鹿特丹的德国领事，他用的词典密码和两个隐语密码被40号房间破开。其中一个隐语系统用姓表示船和港口；另一个则用各种石油产品表示它们。一条写成CABLE PRICES FIVE CONSIGNMENTS VASELINE, EIGHT PARAFFIN的信息，实际表示（*At*）*Dover (are) five first-class cruisers, eight sea-going destroyers*。[1] 令人遗憾的是，林肯躲过英国当局追捕，逃到纽约。

前英国领事罗杰·凯斯门特（Roger Casement）爵士本想在德军抓获的爱尔兰战俘中招募一支反英军队，此举失败后，又谋求在爱尔兰发动起义。40号房间也读出与此有关的密信。其中几封往来于柏林和德国驻美机构，一封催促德国以“军队、武器弹药”为起义提供军事支持，另一封安排

[1]　译注：明文大意为，多佛有五艘一级巡洋舰，八艘远洋驱逐舰。

约翰·德沃伊转 500 美元给凯斯门特。德沃伊是一个爱尔兰煽动者，居住在美国，曾安排德国人为起义运送 2 万支步枪和 10 挺机枪。40 号房间读到的另一条信息向德沃伊报告，凯斯门特即将乘潜艇出海，商定如果潜艇带着凯斯门特离开，就发出密语电报 OATS；如果出了问题，就发出 HAY。1916 年 4 月 12 日，在这一天，一堆常规截收电报中出现一封携有 OATS 一词的电报。10 天后，凯斯门特在特拉利湾登陆，当即被守株待兔的当局人员逮捕。他镇定自若，报了个假名，说他是作家。但在去阿德福特兵营的路上，他企图扔掉一张纸，纸上写着他可能用到的短语密码，如 *send more explosives*（多送点炸药）。警察看到后没收了这张纸，将它作为证据。他受到审判，被判犯有叛国罪。霍尔偷偷在下院和伦敦各俱乐部分发写有凯斯门特具有同性恋倾向的“黑色日记”（Black Diaries）样本页，以此减轻了公众要求缓刑的强大压力。8 月 3 日，凯斯门特被绞死。

霍尔的活动也不全是出自恶意。间谍恐惧症在当时的英国肆意蔓延，甚至当一只鸟从一个长得像外国人的人站立处附近飞起时，旁观者会歇斯底里地喊来警察，深信不疑地认为“外国人”正用鸽子向敌人报信。一天，某个自诩来自伦敦金融区的“密码专家”过来告诉霍尔，他破译了隐藏在报纸个人广告里的密信，发现它们与军队调动有关。这位海军情报头子饶有兴趣地听完，请他有了进一步证据再来。随后幽默十足的霍尔编造了一段令人起疑的信息，塞进了《泰晤士报》个人栏目里。第二天，那个紧张兮兮的专家带着一份“译文”过来，文中显示某几艘战列舰将从查塔姆、朴次茅斯和普利茅斯军港出发。可惜的是，当霍尔告诉他实情时，他的反应没被记录下来。

1917 年 1 月 17 日，上午 10 点半左右，40 号房间外交分部密码分析员威廉·蒙哥马利（William Montgomery）牧师（一个头发灰白的瘦小的老派神职学者）过来告诉霍尔，说有一封看上去很重要的电报。他的直觉没错。这封只能由威廉和他年轻同事奈杰尔·德格雷（Nigel de Grey）部分解读的电报，将成为史上影响最深远、最重要的一封电报。

电报篇幅很长，约包含 1000 个数字代码组，发给德国驻美大使约翰·海因里希·安德烈亚斯·冯·伯恩斯托夫（Johann Heinrich Andreas von

Bernstorff)，落款为柏林、1 月 16 日。两个分析员认出它用所谓的“0075”德国外交代码加密，他们攻击这个代码已有半年 [1]。40 号房间从分析中得知，0075 是一个两部本代码系列中的一部，德国外交部用两个 0 和两位数字命名该系列，两位数字的值总是差 2。40 号房间破开的代码有：用于德国驻南美使团的 0097、0086；用于柏林和马德里之间的 0064；可能用于其他地方的 0053 和 0042，等等。0075 是一个新代码，1916 年 7 月，德国外交部首次把它分发给驻维也纳、索菲亚、君士坦丁堡、布加勒斯特、哥本哈根、斯德哥尔摩、伯尔尼、卢加诺、海牙和奥斯陆 [2] 等地使团。英国人获取到足够多用该代码加密的电报，随后蒙哥马利和德格雷开始动手破译它，这大概是分配给他们的工作。40 号房间从 11 月起开始截收用同一代码加密发给德国驻美大使馆的电报。1916 年 11 月 1 日，德国货运潜艇“德意志”号（*Deutschland*）执行第二次航行任务，停靠新伦敦，将这个代码和它偶尔使用的加密密钥运到大西洋对岸。当然，这一点霍尔不可能得知。

蒙哥马利和德格雷只能读懂这封长电的一部分，但足以看出它是一封二联报，是柏林给伯恩斯托夫的 157 和 158 号电报。他们能读懂德国外长阿图尔·齐默尔曼（Arthur Zimmermann）的签名。以 0075 代码的部分破译为基础，读懂的第二封电报内容如下：

> 绝密，大使阁下亲阅，并与 1 号电报（……）一起，经由一条安全途径转交帝国驻（? 墨西哥）公使。
>
> 我方拟于 2 月 1 日启动无限潜艇战。但在这样做的同时，我方应努力保持美国中立。（? ）如果我们不能（成功做到这一点），我们提

[1]　原注：该信息来源于对尤英的采访，在这次采访中，丘奇说道：“破译德国驻美大使伯恩斯托夫使用的密码花了差不多半年时间，这期间包括把数千篇奇形怪状拼图般的碎纸片粘起来。”他还补充道，“在这个密码当中，德国外交部的名字是‘Arthur Foxwell’。”这肯定是 40 号房间在齐默尔曼的名字上故弄玄虚，是齐默尔曼在使诈。德国外交官并不使用行话密码，如果是这样，40 号房间也不可能花上半年时间来破解它。

[2]　译注：索菲亚，保加利亚首都；布加勒斯特，罗马尼亚首都；哥本哈根，丹麦首都；伯尔尼，瑞士首都；卢加诺，瑞士城市；奥斯陆，挪威首都。

议在下述基础上与（? 墨西哥）结盟：

（共同）作战。

（共同）媾和。

（……）

大使阁下此时应秘密通知（墨西哥）总统，（? 我方准备）与美国一战。（可能）（……）（日本）同时与日本谈判。（请告诉总统）（……）或潜艇（……）将在几个月内迫使英格兰求和。

确认你已收到此电。

齐默尔曼

蒙哥马利把这些断断续续的译文交给霍尔，霍尔盯着跃然纸上的片言只语："无限潜艇战""与美国一战""提议……结盟"。他立即意识到信中暗藏着一件威力无穷的武器。他催促蒙哥马利加速破译，命令除原始电报和一份译文外，烧毁所有副本，勿泄露一句话给外交部。然后他独自坐下，思考形势。

当时时局如那年冬天一般萧瑟。这场人人皆谓只会持续数周的战争已经迈入第三个年头，而且丝毫没有一点结束的迹象。法国凡尔登，50 万人牺牲，仅将战线推回到 10 个月以前；而英国索姆河，一天之内损失 6 万人，拼死夺得几码焦土，弹尽粮绝后撤退。兴登堡[1]的防线依然坚如磐石，新盟友罗马尼亚很快被征服，东方巨人俄国实际上已经战败，而逐步升级的潜艇战增加了协约国的经济压力。最糟糕的是，美国总统刚刚以"他使我们远离战争"的口号赢得连任，在他带领下，美国依然固执地保持中立，全然不顾"卢西塔尼亚"号[2]沉海事件的挑衅，以及美欧之间古老的共同纽带。

但德国这边也好不了多少。德军攻势在马恩河戛然而止，自此，德国的灰衣大军举步维艰，被牵制在厮杀的战壕中。德国百姓以土豆为生——英国封锁

[1] 译注：全名为保罗·路德维希·冯·贝内肯多尔夫·冯·兴登堡（Paul Ludwig von Beneckendorff und von Hindenburg，1847—1934），德国陆军元帅和政治家，1925—1934 年间任魏玛共和国总统，1925 年当选为德国总统，1932 年再次当选，1933 年任命希特勒为总理。

[2] 译注：*Lusitania*，1915 年 5 月 7 日，美国邮轮"卢西塔尼亚"号被德国"U-20"号潜艇击沉，1198 人丧生。

扼制使然，15 岁少年正在应召入伍。希腊和葡萄牙刚刚参战，又多两敌。和协约国一样，德国也看不到任何胜利的曙光。

除了一个唯一的希望。

放出潜艇，德国将领喊道，英国将很快“像鱼一样在芦苇中喘气”，我们将突破他们的封锁，进而封锁他们。几个月来，将军们一直在叫嚣这个话题，随着德国露出疲态，该观点最终占了上风，长期持反对此意见的外长齐默尔曼最终就范。这个快活的单身汉是第一个在德国皇帝高级官僚中打破容克[1]贵族垄断的人，他明白，不断击沉美国船只迟早会打破美国中立，于是想出一个计划，应付这项风险。他提议与墨西哥结成军事同盟。因为潘兴[2]曾对墨西哥进行过残酷的远征，当时墨西哥特别仇视北美帝国主义。齐默尔曼为他的提议抛出一系列诱惑条件，如提供资金、可能获得美国背后的日本支持，以及更多的其他反美利益。

因无法经由墨西哥驻瑞士大使进行谈判，齐默尔曼通过华盛顿把提议发给德国驻墨西哥公使海因里希·冯·埃卡特（Heinrich J. F. von Eckardt）。为确保提议能够到达，他通过两条途径发送，两条线都在英国监视下。“特尔科尼亚”号的巡航有了回报。

一条被英国人称作“瑞典绕行路线”(Swedish Roundabout)。瑞典是偏向德国的中立国，战争伊始就以自己的名义发送德国电报，帮助德国外交部绕过英国电缆封锁，但英国审查机构发现了这个做法。1915 年夏，瑞典抱怨英国延迟它的电报，英国人告诉它，英国清楚地知道何为非中立行为。瑞典政府承认了这一点，承诺将不再把德国电报发到华盛顿。它确实没有，它把这些电报发到布宜诺斯艾利斯，瑞典人在那里把它们转给德国人，再转给华盛顿。这是一条长约 11000 千米的迂回路线，其中半程完全背离了非交战国权利。

但是，从斯德哥尔摩到南美的电缆途经英国。德国人担心英国审查机构可

[1]　译注：Junker，意为地主之子，原为普鲁士的贵族地主阶级，19 世纪后开始资本主义化，成为半封建型的贵族地主。这个词也指专制的德国军官。

[2]　译注：全名为约翰·约瑟夫·潘兴（John Joseph Pershing，1860—1948），美国陆军特级上将，1916—1917 年率远征军 1.5 万人入侵墨西哥，镇压当地农民游击队。一战中任欧洲美国远征军总司令。

能认出瑞典电报里的德国代码组，从而阻止这些电报的发送，因此德国外交部通过加密来伪装这些代码组。这种加密被用在拉丁美洲到华盛顿电报的13040代码[1]上。不幸的是，对德国人来说，加密并没有消除底本的全部痕迹，该底本采用的是一种独特的3、4和5位数的混合代码组。这些痕迹引起时刻保持警惕的40号房间的怀疑，被剥去加密后，13040代码再次现身。这时40号房间仔细研究了其他瑞典官方电报，发现其中有大量德国电报，如他们从隐藏的加密下面发现了0075代码。但这一次，英国没有提出任何抗议。霍尔认识到，不妨听听德国人说什么，这比不让他们开口更为有利。

齐默尔曼使用的第二条线路是如此简单，如此背信弃义、鲜廉寡耻，大概在外交史上也算是绝无仅有。它是由狂妄自负的爱德华·豪斯（Edward M. House）上校想出来的，他是威尔逊总统的密友及私人外交代表人物。1915年，一次出使欧洲期间，豪斯安排让大使馆绕过国务院，将加密报告直接发给他。1916年12月27日，当豪斯与伯恩斯托夫讨论威尔逊的一项和平主张时，这位德国大使指出，如果他的政府可以通过豪斯直接与威尔逊对话，实现和平的机会将大增。豪斯请示了总统。第二天，威尔逊允许德国政府在美国外交保护下用自己的密码发送华盛顿至柏林间电报——这个安排，说得好听点是头脑简单，说得难听点，它违背了用美国密码传送的电报应提交明文的国际惯例。

德国人利用这一安排，让美国因自己传送的文字而自掘坟墓。在美国主权保护下，齐默尔曼发出了侵犯美国主权的电报。1月16日下午3点，这封电报递给驻柏林美国大使馆。它还不能直接发给华盛顿，需要先发到哥本哈根，再到伦敦。从那里，它才能到达华盛顿。因此，英国也得到这封电报。看到一封美国电报里的德国代码，40号房间“兴致盎然”，但又一次没有抗议。

有了两封同文电报，错乱很容易消除，蒙哥马利和德格雷随即对密电发起猛攻。30岁的德格雷虽然在二人中年纪较轻，但在40号房间的资历更老。他身材瘦小、黑头发、棕眼睛、样貌英俊，如电影明星般轮廓分明；毕业于伊顿

[1] 原注：瓦斯姆斯（Wassmuss）到底有何种代码并不清楚。霍尔并没有发表声明，掩饰英国密码分析，因为在此之前，他在誓词中陈述道，“我们的密码专家能够破解德国密码”。不管霍尔声称缴获一本代码是出于何种原因，40号房间看上去确实破解了13040代码，但并没有缴获它。

公学，出身贵族，是沃尔辛厄姆（与弗朗西斯·沃尔辛厄姆没有亲属关系）男爵第五个孙子。德格雷战前在著名的威廉·海涅曼出版社工作了七年，后加入英国皇家空军，1915 年来到 40 号房间。

破译这份后来所称的“齐默尔曼电报”后不久，他离开老楼 40 号房间，领导霍尔派到罗马的海军情报机构。战后，他成为专业艺术出版社梅第奇会社社长。1939 年，政府想起他在一战中提供过服务，让他进入外交部密码分析部门，他很快成为副主任。他有三个奇特爱好，分别是打猎、园艺和表演，他还喜欢木工，家务。德格雷死于 1951 年 5 月 25 日，留下两儿一女。

破译齐默尔曼电报时，蒙哥马利 45 岁。他是一个利物浦船主的儿子，曾在英、法、德的私立学校以及跟着家庭教师学习，获得伦敦长老会学院神学士学位。他因为健康原因不能履行牧师职责，成为剑桥大学圣约翰学院学者，专攻早期教会史，为“剑桥早期基督教领袖丛书”（Cambridge Patristic Series）编辑圣奥古斯丁的《忏悔录》（*Confessions*），并写了一篇有关这位非洲神父生平和思想的研究论文。但他最有名的身份是译者。1910 年，他翻译了阿尔贝特·施韦泽（Albert Schweitzer）的《耶稣生平研究史》（*The Quest of the Historical Jesus*），据说“从没有德国作品的英译本如此优美又如此忠实”。他为人谦虚，沉默寡言，1916 年进入审查部门，当年晚些时候转到 40 号房间。密码分析很对他的胃口，战后他在外交部继续这个工作，直到 1930 年 10 月突然去世。

因对基督教经典十分熟知，蒙哥马利帮助 40 号房间解决了一个难住大部分人的问题。一位名为亨利·琼斯的爵士收到一封从土耳其寄来的空白明信片，上面地址写着苏格兰泰纳布鲁厄赫国王路 184 号。亨利爵士的儿子被土耳其人抓去，他知道明信片是儿子寄来的，但泰纳布鲁厄赫是个小村子，没有国王路，且村里房子很少，不需要门牌号。明信片辗转到了 40 号房间，但似乎没人能够确定亨利爵士的儿子想告诉他什么。最后，蒙哥马利建议参考一本《列王记》（*Books of Kings*）的第 18 章第 4 节。《列王记二》（*Second Kings*）没有任何线索，但《列王记一》记载，“俄巴底亚（Obadiah）将 100 位先知藏入洞中，每洞藏 50 人，用饼和水供养他们。”蒙哥马利认为这意味着亨利爵士的儿子还活着，和其他犯人在一起，但食物缺乏——事实的确如此。

但仅凭灵光一闪，根本无法破译齐默尔曼电报，40 号房间还需要还原 0075 代码，那是一部有 1 万个单词和短语的两部本代码，其乱序数字代码组从 0000 一直到 9999。一部代码可看成一个庞大的单表替代，破译要做的“唯一”工作就是建立明密文对应；分析密码只需对付 26 个元素，而分析代码则要盯着成千上万个元素，而且由于出现频率很低，相比于个性鲜明的字母，代码的特征更少、更分散。

代码破译通常始于识别表示句号含义的代码组，而反复出现在电报末尾的代码组就可能是候选者，因为句号或逗号常常只用众多对应代码组里的少数几个来表示，这一点有助于其识别。密码员频频碰到句号，渐渐能记住表示它的一两个代码组；随后他们就直接使用记住的代码组，懒得到代码簿中另查。实际上，熟悉某使馆电报的分析员通常可以看出该使馆何时雇了一个新密码员，因为电报中会突然涌现新的对应句号的代码组！

认出句号就能大致了解电报的结构。在英文电报中，作主语的名词通常直接出现在句号后。德文中，谓语通常出现在句尾，而句号前的代码组可能是一个动词。其他线索则来自外交官喜欢在电报里使用的套话：“我很荣幸地向大使阁下报告……”与电报有关的信息对破译价值极大。

最初的尝试性识别通常用铅笔书写，方便擦除，被称为“铅笔组”。最终，经过更多电报确认，它们成为“墨水组”。一部本代码的破译推进起来快得多。如果代码组 1234 表示一个以 D 开头的单词，5678 肯定代表字母表中一个靠后的单词，这一点既推翻了某些猜测，也提示了其他猜测。有时候，某个代码组的含义可以相当准确地通过它在两个墨水组间的位置得出来。但这在明密对应毫无规律的两部本代码中是不可能实现的，0075 代码即属此类。破译它需要比一部本更多的电报，且识别更慢，难度更大。它在欧洲大陆使用仅有半年——对一部外交代码，这个时间不算长，因此在许多电报中，一些部分依然无法解读。

随着电报涌入（现在还包括伯恩斯托夫收发的电报），夜以继日的蒙哥马利和德格雷所要填入的代码组也越来越多，他们的速度也越来越快。1 月 28 日，德格雷给霍尔送来伯恩斯托夫对齐默尔曼无限潜艇战计划抗议的一部分。这份令大使沮丧的通知出现在 157 号电报里，即那封二联报的第一部分。伯恩斯托夫竭力反对无限潜艇战计划，认为它将使他缓和德美关系的努力付之东流，把美国推向战争，站到协约国一边。

事实上，2 月 3 日，威尔逊对国会宣布，他将与德国断绝外交关系。前一年 4 月，他就这样说过，规劝德国不要继续推进潜艇战。虽然他还补充说，“只有（德方）事实上的公然行动”才能使他相信，它真的会在公海上击沉中立国船只，但在被战争拖得精疲力竭的协约国看来，几天之内，最多半个月，美国将参战。日复一日，他们等着这无法阻挡的最后一步。

等待期间，40 号房间继续破译 0075 代码。德格雷曾把伯恩斯托夫的一封电报交给霍尔，电报详细介绍了他与威尔逊有关断交的会谈。还原的代码组被填入齐默尔曼电报中，到 2 月 5 日，霍尔已经能够在外交部给哈丁勋爵出示一个破译更完整的版本。

从蒙哥马利带来齐默尔曼电报第一份粗略破译那天起，霍尔就认识到这里面潜藏了一件威力强大的宣传武器。在目前形势下，揭露德国针对美国的阴谋，几乎必定导致美国对德宣战。这是把电报交给美国人的一个有力理由。但至少此刻，更有力的理由阻止了这种做法。第一，40 号房间及其密码分析活动是英国最隐晦的秘密之一。它如何能够披露这封电报而不让德国人猜到它的代码正在被解读？英国也许可以尽量减少这一风险，暗示这些明文是偷来的，但德国人会猜测真相，更换代码，使英国人失去最宝贵的情报。第二，透露这封电报，英国将不得不承认它一直在监视中立国瑞典的密电。美国人大概不需要动多大脑子就能猜到，英国人可能也在监视另一个中立国美国的电报。和瑞典一样，它也在充当德国的信差，并且实际上还传送了这封电报。这会让美国既难堪又愤怒，无助于推动它对协约国的支持。第三，破译还不完整。缺失部分不可避免地会招致对破译有效性的怀疑，从而削弱它的效力。也许英国人未能译出一个像“not”（不）那样会完全改变文义的单词，这招致的争议将永无休止。也许英国人提出作为德国人表里不一证据的那一部分，实际上却没有正确破译。而且，缺失的译文会大喊“破译密码”，打破一切关于缴获密码或偷来电报的谎言，暴露英国拼命隐瞒的秘密。

但在这些明摆着的困难之外，反对揭露德国秘密的最有力理由却是，形势发展也许会让它成为多余。德美关系已经断绝，美国民意似乎正朝着反德的方向发展。船只不敢出海，挤在港口，工人停工，生意萧条。愤怒正在累积，宣战似乎指日可待，因此英国继续等待，继续观望。

霍尔一边等待形势发展，另一边也没闲着。如果他只是译出齐默尔曼电报，而没有为政府做好使用它的准备，那他的工作仅完成了一半。因此，即便形势还未成熟，他还是想出一个一石三鸟的计划，克服三大难关，避免电报被暴露。他推断，在细节上，墨西哥收到的电报与柏林发出的电报会有微小但重要的区别。几乎可以肯定日期是不一样的，编号大概也会有所区别，而写给伯恩斯托夫，指示他转交电报的前言部分当然会删掉。如果霍尔能从墨西哥弄到副本，德国人兴许会根据这些微小区别，推断明文是在美洲大陆泄露的，从而不会更换他们的代码。其他相关细节也许会讲述一个墨西哥人在美国行窃的故事。而且，从大量绕道瑞典的德国电报破译中，40 号房间可能得知，德国驻墨西哥使团没用过 0075 代码，而且可能没有这本代码。因此，伯恩斯托夫可能需要用另一个代码重新加密齐默尔曼电报，40 号房间对这个代码的破译可能比 0075 更完整，因而得以在译文内填上缺失部分。

于是 2 月 5 日，霍尔开始设法获取墨西哥收到的齐默尔曼电报副本。一个只知其代号为“T”的英国间谍从墨西哥城电报局得到电报副本，它由伯恩斯托夫通过西联公司发给埃卡特。霍尔很快拿到它。

电报证实了他的全部猜测。埃卡特没有 0075 代码，因此伯恩斯托夫只能用一本埃卡特已有的代码重新加密。这就是 13040 代码，它比 0075 更老、更简单，就是它的高级加密暴露了绕行瑞典的线路。1907 到 1909 年间，德国把它分发给驻南美和中美洲各使团，1912 年发到华盛顿、纽约、哈瓦那、太子港和拉巴斯[1]。13040 代码基本条目约包括 2.5 万个明文元素，内有大量多名码——仅伯恩斯托夫这封电报里的 *zu* 就用了六个不同代码组，专有名词部分占了十分庞大的 7.5 万个数字代码组。但 13040 是一部介于一部本和两部本之间的代码。在加密部分，几百个有序密数与按字母表排列的明文元素一一对应，但密数列之间打乱排序。用伯恩斯托夫电报几个代码组草制的一个密码表轮廓可以说明这一点：

[1] 译注：太子港（Port-au-Prince），海地首都；拉巴斯（La Paz），玻利维亚（法定首都为苏克雷）政府所在地。

	加密		解密
13605	Februar	5144	wenigen
13732	fest	5161	werden
13850	finanzielle	5275	Anregung
13918	folgender	5376	Anwendung
17142	Frieden	5454	ar
17149	Friedenschluss	5569	auf
17166	führung	5905	Krieg
17214	Ganz geheim		
17388	Gebeit		
4377	geheim		
4458	Gemeinsame		

这种混合代码的破译难度介于两种纯粹形式之间：比一部本难，比两部本容易。大段有序部分对分析员帮助极大，尽管他的猜测范围比一部本要大。例如，密码分析员不能像破译一部本那样确定 *Krieg* 的密数就比 *Februar* 大。但如果他知道 *Februar* 是 13605，*finanzielle* 是 13850，他就几乎可以确定代表 *fest* 的代码组将位于这两者之间。这样他的识别就会更快、更准确。

因为此项弱点，加之整个战争期间，40 号房间破译员一直在破译大量电报，他们已经还原出 13040 代码的大部分常用组。因此，他们能够解读伯恩斯托夫发给埃卡特的电报全部或近乎全部内容。除少数几处可能首次用到的罕见专名或音节外，部分自然序排列为猜测提供了很好的检验，这解决了只有部分译文的问题。而且，它证实了他们对柏林—华盛顿原报几乎完整的破译，还为他们还原 0075 代码增加了几个新代码组。

密码分析员还发现了霍尔预见到的报头细微差异，伯恩斯托夫删掉了外交部的前言，代之以他自己的："1 月 16 日，外交部 1 号电报：绝密，你本人解密。"他把柏林—华盛顿序号换成华盛顿—墨西哥城序号 3。最后，他的电报日期是 1 月 19 日，由于错综复杂的传送路线上的无数程序，比最初德国报文上

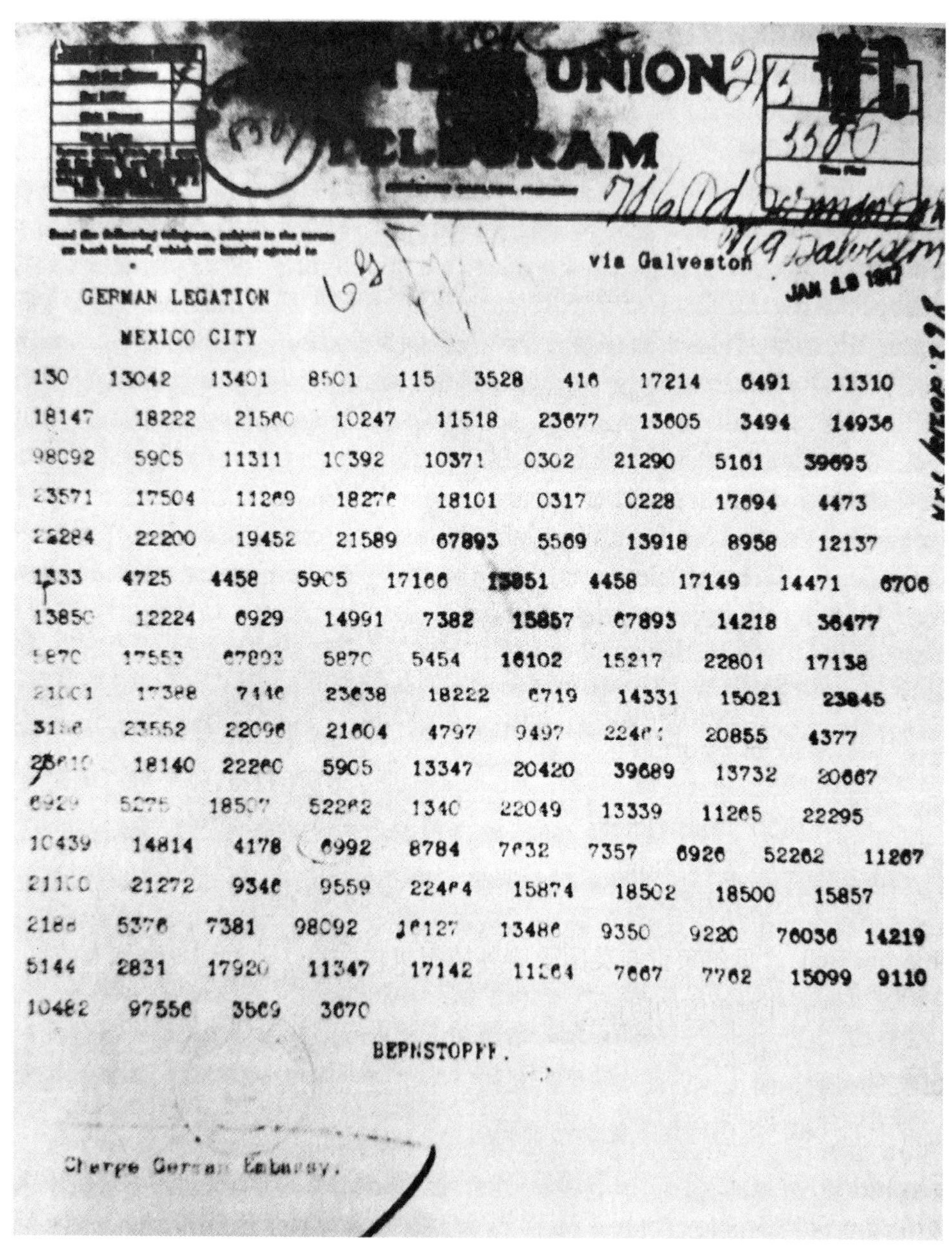

UNION
TELEGRAM

via Galveston

JAN 18 1917

GERMAN LEGATION

MEXICO CITY

130 13042 13401 8501 115 3528 416 17214 6491 11310
18147 18222 21560 10247 11518 23677 13605 3494 14936
98092 5905 11311 10392 10371 0302 21290 5161 39695
23571 17504 11269 18276 18101 0317 0228 17694 4473
22284 22200 19452 21589 67893 5569 13918 8958 12137
1333 4725 4458 5905 17166 13851 4458 17149 14471 6706
13850 12224 6929 14991 7382 15857 67893 14218 36477
5870 17553 67893 5870 5454 16102 15217 22801 17138
21001 17388 7446 23638 18222 6719 14331 15021 23845
3156 23552 22096 21604 4797 9497 22464 20855 4377
23610 18140 22260 5905 13347 20420 39689 13732 20667
6929 5275 18507 52262 1340 22049 13339 11265 22295
10439 14814 4178 6992 8784 7632 7357 6926 52262 11267
21100 21272 9346 9559 22464 15874 18502 18500 15857
2188 5376 7381 98092 16127 13486 9350 9220 76036 14219
5144 2831 17920 11347 17142 11264 7667 7762 15099 9110
10482 97556 3569 3670

BERNSTORFF.

Charge German Embassy.

在华盛顿用13040代码重新加密后转给墨西哥的齐默尔曼电报

的 1 月 16 日晚了几天。

霍尔似乎是在 2 月初做好了准备。他凭天赋完成了自己的工作，这一定是整个间谍史上最狡猾的秘密行动之一。现在，只要有必要，在尽量不损及英国情报来源的情况下，电报已经可以递交给美国人了。但是，尽管霍尔的狐狸尾巴藏得很好，德国人还是可能猜到真相。形势发展也许会使这份冒险成为多余，于是英国人压下电报，静观其变。

时间在等待中一天天过去。战争西线，大英帝国和法兰西共和国的军队正在浴血奋战、拼死抵抗，但美国依然没有参战的迹象。虽然正如 40 号房间曾读出，伯恩斯托夫本人在电报中发出警告，德国人宣布无限制鱼雷攻击美国船只将让“战争无法避免”；且英国人认为荣誉、自尊和一系列最新事件将迫使美国总统必须迈出这一步，但他却似乎无所动容。甚至总统的老朋友，协约国路线的坚定支持者佩奇大使也气急败坏，在日记中写道，“危险在于，总统有了所需的全部授权（除了正式宣战）后，还会一直等、等、等——直到一艘美国邮轮被击沉！或者等到德国潜艇对我们的海岸发动一次袭击！”威尔逊显然在等他对国会提到的“公开行动”。但是，也许德国人不会真的冲动到击沉美国船，自寻死路——英国人这么认为。一天天过去了。德国人什么也没做。局势日益紧张。一个英国驻美外交官报告，局势“就像一只扎绳已被切断的汽水瓶，只是瓶塞还没爆”。

1917 年 2 月 22 日，塞子爆了。迫不及待的英国人推了它一下。在外交部指示或是批准下，霍尔把齐默尔曼电报交给美国使馆秘书爱德华 · 贝尔(Edward Bell)。贝尔负责与英国政府各情报机构联络，他读到一个惊人的事情，一个德国针对美国的阴谋：

> 我们计划自 2 月 1 日起开始无限潜艇战。虽然如此，我们应尽力保持美国中立。如果这一努力失败，我们提议按下述条件与墨西哥结盟：
>
> 在战争中共进退；提供慷慨财政支持；我方支持墨西哥收复得克萨斯州、新墨西哥州和亚利桑那州领土。协议细节由你掌握。
>
> 一旦确定与美开战，请将以上内容极秘密地通知（墨西哥）总统，并建议他可以自主决定邀请日本加入同盟，同时为日本和我国牵

线搭桥。

请提醒墨西哥总统，在我方潜艇的无情打击下，英国将在几个月内下跪投降。

齐默尔曼

贝尔不信。失去美国大陆一大片领土，在一切像他这样的爱国者看来都是不可想象的。但霍尔使他信服，两人来到格罗夫纳广场[1]。佩奇看到电报，立即意识到，美国站在英国一边加入战争的入场券最终交给了他，这正是他一心追求，而美国总统一直反对的立场。霍尔、贝尔、佩奇和使馆一秘欧文·劳克林（Irwin Laughlin）花了一天时间，讨论如何让人相信电报的真实性，尽量减少怀疑，增强它的效果。他们决定，应由英国政府把这封电报提交佩奇。第二天在外交部，现任外交大臣阿瑟·贝尔福在他的办公室把电报正式转交佩奇，贝尔福后来承认，这是“我生平记忆中最戏剧性的时刻”。

佩奇彻夜未眠，起草一封说明电报，解释这封电报来历。2 月 24 日凌晨 2 点，他发出电报，“约三小时后，我将发出一封极其重要的电报给总统和国务卿”。但直到下午 1 点，齐默尔曼电报和他的说明才发出。他把霍尔给他的虚虚实实的信息——自然，霍尔隐瞒了英国密码分析能力的机密，尤其它可能提醒美国人想到英国是否也在读取美国密电——一股脑转给了总统：

战争初期，英国政府得到一本用于加密上述电报的德国代码，并且设法得到伯恩斯托夫发给墨西哥的密电，以及其他电报，一起发回伦敦解密。这解释了他们为什么能够破译德国政府发给驻墨西哥代表的电报，也解释了为什么 1 月 19 日的电报，他们直到现在才得到信息。到目前为止，这种做法还是一个精心保守的秘密，鉴于目前的非常形势和他们对美国的友好感情，英国政府现在把它透露给您一人。他们郑重请求您，对您的信息来源和英国政府得到该信息的方法，保持绝对机密。但他们不反对公开齐默尔曼电报。

[1] 译注：Grosvenor Square，美国驻英使馆所在地。

2 月 24 日，周六，上午 9 点，佩奇的先行电报在国务院收报机上嘎嘎作响，但那封“重要电报”直到当晚 8 点 30 分才到。国务卿罗伯特·兰辛（Robert L. Lansing）不在，代行职务的国务院参事弗兰克·波尔克（Frank L. Polk）打电话求见总统，随后带着四页打印的黄色文件过街来到白宫。按波尔克的说法，威尔逊读报后表现出“极大愤慨”，想把它立即公之于众。但他还是同意了波尔克的建议，等兰辛度完一个长周末回来后再行动。

2 月 27 日，周二，兰辛从白硫磺温泉回来。波尔克告诉他齐默尔曼电报的事，给他看了自己在国务院文档内找到的一封 1000 个代码组的长电。这是 1 月 17 日，柏林通过美国海底电缆发给伯恩斯托夫的，波尔克几乎可以肯定它就是加密的原报。（实际上，它是那封二联报，其中包括齐默尔曼电报。）当天上午 11 点，兰辛拿着这封电报，与总统讨论了整个局势，对德国无耻地滥用美国给予他们的电报特权，总统连呼“天啊！”。他同意了兰辛在报纸上公开电报的计划。兰辛认为这样做“将避免任何对滥用公文的指控，并且会比公开发布更引人注意”。次日晚 6 点，兰辛把美联社的 E. M. 胡德请到家中，把这封电报和一些背景细节交给他，让他对这篇最大的独家战争报道宣誓保密。

3 月 1 日，各家早报用八个通栏披露了这一消息。“巨大轰动”，兰辛记录道。美国震动了。众议院内发表了爱国演讲，以 403 对 13 票通过了武装商船法案。但谨慎的参议院怀疑，整个事件会不会是协约国的一场拙劣阴谋。这一反应完全在意料之中。兰辛曾请佩奇“设法从贝尔福处获得德国代码副本”，但英国人曾告诉他，代码“绝非直接使用，内有大量变化，只有这里的一两位专家知道，但他们无法抽身赴美”。当然，这又是虚实参半——0075 大概经过加密（“变化”），但 13040 没有。与此同时，波尔克向西联电报公司总裁纽康·卡尔顿施加了强大压力，不顾一项保护电报秘密的联邦法律规定，最终设法拿到伯恩斯托夫给埃卡特电报的一个副本。兰辛把这篇密文附在曝光当晚 8 点他发给佩奇的一封电报中：

一些议员正试图破坏齐默尔曼电报的可信度，指责它是一个交战

4458 gemeinsam
17149. Friedenschluß.
14471 ⊙
6706 reichlich
13850 finanziell
12224 unterstützung
6929 und
14991 einverständnis
7382 unsererseits.
158(5)7 daß
67893 Mexico.
14218 in
36477 Texas
5870 ⊙
17553 neu
67893 Mexico.
5870 ⊙
5454 AR
16102 IZ
15217 ON
22801 A

奈杰尔·德格雷为疑心重重的美国人把13040代码版的齐默尔曼电报译成明文

国提供给美国政府的。美国政府毫不怀疑它的真实性，但如果英国政府允许你或使馆某成员亲自解密我们从华盛顿电报局获得的原电，然后把德文文本电告国务院，这将会有莫大的帮助。请贝尔福先生相信，国务院本不该提出这样的要求，但它认为，这一步骤将大大坚定它的立场，使得国务院可以据此声明齐默尔曼电报来自自己人。

“在他手里爆炸”，齐默尔曼电报公之于众后，《纽约世界》刊出的罗林·科比（Rollin Kirby）漫画

第二天，佩奇收到这封4494号电报，下午4点，他回电：“贝尔将你昨日4494号电报所附德国电报密文拿到海军部，在那里，他用海军部的德国代码解密了它。”实际上，贝尔只写了十几个明文组，之后部分用德格雷的工整字体写就。随后佩奇发出贝尔和德格雷解密的德文文本。但兰辛和总统已向参议院发出一份声明，声称政府拥有证明电报为真的证据，并声称无法透露更多信息。

关于美国如何得到这封电报，每个人都有自己深信不疑的说法。流传最广的是间谍故事；最不着边际的是，四个美国士兵从一个企图偷渡墨西哥的德国间谍身上搜到它；最可信的是，伯恩斯托夫被遣返后，在哈利法克斯受到搜查，人们从他的物品中发现了这封电报。最有意思的是英国媒体对他们的秘密机构的批评，指责他们不如美国人。（这些指责中，至少有一个是霍尔本人策划的，为把那些推理者引入歧途。）

德国政府[1]也想知道哪里走漏的风声。虽然报纸登出的电报上没有伯恩斯托夫的名字和序列号，但是上面有1月19日这个重要日期。“请用同样密码发电，”德国外交部偷偷对吓得发抖的埃卡特说，他曾一味把泄密责任归咎于伯恩斯托夫，“谁解密了1号（齐默尔曼电报）和11号电报（指示埃卡特立即为结盟谈判），原件和解密件如何保存，特别是，这些电报是否都保存在同一地方。”六天后，德国外交部挖出霍尔精心处理的线索：“各种迹象表明，泄露发生在墨西哥。已指示采取最严密防范措施。烧毁所有已泄露材料。”

埃卡特罗列了一切蛛丝马迹，为自己开脱：“两封电报都按我收到的特别指示，由（阿图尔·冯·）马格努斯博士（Dr. Arthur von Magnus）解密。两电与其他政治机密一样，都没有泄露给使馆官员……两份原件都由马格努斯焚毁，灰烬被撒掉。直到烧毁前，两封电报都保存在一个绝对安全的钢制保险柜中，保险柜为此目的特别购买，安在使馆大楼马格努斯房间。”三天后，他又发来其余细节，“不可能有比这里采取的更谨慎措施。马格努斯夜里在我的住处向我宣读来电，声音压得很低。仆人不懂德语，睡在一间附房里……这里不可能有复印件或废纸。”柏林没有听到这封电报给霍尔、佩奇和40号房间带来的欢呼声。

[1] 译注：Wilhelmstrasse，威廉大街，德国政府主要机关所在地，指代德国政府，相当于英国“白厅”。

压低的声音、钢制保险柜、抛撒的灰烬和不懂德语的仆人吹散了最后一丝怀疑，德国外交部最终放弃追责。“据你电，很难想象泄密发生在墨西哥。鉴于此，针对那一方向的指责不成立。你和马格努斯都不须承担任何责任。”

与此同时，困扰英美官员、在参议院和媒体中引来质疑的真实性问题，被齐默尔曼本人解决了。完全出乎意料，他承认：“我无法否认它。它是真的。”墨西哥、日本和埃卡特直接否认知道这一阴谋，直到今天都没人知道齐默尔曼为什么要承认它。他的承认消除了人们的最后一丝怀疑，使这个故事不再是一场骗局。

一夜之间，本来深处美洲大陆、对遥远欧洲战场的枪炮声提不起兴趣的美国，突然发现战争就在他们边境。得克萨斯人惊讶地揉揉眼睛：德国人要出卖他们的故土！不受德国潜艇纷扰，无动于衷的中西部想到德国人指挥的军队将跨过格兰德河[1]，纵身奔向协约国侧翼。而远西地区，一提到日本，当地就像地雷一样炸开了锅。舆论在一个月之内确立。三个月前曾说过把美国引入战争将是“反文明罪行”的威尔逊断定，“正义比和平更宝贵”。4月2日，他走进国会山[2]，请求国会帮助维护民主世界的安全。他在演讲中引用齐默尔曼电报：

“它（德国政府）想在我们家门口煽动敌人反对我们，截获的德国给驻墨西哥大使的通知是一个有力证据。我们将接受这个满怀敌意的挑战……我建议国会宣布，德意志帝国政府最近的作为实际上等于向美国政府和人民宣战，美国政府正式接受它强加给美国的交战国地位。”

国会向德国宣战。很快，美国人来了。这个年轻的国家将新生力量投入了西线战壕，拯救弹尽粮绝的协约国。就这样，40号房间破译的敌方电报推动了美国加入第一次世界大战，帮助协约国赢得胜利，成为领导世界的力量，进而塑造了随后的世界格局。从没有一封密信的破译对历史产生过如此空前绝后的影响。这是破译员把历史掌握在手中的少数时刻。

---

[1]　译注：Rio Grande，北美洲河流，形成美国与墨西哥部分边界。

[2]　译注：Capitol Hill，华盛顿特区美国国会附近地区，常用来指美国国会本身。

第 10 章　截收战：I

在其发明人看来，无线电是对人道主义的巨大贡献，但自 1895 年诞生后不久，它就被军阀们霸占，当作一件战争武器。因为它无限放大了电报的主要军事优势：一个指挥官对整支大军的连续实时控制。无线电不再需要电缆进行物理连接，加速了司令部之间的通信；打破距离、区域、敌军阻隔限制，实现迅速移动，将无法用有线电连接的单位通过空中信号连为一体；它开启了与海军和空军的通信；它减轻了生产大量电缆的经济负担。

但有利就有弊。比起人工传送的信件，电报虽然大大提高了军事通信效率，但也增加了被拦截的可能性。同样，在军事通信中得到大量应用时，无线电也伴随着极大的拦截风险。无线电传输的开放性和多向性使其通信非常容易建立，也使它同样容易被拦截。窃听敌方通信，人们再也不必连接敌军后方的电报线路；指挥员只需坐在司令部，把无线电调到敌方频率即可。因此，无线电在通信截收中引入两个革命性因素：报量和连续性。

通信能被拦截，就能被破译。现在，密码分析员有了一项编码员所没有的能力：密码分析可以改变现状。编码只能维持现状，密码分析可以将国家引向战争，可以引发并赢得海军战役，可以迫使被围困城市投降；可以判决女王的死刑，还被冤枉者清白。密码分析可以影响现实世界，编码则不能。

因此，只影响编码学的有线电报，对密码学有着完全的内部影响。替代准代码的层级专用系统只能吸引密码学家的兴趣，对将军或政客不起作用。虽然有线电报大大增加了通信量，但线路窃听只能以较少和不规则的间隔带来截收电报。密码分析只能产生短暂、偶然的影响，它的潜力远没有发挥出来。克尔克霍夫准确地把密码分析看成是编码学的一个补充，一个实现完美军事代码和密码目标的手段。有线电报时期，密码分析有趣但无足轻重，迷人之处仅限于学术——一个维多利亚时期打发午茶余闲的理想话题，也许仅此而已。

但是，无线电则把它传送的每一封敌方密电交给指挥员，提供了连续的截收电报流。有了这些，密码分析可以持续影响作战，成为可靠的情报来源，成为影响事件的决定性因素。将军和政客看到了这一点。它不再是客套的闲聊，而成为一件武器，一项与残酷战争相随相伴、决定生死的工作。无线电使密码分析本身成为目的，把它提升到与编码同等重要的地位——如果还算不上高于后者地位的话。无线电对密码学的影响扩散到密码学以外的世界。

有线和无线就这样相辅相成。有线电报带来了现代编码学，无线电带来现代密码分析，分别从内外部发展了密码学。有线电报赋予密码学外形和内容，无线电则把它带入现实生活舞台。一个给它形式，另一个赋予它意义。无线电完成了有线电报开始的工作。因此，1914 到 1918 年，一战期间首次广泛使用的无线电使密码学进入了成熟阶段。

在西线，只有法国准备就绪。它的战前密码活动比其他国家更广泛，组织更完善。和平时期截收德国无线电报的台站在战时继续运行；军事密码委员会批准的密码系统开始生效；征召的人员很快填充了卡蒂埃在陆军部设立的密码部门。他的助手马塞尔·吉维耶热少校只身一人来到司令部，设立了一个密码部门，一周后就有了六个昼夜值班的助手。头几周，他们无所事事，但到 8 月初，德国侵略军越过边境，所发信息越过有线电报，充斥在空气当中。

法国人照单全收。一开始，他们只有位于莫伯日、凡尔登、图勒、埃皮纳勒和贝尔福等大型要塞的截收站，以及里尔、兰斯和贝桑松的专门站。战争后期，法国分成以巴黎、里昂和波尔多为中心的三个区域，构建了一个复杂的截收网络。巴黎在埃菲尔铁塔有一个截收台，另一个设在一座地铁站（Trocadéro）内。六个测向站连成一线，排在整个战线后。所有这些台站都由直线电缆连接巴黎圣多米尼克大街 14 号的陆军部，卡蒂埃的部门就在电报总局旁。因此，法国人几乎与德方接收者同时收到无线电报。卡蒂埃估计，战争期间，他们截收的单词超过了 1 亿个，足以开一家收录上千本普通小说的图书馆。

但这个组织在起步时非常简陋，甚至连测向机都没有。他们只能假设所有德国电台用同样功率发射，通过截收信号强弱大致测出发射台的距离。报务员把他们听到的德国信号分成"很响"、"响"、"中"、"弱"和"很弱"。通过把这些读数转换成数量，在地图上画出半径相当于估计距离的圆，法国人在战争爆发后两周内标出了德国电台的可能位置——后来证明这个方法相当准确。

法国人还记录所有电台的呼号、报量和通信。他们很快将这些电台归入四个主要网络，并假设每一个属于一个作战群。通过通信特征，他们可以确定司令部电台；通过报量，能很快把快速移动、快速发报的骑兵电台与步兵电台区分开来；偶尔出现的明文签名则暴露了对方司令官名字。用这种方式，法国逐步构建了一幅他们面临德军部队的画面。

这就是最初的报务分析。战争后期，这个做法已经相当完善。报务分析帮助勾画了敌方战斗序列，并且常常通过探测报量的增加来预警敌军重要行动。不同敌军部队可能使用同样密词的不同代码，或同一个代码系统中的不同密钥，只有通过测向和呼号确定了发射台，分析员才能区此种与彼种密码"语言"。这是一种现代版本，与辨别拦截信件的信封和签名差不多，这样就不会混淆来自威尼斯和帕尔马的密信。仔细记录一封截收无线电报的各种外围细节——发送人、接收人、时间、前言、长度——常常能带来额外收益。

如战争初期，法国人截收到一封德语明文电报，"Was ist Circourt?"[1]。这种明确的交叉引用使得那封电报非常容易识别。与此同时，地理部门提供完善信息，指明地名"Circourt"全拼出现在某些德国总参谋部的地图上，而部队地图上仅有首字母"C"。这封电报的其他特征表明它与一支部队调动有关，分析员以此为基础，假设它很可能包含明文词 *Circourt*，很快译出电报。法国人接着还原出密钥，读取一周内用该密钥加密的全部电报，获得有效信息。

[1] 译注：大意为，锡库是什么？锡库是法国东北部洛林地区的一处地名。

这就是 ÜBCHI 密码，一种著名的二次栅栏密码系统，德国人早在战前就已经使用——法国人也知道这一点。它采用最高统帅部预先指定的一个密钥词或密钥短语，实际加密前，密钥须转换成一列数字。转换沿袭传统做法，以字母表顺序给密钥词字母编号，重复字母则从左到右编号。如密钥短语 DIE WACHT AM RHEIN（莱茵河卫兵），两个 A 将得到数字 1 和 2。里面没有 B，因此 C 得到数字 3，D 得到数字 4，两个 E 为 5 和 6，依此类推：

D	I	E	W	A	C	H	T	A	M	R	H	E	I	N
4	9	5	15	1	3	7	14	2	11	13	8	6	10	12

对明文的实际加密——如 *Tenth division X Attack Montigny sector at daylight X Gas barrage to precede you*——包括六步。加密员可以做到：(1) 在数字序列下将明文横写成一个字组：

4	9	5	15	1	3	7	14	2	11	13	8	6	10	12
t	e	n	t	h	d	i	v	i	s	i	o	n	x	a
t	t	a	c	k	m	o	n	t	i	g	n	y	s	e
c	t	o	r	a	t	d	a	y	l	i	g	h	t	x
g	a	s	b	a	r	r	a	g	e	t	o	p	r	e
c	e	d	e	y	o	u								

(2) 以密钥数顺序写下各列字母：HKAAY、ITYG、DMTRO……（3）在同一数字序列下把这些字母横写成另一个字组，(4) 按初始密钥短语的单词数加上虚码——此处为四个：

4	9	5	15	1	3	7	14	2	11	13	8	6	10	12
h	k	a	a	y	i	t	y	g	d	m	t	r	o	t
t	c	g	c	n	a	o	s	d	n	y	h	p	i	o
d	r	u	o	n	g	o	e	t	t	a	e	x	s	t
r	s	i	l	e	a	e	x	e	i	g	i	t	v	n
a	a	t	c	r	b	e	k	a	i	s				

（5）加密员再次按密钥数顺序从列中取字母：YNNER、GDTEA、IAGAB……

（6）分成标准五字母一组发送：YNNER GDTEA IAGAB HTDRA AGUIT RPXTT OOEET HEIKC RSAOI SVDNT IITOT NMYAG SYSEX KACOL C。

解密与上述过程正好相反，除了一个步骤，解密员得先确定移位字组的大小，这样他才知道他的列上下有几行。他的做法是用密电中的字数除以密钥字母数，这里是 71 除以 15。商（此处是 4）给出了字组中的完整行数量，余数（11）就是最后不完整行的字母数。

破译二次移位加密的单封电报极其困难，其原因可以从一次栅栏密码的分析中看得很清楚。一次栅栏密码明文只经过一次字组移位，把二次移位第二步得到的结果作为其密文。显然，组成这种明文的片段是原始字组表中的列。分析员把密文分割成他认为可能的列，再一段段并列比对，直到发现两个看起来像是明文中排在一起的列。

如下面一段 40 个字母的密信，分析员一开始可以假设密钥长度为 5 个字母。这样列高度就是 8 个字母，分析员把密信分成 8 字母一组，把第一组与其他四组并列：

EITTI GMI | NH EGRNM T | YTRS GPNN | M RHINU UO | ETI EBIAI.

1 2	1 3	1 4	1 5	2 1	3 1	4 1	5 1
E N	E Y	E M	E E	N E	Y E	M E	E E
I H	I T	I R	I T	H I	T I	R I	T I
T E	T R	T H	T I	E T	R T	H T	I T
T G	T S	T I	T E	G T	S T	I T	E T
I R	I G	I N	I B	R I	G I	N I	B I
G N	G P	G U	G I	N G	P G	U G	I G
M M	M N	M U	M A	M M	N M	U M	A M
I T	I N	I O	I I	T T	N I	O I	I I

他可以目测或用各种数学技巧，看哪两个片段搭配最佳。一种技巧是给出每个假定的双码在明文中出现的次数，把这些次数相加；总数最高的组合最有可能是正确的。这样，在 1－2 对中，EN 的通常出现次数是 25（2000 个英文双码中），IH 是 0……8 个双码总数为 69。其他组合的出现次数分别为 73、

143、77、77、73、62 和 78。分析员可选取总数为 143 的 1 – 4 组合，尝试把它的双码在左右两侧扩展成三码，一直这样进行下去，直到还原出整个字组。如果得到不可靠结果，他必须改变最初猜测的密钥长度，从头开始。

如果所有列高度相同——字组完全填满会出现这种情况，分析过程会大大简化。这种被称为“规则栅栏密码”（regular columnar transposition）。在不规则栅栏密码中，字组最后一行填不满，列就有两种不同长度，破译时就需要把列上下移动，才能得到正确配对。

在极偶然情况下，分析员也可能做到这种类型的二阶还原，破开二次栅栏密码单封密电。理论上，分析员只需两列、三列地构建第二个字组的列，使其双码和三码反过来可以组合成合适的明文片段。但说起来容易做起来难。即使一个天才分析家也只是偶尔做到；即使有其他帮助，如像 *Circourt* 这样的可能词，破译也非易事。

但有了几封同密钥加密的等长二次移位密电后，破译就变得相对简单。分析员可以以字母为基础，采用 1878 年哈萨德、霍尔登和格罗夫纳以单词为基础的复合易位分析法。通常，两封密电写在纸条上，一封写在另一封下面，纸条竖裁，两个字母（每封一个）一片，纸片试着互相搭配，直到上下都出现明文。此法时常奏效，因此为了用这种方法破译，法国分析员四处寻找同密钥等长密电，但这一热情被德军打消，他们在整个西线每八到十天就换一次密钥。随着秋日渐逝，截收电报堆满在法国人的桌上，就像战时第一个秋天纷纷飘落的树叶。

然而，陆军部卡蒂埃手下的四五名分析员不能只盯着这些，他们还要帮忙分析海军电报，因为海军部没有分析员；帮助破译柏林—马德里外交通信，因为外交部专家忙不过来，破译不及时就不起作用。9 月 2 日，德军逼近巴黎，卡蒂埃部门随政府其他部门撤到波尔多，这给他们的工作带来更大干扰。虽然困难重重，当月晚些时候，战争打响仅几周后，他们就开始向总司令部发送每日译文。有时候，译文仅罗列电报要点，因为复合易位分析有时只能还原明文片段。但一次完整破译能够重建原始移位密钥。虽然还原密钥工作冗长乏味，但值得一试，因为基本密钥可以解开用它加密的全部电报，而不必考虑电报等长要求。10 月 1 日，卡蒂埃和手下三个分析员——阿道夫 · 奥利瓦里（Adolphe Olivari）少校、翻译官亨利 · 施瓦布（Henry Schwab）和古斯塔夫·弗赖斯（Gustave Freyss）——首次实现这一突破。他们把 ÜBCHI 原始密钥发给各司令部，用于现场破译当地收到的德国密电。

这很快成为法国军中最热的话题。消息在将士中传播，电话线路中满是还原密钥的激动呼叫。士兵聊密钥，讨论密电内容——真实的、想象的。保密规定遭到严重破坏，10 月 3 日，总司令部甚至需要签发一道命令，试图阻止大家对密钥的轻率谈论，但不起作用。时过几周，德国人更换密钥后，一个军官在司令部门厅大声询问有没有找出密钥！传言汹涌蔓延，甚至传到波尔多平民耳中。

德国人似乎没有听到，因为他们还用着这种二次栅栏密码，也不勤换密钥。10 月 17 日，新密钥启用，但此时已驾轻就熟的法国人，四天后就还原出这个密钥。11 月初更换的新密钥只用了三天就被破开；接下来一个密钥生效的当天就被确定。因为法国人根据一篇电报的内容，在德国皇帝威廉二世视察德占比利时提尔特时，实施了准确轰炸。这个故事实在太精彩，没人能忍住不说出去，不久，《晨报》登出此事，还特别提到信息来源。这一次德国人注意到了，11 月 18 日，他们采用了一个全新系统。

这是密码分析员所称的一个“假复杂”例子，因为表面上看，它比二次栅栏密码更复杂难解，但其实它只要一封密信就可以破开，不像二次栅栏密码那样需要两封或以上电报，还要符合复合易位分析法所需要的苛刻条件。这种密码由一个以 ABC 为密钥的维热纳尔密码——可以心算破开——外加一次栅栏移位构成。它的一个弱点是，密文与对应明文字母在自然序字母表中顶多间隔两个字母。由于密码员的失误，安纳托尔·泰弗南（Anatole Thévenin）中校于 12 月 10 日破开这种密码。泰弗南是军事密码委员会成员，担任第 21 军参谋长助理一职，兼职做密码分析员。

一个月后，一份备忘录送至卡蒂埃案头。备忘录写明了破译这种法国人称之为 ABC 系统的一个简单方法，作者是第 6 集团军参谋部预备役炮兵中尉，29 岁的乔治·让·潘万（Georges Jean Painvin）。他脑子敏捷好使，将注定在一战传奇中成为密码分析员里的珀尔修斯，屠杀一个又一个德国编码蛇发女怪[1]。潘

[1] 译注：珀尔修斯（Perseus），希腊神话，宙斯和达那厄的儿子，功勋卓著的著名英雄，骑在有双翼的珀伽索斯马上，砍掉了怪物美杜莎的头并把它献给雅典娜；他拯救并娶了安德洛墨达，成为希腊梯林斯的国王。戈耳戈（Gorgon），蛇发女怪（斯忒诺、欧律阿勒和美杜莎三姐妹之一）。

万身材瘦长，肤色深，看上去倒像西班牙人，一双犀利的黑眼睛，工作时全神贯注，波澜不惊，既看不到他闪电般敏捷的智慧，也看不出他天生的魅力和谦逊。他以优秀成绩毕业于著名的巴黎综合理工大学，曾在巴黎高等矿业学校任教。他还是优秀的大提琴手，得过南特音乐学院大提琴演奏一等奖。

马恩河战役（Battle of the Marne）后，战争进入堑壕战拉锯阶段。下午没事可干的潘万结识了卡蒂埃密码局派到第 6 集团军的分析员维克托·波利耶（Victor Paulier）上尉，从他那里了解到 ÜBCHI 密码。就像别人破解纵横拼字谜一样，潘万对德国电报进行复合易位分析。不久，他从业余消遣中获得成功，还原出几个密钥，报告给卡蒂埃。卡蒂埃在收到 ABC 备忘录后，给潘万发去贺信。

第 6 集团军司令部位于维莱科特雷附近的蒙哥贝尔堡。陆军部长亚历山大·米勒兰视察该司令部期间，多次要求集团军司令米歇尔－约瑟夫·莫努里将军把潘万让给密码局。然而相处日久，潘万不忍心离开年事已高的莫努里。但最终，1915 年 3 月，屈于压力，莫努里让潘万去两周试试，看看做分析员是不是比做第 6 集团军参谋更能发挥作用。潘万走后不久，莫努里负了重伤，之后没人再请求要回这个年轻分析员，他在卡蒂埃部门一直待到战争结束。

卡蒂埃部门正领导着密码学史上第一个层级组织。密码局已经搬回巴黎陆军部大楼，雇了几十个人，其中只有十人左右是分析员。它从事最高层级密码工作——破译协约国间通信，敌方外交和海军密电，新的军事系统和来自遥远前线的密电。局长卡蒂埃还领导截收部门。密码局下设总司令部密码处（Service du Chiffre），由吉维耶热领导，15 名军官负责处理法国司令部的密码通信，他们使用巴黎密码局提供的方法和密钥破译德国陆军战略密报。

为满足需要，各集团军和集团军群司令部都有自己的情报、通信和其他专门组织，与此类似，密码处也下设隶属各集团军和集团军群的密码部门。波利耶就属于这样一个部门。它们根据 1914 年 9 月 17 日的一项命令创建，给每支主要部队配备一名专业人员，执行密码编制规定。当时，法国正在准备一场总攻，不希望无线电报密码员犯当时在有线电报上的错误。最后，部队将一名专业人员增加到三名，包括两名密码分析员。他们接近前线，可以收集许多有助破译的细节。例如，如果德国将一封电报发给其一支炮兵部队，两小时后，该部对某防区发动轰炸，法国分析员就会根据大量有关可能词，对电报进行破译。这些陆军部门一般只破译低级战术通信。

法国组织部门分布各处、紧密合作，一有突破，其结果或部分结果就会迅速传给其他部门：陆军部和总司令部后来通过一部电报传真机通信，因为这是当时仅有的这种机器，他们认为它足够安全，可以传递法国最机密信息。

到 1915 年 5 月，ABC 密码消失不见。运动战结束，德国军事无线电报量大大减少。1915 年，报量大部分时间处于一个很低的水平。法国利用这个间隙解决其他问题，潘万、施瓦布、吉维耶热、奥利瓦里和波利耶攻击海军通信。翻译官贝拉尔和特拉努瓦攻击保加利亚、希腊和土耳其密报。繁忙的柏林—马德里和维也纳—马德里外交线路使用的几个代码也在破译，潘万、奥利瓦里和保罗－布吕蒂斯·德雅尔丹破译德语电报，西班牙语电报由帕尼耶中尉和翻译官 J. 佩里埃处理。

分析员还回头破译一些战争初期的密电。这些破译有助于解释德国为什么历史性地转向东方。那次转向导致马恩河大战，使德国攻势陷于停顿。破译还有助于理解德国指挥官的想法，他们在“奔向大海”[1]系列战役关键时期的考虑，这些战役构成了一战中的首个连续战线。破译勾画的德国作战方式给了法国参谋部莫大帮助，总司令若弗尔（Joffre）将军为此致信陆军部：“过去几天里，和所有其他陆军指挥官一样，我开始认识到你部破译局提供服务的价值。请转达我们所有人对卡蒂埃少校及其组织的谢意。”

1916 年初，无线电沉寂突然被打破。这一年，德国人翻遍整个编码领域，疯狂地四处寻找理想密码。但法国人穷追不舍，对于某个新问题，有时总司令部会在几小时内收到两三个答案。

破译能从任何可能的弱点突破，一些有固定内容的电报尤有帮助。“夜间平静；无报告”，按吉维耶热所说，“极有规律地”出现在德国电报中。一个指挥官要求其前线部队例行上午报告，密码更换时，这个做法却没有改变，法国人立即用一段已知明文杠杆撬开新密码。无知的德国人还以加密谚语作为测试

[1] 译注：race to the sea。二战初期（大致在 1914 年 9 月 17 日—10 月 19 日间），德国和英法军队间的一系列侧翼迂回运动及其与之伴随的战役。

电报，检验新系统，这个做法也被法国人利用。德语版“早起的鸟儿有虫吃”是他们的最爱，但吃到虫子的却是法国人。

他们对德国人措辞习惯和发报技术的了如指掌帮了大忙。这些知识来自战争初期，当时德国格奥尔格·冯·德尔·马维茨（Georg von der Marwitz）将军的侧翼骑兵部队迅速推进，攻城略地。德军报务员得意忘形，加之报量巨大，加密把他们搞得头昏脑涨，他们开始发送明文电报。很快，经由某种密码学上的格雷欣定律[1]，人人都开始这样做，法国于是进行了大量记录。他们无情地抓住加密漏洞，研究缴获的带编码工作表的笔记本，比较来自不同部门的电报，虽然它们单独出现时不能提供多少信息，但连在一起就能带来巨大收获。他们到处搜寻密钥词——考虑到德国人对像 VATERLAND（祖国）、KAISER（德国皇帝）和 DEUTSCHLAND（德意志）之类爱国词汇的偏爱，他们常常中奖。他们轰炸敌军阵地，假装准备攻击，只是为了得到一些突破敌军密电急需的可能词。尤其是，他们的头脑如手术刀般锐利，切割、分解德军密码，丢弃无用的假设，一直解剖到系统的中心。潘万的才华在这类纯密码分析中尤为耀眼。

德国第一个新系统出现时正是新一轮无线电活动的爆发时期。法国统帅部认为这标志着德军的新一轮攻势，潘万和奥利瓦里于是对这些截收电报发起攻势。他们很快确定，其中半数是伪报——只是些毫无意义的字母串。但真报传递了什么信息？两周之内，他们发现该系统由一个以 ABCD 为密钥的间断密钥（interrupted-key）维热纳尔密码、外加一次栅栏移位组成，密钥间断由移位密钥数字控制。这是旧 ABC 系统的改进，他们称之为 ABCD。明文实际只是些简单的密码练习、公报片段、报摘，甚至三角公式。这表明全部繁忙的无线电活动实则是德国人的一次欺骗，分析员因此打消了法国参谋部的一些担心。

拙劣的 ABCD 系统于 4 月停用，在德国编码史上第一次被纯替代密码取代。这些密码表种类繁多，但可分为两种基本类型：单表替代，加密员自己选择采用 24 个密码表中的某一个；以及 12、24 或 25 个乱序密码的多表替代。这些替代日趋复杂，但其发展是渐进的，法国分析员跟上了它的前进步伐。当年春天，多亏一个巴伐利亚王子把自己负伤的事告诉父王和母后，潘万才破开

[1]　译注：Gresham's Law，即“劣币驱逐良币”。

其中一个系统。一个用于柏林和君士坦丁堡间的多表替代系统标志着德国在该领域的最大成就，它使用 25 个密码表，32 张底表，极其复杂，只有舒服地坐在设备良好的司令部的密码员才能操作。实际上，因为它**过于**复杂，密码系统又从替代转向了移位。1916 年末，移位密电重新出现在德国军事通信中。

1917 年 1 月，法国分析员认出这些旋转漏格板（turning grille）。它们与固定式卡尔达诺漏格板仅有的共同点是名字和板面上的开口。旋转漏格板通常是一块方形格纸板，四分之一小格露出，当漏格板转完它的四个位置时，板下纸上的所有小格都会露出，但每一格只现身一次。一个 6×6 漏格板看上去如下：

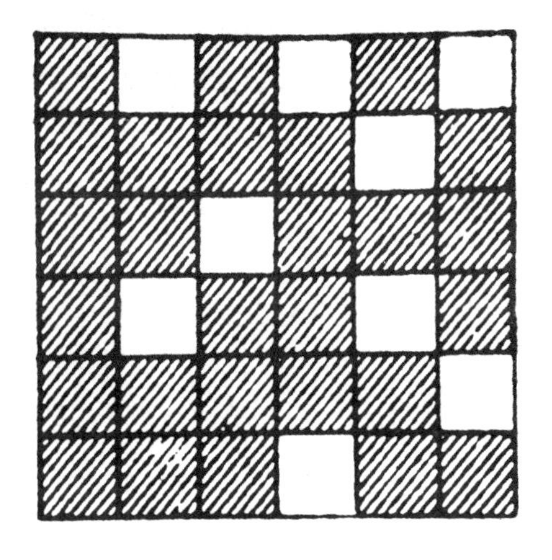

板放在一张纸上，从孔中写下前 9 个字母，再转 90 度，在新位置开口中写下随后的 9 个字母，如此写完剩下的 2 个旋转位置。此时纸上 36 格中，每格都有 1 个字母，加密员可以按他选择的任意方式（通常是行）取字母。超过 36 字母的信息须重复这一步骤；最后一段不足 36 字母部分，只需把不需要的格挡上。

德军为通信部队提供了不同尺寸的漏格板，用于不同长度电报。每种漏格板都有代号：ANNA，25 个字母；BERTA，36；CLARA，49；DORA，64；EMIL，81；FRANZ，100。这些代号每周一换。

复合易位分析法——移位系统的一般破译方法——是漏格板系统的克星，因为漏格板密电各段必须等长。而且这种系统产生有趣的几何对称性，法国人很快抓住这个破绽和其他弱点，设计出攻击方法。漏格板系统用了四个月。

英国也有自己的军事密码分析部门。在战前，它所做的准备并不比 40 号房间多，虽然它的陆军分析员也是这一领域的专家，但他们从未达到法国同行的水平。

它的组织基本与法国相同。领导机构军情一处 b 科 [1] 属陆军部。英国远征军司令部建立了一个战地机构，几个分析员分属几支集团军。

1915 年 12 月，锡顿的马尔科姆·维维安·海（Malcolm Vivian Hay）负责军情一处 b 科时，它还只是军情部一个四人的小科室。维维安·海当年 34 岁，是第七代特威代尔侯爵次子的孙子，两岁时继承了阿伯丁附近的锡顿庄园。结束博蒙特学校和国外的学习后，他回到家管理他的农场；战争爆发时，他加入戈登高地人团，担任上尉一职。在蒙斯战役 [2] 期间，他身中几枪，英军撤退时被留在战场，被德军俘获。因头部受伤，身体部分瘫痪，德军认为他不适合服兵役，1915 年 2 月将其遣返。他学会了拄着拐杖走路，后提拔为少校，指挥军情一处 b 科。

他立即着手增员事项，到各大学网罗聪明的年轻人，尤其是语言学者。b 科原有三个文职：马可尼无线电报公司无线电工程师 J. 圣文森特·普莱茨；剑桥年轻学者 J. D. 克罗克；印度文官机构（Indian Civil Service）的奥立弗·斯特雷奇。斯特雷奇特别喜爱密码分析工作，战后，他从东印度铁路管理部门转到外交部密码破译机关。如果说入选《名人录》可看作一个指标的话，维维安·海招到了一堆后来成名的杰出人物，其中有：他的得力助手约翰·弗雷泽，32 岁，后来的牛津耶稣学院学者，凯尔特语教授；阿瑟·瑟里奇·亨特，45 岁，当时及后来的牛津纸莎草古代文献学教授，世界顶级古文字权威；戴维·塞缪尔·马戈柳思，58 岁，牛津阿拉伯语教授，后来的皇家亚洲学会会长，著有多部研究亚洲文学和历史学的作品。扎卡里·纽金特·布鲁克，33 岁，当时的剑桥历史学讲师，后来的中世纪史教授和《剑桥中世纪史》

---

[1]　译注：MI1(b)，一战期间英国陆军情报部（Military Intelligence Division），简写为 MI，后面的数字表示各分部门（处）。MI1 是密码处，b 科是截收与密码分析科。最著名的是军情六处（MI6，海外反谍）、军情五处（MI5，国内反谍）。

[2]　译注：Battle of Mons，蒙斯是比利时南部城市，埃诺省省会，1914 年 8 月英德军队在这里展开的蒙斯战役为一战首个大战役。

（*Cambridge Medieval History*）主编；爱德华·瑟洛·利兹，39岁，时任阿什莫尔博物馆古董部助理管理员，战后成为这个英格兰第一家公立博物馆的管理员；埃利斯·明斯，42岁，当时和后来的剑桥古文字学讲师，后获得爵位；剑桥的诺曼·布鲁克·乔普森，26岁，后来的剑桥比较哲学教授；领事部门的乔治·贝利·桑瑟姆，33岁，后来的英国驻东京大使馆商务参赞，获得爵位，著有一本《日语语法沿革》和一本标准日本史；亨利·廷代尔（Henry E. G. Tyndale），28岁，后成为英国著名温彻斯特公学舍监，狂热的登山队员，《阿尔卑斯杂志》和经典的《怀伯尔攀登阿尔卑斯山》的主编。首长维维安·海本人成为知名历史学家，写了几部历史大作（在大部分有争议问题上站在天主教立场）和几部其他作品。他早期关于教会史的第一部专论《苏格兰历史的一系列错误》（*A Chain of Errors in Scottish History*），在饱受强烈指责的同时亦被热情赞美。但随后的作品，如《詹姆斯二世之谜》（*The Enigma of James II*）得到了更恰当、广泛的好评；后来探讨欧洲反犹主义的《傲慢的根源》（*The Foot of Pride*）更是内容广博，受到普遍赞扬。

一战结束时，军情一处b科达到84人，包括30名女性。为安置这个日益庞大的组织，陆军部征用了科克大街5号的一所私人大宅，它位于时尚的伯灵顿拱廊商业街之后，离怀特霍尔街陆军部大楼几个街区。随后，维维安·海立即制定了一个复杂的门禁程序，其中包括把来访者临时关在一个房间内，防止他们在宅邸范围内走动。

战争初期，法国向英国人提供了破译德国军事密码的密钥和技术。得此帮助，军情一处b科不久就开始向陆军指挥官发送有价值的情报。最终，他们有了一支熟练的分析员队伍，其中包括一个熟悉土耳其语的分析员。科克街最杰出的分析员是在印度军服役的皇家工兵上尉布鲁克－亨特（G. L. Brooke-Hunt）。

他遇到的最大难题是“Für GOD”系统，之所以这样称呼，是因为所有用该系统加密的电报都有一个前缀，表明它们来自呼号字母为GOD的德国无线电台。这些电报每周约三次从柏林郊外瑙恩的一座大功率德国POZ电台不定期发出。电报发送从1916年开始，一直持续到1918年秋，使Für GOD成为寿命最长的德国密码。因为这些电报除了呼号外，既没有签名，也没有地址，英国人开始怀疑密电里隐藏着给德国特工的指示。

1917 年初，布鲁克－亨特破开 Für GOD 系统。这是一个多表替代系统，使用 22 个乱序密码表、30 个不成文密钥，密钥字母数在 11 到 18 个之间。电报每年从 1 月到 12 月编号，密钥以 30 为周期重复循环。这些电报由德国总参政治部门发给一支派到北非的远征军，该军队由冯·托登瓦尔特（von Todenwart）上尉指挥，负责煽动阿拉伯居民叛乱。其中一些是命令，但许多是殖民地部队在西线被屠杀的报告，上面声称该屠杀是法国人把他们部署在战线最危险的位置造成的。电报指示冯·托登瓦尔特散布这些报告，以此作为反协约国的宣传。

电报中有几封指示用一艘潜艇将步枪和弹药运送给阿布德·马利克，他是一个摩洛哥民族主义者。维维安·海与海军部霍尔上校私交甚密，收到情报后，各个机构开始运转，空军司令部也得到通知。德国潜艇在蓝色地中海浮上水面，不久后再次沉入水中——这一次是它被迫带着货物永远地沉入水下。过了段时间，布鲁克－亨特既欣慰又遗憾地读到一条 Für GOD 电报，宣称“出于安全考虑，今后不再发出潜艇抵达通知”。

作为一个“非常好的首长”，维维安·海深受部下爱戴（后来他们送给他一个双把银制纪念杯，一本相册，上有密码铭文和情深意切的题词）。1917 年初，他开始负责为英军编制代码和密码。他尽职尽责，不顾自己行动不便，拜访了卡蒂埃的部门；战争后期，他的部门派出代表到近东协调密码安全事务。

但军情一处 b 科似乎与一战期间英国最好分析员的培养无关。奥斯瓦尔德·托马斯·希钦斯（Oswald Thomas Hitchings）本被拟为子承父业，担任学校校长一职，但他热爱音乐，成了风琴家。后来他在两个私立学校一边教音乐，一边函授法语和德语，因学业优秀，后获伦敦大学荣誉学位。1911 年，他到布里德灵顿文法学校任现代语言学教师。他工作认真，不苟言笑。战争开始时，他志愿为陆军服务，来到法国，用语言知识为战地审查部门效命。一天，上校问他愿不愿尝试破译截收的德国电报。他答应了，发现自己在这项工作上很有天分。到 1918 年 42 岁时，他升到上尉军衔，指挥情报部二科——英国远征军代码和密码破译科。

该科位于勒图凯，英吉利海峡边的一个度假小镇，可能出于安全原因，离蒙特勒伊的英军总司令部不远。严肃认真的希钦斯得到温文尔雅、穿裙子的苏格兰人邓肯·坎贝尔（Duncan Campbell）协助，他们的手下是在几个集团军司令部工作的分析员。一个到访的美国人惊讶地看到，他们中有一个德国战俘，还穿着德军制服，正对着来自故国的截收电报苦思冥想！希钦斯的价值之大，以至于一个上校宣称，他能抵四个英国师。

协约国有如此深厚的密码分析底蕴，它们使用的系统如何呢？英国人用的是随机密钥方表的普莱费尔密码，连阿拉伯的劳伦斯[1]都在用它。战线后方，法国人用一个四位数给代码通信加密，1914 年 8 月 1 日到 1915 年 1 月 15 日间，他们更换了三次这种代码。其 65 号代码是一种两部本代码，约有 2300 个四位数代码组。一个附表以跨组方式把数字对加密成字母对：第一个数字分出来单独加密，随后的数字分成跨越代码组的数字对，这样可以防止一个代码组总是用同样方式加密。明文“The relief will take place tomorrow morning（明天上午实施解围行动）”用 65 号代码加密、解密，示例如下：

明　文		La		relève		au-		ra		lieu	demain	matin	
密底码	1	65	14	27	50	86	58	75	01	06	57	35	3
加密代码	RH	BR	AG	NU	AU	HB	TR	BU	GA	HI	BI	IS	SI

法国人在密码事务方面的敏锐在这部代码随附的指示中一览无余：“例外情况下，如果来不及全文加密，则用明文发送。”法国人明白，部分加密可使对手快速便捷突破一本代码（例如，“Colonel seriously 6386”[2]只能有一个含义），因此可能威胁到所有通信，但一封明文电报顶多泄露一条情报，不会威胁整个通信。

在战场上，法国人有时用一个连续密钥乱序多表替代。但他们用了三年之久的密码是一种“间断栅栏密码”（interrupted columnar transpostion），矛盾的是，它在理论上比德国的二次移位弱。它使用普通的移位字组，明文横向写在密钥串下方。但在栅栏移位之前，它有一个从某些对角线读取字母的步骤。如

[1] 译注：Lawrence of Arabia（1888—1935），英国军人、作家，全名托马斯·爱德华·劳伦斯（Thomas Edward Lawrence），通称“阿拉伯的劳伦斯”。自 1916 年起，他帮助阿拉伯人在中东反抗土耳其人，为艾伦比将军 1918 年在巴勒斯坦的决胜做出贡献。死于摩托车事故。

[2] 译注：上校受重伤。6386 只能表示“负伤”的意思。

电报 "*Enemy has brought up four howitzer batteries and three companies Stop We can hold but we need more fifty caliber machine gun ammunition Third Battalion*" [1]（再加三个虚码补足最后一个五字母组），密钥（法国人用长密钥）为 MADEMOISELLE FROM ARMENTIERES，依次从 3、5、7、8、10 下方开始，读取右边的对角线字母，随后是 16、18、21、26 下方，读取左对角线字母：

M	A	D	E	M	O	I	S	E	L	L	E	F	R	O	M	A	R	M	E	N	T	I	E	R	E	S
15	1	3	4	16	20	11	25	5	13	14	6	10	22	21	17	2	23	18	7	19	27	12	8	24	9	26
e	n	e	m	y	h	a	s	b	r	o	u	g	h	t	u	p	f	o	u	r	h	o	w	i	t	z
e	r	b	a	t	t	e	r	i	e	s	a	n	d	t	h	r	e	e	c	o	m	p	a	n	i	e
s	s	t	o	p	w	e	c	a	n	h	o	l	d	b	u	t	w	e	n	e	e	d	m	o	r	e
f	i	f	t	y	c	a	l	i	b	r	e	m	a	c	h	i	n	e	g	u	n	a	m	m	u	n
i	t	i	o	n	t	h	i	r	d	b	a	t	t	a	l	i	o	n	a	b	c					

取字从 EAPCH 开始，续取 BEHET。向左斜线取字时跳过之前已取过的字，这样斜线 21 不写 TDLEB，写成 TLB。类似地，按列取字时忽略全部已为斜线所取的字：列 1 不取 NRSIT，写成 NRST。全文取字为：EAPCH BEHET UOEA WNRN GDBHI YTII OETA TLB ZIOM NRST PRI BFI MOTO IAIR UAOA CNGA AM TU NM AEEA OPD RNBD OSR EESF TYN UHUL EEEN REUB HTWT TC HDAT FWNO IM SRCLI EE HMNC，再分成五码一组发送。

斜线分解了纵列部分，阻断了分析员对连续栅栏密码进行比对调整，未被破译的纵列仍存在。但斜线构成自己的片段，而且列虽然被分割，大部分字母依然聚在一起，不像二次移位那样四分五裂。分析员可以抓住这些弱点重建底表。虽然这种破译比普通栅栏密码要难，但与德国系统相比，用一封密报实现破译要容易得多。

那么，为什么在法国人使用它的三年间，德国人没有破开它呢？

理由简单得出奇：战争头两年，德军在西线没有密码分析员！

参战时，德国还没有军事密码分析部门。（一个可以预见的坏结果为：德

[1] 译注：大意为，敌人调来四个榴弹炮营和三个连。我们能守住，但需要更多 50 口径机枪子弹。三营。

国编码发展反复无常。1915 到 1916 年，没有密码分析，矫枉过正的德国在各种战地密码间倒来倒去。密码分析指导的缺乏迫使德国人进入了编码学炼狱学堂，经历了一个又一个苦难，从自然序密码、爱国密钥，到德国人天生偏好的秩序等等。）然而，即使德国在战争伊始就拥有训练有素的密码分析员，它也没有多少机会用到他们。

德军节节推进，法军则在自己的领土内步步退却，用自己的有线电报网络通信，剥夺了敌人截收无线电报的机会。同一形势下，法国电台也得到解放，转向截收工作，而德国必须将无线电台用于通信。因此，法国分析员的成功在很大程度上归因于战争在法国本土进行——一个极暧昧的“优势”。不知道法国人是更愿意破译敌军密电，还是保全他们北方省份的村庄、果园、田野和森林？

随着战争进行，法国人开始越来越多地使用无线电通信。到 1916 年，德国人看到机会，设立了“截收部门”（Abhorchdienst）[1]，主要截收台位于新明斯特，许多分析员从数学家中招收。不久，他们就能在密钥更换后一天内破开普莱费尔密码。后来，德军在位于比利时度假胜地斯帕的西线总司令部建立了一个密码分析中心。但他们从未达到协约国的密码分析水平，协约国巨大的优势在于，他们在战争初期的一片混乱中熟悉了德国人的措辞和偏好，从而未雨绸缪地改进了自己的通信。

但在偷听到对方的前线电话上，双方同样熟练——堑壕战的属性方便了这种窃听。对话可以通过地波感应听到，一些胆大的士兵还会爬过无人区，搭接敌方电话线。双方都从这类资源中得到大量情报。通过战地电话传递重要信息被严格禁止，但官兵不断打破这项规则。

如 1916 年索姆河战役期间，英军在攻占奥维莱尔 – 拉布瓦塞勒（Ovillers-la-Boiselle）的激烈战役中伤亡惨重，一队队士兵登上山头，然后惨遭屠戮。当英国人最终占领目标时，他们在某个敌方掩体中发现一份己方作战命令的完整文字记录。一个旅级参谋长不顾手下对其危险做法的反对，在战地电话中完整

[1] 原注：只与西线有关。在东线，德国人截收了俄军大量明文，并在战争开始不久后，解开了少数几个加密性能差的密码，详情请参考俄国密码章节。我认为西线并非如此。因为当地并无密码组织负责分发密钥和结果，且西线各线相距甚远，各战区指挥官几乎是独立的；再加上东线破解的密码少之又少，且通过假想猜出，与西线战区十分遥远。

宣读了这份作战命令。“这次难以置信的愚蠢举动的结果是，”英国通信历史学家写道，“成百上千勇士牺牲了，还有成百上千终身残疾。”一战期间，对保密措施的搜寻最终促进了编码学的大发展，这就是战壕代码。

1916 年 2 月，奥古斯特·迪巴伊（Auguste Dubail）将军，法国洛林集团军那位英俊、精力充沛的司令，要求使用某种用于电话的代码，因为他的后备部队因泄密而多次遭到猛烈炮火攻击。编码部门制出一种“密码本”（carnet de chiffre）。电话里的重要单词将以代码形式拼出来，字母由密码本上的两位数代码组代替。不久，密码本中加上一张 50 个常用词表，并被授权用于无线电报。无线电的使用将它扩大成一个小型代码，由三字母代码组构成，用于较小部队。它被称为“压缩本”，以区别大型司令部代码。

这些小代码时不时更换，每本都有一个名字（OLIVE、URBAIN 等），名字首字母在电文中重复三次，指明加密所用代码。这些代码属于“分类代码”（caption code）：明文元素分类编排，如炮兵、步兵、数字、字母、常用词、拟好的短语、地名、动词，等等。虽然早期小代码的文字代码组以字母表顺序排列，但明文按类分配打乱了代码的这种一部本特征，后期小代码的文字代码组也完全打乱。

法国人使用代码一年后，德国人才开始使用，但他们的发展道路大致与法国人相同。

首先出现的是简单的“指挥表”（Befehlstafel），这是一种小型战壕代码，用双码表示常用单词或字母。1917 年 3 月，它取代了漏格板。指挥表形式不一，有的是页数不等的册子；有的制成密码圆盘，通过变动位置改变明密对应。6 月，团级单位又增加了一种“短语书”（Satzbuch），这是德军版本的法国密码本。短语书的 2000 个（后来变成 4000）明文词组由完全乱序的三字母代码组表示，还提供了大量多名码（*anschluss fehlt*［连接丢失］= KXL、ROQ、UDZ）和“盲信号”（Blinde Signale，虚码）。与法国密码本不同，它没有高级加密，相反，它的保密依赖于有计划的更换。起初，德军一个月左右发布一本新代码本，但这一间隔逐步减少到 15 天左右。代码这种时间上的多样性很快被空间多样性赶上。一开始，德军整个前线共用一部代码，不久，集团军群，然后是各集团军，都有了自己的短语书。

法国人称这些代码为“KRU”或“KRUSA”，因为它们的所有代码组都以这五个字母之一开头。密码部门尚未习惯破译两部本德国代码，尤其对首个这种代码大为头痛，不过以德雅尔丹为首，他们很快走上正轨，还原出足够代码组，读懂大部分信息。随着代码数量大增，他们的成功破译越来越依赖于准确的报务分析——对各集团军电报的准确区分。做到这一点后，法国人倾尽全力，以最快的速度还原每种代码前 100 到 150 个代码组；有了这个良好开头，快速填满全部代码条目就有了保证。战争期间，法国破译的 30 种德国代码大部分无疑属于短语书。随意拿 1917 年 12 月 5 到 15 日这 10 天来讲，破译所获就表明了密码分析的价值：发现四次德军师调动；重新确认了 32 个团的身份；确定了圣康坦以北有一个伺机反攻的师；警示了德军在阿比亚农场的偷袭，使当地法国部队击退了德军。

1918 年 3 月，英国人预测德军将很快变换战壕代码，大概会向加密代码方向发展。潘万正与一个来访者讨论这种可能性时，电话响起，法军总司令部通知他，之前预测密码更替，现已发生，并于当日布置于整个战线，“指挥表”战壕代码被取代。新系统的基础是“密钥书”（Schlüsselheft），它是一种分类代码，拥有 1000 个三位数代码组，每个代码组只有前两个数字加密。加密用的“秘密扉页”（Geheimklappe）是一个 10×10 的表，密底码数字 0 到 9 作为坐标，位于顶行和一边，加密密数随意分布在表内。战争结束前，秘密扉页每日一换。

西线惨烈僵持，耗费了协约国和德国的主要精力；另一方面，在东线和南线的战役中，成百上千万人也在为这场由民族野心导致的冲突流血牺牲。被“戈本”号巡航孤立的俄国坚定地履行了条约义务，一次又一次投入强大军队进攻德国和奥匈帝国；俄国的最终垮台在很大程度上与密码有关，这本身就是一篇精彩的故事。1915 年 5 月，意大利废除与同盟国的条约，加入协约国；一年后罗马尼亚尾随其后。保加利亚与德国并肩战斗；希腊和葡萄牙站在协约国一方。战争将圣地[1]化为焦土，整个欧洲和近东地区笼罩在战火之中。

[1] 译注：Holy Land，此处当指伊斯兰世界的圣地阿拉伯半岛。

多亏战前训练，加之动员引发的一片混乱，奥匈帝国陆军破译机构（Austro-Hungarian Army's Dechiffrierdienst）轻易破开俄国系统。与意大利的冲突爆发时，他们已经有了近一年宝贵的战时破译经验。1915 年 6 月 5 日，宣战仅 13 天之后，他们就破译了第一批意大利密报（没有战术价值）。破开第一批四封之后，6 月又译出 16 封其他电报，大部分是新设在马尔堡的电台截收的。精明的情报头子龙格在战前得到意大利参谋部“红色密码”（cifrario rosso），7 月 5 日，奥地利人截到第一封用该密码加密的电报。他们喜忧参半地读到，意大利总司令路易吉·卡尔多纳（Luigi Cadorna）训斥弗鲁戈尼中将，责怪他发动一次进攻时未尽全力。

五天后，红色密码更换了密钥。在密码分析部门总首长安德烈亚斯·菲格尔（Andreas Figl）少校的带领下，奥地利分析员中的意大利语专家费了一番周折才将它破开。7 月，破译数量下降到 13 份，但随着奥地利人逐渐习惯意大利人的加密方法，他们取得的成果在扩大。8 月 12 日前，他们破解了 63 封电报，并把新密钥发给了几个集团军司令部。菲格尔不久前给这些司令部派驻了分析员，艾伯特·德卡洛上尉被派到博岑[1]；冯·基亚里男爵阿尔弗雷德中尉前往位于蒂罗尔州阿德尔斯堡的第 11 集团军；胡戈·朔伊布勒中尉到卡林西亚州菲拉赫的第 10 集团军。稍后，奥地利人缴获敌军战地无线电手册，破译数量达到每天 50 份，有时 70 份。虽然通常只是些行政事务，但在此基础上，龙格上校能预测即将到来的攻势方向。

此时奥地利分析员已轻车熟路，任由战地密码——“现行密码”（cifrario servizio）——每六周进行一次密钥更换。10 月，意军在前线使用一种新系统，“袖珍密码”（cifrario tascabile），龙格吹嘘说，“这是我战前购买的另一种密码，这些密码已经在回本了。”但这一次他错了：这钱花冤了。“袖珍密码”只是一种维热纳尔密码，10 个数字 1 到 0 加在明文字母表后面，密码表由 10 到 45 顺序排列的数字组成！口令通常用作密钥。经验丰富的奥地利分析员顶多用三四个小时就能识别并且破开这种系统的前一两份电报！

该系统发明人是意大利上校费利切·德肖朗·德圣–厄斯塔什（Felice de

[1] 译注：Bozen。意大利城市博尔扎诺（Bolzano）的德语名。

Chaurand de Saint-Eustache）。战前，他费了九牛二虎之力破开一封轮流用西特勒（Sittler）和门加里尼（Mengarini）两种商业电码加密的信件。他随后设计出的“袖珍密码”，与其说“强化”了他在密码方面的名声，倒不如说无情地暴露出他的无知——也反衬了战前意大利密码学的贫乏。对战地密码稍有了解的人都能看出“袖珍密码”的弱点；任何读过最新密码学作品的人都知道，如果德肖朗简单应用瓦莱里奥的破译技术，可以在几小时内破开他的密码通信，而不是像他骄傲地吹嘘的那样，需要花上他两个月，每天工作几小时。后来，莫名其妙的是，一支在阿尔巴尼亚的意大利远征军就用这种门加里尼电码本通信！

1916 年春，在奥地利军队大推进期间，奥地利分析员不仅破译了不堪一击的“袖珍密码”，还转向攻击其他系统。5 月 20 日晚间，奥军截收到一封无线密电；次晨 3 点，菲格尔小组已经读到密信，上面指示使用后备力量进行深度反攻；4 点，奥军发出对策命令，阻挡了意军的猛攻。根据一家铅笔厂的商标，龙格给各集团军的截收—分析站起代号为“彭卡拉斯”（Penkalas）。该商标上画着个人头，一只大得出奇的耳朵上夹着一支自动铅笔。6 月 1 日，“彭卡拉斯”发现意大利人更换了呼号和密码密钥。四天后，他们听到一个新呼号，后来发现它由新成立的意大利第 5 集团军发出。6 月 8 日，意大利第 1 集团军更换密钥，空军也有了自己的密码。把这些迹象合在一起后，军事情报处嗅出了“进攻”的气息。相应地，奥军做好准备，迎接意军在伊松佐河发起的夏季攻势。奥地利分析员很快上手，面对每日一换的意大利密钥，他们处理起来比合法解密者还快。8 月 20 日，当一种新系统采用时，他们在 38 小时内破开了它。

就这样，密码分析成为奥军主要情报来源之一，1917 年 4 月，情报组织扩大为一个多部门机构。隶属总参侦察处（Evidenzgruppe）的是德卡洛上尉领导的密码一科（Chiffrengruppe I）和理查德·伊梅（Richard Imme）上尉领导的密码二科。虽然理论上受侦察处领导，但根据龙格上校（两科都由他指挥）的说法，“真正的”奥地利情报机构是位于巴登的总司令部军事情报处。它有五个部门，其中之一是“军事密码组”（Kriegschiffregruppe），组长是杰出的密码分析员赫尔曼·波科尔尼（Hermann Pokorny）中尉[1]，他破译了这场战争中第

[1] 译注：原文“first lieutenant”。波科尔尼 1915 年 5 月为少校，1917 年 5 月为中校。

一个俄国密码，后来成为侦察处处长。军事密码组有三个科：菲格尔少校（后升至上校）领导的意大利语科，科内柳斯·萨武（Kornelius Savu）上尉领导的罗马尼亚语科，以及维克托·冯·马尔切塞蒂（Viktor von Marchesetti）上尉领导的俄语科。为他们提供截收电报的是三个主要“彭卡拉斯”：西奥地利站，负责意大利区；南奥地利站，负责罗马尼亚区；北奥地利站，负责俄国区。整个系统的非正式名称是“破译机构”。

1916 年罗马尼亚参战后，一段时间内，萨武的科室意外地没有多少进展，但随后大量电报涌入，带来了斐然成就。例如，就 9 月 14 日敌人精心筹划的反攻，他们向奥地利人发出准确预警。负责南奥地利站的弗朗茨·扬萨（Franz Jansa）上尉及其助手康斯坦丁·马罗桑（Konstantin Marosan）上尉因过度繁忙，不得不增加一个隶属于第 1 集团军司令部的分析员。后来电报大潮退去，但有时候，奥地利人还能读懂收报人都读不懂的电报，说明他们的破译能力还在。

但这一切辉煌并非由他们单独取得。意大利虽然没有在战前购买密码，但在追赶对手过程中，它既得到了一些无能的奥地利编码员的帮助，也得到了一些能力出众的意大利分析员的扶持。

意大利首个最好的分析员是 32 岁的路易吉·萨科，他是最高统帅部电台里一个热情的工兵中尉。1911 年意土战争期间，他开始对编码学产生兴趣。一战期间，他提议研究同盟国的密码，法国给予拒绝；因此，当意大利把截收的奥地利电报交给法国时，法国人无力破出电报、发回译文。负责截收部门的萨科开始自己破译电报。虽然不懂德语，但他凭借勤奋智慧，一点点咀嚼消化，很快知晓一些明文片段。因为这些破译，他被安排负责密码分析部门。该部门隶属最高统帅部情报机关，名为“密码小队”（Reparto crittografico），起初有三个人：两个来自奥地利意大利语区的工程师——特伦特的图利奥·克里斯托福利尼和戈里齐亚的马里奥·弗兰佐蒂，还有一个优秀的语言学家雷莫·费迪教授。战争结束时，它手下的人员已有几十人。

1917 年 8 月，在戈里齐亚战役（Battle of Gorizia）期间，意大利分析员完整地破译出奥匈帝国密电。当时使用的是何种系统没有明确说明，但到那时，奥地利人还没有表现出编码方面的任何杰出才能，他们对自己的系统信任有加，不惜托付生命，该系统运用了一个自然序维热纳尔密码，只是字母表中加进了 ä、ö 和 ü——这个事实也许解释了，为什么龙格购买了非常类似的袖珍密码后要吹嘘一番。奥地利还有一些密码，意大利人称之为 AK 和 SH，它们用 50 多个密文双码表示明文字母、数字或音节。AK 用原始双码组发送，SH 则分成五字母组。直到 1917 年 11 月，奥地利才转向代码，意大利把它们叫作 CW 代码和卡尔尼亚代码（Carnia code），两部代码都有 1000 个代码组，只在一支集团军内部使用。两种代码都被密码小队破开。

在皮亚韦河战役（Battle of Piave）前的关键时期，密码小队还在一封电报基础上破译了一个类似代码。1918 年 6 月 15 日，作为夏季进攻准备的一部分，奥军使用了一部有 1000 个代码组的两部本代码。一开始，他们使用代码的方式正确，但是不久，逐字母加密的重复出现在电文中，一些代码组的重复频率超过了这种代码 4% 到 5% 的常规最大单词组频率。6 月 20 日，意大利截收到两封具有相同结尾的电报：

492 073 065 834 729 589 255 073 255 834 729 264

重复方式表明它是明文 *radiostation*（电台），两个部分重复 073……834 729 表示重复的 *a-io*，两个 255 代表重复的 *t*。假设成立，奥地利密码员发现逐字母加密比查找代表 *radio* 和 *station* 的代码组更容易，就这样，因为密码员的懒惰，意大利人读懂了其战友的很大一部分秘密通信。

意大利人不断积累经验，能够破译的密码越来越复杂，如奥地利加密外交代码（为此萨科的团队得到明文信息的帮助）。数量众多的海军密码分析人员破译了奥地利的加密海军系统。渐渐地，意大利人想到，如果他们能读懂奥地利密码，兴许奥地利人也能读懂他们的。早在 1917 年 1 月，意大利人就尝试更换旧系统，但人们抱怨新方法太过费时，于是这次努力被放弃了。后来“红色密码”得到改进，但由于一个重要军事单位用旧系统发送了新密钥变种，这些改进很快失去效用。6 月，袖珍密码被一部小代码本替代，意大利在卡波雷托惨败后全面更换了陆军系统，改用加密代码。约在同一时期，卡蒂埃来到意大利，参观截收站，与萨科交流。1917 年末，支援意大利的协约国军事代表团里就有几个密码人员。所有这些显著提高了意大利的密码活动水平。

结果，战争后期，奥地利的破译数量急剧减少。虽然如此，在南线战场，奥匈帝国依然拥有破译数量上的优势。龙格总是把来自敌方的一次无意赞美当成对其破译机构的最高奖赏。一个调查卡波雷托灾难的战后委员会痛苦地报告道：“敌方知道并且破解了我方哪怕是最困难、最保密的密码。”

第11章　截收战：II

1911年是美国历史上无足轻重的一年。北美大陆最后两片土地——新墨西哥和亚利桑那，正准备加入联邦。大腹便便的威廉·霍华德·塔夫脱[1]笨拙地在白宫挪动，努力忘掉牙坚嘴利的前任西奥多·罗斯福。这一年，罗杰斯（C. P. Rodgers）成为驾机飞越全美第一人，卡里·纳辛[2]去世，最令人难忘的事件也许是泰·科布[3]令人难以置信的0.420击球率。这是平淡无奇的一年，但在这一年，美国蹒跚地迈出了正式军事密码分析的第一步。

这一步在堪萨斯州莱文沃思堡迈出，美国战前小规模陆军的通信学校（Signal School）就在这里。自1911年开始，学校召开了一系列技术会议。12月20日，英国皇家野战炮兵穆里·缪尔黑德（Murray Muirhead）上尉一篇论述“军事密码学”的论文在第四次大会上被部分宣读，学生们对此回以自己的论文。阿尔文·沃里斯（Alvin C. Voris）上尉讲述了纯后勤的“陆军部电报代码”（War Department Telegraph Code）不适合野战部队，提议了一种战术补充代码。弗雷德里克·布莱克（Frederick F. Black）中尉给打字机键盘加上套，创造性地尝试

[1] 译注：William Howard Taft（1857—1930），美国共和党政治家，第27任总统（1909—1913）。

[2] 译注：Carry (Amelia) Nation（1846—1911），美国禁酒改革者。

[3] 译注：Ty Cobb（1886—1961），美国棒球运动员。他创造了棒球史上最高的0.367平均击球率。

了自动加密、解密。卡尔·特鲁斯代尔（Karl Truesdell）中尉做了一项基础工作，编制了英、德、法、意大利、西班牙和葡萄牙文的万字母频率表。几个月后，未来的陆军通信主任约瑟夫·莫博涅中尉破开一篇来自缪尔黑德的 814 字母的普莱费尔密文，以此打发横渡太平洋旅行的漫长时光。1914 年，他在一篇 19 页小册子中描述了他的方法，使之成为第一份关于普莱费尔密码破译法的出版物。

缪尔黑德的种子在 34 岁步兵上尉派克·希特（Parker Hitt）智慧的大脑里生根发芽。身高 6 英尺 4 英寸（约合 193 厘米）的希特是这一时期名副其实的美国密码学"巨人"。他生于印第安纳波利斯州，1898 年结束了普渡大学的土木工程学习，加入陆军，在古巴服役期间获得晋升。虽然没有周游列国，但他先后到过菲律宾、阿拉斯加州和加利福尼亚州。通信学校毕业后，他留校当教官。希特参加了那几届技术会议，除参与其他事务外，他仅用 45 分钟就破开一篇自动密文，证明了布莱克打字机方法的无效。

他发现自己"对各种密码工作极有兴趣"，而且确有这方面的才能。随着美国与动荡的墨西哥的摩擦加剧，边境部队开始截收墨西哥密电，这些电报辗转到了希特手中。很快，他破译了潘乔·比利亚[1]等人使用的移位密码、单表替代、多表替代（一些是乱序密码）和立宪主义者用的一个多名码替代。该多名码替代有四个数字密码，加密一封密信时，四个表固定不变，但它们的位置在信与信之间各不相同。密钥可由各密码中最小数字上方的字母指示出，或由 A 下方的四个数字表明。如 1916 年 11 月 26 日截收的萨尔蒂约与华雷斯间的一封电报所用密码如下：

A	B	C	D	E	F	G	H	I	J	K	L	M	N	O	P	Q	R	S	T	U	V	W	X	Y	Z
24	25	26	01	02	03	04	05	06	07	08	09	10	11	12	13	14	15	16	17	18	19	20	21	22	23
41	42	43	44	45	46	47	48	49	50	51	52	27	28	29	30	31	32	33	34	35	36	37	38	39	40
56	57	58	59	60	61	62	63	64	65	66	67	68	69	70	71	72	73	74	75	76	77	78	53	54	55
99						79	80	81	82	83	84	85	86	87	88	89	90	91	92	93	94	95	96	97	98

[1] 译注：Pancho Villa（1878—1923），墨西哥革命家，出生名多罗特奥·阿朗戈（Doroteo Arango），在 1910—1911 年的革命中起了突出作用，1914 年和贝努斯蒂亚诺·卡兰萨一起推翻了维多利亚诺·韦尔托将军的独裁统治，但随后又与埃米利亚诺·萨帕塔一起反抗卡兰萨的统治。

希特破译了这个密码以及许多类似密码。后来这种系统因其四个数字密码表排在转盘上，以“墨西哥陆军密码盘”（Mexican Army Cipher Disk）的名字广为人知。

希特密码分析才能的最佳展现，是破开陆军通信主任办公室塞缪尔·雷伯（Samuel Reber）中校转给他的一个精妙的数字密码系统。1915 年 9 月 21 日，雷伯写信给他：“一段时间前，和西部电气公司助理总工谈话时，我告诉他，一个优秀密码专家可以破开几乎一切密码。他在 8 月 3 日的信中表明了他对此事的看法。我把这些密码寄给你……”24 日，在俄克拉荷马州西尔堡射击学校的希特收到这些密信。这是两串连续数字。第二天（周六），下雨天，希特分析了两封密信，下午给雷伯回信：

“1 号信由 415 个数字组成，分解成因数是 83×5。我得出结论，以五位数为一组进行破译。我列出这些组，发现一些重复两次，还有几个重复三次，这点证实了我的结论。根据这些二次重复和三次重复的频率，我立即得出结论，每组代表字母双码。

“这些组数值从 00518 到 53339，中间有巨大间隔。我再制出一个各组数值的小图表，发现我可以粗略地在这个图表上叠加一个常规频率表，但是其刻度，如果我可以这样说它的话，A 端比 Z 端更大。这指向一个对数刻度，于是我找到一本对数表。

“00518‘正好’是 1012 的对数，53339 是 3415 的对数。如果 A = 10，那么 12 = C，34 = Y，15 = F。剩下的工作就是在对数表上查这些五位数，再把发现的数字转成字母。”就这样，他脑子飞速地转了几转，破开了一个精巧的二层密码，结果乐了雷伯（虽然他有失风度地说，如果他尝试一番，自己也可以破开它），恼了西部电气的助理总工。

1915 年间，希特专注于一项计划，在 1 月 15 日给雷伯的一封信中，他提到它：“我有一大堆过去四年积累的密码材料，如果时间允许，希望能在我离开这里之前把它们写成一本小册子。怀尔德曼少校善意地建议我完成此事，把这本小册子作为密码课程的基础。”论经验，他超过了同时期的所有美国人，此外还从陆军军事学院（Army War College）借来有关密码的欧洲书籍，用其中的理论和新信息丰富自己的成果。1915 年末，他终于完成他的小册子，第二年，利文沃思堡陆军学校出版社出版了他的《军事密码破译手册》，印刷了

4000 本，售价 35 美分。

这是一部杰作。它解释了如何破译标准密码，包括乱序周期多表替代，以及移位—替代混合密码——也许是密码学作品中第一次。但它的特别价值在于它的实用风格，字里行间充满了真实感，有一种还事物以本来面目的气氛，这在很大程度上来自希特深厚的信号通信背景。例如，书中讨论了为什么密码分析部门应该隶属野战司令部，它们应如何组织；讨论了准确截收和记录程序的必要性以及如何实现；讨论了如何纠正加密和传输错误——一个最具实践意义，而且几乎无一例外被各种专论忽视的话题，所有这一切都是实用风格的体现。希特用实际密报替代了其他图书的呆板例子，其中几篇密报是西班牙明文。考虑到逐渐远逝的潘兴远征，西班牙文密报出现在书中强化了它的现实感[1]。作为一名军人，他的描述直截了当；作为一个智力超常的人，他的讲解清晰易懂；作为一个稍有点诗意的人，他给他的 101 页作品赋予了自己的大草原味道。"至于运气，"讨论密码分析成功四因素的最后一个（其他三因素为坚持、细致和直觉）时，他写道，"矿工有句谚语：'金子就在你发现它的地方'。"

但这本书一问世就已过时，欧洲发生的事件远超出了它的基本概念范畴。密信再也不像希特的例子那样在一封电报的基础上破译；军事密码早就变得复杂，《军事密码破译手册》对此闻所未闻；他有关密码分析组织的观点，法国人早已预期到；西班牙语例子换成德语更好；考虑到当时战壕代码占据了编码方式的统治地位，有一句话特别不合时宜："准确表达思想的必要性实际上排除了代码在军事工作中的使用。"他含糊其词道，"虽然也有可能，一种特定战术代码在准备战术命令时或许有用。"

虽然过时，但这本书满足了一项现实需要。战争总能勾起人们对这些事物的更大兴趣，许多人热衷于了解密码学。但美国的信息极度匮乏：实际上，令人惊讶的是，希特这本书是美国出版的第一本密码书[2]——而且是继菲利

---

[1]　译注：墨西哥官方语言是西班牙语。1916—1917 年，潘兴率 1.5 万人入侵墨西哥，镇压当地农民游击队。

[2]　原注：在此之前出现在美国的密码学作品仅有杂志或百科文章及两本小册子——莫博涅的和哈维·格雷（Harvey Gray）的一本无人问津的 31 页小册子，名为《密码学》，1874 年在波士顿出版。

普·西克尼斯（Philip Thicknesse）1772 年的《密码破译术》（*A Treatise on the Art of Decyphering*）之后第一本英文密码分析专著！军民争相购买，第一版已不敷需要，第二版 1.6 万册平装本销售一空，它成为密码史上销量空前的一本书。虽然初级，但那些门外汉需要的正是这样一部基础作品。美国宣战时，希特的《军事密码破译手册》被用作训练美国远征军未来密码分析员的教材。密码分析训练一部分在华盛顿陆军军事学院进行，由赫伯特·雅德利领导的军事情报处密码科（第 8 科，MI8）负责，一些在伊利诺斯州杰尼瓦的里弗班克实验室进行，那里战前就在开展密码研究，研究的主要目的则是证明莎士比亚戏剧为培根所写。它也有一些自己的教材。

在为写书做研究的过程中，希特碰到一种军事密码，大为欣赏，认为它的保密性超过他所知的任何密码。当时“正式的”美国陆军战地密码简单到令他震惊，可能通信学校所有其他年轻分析员都这么想。它是通信兵部队的密码圆盘。这是一种赛璐珞装置，一个逆序密码表在一个标准明文字母表内转动。陆军把它与一个重复密钥词配合使用，产生一个连续周期性蒲福密码。它相当于 50 年前的邦联密码圆盘，还不及三个世纪前波尔塔描述的密码圆盘——也许是世上任何学科都相形见绌的败笔。即使密码圆盘是“正式”系统，希特自己的第 2 师还是用当时流行的“拉拉比”（Larrabee）密码。它其实就是印刷的维热纳尔密码，明文表重复对应所有 26 个密码。不管是它，还是密码圆盘，都挡不住分析专家一小时以上的进攻。1914 年 5 月 19 日，希特曾建议用普莱费尔替代拉拉比作为第 2 师的密码，但遭到拒绝。他毫不气馁，1914 年 12 月 19 日，他向陆军通信学校校长推荐那个他印象深刻的密码。

“某种程度上，这个装置的基础是法国陆军巴泽里埃斯中校的概念。”他在回忆录中写道。希特实质上从巴泽里埃斯圆柱上剥下密码，把它们伸展成条形。他裁出 25 张长纸条，每张上面印一个乱序密码表，印两次，编上号，按一个密钥数给出的次序排在托架上。加密时，他上下滑动纸条，直到在一条水平线上拼出信息前 20 个字母，选取任一行（或曰发生行）作为密文，再重复此步骤，直到加密完整封信。希特的第一个托架尺寸约为 18 厘米 ×8 厘米。他也把装置制成原始的杰弗逊—巴泽里埃斯形式，从一截苹果木上锯下圆盘。

他要求把这个装置提交给通信主任。1917 年前后，他在通信学校的同学，当时负责通信兵部队工程和研究部门的约瑟夫·莫博涅为陆军把这个装置制成圆柱形式，比希特更加彻底地打乱了密码表，给破译增加了难度。1922 年，陆军发布了 M-94 密码器，它把 25 个银圆大小的铝盘穿在一根约 11 厘米长的轴上。陆军一直使用 M-94 到二战初期。两次世界大战之间，海岸警卫队和联邦通信委员会无线电情报部都使用它。30 年代，陆军的 M-138-A 又回到希特的滑动形式，它改进了希特的装置，提供了 100 种滑片，一次使用其中 30 种。30 年代后期和 40 年代初，国务院采用 M-138-A 作为其最机密的通信方式，海军在二战中也广泛使用它。它的一般名称是“纸条系统”。就这样，希特的几张纸条成为美国编码史上应用最广泛的系统之一。

1917 年，希特作为通信主任助理，与潘兴的参谋部一起来到法国。美国远征军第 1 集团军成立时，希特成为集团军通信主任。虽然该工作与密码学无关，但他的书使他成为美国在这一方面的专家，人们常常寻求他的建议。因为希特广受尊重，他的建议也常被采纳。

希特在海外期间，妻子吉纳维芙在圣安东尼奥市萨姆·休斯敦堡管理密码室，与住在街对面的一个年轻中尉及其妻子成为好友。他们是德怀特和玛米·艾森豪威尔，两个家庭的友谊延续多年。二战期间的一天早晨，希特夫妇绊到艾克身上，他正在他们位于弗吉尼亚州弗兰特罗亚尔的家中客厅睡大觉；50 年代，派克·希特参加了艾森豪威尔总统在白宫举办的、只限男性参加的一次著名晚宴。

美国加入一战时，陆军还没有正式编码和破译机构。当然，有时他们也编一些代码，当希特试图用普莱费尔代替拉拉比时，发现每支部队似乎各自规定自己的战地密码。密码分析全然不循正式途径，比如那些发给希特的密报通常都附有一份请求，如 1917 年 3 月 7 日，南方军区[1]代理情报官写给希特的一份：“1. 所附密信来自总参军事学院处（War College Division）负责人。2. 请你破译这些密信，华盛顿的人员破不了它。3. 尽快发来破译结果。”（3 月 10 日，希特退回密信，说它们似乎是用代码加密的，他读不通。）通常，希特需要在正常职责

[1]　译注：Southern Department。1913 年，为保证正规军能随时作为远征军开赴前线，根据所谓“史汀生计划”（Stimson Plan），美国大陆陆军分成东西南北四个军区（Department）。

外挤出时间做这项工作。里弗班克实验室也为陆军部做一些非正式密码分析。

1917 年春，当美国远征军第一批象征性部队抵达法国时，编码和破译两项工作显得不可或缺。因此 1917 年 7 月 5 日，建立远征军司令部的 8 号总命令（General Orders No. 8）承担起了这些职责。它安排通信兵部队负责“美国代码和密码”工作，“与制作、发布密码和战壕代码有关的政策”则分配给情报处，也许因为后者还负责“敌方无线电通信和密码”及“检查敌军密码”。理论上，让分析员监督编码员是个好主意——实践效果也不错。整个战争期间，两个根据 8 号总命令成立的组织紧密合作，一个是参谋部情报分部军事情报处无线电情报科[1]，另一个是通信兵部队密码编制科（Code Compilation Section）。两个组织都驻在美军司令部，位置在巴黎以东约 240 千米的马恩河畔肖蒙镇。

密码编制科成立于 1917 年 12 月。在此之前，美国因为在前线没有部队，所以不需要这类组织。科长霍华德·巴恩斯（Howard R. Barnes）是俄亥俄州人，时年 40 岁，因为有国务院密码室的 10 年资历，他被任命为上尉，手下有三个中尉和一个下士。该科检查并废弃了当时批准美国远征军使用的三种秘密通信方式：沃里斯认为不适于战术任务的陆军部电报代码；毫无保密性能的密码圆盘；无法在日常使用中保证机密的普莱费尔密码，但可以并且确实被用作应急系统。

西线编码从密码演变到代码，巴恩斯向这个现实低头，开始了在战场上编制代码本的工作——美国陆军之前从未尝试过。他的科室研究了英国人不太情愿转交的一部废弃战壕代码，获得前线通信所需的第一手资料，编制了有 1600 个条目的《美国战壕代码》（*The American Trench Code*）和有 500 个条目的《前线代码》（*Front-Line Code*）。两者都是一部本代码。1000 本《战壕代码》只分发到团级指挥部，3000 本《前线代码》发到连级。在美国远征军真正参加作战的几周内——蒂耶里堡和贝劳伍德[2]的那几周，这两部代码充当美国

---

[1] 原注：G.2 A.6，G 是参谋部（General Staff），2 是情报分部（Intelligence Section），A 指军事情报处（Military Information Division），6 是无线电情报科（Radio Intelligence Section）。

[2] 译注：蒂耶里堡战役（Battle of Château-Thierry，1918 年 7 月 18 日）和贝劳伍德战役（Battle of Belleau Wood，1918 年 6 月 1 至 26 日）是一战美国远征军参加的最初几场战役中的两场。

密码系统。

但加密代码系统没有坚持多久。巴恩斯常常向希特讨教，希特建议测试该加密。“在美国代码上取得的任何成绩，他的功劳超过了所有军官。”巴恩斯后来写道。无线电情报科派来里弗斯·蔡尔兹中尉。1918 年 5 月 17 日，蔡尔兹得到一本代码本和 44 封加密密报，五小时之内（其中三小时花在频率计算上）还原了加密密码表。约在同一时期，巴恩斯和手下认识到，高级加密给前线加密员带来了更多迟延和额外工作，以及与之相伴的所有危险。高级加密代码应予抛弃，那么美国远征军用什么呢？

巴恩斯与无线电情报科科长弗兰克·穆尔曼（Frank Moorman）少校一直有联系，大概是穆尔曼建议美国远征军使用非加密两部本代码，在德国人能够破译它们——估计需两到四周——之前，或者一本代码被缴获时更换。5 月 24 日，希特写信给穆尔曼：“我同意你关于战壕代码的看法。我认为我们可以每两周更换……”巴恩斯自己不是分析员，不过他同意分析员的看法。频繁更换是袖珍代码的基本原则，但美国代码要在前线使用，因此，提高保密性的负担就不是落在前线士兵头上，而是以更复杂的两部本形式和代码快速更换的方式，落在心理负担相对较轻的司令部人员身上。

1918 年 6 月 24 日，密码编制科发布了美国远征军一系列优秀战地代码中的第一本——《波托马克》（*Potomac*）代码。这是一本 47 页的小册子，包含约 1800 个满足战术需要的单词和短语（*during the night*［夜间］ = ANF, *machine gun ammunition*［机枪弹药］ = APU）。这部代码印了 2000 本，由参谋部情报分部下发至连级指挥所，于 7 月 15 日生效。《波托马克》成为后续代码的典范，它们被备好印妥，一套保存在集团军司令部，第二套保存在总司令部。这样，在《波托马克》发布几周后，不出意料地被敌方缴获时，为整个远征军签发的另一本代码《萨旺尼》（*Suwanee*）只用了两天。《沃巴什》（*Wabash*）随后进入备用，16 天后启用。在这之后，分别间隔 3 天、9 天、21 天和 22 天进入使用的是《莫霍克》（*Mohawk*）、《阿勒格尼》（*Allegheny*）、《哈德孙》（*Hudson*）和《科罗拉多》（*Colorado*）。

美国远征军迅速壮大，代码印数也随之增加到 3200 本，但这也增加了被敌方缴获的危险。因此第 2 集团军成立时，一系列以湖泊命名的代码于

Stop...3514
Stopped...3329..4017
Storm...4211
Strength...1740..2329
Strength of enemy unknown...3961
Strengthen...1679
Stretcher bearers...3166
Strike...5056
Strip...3515
Strong...3131
Sub...5639
Succeed...3237
Success...1790
Successful...5746
Sudden...3136
Suffer...3058
Suffocate...2770
Sun...5890
Sunday...2167
Superior...4160
Supplies...1695..2600..5333
Supply...3005
Supply train...5557
Support...4968..4049..2799
Supported...4162
Surface...2097
Surprise...4414..3141
Surrounded...3745
Suspect...1871
Sweep...3100
T...3821..3626..4971..4790
Take...3331..2561
Take place.. 4904..4403
Taken...1972..4083
Tank...3287..3408

Nulls:
2809
4286
2094
2553
2399

1629...-non
1630...6-inch
1631...'s
1633...A
1636...Was
1638...Does not
1640...Will be
1644...Bengal flares
1645...Our wire
1646...And
1647...-ied
1648...Darkness
1651...Unit
1652...Indication
1654...Yard
1655...Enemy machine gun
1658...Prepare
1659................
1663...Slow
1665...U
1667...Damage
1669...Together
1671...Telegraph
1672...Result
1673...Troops
1674...Favorably
1675...Make ready
1676...No patrols
1679...Strengthen
1681...-nt
1683... (Null)
1684...49
1685...Question mark
1691...64
1693...The

美国远征军《哈德孙代码》加密和解密章节片段

10月7日制成，用于该集团军；河流系列则继续用于第1集团军。《尚普兰》(*Champlain*)、《休伦》(*Huron*)、《欧塞奇》(*Osage*) 和《塞尼卡》(*Seneca*) 代码以8天、13天和9天间隔签发给第2集团军。停战时，《尼亚加拉代码》(*Niagara Code*) 正在印刷，《密歇根》(*Michigan*) 和《格兰德河》(*Rio Grande*) 代码正在起草中。6到11月五个月间，密码编制科几乎每月出三部代码——一个值得一提的成就，尤其是与其他交战国的成绩比较时。

密码编制科在最严格的保密条件下，在肖蒙的行政主任印刷部（Adjutant General’s printing office）印刷代码。除总命令和公告外，代码印刷优先于任何其他工作。顺利时，一部战地代码从草稿到装订约需五六天。每部代码校读两次。“印刷过程中，”巴恩斯写道，“代码处在一个军官的不间断监视下，他的任务就是销毁所有包含印刷痕迹的废纸，甚至印刷机上的字模。所有副本都清点登记，印完后，铅字被熔化。许多情况下，两到三名军官在印刷部门值班，盯着各个操作流程。”某个版本的尺寸由参谋部情报分部确定。通信部门拒绝运送沉重的代码包裹，但无线电情报科人员认识到通信保密的重要性，承担了实际分发副本的任务。保存备用代码的司令部军官按指示时常检查包裹数量和封条。一个英国军官听说美国代码可以在十天内备妥，大为惊讶，说他的军队需要至少一个月。

和前述加密代码一样，它们的抗分析能力也用实际测试衡量。这一次，结果很乐观。无线电情报科人员报告，虽然系统并非牢不可破，但其保密性超过了德国系统。加密信息也被发给英国人，做进一步检查。维维安·海报告称：“我们未能破译它们，连一点头绪都没有。其保密性看上去相当强。”希钦斯写道：“兹寄上我们对这 41 封电报的简短测试报告……我们未能破译它们，不过你们可从随附的报告里找到几种可能的攻击路径。”并且，虽然派克·希特没有尝试破译该代码的任何加密信息，但他根据自己的一般经验说道：“我们相信，该代码系统比交战双方任何现行系统都好。”

这些战地代码主要用于各师内部通信，不过也用于加密师与师，及师与更高级指挥部间的通信。各部侧翼的部队通过互换代码，实现互相通信。美国远征军还提供了一支现代军队所需的其他各种代码，它们由密码编制科编制。最前沿战壕部队使用《紧急代码表》(*Emergency Code List*)，一张纸上约写有 50 个常用句，以两部本形式呈现，由两字母组构成（CM = *message not understood*［信息无法理解］；PV = *our artillery is shelling us*［友军炮火在轰炸我们］）。它与法国“密码本”类似。新版《紧急代码表》与新版战地代码同时分发。巴恩斯的科室为司令部制作了 1000 本大部头的《参谋代码》(*Staff Code*)，它有 30400 个单词和短语，四码文字代码组以一部本方式排列，再分成双码加密，G-1、G-2、G-3、G-4 和 G-5[1] 都有不同的密码表，这大概是战场上印刷的最大代码本。美军还有各种专门代码，分别用于报告伤亡，无线电技术事宜，六座主要电台报告部队调动时的秘密信息；还用于电话通信，用女子姓名来代表组织和军官名字（*28th Division*［28 师］＝JENNIE；*Chief of Staff*［参谋长］＝DOW；*Chief of Staff of 28th Division*［28 师参谋长］＝JENNIE DOW）。历经 10 个月的忙碌，密码编制科印刷了 8 万多本代码本和手册，包括编号、记录、分发和查收。

除正式代码外，许多远征军部队还自编了未经授权的代码。如第 82 师军官用 GREAT NECK 表示 *Grosreuves*，BUZZARD 表示 *1st Battalion, 326th Infantry*。在第 52 步兵旅，一些不知名的狂热棒球迷制造出非正式代码中的精品。如果“我方受到轰炸”（*we were under bombardment*），就说成“瓦格纳击球”[2]；如果德国人只是打来几发“试射炮弹”（*enemy registration fire*），就说成“瓦格纳触击”（WAGNER BUNTED）；“我方遭轻微炮击”（*we were under light bombardment*）说成“瓦格纳打出二垒安打”（WAGNER DOUBLED）；“我方遭猛烈轰炸”（*we were under heavy bombardment*）则是“瓦格纳（记住他的绰号叫‘汉斯[3]’）打出一支全垒打”（WAGNER KNOCKED A HOME RUN）。虽然这些看上去很幼稚，但如果密码是为了给敌人带来混淆视听，它无疑达到了目的。

如果使用不当，最好的代码即使以最快的频率更换也毫无作用。美国步兵有没有抓住机会，利用这些代码做到良好的通信保密呢？没有。他们和其他士兵一样，对烦琐的加密充满了恼火，随之而来，对规章也开始满不在乎。在紧急时刻，加密延缓了通信，作战军官对这种阻碍深恶痛绝。背离规章变得司空见惯。一次，一位将军明确给他的师下达命令，在重要行动之前和行动期间不准使用密码。这个命令无疑源自某些惨痛教训，但不管怎么说，不设置代码总比部分加密或违反其他密码规章要安全得多，如给没有代码的人发送密电，然

[1] 译注：美国远征军总参下属部门。除前述 G-2 情报分部外，G-1 是行政分部，G-3 是作战分部、G-4 是协调分部，G-5 是训练分部。

[2] 译注：WAGNER AT BAT，瓦格纳（John Peter Wagner，1874—1955），美国棒球运动员、教练。

[3] 译注：Hans，汉斯是常见德国名字，可用来指代德国人。

SECRET

EMERGENCY CODE LIST

To be used only with Field Code No. 1.
To be issued down to companies.
To be used only for communications within divisions.
To be completely destroyed, by burning, when in danger of capture or after a new code has been issued.

Precede Every Message in This Code by "C 1"

About to advance...BY
Ammunition exhausted...FB
Are advancing...PX
At...SX
Attack failed...BM
Attack successful...PF
Barrage wanted...XF
Be ready to attack...ZF
Being relieved...XA
Captured...CB
Casualties heavy...AW
Casualties light...FZ
Center...PB
Enemy...FC
Enemy barrage commenced...PV
Enemy fire has destroyed...SP
Enemy machine gun fire serious...AF
Enemy trenches...BP
Everything O. K...CA
Everything quiet...XG
Falling back...BX
Gas is being released...AG
Have broken through...SA
How is everything...BD
Increase range...SB
Left...AB
Look out for signal...SZ
Machine gun ammunition needed...CX
Message not understood...PO
Message received...ZX
Near...SM
Need water...CP
Not ready...FA
Objective reached...CZ
Our...XP
Our artillery is shelling us...FM
Raiders have left...BS
Recall working party...AV
Reinforcements needed...CM
Relief being sent...XY
Relief completed...AZ
Rifle ammunition needed...XB
Right...BF
Rush...ZP
Situation improving...FY
Situation serious...BJ
Stopped...FX
Stretcher bearers needed...AP
Strong attack...PG
Tank stuck...SF
Trenches...PM
Trenches have been occupied...ZJ

AB...Left
AF...Enemy machine gun fire serious
AG...Gas is being released
AP...Stretcher bearers needed
AV...Recall working party
AW...Casualties heavy
AX...Using gas shells
AZ...Relief completed
BD...How is everything
BF...Right
BJ...Situation serious
BM...Attack failed
BP...Enemy trenches
BS...Raiders have left
BX...Falling back
BY...About to advance
CA...Everything O. K.
CB...Captured
CM...Reinforcements needed
CP...Need water
CX...Machine gun ammunition needed
CZ...Objective reached
FA...Not ready
FB...Ammuntion exhausted
FC...Enemy
FM...Our artillery is shelling us
FS...Using high explosive shells
FX...Stopped
FY...Situation improving
FZ...Casualties light
PB...Center
PF...Attack successful
PG...Strong attack
PM...Trenches
PO...Message not understood
PV...Enemy barrage commenced
PX...Are advancing
SA...Have broken through
SB...Increase range
SC...Troops
SF...Tank stuck
SM...Near
SP...Enemy fire has destroyed
SX...At
SZ...Look out for signal
XA...Being relieved
XB...Rifle ammunition needed
XF...Barrage wanted
XG...Everything quiet
XP...Our
XY...Relief being sent
ZB...Wire entanglements destroyed

火线密码：美国远征军战壕代码表

后不得不用明文或另一系统重复该电报内容。美国人出了名地漠视规章——尤其像这些吹毛求疵的规章——及走捷径的倾向，导致无线电情报科科长穆尔曼绝望地评价，“在西线，没有哪支军队在使用自己的密码时比美军更粗心大意”。

实际上，因为违反规章过甚，美军设立了一个保密部门来监测美军无线电通信（后来也包括电话交谈）。1918 年 7 月 11 日，位于图勒的第一个监测站开始运行；最后，美国远征军拥有四座监测站。监听到的电报被送给一个无线电情报科军官，他查找可能方法，破译德军信息，然后通过信件向指挥官指出问题。一封行政主任写给第1集团军司令的信指出，9月17日的单封电报中，用五个代码组拼出的单词 *Boche*（德国佬、德国兵）应由 *German*（德国人）或 *enemy*（敌人）替代，后两词都是单一代码组；表示 *almost before the crack of dawn*（拂晓前）的18个代码组应由表示 *day light*（破晓）的两个代码组替代；应该用 *work*（工作）替代 *business*（事务），节约7个代码组；等等。

这些小题大做的信大多被忽视。“只有其中少数几封得到回复。”穆尔曼抱怨说，“而且即使有所回复，他们采取的行动一点也不充分。有时，一个军官会因此受到上司训斥；其他时候则推托军官不知情，或者太忙，或是认为他们的行动有正当理由……在努力查找和消除差错的过程中，我们发现大家都倾向于并很乐于踢皮球。”他宁愿用自己的手段来结束这个棘手问题：“我的想法是绞死几个犯规的家伙。这不仅能除掉几个犯规者，还能杀一儆百，拯救许多人的性命。”巴恩斯的另一温和观点更为大家接受，他给每个司令部派一个编码控制军官，但直到20年后才得以实行。

在美军整个编码行动中，最有意思的一点也许是巴恩斯和手下所持的态度。他们认为，自己的代码不应是一成不变的；相反，应该得到不断改进。而且，他们的努力既包括编码设计方面，也包括编码材质方面。例如，在纸的选择方面，只需要求它用到代码本生命结束，并且遇到危险时能很容易地烧掉。字体（被称作“打字机体”）选择则要求在光线不足的前线掩体内也能看清。代码本尺寸不断缩小，从《波托马克》的约18.4厘米 ×24.8厘米，到《科罗拉罗》和随后代码本的约14厘米 ×19厘米。为鼓励使用虚码，后期代码本把它们与加密栏显性并列，而 *-ing* 之类的常用后缀则很方便地列在每页底部，多名码数量越来越多，各师内部特别需要的词汇和名词也留有空白。参谋部情报分部发出电报，收到大量建议，纷纷倡导吸纳某些词汇。但使用所有这些词汇，代码本将大到难以操作，巴恩斯于是删掉许多地方性和临时性的词汇。但一件事足以显示出密码编制科的适应能力，在《欧塞奇》代码的1900个单词和短语中，近一半为《波托马克》中没有的新词。

密码编制科虽然咨询了不少电报专家、报务员、密码员和有经验的密码军官，却从未圆满解决文字和数字代码组哪个更好的长期争议。两派意见势均力敌。大部分代码使用三字母代码组，但也有几部含有四位数代码组，显然是想试验哪一种实际效果更好。同样的实事求是作风还体现在：把代码本提交分析测试；测试 5 万个电报组合，根据实际结果选择出错最少的组合作为《参谋代码》的代码组。

简言之，密码编制科乐于学习且学有所获，它极大改进了美国代码。它令人惊讶地体现了历史学家弗雷德里克·杰克逊·特纳（Frederick Jackson Turner）在开拓者身上发现的美国特质，"实际的、创造性的思维方式，总能找到权宜之计"。也许这一点——不失美国式幽默——最好地体现在报告代码丢失的代码组上。早期代码甚至都没有这样一个代码组。《哈德孙》代码封面用大字印着，"记住此代码组：'2222——代码丢失'"。后来表示"代码丢失"的代码组改成 DAM。

位于肖蒙的美军司令部大楼的深色石头颇显庄严，右边不起眼的玻璃水泥结构平房与其平排而坐。这是座兵营，有时被称作"玻璃房"，里面驻扎着美国密码行动的另一翼：无线电情报科。

科长穆尔曼 40 岁，生于密歇根州格林维尔。他有一双蓝眼睛，一头棕发，最初为一名常规军步兵，一路摸爬滚打、获得晋升。他是陆军通信学校 1915 届毕业生，熟悉密码分析，他设计的一种巧妙方法几乎能自动确定普莱费尔密钥字母。希特认为这种方法很有价值，收录到他的《军事密码破译手册》中。但在法国，除了偶尔会帮个忙，穆尔曼没有参加任何实际破译，因为无线电情报科科长的工作是管理性而非执行性的。作为领导，他因为公正坦诚受到部下尊敬。

1917 年秋，他的组织初具雏形，随着美国远征军扩张到极致，起初的少数几个人变成了一支 72 人部队。他们来自各行各业，有两位纽约律师，两人都是中尉——胡戈·贝特霍尔德（Hugo A. Berthold），日耳曼血统，精通德语，是穆尔曼的得力助手和代码分析组组长；罗伯特·吉尔莫（Robert Gilmore）。破译高级加密的蔡尔兹，1915 年获哈佛文学硕士学位，之前是巴尔的摩《美国人报》记者。李·韦斯特·塞勒斯（Lee West Sellers）中尉是纽约音乐评论员，约翰·格雷厄姆（John Graham）中尉是华盛顿和李大学教师，后成为该大学罗曼语教授。科里还有一个学过希伯来语、波斯语和其他东方语言的建筑师、一个国际象棋高手、一个业余考古学家。仅有的两个有点代码或密码经历的是约瑟夫·内森（Joseph P. Nathan）下士，他曾在纽约格雷斯航运公司电码部门工作；后来成名的威廉·弗里德曼中尉，他在几年前对这门学科产生兴趣。除这些人外，六个密码分析员分属各集团军司令部，通过总司令部提供的密钥破译前线截收的电报。

无线电情报科的工作分成密码分析和四个次要领域——报务分析；截听敌方电话；追踪敌方炮兵侦察机；监测美军通信，检查有无违反保密规定。这些次要职能看似微不足道，实则贡献巨大。如穆尔曼起初认为报务分析可有可无，但当其手下人员足够熟练地绘出德军作战序列图、看穿德军假信息时，他看到了它的价值。他们甚至还发现了两支新成立的集团军，警示了一场德军新攻势；战机小队偷听敌机发给炮兵的信号，警示了即将遭到炮击的协约国部队。有时无线电情报科专家甚至能辨别出敌方即将开火的炮兵阵地，使协约国反炮击炮兵得以先发制人。

监测军官韦勒尔中尉列出一些骇人的典型教训。从监测到的电话信息中，他曾准确地推断出美军攻击圣米耶勒的整个作战序列，但仅仅因为一个讲话者的误述，错过攻击时间 24 小时！他的大部分信息来自一个电话接线员，后者抱怨，坦克和重炮开进了他附近一小片树林，一整夜都不停，弄断了几条电话线路。“我们不知道德国人是否听到这些信息，”穆尔曼恨恨地评论，“但可以确定，把攻击时间、地点和参战部队告诉德国人，在这一点上，这个接线员做到了他所能做到的一切。”

和其他部门一样，密码分析员一开始进展缓慢。他们接受的都是密码训练，而德国人用的是代码。1917 年 11 月，贝特霍尔德来到法国密码局，得到一些指点，也许还得到了一些现行 KRU 代码的破译方法。在此帮助下，无线电情报科发现，附近某个德国电台定时发送固定报告——这一习惯自此以后葬送了许多“短语书”。到一部代码一个月生命的第一周结束时，穆尔曼说，“我们已能解读一些常规信息……第二周结束时，我们能解读许多信息，第三周结束，我们实际上掌握了那本代码。这就是说，我们只有一周的时间来完全掌握每个代码。”

随着“密钥书”的采用，无线电情报科迎来了这场截收战中的第一个真正胜利。这个成就要大大归功于通信兵部队无线电科（Radio Section）的机警。无线电科管理截收站网络，给分析员提供原料。第一批电台有 5 个，于 1917 年秋建立，到战争结束，它们截取了 72688 封德国电报；8 个测向台则惊人地记录了 176913 个方位。电台操作员常常在潮湿漏风的棚屋里工作，暴露在敌军炮火下。他们准确截收了大段无意义字母，获得人们的高度赞誉。他们常常收到其他协约国没截收到的电报，这发生在 1918 年 3 月 11 日。

午夜时分，德军启用了一部新代码，而且从数字代码组看，该代码似乎是一个完全不同的类别。协约国当时判断，德国将有一次大型攻势，这部代码的出现被看成是另一个风向标。很明显，破译它将能提供德军行动的重要线索。尽管英国人提出，代码可能包含高级加密，但还须确定该系统的具体特征，剥去加密，重建代码条目。要不是美国人的机警，这将比破译另一个版本的“短语书”困难得多。

午夜过后 40 分钟，位于苏伊的美军截收站收到新系统首批电报中的一封。它从 X2 台发往 ÄN 台：

00：25 CHI-13 845 422 373 792 240 245 068 652 781 245 659 659 504

12 点 52 分，ÄN 台回复：CHI-13 OS RGV KZD。5 分钟后，X2 给 ÄN 发来第二封电报：

00：25 CHI-14 UYC REM KUL RHI KWZ RLF RNQ KRD RVJ UOB KUU UQX UFQ RQK

当这些结果出现在代码分析组组长贝特霍尔德桌上时，他立即猜出发生的情况：X2 用新系统发出一封 13 组的密电（CHI-13），ÄN 回复 OS，一个众所周知的报务缩写 *Ohne Sinn*（电报无法识别），指出 CHI-13，后面跟两个来自旧 KRU 代码的代码组。随后 X2 发出第二封电报，这次用 KRU 加密，但保留了最初的时间组（零点 25 分）。旧 KRU 已经部分破开，贝特霍尔德知道，那封 ÄN

短电中的 RGV 意为“旧的”。他不知道 KZD 的含义，但考虑到实际情况，它似乎可能表示“用密码发送”，整个短语就是“用旧密码发送”。德国人会蠢到这步田地，启用新代码一小时内就用新老系统发出同一封电报，暴露新系统？

贝特霍尔德用他还原的 KRU 代码译出第二封 X2 台密电时，激动得蓝眼睛放光，秃顶上一绺白发几乎竖起来。他的破译如下：

UYC	REM	KUL	RHI	KWZ	RLF	RNQ	KRD	RVJ	UOB	KUU	UQX	UFQ	RQK
An	[?]	Bn.	2		h	i	r	sch		w	i	tt	e

KWZ 和 UOB 似乎是虚码，用作单词间隔——肯定违反了规章，REM 大概表示 *Kommandant*（指挥官）。贝特霍尔德用这个对比第二封电报时，立即发现它的明文一样。隐藏在多名码和 KRU 专门词汇下的重复明文 *i* 和 *t* 作为重复代码组 245 和 659，清晰呈现在三位数电报中。以这四点为依据，贝特霍尔德构建了下述对应：

845	422	373	792	240	245	068	652	781	245	659	659	504
An	[?]	Bn.	2	h	i	r	sch	w	i	t	t	e

一架参谋部飞机把他的结果火速送往英国密码分析机构，贝特霍尔德用一部破译员专用代码把它发给法国人，这成为破译这部新“密钥书”的关键。为此三家机构紧密合作，潘万的聪明才干发挥了巨大作用，两天之内，他们剥去“秘密扉页”高级加密，理解了大量代码词汇。3 月 21 日，当预料中的德国重拳出击时，协约国分析员已经在解读“密钥书”电报，比德国密码员自己还熟练。理论上，重要信息不应用它加密，因为它只用于低级的前线通信。但理论有时会向现实低头，大行动期间，当信息成为急迫需要时，这些三位数电报里装满了金块。“这封电报一定给德军带来数以千计伤亡，”穆尔曼说，“并且对德军的一次重大行动产生了显著影响。”

随着经验积累，无线电情报科破译速度也在加快。最戏剧性的一次破译也许发生在 4 月 28 日，晚 9 点零 5 分，德军命令凌晨 1 点进攻。这封电报被拦截，发往司令部破译，在德国佬进攻前半小时，美军部队收到警告。虽然情报科有此出色表现，但上司似乎永不满足，他们感觉（穆尔曼抗议说），“我们在做大量无用功。他们要我们做的就是挑出重要电报，解密，放过其余。他们明白，这些信息大部分毫无价值，认为在它们身上浪费时间，起不到任何作用。很难让他们明白，我们得把它们捣鼓出来，德国人发送重要电报前也没贴上标签。”

1918 年夏，无线电情报科从一个试图阻碍破译的人那里得到莫大帮助。美军对面的德国第 5 集团军通信部队密码纪律松弛，耶格尔中尉被派来整顿纪律。他知道该做什么，并发布了大量命令执行它。不幸的是，他忽视了一个情况，德国代码中没有他的名字，因此他每次把名字附在一条命令后时，都需要逐字母拼出来。就这样，一次又一次，他名字的特别结构——如高频字母 *e* 的重复——使得无线电情报科得以快速识别，继而提供了关于“秘密扉页”加密的重要线索，有一次直接导致一部新“密钥书”40 个代码组被识别。大概正是耶格尔，在他被任命到第 5 集团军之前，制定了一个令人难忘的通信保密口号——无线电情报科很恰当地讲到它：*Weh dem der leugt und klartext funkt*（让说谎者和发送明报者不得安生）。耶格尔很受敌人喜爱，因为他让他们跟上了代码更换的步伐，敌军看到他的名字从德军电报中消失时，不由得怅然若失。

随着无线电情报科日渐崭露头角，经历战争洗礼的老牌英法密码分析机构开始对它们的年轻门徒们刮目相看，正是蔡尔兹卓有成效的联络工作催生了这个转变。蔡尔兹 25 岁，弗吉尼亚人；他在工作中展现了出色的外交能力，后成为美国驻沙特阿拉伯、也门和埃塞俄比亚大使；他还精通法文，后写了一本法文书（与一个淫秽小说家尼古拉·雷蒂夫·德拉布列塔尼［Nicolas Restif de la Bretonne］有关，蔡尔兹是研究他和卡萨诺瓦［Casanova］的国际权威）。在 1918 年春夏的交流中，蔡尔兹与维维安·海、布鲁克 - 亨特、希钦斯和卡蒂埃等人建立了友谊。他与潘万的关系特别融洽，跟随后者学习了一个星期。

蔡尔兹领导着一个专攻德军密码的小组，之所以得到这个职位，是因为穆尔曼把他误认为一个同名的纽约业余密码学家。而穆尔曼让他当联络官，又是因为他在美国战壕代码加密方面表现出色——到那时为止，蔡尔兹尽管坚持不懈地运用他学到的原理，却没有译出一封德军密电。他简直蠢得无可救药，在伦敦，布鲁克 - 亨特看出这一点后，很快对他失去兴趣。作为安慰，他把德国 Für GOD 密码告诉蔡尔兹，还向他提供密钥。蔡尔兹很快发现，那些表面上语无伦次的密钥实际上是单表加密的单词，如 INSTRUMENTENMACHER 和 GOLDARBEITER。这成为他个人的转折点。

8 月 5 日，一个美国截收台收到克雷斯·冯·克雷森施泰因（Kress von Kressenstein）将军发给德国外交部的一封含有 456 字母的密电。将军刚从叙利亚转到第比利斯[1]，以防富饶的高加索油田落入土耳其手中。英国对这个同盟国间的摩擦问题产生浓厚兴趣，因为它不仅影响到英国在美索不达米亚的行动，也影响到波斯和进入印度通道的整个前景。

电报开头：PZÄVE PNBJY GJCGD PZAV PFAVG BPFHG YZAN RPBBP GOWIB PCBPR OOBP XBEGH ÄVBRW……蔡尔兹做了频率统计，结果令他满意，密文 B 的极高频率只能说明它是单表替代中的明文 *e*。不到一小时，他译出密电。冯·克雷森施泰因在密电中报告了未经证实的土耳其对石油盆地中心巴库[2]的占领。土耳其领导人恩维尔·帕夏[3]向他保证，搬到巴库只是为改善自己的卫生条件，冯·克雷森施泰因回以明显的信任。“为了给土耳其人进军设置障碍，”他声称，“到目前为止，我阻止了从巴统经第比利斯的所有军火运输。”蔡尔兹的重要破译被全文搬进一份美军参谋部情报分部对高加索和中亚的印刷报告中。它向协约国表明，土德裂痕正在加深，以至于在一场民族生存斗争中，双方都想剥夺对方的战争必需品。

假设蔡尔兹兴奋之余还想知道，为什么如此重要的一封电报会披着如此轻薄的一层密码外衣？几天以后，当他读到一封来自柏林，用另一个安全得多的系统加密的电报时，他找到了答案。“克雷斯将军所用加密方法在这里被当场破译。禁止继续使用。”

机警的蔡尔兹一把抓住德国密码怪物，把它们转为美国所用。例如，德国人还在使用一种名为 ALACHI 的二次移位，作为他们与在俄国格鲁吉亚和近东德军部队的秘密通信系统之一。7 月 24 日，两封 ALACHI 密电被截获，一封有

[1] 译注：Tiflis，梯弗利斯，格鲁吉亚首都第比利斯（Tbilisi）1845—1936 年间的正式俄语名字。

[2] 译注：Baku，阿塞拜疆首都，工业港和石油工业中心。

[3] 译注：Enver Pasha（1881—1922），土耳其政治、军事领袖，1908 年任青年土耳其党领导人，1913 年政变后作为“三头专政”的一员掌权。

SECRET

GENERAL HEADQUARTERS

GENERAL STAFF, SECOND SECTION (G.2 A.6)

(DISTRIBUTION "E") June 21, 1918.

SPECIAL CODE REPORT.

The following telegrams were transmitted in the five-letter cipher used by the German High Command. (Argonne Sector or West).

From station DIY to station DVM.
Sent at 08:21 31st May; intercepted by Neufchatel. (2 parts)
German text: "SIEBEN R D UEBERSCHREITET NEUN KOMMA DREI NULL VORM
STRASSE AOUGNY ROMIGNY
ANGRIFF AUF VILLE EN TARDENOIS STATTFINDET NICHT
STAB HOEHE SUEDWESTL. CHERY."
Translation:
7th Reserve Division will cross road Aougny-Romigny at 9:30 a.m. Attack on Ville en Tardenois will not take place. Staff on heights southwest of Chery."

From station GID to station GWF.
Sent at 08:50 31 May; intercepted by Nancy.
German text: "SCHER PUNKT SCHARF LINKS LEGEN A O K SIEBEN."
Translation:
"Lay cutting-off point sharply to the left. Army Hdqrs. 7

From station DLK to station DVM.
Sent at 08:50 31st May intercepted By Chalons.
German Text: "SIEBEN FUENF ZEHN VORM. EIGENE INF AM DREI ECKS WALD.
EINS FUENF NULL NULL M SUEDOESTL. ST GEMME SCHLECHTEN.."
Translation:
"7:15 a.m. our infantry at (three corner?) woods, 1500 meters southeast of St Gemme. Bad ...."

From station DLK to station DVM.
Sent at 09:02 31st May; Intercepted by Neufchatel.
German Text: "ANGRIFF IN GUTEM FORTSCHREITEN VORDERE LINIE HAT NORDRAND PASSY ERREICHT."
Translation:
"Attack making good progress. Front line has reached north edge of Passy."

From station DRW to station GIN.
Sent at 12:02 31st May; intercepted by Nancy.
German Text: "HABT IHR F.T. VERBINDUNG ZU GRUPPEN BUND".
Translation: "Have you wireless connection with group liaison center".

无线电情报科分发它破译的 ADFGX 密电

226 个字母，从柏林发往第比利斯的一支小驻军，另一封有 152 个字母，从第比利斯发往君士坦丁堡。柏林密电抗住了各种破译尝试，但蔡尔兹发现，第比利斯的加密员遗漏了第二次移位。他破开这个 22 位数字密钥的一次移位。当他在另一封电报上两次应用这个密钥时，他轻松读懂了它，发现它是德军参谋长埃里希·鲁登道夫（Erich Ludendorff）将军签发的一封电报。

还有一次，蔡尔兹注意到，柏林 11 月 1 日发往君士坦丁堡的密电的第二部分于次日又重发一遍，这一次只增加了两个字母。11 月 2 日下午，以这个微小区别为支点，蔡尔兹如桥牌选手一般在两封电报间撬来挖去，一个半小时内破开两封电报。这一次，德国密钥在这条战线上维持了三天，蔡尔兹用这些密钥读出 11 月 3 日一封有 13 部分的长报，在司令部引发一阵小轰动。

“从它的长度，”蔡尔兹后来写道，“在电报译成德语明文（一段冗长乏味的工作）前，我相信它包含的信息不寻常……科里所有用得上的德语译员都被催来帮忙，我则监督把密文转化成德文。我对这门语言几乎一无所知，只有对它结构的一点直觉，任何像我这样天天与它打交道的密码员都有那种直觉。”

这是巴尔干地区德军指挥官奥古斯特·冯·马肯森（August von Mackensen）元帅对该地区形势的一篇评论，透露的信息相当丰富。最惊人的部分在第 12 部分，马肯森提议“占领军立即撤出罗马尼亚”。在征服者的铁蹄下，罗马尼亚正被迫接受一个特别苛刻的和约，可以料到，一旦军事控制消失，罗马尼亚人将奋起反击，从背后进攻德军。从马肯森电报可以看出，这个前景正变得明朗起来。因此，电报破译、翻译一结束，贝特霍尔德抓住蔡尔兹袖子，拿着电报和他一起冲进助理参谋长办公室。上校读完电报，被贝特霍尔德的激动感染，拿着电报冲出办公室。回来后，他说电报内容已经汇报协约国最高军事委员会（Supreme War Council）。几天后，马肯森在人群嘲笑声中撤出布加勒斯特，罗马尼亚政府宣布废除和约，重新向德国宣战。

马肯森电报用 ADFGVX 系统加密，这也许是密码史上最著名的战地密码。之所以叫这个名字，是因为其密电中只出现这六个字母[1]，在 1918 年 3 月 5 日启用时，该系统还只有五个字母（没有 V）。

当时西线战场陷入消耗战僵局。1914 年夏，德皇郑重地向年轻新兵承诺，他们将在“秋天落叶前回家”，现在，近四年战斗已经把他们（少数几个还活着的）锤炼成坚强的老兵。英国大好青年殒命沙场；在法国，一代人冲出战壕，一去不返。

那年冬天，德国认识到，如果想取得胜利，唯一的机会在春天。德国潜艇

[1] 原注：选用这六个字母明显是因为它们的国际莫尔斯符号非常独特，可减少出错：A · —；D— · ·；F · · — ·；G— — ·；V · · · —；X— · · —。

没能将英国逼得走投无路，美国却加入战争，与它为敌。另一方面，因俄国崩溃，德国腾出数十个师投入西线，首次拥有了数量优势，但这仅仅是在美国强大的新生力量跨过大西洋之前。决战时刻已经到来，帝国政府驱使它疲惫的军队和饥饿的平民发起总攻，旨在赢得最后胜利。

协约国同样清楚，德国人计划在春季发起总攻。各种信号云集——新密码本身就是一个。问题在于：实际打击将于何时、何地发生？深知突然袭击的巨大军事价值，德军最高统帅部将把它的计划掩盖在最严密的保密措施下。炮兵隐蔽聚集；整个西线，佯攻此起彼伏，让协约国摸不着头脑；据说德国密码专家大会从众多候选系统中选出的 ADFGVX 密码，和新的“密钥书”一样，构成总保密措施的一环。协约国千方百计，利用一切信息来源查出真实攻击的时间地点。但他们汩汩不绝的源泉——密码分析——似乎已经干涸。

当第一份 ADFGX 密电交给法国密码局最好的分析员潘万时，他瞪着它们，一脸困惑，手指捋捋浓密的头发，然后开始工作。五个字母立即让人想到棋盘密码。不抱多大希望，他尝试了简单单表替代，测试结果不出所料是否定的。因为太过复杂，他否定了一种多表替代棋盘密码，只剩下一种假设，这种棋盘密码替代经过了移位。以此为基础，他开始破译。

一无所获。报量太少，他甚至不能通过频率分析来确定这种棋盘密码密钥是否每天更换，没有这个基本信息，他也不敢把连续几天的密电合并，进行联合突破。在他把这些字母分分合合、苦思冥想的时候，卡蒂埃在他的身后看着，“可怜的潘万。这一次我怕你也无计可施了”。受到刺激的潘万更加努力地工作着。此时，贝特霍尔德突破了“密钥书”，潘万暂时转到那个更有成果的领域，完成了它。但是，只用于战壕通信的加密代码提供不了战略视角。这些战略情报只能通过破译 ADFGX 获得，测向显示 ADFGX 密电来往于德军高级指挥部之间，主要是师和集团军指挥部。潘万更加发愤了。

3 月 21 日凌晨 4 点 30 分，在这场战争最猛烈的一次炮击中，6000 门大炮突然射向协约国索姆河战线。5 小时后，62 个德国师在 60 多千米长的战线上滚滚向前。突袭大获成功。英法军队被打得晕头转向，连日撤退。三天后，法军统帅部情报首脑走进密码局，告诉苏达尔（E.-A. Soudart）少校——他接替去了前线的吉维耶热——及其助手马塞尔·吉塔尔：“考虑到我的工作，我应该是法国消息最灵通的人，但是此刻，我却不知道德国人在哪里。如果我们一小时后被俘，我一点也不意外。”一周之内，德军将战线向协约国方向推进了约 60 千米，英法军队直退到亚眠[1]才站稳脚跟，阻住攻势。

无线电报的激增反映了这次猛烈的进攻。初步结果令人失望，潘万的频率统计表明这种棋盘密钥每日更换；推测移位密钥也是如此。完成破译，一天之内要收到大量电文，但直到 4 月 1 日，截收电报依然少之又少。当天，法国人截收到 18 封 ADFGX 密电，共计 512 个五字母组，其中两封分成三部分发送，每一部分都不等长：战争初期，德国人已经被复合易位分析法烫到手指，接受了教训。

4 月 4 日，潘万在研究过程中注意到，在第一部分中，那两封密电有一些零碎的相同电文，以同样次序夹杂在电报里。这种怪事最有可能来自两封报头相同的密电使用同一个密钥移位，因此电文相同片段将表示移位表内相同的列顶部。将电文分组，让每个同文片段成为一个新组的开头，这样可以按报文抄写次序得到移位表的列。潘万用此法分析 CHI-110 和 CHI-104 密电，前一封是 VI 台发给 B8 台的一封密电的第一部分，有 110 个字母；后者是 13 分钟后发出的一封密电的第一部分，有 104 个字母，也来自 VI，但这次是发给 BF：[2]

CHI-110：（1）ADXDA （2）XGFXG （3）DAXXGX （4）GDADEF （5）GXDAG
CHI-104：（1）ADXDD （2）XGFFD （3）DAXAGD （4）GDGXD （5）GXDFG
CHI-110：（6）AGFFFD （7）XGDDGA （8）DFADG （9）AAFFGX （10）DDDXD
CHI-104：（6）AGAAXG （7）GXG?D （8）DFADG （9）AAFFF （10）DDDFF
CHI-110：（11）DGXAXA （12）DXFFD （13）DXFAG （14）XGGAGA （15）GFGFF
CHI-104：（11）DGDGF （12）DXXXA （13）DXFDAF （14）XGGAGF （15）GFGXX
CHI-110：（16）AGXXDD （17）AGGFD （18）AADXFX （19）ADFGXD （20）AAXAG
CHI-104：（16）AGXXA （17）AGGAA （18）AADAFF （19）ADFFG （20）AAFFA

现在的问题是找到移位密钥，或者换个说法，还原移位字组。分析可以从“长列在左”原则开始。潘万发现两封密电中，列 3、6、14 和 18（意为以这

[1] 译注：Amiens，法国北部城市。

[2] 译注：表中 CHI-104 有 105 个字母，多出的一个字母应在第 13 组，因为如果分组正确（电文本身没有分组，分组是分析员做的），短密电不可能出现比长密电长的组（参见第 10 章开头部分栅栏密码加密步骤）。

些密钥数字打头的列）比其他列更长。他把它们移到字组最左边。列 4、7、9、11、16 和 19 在 CHI-104 中短，在 CHI-110 中长，因此它们一起放在最左边 4 列右方，但在其他 10 列左方的区域内。剩下 10 组在两封密信中都短，因此被推到右边。这三个区域标记出密钥的第一个近似值。

潘万从两封密电第一部分再也榨不出任何信息，转到第三部分，希望找到一个共同报尾。同样的重复向他表明，它们确有一个共同报尾，他因此得以像第一部分一样把它们分成正确的列。他特别以同样的长短列为基础，把三个区的每个区内部分开。这样就能清楚看出，列 5 和 8 并排挤在表中部，列 12 和 20 在最右边——虽然这两种情况下，潘万还不知道它们的次序是 5—8 还是 8—5，12—20 还是 20—12。

他又回到当天的 18 封截报，把它们分成 20 组，在所有组中配对第 5 组和第 8 组。配对产生了 60 个字母对，潘万对它们进行频率分析——多少个 AA，多少个 AD，多少个 AF……他欣喜地发现，频率分析显示出所有单表替代特征，表明这两列在移位字组中确实应归在一起，因为把两个错误的组并列会得到平坦的频率分布。这证实了他最初对系统的推测和他对移位的大致模拟。

他对 12—20 组合作了类似测试，发现了同样的单表频率。频率最高的字母对是 DG，出现次数为 8，或许表示明文 *e*，但 DG 在 5—8 组合中的出现次数为 0——不可能是德语中的 *e*；另一方面 GD 出现次数为 8。因为潘万不知道每对里面的列次序，他为频率统计随意设置的 5—8 次序也许与 12—20 的字母对相反。为纠正它们，潘万把 5—8 反过来变成 8—5，把它的 GD 变成 DG，它的次数是 8，更像 *e*。之前的 DG 变成 GD，次数是 0。现在潘万可以建立一个棋盘轮廓——他按从边到顶的顺序为坐标取字母，以此为基础，填入被还原的明文信息：

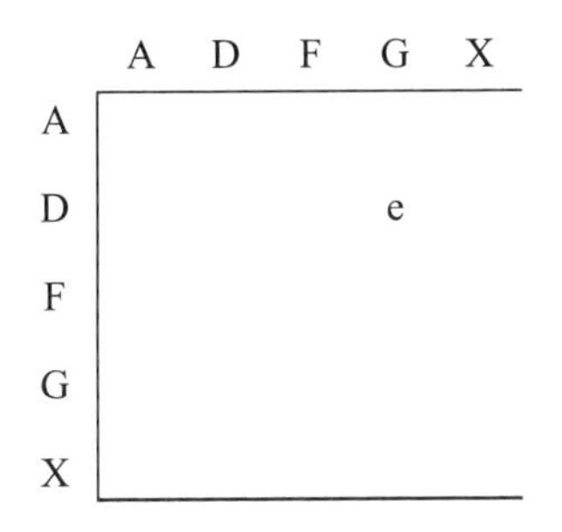

如何还原剩下的移位字组呢？因为坐标取字母的顺序是边—顶、边—顶、边—顶，而且因为字组有20列，所有边坐标字母加密时会出现在第1、3、5……19的位置上，所有顶坐标字母出现在偶数位置，如下：

位置数	1	2	3	4	5	6	7	8	9	10	11	12	13	14	15	16	17	18	19	20
奇（o）偶（e）位置	o	e	o	e	o	e	o	e	o	e	o	e	o	e	o	e	o	e	o	e
密钥列数字											8	5							12	20
边（s）或顶（T）坐标	S	T	S	T	S	T	S	T	S	T	S	T	S	T	S	T	S	T	S	T
	S	T	S	T	S	T	S	T	S	T	S	T	S	T	S	T	S	T	S	T

潘万设想，如果边坐标字母可以从顶坐标分出来，奇数位置就可以从偶数位置分开。坐标分离可以在频率特征的基础上实现。边坐标字母D的频率应该与顶坐标字母D不同，因为D行五个字母的总频率应该与D列五个字母不同。同样情况也适用于其他坐标字母。因此，顶坐标字母就呈现与边坐标字母不同的频率曲线。

潘万的频率统计显示，密电的列确实分成两组：一组中D频率最高，G最低，另一组G频率最高，F最低。包含第12列的第一组被发现位于奇数位置。潘万再把位置互相配对，确定哪个奇数位与哪个偶数位在一起；只有正确配对才呈现单表替代分布。他开始同时译出明文，重建他的棋盘。经过48小时令人难以置信的艰苦努力，潘万破开第一批用有史以来最牢固的战地密码加密的电报。

他的成就展示了无与伦比的密码分析思维。潘万看到了许多会被他人忽视的机会，抓住后不把它榨干决不罢手。这种从每个破译阶段榨取全部信息后才继续下一阶段的技术非常有用，因为密码有多条防线，大部分防线来自它的分离特性——把一个明文字母的代替物打散，从而抹平它的一般特征。移位再以一种特别有效的方式把这些特征分散，而反过来又模糊了通常有助还原移位的线索。

因此，协约国从未发展出ADFGVX的通用破译方法也在情理之中，他们的分析几乎总是依赖找到有同样报头或报尾或其他巧合的两封密电。这也解释了一个似乎不正常的现象，在西线，多天来使用的密钥中只有10个被还原，大约半数ADFGVX密电被破译：破译只在报量极大的日子里才能实现。从德国一方看，这种系统加密迅速简便，只需简单的两步。电报长度增加了一倍，但密电里只有六个不同字母，在某种程度上，长度过长的缺点也被传送更快更准确的优势抵消了。

到潘万完成首次破译时，德军第一轮攻势力量消耗殆尽，报量减少。他在截报堆中翻查，寻找其他有共同报尾或报头的电报，然后开始破译报量较大的 3 月 29 日电报。4 月 26 日，经过三周努力，他终于攻破。与此同时，德军再次发动突袭，迫使英军几乎退到海上。但此时潘万已经有了很好的基础，随后的密钥还原日渐加速。还原 4 月 5 日密钥只用了 9 天半。5 月 29 日上午，他开始破译前一天的电报，两天后得出密钥。5 月 31 日下午 4 点，他拿起 30 日电报，第二天下午 5 点就读懂了这些电报。

此时法国已经遭到两次重击：一次军事上，一次密码上的。鲁登道夫再次成功隐瞒了一场大型攻势的时间地点，他的 15 个师向 7 个师发动突袭。灰色德军大潮淹没了贵妇小径高地的法军阵地，汹涌奔进，势不可挡，一直追击到离巴黎约 50 千米的马恩河河岸。协约国几至崩溃边缘。同一时期，潘万突然发现，6 月 1 日的 ADFGX 密电增加了第六个字母 V，变得更为复杂。大概德军把他们的棋盘密码扩大到 6×6。但原因是什么？为了加入多名码进一步掩盖频率线索？或插入 10 个数字？潘万不知道。

“简单说，”他说，“我有那么一刻十分气馁。5 月 28 和 30 日的最后两个密钥已经找到，因为还原密钥的速度极快，它们的利用价值巨大。德军攻势和推进还在继续。不失去（密码分析）情报来源极其重要，我内心也不想贸然停止向军方有关部门提供这个信息来源，他们已经习惯于依靠它的最新结果。”

下午 5 点，他向 6 月 1 日密电发起攻击。当天三封电报都有同一个时间组（零时零 5 分），都由一个呼号为 GCI 的电台发出。潘万比较了其中两封，一封发给 DAX 台，一封发给 DAK 台，两封报文几乎相同，都有 106 个字母。但除了指明密钥长度为 21 以外，它们什么也没提供：两封电报太相似了。他再比较 DAX 报与第三封 GCI 发给 DTD 台的电报，有 108 个字母，与另两封非常相似。和 4 月 1 日电报一样，他把这些按列分组，得到两个粗略的移位字组，他还不知道字组密钥次序。

潘万假设，除了发给 DTD 台的电报增加一个内部地址元素外，两报明文相同。这样，同样部分在 DTD 移位字组中就比在 DAX 中滞后两个位置。他只需寻找到产生这个结果的列的排序。一小时内，他找到它：

6 16 7 5 17 2 14 10 15 9 13 1 21 12 4 8 19 3 11 20 18

棋盘密码迎刃而解：

	A	D	F	G	V	X
A	c	o	8	x	f	4
D	m	k	3	a	z	9
F	n	w	1	0	j	d
G	5	s	i	y	h	u
V	p	l	v	b	6	r
X	e	q	7	t	2	g

DAX 明文解读为：*14 ID XX Gen kdo ersucht vordere Linie sofort drahten XX Gen Kdo 7*（第 14 步兵师：司令部要求电告前线［形势］。第 7［军］司令部）。DTD 电文除报头地址 *216 ID*（第 216 步兵师）外，其余相同。

6 月 2 日晚 7 点，潘万完成破译，立即发给总司令部。法军此时已设法阻止了鲁登道夫的推进，但依然危险地游走在失败边缘。德军正用远程大炮从约 100 千米外轰炸巴黎。德军 3 月和 5 月的进攻大获成功，向协约国战区打进两块巨大突出部，像两把尖刀插向巴黎。那个多次提及的重大问题又出现了：鲁登道夫下一个打击目标在哪里？协约国战线脆弱，承受不了一台巨型打桩机集中力量对一个点进行重击。如果鲁登道夫能够实现前两次进攻中做到的突然袭击，他就能打穿协约国防线，攻破巴黎，说不定能结束战争！协约国阻止他的唯一希望就是用后备力量正面迎击他的攻势。但要做到这一点，他们需要知道将后备力量布在哪里。

法军讨论了各种可能性。鲁登道夫是不顾侧翼危险，从两个突出部之一直取巴黎，还是先扫平两个突出部间的巨大凹坑，再从一个巩固的阵地开始向前推进？如果是后者，他会从这个大口袋的何处下手？没人知道。

另一方面，鲁登道夫也有自己的麻烦。德国军事思想倡导的是：步兵进攻前，应用炮火奇袭，集中猛烈攻击，使敌军瘫痪。这种轰炸技术要求敌方数以千计的战线集中在一起，己方囤有成千上万吨的弹药。6 月初的一次会议上，鲁登道夫得知炮兵集结延迟，落后于他为下一次进攻设定的日程。前面的胜利已经给他的运输线带来巨大压力，为了保持突袭的巨大优势，他只能在夜幕掩护下调动大炮和弹药。

他完好地保有了这项优势。法军总部获取了他的各种痕迹，但它们十分混杂、细微而且互相矛盾，没有什么是确定的，垂头丧气的情报官得不出明确结论。另一场进攻无疑正在酝酿，若不能确定其位置，法军很可能遭遇失败。

6 月 3 日上午，密码部门的吉塔尔激动地挥舞着一封截收电报，打破了阴郁的气氛。总司令部一个分析员刚刚用潘万发来的密钥读出一封凌晨 4 点 30 分发出的密电，它发出仅仅几小时，内容如下：

CHI-126 FGAXA XAXFF FAFFA AVDFA GAXFX FAAAG DXGGX AGXFD XGAGX GAXGX AGXVF VXXAG XFDAX GDAAF DGGAF FXGGX XDFAX DXAXV AGXGG DFAGD GXVAX XFXGV FFGGA XDGAX ADVGG A

测向台报告，电报由德军统帅部发出；从报务分析和测向中得知，收报台 DIC 就在第 18 集团军参谋部，位于勒莫吉——德军战线凹陷处以北的一座城镇。电报明文解读为：*Munitionierung beschleunigen Punkt Soweit nicut* [*nicht* 之误] *eingesehen auch bei Tag*（加速弹药运输。若不被察觉，白天亦可进行）。

吉塔尔和情报官们立即认识到，电报中提到的弹药就是准备用于德军攻击前的常规轰炸的，收报人位置把攻击即将发生的地点告诉了他们。他们兴奋地把情报通报给作战军官：鲁登道夫将夯平突出部间的凹坑，德军大锤将砸向蒙迪迪耶和贡比涅间的法军战线，即巴黎以北约 80 千米的一段防区。

空中侦察证实了昼间弹药运输。逃兵报告攻击将于 6 月 7 日开始。总司令福煦[1]把后备力量调至阵地，疏散直接承受炮击的防线，加强第二道防线。6 日，军官得到通知，“攻势即将到来”，形势趋紧。7 日过去了，敌军没有任何

[1] 译注：斐迪南·福煦（Ferdinand Foch，1851—1929），一战协约国联军总司令。

行动。8 日，鲁登道夫将进攻推迟两天，调来更多大炮、弹药，他说过，“充分准备是成功的必要条件”。法军紧张但充满信心地等待着。6 月 9 日午夜，高爆弹、子母弹和毒气弹狂风暴雨般落在蒙迪迪耶至贡比涅的战线上。德军炮兵集结，战线平均不到 9 米就有一门大炮，它们向法军阵地喷射了 3 个小时连续不断的炮火——鲁登道夫紧急调运弹药的意图一览无余。但这一次，自鲁登道夫开始他一系列惊人胜利以来，他的进攻第一次被法军料中。潘万的“甘露”拯救了法国。

拂晓前，15 个德军师发起冲锋。法军做好了准备，拉锯战进行了 5 天。德军一开始占领了梅里和库尔塞勒两个小村庄，但到 6 月 11 日，夏尔・芒然（Charles Mangin）将军率领 5 个师和法国人能发出的全部力量进行反击。彻底阻断德军推进后，他将德国灰衣大军扫出了两座村庄。德军再次全力推进，损失惨重，以失败告终。那年春天，鲁登道夫第一次在达到目的前终止了行动。芒然戴着他织有金线的平顶帽，站在大炮下发出胜利的欢笑。福煦认识到，德军攻势还会到来，还需做好防守准备，但他知道，终有一天，他将发动攻势。因为他明白，他们没有失败，并且最终将赢得胜利。几周之内，德军最后进攻终于到来，但大势已去，法军挡住了他们。主动权很快转到协约国一方，他们得到美军增援，强力反击打得德军不断退却，直到德国皇帝的军国主义妄想破灭，逊位出逃，他的将领在贡比涅签署停火协定。第一次世界大战结束了。

只需坐在办公桌前动脑的潘万掉了约 15 千克体重，等待他的是一个疗养长假。他后来从商，大获成功，成为法国化工巨人优吉公司总裁和董事长、一家磷肥公司总裁、一家商业信贷公司副总裁、一家抵押协会管理人、化工总工会和电化学行业中央委员会荣誉主席、巴黎商会主席。但潘万说，所有这些成就带来的满足都比不上 ADFGVX 的破译，那些破译给他留下了“精神上无法抹去的印记，并且成为我一生最辉煌、最杰出的记忆”。

一战标志了密码学史上最伟大的转折点。战前，它还是一个小领域，战后，它成为一门大学问；战前，它还是一门年轻科学，战后，它走向成熟。这一发展的直接原因就是无线电通信的极大增长。

大量报务意味着，最丰富的情报资源或许可从唾手可得的渠道获得，人们要做的就是去掉它的保护套。随着密码分析的能力和价值不断显现，它从一个辅助手段上升为主要敌情来源；支持它的声音在战争委员会上绵绵不绝。当卡蒂埃和吉维耶热都成为将军时，每一个有军事头脑的人都看清了它的地位。密码分析脱颖而出，成为永久性的主要情报手段，这是密码学走向成熟的最显著特征。

另一个特征是密码分析本身的改变。这门学科最终走出统治了它 400 年的运行模式——密室分析，即一个人在房间里与一封密信单打独斗。约翰·沃利斯是这个流派的代表。从一战初期开始，密室分析崛起，个人分析员遭遇滑铁卢。破译德军二次移位要求至少两封等长电报，但只有在截收大量电报后，使用平均法则才能得出这两封等长电报。随着密码系统日趋复杂，分析愈来愈依赖于这样的特殊方法，因此要想成功，所需的电报远远超出了戴假发的密室分析家能够想象的必要数量。分析也更多依赖辅助手段，如报务分析和相关事件知识，因为对电报的背景知识了解越多，对特定电报的破译就越容易，从而使密码分析与现实世界的联系更加紧密。

密码学走向成熟的第三个特征是密码分析专业化领域的发展。秘密通信系统再也不是一个专家就能一网打尽的少数几个同质化系统。它们的多样性和异质化，加上每种系统的通信量，培育出各类专家，如其中之一的蔡尔兹，在无线电情报科其他同事攻击代码时，他专攻密码。也许在所有专家中，最引人注目的就是分析部门首长本人。他再也不能像英国“破译员”那样作为一群分析员中的佼佼者，隔绝在字母和数字的宁静小楼上。20 世纪的密码学更为活跃，连接的领域也更多，首长需要集中精力，了解军队其他部门最需要哪些情报，率领他的破译队伍拿到它，拿到战斗报告、明文截收电报、战俘审讯记录、缴获文件等信息，协助进行特定破译。首长成为全职行政官，尽管有必要透彻了解破译技术，但他本人却从不拿起彩色铅笔和橡皮从事实际破译。当然，随着密码学的地位提高，他的责任也水涨船高。但这些责任也折射出欣欣向荣的密码学出现了专业分工；和社会一样，分工标志着密码学迈向成熟。

密码学成熟的另一个标志是，它唤起了那些经验不足、懒惰无知的编码员的深切忧虑。至少自 1605 年以来，当弗朗西斯·培根写下“经由那些粗糙生疏的手，多少次，最重要的信件用最脆弱的密码加密”时，密码学家已经对这种危险有了理性认识。但直到一个又一个密钥、一部接一部代码被无谓错误、愚蠢行为或直接违规出卖时，密码学家才意识到这个问题的严重性。大量信息经由众多未经训练的人员（他们的对手是敌方最好的大脑）处理，该问题已积重难返。专家认识到，对加强编码保密而言，消除这些问题比采用任何最精巧的密码都更有效果。一战密码学最大的实践教训是，必须向编码人员灌输铁一般的纪律。通过解释敌方分析员如何利用看上去最微小的违规，可以减少因无知产生的错误；通过监测部门发现和惩罚违反者，可以减少懒惰带来的失误。吉维耶热阐明了密码员必须牢记的原则："正确加密，否则干脆不加密。发送一篇明文，你只给了敌人一条信息，而且你知道那条信息是什么；加密不严，会让敌人读到你和友军的全部通信。"

但归根到底，这些发展都是密码学与外部世界互相作用的结果，是外向的。一战期间，像战地密码那样的内生发展不复存在；相反，两种最主要的密码活动——手工操作的实际编码和粗糙的频率分析破译技术，已经走到尽头。

手工系统已不堪信息重负，它们从来不是为这么大的信息量而设计的。不少编码员梦想着机器能够卸下他们肩上的重担。在某种意义上，盛行的代码可以看成是一种取代加密员工作的原始机械装置：短语事先准备好，与密文对应，加密员只需找到他需要的短语。但战壕代码与后来的打印式密码机相比，就好比马恩出租车[1]相比德军装甲纵队的装甲运兵车。

与此同时，频率分析的经典原理已经发挥到极致。这些原理的应用已十分巧妙，如潘万在确定 ADFGVX 移位字组奇偶列时进行的频率分布对比。但新原理没有产生，老原理只能对付分层加密之类的概念。

在这两个占据密码学核心的内部问题上，一战标志的不是起点，而是终点；收获的不是成就，而是贫瘠。然而，这门学科已经充满了生命力，在荒芜中，希望正在孕育。

[1] 译注：1914 年 9 月 7 日，第一次马恩河战役期间，法国第 6 集团军得到 1 万名来自巴黎的后备步兵增援，其中 6000 人由 600 辆巴黎出租车运来。"马恩出租车"成为法国团结统一的象征。

第 12 章　两个美国人：雅德利和弗里德曼

史上最著名密码分析家的名声主要不是来自他的所做所为，而是来自他所说的话——以及他说这些话的轰动性方式。这也最符合赫伯特·雅德利的性格，因为他也许是这一行中最迷人、最雄辩和最富传奇色彩的人物。

1889 年 4 月 13 日，雅德利生于印第安纳州沃辛顿，这是一个中西部小镇。一战前，那里阳光灿烂、岁月静好，他一天天长大。雅德利是个招人喜欢的小伙子，中学是班长、校报编辑、足球队长，虽然学习成绩平平，但他有数学天分。16 岁起，他常常光顾当地酒馆的扑克牌桌，学习这个将成为他终生爱好的游戏。他曾想当一名刑事律师，但在 23 岁时成为国务院密码员，年薪 900 美元。

这实在是天作之合，因为他和这门学科是天生一对。使节信件每天流经他手，这段经历激起他的浪漫情怀，密码学激发了他的想象力。他曾模糊听到过一些故事，讲述密码分析员如何窥探国家秘密。某夜，豪斯上校发给威尔逊总统一封 500 个单词的电报，胆大妄为的雅德利决定试试自己能否破开最难的美国代码。几小时后，出乎他的意料，他居然破开了它。[1] 这进一步拉近了他

[1]　原注：总统及其顾问当时使用两种主要系统。一种对外——可能是国务院代码的五位数字代码组再加密。第一个数字用两个交替使用的字母之一加密，后面两对用一个元、辅音组合加密。因此，在这种加密的一个版本中，40606 成为 FEDED，40699 成为 KEDIR，等等。另一种对内——一个不那么晦涩的化名隐语代码，如 MARS 表示陆军部长，NEPTUNE 表示海

与密码分析的联系。发现高级别编码学的低劣之后，他写了一篇100页的备忘录，论述美国外交代码的破译。他提出一种新加密方法，就在他致力于找到可能的破译法时，他被诊出一种疾病，从那以后，分析员称这种病为“雅德利症状”：“它是我醒来后想到的第一件事，睡觉前考虑的最后一件事。”

1917年4月，美国宣战后不久，他说服陆军部成立密码部门。他的成功部分因为确有这个需要，部分因为他本人是个很有说服力的年轻人。雅德利证明了他的密码分析能力，而且很好地履行了职责。43个月后，他的薪水涨到1400美元。27岁的雅德利就已谢顶，他身材瘦削，被“美国情报之父”拉尔夫·范德曼（Ralph H. Van Deman）少校提拔为中尉，并担任新成立的军事情报处密码科主任。

密码科如藤蔓般肆意生长着。第一个来到密码科的是约翰·曼利（John M. Manly）博士，他负责培训分部，训练美国远征军分析员。这个52岁的语言学家是芝加哥大学英文系主任，后任现代语言学会会长。作为一个长期的密码爱好者，他将成为雅德利的主要助手、优秀分析员。曼利带来一群哲学博士，个个挂着叮当作响的优等生荣誉学会钥匙[1]，其中大部分来自芝加哥大学：戴维·史蒂文斯（David H. Stevens），32岁，英文讲师，后来的洛克菲勒基金会人文学科分部主任；托马斯·诺特（Thomas A. Knott），37岁，英文副教授，后来的多部《韦伯斯特词典》（*Webster's Dictionaries*）总编，其中包括庞大的1934年《韦氏第二版新国际英语足本词典》（*Second New International Unabridged*）；查尔斯·比森（Charles H. Beeson），47岁，拉丁语副教授，后来的美国中世纪研究院院长，在慕尼黑获得博士学位，精通德语，能用它写作学术文章；弗雷德里克·布利斯·卢金斯（Frederick Bliss Luquiens），41岁，耶鲁大学西班牙语教授，麦克米兰图书公司西班牙语系列图书总编，《古法语音位学和形态学导论》（*An Introduction to Old French Phonology and Morphology*）一书作者。

军部长，BLUEFIELDS代表商务部长威廉·雷德菲尔德（William C. Redfield），ALLEY表示内政部长富兰克林·莱恩（Franklin K. Lane），MANSION代表农业部长戴维·休斯敦（David F. Houston）。雅德利没有说明他破译的是哪种系统。

[1] 译注：美国大学优等生荣誉学会（Phi Beta Kappa [Society]）成员的象征是一把金钥匙。

培训分部在陆军军事学院授课，教学水平相当高，如“问题 20”是“代码已知，但加密系统未知的加密代码破译一般原则”。另一个编制代码和密码的分部迅速成立，它制作了一部军事情报代码，两部用于法国作战情报的地理代码，一部从未使用的伤亡代码。不久，一个通信分部开始运作，每周处理近 5 万个单词。随着该组织扩张，它的办公场所越换越大。从军事学院图书馆的楼上开始，密码科先搬到殖民公寓——第 15 大街和 M 大街一座刚刚腾出来的公寓楼，后又搬到位于今 F 大街国会剧场的一幢楼中，所有这些地点都在华盛顿。为安全起见，它的办公室都位于顶层。

它不断迅速成长。一封拦截的德文速记信催生了一个速记分部，它很快读懂了超过 30 种系统的信件，最常见的有加比斯伯格、施莱、施托尔茨–施莱、马蒂、布罗克韦、迪普卢瓦耶、斯隆–杜普洛扬和奥里拉纳[1]。一个妇女被怀疑与驻墨西哥的德国间谍共事，在她鞋跟内发现的一张白纸原来是一封隐写墨水信。幸运的是，这是一种非常简单的类型，加热即可显影。但此事致使隐写墨水分部的建立，分部化学专家可以探测到万里挑一伪装成真味香水的隐写墨水。

德国人后来用浸在围巾、袜子和其他衣物里的化学品代替了笨拙显眼的液体墨水，只需把衣物浸到水里即可得到书写液。英国化学家教给了美国人许多隐显墨水知识，英国人称这些惊人的试管产品为 F 和 P 墨水，它们的配方恰到好处，只与唯一另一种化学品反应生成可见化合物。

最后，协约国化学家发现了一种试剂，可以显出用各种墨水，甚至清水写成的密信。碘晶体轻微加热会升华成美丽的紫罗兰色烟雾，沉积在纸纤维上，其打湿过的位置，不管以何种方式，将会堆积更密集的颜色，因此可以显示钢笔的移动轨迹。德国人的对策是先用隐显墨水书写，再把整张纸打湿。协约国回以化学痕色试验，它可以显示纸面是否打湿过。这也能指出罪行，和书写一封隐写信一样，因为除了间谍，谁还会打湿一封信？一直以来，德国化学家是这门科学的世界领袖，但是当双方都发现通用试剂（一种可以在任何时候，甚至能在打湿过的纸上显出隐写墨水的试剂）时，他们和协约国

---

[1]　译注：加比斯伯格（Gabelsberger）、施莱（Schrey）、施托尔茨–施莱（Stolze-Schrey）、马蒂（Marti）、布罗克韦（Brockaway）、迪普卢瓦耶（Duploye）、斯隆–杜普洛扬（Sloan-Duployan）、奥里拉纳（Orillana），这些都是速记系统的名称。

化学家的这场拉锯战陷入了僵局。通用试剂配方有细微区别，但都用碘、碘化钾、甘油、水和少量棉的混合物。这种液体聚集在被刻划过的纸张纤维处，显出书写痕迹。在这种通用试剂出现前，密码科隐写墨水分部每周需要测试2000封信，寻找隐写信息，从中发现了50封重要信件。其中一封致使德国美女间谍玛丽亚·德维多利卡被捕，她正计划利用圣徒和圣母玛利亚的空心塑像，将用于破坏的烈性炸药运进美国！

密码科也破译密电，解读阿根廷、巴西、智利、哥斯达黎加、古巴、德国、墨西哥、西班牙和巴拿马各国外交电报。西班牙语报文占了密码分析工作的绝大部分。检查部门送来拦截密信，其中大部分只是些简单加密的个人信息，不过有些情书内容太过火辣，以至于雅德利说出，“看到出轨的丈夫和妻子使用如此不安全的方法来进行不正当通信，着实令我担心”。

也许一封密信的破译是密码科最重要的成果。一战期间，美国将一个德国间谍定罪，判处死刑，这封密信对这个史上唯一一次对德间谍的判决起了很大作用。他叫洛塔尔·维茨克（Lothar Witzke），化名巴勃罗·瓦贝斯基（Pablo Waberski），人们怀疑他是引发“黑汤姆岛爆炸”[1]的罪魁祸首。1918年1月，在墨西哥诺加莱斯中央酒店，一个美国特工在他的行李中发现一封日期为1月15日的密信，逮捕了他。密信直到春天才到达密码科，几个尝试破译的人都没有成功，它又在那里待了几个月，最终被曼利拿起。

这个终身未婚的学者个性沉静、朴实，与上司形成了鲜明对比。他后来成为研究乔叟的权威，与合作人伊迪丝·里克特（Edith Rickert）携手耕耘14年，编出浩大的8卷本《坎特伯雷故事原文》（*The Text of the Canterbury Tales*）。他们苦心孤诣地校对这部中世纪杰作的抄写错误和80多种手稿的不同文字；在已有证据的允许范围内，他们重建了一个非常近似诗人原作的文本。能够如此整理、吸收，外加把无数细节组织成统一整体的思维方式，正是解开424个字母的维茨克密信的哥特式迷宫所需要的。在三天密码分析的马拉松中，曼利在里克特小姐帮助下弄清了这个12步官方移位密码的类型，它的最后一

[1] 译注：Black Tom explosion，1916年7月30日凌晨，德国特工引爆纽约港黑汤姆岛军火库，据估计爆炸威力相当于里氏5—5.5级地震。

步垂直移位打乱了三字母和四字母明文组的多重水平移位。经破译，他得到海因里希·冯·埃卡特发给德国领事当局的一封密电，这个倒霉的德国驻墨西哥公使与密电的联系似乎就是他的密信被人破译[1]：

"携信人是帝国子民，化名巴勃罗·瓦贝斯基，以俄国人身份旅行。他是德国特工。请按他的要求提供保护和协助；在他要求时给付资金，最多可付1000 比索墨西哥金币，把他的密电作为官方领事信件发给本使馆。"一个由上校和将军组成的军事委员会在圣安东尼奥市萨姆·休斯敦堡一个秘密法庭以间谍罪审判维茨克时，曼利宣读了这封信，一锤定音。这个英俊的年轻间谍被判处死刑；后来威尔逊总统把死刑减成终身监禁；1923 年，维茨克获释。

1918 年 8 月，雅德利到欧洲向美国盟友学习，他希望学到尽可能多的知识。在向布鲁克－亨特展示了能力后，他获准进入军情一处 b 科，在那里学习英国破译各种代码和密码的方法。和对任何人一样，40 号房间的大门依然对他紧闭，不过霍尔还是给了他一本德国海军代码和一部中立国外交代码。当年秋天在巴黎，雅德利结识潘万。潘万在自己的办公室给雅德利安排了一张桌子，还多次邀他晚上到家做客，但雅德利从未获准进入法国外交部密码分析机构。

一战停火协定签订后，他留在巴黎，领导巴黎和会美国代表团密码机关。一开始，组织工作紧张繁忙，但后来压力减轻，雅德利、奉命协助他的蔡尔兹和从密码科派来的弗雷德里克·利夫西（Frederick Livesey）中尉也因此享受了密码员的快乐时光。雅德利很实际，他觉得三名军官没必要同时待在密码机关，于是安排了轮流值班，这样他们可以把大部分时间花在巴黎当时流行的国际鸡尾酒会和舞会上。

当这一切不可避免地结束时，雅德利厌倦地回到国务院密码室，他热衷于美国的密码分析需求，在国务院和陆军部施展了他强大的推销能力。他得到代理国务卿弗兰克·波尔克同意；又于 1919 年 5 月 16 日向参谋长提交了一份关于建立"密码研究和破译的永久性组织"的计划。三天后，参谋长批准了计划，波尔克用棕色铅笔在计划上签下"OK"和他的姓名首字母。该计划设想

[1]　原注：除了这封密电和齐默尔曼电报外，还有两封国内发给这位外交官的密电被美国军事情报处密码科破译。13040 代码失密后，克利夫顿的《新法语词典》代替了它，用该词典英—法部分加密的那两封密电揭示德国人试图收买墨西哥保持中立。

每年给予 10 万美元的财务支持，由两部门联合提供，但实际花费从未达到那个数字。国务院从 1919 年 7 月 15 日开始支付 4 万美元，但这笔钱不能在哥伦比亚特区进行合法消费，因此不久后，雅德利把核心人员（主要来自密码科）和必要物品（语言统计资料、地图、剪报、词典等）调到纽约市。

10 月 1 日，这个后来被称为“美国黑室”的组织在东 38 号大街 3 号一所房子里安顿下来，这里曾是纽约名流和政治领导人萨芬·泰勒（T. Suffern Tailor）的住处。但它在那里只保留了一年多一点，随后搬到东 37 号大街 141 号，列克星敦大道东边的一幢四层褐砂石大楼内。黑室的新办公场所占据了那座华丽建筑的一半空间。房子是分割结构，约 3.7 米宽的房间窄得令人压抑，高天花板也没有减轻多少压抑感。雅德利的房间在顶楼。在这里，所有与政府有关的外部联系都被切断。租金、供热、办公用品、照明和雅德利每年 7500 美元的薪水、人员工资都由秘密资金支付。虽然这个部门是军事情报处的分支机构，但直到 1921 年 6 月 30 日，陆军部才开始给它拨款。

与雅德利一起开创黑室或不久后加入的 20 人中有：来自密码科的查尔斯·门德尔松博士，语言学家，上午在城市学院教授历史，下午在黑室工作；同样来自密码科的维克托·魏斯科普夫（Victor Weiskopf），前司法部特工、密码分析员，司法部同意他加入雅德利在纽约的组织，但每月还付他 200 美元，让他兼职为司法部破译密码；在巴黎时与雅德利一起的利夫西，哈佛毕业生，商人，后成为国务院经济顾问；露丝·威尔森（Ruth Willson）和埃德娜·拉姆赛（Edna Ramsaier，后成为雅德利第二任妻子）都是破译日本密码的专家；约翰·米斯（John Meeth），雅德利的办公室主任。利夫西成为雅德利的主要助手，年薪 3000 美元，合每周 60 美元。

日本与美国的摩擦正在加剧，该组织的第一个任务就是破译日本代码。[1] 近乎狂热的雅德利保证，当年不破开代码就辞职。投入这项工作后，他很快就后悔起自己的冲动来，因为他几乎迷失在这种盘根错节的东方文字的明文

[1] 原注：应该记录于 1932 年，那时，驻巴达维亚荷兰军官范德贝克（W. A. van der Beck）被派去破译日本代码，他凭一己之力破开了日本 LA 代码的早期版本。他通过猜测循环电报中反复出现的代码组代表地址，取得最初突破。他的破译帮助荷兰在一次有关贸易的会议上成功拒绝了日本的无理要求。

里，更别提密文了。经过一些初步研究，在语言天才利夫西帮助下，他确定日本人将其表意文字的一种简化形式——称为“片假名”——用于电报，可能也用于密码通信。片假名用拉丁字母发送，由约 73 个音节组成，每个都有自己的符号，每个符号都有对应的罗马字母。雅德利让打字员为他手上的 25 封明文片假名电报编制频率表，发现这种文字和其他文字一样遵循频率规律。具体来说，唯一的非音节假名 *n* 最为常见，通常出现在字末，后面依频率次序跟着 *i*、*no*、*o*、*ni*、*shi*、*wa*、*ru*、*to*。最常见音节和字清单从 *ari* 开始，后面是 *aritashi*、*daijin*、*denpoo*、*gai*、*gyoo*……第四个月结束时，打字员已经准备了约 1 万个假名的频率和连缀统计的详尽数据。

接下来，他让他们把日本密电的十字母组分成字母对，为这些字母对编制了类似的频率和连缀数据。他自己通读约 100 封密电，用彩色铅笔在所有四字母及以上的重复下方划上线。但即使经过这些最彻底的研究和探索，破译还是没有实现。此时语言天才利夫西已经对日语相当熟悉，他在一本 75 美分买来的双语词典中发现，单词 *owari* 意为“结束”，它会是频繁出现在报尾的某些代码组的明文吗？这个仅仅与三个假名有关的设想没有开花结果。他检查了明语电报，向雅德利指出一些有明显类型特征的可能词。其中对破译起到决定性作用的两个是重复 *do* 的“Airurando dokuritsu”（爱尔兰独立）和“Doitsu”（德国），它们分别以不同次序使用了三个相同的假名。这是一条很好的线索，但仅此还不足以破译。一夜接一夜，雅德利上楼回到住处，疲惫、绝望、沮丧，倒在床上，几小时后激动地醒来，脑子里有了一个绝妙的想法，却发现那只不过是另一条死胡同。

> 至此（他写道），我已经与这些密电打交道太久，每封电报、每个句子甚至每个代码词都深深刻入我的脑海。我可以在黑暗中躺在床上做我的研究——试、错，试、错，一次又一次。
>
> 终于有一晚，因为睡得早，半夜醒来，黑暗中闪过一个信念，某组双字母代码词 *must*（必须）与 *Airurando*（爱尔兰）对应。然后其他单词一个接一个快速在我眼前舞动：*dokuritsu*（独立）、*Doitsu*（德国）、*owari*（句号）。伟大发现终于到来！我的心悬起来，一动不敢

动。我是在做梦吗？还是醒着？还是脑子不正常？破译？终于——经过这么多个月！

我溜下床，知道自己还醒着，匆忙中险些滚下楼梯。我的手颤抖着转动密码盘，打开保险柜。我抓起一堆纸，迅速做起了笔记。

这些立即证明他的直觉没错。在他的对应表上，重复的 RE 表示 *do*，BO 代表 *tsu*，OK 表示 *ri*，UB 代表 *i* 证实了他的猜想：

WI UB PO MO IL RE　RE OS KO BO　RE UB BO　AS FY OK

a i ru ra n do　do ku ri tsu　do i tsu　o wa ri

雅德利填上这些及其他对应，一小时后，确信第一支楔子已经打进去，他上楼叫醒妻子，一起出去喝个痛快。实际上，在黑室能够读懂任何句子前，要做的工作还很多。这些工作大部分都由利夫西完成。他认出日语明文 *jooin*（参议员）和 *jooyakuan*（条约草案），实现了第二个重要突破。

寻找掌握这门异国语言的译员时，雅德利遇到意想不到的困难，但他最终找到一个和善的大胡子传教士。他看上去与黑室格格不入，但在他的帮助下，雅德利得以在 1920 年 2 月把第一封日语电报译文发给华盛顿。六个月后，传教士最终意识到这份工作的间谍性质，离开了黑室。但到那时，利夫西已经取得一项惊人成就——在这段时间内学会了日语。

雅德利称第一个代码为“Ja”，“J”代表日本，“a”是序号，表示第一个破译。日本雇请波兰专家科瓦莱夫斯基（Kowalefsky）上尉改进他们的编码系统，1919 到 1920 年春期间，他们采用了 11 种不同代码。科瓦莱夫斯基教日本人如何把电报分成二、三或四部分，打乱各部分次序，再以打乱的次序加密，隐藏格式化的报头报尾。在这 11 部代码中，一些有 2.5 万个代码组。

1921 年夏，黑室译出日本驻伦敦大使发给东京的 7 月 5 日 813 号电报，报中出现了海军裁军会议的初步迹象。世界已经对战争感到厌倦，裁军观念得到热烈响应。日本突然在绝密电报中采用一个新代码 YU，发出了又一个信号。破译后，它得到代号“Jp”——自雅德利首次突破以来破译的第 16 个代码。

11 月，裁军会议在华盛顿开幕。开幕前几个月，黑室和国务院间设立了每日信使制度。一个官员打趣说，国务院高层对分析员的工作非常满意，每天上午喝着橙汁和咖啡阅读译文。裁军会议的目的是限制主力舰吨位，随着谈判接近实现主要成果——按一定比例在美国、英国、法国、意大利和日本间分配吨位的《五国海军条约》[1]，雅德利团队也在阅读各国给谈判代表的秘密指示。“黑室，门窗紧锁，戒备森严，无所不见，无所不闻。”他后来夸张地写道，“虽然被厚实的窗帘遮得严严实实，黑室的千里眼能穿透华盛顿、东京、伦敦、巴黎、日内瓦、罗马的秘密会议室，顺风耳能捕捉到各国首都最微弱的耳语。”

自然，各国都努力为自己争得最有利的吨位比例。日本最为积极，早在那时候，它已经做起亚洲扩张的美梦，但又害怕冲撞美国。会议高潮，日本要求与英美按 10 比 7 比例分配时，黑室读到一封电报，雅德利后来声称这是他破译过的最重要电报。

“关于军备限制问题，须避免与英美，尤其是美国，发生任何冲突。”11 月 28 日，日本外务省发电报给日本驻华盛顿大使，“请尽力维持中庸策略，加紧执行我方政策。在无法避免、不得已而为之情况下，请努力确保你方 10 比 6.5 的二号提议。如果你方已竭尽全力，并考虑到形势以及保证总体政策利益，有必要退步至三号提议的话，请努力通过一项保留声明，限制太平洋地区军力集中和演习活动，减少或至少维持太平洋防卫力量现状，此声明将明确规定：（这是）我们同意 10 比 6 比例的前提。应尽量避免四号提议。”

比例中每个 0.5 就是主力舰 5 万吨，大致相当于一艘半战列舰。这封电报向美国谈判代表表明，如果日本受到压力，它将会屈服。那么他们要做的就是施压，国务卿查尔斯·埃文斯·休斯（Charles Evans Hughes）正是这样做的。12 月 10 日，日本屈服，在一封被黑室破译的电报中指示谈判代表，“除了接受美国提议的比例外，没有其他办法了”。最后签署的《五国海军条约》给美国、英国、日本、法国和意大利分配的主力舰比例是 10 : 10 : 6 : 3.3 : 3.3。这个比例大大少于日本最初的希望。为此休斯给雅德利寄来一封表彰信。

裁军会议期间，黑室交出 5000 多份破译和翻译稿，雅德利几乎神经崩溃。

[1] 译注：Five-Power Treaty。一般称《华盛顿海军条约》（Washington Naval Treaty）。

2 月，他到亚利桑那州休假四个月，恢复健康。他的几个助手也出现同样毛病，一位语无伦次地喋喋不休；一个女孩梦见在卧室追逐一只牛头犬，抓到后发现狗肚子旁写着“密码”；另一个女孩不断重复相同的噩梦，梦中她轻松背着一大袋鹅卵石，最后却在一处无人的海滩上发现一枚鹅卵石，和她所背石子中的一块一模一样，她把它们一把扔到海里。三人都辞了职。

保密一直是黑室的重中之重。邮件被送到一个假地址；雅德利的名字被禁止出现在电话簿上；锁经常更换。尽管如此，一些外国政府肯定还是发现了该组织的活动，因为他们至少进行过一次策反雅德利的尝试，策反失败后，有人冲进办公室，朝桌子开枪。之后，黑室搬到范德比尔特大道一幢更大的办公楼。1925 年，它在那里设立了编码公司（Code Compiling Company），以此作为一个拙劣的掩护。这个以雅德利为总裁，门德尔松为财务部长的公司确实编制了一本《通用贸易电码本》（*Universal Trade Code*），他们把它与其他商业电码本一起发售。密码分析员在门面后一个锁着的房间内工作。每天晚上，所有纸片都被小心翼翼地锁起来，不让任何东西留在办公桌上。虽然如此，在那个相对随意的时代，分析员还是可以把他们正在解决的问题带回家。

1924 年，雅德利获得的拨款严重缩减，不得不遣散半数人员，这支队伍减少到十来人。虽然如此，雅德利说，从 1917 到 1929 年，黑室依然破译了超过 4.5 万封电报，包括阿根廷、巴西、智利、中国、哥斯达黎加、古巴、英国、法国、德国、日本、利比里亚、墨西哥、尼加拉瓜、巴拿马、秘鲁、圣萨尔瓦多、圣多明各（今多米尼加共和国）、苏联和西班牙等国代码，并且初步分析了大量其他代码，包括梵蒂冈代码。

这一切戛然而止。雅德利一直与西联电报公司和邮政电报公司总裁合作，获得外国政府密电，现在开始遭到他们越来越强烈的抵制。赫伯特·胡佛[1]刚刚就任，雅德利决心与新政府一次性解决这个问题。他决定采取一次大胆行动，起草了“一份拟直呈总统的备忘录，概述了黑室的历史和作为，以及政府如果希望充分利用其密码员的技能，须采取的必要步骤”。采取行动前，他静候风向转变——却发现风向对他不利。雅德利到一家地下酒吧听胡佛的第一次

[1] 译注：Herbert Hoover（1874—1964），美国共和党政治家，第 31 任总统（1929—1933）。

总统讲话，从胡佛严厉的道德指责中，他感觉到黑室的末日。

他是对的，虽然导致黑室关闭的原因来自别处。胡佛的国务卿亨利·史汀生上台的这几个月，正是雅德利认为让他在残酷的外交现实中摸爬滚打、磨掉一些天真的一段时光，他认为这是必需的。一天，黑室交给他一系列重要电报的译文。和前几任国务卿不同，史汀生不吃雅德利的那一套。他得知有这么个黑室，震惊不已，极力反对，认为它是卑鄙的窥探活动，是偷偷摸摸、鬼鬼祟祟的钥匙孔偷窥的肮脏勾当，是对他在个人生活和外交政策中都遵循的互信原则的违背。带着这些看法，史汀生反对这些手段是出于爱国目的的观点。他坚信他的祖国应走正道，并且按他后来的说法，“君子不窥”。纯粹出于道义，史汀生坚信大道无术，撤回国务院对黑室的全部资金支持。[1] 黑室丧失了主要资金来源，很快命殒。胡佛的讲话已经警告雅德利：申诉无用。除了关门打烊，别无他法。未花完的 6666.66 美元和黑室档案移交给通信兵部队，威廉·弗里德曼在那里负责密码工作。人员迅速遣散（没人前往陆军处），1929 年 10 月 31 日结账后，美国黑室彻底消失。它花掉国务院 230404 美元，陆军部 98808.49 美元——10 年密码分析花了不到 100 万美元预算的三分之一。

工作专业性极高的雅德利找不到工作，回到沃辛顿老家。大萧条让他一贫如洗。到 1930 年 8 月，他被迫出售一套公寓和一家房地产公司八分之一股份；实际上，他抱怨说，他不得不“近于白送”地卖掉他几乎拥有的一切。几个月后，他考虑写出黑室故事，赚点钱养活老婆和儿子杰克。1931 年 1 月末，他向密码科老友曼利借 2500 美元，他俩的联系持续了整个 20 年代，但后者无奈拒绝了他。绝望的雅德利开始写作，这本书将成为史上最著名的密码学图书。1931 年春，他在给曼利的一封信中描述了书的构思：

我已经很久没有正经写过任何东西，我告诉我的代理人拜伊和《星

[1]　原注：1940 年，作为陆军部长，他不得不改变初衷，接受“魔术”密码分析情报。但其时国际形势已不可同日而语。“1929 年，”他本人以第三人称写道，“各国诚意寻求长期和平，所有国家在这一努力中都是伙伴。身为国务卿，以君子对君子，史汀生与友好国家派来的大使和公使打交道……”而 1940 年，欧洲陷身战火，美国正在战争边缘。

> 期六晚邮报》杂志，我需要另一个人执笔。我给拜伊和邮报编辑科斯坦看了点材料，两人都叫我自己写下去。一连好几天，我无助地坐在打字机前，艰难地敲出几个字。渐渐地，在拜伊鼓励下，我有了点信心。这时鲍勃斯·梅里尔收到提纲，预付我1000美元，后又来电催稿。我开始轮换工作，写几个小时，睡几个小时，只有买鸡蛋、面包、咖啡和罐装土豆汁时才出门。天啊，我居然能写那么多，有时只有上千字，但通常一天能写到上万。我把写出的章节拿给拜伊，他阅读，提些意见。7周后，我终于完成了这本书，并摘取文章部分内容发给杂志。

6月1日，印第安纳波利斯州的鲍勃斯·梅里尔公司（Bobbs Merrill Company）出版了这本375页的书。但它的一部分已经以两周一次的频率，出现在《星期六晚邮报》的三篇文章里。这些内容受到当时这本主流杂志的青睐，后者把该系列第一篇文章作为4月4日期的头版。雅德利是讲故事高手，他的文字也没有辜负他的叙述能力。除此之外，他犀利、辛辣的风格也为他的作品增色不少，这本《美国黑室》[1]立即大获成功，迅速潜入公众意识，牢固建立了它在密码学书籍中的经典地位。时至今日，在所有有关此话题的鸡尾酒会上，它依然被人们津津乐道，在二手书商圈子中也炙手可热。对它的评论一边倒，全是好评。评论员罗伯茨在一篇广受推崇的评论中总结了主流意见："我认为它是最轰动的一战和战后初期秘密史作品，迄今为止，还没有一个美国人写过这段历史。它披露的秘密超过了任何欧洲特工最近的回忆录。"记者涌入政府部门，询问这一切是否都是真的。国务院用驾轻就熟的外交辞令，"倾向于不相信"雅德利的说法。陆军部官员睁眼说瞎话，说过去四年中从未有这样一个组织存在过。

但在波澜不惊的表面下，美国密码分析员却恨得牙痒痒。弗里德曼认为该书毫无根据地诋毁了美国远征军的密码活动，对此异常恼火。雅德利曾从穆尔曼的一篇报告中得知，蔡尔兹在测试时，破开拟议但从未使用的远征军《战壕代码》加密，还有无线电情报科监测员通过监测电话信息推断出美军对圣米耶勒突出部的攻击。他不自觉地把这两件事合编成一个引人入胜的故事。故事

[1] 译注：*The American Black Chamber*。中译本《美国黑室》于2012年5月由金城出版社出版。

中，德国人通过密码分析得知美军扫平突出部的企图，因而，“如果德国人没有得到预警，这次攻势本应成为战争史上的一件大事，结果却只产生了微不足道的影响。对不合格代码和密码系统的盲目信任使前线付出了巨大代价”。这也不能全怪雅德利，因为穆尔曼的报告极其混乱，没有清楚区分这两次事件。但雅德利忽视了代码的频繁更换，没有根据地假设德军破译了那些信息，并且基本上没有进行核实。

弗里德曼给远征军同事们去信，征询他们的意见。穆尔曼回复：“我开始阅读雅德利的文章，但发现其中所写似乎在夸大作者的重要性，罔顾事实。我没读完。我很奇怪，有那么多人可以信誓旦旦地写出‘我如何赢得一战’的话题，我有点遗憾地发现雅德利也未能免俗。”希特写道：“我从未在一本正规杂志上看到其他任何系列文章像雅德利文章那样，满是歪曲事实、无根据的批评和含沙射影。一份大型全国性周刊居然允许他在读者面前摆出一副一战大英雄的样子，可怜的家伙，他要靠说谎来做到这一点。”

曼利一开始曾警告雅德利：“如果泄露你曾经读取外国官方电报的事实，你会招致严厉批评。”文章发表后又告诉他，“我赞同这些文章，认为它们很精彩。”弗里德曼把雅德利泄露美国密码分析秘密与律师违反职业道德透露顾客私密材料相提并论，曼利致信弗里德曼，说他本人不会透露任何与友好国家有关的密码分析情况，但他觉得雅德利的动机只是想迫使政府建立一个密码分析机关。弗里德曼回复，“依我之见，他对我们国家造成的巨大伤害将会持续多年。”也许其中一些能立即浮出水面，因为书上提到代码被破译的 19 个国家中，至少有一部分已经更换了代码。一个陆军分析员回忆，当时那本书的出版给他和同事带来相当多的额外工作。

雅德利本人似乎也被自己掀起的风暴惊到了。他起初曾向曼利坦诚，“如果我不以某种方式夸大它们（书和文章），读者会睡着的”，及“要写出畅销的东西，你得编。事情不会戏剧性地发生，因此要么夸大，要么干脆不写”。但当他发现自己骑虎难下时，他又装出一副真诚的样子。“请问，”他在一封给《纽约晚邮报》[1] 编辑的信中反问，“如果要在外交领域消除这类做法（读取他国电报），

[1]　译注：*New York Evening Post*，今《纽约邮报》（*New York Post*）。

必须迈出的第一步难道不是对情况的公开发表、讨论吗？……在我看来，作为第一步，对事实有所纠正，至少在当前形势这一点上，我的书可能是对公众有益的。”他在《自由》（*Liberty*）杂志上一篇题为“我们在泄露国家机密吗？”的文章中向批评者发起攻击。他在文中指责国务院在编码方面的重大疏忽——“16世纪的代码”，他曾在书中恰当地称呼它们，并且宣称他的书不应被“看成一个传奇故事”，而应“作为对美国在编码领域毫无防卫能力的揭示”。

然而，仅作为一个传奇故事，《美国黑室》售出17931册，对一本与密码学有关的图书而言，这个销量是空前的，直到今天，这也是一个相当可观的数字，而更名为《美国特务》（*Secret Service in America*）的英国版又售出5480册。这本书在法国、瑞典出版，还有一个未授权的中文版本，但正如所料，它在日本的销量扶摇直上。如果按平均人口计算，日本33119册的销量几乎是美国的四倍。

该书在日本引起巨大轰动。1931年7月22日，日本最有影响的报纸之一《东京日日新闻》刊出一篇长篇大论，列出有关此书的各种观点。人人都想挽回颜面，把责任推给外务省。其中典型是贵族院一个匿名者的评论，他认为时任外相，华盛顿会议期间的驻美大使币原喜重郎[1]男爵，“必须为此负责”。他还说道，“美国政府此等背信弃义行为的泄密，无疑将是未来参加国际会议的日本的一个宝贵教训。”激烈批评币原喜重郎的池田长康（Nagayasu Ikeda）男爵宣称“日本当局确实愚蠢”。外务省不得不承认美国的破译是“因为日本政府未能经常更换密码”。然后它试图让美国人丢脸，指斥其“无耻”，并且努力抹黑雅德利，声称华盛顿会议期间，他“拜访了华盛顿的日本大使馆，声称日本密电全部被破译，然后提议出售这些译文。雅德利先生就是这样的货色”。——无疑是杜撰的。一个海军军官对这样一本书“甚至在美国”能够出版表示惊讶，对美国放纵破译活动表示遗憾，同时保证日本海军“已经不遗余力保持无线电报机密”。陆军在批评外务省未在会议前更换密码的“严重错误”后，承诺向它建言献策。

一份又一份日本英文报纸报道了雅德利揭露的内幕在官员圈中引发的“强烈兴趣”、“轰动”或“巨大轰动”。知名的大阪《每日新闻》报道，陆军省和

[1] 译注：Kujiro Shidehara（1872—1951），日本第44任首相（1945—1951），华盛顿会议期间任驻美大使、日方全权会议代表。

海军省已指示驻华盛顿武官购买几册书，并且声称他们“决心采取最严格的防范措施，参加即将到来的日内瓦（裁军）会议”。两份英文报纸对破译发表了完全对立的社论观点。《日本新闻》以十足英国口吻说道：“这太像蒸汽一般潜入别人的信中——一个看似没发生的事情。”而《日本时报》冷静地评论说，“尝试破译别国密码是游戏的一部分”，并且“我们能做的就是批评外务省，而不是抱怨美国人从本队手里拿分”。

人们对这本书的兴趣经久不衰。国务院曾要求“随时得到全面信息”，掌握雅德利引发的轰动，1931 年 11 月 5 日，卡梅隆·福布斯（W. Cameron Forbes）大使报告：“《美国黑室》显然在日本产生巨大影响。与日本各阶层的谈话中，我常听人提到它。根据日文版出版商数据，该书售出 4 万多册。目前它依然畅销。”但是，与一些公开报道相反，它没有导致日本政府倒台（密码书会有那么大威力？），日本也没有向美国提出抗议，也未在三年后废除《五国海军条约》。它确实使日本开始用怀疑的眼光打量在日本学习语言的美国海军军官；它确实在日本人心头留下无法磨灭的痕迹，以致 10 年后，东乡茂德就任外相时想起这个故事，特意查问日本通信是否保密。它还助长了日本的反美和反白人情绪。

因此，当国务院远东问题专家亨培克听说雅德利写了一本名为《日本外交秘密》（*Japanese Diplomatic Secrets*）的新书，透露 1922 年海军裁军会议期间发送的大量日本电报时，他在 1932 年 9 月 12 日的一篇备忘录中写道：“鉴于日本民意当前普遍存在的过激状态，对美国充满恐惧和敌视，我强烈要求做出一切可能努力，阻止此书出版。一旦出版，它将在国内泛滥，引爆社会。”大概是这篇备忘录起了作用，1933 年 2 月 20 日，执法官员以此为由，指责该书手稿违反了禁止美国政府代理人私自持有秘密文件的法令，于是将它从麦克米兰公司没收了。雅德利是在鲍勃斯·梅里尔公司拒绝之后把稿子投给麦克米兰的。雅德利的著作代理人乔治·拜伊和一名麦克米兰编辑被纽约南区联邦首席助理检察官托马斯·杜威[1]起诉到联邦大陪审团，但他们和雅德利都没有受到刑事起诉。杜威后来在其他领域出了名。

---

[1]　译注：Thomas E. Dewey（1902—1971），美国政治家，作为共和党总统候选人参加了 1944 和 1948 年总统选举，分别输给罗斯福和杜鲁门。后文第 15 章还有关于他的内容。

实际上，美国政府寻求在议会通过一项直接针对雅德利的法律。“任何人，因受美国政府雇用，”该法案写道，“从他人处获得，或持有，或保管、接触任何官方外交密码或任何以此等密码加工的材料，未经授权或依照职权，故意公开或向他人提供任何此等密码、材料，或从任何外国政府与其驻美外交使节间传送过程中获得的任何材料，处 1 万美元（含）以下罚款或 10 年（含）以下监禁，或并罚。”

该法案（众议院 4220 号法案 [H. R. 4220] ——《政府记录保护法》）最早由得克萨斯州民主党议员哈顿·萨姆纳斯应国务院要求向众议院提交，最初版本虽与上述最终版本基本内容一致，但初版更长、更详尽。辩论中，一些议员指控它是国务院掩盖秘密的手段。其他人质疑，有些人可能会出示以加密形式传送的美国信息的明文版本，该法案是否惩罚那些人。他们尤为关注的是国会议员和报社记者。基于以上考虑，收到众议院的法案后，参议院递交了一个替代版本。在反对者不在场时，该法案被匆匆提交表决并获得通过；但当海勒姆·约翰逊（Hiram W. Johnson）回到参议院，发现了他不在时发生的事情后，他要求重新讨论该法案，他的要求得到一致同意。约翰逊就那位著名的加州共和党参议员，曾任两届加州州长，一次评为副总统候选人。

两天后，1933 年 5 月 10 日，议会期间，参议院就密码法案举行大辩论。这次重要议会通过了“新政”[1] 改革的重大举措，辩论由第一任任期的弗吉尼亚州参议员哈里·伯德主持。内华达州民主党人基·皮特曼是政府在参议院的法案提议人，他宣称，“在我看来，受托雇员公开他们因职务获得的政府间秘密通信是不正当的。按我的理解，这就是该法案的全部意义。”但另一个民主党人，华盛顿的霍默·博恩却心存疑问，“我很想知道，没有这类立法，我们照样从第 1 届议会走到第 73 届，它此时立法的目的是什么？”皮特曼回复，“议长先生，我得说，过去，我们的政府显然非常幸运，在这些极端机密位置上拥有值得信任的雇员。然而它最近发现，这种信任已经丧失，并且可能还会继续丧失。”就在这当口，他们收到一封来自国务卿科德尔·赫尔的信，以立法者

[1] 译注：New Deal，为抵消大萧条影响，1933 年富兰克林·罗斯福总统实行新经济政策，包括大规模公共建设工程计划，大规模发放贷款。“新政”成功减少了 700 万至 1000 万失业人口。

行话口吻，信中声称国务院提出法案时，丝毫没有考虑到是否限制了媒体，该信内容被登记入案。此时约翰逊开始发言，他的幽默缓和了愤慨，他痛批这个法案是对个人自由的威胁：

> 表面看，这个法案就和婚礼一样普通，和葬礼一样体面……但是……它不会带来它提交时显示的结果……
>
> 事情是这样的，一天，国务院的年轻绅士们匆匆走进国会山，说事情紧急，为防止枪炮打到家门口，我们应即刻通过这项法令。实际上，他们说服了议会，议会讨论了法案，甚至都没人告诉议员为什么要提交这项法案，而议员对法案主旨或急迫原因一无所知……形势紧急还是一个半月前的事，据称，若此法案不立即通过，可怕的事件将会发生，但自那以后，法案一直搁置着，却什么事也没有发生。因此，一开始极力主张通过该法案的理由现在不存在，冷静审视过去，它其实也从未存在过。

然后，他提到雅德利和他的书——第一次在议会辩论中被提及——说他读过并且发现它“多少有点看头”。他批评雅德利违反了“信托关系的所有规则”，并指出他又写了一本包含裁军会议内容的书。

> 此时那个极其“紧急的情况”发生了。据我所知，他的手稿被没收，之后就是这些惶恐的绅士走进议会说，对付如此微妙、如此危险、千钧一发的紧迫局面，他们必须有一条新刑法。于是大概就在今年 4 月 1 日左右，他们有了这项法律提案。法案在众议院通过后（直到法案通过，才有人了解它的一点情况，这就是法案通过的方式），新闻从业者立即在媒体上发出平日里的怒吼，呼吁新闻自由，叫喊这类法令会对他们造成多大干涉。结果当然是人人自保，法案眨眼之间就被修正，为的是不干涉媒体，不惜一切代价维护新闻自由。
>
> 让我们来看看提交的法案。关于这个问题，我谈的是立法技术方面。我不赞成设立不必要的罪行。如有必要设立一项罪行以利于施

罚，我当然承认立法机关这样做的正当性；但除非有绝对必要，我不赞成增加罪行的做法。这个法案针对特定案件，但它偏离了靶子，永远射不中那个案件。它将在法律文件中留下一条处罚严厉的刑法条文，直到——很远的将来，它的最初目的被人遗忘之时——它被用于完全违背立法本意的另一目的，而且可能酿成大错。关于制定这种适用于某些特定既往罪行的法律，这样的情况就曾经发生过。

约翰逊开始阅读法案，“任何人，因受美国政府雇用，从他人处获得……”，但被内布拉斯加州参议员乔治·诺里斯打断：

诺里斯先生：议长先生，他没有罪吗？如果做出那样一件可怕的事情，他难道没犯下罪行吗？

约翰逊先生：从他人处获得？

诺里斯先生：对。

约翰逊先生：是，我也这么看。现在，从他人处获得任何东西的人都罪有应得，如果他得到的话。但问题在于，我们大部分人千方百计都得不到。（笑声）

这时另一个主管该法案的政府委员，得克萨斯州的汤姆·康纳利起来反驳约翰逊的观点：

我们要这份法案做什么？一个混蛋背叛了信任他的政府，或另一个与某些政府代理人合谋以获得保密信息，然后出卖它，法案要做的，就是使之成为一项刑事罪行……我的主张是，任何公民……受政府雇用，能获得保密文件和记录，不诚实、不适当地将此等方式获得的知识用于个人利益，都应该受到惩罚。议长先生，这项法案罪大恶极在哪里？洪水猛兽在哪里？同意偷窃私人记录的参议员何在？如果有这样的参议员，请站出来。那些因为某人偷了别人一条小牛而愤怒，想把他投入监狱的参议员似乎接受这样的想法，即认为一个人可以出卖一份公共记录或公共文件，把它卖给报社，而且那还是一个爱国和有益公众的举动。我不敢苟同……

我们在阻止不受约束的盗窃和对信任的随意背叛；那就是我们要阻止的。我们在阻止对雇主和政府的随意背叛，仅此而已。

受政府政治影响助推，这个观点占了上风。参议院经口头表决通过了法案；一个参众协商委员会赞成参议院法案，并说服众议院接受它。6 月 10 日，富兰克林·罗斯福总统签署法案，使之成为《37 号公法》(Public Law 37)，它就是今天法规汇编中的美国法典第 18 篇第 952 章。

四天后，鲍勃斯·梅里尔公司提请国务院批准它履行一项 1931 年与蓝带出版社订立的合同，重印 1.5 万册《美国黑室》。该公司显然不想在这条新法前冒险，寻求国务院许可，保护它不受司法部指控。它告诉国务院，若没有任何销售回报，它将不得不根据合同补偿蓝带出版社，遭受巨大财务损失。

7 月 13 日，代理国务卿威廉·菲利普（William Phillips，巧的是，就是他亲自批准雅德利于 1917 年离开国务院去组建密码科的）回复："若本部门授予此等许可，将暗示国务院不反对该书出版发行，将在某种程度上把国务院与作者和出版人联系起来，实际上，它从未赞同过他们。"因此，他继续说，国务院无法授予该许可。但是，菲利普写道，国务院也不想造成该公司财务损失，因此他将不会采取行动阻止蓝带已经印刷的 4500 册图书的销售或发行。尽管国务院没有对大量已发行图书采取行动，但从拒绝授予再版"许可"这件事中（虽然一些国务院官员私底下怀疑这种许可是不是国务院职权的一部分），坊间已流传出《美国黑室》已被查禁的传言。

混乱之中，雅德利稳如泰山。不过他也利用了当地参议员、印第安纳州阿瑟·罗宾逊提供的机会，为出版《美国黑室》辩护（"我希望，它会唤起国务院的保密意识，更换他们自己的密码系统，保护美国外交秘密不被外国密码员破译"），暗示他正在他的实验室埋头研制一种商用隐写墨水，无暇顾及这微不足道的立法琐事。墨水研制成功，但没在全国获得巨大商业成功，而且雅德利因它引发一次感染，失去了右手无名指。

他再次尝试写作，但他的想象力似乎需要事实铺垫，与他的虚构成分居多的纪实作品相比，惊险小说《旭日旗》（*The Red Sun of Nippon*）和《金发伯爵夫人》（*The Blonde Countess*）少了点刺激。不过米高梅电影公司发现，《金发伯爵夫人》里的美女间谍、密码和无所不能的密码学家的剧情就是为一部电影量身定做的。问题是，没有哪个热血电影明星满足于破译密码那样枯燥的办公室工作，但这家电影公司打破了雅德利的故事结构，把主人公塑造成一名高智商者，一心想在海外战壕服役，从而解决了这个问题。结果，威廉·鲍威尔、罗莎琳德·拉塞尔、宾尼·巴恩斯、西泽·罗梅罗和莱昂内尔·阿特威尔出演的《约会》（*Rendezvous*）问世。米高梅与雅德利签订了一份慷慨的合同，他成为技术顾问，与鲍威尔结为好友。1935 年 10 月 25 日，电影在纽约国会剧场首演，《纽约时报》评论它是一部“轻松有趣的情节剧”。

1938 年，在纽约昆斯区，雅德利孤注一掷，进行了一次短暂的房地产炒作。炒作失败后，他受蒋介石聘请，破译侵华日军密电，年薪约 1 万美元。在重庆，他一开始伪装成皮革出口商，但在那个低头不见抬头见的侨民小聚居区，他不可能长期隐瞒身份。他似乎成功破开一些日本密码，它们应该是假名符号栅栏密码。

那时他开始改变。他的个性还算富有魅力，喜欢简单的男性消遣活动。他会在黎明起床去打野鸭；高尔夫打得不错，1932 年得过格林尼县（印第安纳州）冠军；玩扑克上瘾，随时随地，一有玩儿的机会决不会放过。他用许多有趣的故事逗乐同伴，讲起故事来有一种天生说书人的风趣和兴致。他是古板的完全对立面，从不掩饰他对妓院的熟悉，他养着两个情妇[1]。一次，雅德利为一个后来全国有名的年轻记者策划了一场实实在在的东方狂欢会，他认为这是把后者培养成一个男人必需的过程。虽然并非人人都喜欢他，但他还是赢得许多人的忠诚和友谊。项美丽[2]在《我的中国》（*China to Me*）一书中直陈不喜欢他，说他是“一个大嘴巴的美国人”。雅德利最初创立了密码科和黑室，图书出版

[1] 原注：不在同一时期。

[2] 译注：艾米丽·哈恩（Emily Hahn，1905—1997），中文名“项美丽”，美国记者、作家，1935—1941 年作为《纽约人》杂志记者在中国生活，与中国诗人邵洵美相恋。著名作品有《宋氏三姐妹》等。

后，又转向了投机取巧；随着人们对他泄露机密的普遍厌恶，看到他为几千美元出卖灵魂，他又转而成为一个愤世嫉俗者。

1940 年，他从中国归来，在华盛顿短暂尝试做餐馆老板后，他去了加拿大，建立了一个密码分析机构，主要破译间谍密码。虽然加拿大人不愿放他走，但据说，迫于陆军部长史汀生或英国人压力，他最终离开。从 1941 年到二战结束，他在价格管理局食品部门当执法官。1957 年，他的通俗书籍《扑克玩家教程》（*The Education of a Poker Player*）出版，他在书中提供了一个通俗的扑克指导课程。1958 年 8 月 7 日，他在马里兰州银泉的家里死于中风，按军人仪式葬在阿灵顿国家公墓。

讣告称他为“美国密码学之父”，这一点错了，但它也彰显出雅德利作品对美国人的深远影响。虽然充斥着谬误和虚假，但他的书激起公众的想象力，激发了无数业余爱好者对密码学的兴趣。就书中的全新观点而言，它们影响、丰富了美国密码学，这一功劳无疑属于雅德利。

也许雅德利是最出名的密码学家，然而最伟大者无疑是威廉·弗雷德里克·弗里德曼。和同行不同，他的成就绝对来自他的实际功绩。一个领域里竟存在如此迥异的两个人物，确实难以想象。雅德利粗俗、幽默、开朗、肤浅，不注重细节，随时准备抓住大好机会；弗里德曼则偏于内向、沉思、谨慎、羞怯、奉献，及工作的精确、细致、合理。虽有这些个性相对乏味——或许正是因为它们——弗里德曼的理论贡献和实践成就超过了任何其他密码分析员。雅德利的一生就像天空绽放的绚丽烟花，弗里德曼则像太阳。

1891 年 9 月 24 日，弗里德曼生于俄国基什尼奥夫，出生名为沃尔夫·弗里德曼（Wolfe Friedman），是弗雷德里克和罗莎·弗里德曼（Rosa Friedman）的第二个孩子，也是长子。父亲是罗马尼亚人，会说八国语言，为俄国邮政局做译员。1892 年移民到美国时，儿子的名字改成威廉。一家人定居在匹兹堡，父亲在那里管理一家缝纫机代理处。1909 年，在同年级 300 名学生中，威廉当选为十佳学生，从匹兹堡中心中学毕业，随后来到销售蒸汽机的伊利市钢铁厂当一个主任办事员。约在同一时期，回归田园运动向城市男孩发出召唤。1910 年秋，弗里德曼和三个朋友进入密歇根农学院，这所大学的主要吸引力是它不收学费。

但弗里德曼很快发现，务农对他没什么吸引力。他是个富有创造力的年轻人，喜欢修修补补，还曾为他的高中报纸写过一些科幻小说。他很快得出结论，他喜欢科学。学期末，他得知常春藤联盟之一的康奈尔大学有一个涉农学科——遗传学，同样免学费。1911 年 2 月，他借到火车票钱，来到纽约伊萨卡镇，找到一份餐饮侍员工作。1914 年 2 月毕业典礼后，他进入研究生院，谈了两次恋爱，一次与一个褐发女孩，一次与一个电影院老板的金发女儿。富有的纺织品商人乔治·费边（George Fabyan）在伊利诺斯州杰尼瓦里弗班克有一个约 200 公顷的农场，他在农场开办了密码学（试图证明莎士比亚戏剧作者是培根）、遗传学、声学和化学实验室，需要一个遗传学家改良农场的谷物和牲畜。弗里德曼在康奈尔时，费边向康奈尔申请一个“未来的”而非“现成的”遗传学家，雇用了弗里德曼。他于 1915 年 6 月 1 日开始工作。

费边没受过正规教育，但他聪明、精力充沛。他有成为“大人物”的强烈愿望，这就是他补贴培根研究的动机：证明这项革命性理论，将使它的赞助人和证明者收获荣耀。他本人读书不多，但从身边的人那里吸收了不少知识，看上去像个万事通——至少表面如此。他独断专行，从不允许员工有不同观点，但只要雇员承认他是老板，他倒也不算令人讨厌。他坚定不移的信仰就是，一次良好的促销活动几乎可以搞定一切。

弗里德曼为他做了些遗传学研究，但因为能熟练操作相机，他给那些在莎士比亚作品中寻找培根暗号签名的分析员帮忙，拍摄放大作品中伊丽莎白时代的装饰印刷体。里弗班克实验室密码部有十四五个高中或大学毕业生，作为培根研究一部分，他们把这些伊丽莎白时代文字的单个字母与两种打印字体中的一种对应起来。费边给他们提供食宿，再加每月 50 美元左右的薪水。全体人员吃住在恩格尔都和胡佛农舍，密码实验室位于恩格尔都一楼。

女青年伊丽莎白·史密斯（Elizebeth Smith）负责对多数人员的工作进行比较分析。她于 1892 年 8 月 26 日在印第安纳州亨廷顿出生，是 9 个孩子中最小的一个。父亲约翰·史密斯（John M. Smith）是奶场主、银行家，县共和党委员，母亲索菲把女儿教名中间的 *a* 拼成 *e*，因为她不想别人叫她的孩子“伊莱扎”[1]。从亨廷顿中学毕业后，伊丽莎白在伍斯特学院学习了一小段时间，但她毕业于密歇根州希尔斯代尔学院英文专业。在芝加哥纽贝里图书馆工作时，她被费边招来，1916 年起在这里工作。

一开始，她和弗里德曼都没怎么关注过密码学，但他们渐渐对这项工作产生兴趣。这又是一段出人意料的密码学史，两位一流密码学家对一个伪命题萌发兴趣——而且，他们将终生与这个伪命题做斗争。在里弗班克农舍桌旁，他们听说了伊丽莎白的荒淫、女王的不纯洁、朝廷的阴谋和英国历史名人的秘史——所有这些都无益于莎士比亚戏剧的破译，而破译是为了证明这些戏剧为培根所写。温和、正直但是自欺的伊丽莎白·威尔斯·盖洛普[2]“破译”了这些密码，讲述了这些故事。故事激起弗里德曼沉睡已久的兴趣，他开始做一些密码工作，它巨大的魔力如鸦片烟雾一样令人无法抗拒，渗进他的大脑和心灵，让他飘飘欲仙。“接触到密码学时，”他多年后回忆，“我找到一个心灵出口。”

这是个谦虚的说法。他很快成为里弗班克密码部和遗传部的负责人。他对密码学的喜爱又因一个密码分析者而得到强化：聪明活泼的史密斯小姐。1917 年 5 月，两人结婚，成为密码学史上最著名的夫妻档。

美国已于一个月前宣战，作为全国唯一密码分析之处，里弗班克开始得到各个政府部门经非正式途径送来破译的密信。其中最重要的也许是 125 名印度人——他们在德国人帮助下，趁英国人在欧洲自顾不暇之际，正为印度独立奋斗——组成的一个小圈子所收发的密信。这些截收电报被交给弗里德曼破译，他很快攻破发往柏林电报所用的数字密码表——一个 4×7 自然序棋盘密码表把明文和密钥词字母转换成数字；再把密钥数加到代表明文字母的数字上，形成密文。一个密钥是 LAMP。每个特工都有自己的密钥，但弗里德曼破译起来游刃有余。一个被业余爱好者视作保密性能至高无上的系统也没有难倒他，这就是书本密码。

它以 7 页打印信形式交给弗里德曼。写信人赫兰巴·拉尔·古普塔（Heramba Lal Gupta）只加密了重要单词，剩下的大块明文成为有价值的线索；而且，信中大量字母重复出现时，对应密文均保持不变，没有新密文进行替

[1]　译注：Eliza（伊莱扎）是伊丽莎白（Elizabeth）的昵称。

[2]　译注：Elizabeth Wells Gallup（1848—1934），美国教育家，“培根理论”（认为培根撰写了莎士比亚戏剧）倡导者。

代；写信人还将邻近字母放入同一行。弗里德曼因此得以还原关键单词，并将它们相互核对，帮助破译。例如，弗里德曼从上下文猜出 83-1-2 83-1-11 83-1-25 83-1-1 83-1-8 83-1-13 83-1-18 83-1-3 83-1-1 83-1-6 83-1-3 83-1-6 代表 *revolution in*，83 是页，1 是行，第 3 个数字是行中字母的位置。（请注意一个有趣的现象，第三组在这一行处于一个很靠后的位置，显然代表一个低频字母。）他由此得到 ORI..N.L..E.U.. 为密钥行开头；反过来，这一点也许让他猜出该行开头是 *original* 或 *originally*。这时他知道下一个词中的 83-1-4 代表 *Bengal* 中的 *g*。他利用这些线索还原出完整明文，后来才发现那本密钥书是普赖斯·科利尔（Price Collier）的《德国与德国人》（*Germany and the Germans*），即 1913 年在纽约出版的一部学术著作。

这些印度人被检方带走，原因是企图在美国购买武器，用于军事叛乱，并计划从西海岸起运。在芝加哥和旧金山的集体审判中，弗里德曼给出证据，它的效力相当于阴谋者的口供。在旧金山审判中，美国法庭上绝无仅有的戏剧性一幕发生了，一个被告站起来，用一把左轮手枪开了两枪，企图打死一个为政府作证的同胞，结果自己被一个法警从人群上方开枪击毙。最后，陪审团肃静宣布，大部分被告有罪。

破译印度人密信几个月后，英国人把五封短信交给里弗班克测试。它们用军情一处 b 科（英国陆军部密码机构）圣·文森特·普莱茨（J. St. Vincent Pletts）发明的一种密码机加密。该机器是惠斯通装置的改进，计划用于一种战地密码。英国人对它寄予厚望，有人却提出一个反对理由，如果德国人缴获一台这种机器并采用它，协约国就再也不能破译敌军信息了！弗里德曼立即还原出某个乱序密码表的密钥词 CIPHER。但对其他密钥词似乎毫无方向。一团混乱中，他借助了一点密码分析心理学。他转向新婚妻子，叫她脑子里什么也不要想。

“现在，”他继续道，“请告诉我，我说一个词时，你脑子里想到的第一个词。”停顿片刻，“密码。”他说道。

“机器。”她答道。

结果这正是所需的密钥。弗里德曼在收到密信三小时后，把明文用电报发给伦敦。（第一封用听来无限悦耳的措辞写道，“这个密码绝对不可破”，着实令骄傲的发明者欢颜。）毋庸赘述，破译终结了协约国的想法，不再将普莱茨

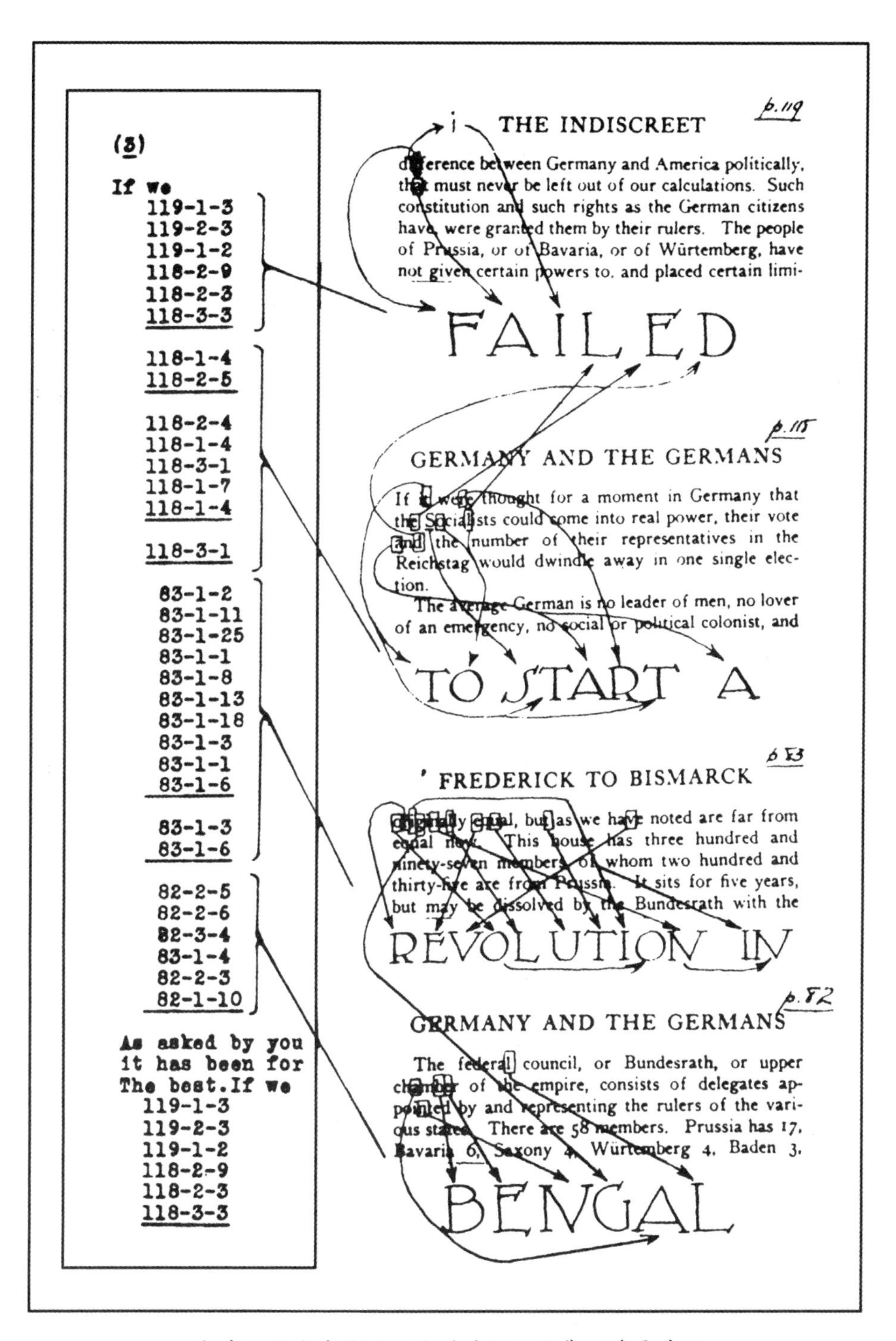

印度人用书本密码加密的过程，被弗里德曼破译

的装置用于作战。

1917 年秋，一个陆军军官学员班被派往里弗班克密码部学习密码。密码分析工作之余，弗里德曼承担了大部分教学任务。为教学目的，他写了一系列技术专论。1918 年春，他出国前往远征军无线电情报科，在此之前他完成了 7 本专著，回国后又写了第 8 本。这些总称“里弗班克出版物”（Riverbank Publications）的专著堆积如山，如一座密码学史丰碑。几乎每一本书都在一个新领域有所突破，其中的理论依然被看成是高等密码教育的必备知识。费边试图窃取荣誉，不让弗里德曼的名字出现在扉页，把版权人登记为自己。全套白色平装手册已成为密码学必备藏书，但因其只印了 400 册，极为罕见，单本手册在善本市场价格突飞猛进，飙升至每本 25 美元，甫一面世即被抢购。一个狂热的业余爱好者将它们奉为至宝，不辞辛劳地用打字机重新打印，打印出的影印本也被无缘购得原本的藏家买下。因里弗班克还发行了其他出版物，密码学出版序号始于 15。

弗里德曼的第一部密码学作品是一本 15 页的小册子，名为《从系列二次密码表中的一个单一密码表还原密底表的方法》（*A Method of Reconstructing the Primary Alphabet from a Single One of the Series of Secondary Alphabets*）。密底表构成一个类似维热纳尔的乱序密码表，用于多表加密；二次密码表是分析员还原的密码表。例如，一个以密钥词 ABOLISHMENT 为基础的密底表可以像下面这样进行自身相对滑动：

明文	a	b	o	l	i	s	h	m	e	n	t	c	d	f	g	j	k	p	q	r	u	v	w	x	y	z
密文	N	T	C	D	F	G	J	K	P	Q	R	U	V	W	X	Y	Z	A	B	O	L	I	S	H	M	E

因此明文 *a* = N，*b* = T，*o* = C……但分析员由于不知道明文字母表的字母次序，在还原中把它们按自然序排列，从而掩盖了下行密码表（或二次密码表）中的密钥词。它看起来像下面这样（应用了弗里德曼自己的例子）：

明文	a	b	c	d	e	f	g	h	i	j	k	l	m	n	o	p	q	r	s	t	u	v	w	x	y	z
密文	N	T	U	V	P	W	X	J	F	Y	Z	D	K	Q	C	A	B	O	G	R	L	I	S	H	M	E

弗里德曼写下一串字母，再把字母链尝试性地以 1、2、3……25 的间隔[1]拉长，演示了原始底表的还原方法。写字母串时，分析员把 *a* 下方字母（N）作为第一环；再从上行表中找出这个字母（N），以其下方字母（Q）为第二环；他继续在上行中找到 *q*，写下它下方字母 B 作为第三环。完成字母链后，他逐次试验，写出这些字母，字母间空格逐次增大，直到能看出可能构成密钥词一部分的明文片段。通常，不必写完整个链条，他就能感觉到某次尝试将没有效果。本例中，可能系列出现在间隔 9 的位置——这就是两张表错开的距离。以此间隔完成字母链，以 ABOLISHMENT 为密钥的底表[2]就会形成：

间隔	1	2	3	4	5	6	7	8	9	10	11	12	13	14	15	16	17	18	19	20	21	22	23	24	25	26
1	N	Q	B	T	R	O	…																			
2	N		Q		B		T		R	…																
3	N	D		Q	V		B			T			R			O			C			U			E	
.	.	.	.	.	.																					
9	N	T	C	D						Q	R	U	V						B	O	L	I				

这类测定极其重要。知道了底表，分析员就更容易破译以此为基础但密钥不同的密电，也能破译非常短的密电。对隐藏密钥系统的观察还可能帮助他破译其他底表加密的电报。这个技术有多方面的应用，分析员一定对发明人弗里德曼感激不尽。

里弗班克 16 号出版物是 42 页的《连续密钥密码破译方法》（*Methods for the Solution of Running-Key Ciphers*），它演示了长密钥多表替代的破译方法，比卡西斯基方法技高一筹。弗里德曼建立了一个缩略密码，表内只有高频密钥字母和明文字母，以及它们在已知密码中的对应字母。具体到一封密报，“第一步是假设密钥文字和明文只包括”这些字母，列出能产生密报实际字母的可能组合，分析员尝试重排字母，从而得到密钥和明文都可读的文字，再互相比对，

[1]　译注：此处“间隔”多少指位置相差几。如 1 和 3 的间隔是 2。

[2]　译注：该表是首尾相接循环的。如表中第 3 行第 25 列 E 后面的 D，间隔三位后到了第 2 列。

扩展得到片段。17 号出版物是《密码破译方法导论》（*An Introduction to Methods for the Solution of Ciphers*），内容即如标题所示。18 号，《密码破译一览表和密码学书目》（*Synoptic Tables for the Solution of Ciphers and A Bibliography of Cipher Literature*）以一个与波尔塔设计类似的方表列出密码系统。

19 号是一个独创性尝试，旨在自动破译移位密码。《几何移位密码破译公式》（*Formulae for the Solution of Geometrical Transposition Ciphers*）的基本概念是莱诺克斯·洛尔（Lenox R. Lohr）提出的，他是当时在里弗班克学习的一个上尉，后任芝加哥科技博物馆馆长。尽管书上的公式用起来很顺手，分析员不必枯燥地写出大量试移位字组就能得到明文片段，但它们的破译对象——几何（或路径）移位——罕有使用，因此这部作品没多少实用价值。然而，它却是今天电脑技术的先驱。20 号，在《几种机器密码及其破译方法》（*Several Machine Ciphers and Methods for Their Solution*）中，弗里德曼详述了德维亚里对巴泽里埃斯圆柱密码的破译方法，给了它一个“复合系统”（multiplex）的类名；他还设计了惠斯通密码的破译方法，大概以他对普莱茨装置的破译为基础。21 号，《底表还原方法》（*Methods for the Reconstruction of Primary Alphabets*），是与弗里德曼夫人合作撰写的，承接了 15 号出版物的内容，扩展了其中的方法，使用于明文和密文部分两个不同的乱序字母表互相作用，得到附属密码。

里弗班克 22 号出版物写于 1920 年，那时弗里德曼 28 岁[1]，这部作品被一致看成是密码学最重要的出版物。它把这门科学带入一个新世界。《重合指数及其密码学应用》（*The Index of Coincidence and Its Applications in Cryptography*）描述了两种复杂密码系统的破译。但弗里德曼对证明它们的脆弱性不感兴趣，他只是用它们来阐述新的分析方法。1922 年，费边为省钱在法国印刷了它；卡蒂埃将军看到后极为赞赏，让人立即翻译出版了一部——把日期虚标成 1921 年，让人觉得好像是法国人的作品先问世！

这本册子记有弗里德曼发明的两种新方法，其中一种极为巧妙，弗里德曼用它还原密底表，无须对任何一个明文字母进行猜测。另一种影响更深远，密

[1] 译注：原文如此。弗里德曼生于 1891 年，1920 年当为 29 岁。

码学上第一次，弗里德曼把频率分布看成一个整体，看成是一条各点间具有内在联系的曲线，而不只是没有因果（历史）关联、以某种顺序偶然聚到一起的一堆单个字母，他在这条曲线上开始应用统计概念。这样做的结果无疑是开创性的，因为弗里德曼的天才之作，今天无数不可或缺的密码学统计工具才得以问世。

《重合指数》把两种方法混在一起，但分开理解更容易。而且，手册中用于统计方法的初步公式被另一个公式取代，后者是 1925 年弗里德曼破译一个机器密码时设计出来的，该机器使用密码转轮（或接线密码轮）。弗里德曼在这次分析中完善了他的理论，推出对现代密码学极其重要的两个参数。因此，虽然费了些时间，但以改进后的理论为起点似乎显得更加明智。

假设有一个装着 26 个字母的瓮。从中取出任一特定字母（如 *r*）的概率是 1 比 26，即 1/26。取两次，连续取出一对 *r* 的概率是多少呢？取出第二个 *r* 的概率是取出第一个 *r* 概率（1/26）的 1/26。因此，在单次（或“同时”）抽取中取出两个 *r*（每个瓮中取一个）的概率是 $1/26 \times 1/26$。同理，取出两个 *a* 的概率是 $1/26 \times 1/26$；两个 *b*，$1/26 \times 1/26$……因此，取出一对字母（任何一对，不管取出的是哪一对）的概率就是这些概率之和，即 $(1/26 \times 1/26) + (1/26 \times 1/26) + \cdots\cdots +$ $(1/26 \times 1/26)$，连加 26 次，即 $26 \times (1/26 \times 1/26)$，等于 1/26。这个量可写成小数 0.0385。

现在假设有一理想密电，密文字母频率完全均等——*a*、*b*、*c*……*z* 出现次数完全相等。多表替代法在不同程度上接近这个特征，并且出于分析需要，可认为它产生的是这样的密文。这些文字被称作是“随机的”，因为它们和从瓮中随机取字所得文字一样（每个字母取出记下后复投入瓮，摇晃瓮打乱字母，它们的出现完全由概率决定）。如果两段随机文字上下叠加，上下对应字母相同的概率会与从瓮中取出一对字母的概率一样，即 0.0385，或换个说法，在每 100 个竖对中有 3.85 个这样的重码。实验将会证实这一点。

现在假设一个瓮，按字母在常规明文中的比例（8 个 *a*，1 个 *b*，3 个 *c*，13 个 *e*……）装进 100 个英文字母。现在，取出某个特定字母的概率与其频率成正比。出现一个 *a* 的概率是 8/100，一个 *e* 是 13/100。如果有两个这样的瓮，

取出两个 *a* 的概率，如前所述，是各自概率之积，即 8/100 × 8/100；出现两个 *e* 的概率是 13/100 × 13/100。取出一对（任意一对）相同字母的概率是所有这些字母对概率之和：(8/10 × 8/100) + (1/100 × 1/100) + (3/100 × 3/100) …… 直到把 26 个字母加完。有人已经计算过（使用稍有区别的频率表），结果是 0.0667。

这两个明文瓮同样可以用两串明文代替。如果两串明文叠加，竖列字母相同的概率和从两个瓮中取出同样字母的概率一样，即 0.0667，每 100 个字母对有 6.67 对相同。例如：

```
                                                          *    *
文本A          whenin the courseofhumaneventsitbecomesnecessaryforo
文本B          fourscoreandsevenyearsagoourfathersbroughtforthupo
               *     **              *    *
文本A（续）    nenationtodissolvethepoliticalbandsthathaveconnect
文本B（续）    nthiscontinentanewnationconceivedinlibertyanddedic
```

100 对字母中有 7 对重码[1]——与理论预测完全一致。

因为数值 0.0385 和 0.0667 相当重要，两者都有了名字。第一个名为“κ_r”，读作“卡帕（Kappa）下标 r”（r 表示 random［随机］），第二个叫“κ_p”，读作“卡帕下标 p”（p 表示 plaintext［明文］）[2]。自然，它们在其他字母表和其他语言中各不相同。例如，对于俄语的 30 个西里尔（Cyrillic）字母，κ_r 是 30 × 1/30 × 1/30，即 0.0333。κ_p 随频率特征变化而变化。因此，它在法语中是 0.0778；德语中为 0.0762；意大利语中是 0.0738；西班牙语 0.0775；俄语 0.0529。

确定了 κ 值，分析员就能方便快速地找到密码分析中一个最重要、最常见问题的答案：如何叠加两份以上密文，使得每列中的字母由同样密钥字母加密。不同密信使用极长密钥（如机器产生的密钥）中的相同片段加密时，就会出现这个问题。这些重叠部分的发现开启了应用克尔克霍夫破译法的大门。以 κ 值为基础的测试被称为“kappa 测试”，它从定量上指出，某个叠加是否把

[1] 译注：注意表的上段第 9 列两个重合的 e、下段第 9 列两个重合的 t 没有标出。因此这里实际有 9 对重码。

[2] 原注：希腊字母 κ 一般用于数学中表示常数。

同样加密的明文放到一起。

要理解这一点，首先请明白，两段单表加密文字的重叠将在每 100 个竖对中产生 6.67 对重码的 κ 值，即 6.67% 的重码。这是因为不管这些字母是否有密文伪装，重码都会出现。这种计算不必识别字母，只需记下重码数量。通过同一符号——这一点很重要——用相同密钥加密、叠加的同步两段“多表替代”密文也将显示 6.67% 的重码。理由如下：正确（同步）叠加时，每对竖行字母由同一密钥字母加密。这样不管明文中何时出现重码，那一对字母总是同样加密的。结果是，密文中产生了一对同样字母——重码。一对 *e* 在某处加密成 V，在另一处加密成 Q，或一对 *a* 变成此处的一对 L，另一处的一对 F，这些都没有关系。重码的总数都和其在明文中的数量相同。

另一方面，如果两封密电叠加不正确，密钥不同步，所有重码都将是偶然产生的相同密文字母，由不同密钥字母运行于不同明文字母导致。换句话说，重码是偶然造成的。仅凭偶然，随机文字将在 100 对竖列中产生 3.85 个重码，而多表替代密文相当于随机密文。因此，不正确叠加应产生约 3.85% 的重码。3.85% 比 6.67% 要小很多，比较各次测试叠加，不同的重码率会显示出哪次叠加是正确的。

一个例子能够清楚说明这一点。使用连续密钥 THE BARD OF AVON IS THE AUTHOR OF THESE LINES……[1] 加密的密信，第一封密电从第一个密钥字母开始应用密钥，但随后的电报则从第三、第五……个密钥字母开始使用密钥。如果明文 1 是 *If music be the food of love, play on*，明文 2 是 *Now is the winter of our discontent*，则加密如下：

密　钥　　T H E B A R D O F A V O N I S T H E A U T H O R O F T H
明文1　　i f m u s i c b e t h e f o o d o f l o v e p l a y o n
密文1　　B M Q V S Z F P J T C S S W G W V J L I O L D C O D H U

密　钥 (TH)　E B A R D O F A V O N I S T H E A U T H O R O F T H E S E
明文2　　n o w i s t h e w i n t e r o f o u r d i s c o n t e n t
密文2　　R P W Z V H M E R W A B W K V J O O K K W J Q T G A I F X

[1]　译注：大意为，莎士比亚（bard of avon）是这些诗的作者……

一个分析员拿到这两封密电，会把它们叠加起来，让两电从同一处开始：

```
密文1 B M Q V S Z F P J T C S S W G W V J L I O L D C O D H U
密文2 R P W Z V H M E R W A B W K V J O O K K W J Q T G A I F X
```

因此处纵向有 28 对字母，分析员为叠加目的，期望出现 28×0.0667 个重码，即 1.8676，约为 2。但实际上他一个也没找到，因此把第二封密电右移一位，再次尝试。这时将有 27 个竖对，分析员再次计算此长度的随机偶合和正确叠加文字重码的理论预期值，与他实际观察到的值比较。这样，一段错误叠加的文字会产生完全由偶然因素导致的 $27 \times 0.0385 = 0.9695$[1]，约为 1 个重码，而正确叠加会产生 $27 \times 0.0667 = 1.2369$。（这些微小差别在更长的文字中会更显著。）此处出现一个重码：

```
                                *
密文1 B M Q V S Z F P J T C S S W G W V J L I O L D C O D H U
密文2   R P W Z V H M E R W A B W K V J O O K K W J Q T G A I F X
```

因为此处字母太少，偶然值和非偶然值的区别太小，分析员会怀疑这实际上是不是随机结果（实际的确也如此：上行 w 是明文 *o* 用密钥 I 加密的结果，下行 w 是明文 *e* 用密钥 S 加密的结果），尝试下一个叠加。至此重码的数量立即上升，此时的叠加显然是正确的。

```
                *                     * *
密文1 B M Q V S Z F P J T C S S W G W V J L I O L D C O D H U
密文2     R P W Z V H M E R W A B W K V J O O K K W J Q T G A I F X
```

如果分析员还想继续，他会发现下一次叠加的重码数又一次跌到 2，这时他会从第三次叠加开始破译。

这就像相对移动有宽板条和不规则窄缝的两块同样的尖桩篱栅，每次移动约 3 厘米。时不时地，当两条窄缝偶然重合时，光线会透进来。但是当两块栅栏正确对齐时，突然光芒四射，光一下子从所有缝隙中透入。密电也是这样：

[1] 译注：原文如此。$27 \times 0.0385 = 1.0395$，下文计算亦有误，$27 \times 0.0667 = 1.8009$。

即使多表替代密钥为相同明文字母生成不同密文字母，但正确叠加能使明文中隐藏的重码脱颖而出。

kappa 测试在现代密码学中的重要性，怎么说都不过分。计算机能以每秒数千次的速度自动进行上下比对，确定重码数，比较得数与两个理论值，发现正确叠加时发出信号，或自动将文本移动一位，再次尝试。密码机使用上百万字母的长密钥，给叠加制造障碍，然而报量巨大时，几封密电有可能用这些密钥的重叠部分加密。发现这些密钥重叠部分需要测试几十甚至几百封密电，只有计算机化 kappa 测试才使这种做法成为可能。如果发现足够多的同密钥密文，堆积起足够高的列，一次克尔克霍夫攻击（对列的频率分析，加上水平方向明文猜字，辅以位对称法重建密码表）即可破译密电。kappa 测试就这样打开了破译最复杂现代密码的大门。

参数 κ_p 和 κ_r 又催生了另两种以希腊字母命名的测试，“phi 测试”和“chi 测试”[1]，两个都来自重合这一基本原理。与频率统计为方便理解把分散的单个字母集中起来一样，phi 测试和 chi 测试把分开的单个频率统计表合并起来，使之易于比较。这两种测试由弗里德曼的助手之一所罗门·库尔贝克（Solomon Kullback）博士于 1935 年发明。因为在《重合指数》中，弗里德曼的最初测试已经被 chi 测试取代，给出后者似乎更加合理。

phi 测试为基础性测试，可以确定某个频率统计反映的是单表替代加密还是多表替代加密。通过测试列中字母是否符合单表替代特征，它可以用于确定某次卡西斯基分析确定的密钥周期是否正确。若周期正确，对列的频率统计将显示单表替代特征；若不正确，则其结果只会是随机的。

要使用这一方法，密码分析员首先把密信字母数（N）乘以比该数字小一的数（$N-1$），再把积乘以 κ_r，求出多表替代的理想 phi 值（ϕ_r）；他再用 κ_p 进行同样操作，求单表替代的理想 phi 值（ϕ_p）。他记下这两个值，统计密文频率，把每个字母出现次数（f）乘以（$f-1$）。积相加。如果和（观测 phi 值）与多表替代的理想 phi 值相比，它更接近单表替代的 phi 值，这个频率统计就是单表替代的，反之亦然。例如一封 26 个字母的密信，期望 phi 值如下：

[1]　译注：phi 测试（phi test），phi 是希腊字母 ϕ。chi 测试（chi test），chi 为希腊字母 χ。

$$\varphi_r：26 \times 25 \times 0.0385 = 25$$

$$\varphi_p：26 \times 25 \times 0.0667 = 43$$

通过密信频率统计，得到 phi 的观测值：

	A	B	C	D	E	F	G	H	I	J	K	L	M
频率（*f*）	·	2	·	·	1	1	3	4	·	·	·	·	1
***f*×(*f*−1)**	0+	2+	0+	0+	0+	0+	6+	12+	0+	0+	0+	0+	0+

	N	O	P	Q	R	S	T	U	V	W	X	Y	Z
频率（*f*）	·	1	1	2	2	2	2	1	·	1	·	1	·
***f*×(*f*−1)**	0+	0+	0+	2+	2+	2+	2+	0+	0+	0+	0+	0+	0 = 28

phi 的观测值为 28，相当接近多表替代的期望 phi 值；因此，这次统计依据的一堆字母多半是多表替代。这种测试可以十分精准地确定那些分布较少的字母，但目测无法做到这一点。

通过使用这一步骤，chi 测试可以比较两种频率分布。不管是单表还是多表替代，它都可以确定它们代表的字母是否为同一密钥加密。例如，它可以指出两封维热纳尔密报是否用了同一个密钥词，更重要的是，在克尔克霍夫叠加法中，它可以找出用同一密钥字母加密的列，从而使字母统计——数量通常极为稀少——得以合并进行。

不管测试的是单表还是多表替代分布，原理都一样，仅有的区别是 κ_r 用在多表替代，κ_p 用在单表替代的计算中。chi 测试一次只比较两个分布。测试步骤是：用一个分布的字母数乘以另一个分布的字母数再乘以 κ_p 或 κ_r，得到期望 chi 值。再用一个分布中字母 *a* 的数量乘以另一个中的 *a* 数量，*b* 个数乘以 *b* 个数……积相加之和即为观测 chi 值。如果观测 chi 值合理接近期望值，该分布就代表用同一密钥加密的字母集。

例如，下述三个统计结果都是单表替代。它们是不是同一个密钥加密的呢？

	A	B	C	D	E	F	G	H	I	J	K	L	M	N	O	P	Q	R	S	T	U	V	W	X	Y	Z	合计
1	•	1	•	1	•	4	•	1	3	2	1	•	2	4	•	•	1	1	•	2	1	1	•	•	•	•	25
2	2	1	2	2	•	2	3	•	•	4	•	3	4	•	3	•	•	•	•	•	6	•	•	•	2	1	35
3	•	•	•	1	•	2	2	1	•	2	•	4	1	1	•	•	•	1	•	•	2	•	•	2	•	•	19

因为是单表替代，计算中使用 κ_p：

			期望 chi值
1和2	25×35×0.0667	=	58
1和3	25×19×0.0667	=	32
2和3	35×19×0.0667	=	44

单个字母相乘产生下述结果：

	A	B	C	D	E	F	G	H	I	J	K	L	M
1×2	0 +	1 +	0 +	2 +	0 +	8 +	0 +	0 +	0 +	8 +	0 +	0 +	8 +
1×3	0 +	0 +	0 +	1 +	0 +	8 +	0 +	1 +	0 +	4 +	0 +	0 +	2 +
2×3	0 +	0 +	0 +	2 +	0 +	4 +	6 +	0 +	0 +	8 +	0 +	12 +	4 +

	N	O	P	Q	R	S	T	U	V	W	X	Y	Z	观测 chi值
1×2	0 +	0 +	0 +	0 +	0 +	0 +	0 +	6 +	0 +	0 +	0 +	0 +	0 =	33
1×3	4 +	0 +	0 +	0 +	1 +	0 +	0 +	2 +	0 +	0 +	0 +	0 +	0 =	23
2×3	0 +	0 +	0 +	0 +	0 +	0 +	0 +	12 +	0 +	0 +	0 +	0 +	0 =	48

唯一有点接近的期望 chi 值和观测 chi 值出现在 2 和 3 的统计中；因此它们的密信被看成同样加密的，可以在各方面合并处理，这一点大大便利了明文字母识别。在列高度只达到 10—15 个字母的克尔克霍夫叠加中，chi 测试使得破译成为可行。

同样步骤还可用来正确对齐被相对错开的频率分布——统计样本较少时，这是一个凭目测几乎不可能完成的任务。例如，密码分析员知道两份频率统计表示同样密码表，但相对常规字母表的位置各不相同。他可以对两份 26 种可能排列中的每一种执行 chi 测试，查出在哪个位置它们代表同表加密。如果分析员可以确定这一点，他就能知道一个字母需要滑动多少位置与另一份匹配，从而得知它们的相对位移。这个知识在弗里德曼《重合指数》描述的另一方法中所起的作用非常关键。

在那篇出版物中，他分析了两种密码，其中之一是一个渐进式密码表系统。为简化起见，可把它想象成一个圣西尔拉尺，每个明文字母加密后，它的乱序密码表前移一位。密钥周期为26，密码分析员可以很容易把一封密报字母分成26列，每列由拉尺的一个表加密。如果密码分析员在拉尺一格格前进时注意某个密码字母表，他会发现这个字母在任一给定位置都具有上方明文字母的频率。带着这个频率，它进入到拉尺所处表的列中，并且把这个频率“存放”在该列的频率统计中。在拉尺的下一张表中，它又裹挟了此刻在它上方的明文字母的频率，并且再次把那个明文字母的频率落到代表该表列的频率统计中。现在，密码分析员分析他的26份频率统计，它们分别代表随密钥推移拉尺所处的各个连续位置。他从连续统计中选出这个字母，不同频率显示出它经一路推移所代表的不同明文字母。观察这一点的目的是，这些连续频率反映了明文字母在明文字母表中的顺序。如果这个顺序正好是自然序，事情就简单了，但顺序本身对随后的分析无关紧要。

一个密文字母生成这个频率模式时，另一个密文字母也如此。因为另一个密文字母一路穿过明文字母表中的字母时，它也能生成高高低低的频率，这些高低同样反映了明文字母表中的字母顺序。两个曲线实质上是一样的，只是明文中通常具有的一些微小差别，使它们稍稍有异。现在，如果一个字母在密文拉尺中另一个字母之前，假设是前三个位置，从它穿过26个频率统计角度看，它的曲线将明显比另一个字母的曲线推前三个位置。因此，如果分析员可以确定曲线间的相互位移，他就能确定这两个密文字母在密码表中的相对位置。通过以这种方式确定所有密文字母的相对位置，分析员可以还原整个密码表！甚至都不需要猜测一个明文字母！

弗里德曼发明了chi测试的前身，用于比较频率模式，确定位移。这个比较是一个聪明巧妙的做法，在复杂系统，尤其是在使用推移式密码转轮的密码机分析中应用广泛，但它的影响不能与统计概念相提并论，弗里德曼在《重合指数》中提出了这两个概念，密码学面貌从此焕然一新。

弗里德曼之前，密码学是一门独立学科、自生自灭，既不汲取也不对其他知识体系做出贡献。频率统计、语言特征、卡西斯基分析——这些都是密码学独特的、专用的。它是科学世界的隐士。弗里德曼将密码学领出这片不毛之地，引入广阔丰富的统计学领域。他在密码学和数学间架设了桥梁。这个跨域的感觉一定像极了化学家在弗里德里希·维勒（Friedrich Wöhler）合成尿素时的感受。尿素的合成表明生命过程遵循众所周知的化学规律，因而可对之进行实验和控制，由此导致今日的生物化学大发展。弗里德曼将密码分析归入统计学门下时，推开了一扇密码学通向武器库的新大门。这些武器——集中趋势与离散、一致与偏离、概率、采样和显著性等的度量——被完美打造出来，用于处理字母和单词的统计特征。自此以后，分析员抄起这些武器，用它们取得了一个又一个胜利。

这就是为什么，弗里德曼回顾职业生涯时说，《重合指数》是他唯一最伟大的作品。仅此，他足以功成名就，但实际上，这只是刚刚开始。

1920 年岁末，弗里德曼夫妇离开里弗班克，那里的气氛变得令人难以忍受。一战后，费边诱使他回来，给他涨工资，承诺完全由他自主决定是证明还是推翻莎士比亚戏剧中的密码。但费边压制了每一个推翻的尝试，并在讲述该主题的幻灯片课程上让弗里德曼难堪，迫使他屈从。1921 年 1 月 1 日，弗里德曼与通信兵部队签订了一项为期六个月的合同，为它设计密码系统。合同到期后，他被招进陆军部文职队伍，年薪 4500 美元。

最初，他的工作之一是在通信学校教授军事代码和密码课程，当时该校设在新泽西州阿尔弗雷德韦尔兵营。他为教学写了一本教材，首次统一了一团乱麻的密码系统和术语。这些系统和术语以令人眼花缭乱的各种形式出现，作者们各执一词，例如，他们几乎不考虑维热纳尔和格伦斯菲尔德系统间的密切联系。弗里德曼以内在结构而不是外在特征把它们分门别类。他的分类逻辑严密而实用，已经成为标准。他在他的分类基础上建立术语，因此他创造的术语最大优点就是使各类密码间的关系一目了然。一个例子是一对互补术语“单表替代”和“多表替代”；吉维耶热当时甚至用一个几乎无法理解的“双重替代”（double substitution）称呼多表替代系统，这个词压根没给出任何与系统有关的信息。弗里德曼创造的最重要词汇是“密码分析”。他于 1920 年造出这个词，消除了一个长期给密码学带来混乱的祸根——动词“解密”（decipher），当时既指合法，也指未经授权将密信转换成明文。弗里德曼把他的书命名为《密码分析原理》（*Elements of Cryptanalysis*），这个术语被广为接受，成为今天口头交流和文本中的通行词汇。

虽然该书的主要贡献在它的分类方法，但在这本 143 页图书的字里行间，每一页都清楚显示，作者一直致力给读者讲清每件事的来龙去脉。最终，学生理解了原理和现象，将这些课程铭刻于心。部分由于教学效果，部分由于其内在价值，1923 年 5 月，弗里德曼的书由主任通信官签发，作为 3 号培训手册，自此它一直指导着美国整个密码学的发展。

1922 年初，弗里德曼成为通信兵部队主任分析员，负责主任通信官办公室下属的研发处（Research and Development Division）代码和密码编制科（Code and Cipher Compilation Section）。他有了一个专门打字员协助他执行部门工作，那是个耳朵被打成畸形的前职业拳击手。因为雅德利的黑室当时为陆军部破译密码，所以弗里德曼的职责名义上是编码。他把 M-94 密码机（或杰弗逊—巴泽里埃斯圆柱）设为陆军战地密码。矛盾的是，他的工作涉及大量密码分析，他不断测试热心业余爱好者催促陆军采用的“绝对不可破”的新编码系统。

这些系统中最难解的是爱德华·赫本（Edward Hugh Hebern）发明的密码机。它有五个接线密码轮（转轮），工作原理在今天高级编码中得到广泛应用。每个转轮产生一个渐进式密码，1925 年弗里德曼发明出 kappa 测试，进一步发展了他在《重合指数》中的分析方法，将其用于确定转轮的顺序和起始位置。五个渐进式密码盘根错节，交织成一个如噩梦般错综复杂、令人生畏的密码，但在后来的一次破译中，弗里德曼理出头绪，还原了转轮接线。这次工作至关重要，因为它为“紫色”密码机和今天许多现代转轮密码机的破译打下了基础。这项技术远远领先于时代，据我所知，世上还没有哪个分析员能够复制它——显然，20 多年里没人做到。随着弗里德曼的破译，美国接过密码学的金钥匙，成为世界的领导者。

弗里德曼的研究领域不断扩展。1922 年，他首次提交了两项专利申请——对吉尔伯特·弗纳姆（Gilbert S. Vernam）最近发明的一个装置，他做出了改进。1924 年，在蒂波特山丑闻[1]中，他就自己解读的一些密信在国会委员会上作证。几个月后，火星运行至近地点时，他投身“咆哮的 20 年代”[2]的疯狂，做好了随时解读一切火星人可能赐予人类启示的准备。到 1927 年，他重回尘世，为出席国际通信大会的美国代表团写了一本商业电码历史和理论的书，当时大会正在热烈讨论作为电报计费基础的电码词是否发音的问题。次年，他出任布鲁塞尔国际电报会议（International Telegraph Conference of Brussels）美国代表团秘书、技术顾问。1929 年，《不列颠百科全书》发表了他论述“代码和密码”的词条，弗里德曼成为世界知名的密码学权威。

同一时期，陆军一直在调研其分散四处的密码活动。国务院撤回对雅德利机构的支持前不久，陆军决定把密码编制和分析职责一起并入通信兵部队。黑室的关闭推动了这次转变，1929 年 5 月 10 日，密码职责移交给主任通信官。为更好履行这些职责，通信兵部队在其战争计划和训练部下设了一个通信情报处，弗里德曼任主任。通信情报处的正式职责是编制陆军代码和密码，战时截收和破译敌军通信，平时做必要的培训和研究——一个相当模糊的概念——要求战争爆发时能立即投入行动。为执行这些任务，弗里德曼雇了三个初级分析员，每人年薪 2000 美元。三人都二十出头，是美国二代分析员中的第一批。他们是所罗门·库尔贝克、亚伯拉罕·辛科夫（Abraham Sinkov）和弗吉尼亚人弗兰克·罗利特。三人是大学朋友，来华盛顿前都在纽约市的中学任教，几年后都获得数学博士学位。通信情报处由此开始扩张，最终成为今天的庞大密码组织。

此时海军也有自己的密码部门，和陆军一样，它也是一步步发展起来的。

一战期间，海军按它现在的形式重新组织，设立了海军作战部长。编码职

[1]　译注：1922 年左右，未经竞争投标，美国内政部长福尔（Albert B. Fall）收受贿赂，将怀俄明州蒂波特山及加州另两处海军石油保留地以低价租给私人石油公司。事件败露后，他成为美国第一个锒铛入狱的内政部长。

[2]　译注：Roaring Twenties，北美（美、加）20 世纪 20 年代这段时间，激动人心的事件层出不穷。无数具有深远影响的发明创造，前所未有的工业化浪潮，民众旺盛的消费需求与消费欲望，以及生活方式翻天覆地的彻变，至今令人难以忘怀。

责一直由航海局负责，1917 年 10 月，该任务转给新成立的海军通信处。四名年轻的海军助理通信官——有一个人不幸地缩写为“ASSCOMS[1]”——在国务院—陆军—海军老大楼办公室加密、解密信息，雅德利也在那里工作。早在密码职责转给海军通信处之前，他们就在做这项工作。一次，海军丢失了一本作战通信本，发出问询后，自以为能够解决海军密码安全问题的各地业余爱好者纷纷来信。这些信转到高级助理通信官史密斯海军中尉手里。他接受了这些密信挑战，破译了它们，在此过程中学到了大量密码知识。

1916 年，海军有三种主要代码：陈旧笨重、很少使用的 1887 年机密代码；五字母的 SIGCODE 代码，仅供军官使用，有各种密码，一些密码给旗舰官用，一些给所有海军船只用；四字母的无线电代码，最低密级，可由士兵操作。但海军陆战队在海地登陆时，收到一封国务院用 SIGCODE 加密的电报，其明文被公开，海军认为 SIGCODE 代码已经失密，指定史密斯编制一部新代码。

“这是一项庞大的工作，”他回忆道，“首先，我简化了它，但增加了词汇……剩下就是一个更棘手的问题：五字母代码组和明文都顺序排列。这可不行。我把字母表字母打乱排列成所有可能的五字母组[2]，竖着打印出来，剪开，丢到一只桶里，打乱后一次从里面取出一组，打印在相隔两倍行距的列内，与要加密的明文单词或短语相对应。枯燥的工作。”粗糙且费时，A-1 海军代码直到美国加入一战后才完成，由政府印刷局印刷。

史密斯编制代码时，美国海军在海军通信处设立了一个履行编码职责的密码与通信科。负责人拉塞尔·威尔森（Russell Willson）海军上尉设计了带有固定指示的条形杰弗逊圆柱，作为一种高级加密系统。金属框架和刻着乱序字母表的金属条在华盛顿东南的海军枪炮厂制造。这个装置被称为“NCB”（意为“海军密码盒”[Navy Code Box]），于 1917 年启用。（1935 年，国会因海军使用该装置奖给威尔森 1.5 万美元，当时该装置仍在使用。）当时，史密斯想指挥部队，将来好当指挥官，不想成为坐在办公桌前的专家。1918 年 1 月，他启程参战，发誓再也不回归通信工作——他确实做到了。这也难怪，像他这样

[1] 译注：assistant communication officer（助理通信官）。Ass 是个骂人的词。

[2] 原注：夸张的说法。26 个字母，5 个一组实际上有 11881376 种可能排列，远远多于任何所用代码。

的编制代码经历会让任何人厌恶密码工作。（但他却写了一篇阐述普莱费尔密码破译的经典文章，收录在麦克贝斯［J. C. H. Macbeth］翻译、安德烈·朗吉［André Langie］的《密码学》［*De la cyptographie*］一书中。）

海军参与一战程度有限，密码分析没有取得大的发展，但人们对它的兴趣被激发出来，因此 1924 年 1 月，劳伦斯·萨福德海军上尉奉命在密码与通信科下建立一个无线电情报组织。两年后，他出海履职时，一个高度机密的小组织已经在宪法大道“临时”海军部大楼 2646 号房间运转。1926 年，埃利斯·扎卡赖亚斯（Ellis M. Zacharias）海军上尉曾与这个密码分析组织一起受训 7 个月。他描述如下：

> 我每天与他们一起工作学习，保密已经成了他们的第二本能。几小时过去了，没人说一句话，只是静静地坐在一堆编号纸前，上面画着莫名其妙、乱七八糟的数字或字母，他们试图一点点解开谜语，就像把四分五裂的七巧板拼到一起。2646 号房间当时只有我们几个献身密码事业的年轻人，犹如带着清心寡欲的奉献精神进入修道院的青年。大家都知道，因为工作保密原因，我们无法得到其他成就通常得到的那种奖赏。就是那时，我开始认识到，情报工作和美德一样，本身就是奖赏。

见习结束后，扎卡赖亚斯负责位于美国驻上海领事馆四楼的一个截收站，疯狂地从日本海军密电中汲取营养。1929 年 6 月，萨福德回归密码工作，自此以后，除了 1932—1936 年的四年海上服务外，他一直与这门科学打交道。他建立了后来成为海军通信保密科的通信情报组织，自己改进了爱德华·赫本的转轮机械，逐步发展出适应海军快速、可靠、保密要求的密码机。因为他的才能更多体现在管理和机械领域，他对密码分析的贡献不大，但他是当今美国海军密码组织的缔造者。

在海军部隔壁的军需大楼，弗里德曼开始指导对代码和密码一无所知的初级分析员，带领他们穿过晦暗的迷宫。他们从中发现了自己的密码天赋。1931

年11月，他们和弗里德曼用了几个小时，破解了派克·希特向国务院兜售的一款自己发明的密码机。希特当时在国际电话电报公司（ITT）工作。1934年，他们写出一篇论文，论述ADFGVX密码的通用破译；1935年，库尔贝克设计出phi测试和chi测试，发表在一部重要专著《密码分析中的统计方法》（*Statistical Methods in Cryptanalysis*）中。弗里德曼写了《初级军事密码学》（*Elementary Military Cryptography*）、《高级军事密码学》（*Advanced Military Cryptography*）和《军事密码分析》（*Military Cryptanalysis*），最后一本作为陆军深造课程教材，是对《密码分析原理》一书的扩充。分成四部分的《军事密码分析》成为有史以来出版的最优秀、最清楚的基本密码破译论述。

尽管面临大萧条和孤立主义，陆军通信情报处一直在扩张。1934年7月，通信情报处学校正式成为一个独立部门时，曾在该校（教职员中有弗里德曼及其助手）学习的普雷斯顿·考德曼（W. Preston [Red] Corderman）中尉成为教官。1935年8月，哈斯克尔·阿利森（Haskell Allison）少校接替弗里德曼成为通信情报处行政首长，但弗里德曼继续指导密码活动。通信情报处第一次大规模扩张始于1938财年，文职雇员数量（包括办事人员）从6人增加到11人，人员预算为24360美元。

这一时期，弗里德曼的兴趣进一步扩展。他在学术文章中讨论埃德加·爱伦·坡[1]和儒勒·凡尔纳[2]的密码水平；破译早期密码学作者出的密码题；研究如齐默尔曼电报和美国远征军战地代码之类的历史问题。他让人翻译他的重要作品，注上无处不在的“W. F. F.”[3]；他继续专利发明。不幸的是，夹在保密需要和成名欲之间，他经常占着茅坑不让——如果他得不到那份荣耀，别人也休想。他的常规策略是贬低业余爱好者的贡献，称之为“不专业”，其实这些贡献通常颇有价值。他妻子曾在禁酒令期间破译私酒贩密码，还在为财政部工作。他们生养了两个孩子，芭芭拉和约翰·拉姆齐。

30年代后期，战争危机迫近，美国陆军加速了动员进程。通信情报处是整

---

[1] 译注：Edgar Allen Poe（1809—1849），美国短篇小说家、诗人、评论家。

[2] 译注：Jules Verne（1828—1905），法国小说家，最早的科幻小说家之一，常预料到未来的科技发展，如潜艇、太空旅行等。

[3] 译注：弗里德曼姓名首字母缩写。

个陆军部第一个在人员、场所和设施方面得到补充的机构。1939 年 11 月 2 日，该处要求增加 26 个文职雇员，获得批准。入选的平民、士兵和海军预备役军官获准进修原来只对陆军预备役军官开放的深造课程；到 1939 年 6 月 30 日，招生总数达到 283 人，几个美国密码协会会员被招了进来。1939 年 1 月 1 日，为通信情报处提供截收电报的 6 个野战通信连整合成一个第二通信连，额定编制为 101 名士兵。

背后推动这次扩张的是主任通信官、曾经的密码分析员、现在的陆军中将约瑟夫·莫博涅。1938 年 4 月 23 日，作为通信情报处升级的第一步，他把它设为部下一个独立机构。正是在他的指示下，通信情报处集中全力破译日本"紫色"密码，而且他还敦促长期密友弗里德曼领导这次破译。弗里德曼接受了——他在黑暗科学上的耀眼才能照亮了前进道路，通信情报处团队在史上最艰苦、最难熬、最漫长的密码分析中艰难攀登，最终到达顶峰。这是 1940 年 8 月，弗里德曼 48 岁。他征服了密码学珠峰，抵达了这个职业生涯的顶点。几个月后，这支队伍的队长倒在破译的劳累中。1941 年 1 月 4 日，弗里德曼因为精神失常，住进沃尔特·里德全科医院，3 月 24 日出院。带着永久残疾，他不得不从通信兵部队后备役中校职务退休。

从这以后，上级每天只允许他工作几小时，而且只干轻松的通信保密工作。虽然他还是陆军部主任分析员，但整个二战期间，他担任通信情报处（其间有过各种名字，主要是通信保密局［Signal Security Agency，SSA］）通信研究主任。这是个很高的职位，当他访问截收站或其他密码岗位时，会为他举行阅兵仪式。二战大部分时间，他都在阿灵顿霍尔站度过。阿灵顿霍尔位于弗吉尼亚郊区，以前是一所女子学校。几千人曾在那工作，其中不少人还记得在寒风中等公共汽车时，那个系着领结、衣冠整洁的大胡子把车停下，把他们带到华盛顿的情景。

1945 年 9 月 15 日，通信情报处与通信兵部队分离，更名为陆军保密局（Army Security Agency，ASA），隶属参谋部情报分部，弗里德曼继续担任他的主任职务。1949 年，美国武装部队保密局（Armed Forces Security Agency，AFSA）成立，他成为技术部门主任。1952 年，国家安全局（National Security Agency，NSA）取代该机构，处理美国大部分密码事务，弗里德曼任首席技术顾问，两年后成为局长特别助理。自 1947 年起，他还一直是国防部密码分析员。

1955 年，弗里德曼退休，卸下一切职务，但依然作为顾问。1944 年，他获得陆军部最高文职勋章“杰出文职服务勋章”（Commendation for Exceptional Civilian Service）；1946 年，杜鲁门总统授予他“功勋奖章”，这是美国政府授予的最高文职荣誉。表彰词自然是模糊不清的，只提到（颁发功勋奖章时）“在提供杰出服务中，有着明显非同一般、值得表彰的优秀表现”。1955 年 10 月 12 日，在一次有 500 人参加的弗里德曼退休典礼上，中情局局长艾伦·杜勒斯[1]出人意料地把一枚国家安全局勋章别在他胸前。授勋仪式刚过所拍摄的一张照片显示，弗里德曼一脸惊喜地站着，显然在拼命忍住眼泪，杜勒斯、辛科夫、库尔贝克和国家安全局局长拉尔夫·卡奈因（Ralph Julian Canine）少将在鼓掌。这枚勋章是与国家情报活动杰出成就有关的最高奖章，是自 1953 年创立以来授出的第六枚。

职务压力减轻后，弗里德曼夫妇回到他们密码事业的最初领域——培根密码[2]。他们在一篇非常全面的长篇报告中总结了一生的经历，这本书为他们赢得 1955 年福尔杰莎士比亚图书馆文学奖。这就是弗里德曼退休后，夫妻两人合作撰写的《莎士比亚密码研究》（*The Shakespearean Ciphers Examined*），1957 年由剑桥大学出版社出版。按《纽约时报书评》的说法，他们不仅用“铺天盖地的证据揭示了伪密码”，还给读者独家展示了各种伪密码分析家的嘴脸。弗里德曼夫妇此处出人意料的（对只研读过技术性作品的人而言）个性描写彰显了他们的机智和才能。

因为保密原因，弗里德曼不能出售他为政府发明的密码机。为补偿他的损失，1956 年第 84 届国会表决通过，同意支付他 10 万美元。这标志着六年前开始的一场战斗以胜利结束。当时他的律师说道，根据现有法律，他无法通过起诉挽回损失，只能寻求立法救济。“工作压力巨大，”他们在一篇请求国防部不要反对这项议案的备忘录中宣称，“自 1921 年以来，持续保密所带来的责任重

---

[1] 译注：Allen W. Dulles（1893—1969），1952—1961 年任中情局局长。

[2] 译注：“培根密码”（Baconian cipher 或 Bacon’s cipher）现已成为一个专门词汇，表示培根发明的一种隐写方法，本书第 24 章有详细介绍。此处显然不是此意。培根派（Baconian）认为，莎士比亚戏剧的真正作者是培根，培根则把他的作者身份用密码隐藏在这些戏剧中。

担是损害弗里德曼先生健康的主要因素。现在，健康状况每况愈下，他的生活日益艰难。鉴于此种考虑，我们最终恳请国防部对此事给予关注。”

与此相关的是 1933 到 1944 年间的九项发明，其中两项在罗利特协助下完成，但法案并不仅限于这些发明。这九项发明中，两项发明非常机密，从未提出过专利申请。四项为专利局机密：三项与一种转轮密码机“M-134-C 转换器”（Converter M-134-C）有关，一项与“M-288 转换器”有关。三项签发了专利：一种条形杰弗逊圆柱，一种转轮密码机“M-325 转换器”，一种传真加密系统。

“美国采购根据弗里德曼先生发明原理制造的设备价值近千万美元，”1953 年，陆军部长致信国会，支持弗里德曼案，“大部分采购发生在二战作战期间，他的全部发明被大规模应用……在他受雇的情况下，政府至少拥有弗里德曼先生发明的非独家许可，弗里德曼先生有权保留其他应用的权利。然而因为保密原因，弗里德曼先生无法从他的发明中获得商业上的或来自外国政府的利益。”

这个法律问题错综复杂，因陆军—麦卡锡听证会（Army-McCarthy hearings）出名的陆军部长罗伯特·史蒂文斯（Robert T. Stevens）认为弗里德曼应得到“合理补偿”——但总额只有 2.5 万美元。第二年，他转变看法，同意 10 万美元“没有超过‘充分补偿’的限度”。这是国家安全局局长卡奈因重新评估的结果，他评论说，外国政府间有巨大的密码机市场，弗里德曼的杰出发明将给予他巨大竞争优势。预算局质疑这个奖励，理由是它不符合政府有关联邦雇员制定的有关秘密发明的政策。它还反对该奖励表面上的主要动机之一：弗里德曼的杰出成就。他的律师不断提出申诉，反对奖励将带来财务损失这一说辞——他们每次都能从弗里德曼的履历中找到有利论点。

在这场马拉松谈判中，两项有关弗里德曼的救济议案先后在委员会审议中夭折。最终，参议院专利、商标和版权小组委员会就第三项议案举行听证会。听证会很短，主要因为主持听证会的参议员约瑟夫·奥马霍尼急于到参议院发言。证人们——主要包括弗里德曼的律师和瑞典密码机制造商鲍里斯·哈格林的律师——对商业密码市场的光明前景发表了长篇大论。二战中，弗里德曼为美国陆军订购了哈格林密码机，哈格林由此成为百万富翁。小组委员会批准了议案，国会通过了它；1956 年 5 月 10 日，艾森豪威尔总统签署议案，弗里德曼获得了 10 万美元。

必须加以说明的是，公正并未因此到来。在弗里德曼向专利局提出申请的七项发明中，至少有五项是衍生发明——只是基于他人发明的改进。例如，转轮密码机的补偿应归入爱德华·赫本的遗产；条形装置的报酬应归入杰弗逊遗产或支付给首次设想出条形原理的派克·希特。（另两项也很有可能是衍生发明。）实际上，赫本的律师试图在听证会上证明这一点，但奥马霍尼打断了他。公正来讲，弗里德曼所获的奖励更应该归于他人；他能获奖，只是因为他有地位显要的朋友，因为他对机械做了细微改变，因为他有一个非凡但完全无关的履历。[1]

瑕不掩瑜，弗里德曼对密码学深度和广度的开拓超过了任何人。其中一些由时势偶然造就，因为当时形势比之前和之后的任何时候都更有利于密码学的发展：无线电时代开启；机械开始改变编码学；军队日益庞大，移动越发频繁，越来越依赖通信指挥；美国崛起为世界大国；政治全球化。众流汇成江河，二战时达到峰值；短暂停息后，冷战再次掀起波澜。弗里德曼幸运地成为弄潮儿，敏锐抓住一切机会，由青涩走向成熟。然而，环境本身并不能解释他的巨大成就；同代人之中，没有一个人有如此出色的表现。

他的理论研究为这门科学带来革命性突破，他的实际破译又让理论失色，二者相得益彰，而他的外围贡献又给这两者锦上添花。他理清了一团乱麻的密码系统，把清晰易懂的术语引了进来，便于分类。他创造的词汇大量出现在现代词典中；他编写的教材培育了数以千计的学员；他的历史学文章照亮了密码学鲜为人知的角落，他的莎士比亚作品消除了文学领域长期存在的一项主要谬论；他以一人之力，让祖国在密码学领域傲视群雄。最终，这个今天雇员成千上万、触角遍布的美国庞大密码部门，这个巨无霸组织（除萨福德开创的海军分支外），只不过是弗里德曼当年只手开创的陆军部小部门的嫡子嫡孙罢了。

威廉·弗雷德里克·弗里德曼，一生硕果累累，是当之无愧的最伟大密码分析家。

[1] 原注：虽然各方面程度比不上此案，同样的评论也适用于国会以基本相同的合理补偿原则，在 1958 年和 1964 年分别奖励萨福德和罗利特各 10 万美元。

第13章　出售秘密

1917年12月一天上午，一个27岁的英俊小伙匆匆穿过曼哈顿商业区百老汇大街195号的美国电话电报公司柱廊，乘电梯直达17楼。他公司的研发部电报科就在那里。这个科聚集了公司最优秀的工程师，正致力开发一种最新电报形式：印字电报，即电传打字机。

那天上午，吉尔伯特·弗纳姆像往常一样又迟到了片刻。他总是这样，他的头儿说："每次看到他蹑手蹑脚进来，溜到位子上，我就不由怒火中烧。"他母校伍斯特理工学院的年刊曾发问："如果'Tau'上午偶然准时进教室，学院会有什么事发生？"

弗纳姆生于布鲁克林，毕业于那所马萨诸塞学院，曾是学院无线电学会会长。1914年，工作一年后，被选进荣誉工程学会"Tau Beta Pi"。他一毕业就加入美国电话电报公司，一年后娶了布鲁克林女孩艾莲·伊诺，他们育有一子。弗纳姆是个聪明的小伙子——一个关于他的故事讲述到，他每天晚上倒在沙发上自问，"我现在能发明些什么呢？"他有一种罕见的思维能力，可以在脑海中想象出一个电路，画在纸上，甚至都不需要连线试验。他在电报科如鱼得水，上司拉兹蒙德·派克（Ralzmond D. Parker）安排他参与一项特别秘密计划。那个冬天的早晨，虽然上班迟到，但弗纳姆有了一个好主意。带着一丝古怪的幽默感，安静低调的弗纳姆略有迟疑地提出了他的建议，但研究这项秘密计划的同事却立即看出他肚里有货。

这项计划始于当年夏季，美国宣战后几个月，当时派克带领一部分电报科人员研究印字电报的保密性能。它的新颖性——敌人可能尚未开发出这种通信手段——会保卫它的信息吗？这个秘密小组很快发现不能。电流的波动可以用一台示波器记录下来，信息可被轻松读取，即使多路传送（multiplexing）——在一条线上同时向各个方向发送多条信息——也不能实现真正保密。因为工程师会分解示波器上波形各部分的曲线，读 8 条独立信息。小组讨论了改变印字电报机构的内部接线，这将和单表替代把一个字母加密成另一个的效果一样。认识到这种方法也不能真正保密，工程师们一筹莫展，直到弗纳姆带着他的主意突然出现，他们才重新拾起这个话题。

这个想法基于博多码（Baudot code）——电传打字机的莫尔斯电码。它以法国发明人博多（J. M. E. Baudot）的名字命名，每个符号分配了 5 个单位（5 个脉冲）。每个单位的电流有无交替出现，因此一共有 32 种不同的传号（mark，有电流）和空号（space）组合，组合与各个符号对应——26 个分配给字母，其余分给 6 个“动作符号”（字间空格、切换上档数字和标点、切换下档字母、回车、升行、空打）。按下键盘上某个符号键时，一个带有回转开关的电子装置就能发出一串正确脉冲符号。如，*a* 就是“传传空空空”，*i* 是“空传传空空”，数字换挡是“传传空传传”。在接收端，输入脉冲使电磁铁通电，组合，选择正确符号，打印。在电传打字机常用的穿孔纸带上，打孔表示传号，无孔表示空号。阅读纸带时，金属针穿过孔接通电路，发出脉冲；在空号的地方，纸带阻止了金属针形成回路。

弗纳姆建议在纸带上打出密钥符号的孔，将其电脉冲叠加在明文符号脉冲上，“和”即为密文。这个加法须可逆，接收方可从密文脉冲里减去密钥脉冲，得到明文。弗纳姆确定了如下规则：如果密钥和明文脉冲俱为传或空，密文脉冲将是空；如果密钥脉冲是空，明文脉冲是传，或者相反——换个说法，如果两者不同——密文脉冲将是传。这 4 种可能性如下：

明文		密钥		密文
传	+	传	=	空
传	+	空	=	传
空	+	传	=	传
空	+	空	=	空

解密是唯一的。例如，密文是传，密钥为空，明文只可能是传。整个系统可以表示成一个简单的小图表。用传统记号 1 表示传，0 表示空，这项规则可列表如下：

		明文 1	明文 0	
密钥	1	0	1	密文
	0	1	0	

据此规则，弗纳姆合并明文符号的 5 个脉冲与密钥符号的 5 个脉冲，生成密文符号的 5 个脉冲。这样，如果明文是 *a*（即 11000），密钥是 10011（碰巧是 B），加密如下：

明文	1	1	0	0	0
密钥	1	0	0	1	1
密文	0	1	0	1	1

在接收端，密钥脉冲逐个被应用在连续密文脉冲上；规则确定了明文脉冲。如密文脉冲是 10100，密钥脉冲是 00110，明文如下：

密文	1	0	1	0	0
密钥	0	0	1	1	0
明文	1	0	0	1	0，即*d*.

弗纳姆结合电动脉冲，设计了一个由磁铁、继电器和汇流排组成的装置。因为加密、解密是互逆的，所以同一装置可用于两种操作。他把来自两个纸带阅读器——分别读取密钥和明文纸带——的脉冲输入这个装置。两个输入脉冲不同时，机器构成闭路，得出一个传号；两个输入脉冲相同时，机器形成开路，得出一个空号。这种传空号输出可以像普通电传打字机信息一样传给接收方。接收方的弗纳姆装置减去由一个同样密钥纸带提供的密钥脉冲，还原出最初的明文脉冲，再把这些明文脉冲导入一台电传打字接收机，由它打印出明文，就像当地新闻部的一台自动新闻收报机。

这就是它的妙处。人们再也不需要独立的加密或解密步骤，尽管他们依然需要准备密钥纸带，将它们塞入设备等，因为省掉这些步骤就会完全舍弃保密。明文进去，明文出来，若一个人在两个终端间拦截信息，他只能收到一串无意义的传号和空号。信息在一次操作中完成加密、传送和接收、解密，与处理英语明文一样快。它的优势不在自动加密和打印信息，早在 19 世纪 70 年代初，那些就由法国人埃米尔·维奈和约瑟夫·戈森实现了，虽然两人的做法不及打字机键盘方便快速。它的优势在于把加密融入整个通信过程。弗纳姆创立了后来所称的“在线加密”(因为它直接在开放电报通路中完成)，与过去独立的离线加密相区别。在密码编制的基本程序中，他破除了时间和误差的桎梏。他在通信链中减去了一个人——密码员。自动化在众多领域给人类带来了福祉，弗纳姆的伟大贡献在于把自动化引入编码学。

人们很快认识到这些价值，弗纳姆的想法很快激起了一连串动作。他将想法梗概写在纸上的日期是 12 月 17 日，美国电话电报公司将此通知了海军。一年前，两家机构曾在一次通信实验中紧密合作。1918 年 2 月 18 日，弗纳姆、派克、爱德华·沃森和公司设备工程师莱曼·莫尔豪斯向格里菲思海军上尉阐释了弗纳姆系统和一些其他可能应用。3 月 27 日，电话电报公司工程师与子公司西部电气公司同事商讨，开始制造几台弗纳姆装置，尽量使用标准部件。工程师把装置连在两台电传打字机上，在西部电气实验室进行他们称之为第一批“自动加密”的实验。装置运行完美，电话电报公司报告了陆军。时任通信兵部队研究与工程部主任的约瑟夫·莫博涅少校来看过后，除密钥问题外，他感到十分满意。

开发初期，弗纳姆密钥采用环形打孔纸带，通过从帽子里拈阄，选择打孔所用字符，进而得出一个随机密钥。或许是从希特的《军事密码破译手册》中，这些工程师学到了不少密码知识，但他们很快发现这种做法的缺陷。弗纳姆系统是一种多表替代，可以看成一个 32×32 的方表，位于顶行的 32 个博多码字符为明文，列于一侧的为密钥。因为博多码是公开的，填入方表的 32 个密码表的结构广为人知，因此弗纳姆系统的保密性能完全依赖密钥。但环形密钥纸带会以有规律的间隔通过弗纳姆装置，即使还原出的密钥不成文，一次简单的卡西斯基分析就能破译它。工程师把密钥纸带做得极长，增加破译难度，但长纸带又带来操作困难的问题。

工程师莫尔豪斯克服了这些难题，在一台弗纳姆机器上合并使用两条长短不等的密钥纸带。这类似一个密钥加密另一个密钥，再用加密得到的极长输出（称为派生密钥）作为明文密钥。如果一个密钥环长度是 1000 字符，另一个是 999 字符，一符之差将在序列出现重复前产生 999000 种组合。这样，两个各长约 2.4 米的纸带生成的密钥，如果放在一条纸带上，长度将超过 2400 米。这是一个很实用的改进。

但莫博涅认识到，即使这个系统也不能抵抗密码分析。这位 36 岁的未来主任通信官是一个优秀的密码分析员，曾与派克・希特一起在陆军通信学校学习分析科目，精通分析技术，曾设计出当时尚未攻克的普莱费尔密码的破译方法，并且几乎可以肯定，他知道弗里德曼的里弗班克出版物，包括破译连续密钥密报的 17 号出版物。因而他能够看出，即使用双纸带系统，克尔克霍夫重叠法依然可以在报量巨大时完成破译。而且，分析员可以利用可能词还原派出密钥，再以 999 和 1000 字母为间隔测试两个初始密钥的各种可能性，从而逐步将两者还原。莫博涅以密钥词 RIFLE 和 THOMAS 为例向电话电报公司工程师演示了这一点。

莫博涅有可能在几年前参与过陆军通信学校的工作，于是得出结论（在弗里德曼的破译之前），唯一安全的连续密钥（按派克・希特的说法）是一个“与信息本身等长的”密钥。通过对电话电报公司系统的研究，莫博涅对这一点认识更加深刻。无论密钥重复出现在一封还是几封密报中，是来自重复初始密钥的相互影响，还是来自一段单一长密钥的简单重复，密报内任何形式的密钥重复都会危及密报，并且可能使它们难逃被破译的命运。密钥重复是无法容忍的。与此同时，弗里德曼的作品已经显示连续密钥不能是成文的。要避免重复和成文的双重危险，莫博涅认识到，密钥必须无限长且不成文。就这样，他把弗纳姆几乎无意中创造的随机密钥，和陆军通信学校分析员发现的无重复密钥,结合成今天所称的“一次性密钥系统”（one-time system）[1]。它由一次性的随机密钥构成。它为每个明文符号提供了一套全新且不可预测的密钥符号，被应用于全部信件当中。

这是个牢不可破的系统。一些系统只是在实际操作上不可破，因为如果分析员有足够的时间和电文，他总能想到破译方法，但一次性密钥系统在理论上

[1] 原注：尽管弗纳姆发明了脉冲叠加装置，当代并没有确切的记录表明谁发明了与此相对应的密码装置——一次性密钥系统。下列内容是本文结论的证据。

弗纳姆似乎增加了密钥的随机性，而帕克和弗纳姆的同事拉尔夫·皮尔斯（Ralph E. Pierce）给弗纳姆帮了忙。因为弗纳姆之前对密码并没有兴趣，我认为他无意中创造了随机密钥——“让我们来给密钥添加一些特性”——而非他有意为之，最初设计了一个连贯的密钥，然后意识到它的弱点，再决定用随机密钥来填补。随机性的要求最初由弗纳姆在其发表于 *Journal of the A.I.E.E* 的文章第 113 页提出。

密码学中从没提及过无重复多表替代密钥，我首次找到它的踪迹是在帕克 1914 年 5 月 19 日的“参谋长备忘录”中，它写道“用‘拉拉比’加密的信息都是不安全的，除非它的长度可以比得上原文”（帕克）。这段话写在莫博涅离开陆军通信学校前往菲律宾六个月后，此声明虽没有支撑证据，但却是确凿且毋庸置疑的，以至于长久以来人们都对它深信不疑。因此，我认为帕克写这段话时，莫博涅在场且很可能提供了帮助，并将话中的原则运用到弗纳姆的机器密钥当中。

在我发现帕克文件中的话时，我询问过莫博涅和帕克，到底谁提出了无重复特征，莫博涅答道：“没错，是我。”帕克和皮尔斯则否决了莫博涅的答案，声称是弗纳姆自己发明了这项特征。然而，美国电话电报公司文件中并未对弗纳姆有所提及，反而对莫博涅的几个观点有所支撑。无须再作深究，我认为莫博涅对事件的描述比帕克和皮尔斯的更加真实，而且根据工程师唐纳德·B. 佩里（Donald B. Perry）之遭遇，莫博涅所透露的事情真的发生过。佩里直到 1920 年 6 月才加入美国电话电报公司，因此他的证词可第二考虑，但他早些年就是弗纳姆的同事，一同负责密码机器。皮尔斯对此事件的回忆似乎不巧又被帕克的记忆影响，因此他的回忆并不是独立的。但不管怎样，我认为希特的话对莫博涅的观点有支撑作用，尽管证据并非确凿。

以上种种表明，莫博涅是将两因素结合在一起的人，因此我也赞成，尽管无文献证据存在；弗纳姆其他同事对此事未发表看法。美国国家档案馆找不到莫博涅在自己与弗纳姆一起研制弗纳姆密码机期间提交过的任何文件，也没有格里菲思上尉提交过的任何报道。

和实际上都不可破。不管分析员有多少电文，也不管他在上面花多少时间，他永远都破不了。理由如下：

破译多表替代密码的基本方法是把所有由单个密码表加密的字母归集成一个同质组，分析员可以研究其语言特性。这项收集技术随密钥种类而异。因此，卡西斯基检查筛选出用同密钥加密的字母。成文连续密钥可通过反向还原明文和密钥文字得出。两封或更多连续不成文密钥也能得出，经不起两份明文同时还原、互相验证。其他多表替代系统，如自动密钥和双纸带系统，根据自身特性，各有特殊破译方法。这些技术针对单表加密字母的破译，同样，单表字母也存在于弗纳姆的一次性密钥系统中，因为 32 个可用密码表被翻来覆去地使用。然而，分析员无法把它们剔出来，因为一次性密钥系统的密钥既不重复，也不会再次应用，既不成文，也不会形成内部结构。因此，分析员以此种或彼种方式建立在这些特性上的方法统统无效。一次性密钥系统的完全随机特性，消除了成文连续密钥或自动密钥的一切水平或纵向联系；而它的一次性特性阻止了单一或多封重复密钥电报中卡西斯基列或克尔克霍夫列的垂直堆积。分析员无计可施。

试错方法如何？逐个强力测试所有可能密钥，最终得出明文，这看似可行，实则是一个错觉。穷尽所有测试确实能得出正确明文，也会得出同样长度的所有其他可能文字，但没有方法能确定哪一个正确。假设分析员对一个四字母军事电报逐一试破，从 AAAA 密钥开始。密钥 AABI 得到明文 *kiss*，在这种情况下不大可能破译出，他只能继续。密钥 AAEL 得到明文 *kill*，还不错——但他想核实。他继续应用密钥 AAEM，得到 *kilt*（苏格兰方格呢短裙），这可能间接指一次苏格兰军事演习；AAER 得到 *kiln*。继续进行下去，密钥 GZBM 得到 *fast*；KHIA 得到 *slow*；HRIW 得到 *stop*；XSTT，*gogo*；PZVQ，*hard*；RZBU，*easy*。当他在 ZZZZ 结束时，他发现自己历尽千辛万苦，仅编出一个所有可能的四字母单词表，要从这个表里找出正确译文，还不如查一本军事术语词典。密钥也不能帮助限制选择范围，因为密钥是随机的，任何一个四字母组和所有其他四字母组一样都可能是密钥文字。最糟糕的是，随着密信长度增加，可能译文数量也在增加。一封单字母密信只有三种可能译文，但两字母密信就有几十种，100 个字母密信的可能译文数都数不清。

最后一线希望闪现出来。假设分析员得到某封密电的明文，它可能是偷来的，也可能是报务员出错了，他能不能用还原出的密钥确定建立该密钥的系统，从而预测未来密钥呢？不行，因为随机密钥没有基础系统——如果有，它也不叫随机密钥了。

以上都是归纳的证据。但通过演绎，也可推理出一次性密钥系统的不可破，这一点构成了理论依据。

本质上，弗纳姆加密构成一个加数——一个博多码基础上的加数，反正是个加数。假设明文是 4，密钥是 5，密文就是 9。现在，只有密文 9，分析员无从得知它来自 7+2，或 6+3，或 − 2+11，或 4+5，还是其他 32 种可能性组合里的任何一种。归纳起来，这就是 $x+y=9$。数学家称之为二元方程，单个这种二元方程无解，有解则需要两个同样未知数的方程。一次性密钥系统使分析员永远不能把两个或以上这样的方程并列。密钥内部完全没有任何结构可言，排除了分析员通过重建一种结构找到某个密钥特征再现的可能。纸带无穷变换的新颖性让分析员不可能找到任何密钥重复。分析员因此被剥夺了通过获取额外信息来限定其中一个未知数的机会。他只有密钥符号的 32 种可能性，相应地只有明文的全部 32 种可能性。确实，在密码分析的情况下，一个二元方程的某些解比其他解可能性更大，因此，未知明文是 *e* 的可能性有 12%，是 *t* 的可能性有 8%……一直这样按字母频率表排下去。但仅此不足以回答分析员的问题，因为它没有明确哪一个概率实际出现在他分析的密文中。

因此，答案再次从分析员手中溜走。没有形式，没有尽头，无穷的随机一次性密钥纸带一方面化为混沌，另一方面化为无穷大，将其击败。实际上，此刻分析员正摸索在人类莫测高深的巨大洞穴中，他的探索是浮士德[1]式的，一切都是徒劳。

那么，为什么这种终极密码没有得到普遍运用呢？因为它所需密钥数量庞大。在一个没有军事通信经历的人看来，制作、登记、分发和取消这些密钥似乎轻而易举，但在战时，报量大到连通信人员都疲于应付。一天加密的单词可

---

[1] 译注：浮士德是欧洲中世纪传说中的人物，为获得知识和权力，向魔鬼出卖自己的灵魂。德国作家歌德曾创作同名诗剧。

达数十万，仅制作上百万必要的密钥符号就是一项极其耗资耗时的工作。因为每封电报都需要有自己独有的密钥，启用一次性密钥系统，需要运输至少相当于一场战争通信总和的纸带，实际上还需供应大量的额外密钥材料。同一组下级单位可能会拥有一些相同的纸带，用于内部通信，但一旦某个单位用掉一卷密钥纸带，其他单位就必须注销与之相同的卷，这实际上是最为困难的步骤。在战斗混乱之中，一个单位要监测十来个其他单位的通信，以此确定哪些密钥纸带被他们用过，这实际上是不可能的。

一般来讲，物质层面妨碍了一次性密钥系统在不稳定形势下的应用，如野战军事行动中的应用。这些障碍在相对稳定的条件下则不存在，如在高级军事指挥部、外交机构或双向间谍通信中——在这些情况下，一次性密钥系统就是可行的并且得到采用。但是，即使在这些情况下，报量大也会带来麻烦。

这就是莫博涅在弗纳姆系统首次大规模试验中遇到的情况。他在霍博肯、华盛顿和纽波特纽斯架起机器，每天多达 135 封电报很快就在这几处站点间飞快准确地传递着。即使这样相对低的报量，试验仍清楚表明，生产足够的一次性密钥系统的密钥是不可能的。莫博涅因此退而求其次，回到莫尔豪斯的双纸带系统。1918 年 5 月，他推动了对弗纳姆系统几种密钥程序的首次密码分析测试，把费边的里弗班克实验室的情况告诉了电话电报公司助理总工班克罗夫特·盖拉尔迪（Bancroft Gherardi）。

“我不是密码专家，”6 月 11 日，盖拉尔迪致信费边，附上七封测试密电，“不会无端揣测哪些能破，哪些不能，但如果您和弗里德曼教授破开 1、5、6 和 7 号电报，我该请你们好好撮一顿。我相信你们可以破译 2、3 号，也许还有 4 号。当然，您可以理解，这不是我们的提议。”弗里德曼在国外的无线电情报科，但他回国后不久就破开 2 和 3 号，及 4 号密电的一部分。因为三封电报用了一条密钥纸带中的相同部分（4 号稍长些），上面有 2000 个随机符号，一封密信试破后，得出的密钥可解密其他电报，进行互相印证。5、6、7 号电报用双纸带系统加密，从不同位置开始。虽然弗里德曼似乎因这几封电报太短，没有将它们破开，但他还是译出使用相同系统加密的三城市间电报。1 号密电用真正的一次性密钥系统加密，与其他密信没有共用随机密钥，理所当然，它从未被破开。

1918 年 9 月，弗纳姆亲往华盛顿；13 日，星期五，他提出专利申请。1919 年 7 月 22 日，1310719 号专利获批，这也许是密码学史上最重要的专利。但由于一战已经结束，该系统尚未得到大规模应用。不过电话电报公司还是看到该发明在和平时期的应用前景。1920 年 10 月 21 日，公司在国际通信大会预备会议（Preliminary International Communications Conference）上向外国邮政官员演示了该系统，将弗纳姆系统电报从纽约发到新泽西州克利夫伍德，然后发回。1926 年 2 月 9 日下午，在纽约举行的美国电气工程师协会（American Institute of Electrical Engineers）冬季大会上，弗纳姆宣读了一篇论文，并发动了他的机器进行展示。

虽然弗纳姆装置在工程学上是一项成就，但在商业上却遭到失败。电报电话公司指望电报公司和商业公司会购买电传打字机加密附件，但他们对它不屑一顾，他们更喜欢老式商业电码本，因为它能大大缩短电报长度，节约电报费，还能提供少量保密性。军队预算已经缩减到和平时期水平，在密码方面，物质上的窘迫促使陆军通信官转而依赖可被攻破的双纸带系统，把弗纳姆系统推入到暂时被人遗忘的角落。

约在同一时期，大西洋彼岸的密码学家又有了新想法。德国外交部三个专家——十分强调数学的维尔纳·孔策（Werner Kunze）；专攻东亚语言，后来获得数学博士学位的全能分析员鲁道夫·肖夫勒（Rudolf Schauffler）；化学专业出身，比其他人更关注实际问题的埃里希·朗洛茨（Erich Langlotz）——被分配了本国外交通信保密的任务。加密代码是当时惯用的外交通信手段。加密通常采用加法形式。外交或军事代码的数字代码组被加上一个相当长的数字密钥，伪装起来。如密底码 3043 9710 3964 3043……，密码员非进位（十位数字既不写出，也不进位）地加上密钥 7260 0940 5169 4174……，其结果 0203 9650 8023 7117……有效掩盖了原文中重复的 3043。至少孔策深知有效保密的困难：他当时正从一个法国数字代码中破解一个非求和高级加密。该代码使用 40 或 50 个二位数加密表。[1] 三人组对加数越来越长的密码进行了研究，最终

[1] 原注：这种代码使用四位数代码组，但法国人把密文分成五位数一群，每群分成两对，用那张表加密，剩下的一位数不加密。因此，其加密跨在两个代码组之间。而且法国人用三种方法分组：一位数在开头；一位数在两对之间；一位数在两对之后。孔策 1921 年起破译

得出结论，唯一绝对不可破系统是一个有随机、无重复加数密钥的系统——有两个未知数的方程。1921—1923 年间，他们在德国外交机构制定了这种系统。

它采用 A4 纸大小的密钥本，共 50 页，每页有编号，每页 48 个五位数代码组，分成 8 行 6 列。这 240 个数字是随机的，而且没有任何两页相同，每本密钥本也是独一无二的（除对应的解密外）。这些数字构成密钥，加在德国代码的数字组上。朗洛茨管理密钥本分发，如发给驻华盛顿使馆的密钥本，一套用于给柏林发报，一套用于解密柏林来报，另有两套类似密钥本用于与所有驻外使团进行通信。密码员每封密电使用不同密钥页，用后撕去，同一页从不用两次。因此，它虽是手工加密，采用数字而非弗纳姆的电脉冲叠加，但其原理——不可破性——却是一样的。它很快被称为“一次性密钥本”（one-time pad）系统，其机器版有时称为“一次性密钥纸带”系统，但这个名字现在普遍用于随机无重复密钥。破天荒地，众目窥探下，政府的官方通信竟然完全实现了保密。

但这不包括美国通信。虽然这种系统在美国发明；虽然弗纳姆的一篇文章刊登在重要的《美国电气工程师协会杂志》（*Journal of the American Institute of Electrical Engineers*）年会专刊首页；虽然他的演讲收录在发行量巨大的《文摘》和学术周刊《科学》上；虽然雅德利提请国务院高官关注弗纳姆装置，在他的轰动性作品中提及它，并且后来在一篇辛辣的杂志文章中试图迫使国务院因难堪而采用它——虽有这一切，美国对这个不可破系统依然视而不见。

二战临近，美国陆军仓促恢复了这个系统，称之为 SIGTOT[1]，但此时弗纳姆又向前迈了一大步。他继续在美国电话电报公司工作，做了几年开发工作，改进了自己的系统[2]，发明了一种在电报传真发送中加密字迹的装置，设计出一个最早的图片二进制数码加密形式——另一个早熟的发明。他太优秀了，国际

这种加密，到 1923 年还原了它。1927—1928 年间，他又回到这个系统，破译了法国还在使用的这种代码。到那时，他们把一群中的一位数与另一群中的一位数结合成一对加密。例如，假想的代码组 8975 4263……将分割成 8 97 54 2 63……，8 和 2 将与 97、54 等一样一起加密。孔策也破开了这个变种。

[1]　译注：通信兵部队一次性密钥纸带系统（Signal Corps One-Time Tape [SIGTOT]）。

[2]　原注：原型中，密文包括特殊符号，给在纸上记录密文造成困难。突然出现的数字换挡会突兀地把一段文字密信转换成一段数字和标点符号。回车不进纸会造成重行。为防止这种情况，弗纳姆增加了一些电路，把符号打印成两字母组。

电话电报公司下属密码机构国际通信实验室的副总裁派克·希特用高薪把他挖去。四个月后，股市崩盘，没有资历的弗纳姆很快去职。他来到与西联公司合并的邮政电报电缆公司。他的创意火花不断闪耀，总计获得 65 项专利，其中重要的非密码专利有：半自动撕纸带中继系统、按钮交换系统，还有全自动电报交换系统，所有这些均被用于美国空军的约 32 万千米国内通信网络。

但似乎因陷逆境，他变得消沉。每天晚上，他把越来越多的时间花在读报上。最终，1960 年 2 月 7 日，长期罹患帕金森病的弗纳姆，这位创造编码操作自动化的天才，在新泽西州哈肯萨克的家中孤独死去。

随着代码明文元素增加，密报的保密性也在增加，这一点不言自明。因此，大代码比小代码更难破。同理，在仅用一套明密对应的密码系统（即非多表替代系统）中，其他条件相同情况下，一次加密两个字母比一次加密一个字母更难破译。换句话说，类似普莱费尔的双码替代比单码替代更坚固。原因在于，双码比单字母更难识别——部分因为可选择的双码更多，部分因为其特征更不明显。这在三码替代中更加突出，四码、五码、六码甚至数字更大的多码替代则不断强化。

将明密文多码一一对应，这样的替代在原则上是可行的。第一个这样的表是波尔塔为双码编制的方表，使用独特符号表示明文双码。许多使用字母的双码表也应运而生，它们通常采用 26 × 26 的大型表格形式。但这一类三码表几乎从未有过，四码或数字更大的多码表则见所未见。它们的庞大数量（三码有 26^3［即 17576］个条目，四码 26^4［即 456976］个……）令人生畏，而且人们还将大量的精力浪费在毫无意义的多码上，如 *jgt* 或 *wqh*。

惠斯通的普莱费尔密码显示，双码替代可以不需要冗长表格、可简洁实现，从那以后，其他编码者就一直在尝试把他们自己的几何图形技术延用于三码替代，但几乎所有努力都付诸东流。其中最出名的也许是路易吉·迪图凯姆（Luigi Gioppi di Türkheim）伯爵的尝试。1897 年，他制出一个准三码系统，其中两个字母用单表加密，第三个字母的加密仅取决于第二个字母。最终，1929 年左右，年轻美国数学家杰克·莱文（Jack Levine）巧妙地扩展了普莱费尔密码，用六个 5 × 5 方表加密三码字母，但他没有透露方法。

这就是当时的形势。纽约亨特学院一个 38 岁的助理数学教授在 1929 年 6—7 月期《美国数学月刊》发表了一篇七页论文，题为“代数字母表密码”(Cryptography in an Algebraic Alphabet)。他就是莱斯特・希尔（Lester S. Hill），一个 5 英尺 6 英寸（约 168 厘米）、蓝眼睛黑头发的纽约人，哥伦比亚学院优等生，1926 年获得耶鲁大学数学博士学位。他 1927 年来到亨特学院，之前先后在蒙大拿大学、普林斯顿大学、缅因大学和耶鲁大学教授数学。在耶鲁时，他为《电报电话时代》写了三篇文章，论述校验电码数字准确性的数学方法。他指望靠他正在申请专利的校验程序赚点钱，未能如愿，但它激发了希尔对秘密通信的兴趣。他的代数密码论文发表的那个夏末，他在科罗拉多州博尔德的美国数学学会进一步阐述了这个问题。演讲后，阐述内容以“论某种密码线性转换装置”为题发表在《美国数学月刊》上。

希尔成功地将代数用于编码程序。也许不少数学家曾经有过这样的想法，两项提议甚至已经发表——一项早在 1772 年由一个德国人巴克发表，另一项由年轻数学家杰克・莱文发表在 1926 年发行的一本侦探杂志上。但希尔独自设计了一种万能之法，而且他的程序首次使多码密码成为现实。

该方法使用了方程，密钥和明文字母在方程中都具有数值。解密就是解方程。一个多码里有多少字母，就有多少个方程。英文字母表有 26 个字母，希尔想使解密成为可能，因此以 26 为模数进行计算。这意味着这个数学家只用从 0 到 25 的整数，超过 25 的数字将减去 26 的整数倍，余数即为以 26 为模数的数。因此，28 就是以 26 为模数的 2，因为 28 减 26 等于 2。同理，68 是以 26 为模数的 16，因 68 减去 52（26×2）余 16。

希尔设定下述一组联立方程演示四码替代。x 代表明文字母，x_1 是第一个字母，x_2 是第二个……y 表示密文字母：

$$
\begin{aligned}
y_1 &= 8x_1 + 6x_2 + 9x_3 + 5x_4 \\
y_2 &= 6x_1 + 9x_2 + 5x_3 + 10x_4 \\
y_3 &= 5x_1 + 8x_2 + 4x_3 + 9x_4 \\
y_4 &= 10x_1 + 6x_2 + 11x_3 + 4x_4
\end{aligned}
$$

加密第一步，希尔按下面的自定义密码表将明文——延时变换（*Delay operations*）——转换成数字：

a	b	c	d	e	f	g	h	i	j	k	l	m	n	o	p	q	r	s	t	u	v	w	x	y	z
5	23	2	20	10	15	8	4	18	25	0	16	13	7	3	1	19	6	12	24	21	17	14	22	11	9

再把第一个四字母组数值（*dela*，即20、10、16、5）作为x_1、x_2、x_3、x_4代入方程组，得到：

$$
\begin{aligned}
y_1 &= (8\times 20) + (6\times 10) + (9\times 16) + (5\times 5)\\
y_2 &= (6\times 20) + (9\times 10) + (5\times 16) + (10\times 5)\\
y_3 &= (5\times 20) + (8\times 10) + (4\times 16) + (9\times 5)\\
y_4 &= (10\times 20) + (6\times 10) + (11\times 16) + (4\times 5)
\end{aligned}
$$

然后，希尔在每个方程中以26为模数执行乘法和加法计算。例如，解y_1，得到：$8\times 20 = 4$，$6\times 10 = 8$，$9\times 16 = 14$，$5\times 5 = 25$。它们的和为25。转换成文字值，25即J，为第一个密文字母。其他字母用同样方法得出，*dela*的完整密文就是JCOW。完整密报是JCOW ZLVB DVLE QMXC。

现在假设明文信息从*Demand*……开始，它仅仅把开头四个字母中的第三个从*l*变成*m*。在四个方程中，*l*的16代替*m*的13，将改变每个方程第三项的积，因而改变了它们的和。同理，*dema*的密文CMZQ与*dela*的JCOW完全不同。这样的系统是真正的多码系统，其编码的保密性能很强。

要使该系统顺利反向运行，方程中的常数（与明文数字相乘的数字）不能随意选择。希尔明确了这一要求，推导出解密方程组。对以上密钥，解密方程组是：

$$
\begin{aligned}
x_1 &= 23y_1 + 20y_2 + 5y_3 + 1y_4\\
x_2 &= 2y_1 + 11y_2 + 18y_3 + 1y_4\\
x_3 &= 2y_1 + 20y_2 + 6y_3 + 25y_4\\
x_4 &= 25y_1 + 2y_2 + 22y_3 + 25y_4
\end{aligned}
$$

希尔建立了“对合变换”（involutory transformation），省去独立的解密方程组。一个单一方程组既用于加密，又用于解密。对合变换根据一个特别公式构建，相比非对合变换方程组，对合变换限制了方程的数量。理论上，这也降低了抗分析性能，但保密性能的损失微不足道，尤其是与增加的操作便利相比。

希尔进一步引入矩阵，简化这种密码的操作。矩阵其实就是一个数字方阵。矩阵可以按自己的规则总体相加、相乘。矩阵中的数字可以代表明文字母。因为每个矩阵可作为一个数字进行算术计算，两个方程就可加密两个矩阵，而不管每个矩阵包含多少数字。这样，通过把明文置入矩阵，用更少的方程就可以处理更多字母。因此，两个 3×3 矩阵可以一次加密 18 个字母，只需两个方程，而如果用所谓的线性加密则需要 18 个方程。希尔在第二篇文章中给出这种大规模多码加密的例子。他的明文是 *Hold out. Supporting air squadrons en route*[1]，使用一个与第一例不同的数字密码表，他列出前两个 x（明文）矩阵如下：

$$x_1=\begin{pmatrix} h & o & l \\ d & o & u \\ t & s & u \end{pmatrix}=\begin{pmatrix} 5 & 6 & 22 \\ 2 & 6 & 7 \\ 12 & 19 & 7 \end{pmatrix} \qquad x_2=\begin{pmatrix} p & p & o \\ r & t & i \\ n & g & a \end{pmatrix}=\begin{pmatrix} 21 & 21 & 6 \\ 23 & 12 & 17 \\ 24 & 16 & 4 \end{pmatrix}$$

他把这些矩阵代入对合方程组，再加入一个额外的任意矩阵，进一步增加这种加密的复杂性：

$$y_1=\begin{pmatrix} 3 & 6 & 2 \\ 16 & 23 & 8 \\ 2 & 16 & 13 \end{pmatrix}\begin{pmatrix} 5 & 6 & 22 \\ 2 & 6 & 7 \\ 12 & 19 & 7 \end{pmatrix}+\begin{pmatrix} 2 & 6 & 14 \\ 8 & 24 & 4 \\ 14 & 16 & 20 \end{pmatrix}\begin{pmatrix} 21 & 21 & 6 \\ 23 & 12 & 17 \\ 24 & 16 & 4 \end{pmatrix}+\begin{pmatrix} 18 & 6 & 6 \\ 24 & 20 & 22 \\ 2 & 2 & 16 \end{pmatrix}$$

$$y_2=\begin{pmatrix} 18 & 14 & 22 \\ 20 & 4 & 10 \\ 22 & 20 & 24 \end{pmatrix}\begin{pmatrix} 5 & 6 & 22 \\ 2 & 6 & 7 \\ 12 & 19 & 7 \end{pmatrix}+\begin{pmatrix} 15 & 16 & 20 \\ 4 & 13 & 2 \\ 20 & 8 & 11 \end{pmatrix}\begin{pmatrix} 21 & 21 & 6 \\ 23 & 12 & 17 \\ 24 & 16 & 4 \end{pmatrix}+\begin{pmatrix} 2 & 16 & 14 \\ 8 & 12 & 4 \\ 18 & 8 & 20 \end{pmatrix}$$

他执行了相应以 26 为模数的矩阵乘法和加法，解出 y_1 和 y_2 如下：

[1]　译注：大意为，坚持。空中支持中队正在途中。

$$y_1 = \begin{pmatrix} 13 & 20 & 12 \\ 22 & 16 & 23 \\ 16 & 19 & 23 \end{pmatrix} = \begin{pmatrix} Y & K & T \\ L & G & R \\ G & S & R \end{pmatrix} \quad y_2 = \begin{pmatrix} 13 & 23 & 12 \\ 17 & 20 & 15 \\ 20 & 4 & 20 \end{pmatrix} = \begin{pmatrix} Y & R & T \\ I & K & W \\ K & A & K \end{pmatrix}$$

这种加密实际上消除了密文重复。即使出现完全相同的 18 字母的明文组，要想产生密文重复，它还得在加密方程中从完全相同的位置开始——这样的机会只有 1/18。更重要的是，如此庞大的多码加密只有通过希尔变换才有可能。超过 10^{18} 的 18 码组，如果印成一本密码书，每页双面印上对应密文的 100 个条目，书的厚度将超过太阳到冥王星的距离。

从数学上讲，无论是矩阵规模还是方程数量，它们都没有限制。编码员可以在 5 个联立方程中使用 10×10 字母矩阵，一次性加密 500 个字母。或者设 500 个联立线性方程，每个有 500 项，一并加密这一大群字母。从实用角度看，矩阵法更佳，因为同样的工作量，它加密的字母比线性法更多，并且长多码比短多码更牢靠。但从纯理论观点，多码字母数相同时，矩阵加密不及线性加密保密，因为线性加密在方程中使用大量任意密钥常数，矩阵方程写成等效线性方程时，矩阵常数中不少简化为零，在计算中不起作用。作为结果，线性加密中，改变一个明文字母会影响所有密文字母，而在一个 2×2 矩阵中，这种改变只影响每两个字母中的一个，在 3×3 矩阵中每三个字母只影响一个，依此类推。反过来说，线性加密中，一个错误会错乱整个明文组，而在矩阵加密中，根据矩阵规模，一个错误只影响到每二、三、四个等等字母中的一个。

一般而言，希尔系统能很好地抵抗直接分析。如果不知道基本的字母—数字转换密码表，分析员甚至都无从下手。即使知道密码表，直接频率分析攻击根本不可能：例如，八码的频率很难统计，区别就更难了。可能词分析需要枯燥地测试可能位置，然后更多的是确定正确方程的数学计算；即使如此，也只有相对微量的三码加密被破译过。但这个密码盔甲上至少有一道奇特裂痕，如果分析员得到用不同对合方程（同样类型和多码长度）加密同一段明文得出的密文，并且如果他知道字母—数字转换密码表，一般来说，他可以轻而易举地还原方程组。

希尔系统实际应用的真正障碍当然在于它的烦琐。希尔尝试减小工作量，为此申请了一种加密短多码（最高达六码）装置的专利。该装置由一系列齿链连接的齿轮组成，转动一个齿轮，会带动所有其他齿轮转动，但它的密钥范围似乎受到限制。虽然可以造出机器，计算出更长的多码加密，提供最佳保密性，但它们将非常复杂，实用上无法与保密性稍差却更为简单的密码机竞争。因为这些原因，希尔系统作为一种美国政府密码系统，只用在一个很小的领域——加密无线电呼号的三字母组。

希尔再没发表过密码学论文，但他一直在写，他的大部分研究成果都给了美国海军（大概因为他在一战期间是一名海军上尉）。这些论文大部分与多码方案的更多变种有关，或与精心设计的复杂维热纳尔类系统有关。虽然没有一篇能达到最初作品的高度，但海军对他的建议表示欢迎。1955 年，海军通信主任布鲁顿（H. C. Bruton）海军少将给他写信："感谢您在二战期间为海军通信提供的材料，您提出的想法详尽完整，很有创见。您当时提议的密码系统表现了您的极高水平和创造力，展示了如何将高级数学概念应用于密码领域。请让我再次代表海军通信部门向您表示感谢……" 1960 年，希尔从亨特学院退休。1961 年 1 月 9 日，经历长期疾病后，希尔在纽约布朗克斯维尔劳伦斯医院去世。

虽然希尔的密码系统本身几乎没有得到实际应用，但它对密码学产生了巨大影响。1929 和 1931 年，当他发表文章时，密码学和其他应用科学一样，开始大规模转向数学应用，以解决问题。弗里德曼只是把密码分析与统计学联系起来。他雇用的三个初级分析员中，有两个是数学家。德国外交部的孔策是数学博士，正在把他的数学知识应用于工作。希尔加速了这个趋势。

希尔的研究成果巧妙且具有普遍适用性，吸引了数学家和密码学家的兴趣。芝加哥大学数学教授阿德里安·艾伯特（A. Adrian Albert）也许是第一个注意到他成果的，按他的话说，"所有这些（编码）方法都是所谓代数密码系统的特殊例子"。1941 年 11 月 22 日，36 岁的艾伯特在堪萨斯州曼哈顿市的美国数学学会一次会议上阐述了这个观点。"我们看到，密码学已经超出仅使用数学公式的范畴，因为实际上，可以不夸张地说，抽象的密码学与抽象的数学就是一回事。"他说。他修改希尔的基本代数思想，简化密码系统，如移位、周期维热纳尔密码和自动密钥，推导出它们的数学方程。他解释道，复杂系统通常只是两种这类简单系统的"乘积"。

通过对密码系统的重新表述，数学术语揭示了它们的基本结构，暴露出它

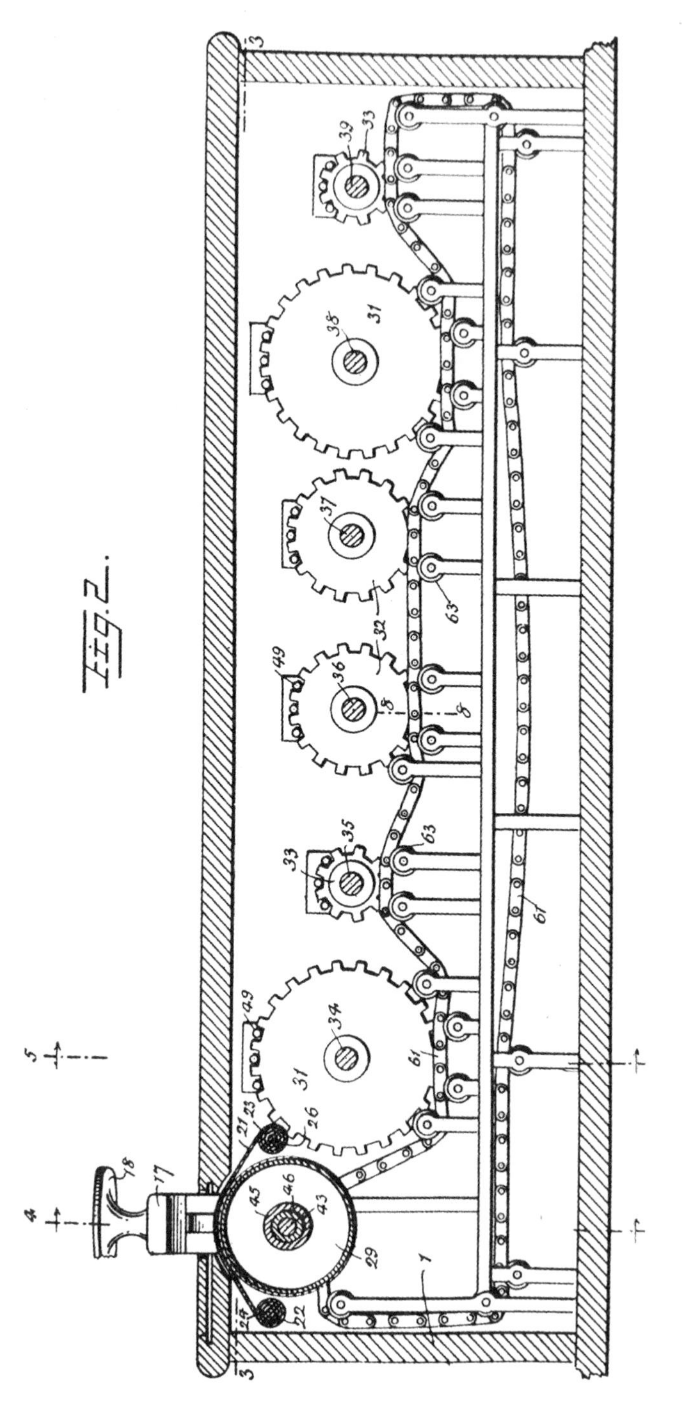

密码机结构图，美国专利号1845947，由莱斯特·希尔和路易斯·韦斯纳（Louis Weisner）发明，用于多码替代

们的弱点，帮助编码员纠正它们，它也可能产生其他分析方法。但更重要的是，它可使分析员用上之前不适用的数学方法，开启了全新的破译方法。举两个普莱费尔密码例子，它们用不同密钥方阵加密，但加密的明文相同。在普莱费尔密码常用的几何分析法中，知道第二封密报拥有相同明文并不能帮助还原第一个密钥。但如果两篇密文转换成合适的普莱费尔密码数学方程组，方程组的明文项相同，因而可以消去，这一点大大简化了解方程组未知数的过程，推动了密信破译。数学方法的应用厘清了往常模糊的基本关系，使原本难以解决的问题迎刃而解。这就像微积分的发明解决了之前解决不了的问题一样。没有这些新的强大数学武器的帮助，现代电子机械方法产生的复杂密码将无人能解。

今天的密码学渗透着数学运算、数学方法、数学思维。在实践中，密码学已成为应用数学的一个分支。即便是雅德利黑室时代想象力最丰富的分析员，也远远无法想象它如今的深度、广度和强度。在这场演化中，莱斯特·希尔是一个启动者。

科学史充满巧合。亚当斯和勒维耶[1]几乎同时推导出海王星的存在；就在达尔文精心打造他的进化论时，华莱士[2]寄给他一篇短论文，简洁地搭建了这个理论；莫尔斯发明电报五年后，惠斯通独立发明了另一个。因此，一战及其后的那段严酷岁月，密码学领域中发生巧合也在意料之中。巧合无端发生在四个人身上，他们来自四个不同的国家。在秘密通信战时大规模应用的刺激下，在机械化新时代的召唤下，他们独立发明了密码机。这些机器使用接线密码轮（转轮）原理——可能是现代编码中应用最广泛的原理。

密码机转轮体由胶木或硬橡胶之类的绝缘材料制成，圆盘形，很厚，直径通常为 5 到 10 厘米，厚约 1.3 厘米。圆盘外圈两面嵌入 26 块间隔均匀的触点。触点通常由黄铜制成，每个触点通过一条导线连接到对面任一触点，建立了一条始于外周一面某点，终于另一面某点的电路。

---

[1]　译注：约翰·亚当斯（John Couch Adams，1819—1892），英国数学家、天文学家；奥本·尚·约瑟夫·勒维耶（Urbain Jean Joseph Leverrier，1811—1877），法国数学家。二人各自用数学方法推测出海王星的存在。

[2]　译注：阿尔弗雷德·罗素·华莱士（Alfred Russel Wallace，1823—1913），英国博物学家、探险家、地理学家、人类学家、生物学家。独立发展出通过自然选择的进化论。

起始面（输入面）触点代表明文字母，输出面触点代表密文字母。两触点间连接导线，将明文字母转换成密文。加密时，你只需在需要的明文字母（如 *a*）触点向转轮输入电流，这股电流将沿导线到达代表密文字母的输出触点（如 R）。如果列出一张从明文面到密文面所有导线的连接表，它将成为一张单表替代密码表。就这样，转轮以一种电动操作方式构建了一个密码表。

为执行这个操作，转轮置于两块板之间，每块板同样都由绝缘材料制成，都有 26 个触点钉成一圈，匹配转轮两面触点。输入板各点的连接代表明文字母的打字机键盘。输出板各点连接某种指示密文字母的装置，如一盏灯或一根打字杆。加密员敲击代表明文字母 *a* 的键，让电流从电源流到输入板 *a* 触点，通过接点，从 *a* 输入触点进入转轮，通过转轮内部导线，到达密文 R 的输出触点，穿过输出板 R 触点，到达灯泡，点亮字母 R 作为密文。

如果这就是全部，转轮将称不上是一种了不起的装置。每次敲击 *a* 键时，电流都会循同样路径穿过转轮，指示 R。这不就是一个别出心裁又极其昂贵的单表替代作业方法嘛。

但它不止如此。转轮不是死的，它会转。假设它向前咔嗒一小步，原先从输入板 *a* 触点到 R 出来的电流现在将从一个完全不同的字母出来，因为一个导线路径不同的新转轮触点现在与输入板 *a* 触点相对。同理，所有其他明文字母将有与前面不同的密文字母，这就生成了一个新密码表。每次转轮前进一格都启用一个新密码表。这些密码表可列成一个清单，并且因为它们都基于转轮初始密码表，它们将形成一个 26×26 方表，每个乱序密码表每行进一格。如果密码机构造是每加密一个字母推动转轮进一格，其结果将与从上到下逐行使用方表，用完再重复的原理一样。这无非是构成一个周期为 26 的乱序密码表渐进式密钥多表替代。

为此造这样一台机器依然不值。但如果在第一个转轮旁加上第二个转轮，一个伟大的飞跃就产生了。机器完成了连续两步加密。如果两个转轮一起旋转，其结果依然是一个以 26 为周期的乱序多表替代，尽管它用的是联合加密的方表。但如果第二转轮在第一个转完一圈后才移动一格，这个变化将改变整个加密：原因在于，虽然第一个转轮回到它相对固定板的最初位置，但第二个动了。这个新位置启用了一个新密码表，第 27 个密码表。两个转轮和板之间的每次新位置变化创造出一个新密码表。如果设计密码机结构，使第二个转轮在第一个回到起点时才进一格，则第一个转轮需要转 26 圈才能推动第二个转一整圈，两个才一起回到起点。第二个转轮有 26 个位置，每个位置又对应第一个转轮的 26 个位置，二者结合产生了 26×26（即 676）个相对固定板的不同位置。

这 676 个位置中的每一个都在一对转轮中制造出一个不同的导线迷宫，每个不同的迷宫表示一个不同的密码表。假设两个转轮固定在一个位置，在键盘上打出从 *a* 到 *z* 的所有字母。点亮的灯泡构成这些字母的对应密文字母，这些对应字母一起形成代表这个特定迷宫的密码表。将一个转轮转一格，重复这一过程，产生另一个密码表。这两个密码表本质上一致，外表却不同。某个迷宫中，代替 *e* 的是 X，在另一个中则是 Z。同理，二转轮密码机产生一个周期为 676 的多表替代。

加上第三个转轮，那一数字又要乘上 26，因为所有三个转轮只有在 26×26×26（即 17576）次连续加密后才回到起点。四和五个转轮分别产生 456976 和 11881376 个字母的周期。

而且所有这些字母中的每一个都由一个不同的密码表加密。转轮系统的优势即在于此。这种加密和一条有 11881376 个符号的弗纳姆纸带密钥加密不同。两者周期相同，但弗纳姆只用 32 个不同密码表，保密依赖于密钥的随机性。转轮则一丝不苟地每字母转一格（依靠变位传动装置），因此它的密码表以最严格的顺序逐个使用，确保系统的保密性。所有密码表用完后，重复这一序列。这是一种渐进式密钥系统，实为修道院院长特里特米乌斯首创，不是什么新玩意。但转轮装置执行的加密程序能产生天文数字般的长度，完成了从量变到质变的飞跃。转轮系统的特殊优点来自它源源不绝的天量密码表，它可以加密莎士比亚的所有作品，再加上《战争与和平》、《伊利亚特》、《奥德赛》、《堂吉诃德》、《坎特伯雷故事集》和《失乐园》等的全部文字，每个字母用一个不同密码表，最后它的密码表还绰绰有余。

如此长的周期使任何以字母频率为基础的直接破译失去作用。通用频率分析法一个密码约需 50 个字母，意味着 5 个转轮需要转完 50 个周期，其密报将达到众参两院在三次议会会期内所有演讲的长度。没有分析员一生中需要处理这么多密报；即使啰唆如政客的外交官，也罕有达到如此贫嘴的程度。

因此，分析员只得退而求助特殊情况。它们给他提供了破译转轮实际必需的材料：一段密文的明文。他有几种方法得到明文。几封密报从同一设置开始加密；或从相近设置开始加密，密码表段落有重叠时，克尔克霍夫叠加可能奏效。kappa 测试将揭示这些同密钥密报。有时两封密报有同样明文：一封用错误密钥加密，或同样的命令发给几个单位。可能词或格式化报头有时会提供很好的线索。有时通过无线电问话、密码员疏忽或发布的外交公报等途径可以弄到明文。所有这些情况常有发生，分析员有足够机会利用它们。

利用这些情况就能把上百万派生密码表还原为少数几个原始密码表。它借助高等数学方法，其中群论方法尤其适合处理转轮破译中碰到的大量未知数。这些未知数基本上是每个转轮两面间导线行经的路径。分析员—数学家计算输入输出触点间距离（即位移），量化这些路径。如一条从输入触点 3 到输出触点 10 的导线记成位移 7。同理，字母也得到数值，通常 $a = 0$，$b = 1$，……$z = 25$。应用已知数或明文值，分析员列出方程组，几个转轮的移位为方程的未知数，再解方程得出移位。

例如，分析员可能在密报前 26 个字母里找到相同的密文字母。此时只有第一个转轮动过，后四个没动。因为两个电脉冲出现在同一盏密文灯下，它们必定循同一路径穿过后四个转轮的迷宫，它们的路径区别仅在第一个转轮。分析员可设两个方程，各方程中，密文数值 = 已知明文值 + 第一个转轮未知位移值 + 后四个转轮未知位移值。他调整数值，把第一个转轮转过的位数考虑进去。他用方程组的标准代数解法，从一个方程中减去另一个，消去后四个转轮值，分析员还得到第一个转轮两次移位间的差值。重复这一步骤，分析员可以列出该转轮大量位移间的差值。然后他可以寻找具有这些差值的布线，查明编码。

用同样方式，他可以还原另一个转轮。若把它分离出来，他必须消除其他转轮转动的影响。第一个转轮将在密报的第 1、27、53、79 个等等字母处回到起点。第二个转轮在密报前 26 个字母中保持在起点位置，次 26 个字母中保持在第二个位置，依此类推，直到第 677 个字母才又回到起点，并在接下来 26 个字母中再次保持不动，其他转轮同样踏着它们自己的节奏停停转转。通过以适当间隔选择字母，分析员就能像频闪闪光灯一样“止住”某个转轮的转动。

这些就是转轮密码机破译的基本原理。但它们的实际操作给分析员带来的却是人类最残酷的精神折磨。方程的项盘根错节，如戈尔迪绳结[1]般混乱。方程极其复杂，因为一方面，方程中需列入相对输入输出固定板的全部移位，这些固定板最终代表明文和密文元素，还要列入必须执行的相应连续数值调整；另一方面，它常常需要用其他若干移位差表达一个移位差，可能只知道第三个转轮上的一个移位差是第一和第四个转轮移位差的和，而第四个转轮上的移位差可能只知道是第二和第五个转轮移位差的和。因此，一个未知数可能要由四五个项表示。群论方法尤其适合处理这类问题，但也特别容易出错。一个错误的假设会像致命细菌感染一般沿着这些树枝状方程蔓延生长。最终，分析员还原出的移位形式可能只是相对正确，还需要重新排列成绝对形式。外部问题又给这些内在问题雪上加霜。敌方编码员很少那么合作，从转轮起点开始加密所有电报。分析员需要首先确定几个转轮什么时候改变位置。而密码机上采用的令转轮不规则转动的装置又使这个问题更加难解。而且，编码员只需通过改变转轮次序即可更换整个替换表。

总之，转轮系统结构简单、原理易懂，但能产生出极其复杂的安全密码。那么，这个微型迷宫的四个创造者，四个现代密码学的代达罗斯[2]又是谁呢？

发明第一台应用转轮原理密码机的人将其毕生精力投在了它身上。1869 年 4 月 23 日，爱德华·休·赫本出生于伊利诺斯州斯特里特，在布卢明顿的士兵孤儿院长大，14 岁起在奥丁附近一家农场生活和工作，在那里上完中学。19 岁时，他来到西部，把加州一处木材采伐权卖给他工作过一段时间的锯木厂后，他转向木工业，在弗雷斯诺制售房屋。40 岁过后不久，他对密码学产生了兴趣。赫本当时留着大胡子，蓝眼棕发，中等身材，安静、和善，性情温和，满腹经纶。

从 1912 到 1915 年，他申请了一些专利，包括密码书写核对装置、打字机密码键盘、构成乱序互代密码的活字母组和一部加密打字机。1915 年，他发明

[1]　译注：源于神话传说，戈尔迪王曾打了一个非常难解的结，并宣称谁能解开这个结即能统治亚洲。结果亚历山大大帝用剑将此结劈开。

[2]　译注：Daedalus，传说中的建筑师和雕刻家，曾为克里特国王建造迷宫。

了一种装置，以随机方式把两台电子打字机用26根导线连接起来，在明文键盘上按下一个字母时，装置在另一台打字机上打出密文字母。因为在整封信加密期间，导线插在固定插孔内，所以密报是单表替代的——但它是用机电方法加密的。

这种导线相互连接，催生了转轮——一种可以改变单表加密的手段。1917年，赫本把他的想法加以归纳，绘就了转轮系统的第一张蓝图；一年后，蓝图转化为实际装置。

1921年初，赫本在一本海事杂志上发表了一种“不可破”密码，但美国海军密码与通信科分析员阿格尼丝·迈耶（Agnes Meyer）小姐破译了示例密信。负责密码与通信科的米洛·德雷梅尔（Milo F. Draemel）海军中校把译文发给赫本后，他立即来到华盛顿，向海军展示了他的机器。那次在华盛顿，他申请了他的第一个转轮专利。一个海军通信主任后来回忆，海军正在寻找“一种全新（秘密通信）装置。我们想到一种自动装置，它在我们脑海里有一段时间了，这时西岸的赫本先生带着他的赫本机器来了。他造出一台，我记得，他向我们展示它的威力时，我们非常激动……我记得，我们希望立即为海军买上几台”。

1921年，赫本设立美国第一家密码机公司——赫本电动密码公司，有了来自海军的鼓励，加上理所应当地自以为他的新转轮装置就是未来的趋势，赫本开始销售公司股份以筹集资本。因为公司掌握着数十项国内外专利，不仅有密码机专利，还有其他一些先进设备，如电动打字机、汽车转向指示器等专利，所以他轻松向2500个投资者售出价值约100万美元的股票。这些投资者大部分来自赫本居住的奥克兰市。

1922年2月5日，赫本买下一家机器制造厂，为他的生产线制造密码机模具、模型。考虑到“我们的发明很快就会让我们发大财，有必要做好长期接大单的准备”，他决定盖一个足够容纳1500人的工厂。9月21日，赫本开着一台蒸汽挖土机，准备破土动工，建造一座三层的新哥特式建筑，这栋建筑位于奥克兰市第八和第九大街间，占据了哈里森大街西侧的半个街区。建设计划需要一间抛光打磨室、一间电镀室、一间约60米长的组装室、一间工具模具室，以及大量其他设施，包括一间带壁炉的街头办公室，供总裁使用。1923年2月，阿格尼丝·迈耶已成为德里斯科尔夫人（Mrs. Driscoll），他雇用她作为密

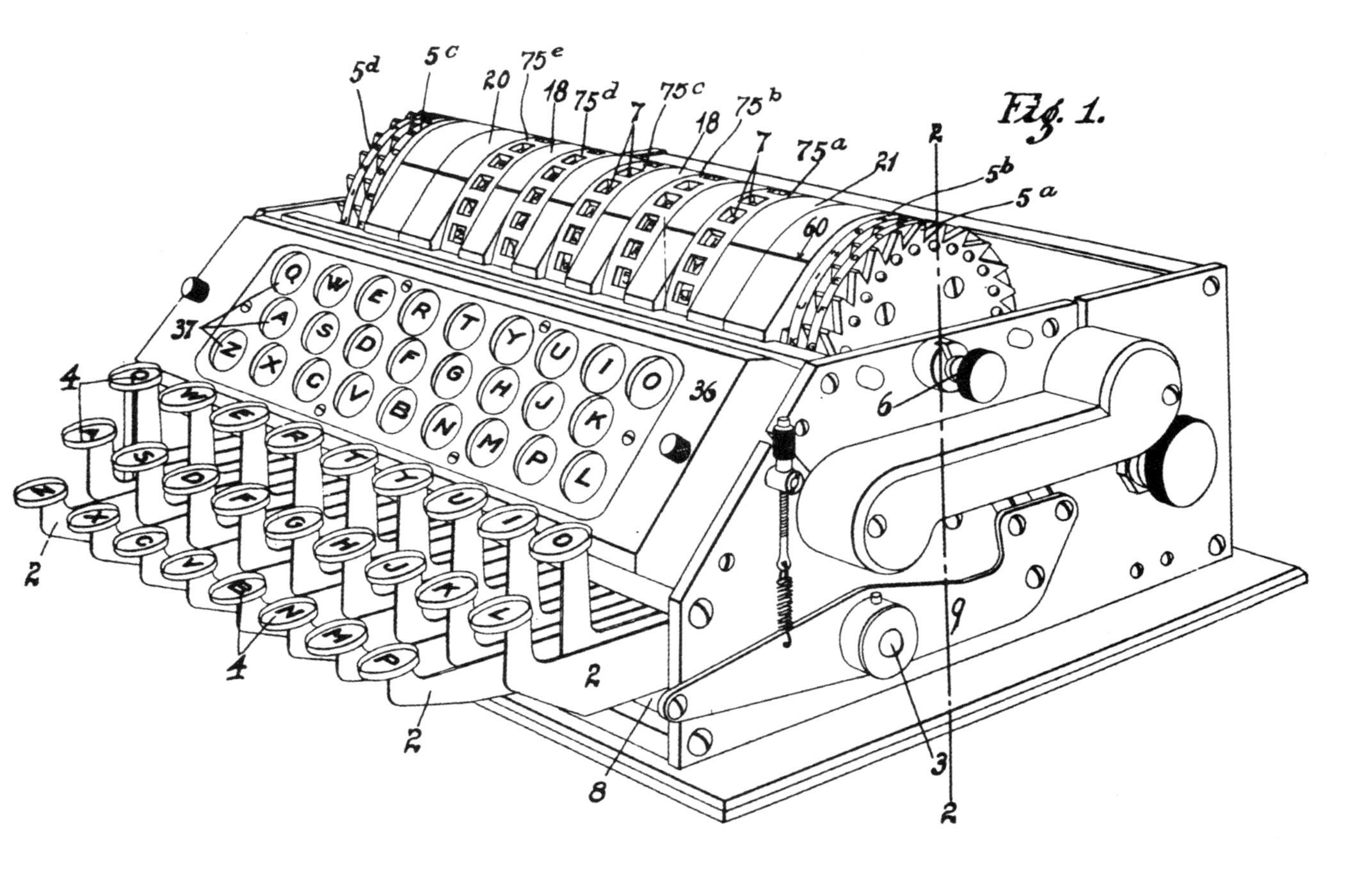

爱德华·赫本的“电动密码机”（Electric Code Machine），美国专利号1683072。75a—e是转轮，18、20、21是固定板；刻字窗口37下亮灯的是输出字母

码顾问及海军联络人。

建设如火如荼进行时，赫本卖出了更多的公司股票（“记住，您的股票是参与股，与电话、无线电和其他伟大发明的原始股有同等潜力”）；股东被大好形势笼罩着；赫本每天把办公室开到很晚，9点才关门，星期天也是如此，以便股东能查看他的奇妙机器。赫本对自己的精美作品大为叹赏，甚至用诗来赞美它，这大概是有史以来第一首密码机赞歌吧：

来自西方的伟大发明
多少年不眠不休的结晶
比海洋还要古老的问题迎刃而解
完美密码，一个奇迹，推陈出新

走向国际的电动密码
光芒夺目，没有国家能抗拒它
深刻思想与需要碰撞出的火花
赫本电动，密码世界的光华

无线电的斯芬克斯，财富的守护神
民族的大脑，国家的铁门
军舰的心脏，生命的保护人
这是智慧与暴力的抗争

保守着国家和盟友的秘密
不可思议的科学之谜
深不可测，聪明的叛徒啊，当心
无形的魔鬼圈套围绕着你

回想世界大战，它多么稀罕
世界各国的智者，你追我赶

训练有素的大脑，寻找力量
伟大的美国成就，灿烂如阳光

1923 年，监督该项目的海军作战部长组织了一个评估赫本机器的委员会。委员会里有后来的大西洋舰队司令英格索尔（R. E. Ingersoll）海军中校、拉塞尔·威尔森海军中校、史密斯海军少校。委员会建议在该机器完善后予以采用，当海军部长批准委员会报告时，海军觉得有义务采购赫本机器。1923 年，赫本庞大的工厂完工，花费 38 万美元（超出最初估算 25 万美元的 50%），但所有这一切都没能带来任何实际销售。没有收入，赫本承担不起经常性开支。1924 年春，公司付不出 10 万美元抵押贷款的利息。在随后的重组中，虽然赫本依然控制着公司，但被解除总裁职务。4 月 30 日，在一场引来报纸报道的激烈会议上，一群愤怒的股东抗议公司征收 10% 的核定付款额，用于支付利息。赫本以每股 3 美元和 5 美元销售公司股票，没有按法律授权的每股 1 美元进行销售，股东们提出了上诉，要求政府进行调查。当年夏天，德里斯科尔夫人回到海军部。

政府调查主要由阿拉米达县地区检察官厄尔·沃伦主持，他后来成为美国司法部长，调查从 1924 年一直持续到 1926 年。在此期间，美国海军定购了两台赫本机器，每台 600 美元，陆军为他已经交付的两台支付了 500 美元。太平洋轮船公司以每台 120 美元（价格区别是因为机器转轮数量不同）购买了七台，用于四条船和三个海岸办事处。意大利政府购买了一台，英国海军部购买了一台，进行研究。

但股东压力与日俱增，他们抱怨只卖出 12 台机器。抗议集会上聚集了多达 500 名股东，赫本案预审时，150 名股东挤满了奥克兰初级法庭，案件受到公众广泛关注。1926 年 3 月 1 日，赫本最终被控违反了加州公司证券法，在高等法院受审。四天（在此期间，一些证人出庭作证，如 74 岁的卡罗琳·高迪夫人作证如何以 5 美元每股的价格购买了 200 股）后，法官休庭；12 分钟后，陪审团回到法庭，认定赫本有罪。虽然这项裁决后来被取消，指控因证据不足被驳回，但它使赫本丧失了吸引大笔资本的机会。三个月后，赫本电动密码公司破产。

赫本还不死心，他把希望寄托在海军身上，在内华达州里诺设立了国际密码机公司（International Code Machine Company）。1928 年，他以每台机器 750 美元、每个转轮 20 美元的价格卖给海军四台五转轮密码机，生意开始有了起色。赫本和几个雇员手工制造了这些机器，他亲自驱车把它们送到旧金山第 12 海军军区。一台机器留在那里；其余被送给海军部和舰队、作战舰队司令进行战地测试。海军只想测定它们的机械可靠性，虽然弗里德曼实现了一次密码分析突破，破译了第一个转轮系统，但海军对机器的密码性能总体还是满意的。1929 和 1930 年间，这些机器处理了相当大一部分海军官方高级指挥通信。1931 年，赫本的前途似乎一片光明，海军支付 54480 美元购买了 31 台机器。这些不是试验性机器，而是分配给更重要的舰队司令，作为美国海军顶级编码系统。1934 年，一直在努力改进机器的赫本提交了一台终极机器，却一败涂地。一直与他打交道的军官萨福德在海上服役，一些不认识赫本的军官寄给他一封傲慢无礼的信，中断了与他的生意。按萨福德后来的说法，“他们给赫本来个釜底抽薪，甚至都没有采取礼貌的做法”。

实际上，这使赫本失去了一切机会，尽管他的机器还在服役，但 1936 年，处理完大量电报后，它们精疲力竭，被另一种非赫本密码系统取代。有意思的是，这些赫本机器修复后被送往海岸电台，其中一些直到 1942 年还在使用。事实上，二战期间，日军曾缴获两台赫本机器。

这一时期，赫本靠妻姐的遗产收益生活。1941 年，他在一场专利冲突官司中输给 IBM，虽然受此打击，他依然继续改进他的机器，获得专利。1947 年，他确信军队在战争期间应用了他的基本概念，但没有为此向他支付报酬，于是向三军索赔 5000 万美元。索赔在官僚的繁文缛节中一陷就是六年，在此期间，1952 年 2 月 10 日，82 岁的赫本在试图搬起一个重盒子时，心脏病发作去世。

1953 年初，陆军部、海军部和美国空军驳回他的要求。几个月后，他的遗产继承人起诉政府，要求 5000 万美元赔偿。美国赔偿法庭按法律规则，把赔偿期限限定在 1947—1953 年内，侵权问题限制在一个推动转轮的擒纵装置。军队是否采用了赫本的转轮原理，以及二战和冷战期间是否在数十万高密级机器上未经合理补偿就使用了它（他们无疑这样做了），这些基本问题则被忽视。被忽视的还有道德问题，军队曾答应与赫本签定量产合同，获取他最好的开发成果，却回过头与电传打字机公司签了合同。

美国政府以法律条文规避正义，竭力避免付给赫本一分钱。1958 年，政府最终以区区 3 万美元解决问题——不是出于公道，而是因为担心法庭的权利观念会迫使它暴露一些密码机密。这笔钱与赫本的贡献完全不成比例，虽然它肯定不值 5000 万美元，但至少能值 100 万美元。赫本理当得到更多，他的故事，悲惨、不公而又令人唏嘘，是他的祖国不光彩的一页。

1919 年 10 月 7 日，星期二，下午 2 点 55 分，一个研究转轮最全面的人提出一项专利申请——后来成为荷兰 10700 号“密写机”（Geheimschrijfmachine）专利。胡戈·亚历山大·科赫（Hugo Alexander Koch）生于代尔夫特，当年 49 岁，这个发明大概是他机械爱好的一个副产品。他预见到这个系统的商业价值，设立了一家保密工程股份公司，专利就以该公司名义获得。科赫在他的专利中指出，穿过滑轮的钢丝、杠杆、光线，或流过管子的空气、水和油，和电流一样，都可以传送加密脉冲。他还指出，这种脉冲不一定非得穿过转轮，还可以穿过在两块板间滑动的棒上钻的管道，或者从一个内盘穿到外周环上。他看好转轮结构，但这些样式的机器一台也没有生产出来。1927 年，他把专利权转让给一个发明一种转轮装置的德国人。第二年，他在杜塞尔多夫去世。

那个德国人就是亚瑟·谢尔比乌斯（Arthur Scherbius）。只知他是个工程师，有博士学位，住在柏林市郊的维尔默斯多夫，获得不少专利，包括诸如陶瓷之类，与密码风马牛不相及。他的第一个密码装置将数字代码组加密成可读的文字代码组，后者是国际电报协议所倡导的。他的做法是把密底码数字轮流转换成元辅音加密代码词。这个装置包括“复式交换机，连接每根输入线与一根输出线，其构造能极其便利地以各种不同方式改变这种连接”。虽然谢尔比乌斯没有进一步描述这种装置，但它是转轮系统的基础。在他的下一个专利中，转轮系统已经完全成熟。这种装置的转轮只用于加密数字，但在随后的装置中，他把触点从 10 个增加到 26 个，从而可用于标准文字加密。

他把他的机器称作“恩尼格玛”，A 型是一个形状尺寸像收银机的怪物，很快就被 B 型代替，后者把加密机构连在一台普通打字机右方。C 型是一种便携式非打印装置，和早期赫本型号一样，字母由灯泡指示。所有型号都有类似打字机的键盘。“恩尼格玛”在两个重要方面区别于其他转轮概念。它的最后一个转轮是一个半面轮：只有一面有触点，这些触点互相连接。因此，到达这个转轮的脉冲将通过它来时通过的转轮反射回去。这样每个字母得到二次加密，但它也使这种加密成为互代加密（如果明文 *e* 加密成 X，那么明文 *x* 肯定加密成密文 E），这是个弱点。第二个区别是，转轮的推移在齿轮控制下是不规则的。可惜这些齿轮节距太小，周期只达到 53295 个字母。后期机器改进了这一点。

为了推广他的机器，谢尔比乌斯似乎成立了一家小型公司——联合保密公司（Gewerkschaft Securitas）。显然，一些商人看到这种装置的潜力，因为在 1923 年 7 月，一家生产销售这种装置的股份公司成立了。德国战后灾难性的大通胀时期，密码机公司（Chiffriermaschinen Aktiengesellschaft）以 5 亿马克注册成立，发行 5 万股，每股面值 1 万马克。它付给联合保密 3 亿马克，获得后者的主导股份及其专利、设计、图纸和工具。董事会有六人，谢尔比乌斯为董事长。

1923 年 8 月 24 日，密码机公司在柏林施泰格利茨大街 2 号开始营业，努力为公司产品创造需求。它在 1923 年国际邮政联盟大会上展示了“恩尼格玛”，就一些标准达成共识，第二年德国邮政局采用了这些标准。它出现在《无线电新闻》中，并且在西格弗里德·蒂尔克尔（Siegfried Türkel）博士的一本密码机图书里占据了大量篇幅。蒂尔克尔是维也纳警察犯罪学研究所科学主管。它印刷了德语传单和英文宣传图册：“这台机器能让充满好奇心的挑衅者当场遭受挫败，它使你的所有文件，或至少重要部分文件得到完全保密，而你的花费却少之又少。精心守护秘密，你值得拥有……”

但这一切都于事无补。出于研究目的，一些国家的军队和通信公司买了几台，但密码机公司从未实现大规模销售，生产持续下滑。1924 年，成立一年后，密码机公司共花费 102812 德国马克（reichmark，新货币单位），用于支付费用、薪水和工钱。1929 年，它只支出 56345 德国马克。那时谢尔比乌斯的名字已经不在董事会名单中，最大的可能是他已经去世了。经过整整 10 年经营，公司依然发不出一笔红利。1934 年 7 月 5 日，公司解散，资产转给海姆塞特和林克密码机公司，这是一家由鲁道夫·海姆塞特（Rudolf Heimsoeth）博士和弗劳·埃尔斯贝特·林克（Frau Elsbeth Rinke）组织的新密码机公司。两人都是原公司董事。

不久，希特勒开始重新武装德国，纳粹武装部队[1]密码专家认为“恩尼格玛”能提供令人满意的密码保障，于是开始购买这种机器，服务日益扩充的军队。不知道是不是海姆塞特和林克抓住了这次新机会，还是纳粹将他们的公司收归国有或并入其他公司。二战期间，亮灯便携式“恩尼格玛”成为德国陆海空三军的最高级密码系统。它的供电电池装在木盒中，木盒尺寸重量相当于一台标准打字机。通信官认为它非常可靠，但唯一缺点是不能打印，快速操作需要三个人——一个需要阅读并用键盘加密、解密文字，一个需要在字母灯亮起时大声读出字母，还有一个则进行记录。

非常奇怪，四个转轮均为独创，设计概念最为清楚的一个申请专利三天后，设计概念最模糊的一个也进行了专利申请。科赫在荷兰提出专利申请是 1919 年 10 月的一个星期二，同一周，星期五，阿维德·格哈德·达姆（Arvid Gerhard Damm）在斯德哥尔摩提出专利申请，它后来成为瑞典 52279 号专利。

达姆的装置使用一种双转轮结构。两个圆形平板像转轮一样用导线连接起来，在一个水平中间板上下旋转。每加密一个明文，齿轮推动转轮不规则转动若干格。但达姆仅仅把转轮看成加密装置的一个辅助特征，这种装置极其笨重复杂，似乎从未制造出来过。虽然达姆的转轮概念让他位列密码发明者荣誉名单，但他对密码学的真正影响却在于：他创立了世界上唯一获得商业成功的密码机公司。

达姆是密码学“人物”之一。他最初为纺织工程师，在芬兰一家服装厂做机械经理时，他迷上了一个巡演马戏团的匈牙利女骑师，但清高的骑师看不上他。于是，他只能让一个朋友打扮成牧师，在一个小教堂为他俩“主持”一场假婚礼，以此达到目的。他是个机械天才，住在斯德哥尔摩郊区伦宁。在他的别墅里，一些椅子的扶手和脚踏可以通过一个按钮进行调整，桌上的控制器可以开灯、开门，或玩弄其他小花招，令客人们惊愕不已。

---

[1] 译注：Wehrmacht，德国武装力量总称，尤指纳粹德国军队。

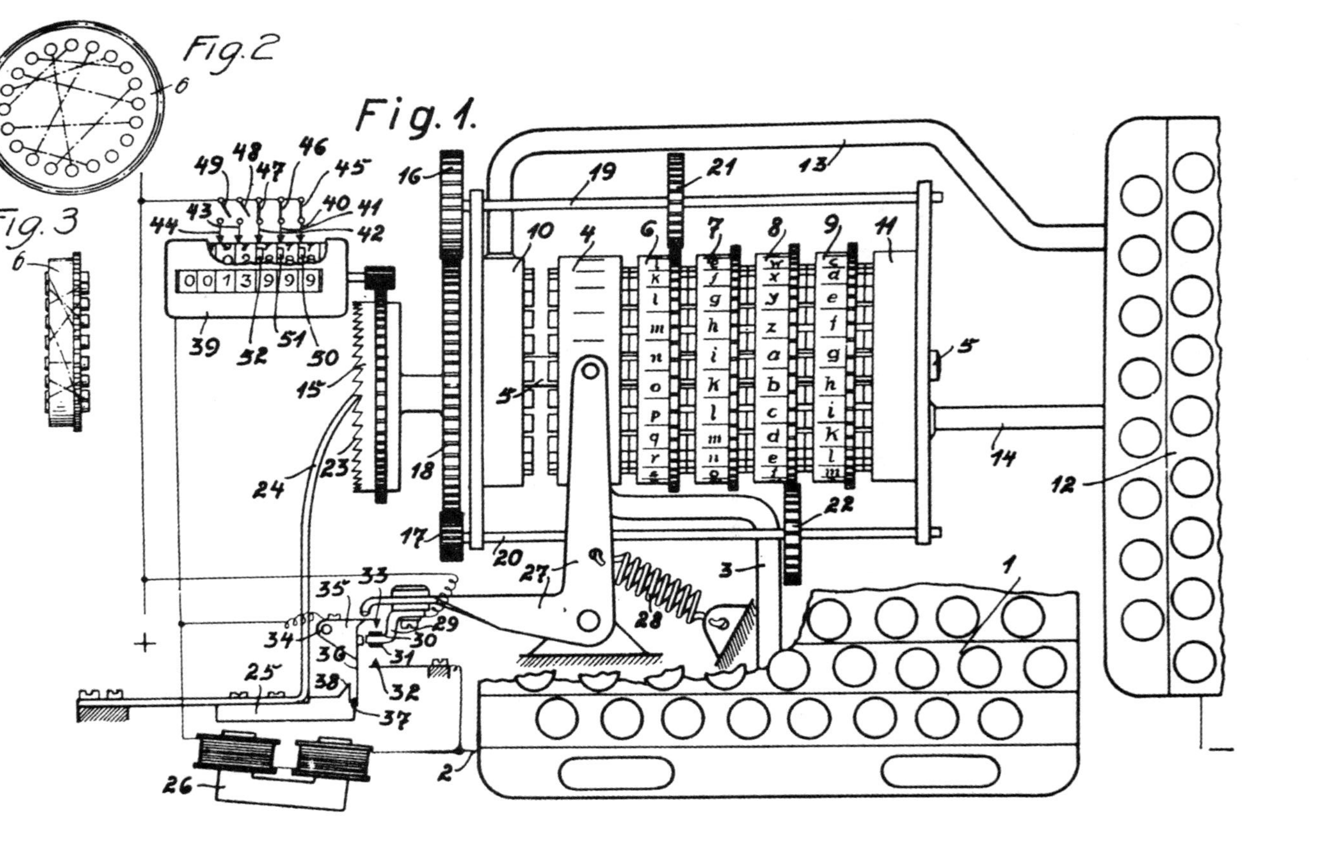

亚瑟·谢尔比乌斯的“恩尼格玛”，美国专利号1657411。转轮6、7、8、9依密钥NIAG设置。
图2（fig. 2）和图3是转轮接线示意图

一战爆发初期，他和哈德斯菲尔德的英国织布商乔治·洛里默·克雷格（George Lorimer Craig）向德国专利局申请了三个专利，与一种密码机有关；然而，达姆当时名下已经有了几个与提花织机相关的发明。引发达姆密码兴趣的也许是他的兄弟伊瓦尔，后者在瑞典耶夫勒一所中学教数学，爱好密码分析。达姆把他的机器带给瑞典驻柏林大使馆的一个熟人，后者催促达姆与他的兄弟奥洛夫·于尔登（Olof Gyldén）海军上校见面。于尔登是斯德哥尔摩皇家海军学校校长，对各种新发明感兴趣。1916 年，于尔登和达姆发起成立密码打字机公司（Aktiebolaget Cryptograph），投资人有：伊曼纽尔·诺贝尔（Emanuel Nobel），他是炸药发明家、诺贝尔奖捐资设立者阿尔弗雷德·诺贝尔（Alfred Nobel）的侄子；哈格林（K. W. Hagelin），诺贝尔兄弟在俄国的石油公司经理，伊曼纽尔的密友，一度做过瑞典驻圣彼得堡总领事。1921 年，公司设在斯德哥尔摩卡都安斯马克大街 19 号，共有三间办公室。公司雇请的老板似乎比工人还多：除达姆外，还有一个常务董事、一个技术董事、一个法律秘书和一个总账会计。

达姆设计了好几种机器，其中一个是他独创的“控制字母”（influence letter）。这是一个明文字母，虽然本身加了密，但它在键盘上的键不与推动密码轮的结构相连接；因此，这个字母在明文中出现时，间隔是完全不规则的，于是它就按照不规则的间隔中断密码轮转动。另一种机器把数字代码组加密成元辅音，交替出现，使文字代码组可读。公司主要制造达姆的 A1 型自动密码机（Mecano-Cryptographer Model A 1），这种“密码打字机”外形丑陋，在三条纸带上打印出一份明文，两份密文（一份发送，一份存档）。与之兼容的是便携式 A2 型，它把密文字母显示在一条缝隙内。它们的密钥由一根链条组成，链条由用户组装，链条的某些环节有固定功能，推动所谓的“密钥体”（key-body）正转或反转。B1 型电动密码机（Electro-Crypto Model B1）外形美观但体积庞大，后来被安装在瑞典电报总局。

这时，达姆爱上一个 20 岁出头的女孩，是在市郊火车上结识的。他决定运用离婚程序，抛弃“妻子”，但他觉得这个程序不会比当初的“结婚”程序效力更高；为以防万一，他揭发她是个间谍，迫使她离开这个国家。但在法庭上，他的合伙人于尔登揭露了他的假婚礼和间谍花招，让他大丢老脸。为了报复于尔登，后来在常务董事一职空缺时，达姆把它给了别人。但他还是如愿以偿，新未婚妻斯庞小姐陪他到巴黎出差，两人一起入住佩里戈尔酒店。不幸的是，这段浪漫史以达姆被抛弃而告终，祸不单行的是，他把别墅也给了她，按瑞典人的说法，房子连烟囱都被当掉了。

达姆的 B1 测试型号获得了几家大型无线电公司的订单。他希望它能用来保护世界商业无线电报业。但这种机器不稳定，1925 年在法国的测试表现中，它有时可以正确解密 1000 个字母，有时一个也解不出来。第二年，公司在海牙为日本武官演示了机器，但还是不断出现麻烦：在需要交流的地方却用上了直流；部件太重，不能快速反应；故障和编码错误大量发生。公司销售不尽人意。

就在此时，一个新人物在公司崭露头角。他就是鲍里斯·哈格林，他父亲为总领事和公司投资人。1892 年 7 月 2 日，哈格林出生在父亲工作的高加索地区，在圣彼得堡学习了三四年后回到瑞典，1914 年从斯德哥尔摩的皇家理工学院毕业，获得机械工程学位。他在美国工程师及建筑师学会（ASEA）、瑞典通用电气工作了六年，在美国标准石油公司（新泽西州）工作了一年。此时，哈格林和家族期待重回俄国，但认识到俄国共产主义的政权不会像他们所希望的那样结束。因此 1922 年，他父亲和伊曼纽尔·诺贝尔安排他到达姆的公司打理投资。

三年后，达姆在巴黎时，年轻的哈格林得知瑞典军方正在考虑购买“恩尼格玛”。他简化了达姆的一种机械，给它安了个键盘和“恩尼格玛”那样的指示灯，使之更方便野战使用。它的加密以棋盘密码为基础，用电子方式调整行、列分配，把明文字母转换成密文。这些转换由一组密钥轮控制，每个密钥轮边缘附近有销子，通过把销子伸出或缩回使该轮生效或失效。每个密钥轮的销子数不同。这种机器生成一个多表替代，其周期就是所有销子数的乘积。哈格林把这台机器——B-21 型——提供给瑞典陆军。达姆批评它，但陆军喜欢它，并且在 1926 年下了一个大订单。

1927 年初，当成功迫近时，达姆去世了。哈格林财团低价买下财务状况不佳但手握大订单的密码打字机公司，重组成密码技术公司（Aktiebolaget Cryptoteknik），地址在斯德哥尔摩伦克拉克大街 14 号。鲍里斯·哈格林负责管理公司。他发现，打字密码机比“恩尼格玛”之类的指示机械速度更快，更准确，更省人力。起初他把 B-21 型连接到一台电动打字机上，发现它笨重无比，令人难以忍受。于是他把打印机构件与密码机构件合为一体，生产出 B-211 型。该型重约 17 千克，运行速度为每分钟 200 个符号，可以装在一个公文包大小的箱子里。

这是 1934 年市场上销售得最俏的打印密码机，就在这时，法国总参谋部向哈格林提出一项不可能完成的要求：制作一台仅由一人操作、口袋大小的微型密码机。他先切削了一块可放入口袋的木头，标出它的尺寸范围。一天，就在他构思如此大小又能产生有效密码的机械时，他想起三年前为几个自动售货机发明人设计的一种机器。这是一种加法装置，用于接收不同币值的钱币。它是一个柱形笼，由几根杆子排成，凸片排成排，从杆上伸出。第一排有 10 个凸片，第二排有 8 个，第三排有 4 个，再下一排有 2 个，最后一排有 1 个。以不同方式组合，这些排可以产生 1 到 25 的任意数字，这正是他需要的。那几个发明人付不起原型机的费用，因此哈格林依然享有它的所有权。如今，他对这种机器进行了改造，根据不同的排，密码字母分布在 25 个位置中，从而使 25 个对应密文分别表示不同的明文字母。要想获取相应的数字组合，他可以采用突出销数量可变的密钥轮，该装置运用在他的 B-21 型中。

哈格林把装置缩小到约 15 厘米 ×11 厘米 ×5 厘米——比一台标准电话机底座还小，重量小于 1.4 千克，约等于一部词典大小的代码本重量。操作时，加密员先设置好密钥成分，旋转左侧把手，对齐明文字母，再旋转右侧手柄。机器转动，一个小打印轮把输出文本打印在一条涂胶纸带上。哈格林甚至设法让它以五字母一组打印密文，以常规词长打印明文（用一个罕见字母作为单词间格）。它的平均速度为每分钟 25 个字母。

这就是 C-36 型，法国人一眼就看中了它。1935 年，他们订购了 5000 台，这成为公司命运的转折点。回首过去，哈格林认识到，达姆和其他密码机公司的失败并不是因为机器的内在缺陷，而是在 20 年代，它们的市场还没有成熟。直至令人厌倦的战争时代结束，30 年代的重新武装开始，一个广阔的市场才真正出现。1936 年，达姆早期合伙人之子伊夫·于尔登对机器密码进行了分析，提出一些重大改进的建议，哈格林采纳了建议，大大强化了保密性。

同一年，哈格林开始与美国密码机构通信讨论 C-36 型。1937 年，他亲自到美国走了一趟，1939 年战争在欧洲爆发，他再次赴美。此时，美国的兴趣大增。弗里德曼提出了一些改进建议，哈格林回到瑞典，吸收了这些建议，规范了机器的大规模生产。1940 年 4 月 9 日，他在达勒卡里亚的小木屋时，听到收音机里播报德军侵入挪威。妻子对他说，如果他还希望机器在美国市场有所发展，他应该立即赴美。

“拿不到常规签证，”他回忆，“因此我说服瑞典外交部把我充作外交信使派去。我和妻子已先把行李托运走，随后两人乘火车到了斯德哥尔摩。我们在那里得知，德军已经侵入法国、荷兰和比利时，旅行局取消了所有到美国的旅行，于是我们决定冒险从意大利出发。”

“我们登上特雷勒堡－萨斯尼茨[1]－柏林快车，公文箱里装着蓝图，包里装着两台拆卸的密码机，一路无恙。我们快速穿过德国心脏地区，三天后顺利到达热那亚。那天夜里，我们酒店的窗户被砸了——因为我们不小心入住了伦达酒店，正遇上意大利与英国交战。但随后，我们登上了最后一班驶离热那亚的客轮——“萨瓦公爵”号（*Conte di Savoia*），最终抵达纽约。

这次逃亡千钧一发，但很有所值。美国陆军喜欢他的机器，尽管坚持进行进一步测试。哈格林秘密从斯德哥尔摩空运出 50 台机器，转送到华盛顿进行最后的全面测试。测试通过，经过漫长的合同谈判，美国陆军接受了这种改进过的装置，将其作为己方中级密码系统。美国军方将哈格林机器命名为 M-209 转换器（Converter M-209），用于营级到师级军事单位。1942 年，史密斯和科罗纳打字机公司位于纽约格罗顿的工厂开始生产深绿褐色哈格林机器，每天产量约为 400 台（打字机产量约为每天 600 台），工厂有 900 名员工。前后总计生产了 14 万多台哈格林机器（可笑的是，意大利海军也用它）。哈格林的收益达到了数百万美元，他成为第一个——也是唯一一个——因密码成为百万富翁的人。

那么，这个珍贵的微型密码机长什么样？这个让它的发明人大发横财的密码小巨人又是个什么东西？

---

[1] 译注：特雷勒堡（Trelleborg），瑞典；萨斯尼茨（Sassnitz），德国。

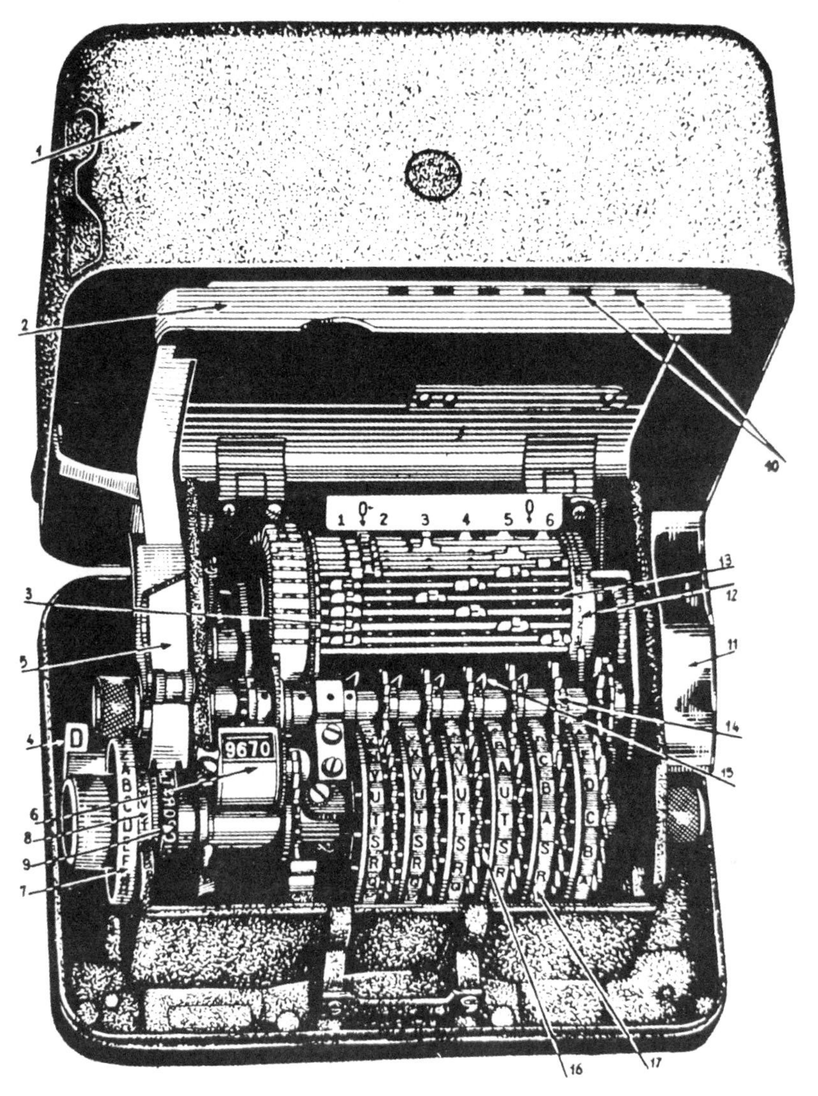

鲍里斯·哈格林的 M-209。1：外盖；2：内盖；3：一块凸片；4：加密－解密切换手柄，拨到 D 时为解密；5：纸带；6：字母计数器；7：指示盘，设置输入字母；8：再现盘，显示输出字母；9：打印轮，打印输出字母；10：显示密钥轮上密钥字母的窗口；11：驱动手柄；12：柱笼盘，标有每根滑杆编号；13：一根滑杆，移到左边成为可变齿数齿轮的一个齿；14：密钥轮驱动齿；15：密钥轮 4 导臂斜面上部，柱笼向前转动时，第 4 列凸片撞击它，推动滑杆左移；16：密钥轮 4 上字母 S 的销，处于无效位置；17：密钥轮 5

本质上，它是一台齿数可变的齿轮装置。一次加密用了多少齿，密码表就经过了多少个位置。机器不同部件相互作用，协同产生一个不连贯的长周期密钥。机器主要由四个运行部分组成：

（1）柱笼。27 根[1]杆排成一个水平圆柱形，可以转动。各杆可向左滑动，滑到左边的杆端，是齿数可变齿轮的齿；没有滑到左侧的杆构成齿隙。每根杆带有两块凸片（突出构件），凸片可设置在杆上八个位置中的两个上。八个位置中，六个有效，两个无效。柱笼向操作员转动时，带动八列凸片向上转过高点，再向下，如此往复。

（2）与凸片接触的六根扁平垂直竿称为“导臂”。六根导臂中的每一根分别与六个有效位置配合。导臂可向前摆动至一个有效位置，或后摆至一个无效位置。在有效位置时，导臂接触凸片，但如果凸片和导臂中有一个在无效位置，双方则没有接触。每个导臂上端向右倾斜，这样当柱笼转动，把一个有效凸片带下来碰到一根有效导臂时，斜面把凸片向左推，带动该凸片的杆向左，给齿数可变齿轮加一个齿。

（3）六个密钥轮，每个控制一根导臂。密钥轮边缘各有 26、25、23、21、19、17 个指示字母，每个字母下有一只销子，每只销均可从密钥轮左边或右边伸出，右首位置为其有效位置。一只有效销在密钥轮旋转到某点时，会推动导臂进入一个有效位置。一只无效销到达该点时，会把导臂拉回无效位置。这样，绕着密钥轮圆周连续不断的有效和无效销位置将把它的导臂带进和带出有效位。这决定了导臂是否接触凸片，从而决定了是否给齿数可变齿轮加齿。

（4）移位和打印机器。机器左边一只旋钮转动一个有 26 个明文字母的指示盘，同时转动同一根轴上的一个打印轮和一个打印轮齿轮，打印轮把机器输出打印在纸带上，打印轮齿轮通过一个中间齿轮与齿数可变齿轮的滑杆端连接。加密开始时，在滑杆端开始啮合中间齿轮前，这三个构件自由转动（作为一个整体，而不是各自转动），使任一明文字母与一个基点相对。

加密时，每根杆上的凸片必须与预先设置的密钥位置相对应，各轮销也须

[1] 原注：原型 C-36 只有 25 根。这里描述的是 M-209。同理，M-209 有六个密钥轮和动凸片，而 C-36 只有五个密钥轮和定凸片。密钥轮和杆数量增加，以及凸片可移动都是伊夫·于尔登的建议。但两种型号的操作相同。

处于预先规定的密钥位；解密机器自然也需要同样设置。加密员再把六个密钥轮随意转动至任一位置，他根据密钥轮边缘字母记录位置。各封电报密钥轮起点位置不同，因此标志密钥轮起点位置的字母（如 PQFPHJ）被插入密电中一个预先确定的位置，让解密员能以同样的初始位置来设置他的机器。

现在加密员转动左边旋钮，将指示盘上他的第一个明文字母对准基点，再转动右边驱动手柄，推动柱笼，带动凸片向上，再向下转向导臂。假设导臂 1、3、5 为有效，则设在 1、3、5 有效位置的所有凸片将触击这些导臂的斜面。处在无效位或处于 2、4、6 有效位的凸片将不会触击导臂。触击导臂的凸片把它们的杆向左推。（因为每根杆上有两块凸片，所以可能会出现两个凸片都推动杆的情况。举个例子，若一个杆的凸片在 1 和 5 的位置，它和一块凸片把杆向左推的效果是一样的。）被推到左边时，杆的端部与中间齿轮的齿啮合，其他杆的端部则不然。

杆端啮合中间齿轮后，把柱笼的转动传递给中间齿轮，中间齿轮再转动打印轮齿轮。每个啮合的杆端（可变齿数齿轮的齿）将推动打印轮齿轮进一格。这样，如果凸片和导臂的结合把总计 15 根杆推到左边，打印轮则转动 15 格，明文字母因此在密码表（打印轮上的字母表）中推移 15 个位置。旋转的驱动手柄端把纸带压向打印轮（它在转过墨盒时已经蘸上墨），打印出密文字母，与此同时，驱动手柄推动所有六个密钥轮前进一格，启动一套新的销设置，又产生一个不同的有效和无效导臂排列。伸出的杆端脱开中间齿轮后，缩回至原来空挡位置。就这样完成一个循环，装置准备好加密下一个字母。因为装置现在处于有效位置的导臂不同，所以不同的凸片将与它们接触，将不同的杆推向左边，不同的杆端将构成不同齿数可变的齿轮，打印轮将转过不同位置数，加密字母。

M-209 错综复杂，产生的密码为多表替代。它只用到一个初始密码表，那就是常规逆序密码表。因此，这种加密可以用一个带自然序明文和逆序密文的圣西尔拉尺复制。齿数可变齿轮以一种极不规则的序列推移这种密码表，对应 26 个可能位置。只有当导臂重复连续位置，这一序列才能重复；要等到密钥轮重复，导臂才重复；密钥轮数没有公因数，要等到 26 × 25 × 23 × 21 × 19 × 17 个字母加密完后，这个序列才重新开始。因此，M-209 的密钥周期是

101405850 个字母。

这个数字几乎比五转轮密码机大 10 倍，它防止了直接卡西斯基分析。但和转轮系统一样，巨大报量可能产生两个足够近的密钥轮设置，导致两封密电在长序列中产生重叠部分。一次 kappa 测试就能探出这种重叠，再加上它的密码表已知，通过观察一封密电里的假设明文能否在另一封密电里产生有意义的文字，分析员可以破译这两段用同密钥加密的密文。

有了一段密文的明文，分析员就可以还原机器的凸片和销设置。他可能注意到每个凸片能使密码表位置移动一格，若凸片有效，它就会把密码表推进一格。因此，如果无凸片作用时，密文字母 B 出现；有凸片作用时，A 将产生（密码表逆序）。相反，如果分析员假设一个凸片处于有效位置，而实际上它无效，密码表就会退回一格，产生一个 B 而不是 A。一个凸片在错误的有效位置将使某些格反弹后退。这些影响将非周期性地间隔出现。

另一方面，密钥轮销的影响将周期性地出现。例如，如果加密员把有 19 个字母的密钥轮上的销设错，解密员会发现每 19 个字母就有一个错字母。这个字母可能会离正确字母许多格，因为导臂会错误地拨动多个凸片。根据这些原理，通过把同列凸片视为一组、列出有四到六个未知数的代数方程组、反复交叉校正，分析员可以确定密钥设置。通常，150 个字母就能满足破译要求，而且如果幸运的话，只需 35 个字母。在一封电报的可能词或格式化报头中，分析员可获得所需要的明文；他甚至还能在无法完全还原的情况下，进行部分还原，稍后再扩大成果。

这种机器内部设置运行自如、变化无穷，其保密性能因此得到提升，它还有许多操作上的优点。它以合适的间隔打印明文——密文五字母一组，明文按单词长度排列（通常用 *z* 作空格，因此 *minimize* 将变成 *minimi e*）；计数器显示加密或解密字母的数量，使检查错误变得更加便利；一个重置按钮能将密钥轮组合退回到上一个位置；如果机器纸带用完，密文字母可从一个指示盘上读出。纸带、润滑油、备用墨盒、镊子和螺丝刀安装在约 8.3 厘米 ×14 厘米 ×17.8 厘米的外罩内。机器重约 2.7 千克，坚固耐用、防震、防尘、防沙，能经受热带潮湿和极地严寒。实际操作再简单不过，只需转动一个旋钮，把明文或密文字母对准一个标记，再扳动驱动手柄转动机器。加密时，每分钟的速度是 15—

30 个字母。

从纯机械角度看，这个机器绝对是个奇迹。哈格林设计出一个机械，它以令人惊讶的紧凑，从为数不多的部件中产生出极长的密钥，它还能在实际中不受限制地变更密钥。它是密码学上最精巧的机械杰作。

1944 年，哈格林已是千万富翁，他乘一艘享有安全通行权的轮船，用 30 天时间穿过大西洋，回到瑞典。“我用自己赚的钱，”他说，“在斯德哥尔摩以南约 48 千米的南泰利耶郊外买了一个约 809 公顷的庄园，外加一个砖厂，因为我觉得密码机生意已经完了。”谬矣！首先到来的是冷战，随着两个超级大国及其卫星国在相互疑惧中建立起强大的军事力量，一个新的密码机市场出现了。随后是旧殖民帝国的垮台，数十个新成立的国家从废墟上拔地而起，带来了远超以往的广阔密码机市场。为了保卫襁弱的军队和设在世界各地的外交机构的通信，这些国家想到了哈格林。

起初，他的密码技术公司整个业务以斯德哥尔摩为中心。但一项法律迫使他于 1948 年把开发工作转到瑞士楚格，该法律规定政府可以为国防目的征用机械发明。楚格实在太有吸引力了——尤其是它广为人知的税收优惠，因此 1959 年，哈格林把公司余部也搬到那里，设立了密码股份公司。

公司设在魏恩贝格大街 10 号一座棕黄外墙的四层楼工厂建筑内，位于一个居民区中间的山腰上，面朝波光粼粼的楚格湖，再远处是翠色可人的瑞士阿尔卑斯山，这也许是从事密码活动的人待过的最宜人环境了。工厂内部传出轻工行业典型的嗡嗡声。170 名雇员中的大部分只是组装哈格林从瑞士和德国制造商处采购来的部件；如果他的部件都由自己制造，他将需要 300 名工人。大楼顶层是绘图部门，三层是管理部门，哈格林在那里有一个两排架的密码机“博物馆”。工具制造在一楼，与模具冲压在一起；组装在二楼，成堆部件堆在一台小型制表机床旁，技工在旁边进行超声焊接工作。工程师在一间实验室开发测试新装置，如可以模拟机械操作、高速运行的电子设备。但哈格林没尝试过对自己的机器密码进行分析，大概因为他深谙破译原理，认识到他的机器的成功要靠正确使用。相反，他从用户反馈中获得改进的灵感。

公司销售三种基本型号的密码机。C-48 是公司给 M-209 的命名，C-52 是

C-48 的重大改进型。虽然 C-52 采用同样的基本原理，但它的密钥轮各有 47、43、41、37、31、29 只销，周期达到了 2756205443，降低了重叠的可能。它的密钥轮可以拆下再按不同顺序装上；打印轮上是一个乱序密码表；指示盘采用拨盘形式，能一眼看到所有字母，操作更方便。稍加修改，它可以在密码上兼容老的 C-48 型。这是个很周到的考虑，一些购买了老型号的国家可以新老共用，直到旧的用坏，从而减轻了通信开支压力。C-52 型号售价 600 美元。

CD-55 属袖珍型号，尺寸约 12.7 厘米 ×7.6 厘米 ×3.8 厘米，比一台晶体管收音机稍大，重约 0.6 千克。它的结构与 C-52 不同，但产生的密码相同。一根驱动杆从机器边缘弹出，可用拇指按下和释放，驱动在面板上的两张循环字母表（一个明文，一个密文）内圈显示。这个小玩意售价 200 美元。

T-55 是一种在线加密装置，它基于适当修改过的哈格林柱笼原理，或干脆采用一次性密钥纸带的弗纳姆原理，它加密电传打字机脉冲而非字母。为确保纸带是真正一次性的，用过的纸带一律被机器裁成两半！它比其他机器大得多，也重得多。

另外，哈格林还用完备的配件来吸引顾客，这和音响发烧友或游艇主很难抵抗消费冲动是一个道理。一种装在 C-52 下方，把它转变成键盘式快速操作的带电机键盘底座售价 1000 美元。（这个设备代替了公司过去生产的完全独立的电动打印机。）配件 PE-61 的功能是把 C-52 的密文在一条电传打字机纸带上打成孔，SRP-58 型销调节器可加速密钥轮销设置操作。阿拉伯国家、缅甸、泰国和其他非拉丁字母表用户可以采购用本国文字的机器；这些文字通常只在明文中使用，密文使用国际通信中广泛采用的拉丁字母。生产一次性密钥纸带的机器也能在密码股份公司买到。（机器通常使用一种已知最随机的过程生成所需的随机密钥：放射性元素的衰变。某段规定时间内的裂变一旦超过某个水平，一个盖革计数器触发该机器在纸带上打个孔；衰变率低于这一水平时，它就在纸带上留下空白。同样无法预测的热噪声也被用到。）

几乎所有密码股份公司的产品都进入约 60 个政府顾客手中，他们的军方采购量大大高于外交采购。一整套设备通常花费在 3 万到 5 万美元之间。当买家无一例外地抗议价格太高时，哈格林的代理人就问他们有没有发送过价值比这高得多的电报，他们就不吱声了。公司还有很小一部分产品服务于商业用户，它们几乎都有国际业务，通常都是高度竞争的行业，如石油和采矿，或高度保密的行业，如金融。

公司解释，“可变元素的巨大数量”（超过 $24 \times 10^{18} \times 10^{18} \times 10^{18} \times 10^{18}$）使得每个顾客都能选择一套自有密钥。公司对哪些密钥程序为优、哪些为劣提出建议，但谨慎地避免推荐具体密钥，因为它不想让顾客认为，它给其他顾客也会提供相同的建议。“对我们来说，知道顾客的机器和用法的细节不是经营之道，它应是国家机密。”公司在它的说明书中写道，“就像保险柜制造商不应知道客户柜子的密码组合一样。”

哈格林已经半退休，他在楚格的房子就在工厂后几十米的位置。他不会整天扑在业务上，但依然承担了公司大部分研发工作。他说：“我不懂电子学，但我知道它的巨大作用。”他负责维护老客户，把新客户和大量管理事务交给总经理斯图雷 · 尼贝格。哈格林一头白发，比常人高出一头，中等体形，看上去稳重，令人愉快，性格沉静温和。他能流利地说五种语言，这是真的吗？“一次只说一种。”他微笑着说。他口袋里装着花生，留给飞到他窗台上的鸟儿；一天他从办公室回家，上台阶时，一只鸟落在头上，另一只落在臂上。夜里，它们停在他卧室的灯上，留下了“美妙歌声”。

他兴趣广泛，谈起美食来，像个美食家；拍照片时，像个业余摄影家；他喜欢驾帆船；喜欢谈论妻子在屋后花床上栽培的花，讲起来头头是道。妻子本名安妮 · 巴斯，是神学家卡尔 · 巴斯（Karl Barth）的远亲。他的日子过得很滋润，每年回瑞典两次，不是到斯德哥尔摩郊外的庄园，就是到北方的一所木屋。他的厨师午餐时端出的蛋奶酥蓬松而且色味俱佳，不逊于纽约或巴黎任何一家好餐馆的珍馐。他驾驶的白色梅赛德斯—奔驰车里的褐色真皮内饰能给人带来屏息的感觉。他留言簿上的签名来自世界各地——美国、法国、埃及、伊朗、德国，他本人是一个极其热情周到的主人。哈格林从密码中得到的物质回报超过世上任何人，可以说，他的善良为他赢得了这一切。

第 14 章　决斗苍穹：轴心国

1939 年 8 月 31 日，空气中凝聚着紧张气氛，这是长达六年世界大战前的最后一个和平日子。赫尔曼·戈林（Hermann Göring）位于柏林莱比锡大街 2 号的奢华大宅内，中午刚过，瑞典商人比耶·达勒鲁斯（Birger Dahlerus）前来谒见这个纳粹头子。达勒鲁斯一直在竭力避免战争，为此，他充当戈林的非正式调解人，在英德间奔走斡旋。英国已经宣布，如果希特勒入侵波兰，它将援助波兰，竭尽全力扑灭战火。英国提议，德国和波兰应进行直接谈判，以解决分歧。1 点过几分，达勒鲁斯和戈林正在讨论局势，一个副官呈进来一个红色信封——一种用于国家特别紧急事务的信封。戈林撕开信封，读到里面内容时，他从椅子上蹦起来，一边愤怒地走来走去，一边对达勒鲁斯吼道，他手上有证据表明，波兰人正全面破坏谈判。

几分钟后，他冷静下来，将信封中内容告诉了瑞典人。密信的获取来自一封电报，由波兰华沙政府发给驻柏林大使。当然，电报加了密，但德国外交部分析员早就破开波兰外交代码，当即解出明文，再译成德文，通过信使给戈林送来一份。整个过程用了不到一小时。

电报最后是给大使的一条“特殊机密信息”：“无论如何，勿介入实际讨论……”在戈林看来，这封电报明确证明波兰人没有谈判的诚意，他亲自复制了一份译文，交达勒鲁斯转给英国大使看。这位德国空军部长告诉达勒鲁斯，他这样做冒着极大危险——无疑，他指的是冒着暴露德国人掌握波兰代码的风险，但他认为应该让英方知道波兰人毫无诚意。

实际上，这不足以成为发动战争的理由，只是一个借口而已。德国人把达勒鲁斯当作一枚棋子，因为就在他踏进戈林家时，阿道夫·希特勒正在签署"1 号作战指令"。第二天破晓，德军侵入波兰。除了证实纳粹的背信弃义外，外交部对波兰密电的破译在对波兰的进攻中并没有起到任何作用，但它确实表明了德国情报系统的强大和高效。与此同时，德国运用闪电战，连连大捷。

德国外交部密码破译机构创立于 1919 年初，据说是在一个 32 岁的前陆军截收部门上尉库尔特·泽尔肖（Kurt Selchow）建议下成立的。泽尔肖是行政首长，给机构配备了他熟悉的一战密码人员。他的组织一开始被称为外交部一处（人事预算）Z 科（Referat I Z）。它既有密码分析部门（Chiffrierwesen），又有密码编制部门（Chiffrierbüro），后者比前者规模大一倍。1936 年间，外交部重组，一处 Z 科改名为人事行政处 Z 科（Pers Z）。Z 没有任何含义（该处没有 26 个科），或许是因为 Z 看上去和密码挺相配，所以就选了这么个名字。再后来，外长约阿西姆·冯·里宾特洛甫以保护自己密电为名，把密码编制业务划到自己办公室下面。

1939 年，Z 科密码部门分成两组，一组处理密码，不管是作为系统本身还是作为高级加密，它的人员和方法都偏重数学；一组处理代码，以语言学为重点。[1] 三个高级分析员领导两个组：鲁道夫·肖夫勒和阿道夫·帕施克（Adolf Paschke）共同领导语言组，维尔纳·孔策是数学组组长。三人都是德国在一战中后知后觉开始军事密码分析的老手，三人都在 1919 年快 30 岁时进入外交部。肖夫勒和孔策参与了一次性密钥本的开发。

孔策从海德堡大学获得数学博士学位，还在那里学习过物理学和哲学。一战大部分时间里，他是个骑兵，1918 年 1 月开始密码分析工作，破译了一些英国密码；但在破译一个英国代码上，他几月无功。在外交部的头几年，他研究

[1]　原注：代码运行于语言学上的文字，而密码则是非语言学的，这种分法把上述区别带进了实践领域。

了密码分析，主攻理论以及应用他的数学知识。孔策很可能是现代密码分析部门雇用的第一个数学家。1921 左右，他发动了他的第一次主攻——攻击一部法国外交代码的高级加密。1923 年，他破开了它，初步体会了密码分析中坚持和耐心的必要性。理论研究给予了他莫大帮助，使他参与并开发出德国外交部一次性密钥本系统。

1936 年春，他开始了他的得意之作：弄懂并最终破译一种日本机器密码系统。它很可能就是美国人所称的“橙色”系统，早于“红色”机器，“红色”又先于“紫色”。美国海军杰克·霍尔特维克（Jack S. Holtwick, Jr.）上尉破译的就是“橙色”系统。孔策认为破译只需六周，但直到他 7 月出去度假前一天才实现突破。“橙色”机器通过两套独立转轮把元音加密成元音，辅音加密成辅音，9 月孔策还原了机器使用的所有密码表。他还破译了“红色”，这种机器通过两排转轮，不加区别地加密元辅音。但无论是他，还是 Z 科任何人，都没有破开这类机器的终极系统——“紫色”机器。

由于组织庞大，帕施克和肖夫勒共同担任语言组领导。帕施克是名义上的组长，主要处理行政事务，同时负责欧洲语言业务；肖夫勒负责亚洲语言，他是这方面的专家，除此之外他还有深厚的数学基础。他更专注于实际工作，一个同事这样形容，“帕施克说他是负责人，肖夫勒为人谦和，也不反对。”帕施克身材纤弱，腰板挺直，脸上有小胡子和不易察觉的微笑，敏感易怒，但彬彬有礼又顾家。他生于圣彼得堡，1915 年因精通俄语进入密码一行。他是个律师，但非常喜爱密码学，愿意待在这一行。他攻击俄国、英国和意大利代码，是个天才语言学家。他的专项工作之一就是还原一部代码的前 500 个左右代码组，然后转给一个水平稍差的分析员，让他完成余下的简单破译。

肖夫勒有点神经过敏，易冲动，先后在蒂宾根和慕尼黑学习，一战前教过书，1916 年在陆军司令部开始密码分析工作。他勤奋好学，认为全面的理论知识能指导实践。别人可能会浅尝辄止，满足于学以致用，但他对密码学的钻研要深刻得多。他试图使这门学科系统化，术语统一化；他紧跟这门学科的各方面发展，要么亲自撰写，要么鼓励他人撰写重要议题报告。Z 科在理论上探讨“恩尼格玛”的数学结构；研究一堆文字代码组的规律——这既是纠正错乱所必须，又有助于密码分析；发表密码学文章，如“概率论入门”及其在密码分析中的应用；编制图表和列线图，所有这一切可能都是在肖夫勒推动下进行的。他架起了语言学家和数学家之间的桥梁。他熟悉亚洲地区的主要语言，提供语言学数据帮助孔策还原日本密码机密码表。战后，他获得数学博士学位。

三人的主要助手是三个老牌分析员，埃里希·朗洛茨，一次性密钥本第三个发明人；恩斯特·霍夫曼（Ernst Hoffmann），拥有“密码业务高级顾问”称号；赫尔曼·舍尔施米特（Hermann Scherschmidt），波兰语和其他斯拉夫语代码专家。与孔策、肖夫勒和帕施克一样，他们通常都有同样的政府顾问头衔。1933 年，希特勒上台后，Z 科雇用了大约 30 名文职人员。随着德国重新武装自己，Z 科也随之扩大，虽然一开始步伐缓慢。Z 科招人慎之又慎：拟招人员并不知道对方在考察他们是否适合高度机密的密码分析工作。一个叫阿斯塔·弗里德里希斯（Asta Friedrichs）的女士在保加利亚教过书，Z 科正需要一个懂保加利亚语的人，直接问她想不想学塞尔维亚—克罗地亚语，做一些与此有关的工作。她接受了，直到考察期结束，她才得知有关密码分析的情况，开始破译塞尔维亚—克罗地亚语代码，后来破译一些保加利亚语代码，再后来协助其他人。

随着战争爆发，Z 科开始爆炸性扩张。新成员中的佼佼者有 37 岁的数学家汉斯·罗尔巴赫（Hans Rohrbach）博士，后来成为历史最悠久的数学杂志《纯粹数学和应用数学杂志》主编。另一位数学家是戈特弗里德·克特（Gottfried Köthe）博士，后来的海德堡大学校长。Z 科急需人才，为此做出一些变通。奥特弗里德·多伊布纳（Ottfried Deubner）的父亲路德维希一战中曾为德国破译过军事密电，他本人是犹太混血，但因为父亲早年的贡献，他获准加入 Z 科，破译意大利密电；纳粹授予他荣誉雅利安人称号。

Z 科在柏林威廉大街外交部主楼后面的图书馆大楼顶层待了几年，但到 1940 年初，这个地方已经容不下它。数学家最先搬出，搬到耶格大街 W-8 号一幢已经完全被外交部占据的公寓楼里，占了几套房间。他们的离去只是暂时缓解了老办公室的拥挤，不久，破译代码的语言学家找到新办公室，先在一座人类学博物馆被一堆暹罗文物包围着，后到柏林近郊的达莱姆。在达莱姆，一些人在因多尔街道一栋花园公寓内工作，一些人在附近的一所女子寄宿学校里，数学家也在 1943 年搬到这里。两者组合起来，即 Z 科密码分析部门，自称“达莱姆特种部门”（Sonderdienst Dahlem）。战争中期，因多尔大约有 200

名工作人员——20 到 25 名数学密码分析员，数量大致相当的语言密码分析员，其他为办事和辅助人员。总人数后来增长到 300 人。

1944 年夏，密集轰炸——人员几乎每晚都被迫躲在防空洞里——迫使它再次搬家。语言组搬到东南方向约 241 千米的西里西亚希尔施贝格，安顿在另一所学校里；数学家搬到附近的黑姆斯多夫镇。然而，Z 科的冒险旅程还没有结束。1945 年 2 月，苏军的推进迫使各组又大约向西撤退了 241 千米。数学家撤到柏林以南约 129 千米，艾伦堡附近的切普林城堡。语言学家和几个破译当前高级加密的数学家撤到魏玛西北，纽伦堡附近的伯格舍敦根城堡侧房。90 名分析员化身为冯·德·舒伦堡（von der Schulenburg）伯爵及其 5 个女儿的客人，住在他家，一些人还带着老婆，在艺术珍品和老式家具间工作。他们与约 80 千米外的数学家几乎完全失去联络，工作因此受阻。

保密问题无处不在，令深陷困境的 Z 科雪上加霜。墨水被禁用，因为它需要吸墨纸；每天夜里，所有文件都要锁好；废纸须焚毁，灰烬捣碎，确保没有密码飘走；后期 Z 科得到一台碎纸机，焚烧纸张前可先将其粉碎。各密码破译组不得打探其他组的工作，但这些人为隔阂在达莱姆防空洞的同志情谊中消失殆尽。

保密还意味着政治保密。早在战前，纳粹就在 Z 科安插了一个密探，监视一切反希特勒活动迹象。1942 年，泽尔肖加入纳粹党，获得“三级突击中队长”[1] 荣誉军衔，享有使用三四辆小汽车的权力。第二年，他升至“二级突击中队长”，因为这让他可以“在司机面前耀武扬威”。但他坚称，他从不穿制服。分析员中至少还有帕施克、肖夫勒和孔策等人加入了纳粹党。

分析员的原始材料由军事无线电台或邮政电报局截收。在西里西亚，材料由信使在中午时分送来。大部分外交电报都有地址和签名，因此很少出现报务分析问题，如确定语言、编码种类等等。密码分析需要大量文本和相应的统计数据，这些材料由以妇女为主的文职队伍编制，但通过自己收集一些统计数据，分析员能更好地开展工作。破译极其耗费脑力，“破译一个代码时，你得集中注意力，甚至会精神恍惚。”弗里德里希斯小姐回忆，“一味努力并非就能

[1] 译注：Sturmführer，纳粹准军事组织军衔，用于冲锋队、党卫军等。三级大致相当于陆军少尉，下文二级突击中队长（Obersturmführer）大致相当于中尉。

带来成功。”破译方法似乎经常是从潜意识里蹦出来的。

在约阿西姆·齐根吕克尔（Joachim Ziegenrücker）领导的信息组的大力帮助下，破译变得容易多了。信息组从无线电广播、外交部备忘、盟军报纸（整个战争期间，它都在阅读《泰晤士报》）和 Z 科输出的情报中收集信息。按弗里德里希斯小姐的说法，有了这些信息，当分析员问到“一个人名字以 *w* 开头，他与另一个名字以 *n* 结尾的人进行交谈，谈话地点的名字里有 *po*，谈话时间在周四，那这个人是谁？”时，他们就可以给出答案。

奖金的作用更大，它用来提高分析员的外语水平，其颁发金额取决于目标语言的难度。英语和法语被看成理应掌握的语言，没有任何奖励。破译员每四年须参加一次目标语言考试，证明他们的能力。许多人学习四种语言，每年参加一次考试，考前在当地贝立兹[1]学校温习一个月。对几乎所有驻外国家，Z 科都有精通其语言的专家。一个叫本青（Benzing）的人对土耳其语及其密码分析乐此不疲，被同事看成名副其实的土库曼语狂。

对分析员的最大帮助来自自动机械，它们可以快速执行必要的高度重复工作或简化多种任务的处理。其中许多是以普通方式使用打孔卡的制表机，但也有不少是为特殊目的服务的机器，由汉斯－格奥尔格·克鲁格（Hans-Georg Krug）用通用零件组装，这个前中学数学教师在这类事务上很有天赋。

分析员把信息打孔到卡片上（使用某些西门子机器时，则把信息打孔在纸带上），在机器中运行时，计算频率，寻找重复或间断（部分）重复并计算重复间的间隔，筛选文字。有一种机器叫专用比较器，能自动破译单次栅栏密码。它用打孔卡提取一段长度大致等于移位表中列的密文，再让密文其余部分依次通过这段固定部分，计算每次并列的双码频率。最高频率的配对就可能表示移位表中的相邻列。它再在新的列上重复这一过程，将还原表进一步扩大。因为这种机器可以比较双码与机器内部的各种频率，所以也可能被改装成适用于破译底码已知的移位代码。

这些机器非常适合二战中可能最常见的一种分析程序——破开加密代码中的数字加密。轴心国、同盟国和中立国分析员采用了相同的技术，这大概是主

[1] 译注：Berlitz，著名外语培训机构。

要大国在两次大战之间独立发展起来的。战地军事密码分析单位采用一种手工方式，主要基于铅笔和纸。

它通常被称为“差值法”（difference method）。分析员首先通过指标、报务分析或其他信息，识别出他认为使用了同样代码的加密代码组电报，这些代码电报还需至少部分使用同样长的加数密钥。他以重复或指标中的线索为参照点，把电报上下叠加，把用同样加数密钥加密的部分上下排列。（如果没有信息提示这种排列，分析员就得一个个试排，看有没有能产生结果的排列。）

他用一个列中的所有加密代码组减去每一个加密代码组。从第一、第二、第三……个代码组中减去第一组，从第二、第三、第四……个代码组中减去第二组……将这些“运算”得出的差值列在一本差值本上，本上同时给出产生每个差值的两个加密代码组位置。分析员对每个列重复这个减法，把所有差值列在差值本上，再在本上找有公共差值的两个列。这个公共差值表明这两列包含相同密底码组，只是加密时用了不同的加数。

该识别能使分析员把两列还原成等值形式。对第一列，他直接从该列所有代码组中减去与第二列运算产生同样差值的加密代码组，换句话说，他直接采用运算的得数。对第二列加密代码组如法炮制。这使两列产生一个相对密底码。在这个相对密底码中，两列中所有密底码相同的组将表现为相同的代码组，但它们与原始绝对密底码相差一个常数。分析员在其他有公共差值的列中重复这一步骤，尽可能多地把这种具有公共差值的列全部还原成同样的相对密底码，然后他再破译代码。如果是一部本代码，他可以很快确定常数，得到绝对密底码；如果是两部本代码，这一步通常既不可能，也无必要。

以下述五封密电为例，假设它们选自同一日内截收的电报。分析员根据经验得知，每封密电第一组（指标组）为敌方密钥本所载加数序列的起点。因此，6218 表示从 62 页第 1 行第 8 列那一组开始。三封密电有这一指标，因此它们从前几组起就开始对齐。第二封指标 6216，从同一行第 6 列开始。同理，它的第三组与其他三封密电第一组就是用同样的加数组加密的，分析员据此把它对齐，指标为 6217 的密电用同样步骤对齐。所有五封电报对齐后，每列加密代码组将具有同样的加数密钥。

	指标			A	B	C	D	E	F	G	H	I	J	…
1	6218			6260	7532	8291	2661	6863	2281	7135	5406	7046	9128	…
2	6216	3964	3043	1169	5729	3392	1952	7572	2754	7891	6290	6719	7529	…
3	6218			4061	6509	4513	1881	0398	3402	8671	4326	8267	6810	…
4	6218			5480	9325	3811	4083	5373	4882	8664	8891	6337	5914	…
5	6217		7260	8931	8100	5787	6807	2471	0480	9892	1199	8426	1710	…

分析员对每列进行“运算”（暂时忽略短列），把结果列成 10 张表，其中 A 列和 E 列结果如下：

A	6260	1169	4061	5480	8931
6260	0000	5909	8801	9220	2771
1169		0000	3902	4321	7872
4061			0000	1429	4970
5480				0000	3551
8931					0000

E	6863	7572	0398	5373	2471
6863	0000	1719	4535	9510	6618
7572		0000	3826	8801	5909
0398			0000	5085	2183
5373				0000	7108
2471					0000

以表 A 为例，它表明，6260 自减得到差值 0000；1169 减 6260 得 5909；4061 减 6260 得 8801……（和加法不进位一样，减法不借位。）每行表示一次运算。

五封电报差值本的一部分表明，A 列和 E 列有公共差值 8801 和 5909。它还显示其他具有公共差值的列：

差值	列	电报	运算组
....	...	....	....
8736	F	1，5	2574
8801	A	3，1	6260
8801	E	4，2	7572
9077	B	3，1	7532
9106	J	4，3	6810
9220	A	4，1	6260
9220	D	3，1	2661
9308	C	4，3	4513
9391	D	2，1	2661
9391	I	4，1	7046
9391	J	3，2	7529
9510	E	4，1	6863
....	...	....	....

因为加密代码组 6260 在 A 列产生了 A 列与 E 列的公共差值 8801，分析员从 A 列每个加密代码组减去 6260，E 列每个加密代码组减去 7572。同样，9391 是 D、I 和 J 列共有的差值，这几列可以用同样方法还原成等值形式——在每列中减去其运算产生公共差值的那个代码组。这五次还原得出五个列的相对密底码：

	指标			A	B	C	D	E	F	G	H	I	J	…	
				6260	....	....	*2661*	*7572*	....	....	....	*7046*	*7529*		相对密钥
1	6218			0000	....	....	0000	9391	....	....	....	0000	2609		
2	6216	3964	3043	5909	....	....	9391	0000	....	....	....	9773	0000		相对密底码
3	6218			8801	....	....	9220	3826	....	....	....	1221	9391		
4	6218			9220	....	....	2422	8801	....	....	....	9391	8495		
5	6217		7260	2771	....	....	4246	5909	....	....	....	1480	4291		

表中很容易看到大量重复的相对密底码组——0000、5909、9391……因为这个例子是杜撰的，全部电报（除两个短列外）都可以还原成这种相对密底码。但在实践中，密电并不总是能够完全还原，这时部分破译情况会发生，偶合公共差值有时也会出现。在这个系列中，1480 在 F 列（4882 － 3402）和 I 列（8426 － 7046）产生。如果 3402 被用作 F 列的相对密钥，将产生一个假的相对密底码，这个错码将在代码本身破译中纠正。但在这里，正确公共差值数量大大超过偶合数量。如果经最后查明，底本是一部本，分析员会发现，这个相对密底码与绝对密底码（或称底数）相差一个修正系数 2371。

成千上万次重复相减，先求出差值，再还原相对密底码，进入日常的编制差值表工作，这些为制表机的自动操作提供了一个理想的对象，正因如此，类似机器在世界各国密码分析部门最受欢迎。除了这些打孔卡片机外，Z 科还发明或改装了几种专用设备。

其中一种使用半透明纸和光线，可从之前已经译出的底本中获取一个新加数。分析员整理密报，把用同一加数组加密的代码组排在一列。如果代码使用四位数代码组，分析员则准备一张印着 200 × 200 单元格的半透明纸，顶端和侧边均编有坐标，从 00 到 99 排两次。这样，两个边坐标 31 和两个顶坐标 50 交叉处的四个单元格代表代码组 3150，重复出现了四次。

从之前对该代码的破译，分析员得出，最常见密底码组（比如说）是 6001、5454、5662 和 7123。（如果该代码是两部本，这些可以是相对密底码；如果是一部本，它们很可能是绝对密底码。）分析员在几张纸上打孔，把所有五个[1]密底码组打在各自的四个位置上。他用墨水在一张纸上涂黑列中第一个加密代码组的四个格，另一张纸上涂黑第二个加密代码组的四个格……再把这些纸罩在一个光源上，涂黑的加密代码组单元格互相重叠。最明亮的光点就代表密底码孔最集中的位置，该光点坐标与那堆暗色的加密代码组坐标间的数值差就是该加密代码电文列的加数。这个差值通常记在最上面一张纸上。这样，如果该纸上加密代码组是 8808，光点在 6001，该列加数就是 2807，该特定加密代码组的密底码组就是 6001，即上述常见的密底码组之一。

由维热纳尔密码加密的那一列字母（由同一个密钥字母加密的列）有 26 种可能解，通过观察是否有最高频字母，分析员可以确定哪一种正确，上述方法即与这种方法类似。这些方法通常采用印有高频字母的红色字母表纸条；纸条按密文字母上下排列，最红的一列排在右边，它很可能就是正确的一套明文字母。这种情况和 Z 科的装置一样，构成密码表基础的高频元素（维热纳尔密码表中的明文、加密代码中的密底码）已知，密码表（维热纳尔中的自然序密码、加密代码中的非进位加数）也已知。因为数千格长的纸条很难处理，Z 科装置用二维代替一维，但与维热纳尔纸条须重复字母表一样，它也须重复其坐标。在一种做法中，集中的高频元素成为最亮的点；在另一做法中，它则成为最红的列。

Z 科的这些自动机器有助于破译法国和意大利代码，这两国都时不时使用加数高级加密的四位数代码。但一种英国代码依然滴水不漏，因为它的加数密钥长达 4 万组，能防止对方积累足够破译材料。或许，二战开始时，大部分国家都在外交部门采用了不同等级的加密代码加数系统。德国也这样做，有时用四位数代码，有时用五位数代码，但它的加数是一次性密钥本。虽有各种机器

[1]　译注：原文如此。但前面只列举了四个最常见密底码组。

帮助，大部分代码的破译最后还得依靠各个分析员，靠他们的纸和笔。

用这种方法，他们破译了日本“津”外交代码加密——移位字组有空格的栅栏密码，美国分析员称之为J19代码的K9移位。1941年10月，当苏联政府将首都从危机四伏的莫斯科东迁至古比雪夫[1]时，日本驻苏大使馆开始倚重这种代码。日本外交官需要与政府保持紧密联系，他们可能将笨重的密码机丢在身后，用纸质代码取而代之。Z科认出两封密电有几小块被不同文部分隔开的同字母片段，取得初期突破。分析员推断这些不同文部分表示相同密底码文字，比较了两封密电，直到某个下午，他们发现，一种移位和空格排列能产生同样文字，与常规的文字代码类似。在他们的另一次技术突破中，数学家破开了大约30种移位和空格类型；语言学家随后写出密钥，破译给德国人提供了有关苏联战备、生产和部队活动的情报。

当然，对德国人来说，承认解读盟友的加密信息是件尴尬的事，1941年初，此事曾造成一个很微妙的局面。2月4日，德国驻土耳其大使弗朗茨·冯·巴本（Franz von Papen）报告说，伊拉克驻土耳其公使告诉他，“英国人可以在完全了解意大利意图情况下制订计划，因为他们可以读懂意大利密码。”德国外交部政治部门负责人恩斯特·韦尔曼（Ernst Woermann）于是着手调查。3月底，他从泽尔肖处得知，“意大利人使用三类密码，其中第一类容易读懂，第二类稍难。关于第三类，虽然不能确定，但有理由相信，英国人无法突破那么复杂的系统。但即便是这种密码，我们部门也可以读懂……罗马—巴格达密码属于第二类。”

韦尔曼想出种种方法，把话带给意大利人，其中一个为德国式委婉说法：“我们想说，我们获得来自安卡拉[2]的信息，于是尝试破译一封罗马—巴格达无线电报，刚刚获得成功。”虽然还不知道意大利人得到警告的方式，究竟是德国外交官奥托·冯·俾斯麦（Otto von Bismark）亲王几个月后向意大利外交部一个官员暗示德国拥有意大利密码（没提及英国人），还是仅仅为一次无意泄露，但不管怎么说，他们及时得到了警告。意大利人在所有事情

[1] 译注：Kuibyshev，今俄罗斯城市萨马拉，内河港口，位于伏尔加河和萨马拉河交汇处。
[2] 译注：Ankara，土耳其首都。

上都让德国人失望，这一次也不例外——他们没有更换密码，Z 科继续读取它们。但他们也不像德国人想的那么不争气。意大利外长加莱亚佐·齐亚诺（Galeazzo Ciano）伯爵听说纳粹在解读他的电报时，在日记中评论："这是个好消息：将来他们还会读到我'要'他们读的东西。"

小国密码通常比大国密码更容易破译，不仅仅因为内在质量，如它们的代码更小、代码数量和加数表更少，更因为小国的人员训练也不足，如果他们无法解密一封电报，他们通常会要求重发，这种情况在小国身上发生更频繁。而且，小国没有大国、富国那样的信使和通信业务，不能像大国那样经常把新代码送到遥远的驻外机构，只能一直沿用老代码。虽然它们的电报里通常没有大国电报中包含的关键信息，但它们的外交官有时处在关键位置，也能提供有价值的信息。但即使身为小国，当它们的密码被破译了，它们也能察觉出来。"你刚达到一定能力，可读取相当大一部分电报，但某天上午来上班，你发现它全部被换掉了。"弗里德里希斯小姐说。

Z 科获取破译结果后，将其打印好，交给泽尔肖。里宾特洛甫成为外长前，泽尔肖负责把译文交给国务大臣；里宾特洛甫任外长后，他按外长命令把译文交给国务大臣，以及送到外长办公室。给元首的译文标有一个绿色的"F"。有的译文希特勒看不到，因为里宾特洛甫不敢把坏消息告诉他；而那些他能够看到的消息，他也并不总是能完全理解。例如，一封长报揭示了苏联农业形势的大量信息，军事意义非常重大，希特勒在正面画上"Kann nicht bir stimme"（这不可能）。纳粹政权宁愿相信自己的谎言和宣传，也不愿相信令它不快的现实，因此，按弗里德里希斯小姐的说法，"就算我们挖到金子，也没人拿它当宝贝"。

1945 年 4 月，美国先头部队越过伯格舍敦根城堡，抓获了德国分析员，继续向前挺进。几天后，来自缅因州的通信兵部队军官哈斯克尔·克利夫斯（Haskell Cleaves）发现了他们的勾当。司令部派出一个美、英、法专家组成的联合委员会审讯他们。5 月 8 日，正值世界庆祝欧战胜利日[1]之际，35 个德国密码分析员被押上飞机飞往伦敦，接受长达数月的审讯；审讯者中有一个名为

[1]　译注：1945 年 5 月 8 日，德国宣布无条件投降，这一天被称为二战欧洲胜利日。

“布朗少校”的人，真名威廉·邦迪（William P. Bundy），后成为美国远东事务助理国务卿。对德国外交部密码分析员来说，战争已然结束。

他们都有哪些成就？他们曾在技术层面取得一些卓越的功绩，对某些人来说，这就足矣。孔策和其他数学家通常在攻克某个密码分析难点后，就对它失去了兴趣。即使有些分析员对密码分析兴致盎然，认为自己能够影响国家政策，但他们也很少知道内情：外交官很少告诉他们，泽尔肖横在他们和信息使用者之间。而且，它们的成果分布在大量信息中，掺杂在其他信息来源里，又被纳粹的成见歪曲，因此在一个特定事件中，几乎不可能确定某个密码分析情报起了决定性作用。最后，也是最重要的，德国输掉了战争，Z科的一切努力归根结底都化为乌有。“我经常会说，”肖夫勒说，“一个建桥师可以看到他为同胞所做的贡献，但我们却不知自己的生命价值何在。”

然而，他们却读取英国、爱尔兰、法国、比利时、西班牙、葡萄牙、意大利、梵蒂冈、瑞士、南斯拉夫、希腊、保加利亚、罗马尼亚、波兰、埃及、埃塞俄比亚、土耳其、伊朗、中国、日本、泰国、美国、巴西、阿根廷、智利、墨西哥、玻利维亚、哥伦比亚、厄瓜多尔、秘鲁、多米尼加共和国、乌拉圭、委内瑞拉等国的秘密通信。虽然他们没有破译所有国家的密码，但对地球上30多个国家、地区密码的破译表明，不管Z科分析员的生活是否“有任何价值”，这一追问与他们是否履行了自己的职责无关，因为他们尽到了自己的职责。

在纳粹德国极权主义的恐怖统治下，纳粹大人物通过建立个人权力机构来巩固自己的地位。额外权力可来自截收的通信。因此1933年，赫尔曼·戈林被希特勒任命为新政府航空部长几周后，这个肥胖的前王牌飞行员在他的航空部成立了一个八人单位，尽可能多地拦截通信。他称之为“研究室”（Forschungsamt），但它的研究是高度专门化的。它表面上隶属航空部长办公室，实际与纳粹空军（Luftwaffe）技术研究处及空军自己的军事截收和密码单位都没有关系。

戈林把“研究室”安置在柏林布伦德大街一座征用的建筑内，1933年末又把它搬到夏洛滕堡近郊的柯尼酒店。他任命的首任长官是他的老朋友，名叫汉斯·申普夫（Hans Schimpf）。申普夫是忠实的纳粹党员，前海军上尉，曾当过陆军和海军密码组织间的联络官。“研究室”没有辜负戈林的期望。1934 年，在第三帝国第一场重大权力斗争中，它提供的信息帮助戈林赢得了希特勒的支持。这场斗争的一方是希特勒的老朋友和最亲密的纳粹运动战友，同性恋者恩斯特·罗姆（Ernst Roehm）；另一方是戈林、党卫军和盖世太保头子海因里希·希姆莱（Heinrich Himmler）、德国陆军。罗姆最终被枪毙，不久申普夫也步其后尘，或许因为他的工作太出色，知道得太多。戈林代之以 20 年代末以来的老友，黑森菲利普（Phipip of Hesse）亲王的弟弟黑森克里斯托夫（Christoph of Hesse）亲王。克里斯托夫当年 35 岁左右，排行最小，是家里第四个儿子，父亲黑森伯爵领主是黑森州前统治者，基督教世界（查理曼大帝后代）历史最悠久的一个家族的成员。克里斯托夫成为航空部部级理事，还在党卫军帝国长官（Reichsführer）希姆莱的参谋部拥有区队长（Oberführer）头衔。1941 年，他死于意大利。[1]

“研究室”窃听电话，偷拆信件，破译加密电报，它的报告被称为“棕皮书”（Braune Blätter）。1945 年 3 月 19 日，一份转给国防军经济部门的典型棕皮书报告：3 月 14 日，瑞士政治部门通知瑞士驻里斯本大使馆，瑞士与同盟国达成有关法国南部铁路运营的协议。“研究室”还记录戈林与希特勒的谈话，以备必要时转给相关政府部门，供其参考或作为行动依据。最有名的一个例子是，它记录了德奥合并[2]前夕，戈林办公室与罗马和维也纳各色官员的 27 个通话，这番通话决定了奥地利命运。对欣喜若狂的希特勒的献媚也被记录在案，讽刺的是，献媚者中就有黑森菲利普亲王——元首的代表、窃听负责人的哥哥。

克里斯托夫是臭名昭著的纳粹党暴力机器黑衣党卫军成员，这个身份表明了“研究室”与保安处（Sicherheitsdienst [SD]）的紧密关系。保安处是党卫军分支，履行纳粹党政治密探职责，如确定哪些人在德国全民投票中投了反对票。它用一种简单有效的隐写墨水——牛奶——在选票背面编号。它的活动主要是对内的，由于个体公民甚至密谋分子很少使用复杂的代码或密码系统，它的密码分析部门（如果它还有的话）一直默默无闻。这倒不是说保安处对别人

[1]　译注：1943 年 10 月 7 日，克里斯托夫在意大利死于飞机失事。

[2]　译注：Anschluss，1938 年纳粹德国吞并奥地利。

Geheime Reichssache!

1. Dies ist ein Staatsgeheimnis im Sinne des RStGB. (Abschnitt Landesverrat) in der Fassung des Gesetzes vom 24.4.1934.
2. Nur für die vom FA verpflichteten und zum Empfang berechtigten Personen bestimmt und diesen gegen Empfangsbescheinigung auszuhändigen.
3. Beförderung nur in doppeltem Umschlag und durch Kurier oder Vertrauensperson.
4. Vervielfältigung jeder Art, Weitergabe im Wortlaut oder Herstellung von Auszügen im Wortlaut verboten.
5. Empfänger haftet für sichere Aufbewahrung im Geheimschrank, Nachweisbarkeit und Rückgabe. Verstoß hiergegen zieht schwerste Strafen nach sich.

(12A) v.Hae./Ry. **Forschungsamt** 19. März 1945.

N450237 West W/1

Abkommen der Schweiz mit den Alliierten über die Regelung schweizerischer Verkehrsfragen.

Einsatz von täglich 3 schweizerischen Zügen zwischen Cerbère und Genf.

Benutzung des Hafens von Toulon durch schweizerische Schiffe.

Das Politische Departement in Bern verständigt am 14.3.45 die schweizerische Gesandtschaft in Lissabon, dass das mit den Alliierten getroffene Abkommen den Betrieb von täglich 3 Zügen zwischen Cerbère und Genf mit je 600 t Ladung vorsehe. Die schweizerischen Schiffe könnten in Zukunft den Hafen von Toulon benutzen, doch seien die Umschlagsmöglichkeiten auf 400 t täglich beschränkt. Der Eisenbahnverkehr in Frankreich werde mit schweizerischen Waggons und Lokomotiven durchgeführt werden. Die alliierten Regierungen gewährten der Schweiz weiterhin das Kontingent und die Navicerts für Lebensmittel im Rahmen der früher bezogenen Mengen. Ferner habe die Schweiz für verschiedene industrielle Rohstoffe neue Quoten erlangt. Da die Transportmittel im Augenblick nicht ausreichten, werde für den Transport von Waren nach der Schweiz eine Vorrangliste aufgestellt.

Das mit den Alliierten getroffene Abkommen erstreckte sich ausserdem auf verschiedene Finanzangelegenheiten und Fragen bezüglich des Warentransits durch die Schweiz nach Deutschland, Italien und umgekehrt sowie auf die wirtschaftlichen Beziehungen zum Reich.

(Vergl. E 8/209/ 3.45 Eing.:17.3.)

Hapbruecke

一份“棕皮书”（“研究室”密码分析报告）

的谈话不感兴趣：它多半有自己的电话窃听和信件偷拆业务。

1936 年后，保安处把它的监视职责从纳粹党内扩展到政府，设了一个国内和一个国外分支机构，后者的目的是预防任何进攻，以免危及德国神圣帝国领土。保安处大概在某种程度上扩大了它的通信活动。它时不时偷点外交电报，窃听外交电话，甚至偷听到 1940 年 5 月 7 日英国首相内维尔・张伯伦（Neville Chamberlain）与法国总理保罗・雷诺（Paul Reynaud）的电话——这两人当然可被看成德国和纳粹党的敌人。但保安处需要的大部分国外通信情报可能来自"研究室"，后者对保卫纳粹政权的渴望不亚于保安处。

作为纳粹党官员，希姆莱领导党卫军；作为政府官员，他还领导两个帝国警察组织：打击政治犯罪的盖世太保和打击刑事犯罪的刑事警察（Kripo）。两者都有通信情报部门，但和保安处一样，它们可能主要关注电话和信件领域，很少进行密码分析工作。

1939 年，纳粹党和政府的警察组织合并为"帝国保安总局"（Reichssicherheitshauptamt [RSHA]），盖世太保成为其四处，刑事警察成为五处。保安处国内监察分支发展成保安总局三处（国内情报），外国分支发展成六处（国外情报）。六处负责搜集敌国秘密情报。

六处的思路明显集中在搜集这些情报的传统方法上。但吞并奥地利后不久，保安处一个年轻官员瓦尔特・舍伦贝格（Walter Schellenberg）缴获了奥地利特工部门文件，发现的最有价值文件就是这些密码分析文件。此后不久，这个发现可能让新保安总局一个年轻奥地利官员威廉・霍特尔（Wilhelm Höttl）想起奥匈帝国分析员在一战期间的作为。马克斯・龙格将军曾在一本激动人心的书中详细描述过这些事。霍特尔发现前奥地利密码部门负责人安德烈亚斯・菲格尔已于 1938 年被盖世太保逮捕。霍特尔让六处负责人海因茨・约斯特（Heinz Jost）释放菲格尔，安排他在柏林万塞地区一幢别墅内当密码教员，把经验传授给下一代分析员。

但这样的培训需要时间，保安总局依然从其他来源获得通信情报。它偶然会缴获一封明文电报，有时还能设法弄到一本西班牙一部本代码，用它解读截收电报。它还得到史上第一个批量购买密码的机会。日本驻欧洲情报头子大溱倭（Yamato Ominata，音译）兜售南斯拉夫总参和土耳其、梵蒂冈、葡萄牙、巴西代码，开价 2.8 万瑞士法郎（约 2 万美元）。这个要价很可能被接受了，因为所有这些代码都曾在不同时期由不同德国机构破译过。

保安总局还依靠军方和“研究室”获得通信情报。1941 年秋，已经升任六处副处长的舍伦贝格请求保安总局局长莱因哈德·海德里希（Reinhard Heydrich）联系“研究室”和军方。舍伦贝格希望他们集中截收和分析维希[1]与贝尔格莱德之间的电报，寻找他需要的一些信息。约在同一时期，海德里希致电国防军通信组织负责人，请他把能弄到的一切有关日美谈判的信息告诉舍伦贝格。

希姆莱不喜欢依靠别人。1942 年 3 月，他派舍伦贝格前往戈林的漂亮乡间别墅卡琳宫，游说他把“研究室”并入保安总局六处。迎接他的戈林穿着一套古罗马行头，宽袍、拖鞋一应俱全，手持帝国元帅节杖。听完舍伦贝格说辞，戈林含糊其词，“嗯，我会跟希姆莱谈这事。”当然，他什么也没做。此时已升任六处处长的舍伦贝格建立了一个部门，它获得慷慨的拨款，专门研究秘密通信，包括隐写墨水和微缩胶片以及密码编制和密码分析。菲格尔很有可能是这个小组的核心，该部门可能为保安总局某个无线电网络提供了战争后期使用的双码密码（10 个 26×26 方表，每封密电选用其中一个）。因为陆军一度采用双码替代作为战地密码，那个系统可能是从陆军系统改进而来的。在内部通信中，保安总局使用军方提供的密码机。

不管怎么说，这个新部门搜集的通信情报数量有限，因为舍伦贝格继续从外部获得大部分情报。他说，从 1942 年起，“每三周左右，我在家里办一次晚宴。国防部、邮政局（破解越大西洋的电话通信）和研究站（“研究室”）三个部门的技术主管讨论新技术，互相帮忙解决问题。[2] 这些会议也许是促成我部高标准科技水平的最重要的一大因素。这些人在我面前展示出的合作和热情使我的大部分秘密行动取得了成功。”一个间谍亲自承认从通信情报中获益，这是绝无仅有的例子。

[1] 译注：Vichy，法国中南部城镇，温泉疗养胜地。二战德国占领法国南部后，管理非占领区的法国政府设在维希。

[2] 原注：似乎没有 Z 科代表参加，也许这反映了高层间的不和，及以戈林和希姆莱为一方，里宾特洛甫和军队为一方的权力斗争。戈林一度曾试图将 Z 科并入“研究室”势力范围。

对这份慷慨帮助，保安总局回报以二战中最伟大的间谍行动成果——“西塞罗行动”（Operation Cicero）。“西塞罗”名叫艾利萨・巴兹纳，阿尔巴尼亚人，在安卡拉工作，是许阁森（Hughe Knatchbull-Hugessen）爵士的贴身男仆。许阁森是英国驻中立国土耳其的大使，他的床边有只黑色书信盒，装着他喜欢在夜里细读的秘密文件。这个男仆用蜡印了钥匙模，偷偷打开盒子，将文件拍摄下来，把胶卷卖给保安总局驻土耳其特工莫伊泽希。“西塞罗”每卷获得 1.5 万英镑，但却是假钞。

这些文件主要是给许阁森爵士的电报，内容极其重要，就像是斯大林—罗斯福—丘吉尔谈话的报告。但当这些情报在 1943 年 11、12 月间开始源源流入柏林时，希特勒和纳粹高官都不相信它们是真的。“真实得令人难以置信。”里宾特洛甫告诉莫伊泽希。实际上，他只是不想读到德国正在迫近灭亡。

这些电报上有日期时间，有助于破译英国外交代码，虽然 Z 科似乎是合适

H 1 Norw.	a	b	c	d	e	f	g	h	i	j	k	l	m	n	o	p	q	r	s	t	u	v	w	x	y	z	
a	ca	fn	bl	ou	ih	oo	il	bv	bw	er	rm	qm	mn	ab	zm	ns	wl	yc	zy	tr	du	wo	oa	ho	ic	pu	a
b	sk	wm	dg	ia	cw	pf	if	vd	da	xz	fo	dh	px	rr	iv	gh	mu	ae	qr	tb	og	sr	vu	qg	zt	pm	b
c	hp	no	ij	xp	ji	yf	eo	xh	zu	pl	ft	yv	qw	am	qp	lz	bg	be	lc	nw	ap	vx	rs	yi	wy	gi	c
d	ov	gg	tk	ys	hm	tx	eq	qa	iu	zo	ud	gj	lh	bn	fm	ta	ej	hi	jc	sv	vp	rd	br	rh	kt	tw	d
e	di	wz	qo	pz	ag	wk	fl	uo	ll	oe	ph	jq	gl	vy	lf	af	vt	cj	vq	yz	rz	fc	ps	pq	ro	aq	e
f	cu	rf	nt	xr	ya	tg	xj	db	sc	hg	zr	hs	em	xv	vr	ul	wn	sh	ku	my	va	ad	fg	zp	ut	lb	f
g	sx	hd	vk	st	lk	xf	gn	lv	yr	yd	xg	kr	hc	xl	xw	pa	au	eb	gb	li	id	rj	tz	xq	wd	rn	g
h	bq	oy	sb	mw	qx	zd	ar	po	on	rx	sj	om	as	mb	vs	ke	yy	xy	uj	hb	rc	jg	co	fq	jr	pe	h
i	cb	sl	ri	cf	qt	ek	un	kl	nx	to	hk	ew	yo	wp	kj	kh	su	xi	jo	of	dt	ml	zi	bk	qq	gu	i
j	vv	tf	fi	mp	ky	hl	qc	iq	na	gd	up	tq	hq	xs	xb	wt	ez	mm	hj	vg	eh	dc	qe	ti	uk	cg	j
k	uv	bt	bf	ux	kz	zw	ex	nh	ac	av	tt	aw	ye	dw	dy	nv	wf	dn	sf	eg	lg	wc	kx	ur	pc	od	k
l	ir	ea	kn	le	jb	nu	at	hu	zl	fw	ce	ka	jv	bm	ev	ak	cp	gm	yn	cd	kd	ue	xm	ig	fy	ht	l
m	mv	el	yg	ny	bu	cq	fk	wq	pk	oo	ms	sz	rl	pr	qi	te	qn	kf	gs	uc	kv	kc	dl	kp	cl	lp	m
n	je	sq	gz	ts	dk	vo	xo	ge	mj	qv	mi	dp	vf	rb	yj	bj	mg	vl	qs	uw	rq	pb	mh	lt	oz	qk	n
o	vc	gk	al	vz	np	vm	by	cm	re	wv	uz	yt	ww	gp	js	en	tv	jn	bo	tm	sp	or	fj	ub	ck	td	o
p	hr	ah	ik	xn	mo	zk	ds	in	dz	ym	ci	qu	dv	df	nk	yk	pt	iz	ef	ws	es	ip	fz	ss	jk	ct	p
q	ec	xc	jj	vb	vh	ot	pg	ib	ty	ch	pd	qz	qf	fd	oh	sa	bc	zj	ba	fp	nq	wa	ie	vi	oq	lw	q
r	wi	uq	ln	ja	gq	lo	rp	sd	ko	iy	si	mc	uu	io	yh	ru	xx	qy	fr	hy	ob	ox	nl	uh	fh	ga	r
s	zg	nf	sy	jw	nn	kq	vn	ld	go	mt	pn	jf	he	um	ua	za	xt	bb	op	qh	gf	yl	md	os	ju	ei	s
t	yw	wg	mx	ol	sw	se	rv	yp	us	rk	dx	zs	bz	dj	cn	mf	hx	de	it	ai	ug	mk	ql	cs	ix	pi	t
u	gy	fa	ow	gr	vw	bh	ly	kw	ry	mz	pj	sg	jz	gt	dd	nd	et	az	tp	jh	cx	iw	la	zq	rw	lm	u
v	gv	bi	oi	ii	zb	lj	hz	zh	nb	ks	cy	yq	jx	dq	ma	hf	wr	lq	jp	ng	gw	jl	rg	tl	lr	wh	v
w	aj	gx	nr	qb	uf	ok	rt	xu	bp	wb	qd	jt	mr	aa	pv	yu	nj	xd	eu	mq	hw	nz	ze	km	uy	tn	w
x	kb	yx	ui	pw	we	xk	fe	vj	gc	pp	ep	hh	zn	ha	zf	ax	do	py	nm	xe	ff	so	tc	sm	fb	fx	x
y	fs	ay	ni	wj	wu	fu	ed	an	fv	xa	cv	cz	bs	ve	th	cc	bx	ra	cr	im	ne	hn	zv	oj	yb	tj	y
z	kg	bd	wx	zz	zx	lu	jy	sn	zc	tu	is	ao	dr	ki	ls	ey	qj	ee	lx	hv	nc	dm	jd	me	jm	kk	z
	a	b	c	d	e	f	g	h	i	j	k	l	m	n	o	p	q	r	s	t	u	v	w	x	y	z	Pnr. 0083

保安总局挪威无线电网络使用的一个双码密码中的 H-1 加密表

的接收人，但舍伦贝格把这些照片给了他在军方通信情报圈的朋友。然而后者与Z科合作相当密切，也许又把材料转给了它，Z科还可能从里宾特洛甫处得到过副本。孔策和帕施克都看了“西塞罗”文件，但不感兴趣，因为英国人那时候用一次性密钥本加密大部分密电。虽然“西塞罗”电报可能对一些英国低级系统的破译起了帮助，带来一些次要情报，但它们不能还原任何其他电报的一次性密钥。因此，“西塞罗行动”在某个意义上是一场大成功，但在另一个意义上则完全是一场失败。

约在这一时期，霍特尔，那个发现菲格尔的年轻人，在28岁时成为六处E科（六处东南欧洲分部）的负责人。他很快与匈牙利陆军情报部门建立了友谊，一天，该部门负责人向霍特尔炫耀了他的通信情报单位。匈牙利人确实有一个优秀的组织，这一点给霍特尔留下深刻印象。他认为他们用有限的资源完成了相对较多的工作，比Z科、“研究室”、德军分析员和警察窃听人员加起来还多。1944年中，他说服亲纳粹的匈牙利总理斯托尧伊（Sztojay），让匈牙利陆军情报部门向他提供它的成果。霍特尔向该单位指挥官比博少校承诺提供更多人员、更好的设备和额外经费，一心只想着工作的少校同意集中处理霍特尔需要的电报。

霍特尔游走在比博部门各个办公室，在大量译文里精挑细选。几天后，他把一捆电报放在舍伦贝格面前，说：“请读读这个，如果你希望正常收到它，拨给我第一批10万瑞士法郎。”但舍伦贝格担心希特勒知道后会不喜欢这个主意，因为匈牙利人明显缺乏作为一个轴心国伙伴的热情，希特勒不相信他们。于是他只给了霍特尔一笔象征性的金额，但霍特尔从保安总局金融奇才弗里德里希·施文德（Friedrich Schwend）处弄到这笔钱——也不是多大的难事，因为这些法郎都是假的。

六个月之内，该单位收获颇丰，甚至超出了霍特尔最乐观的期望，它解读出各国驻莫斯科使馆的大量密电。菲格尔似乎加入了它，成为明星分析员之一，在该单位遇到困难时，他在房间一杯杯地喝着黑咖啡，一根接一根地抽着烟，创造了一些小小的奇迹。比博的截收站和分析员成了保安总局的主要外国通信情报来源。该单位可以读懂一些美国和英国电报，尤其在1945年，它得到一个“可以带着梦游者一般的确信从重要电报里剔掉不重要信息”的分析员。它读懂了土耳其大使馆的几乎全部无线电报务；还得知了斯大林担心他的英美盟友会与德国单独媾和，对他们疑心重重。德国国防军参谋长阿尔弗雷德·约德尔（Alfred Jodl）将军告诉霍特尔，土耳其武官的报告里包含了当时最高统帅部拥有关于苏联最有价值的信息。时间大约是 1944 年末，步步推进的苏军迫使该单位从布达佩斯撤到厄登堡山区，三个月后又撤到阿尔卑斯山一座堡垒。但情报流入没有因这些干扰而阻断，直到战争结束才终止。

"在我与匈牙利人合作这一年中，至少取得过上百次成功，以常规方式运行的特工部门很少能够取得这些收获，我并不是想夸大我们成就的重要性。"霍特尔写道。他重申了舍伦贝格对其他分析员的溢美之词，证明了二战期间，通信情报在数量和质量方面远胜几乎所有其他秘密情报形式。

早在保安处和保安总局成立前，一个军事组织就担负着德国的情报和反间谍职责，它就是阿勃维尔（Abwehr，纳粹德国谍报局）。这个名字意为"反间谍"，由 1919 年《凡尔赛和约》允许德国建立的六名军官保卫组织发展而来。随着德国陆军的成长，阿勃维尔的功能也在扩张，直至最后将国外"反"谍报和标准军事情报囊括在内，但其名字一直未变。

1934 年，希特勒合并陆海空三军为国防军，全部武装力量只有一个总参谋部——最高统帅部（OKW [Oberkommando der Wehrmacht]），阿勃维尔成为隶属部门。1935 年，海军上将威廉·卡纳里斯（Wilhelm Canaris）接任阿勃维尔局长。他是个敏感，一头白发，着便服的神秘人物。他痛恨希特勒，他的组织憎恶纳粹建立的保安处和保安总局，因为它们与阿勃维尔功能重合。这种憎恶是相互的，不过两个对手达成脆弱的和平共处局面，阿勃维尔处理军事情报，余者则处理非军事情报。但到 1944 年 2 月，希特勒解散阿勃维尔指挥机关，把它并入了保安总局，成为舍伦贝格领导下的六处军情部门。

阿勃维尔总部有三个处：一处（Abwehr I）为秘密情报处，下属 G 组（Group G）为特工制作隐写墨水、伪造护照和其他文件，I 组与阿勃维尔秘密特工保持无线电联络；二处，执行破坏和特别任务；三处反间谍，战时它增加了一个保卫通信组织的 N 组。保卫处与特工联络的一部分无线电台设在汉堡，20 台发射器安装在一片开阔地带的独立水泥掩体内，由几千米外的接收中心操控着；一部分在乌尔姆，一栋 1938 年的小木楼建在市外一座小山上，19 台发射器从那里给特工拍发无线电报务。

阿勃维尔没有自己的破译员，但作为国防军的一部分，它依靠军方密码分析机构获得此类情报。

这类机构有四个：一个在最高统帅部，隶属武装力量整体；陆、海、空军总司令部各有一个。它们的历史可追溯到 1919 年，一战时曾在截收部门工作的布申哈根（Buschenhagen）中校在陆军建立的截收和密码分析机构。他把它称为“志愿评估处”（Volunteer Evaluation Office），设在弗里德里希大街。1920 年 2 月，12 名成员搬到班德勒大街国防部大楼，成为阿勃维尔 II 组。但因为该单位工作与通信的联系更紧密，几年后，它再次成为通信部队首长下的一个行政单位。

早在回归通信部队之前，它就已经搬出国防部大楼，搬到附近的格鲁内瓦尔德。为了避免被协约国军控委员会（Inter-Allied Military Control Commissions）发现，它伪装成一个报纸翻译和研究团体。军控委员会明令禁止德国陆军战后从事密码截收和破译活动，并且差一点就发现了该单位的真正勾当。当该单位开始为可能突然出现的密码分析需求（如战争情况下）做准备时，它进一步违背了军控委员会的指令和《凡尔赛和约》裁军条款的精神。1921 年 10 月 31 日，陆军总司令部发出一条秘密通知：

> 为开创、发展密码学，促进截收部门（Horchdienstes）成果的利用，有必要为该特别部门培训合适军官。
>
> 此等军官须精通无线电技术、数学和地理，懂一门外语（英语、法语或一种东方语言）。
>
> 培训军官不离岗。初期计划，教学只通过函授进行，下学年使用陆军司令部提供的课题。
>
> 表现特别优秀的军官将考虑在高级指挥部和陆军司令部评估站[1]

[1] 译注：evaluation station，当指截收和密码分析部门，布申哈根中校起初就是把截收和分析机构称为“志愿评估处”。

服役；另外，他们将获得奖励，奖品为某些特别科学领域的图书。

随着协约国监管的放松，通信情报单位加强了它的活动。它的部分工作包括收集通讯社信息和新闻广播，向政府官员分发摘要。到 1926 年，它已在德国六个大城市建立了截收站。1928 年，它开始追踪邻国参与的军事演习，派遣截收单位伪装成德国广播或邮政组织技术人员，潜入莱茵河沿岸非军事区。它的成果大多来自报务分析——1931 到 1937 年间的 52 次大型演习中有 35 次，它完全探明了参演的外国军队组织。它也破译了一些密码系统。

1934 年，希特勒扩充武装力量，加紧军事活动，引领德国最终走向报复和征伐之路。密码机构的规模虽有所扩大，但其效能并不一定能够提升。这个领域无比艰深，专家太少，填补不了军事和党组织迅速扩大造成的空缺。一些陆军密码分析员被抽调到“研究室”，另一些被派给空军。一些截收人员转到约瑟夫·戈培尔的宣传部，他们的新闻窃听能力可以在那里派上用场。1937 年，最高统帅部建立了自己的通信和密码班子，抽走更多专家，进一步分散了战地活动。这些新机构由重新加入德国陆军的一战老兵组成；大部分曾是通信部队军官，但在截收和密码工作方面，他们缺乏丰富的经验和才能。到 1939 年年中，德国通信情报部门的人数扩大到 1932 年的 18 倍，但成果却远没有跟上这个扩张步伐。

希特勒进攻波兰前六天，52 岁的埃里希·菲尔吉贝尔（Erich Fellgiebel）少将被任命为最高统帅部通信组织负责人。菲尔吉贝尔 1905 年入伍，进入一个电报营，自那以后他就一直在做通信工作。他的职务是国防军通信处主任（Chef, Wehrmachtnachrichtenverbindungen，简称 Chef WNV），他的上司是国防军总司令威廉·凯特尔（Wilhelm Keitel）元帅，后者的级别仅次于希特勒。凯特尔在菲尔吉贝尔的适职报告中写道：“在他从事的领域，他是个典型的杰出领导，有远见、组织天才、充沛的精力和奉献精神……面对国家社会主义，他的批评言论稍逊……”通信处监管的通信活动包括通信保密、截收行动[1]。与最

[1]　原注：“Nachrichten”一词含义即在于此，它不仅表示“通信”“信号”，还表示“情报”。非军事语境下，它表示“新闻”或“信息”。

高统帅部向各军种提供建议、指导一样，通信处也承担某种参谋、建议和控制职能，为管理通信和截收网络的陆海空各军种分支部门提供服务。

通信处主任之下是指挥部（Amtsgruppe WNV），部长弗里茨·蒂勒少将是菲尔吉贝尔的亲密同事，当年 48 岁，之前领导陆军司令部通信和截收组织。战争开始第一天，他成为通信处指挥部部长。该部门由维持三军指挥部间通信的无线和有线小组，即一个技术装备部门、一个行政部门和密码部（Chiffrierabteilung，通常简写作 Chi）组成。与菲尔吉贝尔成为通信处主任同一天，西格弗里德·肯普夫（Siegfried Kempf）上校出任密码部主任。时年 43 岁的肯普夫是职业通信官，执行军纪严厉，不受下级欢迎。1943 年 10 月，48 岁的胡戈·克特勒（Hugo Kettler）上校接手他的职务。克特勒有丰富的截收经验，擅长鼓舞士气。

1944 年，密码部被分成八个组，四个直接受克特勒领导；另四个合成两个大组，二组和三组合成 A 大组（Hauptgruppe A）——密码编制，四组和五组合成 B 大组——密码分析，各大组都有自己的领导，负责向克特勒报告。密码部组织如下：

Z 组（Zentralgruppe）：人事；工资；行政；办公室和家具；纳粹思想意识监督。

一组：组织和控制。

a 科（Referat Ia）：指导国际监听业务（密码部在马德里和塞维利亚及勒拉赫和滕嫩洛有截收站，主要截收站位于劳夫和特罗伊恩布里岑）。

b 科：研究外国通信系统。

c 科：为密码部和保安总局六处军情部门（前保卫处）提供电传通信。

二组：开发德国编码方法，控制其使用。

a 科：电报和无线电报伪装方法；截收和线路窃听技术；密码政策；监督密码使用；编码协调。

b 科：开发德国密码系统（伪装方法、密写、保密电话）；管理和指导密码制作。

c 科：无线电特工使用的密码系统。

三组：密码供应。控制密码和密钥的制作、印刷和分配；管理分配站点（总部在德累斯顿，库房在哈雷、茨维考、开姆尼茨、莱比锡、奥得河畔法兰克福、比绍夫斯韦达、马格德堡和赖兴巴赫）。

四组：分析类密码破译。

a 科：测试拟议中的德国军事密码系统和电话保密器的抗分析能力；检查发明。

b 科：为国防军密码分析部门开发制造分析设备；操控密码部设备。

c 科：开发密码分析方法；为五组突破高级加密。

d 科：教导。

五组：实际分析外国政府、武官和特工密电。

1 － 22 科：各个国家的部门。

a 科：国防军代号。

六组：抄收广播和媒体信息。

a 科：无线电接收技术；管理控制路德维希菲尔德、胡苏姆、明斯特和格莱维茨等地的监听站。

b 科：抄收无线电新闻和电传信号，抄收国际无线电报。

c 科：监控德国国内发往国外的信号。

d 科：评估广播和报纸通信；发布《密码部通信情报》（*Chi-Nachrichten*，一本 10 到 20 页的每日非密码截收情报总结）；专门报告。

七组：

a 科：评估、分发收集的情报。

b 科：事件记录（可能作为一个资料收集单位）。

除这八个组外，一个测试德国密码安全的工作委员会直接向克特勒报告，还有六个截收连为密码部工作。估计与该部门保持联系的有陆、海、空军通信单位；装备部长和后备军司令，后者辖有一个通信部队督察；保安总局；外交部；宣传、邮政、航空、贸易、军备生产各部；当然，还有纳粹党。

（到 1945 年，密码部改组成七个组，职责大致如下：Z 组，行政；一组，组织、控制；二组，发布《密码部通信情报》；三组，广播和报纸抄收；四组，密码分析；五组，为密码部和保安总局六处军情部门发送电传电报；十组：评估、分发和提供信息。密码分析部门的降级和非分析部门的升级可能折射出战争后期密码分析成果的减少。）

辖管密码分析业务的 B 大组组长是部长级理事威廉·芬纳（Wilhelm Fenner）。他在德国出生，圣彼得堡长大，战争开始时 48 岁，自 1922 年起就领导德国军事密码分析工作。他是个出色的组织者，管理着这个组从几个人发展壮大到 150 多人，但他吃了自我中心和轻视通信情报非密码分析方面的亏。他的得力助手是俄国移民诺沃帕钦尼教授，后者沙皇时代在圣彼得堡外的普尔科沃天文台工作。他承担了大部分技术开发工作，但级别相对较低，据说在某个国别部门任首席分析员，可能是在五组 9 科处理俄国情报。

分析类密码破译（四组）组长是埃里希·许滕海因（Erich Hüttenhain）博士，他同时负责该组教导活动（四组 d 科）。四组 a 科负责测试德国密码系统，常常要用到数学工具计算保密的理论限度，寻找改进方法，该科由数学家卡尔·施泰因（Karl Stein）博士领导。他的军衔是中尉，对这样高的一个职位，这个军衔低得离谱。四组 b 科负责操作制表机和专用设备，由工程师威廉·罗特沙伊特（Wilhelm Rotscheidt）领导。它发明了透明纸和光装置的原型，Z 科用该装置破解已知代码的加数。四组 b 科率先研究出用于两位数代码的装置，后扩展到四位数。但该科没有采用在最高频字母相应位置打孔的方法，而是用小的交叉线阴影盘标记它们，寻找的也不是最亮点，而是最暗的点。施泰因手下的数学家们详尽地研究了如何构建代码组，使这种方法失效。四组 c 科负责人是沃夫冈·弗朗茨（Wolfgang Franz）博士，他也是一名教授；部长级理事维克托·文德兰（Victor Wendland）博士是五组（实际密码分析）领导，因此也是芬纳的直接下级。

战争初期，统帅部分析员在提尔皮茨沿岸大道（旁某条街上的一栋房子里工作，离班德勒大街的统帅部不远。1943 年，他们搬到波茨坦大街 56 号一幢半圆形水泥建筑的现代办公楼内，这个办公场所大多了。办公楼的名字旅游大厦（Haus des Fremdenverkehr）弄出许多不良笑话，因为“fremdenverkehr”（旅游）在德国俚语中是“私通”的意思。

1944 年 7 月 21 日，菲尔吉贝尔突然被解雇，轰动了整个国防军通信处。事情似乎与前一天试图刺杀希特勒的爆炸有关——确实如此。菲尔吉贝尔实际上是阴谋中的一个关键人物，凯特尔曾在他的适职报告里提到他的反纳粹倾向。蒂勒接替了他，成为统帅部和陆军总司令部所辖两个机构负责人。他履职一个月整，随后也作为同谋被捕，他的个人档案画了一个大大的“×”，名字下面登着，“剥夺其德国陆军和国防军一切荣誉！”菲尔吉贝尔于 8 月 10 日被处决；不久蒂勒也走向断头台。阿尔贝特·普劳恩（Albert Praun）中将接替了蒂勒在两个部门的位置，一直到战争结束。

在其他密码分析机构中，历史最悠久、经验最丰富、与统帅部最相似的是陆军的陆军通信系统（Heeresnachrichtenwesens [HNW]），其主任为陆军总参。和二战期间的美国陆军通信兵部队一样，它有通信和密码截收—分析双重职责；和通信兵部队一样，它也把译文送陆军情报部门评估、使用。

它在密码部监督下向部队分发密码系统。从总司令部到团级的高层通信中，陆军使用亮灯式“恩尼格玛”密码机。它工作可靠，运行良好，能抵抗苏联的严寒和利比亚的酷暑。通信官认为，如果按 1942 年的命令，密钥一日三换的话，它就能够抵抗密码分析。它的主要不足是不能打印输出结果。它用电池驱动，便携，可在移动的卡车上操作，非常适合无线电报务。

然而 1943 年，在某些地区，一种新机器开始将它取代。这种打印式机器复制了哈格林的齿数可变齿轮的原理，由漫游者公司制造。据说战争结束时，人们在挪威发现了一台，里面还有一封电报，显然是一个操作员丢弃的，他不愿相信自己解密出的内容：“Der Fuehrer ist tot. Der Kampf geht weiter. Doenitz”（元首去世。战争继续。邓尼茨[1]）。

[1]　译注：卡尔·邓尼茨（Karl Dönitz，1891—1980）海军元帅，二战后期德国海军总司令。根据希特勒遗嘱，他在德国北方港口弗伦斯堡成立新的“德国政府”，自任“总统”。

在陆军总司令部与各军及几个师间的有线电传通信中，德国人使用了西门子—哈尔斯克股份公司生产的在线加密机器，它的核心是一套十个与哈格林机器类似的密钥轮，边缘有销，可以推到有效或无效位置。每个密钥轮的销数为质数，从最小的 47 到最大的 89 不等。其中五个密钥轮加密五个电传打字机脉冲，如果处于适当位置的销在有效状态，就把一个传号加密成空号，或空号加密成传号；在无效状态时不改变脉冲。其他五个密钥轮实现脉冲移位。机器在一次操作中完成加密和发送，以同样的方式自动解密和打印信息。

1942 年 6 月开始，团、营和连用二次移位加密，两次移位字组都用同一个密钥词——有趣的是，它与一战初期德国陆军使用的系统一样。（它也是“恩尼格玛”的后备系统。）各师为下级单位提供至少三个密钥。但部队不喜欢二次移位，因此大量发送明文电报。这些单位都使用由师级发布的小型三字母或三位数代码发送情报和战斗报告。许多密码员不喜欢复杂的二次移位，宁愿用简单的代码，发布命令以及传送其他未经授权的密信。一个通信官对这种做法强烈不满，在一份报告中写道，“Tarntafeln sind kein Schlüsselersatz！”（代码表不是密码的替代品！）。战争后期，一个双码替代成为前线密码系统，取代了二次移位；1944 年，一种改进的漏格板又代替了它。另外，通信部队还使用大量的专用密码——用来代表呼号、数字等。

陆军通信系统的通信情报部门为集团军或集团军群内的独立组织，独立运行，虽然偶尔它的部分机构有特殊隶属关系，如 1943 年，无线电情报七部（Fernmeldeaufklärung 7）指挥官负责向阿尔贝特·凯塞林（Albert Kesselring）元帅报告。无线电情报七部下辖无线电情报连、排和遍布中地中海地区的测向台——分别位于克里特岛西部、法国南部、北非、西西里、萨丁尼亚和意大利。这些单位通过自己的无线电网络把搜集的情报报告给位于罗马以南的罗卡迪帕帕的总部；截收原报随后转到司令部进行综合评估。无线电情报七部通过专用密码广播方式，把有战术价值的无线电情报发给低级指挥部。虽然这些情报很多来自明语交谈或明文无线电报，或来自报务分析，但也有不少来自密码分析。其他战线的同类单位也提供了有价值的材料。

希特勒满怀盛怒，杀向南斯拉夫，他的部队扫过以前认为不适于闪电战的山区地带，迅速占领了这个顽强抵抗的小国，速度之快，绝非仅凭强大的军事力量。实际上，德军能利用南斯拉夫军事电报告诉坦克指挥官，装甲部队能在什么位置、以什么方式最快地刺向萨格勒布、萨拉热窝和贝尔格莱德。因为自 1940 年 1 月以来，着便服的德国陆军截收人员就在索菲亚一个截收站监听南斯拉夫电波，破开了南斯拉夫军事密码系统。

征服南斯拉夫后，一个无线电情报排分析了德拉扎·米哈伊洛维奇（Draja Mikhailovich）将军及其共产党对头铁托[1]领导的游击队的密码。占领军得到分析结果，扼杀了游击队的众多破坏活动。由于一些行动遭遇挫败，铁托一开始怀疑内部有叛徒，清洗了一些下属。不久他猜到真相，于是极其频繁地更换自己的密码，但一切徒然。如 1943 年春，德军拦截到一系列电报，从中明确看出铁托与英美盟友的关系已经恶化。另一些电报内容涉及英美在亚得里亚海沿岸登陆的计划——但从未实现。

1942 年后期，德军和美军首次在北非对垒。几乎从两军对阵一开始，德国陆军分析员就破译了美军 M-209 密码机电报。他们收集到一些零碎信息，如第 72、45 和 29 轻型高射炮团和第 71 重型高射炮团隶属第 52 高射炮旅，这是野战指挥官最基本的战斗序列情报中的一部分；1943 年 4 月 1 日，第 3 步兵团位于坐标方格 43835（距加法约 37 千米）；美军部队不能射击飞机，除非该飞机攻击他们（防止打下同盟国飞机）。所有这些细节拼起来后，德军指挥官对眼前的对手、他们的想法和备战情况就有了大致了解。

有时，一封译电就能产生惊人的结果。1943 年，在西南战区司令部一次会议上，无线电情报七部指挥官卡尔－阿尔贝特·米格（Kark-Albert Mügge）上校交给凯塞林元帅一封刚刚破译的英国截电。它报告，在北非，几支纵队挤在某地的一片干河床内，造成交通阻塞，部队被困住，但由于电报有误，具体位置看不出。凯塞林立即派飞机搜索。当找到那片堵塞的干河床时，德军会议还没开完。凯塞林立即命令空袭，重创了挤成一团的英军部队。

1944 年 2 月初，在意大利作战期间，美国第 5 集团军试图夺回军事要塞卡罗塞托工厂。在此之前的德军反攻中，该工厂被德军占领。“第 6 军不仅要

---

[1]　译注：约瑟普·布罗兹·铁托（Josip Broz Tito，1892—1980），南斯拉夫元帅、政治家，1945—1953 年任总理，1953—1980 年任总统。1941 年组织了共产党抗击德国入侵南斯拉夫的运动，战争结束后出任新政府首脑，使南斯拉夫成为一个联邦制的不结盟共产党国家。

夺回工厂地区，还要缓解第1师的主要压力，这很重要，也是最基本的。”第5集团军历史学家写道，“下午，在第191坦克营掩护下，第1营战士突进工厂，但被击退。虽然我方炮火和坦克把建筑物炸成一片火海，敌人还在坚持；战俘报告，他们截收了一封无线电报，事先得知了这次进攻。12日黎明前，另一次进攻同样以失败告终；最后，第45师放弃了夺回工厂的努力。”

随着盟军获得制空权，德军再也不能进行空中侦察，只能日益依赖无线电情报。盟军诺曼底登陆后，这个态势愈发明显，但无线电情报方法也非万能。1944年秋，乔治·巴顿（George Patton）将军的集团军准备啃下梅斯要塞，德军主要通过无线电探测对方准备行动。“然而，”一个德军参谋写道，“11月8日的实际进攻还是把前线部队打了个措手不及。”

战场上，德国陆军通信情报部队与空军无线电侦察部（Funkaufklärungsdienst）紧密合作，后者是空军情报和通信系统（NachrichtenVerbindungswesen）的情报分支。空军情报和通信系统主任效命于空军参谋部，他也为空军指定秘密通信系统。空—空通信主要通过语音，采用简单密语掩盖部队番号，就像战争片中耳熟能详的美军飞行员用EASY RED或GREEN ARROW互相称呼一样。空—地通信用小型三位数或三字母代码加密。空军地—地通信用“恩尼格玛”加密。

空军无线电侦察部雇员超过1万人，其最大的下级单位是351空军情报团（Luftnachrichten Regiment 351）。该团有4500人，负责截收、破译、评估部署在西欧的盟军轻或重型轰炸机、战斗机、运输机和空军参谋部门的无线电报。另有一个1000人的部队提供更为详尽的重型轰炸机情报。一个更小的联队覆盖其他战区。800人的350空军情报营（Luftnachrichten Battalion 350）不仅是空军基本的密码分析和报务分析中心，还研究敌军最新雷达和无线电导航系统，寻找最佳干扰或欺骗敌方的手段。它还覆盖了盟军越大西洋的空运活动。该营隶属空军无线电侦察部总部。

其他分析员在空军无线电侦察部驻外单位服役，根据总部提供的基本方案，进行密电破译。二战中，盟军广泛使用一种名为SYKO的空—地系统。据说，德国人曾尝试在破译该系统的队伍里使用妇女，但她们不能带来满意的结果，于是又转向男性学员。他们用纵横填字谜测试年轻人，把最好的10%送到培训学校进行大约一个月的培训。学员在那里只接受SYKO密码分析的培

v a r	Abstimmspruch wird getastet um ... Uhr
v i s	Geben Sie zur Abstimmung Wettermeldung um .... Uhr
v w L	Befehlswelle
x d m	Schlüsselmittel und Nachrichtenunter-lagen wegen drohender Gefahr des Feind-verlustes vernichtet
x v e	Bis auf weiteres Wettermeldung gemäß Funkbefehl tasten
y d e	Frage
s L k	Befehl
f i n	beendet
e e m	eigene Maschinen
s u b	Suchbefehl
[illegible] r t	Es folgt Leuchtfeuer-Schaltbefehl

1945 年，德国空军使用的一个三字母代码

训，仅此而已。为激励学员，纳粹告诉他们，班上成绩排名后 90% 的人将被送到俄国前线。

战争初期，SYKO 由 30 个没有关联的乱序密码表组成，这些密码表印在一张卡片上，加密电报时按顺序取用；加密时，加密员用一个指标指明从哪张密码表开始。卡片每天午夜更换。后来 SYKO 采用铰接框形式，框内夹一张卡片，卡片上竖印着字母和数字组成的 32 个乱序表。铰接框还托着 32 根滑条，每根滑条上也有一个字母表，滑条上下移动时，每根条露出或盖住卡片上的一个字母表。加密时，加密员滑动滑条，把明文信息水平排在铰接框底部，读出这些滑条顶部上方显示的卡片，将第一个字母作为密文。密码表是互逆的，因此解密遵循同样程序。它与老版本产生相同的密码：乱序周期多表替代，而且周期已知——倒像一战时的 Für GOD 密码。在一张卡片的 24 小时使用期内，

	ABCDEF	GHIJK	LMNOP	QRSTU	VWXYZ	98765	4321Ø-	P/L	SYKO
1.	3H9J4P	WBRD1	SQ25F	MILT7	608ØÞ	CXUVO	EANKYZ	T	7
2.	Z17Ø6Y	9XÞNM	5KJSU	3VO4R	R8HFA	GWCEL	TQ2BDI	H	X
3.	I7MUW9	TØAV8	3CZ45	Y2Þ0D	JEXQN	FKB1P	OLR6HS	I	A
4.	OX8GPU	D426Þ	NZLAE	9TSRF	17B3M	QCWJØ	HYIV5K	S	S
5.	ØWHLQZ	GCTXS	D639V	E8KI4	PBJ5F	OR2MY	UN7ÞA1	-	I
6.	K4ZØ9W	3NS5A	2QHV6	MXIÞ8	OFRYC	EU1PJ	BGL7DT	I	6
7.	T3EHC4	RDKPI	ØMY5J	6GVA9	S27N1	UÞXQO	FBWZL8	S	V
8.	M9TEDØ	ÞQP41	8AS6I	H7NCW	2U3Y5	BLROZ	JXVKFG	-	G
	ABCDEF	GHIJK	LMNOP	QRSTU	VWXYZ	98765	4321Ø-		
9.	DHØATY	LBM3W	GI725	6R1EZ	8KÞFU	4VNQP	9JOSCX	A	D
10.	ANPOUI	85FLR	J1BDC	WK72E	ÞQ49Ø	YGS3H	X6TMZV	N	B
11.	SYIZÞ6	WXC87	35942	VTARØ	QGHBD	NJKFM	OLP1UE	-	8
12.	37Y9OP	N8RØQ	6ÞGEF	KISUT	521C4	DHBLV	ZAWXJM	E	O
13.	L1W6J7	2QIES	A35Z8	HXKÞ9	4CRØO	UPFDN	VMGBYT	K	R
14.	5KN1X4	UP3WB	29C7H	ÞZVYG	SJETR	MØO6A	FILD8Q	A	J
15.	ÞFO48B	QT7SV	9PØCM	G5JHZ	K162U	LEIXR	D3YWNA	M	P
16.	T6LGV1	DÞSU4	C8ON7	YRIAJ	E53Q9	ZMPBW	KXØF2H	P	7
	ABCDEF	GHIJK	LMNOP	QRSTU	VWXYZ	98765	4321Ø-		
17.	AVZHM5	XD2Ø6	8EQSW	NTOR3	BPG7C	1LYKF	ÞUI9J4	L	R
18.	M279Z3	OØÞR1	WANG8	VJY56	Q14SE	DPCUT	XFBKHI	E	Z
19.	ZWØI4N	3YD8T	PÞF7L	59SK2	1B6HA	RJOXQ	EGUVCM	-	M
20.	6MC1LW	T5ZY7	EBP4N	3UVGR	SF8JI	ØXKAH	OQÞD92	O	4
21.	LOW5NS	64QJ3	AØEBY	I7F2Þ	8C9P1	XVRGD	HKTZMU	F	S
22.	FSHUTA	WC9P1	ÞM48J	65BED	7G2ZY	IOVQR	NØXK3L	-	L
23.	ÞKQZØY	8ONLB	JXIH7	C4135	92MFD	VGP6U	RTWSEA	8	1
24.	M82ØVO	17L3W	IANF4	ÞXU6S	EKR95	YBHTZ	PJCGDQ	Y	9
	ABCDEF	GHIJK	LMNOP	QRSTU	VWXYZ	98765	4321Ø-		
25.	ZDOBQV	ÞYU4R	985C2	EK67I	F3ØHA	LMTSN	JWP1XG	K	R
26.	V178H2	MEORQ	3GTI5	KJØN4	A69YÞ	XDCWP	ULFBSZ	Q	I
27.	LYSI8M	2PD95	AFZUH	46C10	7WÞBN	JEVRK	QØGT3X		
28.	D3PANF	XÞ91Ø	Q7E5C	LUW8R	6SG42	ITMVO	YBZJKH		
29.	GNHMU5	ACVX6	RDR04	ZL73E	I9J1Q	WÞSKF	PTØY28		
30.	WL5Y4F	P6RQ9	BOØMG	JI12Þ	ZA7DV	K3XHC	E8TSNU		
31.	1YØ2KN	T936E	5XFOV	7ZÞG8	P4MBR	HUQJL	WIDACS		
32.	QFIL6B	UVC3Þ	DM5X7	AW98G	HRO24	STPEN	ZJYØ1K		
	ABCDEF	GHIJK	LMNOP	QRSTU	VWXYZ	98765	4321Ø-		

用于破译盟军 SYKO 空—地密码的训练卡

第一列的 *e* 总是由同一个密文字母代替。盟军显然因 SYKO 系统轻便、快速、简单而使用它，但它的保密性能不佳，这意味着在报量大的日子里，轴心国 SYKO 破译队伍在上午 10 到 11 点就能解读出盟军空军电报。

空军无线电侦察部的最大战果之一也许不是来自对 SYKO 加密电报的破译，因为那些电报是盟军一个高层地面司令部发给另一个地面司令部的，而飞机本身则保持了无线电静默。这是战争距离最长，且可能是最重要的一场空袭，178 架四引擎“解放者”（Liberator）轰炸机飞向普洛耶什蒂的罗马尼亚油田——希特勒战争机器的主要石油来源地。1943 年 8 月 1 日上午，它们在班加西隆隆升空，开始这次约 1931 千米的航程时，第 9 航空队（9th Air Force）向地中海地区的盟军部队发送一条短电，宣布一次大型空军行动正从利比亚发动。这是必要的，因为刚刚几周前入侵西西里时，美国海军犯了一次致命错误，把美国运兵机看成德国轰炸机，击落几十架。

这封电报被近期部署在雅典附近的一支德国空军无线电侦察部队截收到。分析员很快把它译成明文。克里斯蒂安·奥克森施拉格尔（Christian Ochsenschlager）中尉随即给所有"相关或受影响的"防御指挥部发去一封电报，说自清晨起，一个大型四引擎轰炸机编队已从班加西地区起飞，他认为这些轰炸机是"解放者"。欧洲最强大的普洛耶什蒂防空部队因此赢得了充足的准备时间。当这群轰炸机轰鸣着从钻塔顶飞过遍布油井、炼油厂和油罐的罗马尼亚油田时，迎接它们的是高射炮火，这是美国轰炸机在二战时期遭遇的最惨烈射击。178 架飞机中的 53 架被击落，损失率接近三分之一，数十名飞行员丧生。

或许，最不起眼的德国密码分析机构对二战进程的影响却是最大的。它隶属海军司令部，二战后期出任德国海军总司令的卡尔·邓尼茨海军元帅称之为"侦听部"（Beobachtung-Dienst［B-Dienst］）。侦听部与其他密码分析机构少有联系。然而它的成就远远超过它们，它还在密码分析战中参与了一些极不寻常的活动。

20 世纪 20 年代，40 号房间读取德国海军电报的内幕流出。感受到切肤之痛的德国海军司令部建立了一支高效的密码分析部队。二战开始时，侦听部破开英国海军部的一些绝密代码和密码。对英国海军信息的洞察使德国水面突击舰艇得以避开英国本土舰队，使德国重型军舰避免了与许多强大英国舰队的碰面，使它们得以对英国军舰发动突然袭击。1940 年 6 到 8 月间，这些情报帮助它们在斯卡格拉克海峡地区击沉了六艘英国潜艇。

侦听部的最大成就也许是在入侵挪威期间创造的。1940 年 3 月 1 日，希特勒批准了入侵挪威计划，但未设定具体日期。不久后，侦听部破译了英国海军密电，知晓了英国计划在挪威最北部的纳尔维克港入口布雷，占领港口，封锁德国铁矿石运输。德军入侵挪威的最大难点在于如何避开强大英国舰队的干扰，让防护脆弱的运兵船从德国驶到挪威。德军统帅部得到破译信息，得以制订战略，克服上述困难。德军统帅部计划在英国纳尔维克远征军启程后，派出一支诱兵，让英军误以为它要去攻击纳尔维克的英国远征军。这样英军会调海军余部北上掩护远征军。一旦调虎离山计成功，德军运兵船将不必担心海上大型攻击，即可大摇大摆穿过斯卡格拉克海峡。

计划堪称完美。3 月下旬，侦听部情报表明英舰驶向纳尔维克。4 月 2 日，希特勒拟定入侵日期为 9 日。德军诱兵出海，7 日被英军发现。果然不出德国人所料，英国海军部命令本土舰队和第 1、第 2 巡洋舰中队驶向纳尔维克。就在它们加速驶离战场之际，德国运兵船没有受到英国这个公认的海上霸主的干扰，完成航程，部队毫发无损地登陆。连温斯顿 · 丘吉尔都承认，德国人"完胜"大不列颠。

一些德国攻击舰在海上横冲四撞，袭击商船，骚扰盟军运输线，德国军舰"亚特兰蒂斯"号（*Atlantis*）就是其中之一。这艘经特别装备、精心伪装、装甲厚重的高速货轮取得几次惊人成功，或许侦听部从这些奇袭中获得了极大的帮助。1940 年 7 月 10 日，开始任务不久的"亚特兰蒂斯"号在印度洋袭击了"巴格达城"号，几炮过后，"巴格达城"号船员匆匆弃船。"亚特兰蒂斯"号俘获了几乎毫发未损的"巴格达城"号，一支登船队及时赶到高级船员舱室，用手枪指着船长，阻止了他把船上大部分秘密文件投进海里。同盟国《商船代码》（*Merchant Ships' Code*）就在其中，这是英国海军部签发的两部本代码，通称《同盟国商船广播代码》（BAMS Code），用于加密经"同盟国商船广播"发布的信息。

一同缴获的还有几个高级加密表，虽非现行加密表，但"亚特兰蒂斯"号上的专业人员里有个叫韦泽曼的报务员，他曾在某个德国密码分析部门工作过三年。韦泽曼完成了可能是第一个有记录的海上密码分析。他根据缴获的代码和他截收的几封商船电报，成功还原出大约三分之一的高级加密表。结果就是，"亚特兰蒂斯"号能够读出大量同盟国商船信息，在可能的位置守株待兔。

加密表更换后，从另一艘俘获船"贝纳提"号（*Benarty*）报房废纸篓里找到的几封电报帮助韦泽曼部分还原了部分新加密表。侦听部为他完成了这项工作。他们从韦泽曼的电报询问中推断，他得到了《同盟国商船广播代码》，于是发来他需要的说明。当时“亚特兰蒂斯”号与柏林几乎处在地球对面，它们的合作肯定位列目前已知距离最远的密码分析合作。几个月后，1940 年 11 月 11 日，“亚特兰蒂斯”号船员在它击沉的第 13 条船“奥托默冬”号（*Automedon*）上发现了另一本《同盟国商船广播代码》和 7、8、9 号高级加密表。有了所有这些密码分析信息，“亚特兰蒂斯”号创下二战纪录，成为最致命的海上杀手。

或许，当“亚特兰蒂斯”号把战利品“巴格达城”号运回德国时，它把缴获代码的照片带了给侦听部，也可能是侦听部从其他地方获得了一本。但不管以什么方式，德军对商船信息的了解大大提高了潜艇攻击效果。并且，丘吉尔写道：“大西洋海战是整个战争的决定性战场。我们一刻也不能忘记，在陆地，在海洋，在空中，一切其他地方发生的事情最终取决于它的结果。”不止一次，侦听部把信息交到潜艇指挥官手中，引领德国走到胜利的曙光。

如 1941 年，西航道联合作战司令部司令致电护航船队，指示它们避开不列颠群岛以西的危险水域。侦听部读到电报，德军潜艇司令部据此轻松地把潜艇部署在最佳位置，同盟国损失因此剧增。3、4、5 月，德军潜艇击沉 142 条船，近乎每 16 小时一艘。1943 年 1、2 月，侦听部完全掌握了英国海军密码系统，甚至能读到英国的《德国潜艇船位报告》（U-Boat Situation Report）。船队指挥官每日收到这些报告，发出已知和推算出的德军潜艇位置的通知！“我们力图弄清敌人是如何发现我们的潜艇部署的，他们达到多大的准确度，在此过程中，这些‘船位报告’对我们价值极大。”邓尼茨海军元帅写道。

随后一个月，1943 年 3 月，大西洋海战达到高潮，德军潜艇差点切断英国的生命线。正是因为侦听部的一系列破译，德军潜艇才取得如此巨大成就。

侦听部的第一次破译在 3 月 9 日，它在一篇报告中指明了向东行驶的 HX228 船队的准确位置。（HX 表示斯科舍省哈利法克斯，该港是所有快速船队的集合点。从悉尼、斯科舍省布雷顿角岛出发的慢速船队命名为 SC。）不久后，侦听部报告，第二支快速船队 HX229 正在雷斯角东偏南 89 度航向航行。14 日，另一封译电显示，第三支船队 SC122 于前一天中午收到命令，在到达某个规定位置后，航向应转为 67 度。德国潜艇当时执行狼群战术，二三十

No.	Code	Meaning
62969	**QUAQ**	British Honduras
970	BP	Gauntlet
981	CO	Unzen
990	DN	Savoia
992	EM	Mainmast-s, *of*
63003	FL	Assisted, *the*
010	GK	Buoy-s formerly situated in (*position-s*) is (are) no longer there
015	HJ	ETICS
026	II	Cement-s-ed-ing, *for*
031	JH	String-s
048	LF	08
050	ME	Bridgewater
059	ND	Mention-s-ing, *the*
064	OC	Suva
068	PB	Negotiat-e-es-ed-ing-[ion
070	QA	Substituted
081	RZ	BA
089	SY	Nót have
092	TX	Trafalgar, *Cape*
63100	UW	Barclay-'s
109	VV	Larger, *than*, *the*
112	WU	9 feet
127	YS	Possibilit-y-ies, *of*, *the*
134	ZR	SPA
145	**QVAP**	Irrawaddy
150	BO	Caledonian Canal
156	CN	& ½
161	DM	Anxious-ly, *that*, *the*
174	EL	Upper wind
177	FK	Take-s your
188	GJ	Esquimalt
189	HI	Tweed
199	IH	Edge-s, *of*, *the*
63207	JG	Number-s-ed-ing
211	KF	Cat Island
219	LE	NO
231	NC	EEN
238	OB	Kribi
242	PA	Given for
253	QZ	5th October
260	RY	What ship-s, *is*, *are*
268	SX	Santa Isabel
274	TW	S.S.E. ½ E., *from*, *of*
281	UV	Universal-ly
285	VU	062°
292	WT	São Thomé
296	XS	Major-s
63304	YR	Petropavlovsk
316	ZQ	Adoption, *of*, *the*

No.	Code	Meaning
63320	**QWAO**	Submarine submerged
327	BN	188°
338	CM	Close port
340	DL	No
349	EK	HOM
350	FJ	Plate
356	GI	
365	HH	EX
371	IG	Rockhampton
376	JF	Cannot arrive, *at*
382	KE	
391	LD	Taku
393	MC	FOR REPAIR, AT, BY
63401	NB	Standard Time of Zone [+10
413	OA	DUKE
420	PZ	Caus-e-es-ing, *the*
424	QY	Search-es for, *the*
435	RX	Farne Is.
442	SW	Submerged
446	TV	GRA
457	UU	198°
461	VT	Trinidad
462	WS	JN
478	XR	CW
482	YQ	Sunk by
489	ZP	Honan
494	**QXBM**	Bunbury
63506	CL	Convoy arriv-e-es-ing, [*at*, *on*
510	DK	Plot-s-ted-ting, [*against*, *the*
517	EJ	Williamstown
521	FI	241°
541	HG	Solent
543	IF	012°
554	JE	Prevent-s, *any*
559	KD	Flat-s
569	LC	RRY
575	MB	Peiping (Peking)
580	NA	Unlikelihood, *of*, *the*
586	OZ	166°
592	PY	Connecting up, *the*
597	QX	No one-s
63605	RW	Monchair Carré
610	SV	Unaware-s, *that*, *of*
617	TU	MU
628	UT	NAN
633	VS	121°
639	WR	August
640	XQ	Port Convoy Officer-s, [*at*
646	YP	Muscat
651	ZO	

英国《同盟国商船广播代码》解密部分中的一页

艘为一群，奉命猎捕这些船队。3 月 16 日上午，它们发现一支船队，就是 HX229。随后两天内，38 艘潜艇击沉了 13 条船。在此期间，HX229 赶上行动缓慢的 SC122，小海域内聚集了一大群船只。狼群在它的边缘啃食，又击沉了 8 条船。3 天战斗中，德国共击沉 14.1 万吨商船，自身只损失一艘潜艇。邓尼茨欢呼雀跃："这是到目前为止，我们绞杀的最大一支船队。"

英国海军部陷入绝望。他们考虑放弃无效的护航系统，这无异于拱手认输，因为单船损失率是护航船队的两倍，放弃护航系统就相当于到了山穷水尽的地步。"1943 年 3 月的前 20 天，德国人差点切断了英美间的所有联系，这还是有史以来第一次。"海军参谋部后来记录。它是二战最持久、最关键战役的最黑暗时刻。在很大程度上，正是德国密码分析员揭开了英国通信的秘密，才把这团乌云罩在英国人头顶。

意大利依赖陆军和海军获取通信情报。海军分析员建立了海军情报处（Servizio Informazione Segreto）B 科。1942 年初，他们突破了地中海地区的英国海军密码——它们实在太过拙劣，据说安德鲁 · 坎宁安（Andrew Cunningham）海军上将在入侵克里特岛后威胁，如果不给他更好的密码，他就用明文发报。一次，意大利人破译出一份英国侦察机报告，3 月 27 日下午 6 点，马塔潘角海战（Battle of Cape Matapan）前夕，意大利统帅部据此警告一支特遣舰队的指挥官，说他出海后不久就被英国人发现了。次日，意大利人读到一条从亚历山大[1]发给坎宁安的命令，确认英国鱼雷轰炸机将发动袭击。轰炸机如约而至，但意大利人准备充分，英国人面对强大防空火力，几乎无法辨认目标或观察攻击效果。

意大利陆军保密和情报机构军事情报处（Servizio Informazione Militare [SIM]）有一个规模庞大、组织良好的密码科，它既破译外交密电，也破译军事密电。这就是五科（Sezione 5），科长维托里奥 · 甘巴（Vittorio Gamba）将军看上去像个不苟言笑的老阿尔卑斯武士。甘巴长期钻研密码学，为《意大利百科全书》（*Enciclopedia Italiana*）写过一份优秀的密码学条目，还是知名语言

[1]　译注：Alexandria，埃及港口城市。

学家，据说他懂 25 种语言。他于 1911 年为公众所熟知，在争夺的黎波里的意大利—土耳其冲突期间，他把大量声明译成阿拉伯文。五科 50 名成员在罗马的一幢大公寓楼内办公，远离军事情报处总部，但有电传打字机与总部和六科相连。六科是一个庞大的截收部门，位于梵蒂冈背后的小山博恰堡上。甘巴的分析员与审查科、化学科和照相制版科等保持密切联系。化学科研究隐写墨水和其他隐写手段，照相制版科则快速复制盗窃文件。

甘巴下面还有一个科室，由老上校吉诺·曼奇尼（Gino Mancini）领导，它为意大利陆军制作代码和密码。高层通信使用加密代码，意大利海军也用(他们有时还用哈格林密码机)。意大利人喜欢移位与替代结合的高级加密——这个倾向可远溯到德雷富斯案传闻中的帕尼扎尔迪电报，那封电报的第一个密底码数字为第二个加密代码数字，反之亦然。如他们在二战中使用的一种加密，对密底码组 12345 67890，加密员选出 1 和 6，从一个 10×10 方表中找出 16 的加密代码，假设为 38，把 3 记作第一个加密代码组的第一个数字，8 作为第二个加密代码组的第一个数字。再用另一个 10×10 方表对 2 和 7 如法炮制。一开始意大利人使用 5 个这样的方表，后来增加到 10 个。

和德国统帅部同行一样，五科分析员破译了南斯拉夫的军事密码。南斯拉夫在一战结束后立国，从那以后，由于阜姆[1]和的里雅斯特（Trieste）的争议，两国关系一直很紧张。德国人运用破译，从北方发动闪电战；意大利人则用破译精心策划一场骗局，避免意大利南方可能出现崩溃。

就在轴心国入侵前一刻，占领阿尔巴尼亚的意大利军队的北侧暴露在南斯拉夫面前，丘吉尔形象地称之为“裸露的后背”。南斯拉夫无力对抗德国国防军，但轴心国和同盟国都认识到，如果南斯拉夫强攻涣散的意大利军队，它就可以赢得一场大胜，羞辱墨索里尼，推迟轴心国的胜利，自身获得弹药和补给，进而发动大规模游击战骚扰纳粹占领军。因此 4 月 7 日，南斯拉夫两个师挥鞭向南推进：一支从采蒂涅向斯库台，一支从科索夫斯卡–米特罗维查向库克斯，这是一场实实在在的行动。尤其到 4 月 12 日，从采蒂涅进军的师将意军赶回斯库台城门，并对它发起越来越猛烈的攻击。

[1] 译注：Fiume，今克罗地亚里耶卡。

就在这危急关头，军事情报处灵机一动。它以南斯拉夫军方格式起草了两封电报，附上新政府首脑杜尚·西莫维奇（Dusan Simovič）将军的签名。一封写道：

致采蒂涅师部：

各属部停止所有进攻行动，向波德戈里察方向撤退，组织防守。

另一封写道：

致科索夫斯卡－米特罗维查师部：

所属各部立即撤回科索夫斯卡－米特罗维查。

西莫维奇

两封电报都用南斯拉夫陆军系统加密。4 月 13 日上午 10 点，军事情报处的一部电台按南斯拉夫无线电规程，涉及波长、发送时间、电台级别等，联系两个师级电台，将两报发出并且都收到回执。南斯拉夫对库克斯的推进立即慢下来。采蒂涅师要求证实，但未果。

次日上午，一头雾水的采蒂涅师部没收到任何对加密命令的撤销，据此认为它们虽然难以理解，但依然有效，遂放弃进攻斯库台，开始北撤。意大利人立即占据那块军事空地，一天之内从科托尔行军约 16 千米，到达采蒂涅。次日，南斯拉夫司令部回复，没人下达撤退命令，但为时已晚。南斯拉夫人仅得知，他们的密码已经泄露，并且由于无法在瞬息万变的形势下签发新密码，他们试图通过烦琐的控制程序，确保真实有效的通信。就在这争分夺秒的时刻，他们堵塞了自己的指挥体系。几天后，尘埃落定。军事情报处的假电报让意大利免于一场惨败。

战争期间，正常情况下，军事情报处六科每月截收 8000 封无线电报。其中大约 6000 封被认为有研究价值，五科将其中 3500 封译成明文。因为报量实在太大，军事情报处处长切萨雷·阿梅（Cesare Amè）将军开始对最重要信息做出总结，发布每日《一号公告》（Bulletin I）。公告三份副本分送墨索里尼、总参谋长，及通过侍从呈送国王。军事情报处把其他重要破译分别派发给相关方。

外交电报自然交给外长加莱亚佐·齐亚诺伯爵，他的著名日记里多次提及破译，表明了它们的重要性。据其日记，五科解读出英国、罗马尼亚和土耳其的电报。意大利人解读出中立国土耳其的电报，成果不逊于为霍特尔工作的匈牙利组织。两年多的时间里，土耳其一直通过密电与意大利人联系，告诉他们传言中的同盟国作战计划和观点，以及一个非正式观察员对轴心国计划和前景的评论。1943 年 1 月 4 日，齐亚诺在日记中草草写道："领袖[1]叫我把一份电报副本交给（德国驻意大利大使汉斯·格奥尔格·）冯·马肯森（Hans Georg von Mackensen）。电报是土耳其大使佐卢从古比雪夫发回政府的。按佐卢说法，战争形势对俄国人极为不利，但俄国依然强大，并且按各国驻古比雪夫外交使团的判断，轴心国正在走下坡路。"

或许，某天日记写到，英国破译德国电报的情况被意大利人知道了："接着，他（墨索里尼）对埃尔温·隆美尔（Erwin Rommel）发脾气，按英国人的说法，隆美尔发来电报，谴责我方军官把他未来的一些计划泄露给了敌人。和往常一样，胜利时大家都来邀功，失败时却推得一干二净。"两个半月后，1942 年 12 月 24 日，意大利截收到另一份英国电报，墨索里尼得以就英军的一次准备行动做出回复："我们在轰炸罗马问题上再次产生分歧。我们从一封截收的英国电报中获知，除领袖和司令部从罗马撤出外，（英国外交大臣安东尼·）艾登（Amthony Eden）还希望国王和整个政府撤出，由瑞士军官控制疏散。墨索里尼自然反应激烈，随时准备拒绝。"六天后，齐亚诺记道："轰炸罗马问题的一个有力观点：我们从一封截收电报中得知，美国人拒绝了艾登的严厉要求，宣称他们不想轰炸圣彼得这座城市，因为这对同盟国弊大于利。因此在我看来，至少在目前，此事可暂时搁置。"次月，墨索里尼指示齐亚诺把另一封截收的英国电报交给冯·马肯森。这一封电报记录了伯纳德·蒙哥马利（Bernard Montgomery）将军和被俘的德军非洲指挥官里特尔·威廉·冯·托马（Ritter Wilhelm von Thoma）将军的一席谈话，交谈中，"冯·托马说德国人相

[1] 译注：Duce，法西斯意大利对墨索里尼的称呼。

信他们已经输掉这场战争，并且德国陆军是反纳粹的，因为陆军认为责任全在希特勒”。

这些仅是齐亚诺认为值得一提的电报。还有多少他没提到的电报陈列在法西斯的桌上，意大利从源源流入的破译中又获知多少同盟国计划！

虽然五科破译了大量密电，但它的多数成功并非来自密码分析，而是军事情报处偷来的密码文件。仅在 1941 年，军事情报处就弄到约 50 份这样的文件，差不多每周一份。其中一些也许只是密电的明文版本，但大量是代码和密码本身，其中有一本是美国代码，它给轴心国带来的通信情报成果也许是二战时期最大的。

偷到这本代码的间谍似乎是美国驻罗马武官办公室的信差。洛里斯·盖拉尔迪（Loris Gherardi）是个刚满 40 岁的意大利人，自 1920 年起就为美国人工作。他的职责包括把武官办公室的电报送到意大利电报局。1941 年 8 月，他似乎为军事情报处弄到使馆保险柜的钥匙模或钥匙或两者都有。意大利人得以神不知鬼不觉地打开保险柜，拿出“黑色”（BLACK）代码及附属高级加密表，拍照后又放回原处。不管是洛里斯的老板武官诺曼·菲斯克上校还是大使都未曾有过一丝怀疑。洛里斯继续从事这份工作。[1]

“黑色”代码的名字来自其封面颜色，它是一本相对较新的自带高级加密表的机密武官代码，大使们可能也用它。因此这次窃取后不久，齐亚诺在 1941 年 9 月 30 日的日记里扬扬得意写道：“军事情报处弄到美国代码；（美国大使威廉·）菲利普发出的全部电报都被我破译部门解读出……”拿到代码后不久，军事情报处给了德国卡纳里斯一份复件。从那一刻起，轴心国——破译高级加密能力有限——得以轻而易举窥视美国外交官和武官无比艰涩的密电，而别人煞费苦心也无法做到。这些电报来自世界各地，不仅来自轴心国首都，还来自同盟国首都，在后者那里，美国武官能接触到同盟国一些最不为人所知的秘密。1942 年 2 月 12 日，齐亚诺写道：“我把美国驻莫斯科武官给华盛顿的一

[1]　原注：洛里斯一直待到意大利对美宣战，使馆关闭。战后，他不动声色要求恢复原工作——居然得到它！他保持工作直到秘密最终泄露；随后经过几次审讯，他于 1949 年 8 月辞职。

封电报的报文交给马肯森。文中抱怨美国未能交付承诺的武器，说如果苏联得不到及时和适当的援助，它将不得不考虑投降。”

然而，最有价值的却是能直接决定胜负的前线情报。1941 年秋，德军在苏联和北非两条战线上向东推进，意图在近东会合，将地中海变成轴心国的一个内湖，再继续东行，与日本在亚洲会师，从而统治世界，实现希特勒超越亚历山大大帝[1]的梦想。

因距离、语言和政治因素，相比于驻莫斯科的同僚，美国驻开罗武官更易于观察军事行动、抓住机会开展工作。他就是邦纳·弗兰克·费勒斯[2]上校。他是西点军校毕业生，有各种各样的和平时期工作经验，包括两年任道格拉斯·麦克阿瑟将军助手的经历。1940 年 10 月，费勒斯被派到开罗。他不辞辛劳，巡视前线，研究沙漠战战术和问题。他虚心讨教，处处留心。英国人透露给他一些秘密，希望有助于美国改进租借给英国沙漠部队的装备，但可能因为他的反英倾向，英国人还留了一手。费勒斯获取了大量信息，拟了一份充实详尽的报告，发给了华盛顿。

他讨论了前线的英国部队，他们的职责、能力和效率；他谈到预期增援和已经到达的补给船，说明了士气问题，分析了英国人正在考虑的各种战术，甚至报告了地方军事行动计划。他谨慎地用“黑色”代码加密了电报，发往华盛顿——通常发给 MILID WASH（*Mil*itary *I*ntelligenc *D*ivision, *Wash*ington [华盛顿军事情报处]）。就在他的电报划过空中时，侧耳倾听的轴心国电台（通常至少有两部，以防任何遗漏），将其全部接收。截收的电报经直线传给分析员，被解成明文，经翻译，再用一个德国系统加密，转给非洲军团司令埃尔温·隆美尔将军。通常，他在费勒斯发出电报几小时后能拿到它们。

这些电报的价值无法估量！它们向隆美尔提供了整个战争期间，轴心国指

[1] 译注：亚历山大（前 356—前 323），马其顿王国国王（前 336—前 323），通称“亚历山大大帝”；他征服了波斯、埃及、叙利亚、美索不达米亚、巴克特里亚和旁遮普，在埃及建立了亚历山大城。

[2] 原注：Bonner Frank Fellers，他在 1963 年 7 月 18 日和 8 月 8 日的信件中说到，英国并没有像往常一样，习惯性地对他未来的行动建言献策，而且他依据英国方面提供的信息，只报告过一次提前行动，他的其他预测只根据个人的估计和猜测。

挥官所能获得的关于敌军部队和意图最广泛、最清晰的信息。1941 年末，在北非拉锯战中，隆美尔被克劳德·奥金莱克（Claude Auchinleck）指挥的英军赶出沙漠。但从 1942 年 1 月 21 日开始，他强力反攻，17 天之内把英军打退约 483 千米。这些天，他得到以下来自费勒斯截收的情报：

> 1 月 23 日：270 架飞机和大量高射炮撤出北非，增援远东英国部队。
>
> 1 月 25—26 日：同盟国对轴心国装甲部队和战机缺陷的评估。
>
> 1 月 29 日：英国装甲部队的全面分析结果，包括可正常工作的数量，受损数量，可用数量及位置；前线装甲和机械化部队的位置和它们的战斗力评估。
>
> 2 月 1 日：即将到来的突击行动；英国各种部队的战斗力评估；美国 M-3 型坦克 2 月中旬前无法使用的报告。
>
> 2 月 6 日：英印第 4 师（4th Indian Division）和第 1 装甲师（1st Armored Division）的位置和能力；重申英军沿阿克鲁马 – 比尔哈凯姆（Acroma-Bir Hacheim）战线挖壕固守的计划；确认一旦轴心国装甲师重新集结，他们打到埃及边境的可能性。
>
> 2 月 7 日：英国部队在加查拉 – 比尔哈凯姆（Ain el Gazala-Bir Hacheim）战线站稳脚跟。

情报如一幅翔实丰富的镶嵌画，这些只是其中几个突出小块，隆美尔凭借它们赢得了“沙漠之狐”的称号。1942 年 5 月，隆美尔的坦克铁流滚滚向前。他的宏图大略是征服埃及，打通巴勒斯坦，与从苏联打过来的德军会师，此时截收的美国电报再次为他带来至关重要的情报。情报先是告诉他，英军计划死守马特鲁防线，马特鲁是亚历山大以西约 322 千米的一座地中海沿岸城镇；当奥金莱克确定这个位置难以防守时，截收电报又给隆美尔提供了英军想法改变的最新情报。

没有汽油，无法驱动坦克和运兵车，隆美尔也无计可施，这一直是他的短板。马耳他是隆美尔的眼中刺，这座顽强的小岛是地中海上的英国堡垒，扼守在西西里和北非轴心国基地之间。以此为基地，盟军舰船、飞机和潜艇对给隆美尔运送士兵和补给的轴心国船队发起毁灭性攻击。正是因为如此，德国和意大利打算发动昼夜不停的空袭，把它炸服，而英国则将大支船队驱入瓦莱塔港，进一步增援和武装该岛。轴心国补给线运行顺畅时，隆美尔取得了一个又一个胜利；但当盟军切断隆美尔的补给线，导致他的坦克严重缺油，战场瞬息万变，他的机动性受到了严重限制，盟军则获得很大优势。

为此，1942 年 6 月，英国决定发起一次大规模增援马耳他岛的行动。他们计划让船队从东西两侧同时穿越，防止轴心国集中全部力量打击一侧。为使意大利海上力量瘫痪，英军对塔兰托海军基地进行了猛烈轰炸；为尽量减少轴心国对船队的空袭，英军计划在船队出发前摧毁轴心国战机。他们将通过轰炸、机械化部队突袭前线附近的机场、空降突击队破坏德军纵深机场等措施，实现这个目标。熟悉形势的费勒斯对这些计划了如指掌，6 月 11 日——船队东侧从亚历山大出发之日，他起草了 11119 号电报：

> 6 月 12、13 日夜，英国部队计划通过伞降和远程沙漠巡逻，对轴心国 9 座机场的飞机同时发动炸弹突击。这种袭击将可能造成极大的破坏，且风险极小。如果袭击成功，英国将立即投入全部皇家空军，支持陆军，进行联合攻击。
>
> 今日，英军从叙利亚向利比亚大规模调动。
>
> 费勒斯

他把电报加密并将其提交给开罗的埃及电报公司，后者致电华盛顿军事情报处。6 月 12 日上午 8 点左右，德军统帅部劳夫截收站从空中截住它；9 点，一个分析员在进行破译；10 点，破译完成；11 点 30 分，隆美尔拿到它，他尚有充足的时间来警告机场。13 日晚，不出所料，突击队从天而降，特遣部队从东方飞速驶来。

他们被守株待兔的德国和意大利部队全歼。英国精心计划的行动几乎完全失败。北非三座空港内，马图巴、费提亚和巴尔切[1]，没有一架飞机受损；在 K2 和 K3 机场，英军只轻微损坏了 8 架飞机，它们在几天之内就能修好。在其他三座没有收到或忽略警告的机场（北非的贝尼纳，克里特的伊拉克利翁和卡斯特利），英国人共摧毁 18 架飞机，烧毁两座机库。

第二天，从及时警告中得以幸免的战机，向从亚历山大出发的船队发起猛攻，击沉三艘驱逐舰，两艘商船。一艘德国潜艇击沉一艘重巡洋舰，意大利重舰从塔兰托出击，英国船队感觉危险迫近，落荒而逃，整个行动流产。“从东方到达马耳他的通道依然紧闭，直到 11 月，才有船队敢涉险而行。”丘吉尔写道，“因此，尽管我们尽了全力，但 17 艘补给船中，仅有两艘成功到达，岛上的危机还在继续。”隆美尔的生命线依然畅通。

随着汽油得到供应，至少暂时如此，5 月 26—27 日，“沙漠之狐”乘着月夜开始猛攻，快速推进。除费勒斯截报提供的战略情报之外，阿尔弗雷德·泽博姆（Alfred Seeböhm）上尉领导的高效无线电情报连（Fernmeldeaufklärung Company）还提供了战术情报。这支机动部队负责追踪英国第 8 集团军的每一部无线电台，不放过一句谈话。他们通过测向确定部队、坦克的集结、调动；通过呼号分析了解军队部署，研究英国密电。总之一句话，他们为隆美尔提供大量原始数据，让他掌握敌军动向。

如 1942 年 6 月 16 日上午 10 点 30 分，在德军进攻孤立无援的图卜鲁格期间，无线电情报连收听到英印第 29 旅和第 7 装甲师间的一段明语无线电电话交谈。谈话表明，阿德姆[2]据点守军图谋当晚袭击德军。情报转给隆美尔，喜欢冒险的第 90 轻步兵师立即进攻，双方兵力悬殊，英国人不仅没打到德军，反让隆美尔占领了阿德姆，并将图卜鲁格包围孤立。20 日，图卜鲁格突然投降，大量补给落入德军手中，大胆的隆美尔立即转向夺取埃及北部城市苏伊士。就是因为此类情报，隆美尔的情报官才称泽博姆的无线电情报连是“隆美尔不断获胜的一个重要因素”。该连可能还获取过一本“黑色”代码，从而能独立读取费勒斯电报，缩短情报到达隆美尔手中的时间。

---

[1]　译注：Barce，今利比亚迈尔季。

[2]　译注：今利比亚纳塞尔空军基地，位于图卜鲁格以南约 16 千米。

7月10日，沙漠战争如火如荼，非洲军团参谋总部一头撞到了英国装甲部队的推进路线上。经过短暂激烈交火，才华横溢的泽博姆被杀死，大部分手下被消灭或成为俘虏，大量记录被英国人缴获。因为此次损失，该连再也无力提供大量必要信息，同时英国人得以弥补大量无线电保密漏洞。隆美尔因此失去了探测敌军战线，获得大量情报的“显微镜”。

约在同一时期，他还失去了他的“望远镜”。开春时节，美国对那次泄密开始产生怀疑，从华盛顿派出两个军官核查费勒斯的保密措施，他们发现费勒斯没有犯错。在没有更新的信息发送给同盟国前，这一点至少缓解了美国当局的担忧。据说是一个战俘把截收电报的情况告诉了英国人。英国人自己也已破开“黑色”代码及其高级加密，将其用于读取其他电报。现在，英国人能在费勒斯发报后一小时内读取他的电报。英国人花了10天研究了费勒斯“冗长详尽、极其悲观”的报告，6月末，他们将泄密情况，可能还有费勒斯的态度，通知了美国政府。费勒斯本人从未被告知德国破译其电报的情况，7月他被华盛顿召回。[1]之后，发自开罗的电报依然包含一些有价值的评论，但没有了关于形势的宏观论述。新任驻开罗武官开始使用M-138条形密码，轴心国付出所有努力也束手无策，隆美尔由此失去了长期依赖的战略情报。

这个损失发生在他正要越过边境进入埃及，差点把金字塔攻下并手握胜利之际。英国第8集团军退回阿莱曼驻地，准备发动一系列反攻，7月2日，奥金莱克的第一波猛攻打响。隆美尔失去了最有价值的情报来源，再也不能像以前那样采取快速攻防措施。7月4日，他向国内报告将转向防守。同一时期，英国成功增援了马耳他，从那里发动袭击，掐断了轴心国生命线。隆美尔急缺燃料，哀声不断。

与此同时，第8集团军秘密聚集了一支强大军事力量，将其进攻日期和主要方向对外秘而不宣。两个师带着240门大炮和150辆坦克抵达。要在过去，非洲军团会从费勒斯电报中得到消息，但这一次，他们从未探知这两个师的存在。得益于缴获的无线电情报连的文件，英军采取了一系列保密措

[1] 原注：1942年后期，他因武官工作被授予“杰出服务奖章”（Distinguished Service Medal），嘉奖令称他的工作“对我们武装部队的战术和技术发展做出巨大贡献”，还宣称“他给陆军部的报告是清楚准确的典范”。

施：改进呼号程序，加强前沿师指挥部的密码纪律，采用无线电电话密码，对后备部队实施严格的无线电静默，真电之上覆以伪电，在南方战区生造一个子虚乌有的通信网络。新的德军无线电情报人员既无能力，又无经验，无法识破假象，去伪存真。德军习惯了泽博姆队伍提供的连续情报流，此时却不得不在几乎没有任何无线电情报纠错的情况下进行空中侦察。伪装欺骗了他们，成百上千坦克大炮隐藏在假货车下；大型补给站在南方拖拖拉拉地建着，似乎几个月也完不了工。

因此 10 月 23 日，当伯纳德·蒙哥马利将军的上千门大炮开始对阿莱曼德军阵地怒吼时，非洲军团完全没有料到。隆美尔曾确信短期内无战事，跑到奥地利休养身体。他立即飞回，亲自指挥战役。但到他抵达时，大势已去。缚于油料、人员和坦克匮乏，他只能把他的师迁来挪去，绝望而徒劳地试图东山再起。失败演变为一场溃退。非洲军团穿越沙漠，一路西逃，战场上只剩下数百辆被摧毁或无法发动的坦克和运兵车。几个月后，德军被逐出非洲，赶出克里特岛，再沿意大利半岛南端北撤——一直在撤退，再没有进攻。阿莱曼战役[1]标志了盟军命运的转折点。“阿莱曼之前，我们屡战屡败；”丘吉尔说，“阿莱曼之后，我们战无不胜。”

在很大程度上，这次转机是围绕密码活动展开的。

---

[1]　译注：Battle of Alamein，此处指第二次阿莱曼战役。

第15章　决斗苍穹：中立国和同盟国

并非只有交战国才利用宝贵的密码分析情报。维希法国就在里昂郊外的一栋别墅里安排了50名分析员和职员，但他们的成功似乎有限。一则报纸故事就曾报道，1941年，他们没能破译前法国内政部长乔治·曼德尔（Georges Mandel）的密码系统。曼德尔是丘吉尔的朋友，当时被维希政府关押着，因为法国投降后，他试图在北非建立一个以他本人为总理的抵抗政府。这些分析员的工作至少有一部分指向自由法国[1]和地下抵抗运动，但他们从未把任何结果通报给德国人。实际上，该机构的一个成员，也就是后来以一部现代密码分析杰作闻名的夏尔·埃罗（Charles Eyraud），在德军占领法国全境时亲自烧毁了该机构的所有文件。

几乎可以肯定，最好的非交战国密码分析员来自摇摆不定的中立国瑞典，他们可能也是二战中最优秀的分析队伍之一。一开始，瑞典进行密码破译是为了弄清楚希特勒是否准备把对挪威和丹麦的“军事保护”同样慷慨地给予它。希特勒占领挪威、丹麦的准备工作是二战中最严格保守的秘密，瑞典人不想在睡梦中被人捶死，于是后来它使用密码情报对各种政治事件进行跟踪。

[1]　译注：Free French，戴高乐将军领导的由流亡法军部队和志愿者于1940年成立的组织，以伦敦为基地，把在法属赤道非洲、黎巴嫩及其他地方抵抗轴心国的部队组织起来，并与法国抵抗运动合作。

19 世纪末 20 世纪初，托帕迪亚（R. Torpadie）为一项历史研究破译了一个 1632 年的准代码，给瑞典当局留下深刻印象。他们委托他设立一个密码分析机构，名为“100 号房间”。除这段插曲外，瑞典的密码活动真正始于伊夫·于尔登。于尔登的父亲奥洛夫是皇家海军学校校长，曾对阿维德·达姆密码机的经济前景产生兴趣。伊夫这个非瑞典名字来自其法国母亲。他对机器密码感兴趣，对它们进行了各种可能的密码分析测试。他曾在祖父创办的阿斯特拉医药公司经商，在此期间，他对密码学的兴趣一直如影随形。于尔登生于 1895 年，身材高大，一脸严肃，他的作品《密码机构在世界大战中的活动》（*Chifferbyråernas insatser i världskriget till lands*）对一战密码活动及其影响做了敏锐、极有见地的研究。这本 139 页的书后来由美国陆军通信兵部队译成英文，名为《密码机构在世界大战中的贡献》（*The Contributions of the Cryptographic Bureaus in the World War*），部分内容刊登在《法国军事杂志》上。这本书打破了密室分析那种挥之不去的神话，展示了错误和密报量所扮演的重要角色，大致总结了一战的经验教训，并推动了今日密码学的发展。

这本重要的小册子问世五年后，瑞典成立了由瓦尔堡（C. G. Warburg）上校领导的密码机构。上校曾从马上掉下，摔断四肢，需要一份闲职。他的密码水平和马术一样不济，后被一个海军军官取代，后者赢得了后来在他手下工作专家们的尊敬。30 年代后期，于尔登做了许多关于密码分析的报告。他还在奥斯陆演讲，激发上尉罗赫－伦德（Rocher-Lund）设立了挪威第一个密码分析机构，并播下了与其他斯堪的纳维亚国家合作的种子。1939 年，在一次 12 小时的军事演习期间，在“入侵者”发出的 56 封简单密电中，于尔登领导的密码分析机构破译了 38 封。瑞典的准备工作还包括了在乌普萨拉大学进行宣讲，招聘人在那里大谈特谈密码的神秘魅力，向受众描绘优秀破译员的前景。瑞典分析员还在报纸上举办密码破译比赛，从优胜者中招收人员。

二战爆发时，瑞典有 22 名分析员。所有分析员都得到了“可观”的工资，每天半克朗（后逐步提高至两克朗），结果大部分分析员都是从事半兼职分析——上午为政府工作，下午做普通工作赚钱糊口。一开始他们被安排在瑞典国防部大楼“灰楼”，后搬到卡拉普兰路 4 号一栋老屋，再后来老屋被拆除，原址盖起了瑞典无线电公司。最后他们在斯蒂尔曼大街 2 号一栋四面漏风、没有中央供暖的破旧公寓楼安顿下来。（1943 年还在海滩路一栋现代公寓楼里建立了一个分机构。）

1940 年，分析员按语言分成四组，不过一些数学家还是在组间被调来调去。这四个组是：一组，拉丁语系，以法语和意大利语为主，由在法国待过 10 年、精通法语的于尔登领导；二组，德语，该组最聪明的成员是年轻数学家卡尔－奥托·塞格达尔（Carl-Otto Segerdahl）；三组，英语，攻击英美系统，负责人为奥洛夫·冯·费利森（Olof von Feilitzen）博士，32 岁，图书管理员，英语水平超过多数美国人；四组，俄语，负责人阿尔内·博伊林（Arne Beurling）博士，乌普萨拉大学数学教授，35 岁，身材高大、英俊、温和，说话慢条斯理。1952 年，博伊林成为普林斯顿大学高等研究院（Institute for Advanced Study）研究员。博伊林是二战时最优秀的分析员之一，发现过他国未知密码，并取得初步突破。创始者于尔登是分析员中的佼佼者，他也教授新学员。新人增加很快，到 1941 年他离开时，这个团队增长到 500 人，到战争结束时达到 1000 人。

电报也在不断涌入。电传打字机直接接入瑞典邮局线路，复制这些线路上发送的电报。瑞典或许拥有几国中最好的密码分析中心，挪威、丹麦和芬兰把他们截收的电报转至瑞典。有了这些电报，瑞典人能够比较不同密钥加密的同样报文，获益颇丰。它用分析得到的信息——有时候会带来重要成果——回报它的北欧友邦。

1940 年初，德国占领挪威前夕，集中安插在德国—挪威航运公司和大型渔业、水产加工公司的纳粹特工接到命令，要求他们传回船舶动向和天气信息。他们把信息伪装成销售价格、报价和捕捞吨位报告，用电话和无线电发出。但挪威当局监听到讨论价格的电话交谈，方式极为可疑。他们把录音送到瑞典，塞格达尔发现，五位数的“价格”实际上表示用移位和单表替代加密的劳氏船级社（Lloyd’s Register）船只数量。当年 2 月，虽然其他网络依然在运行，但挪威至少捣毁了一个间谍组织。

瑞典人不仅用密码打击外国间谍，有时还用间谍攻击外国密码。有一次，他们窃听到意大利驻斯德哥尔摩武官与其驻奥斯陆同事的电话。录音根本什么也听不出来，瑞典人一开始以为他们用了一台电话保密器。当确定意大利人没有用保密器后，他们把录音送到了乌普萨拉大学语言系。原来这是一种西西里方言，武官的满口粗话把它弄得无法理解。最终，电话含义被弄清，内容原来是奥斯陆那位先生（他正在大骂寄来这样一本代码的罗马蠢货）对武官代码用法一无所知，斯德哥尔摩武官正给他讲解。夹杂在多姿多彩的西西里方言“笨蛋”、“蠢驴”和更多咒骂中的，是对操作程序、特定代码词含义等等的说明。毫无疑问，它给于尔登的意大利代码破译提供了极大的帮助。

瑞典人还从本国外交部得到大量帮助，如接收和发出外交照会、普通照会报告、与各国大使谈话的助手记录和其他备忘等。这是各国常见做法，但瑞典分析员将其运用到极致，甚至用了一个前外长做联系人。理卡德·桑德勒（Rickard Sandler），56 岁，1932—1939 年任外长，1925—1926 年间还做过 18 个月的首相，1934 年当选国际联盟大会主席。瘦削、圆脸的桑德勒曾吃过密码的亏，1943 写了一本关于著名密码的书。他其实算不上是称职的分析员，没有能力解决瑞典人眼中最简单的实际问题——挪威一部本代码，但在确保外交部将一切信息及时交给分析员方面，他做得非常成功。他的联系人调教良好，外交部甚至向他报告外国大使的汽车离开外交部大楼的时间。有了这点小情报，分析员（知道他得到的是什么电报，估计大使驶回使馆、加密那么长一条信息、再送到电报局需要多长时间）可以更容易地从使馆日常文档里找到与那份电报对应的密电。

和往常一样，瑞典分析员从懒惰或愚蠢的加密员那得到了大量帮助。这些加密员一再违反最基本的规则，不加密或忘记给电报分段。瑞典人碰到的最笨拙者当属德国驻斯塔万格领事，他犯下的无数错误成为德国众多密电的死穴。他的名字（再合适不过地）叫阿希莱斯[1]。瑞典人对他的帮助感激不尽，甚至在办公室挂了一张他的大照片。“他很胖，看上去像只大猩猩，”塞格达尔说，“我从未见过他本人，但我把他看成我在德国外交部门最好的朋友！”

瑞典人还读出其他德国系统加密的电报，即武官用的一个二次移位和军队用的两个替代密码。后两个密码让他们无意中窥视到德军士兵的性习惯。国防军为德国驻挪威占领军提供妓女，这些妇女来自波罗的海国家和集中营。毋庸

[1]　译注：F. W. Achilles。阿喀琉斯（Achilles），希腊神话英雄，幼年时母亲把他浸在冥河中，这样除了被母亲握住的脚踝之外，他浑身刀枪不入。特洛伊战争中，阿喀琉斯杀死了赫克托耳，但后来被帕里斯用箭射中脚踝，受伤而死。这个名字在这里无疑表示“死穴”。

置疑，运送妓女的船只是士兵热切等待的对象，抵达或离开军港时，它们是部队间激动人心的通信主题。常常，一条船刚离港，始发港的电报员就会向目的港的同行推荐一个女孩。推荐理由有时具体入微，以至于瑞典人感到，通过密码手段，他们对这些女孩的了解不亚于德军士兵通过身体的了解。

若没有聪明才智，对瑞典分析员来说，这些错误、循环信息和所有其他辅助再多也无益。他们对多种法国密码（有一段时期他们同时用 11 种）的使用程序了如指掌，甚至知道法国人何时认为它们已经泄密（约使用四年后），并且开始用它们发送己方希望别人读到的材料。通常，法国人发这些材料是为了灌输这样的观念：在某个特定形势下，法国仅出于道德考量行事。而其本意大概是想把人们的注意力从他们的真实动机上引开。在这些用泄露代码加密的电报中，不少措辞后来出现在法国黄皮书中，即关于法国立场的正式声明。瑞典人还破译了一个用来发送德国潜艇电报的美—英代码，也许与德国海军侦听部破开的是同一部，因此搭上了顺风车，保卫了自己的商船。

阿尔内·博伊林破译了德国西门子密码机，这大概是瑞典人最得意、影响最深远的成就。正如德国士兵通过瑞典铁路一样，德国电报也经过瑞典线路。德国驻挪威国防军和驻斯德哥尔摩使馆利用西门子密码机的在线加密能力，把电报直接发给柏林。德国外交部称这种机器为“密写机”（Geheimschreiber）。瑞典密码分析机构用电传打字机敲出德国通信，送给博伊林试破。

他一眼看出密文由 26 个字母和 6 个数字组成，共 32（即 2^5）个符号。他据此推断这是一种基于电传打字机的密码，因为他知道电传打字机使用五孔打孔纸带。但他知道的仅限于此，他需要找本书研究它们的工作原理。通过研究（也许通过专利检索），他得出结论，基于博多码的机器通过改变五个触点位进行加密，每个位置很有可能通过一个自带的密钥轮控制，并且为了使密钥周期尽可能长，五个密钥轮的外缘控制销数量都不相同。

因为密钥可能每日更换，博伊林选择破译 1940 年 5 月 25 日这一天的电报，其内容大约为两大页纸。他的分析很快证实了他最初的假设，只有一点例外：博多脉冲替代后又加了一次移位。通常这种移位不起作用，例如，如果脉冲 1 和 2 相同，1、2、3、4、5 移位成 2、1、3、4、5 后，密文符号将不会改变。博伊林用上述所有这些特性还原密码机器。他用 5 月 27 日的新数据检验他的工作，发现它是正确的。任务开始后两周内，他破译了这种密码。一个瑞典机械师按博伊林的规格造出一台机器，虽然它看起来古怪笨重，发出可怕的噪声，但还是敲打出瑞典人梦寐以求的德国电报。

为了还原每日密钥，分析员会整夜工作，这样次日上午，当瑞典司令奥洛夫·托内尔（Olov Thornell）中将过来问，"德国人今天有什么消息？"时，他们通常能够告诉他。有两次，驻挪威德军做出对瑞典产生威胁的调动时，瑞典军队得到密码分析情报预警，快速部署到位，将德军阻住。瑞典总司令尼克劳斯·冯·法尔肯霍斯特（Niklaus von Falkenhorst）将军后来祝贺托内尔，赞扬他战术出色。托内尔把这份祝贺转给分析员。

1941 年春，瑞典人对德国其他军事电报进行了分析，综合得出判断，德军将在 6 月 20—25 日入侵苏联。英国驻苏联大使斯塔福·克里普斯（Stafford Cripps）爵士途经斯德哥尔摩时，瑞典外交部秘书长埃里克·博厄曼（Erik Bohemann）在一次晚宴上把信息转给他。对克里普斯来说，这也许不算新闻，他可能已经从其他途径知晓这次入侵，但它无疑强化了他已有的判断。可惜，斯大林不相信英国人。

从博伊林机器嗒嗒吐出的数十封外交电报，把德国人的真实做法和想法告诉给瑞典外交部。外长克里斯蒂安·京特（Christian Günther）得以预知德国使馆奉命向他提交的外交照会。分析员讲了这样一个故事，他们读到一份特别霸道的照会，于是用电话把内容通知给京特，这是一个罕见的做法。（后来他们通过固定信使发送，信使佩着两只腋下枪套。）京特立即出门"游猎"，德国外交官直到周末过后才送达他的要求。到那时，瑞典人已经谋划出对策，能够带着合理的遗憾告诉德国人，他们无法满足该项要求。

就这样，密码分析员引导瑞典航行在险象众生的中立水域，纷飞的战火就在它周围熊熊燃烧着。

英国主要密码分析机构就设在外交部。一战结束时，它接收了海军部 40 号房间的人马，如齐默尔曼电报破译人之一威廉·蒙哥马利就加入了外交部。20 年代初，在一篇敦促外交官谨慎使用密码的通告中，外交部告诉他们，它每年在保护密码机密和破译外国政府密码方面花费 1.2 万英镑（近 6 万美元），而密

英国敦促加强密码纪律

码操作中的粗心大意正使这些（用于英国密码编制的）钱付诸东流。外交官间流传着有关外交部密码专家的传说，其中一些专家“终生研究这项工作”。有个故事说，一战期间，某个奇才在五个月内破开一个土耳其代码，尽管他本人不会说土耳其语，不得不请土耳其语专家来翻译破开的电报。据说外交部认为经过半年使用，没有代码可以完全保密，因此它每四个月更换所有高密级代码。

英国密码机构被外交部委婉地称为“通信处”（Department of Communications）。1939 年，它搬到伦敦西北约 80 千米的白金汉郡小镇布莱切利的一所庄园别墅——布莱切利园（Bletchley Park [BP]）。在所有黑室中，它的历史气息最为浓厚。这片土地上最初是一座罗马军营；征服者威廉把它赐给康斯坦斯的杰弗里主教，嘉赏他在黑斯廷斯战役（Battle of Hastings）中的功劳；后来它的吸引力日趋减弱，先后为各种各样的领主（最著名的是两位乔治·维利尔斯［George Villiers］——白金汉第一、第二公爵）和富人拥有。这片土地上的第一所宅邸建于 19 世纪 70 年代，后来不断添砖加瓦；外交部发现这还不够，于是又增加了不少建筑，包括一间食堂和一幢大楼。最终，包括军人在内，7000 人在这里工作、培训。

陆军部扩大了一战期间创立的密码机构，从军情一处 b 科扩成军情八处，碰巧与雅德利的组织同名。海军部和空军部很可能有自己的密码机构，出乎意料的是，海军部取得的最初胜利之一来自密码学领域。

战争开始以来，英国海军部秘密通信就被德国海军侦听部获取，给同盟国造成了灾难性后果，例如，挪威相当于拱手白送。1940 年夏，正在希特勒摩拳擦掌、准备入侵英格兰的“海狮行动”（Operation SEALION）的危急时刻，德国人继续监听着英国海军部电报。密码分析情报早已用于作战计划，越来越被德国海军司令部所倚重。突然，8 月 20 日，就在英格兰准备迎接它最辉煌的时刻，就在天空划过一道道飞机尾迹，就在多数人的命运寄托在少数人身上时，英国海军部对德国的密码分析最终幡然醒悟，更换了自己的代码和密码。德国海军司令部成了“聋子”。关于英国计划和动向的情报流突然中断，导致“德国海军战略重挫”，一个德国人如此说道。德国海军舰只再也不能料敌先机，或出击，或巧妙避开强大的英国海军。英国海上力量迅速获得它应有的优势，英国舰艇对英吉利海峡沿岸港口的德国入侵舰队实行了轰炸。仅凭空中侦察，

一个英国海军军官演示遭遇被俘危险时保护密码的正确方法

德国得不到足够的情报，而海军司令部本来就不热衷于“海狮行动”，现在变得更加兴味索然。最后，它的冷淡传给了整个统帅部，又传给希特勒，促使他最终决定无限期推迟“海狮行动”，直至终止。

英国的全部密码活动似乎都由外交部通信处统筹协调，它大概负责的是战略和基本密码系统的破译。英国在全世界有约 3 万名通信情报人员，而通信处副处长早就因密码分析成就而名留青史，他就是 1917 年破译齐默尔曼电报的奈杰尔·德格雷。

通信处的破译速度相当快。1941 年 11 月 21 日，一封日本外交译电编号为 097975；12 月 12 日，另一封编号为 098846——表明当时每周破译近 300 封（当然破译的不只是日本一家）。这些译文通常如下派发：通信处处长、外交部和陆军部各三份；印度事务部两份；海军部、空军部、殖民部（Colonial Office）、英联邦事务部（Dominion Office）、军情五处（反间谍）和内阁秘书爱德华·布里奇斯（Edward Bridges）爵士各一份。布里奇斯在名单中出现，表明英国人截收的一些电报可能曾在内阁会议上宣读。另外，1940 年 8 月 5 日，丘吉尔指示，每日原始情报文件汇编“以原始形式”交给他，几乎可以肯定里面包含了截收电报。大部分密码分析结果须交给一个评估全部情报的联合情报委员会（Joint Intelligence Committee）。委员会包括三军情报负责人，并且总是由一个外交部代表主持，二战大部分时间里，这个主持人是维克托·卡文迪许 - 本廷克（Victor F. W. Cavendish-Bentinck）。

破译所获情报也送交美国。英国严格隐瞒其密码分析的能力，一年多时间里，它把密码分析得到的信息交给美国，但不指出其来源。然而 1941 年 1 月，美国密码分析代表团四人一行护送一台“紫色”机器到英国，与英国分析员建立起技术合作关系。英国尚未破开“紫色”机器，但他们分析的截收电报比美国多，这是他们的回报。这两个英语国家在最敏感领域通力合作，彰显了他们的深情厚谊。美国陆军通信情报处和海军通信保密科每天把“紫色”密钥发给伦敦。双方还与新加坡和规模较小的澳大利亚通信情报部门达成合作，加拿大则协助确保所有部门得到截收的全部日本电报。

一些最重要的英国通信情报不是来自沉默分析员的涂涂写写和埋头沉思，而是一个驻美英国特工极具杀伤力的性魅力。她勾走了几个人的魂儿，给英国带来巨大情报宝藏。她是美国人，是一个海军陆战队少校的女儿，真名埃米·伊丽莎白·索普（Amy Elizabeth Thorpe），但在间谍界以代号“辛西娅”（CYNTHIA）[1] 闻名。她 14 岁时有了第一次性经历，19 岁怀孕，嫁给一个低等级英国外交官，后离婚。开始间谍工作时，她刚满 30 岁。她是个颇具魅力的金发女郎，身材高挑，脸庞轮廓分明，嗓音柔和，乐于倾听，浑身透着无法形容的性感。她为驻美情报组织英国保密协调处 [2] 工作，不为金钱，只为寻刺激。

1940—1941 年冬，英国保密协调处指示辛西娅弄到意大利海军密码系统。她设法结识了意大利驻华盛顿大使馆海军武官阿尔贝托·莱斯（Alberto Lais）海军上将。没用几周，他就深陷情网。当确定莱斯已拜倒在自己石榴裙下时，她便直接告诉他，她想要海军代码。见多识广却虚掷年华的莱斯乖乖就范，同意为一个女人出卖祖国。他为她约见他的密码员，后者收了一笔钱，取出代码本（理应还有它的全部加密表），当即影印一份，原本还回保险柜，影印件则到了伦敦。

英国分析员收到它们几个月后，辛西娅的冒险得到回报。按丘吉尔拐弯抹角的说法，“到（1941 年）3 月末，意大利舰队显然将有一次大型调动，可能驶向爱琴海。”坎宁安海军上将坐镇地中海，其密码分析单位或许已得到意大利代码和高级加密的副本。3 月 25 日，他察觉意大利人将出击英国护航船队——这些船队装载着增援希腊的部队。两天后，他率舰队乘夜色驶出亚历山大港，未卜先知地设定了航线。黎明时分，一架侦察机遇到敌舰中队。虽然意大利人也在读取坎宁安的电报，正采取行动增加他的进攻难度，但在这场马塔潘角海战中，坎宁安依然成功摧毁了巡洋舰“波拉”号（*Pola*）、“阜姆”号（*Fiume*）和“扎拉”号（*Zara*），击伤了战列舰“维托里奥威尼托”号

---

[1]　原注：参见 H. 蒙哥马利·海蒂（H. Montgomery Hyde）作品《3603 号房间：二战时期纽约的英国情报中心的故事》。海蒂在书中第 115 页暗指获取法国密码为入侵北非服务。但这次行动直到 1942 年 7 月份才最终确定，在“获取密码”命令数月之后。我认为马达加斯加岛是这项命令的推动因素，尤其考虑到丘吉尔指令“对任何法国护送队都要保持极端警惕”。时间正确，辛西娅身份的暴露，更多关于意大利和法国密码偷窃的细节参照海蒂之后的作品《辛西娅：改变战争进程的间谍》。

[2]　译注：British Security Coordination（BSC）。1940 年 5 月，经丘吉尔授权，英国军情六处在纽约设立的掩护组织。

（*Vittorio Veneto*）。“在这个关键时刻”，丘吉尔写道，这场胜利“扫除了对英国海军东地中海支配地位的一切挑战”。

辛西娅维持了与莱斯有利可图的联系。马塔潘角海战过去几天后，因为莱斯向辛西娅透露了破坏计划，美国国务院宣布他为不受欢迎的人。码头上，他将哭泣的家人撇在一旁，与她度过了最后的几分钟。他的离去使她得以转向下一个猎物：维希法国使馆。

她装成报社记者进入使馆。在等待采访大使时，她与新闻参赞夏尔·布鲁斯（Charles Brousse）上尉聊了一个小时——并且迷住了他。到 1941 年 7 月，主动被他勾引后，她“承认”自己是美国特工，催他为真正的法国做事，反对赖伐尔[1]政府。不久她就得到使馆每封收发电报的明文副本，再加上布鲁斯写的一份填补缺失细节的每日报告。

有了这些明文，英国人得以还原出法国外交代码，如果他们之前还未做到的话。[2]1942 年 3 月，伦敦让英国保密协调处获取法国海军武官和舰队司令通用的海军代码。这条命令可能来自丘吉尔本人的指示，他当时正在集结一支力量，准备夺取法属马达加斯加岛，防止该岛成为日本潜艇基地。他担心维希法国可能从达喀尔增援该岛，阻止英国的占领企图。“我军即将出征该岛，因此我要求所有人对任何可能从达喀尔到该岛的船队或运输船保持最高警戒。”他写道。监视维希海军通信无疑是警戒的一个方面。

辛西娅先让情人为她拿到代码，但他回复说这不可能，因为只有密码室主任伯努瓦及其助手能进入那个严密看守的重地。辛西娅试图接近二人，但都无功而返。

不甘心的辛西娅改变策略。布鲁斯已经完全被她迷住，愿意帮她实现任何

---

[1] 译注：皮埃尔·赖伐尔（Pierre Laval，1883—1945），法国政治家，社会党人，1931—1932 和 1935—1936 年两度出任法国总理。法国投降后，1942—1944 年任维希法国总理。1945 年被戴高乐政府判处死刑。

[2] 原注：从 1942 年初到战争结束，英国人还在读取华盛顿和马德里间的西班牙外交电报，因为英国保密协调处拍摄到西班牙外交代码。为这本代码，英国人得到三个人的帮助：一个在西班牙长枪党（Falangist）胜利后自我流放的巴斯克领导人，西班牙驻华盛顿使馆一个巴斯克门房和一个反佛朗哥的打字员。1942 年 10 月，保密协调处还拍摄了加拉加斯的西班牙代码本。

计划。某天深夜，两人来到使馆。他们巧妙地对警卫解释，在战时华盛顿弄到一个酒店房间很困难，并塞给他一笔小费，打消了对方的疑虑。他们进入了使馆，在一楼长沙发上过了一夜，这样做了几次，最后警卫对此习以为常。1942 年 6 月某天夜里，他们快活地从一辆出租车钻出来，手里拿着一瓶香槟，请警卫一起喝。他很乐意地接受了邀请，几分钟后就在酒里的药物作用下沉沉睡去。那个出租车司机其实是为英国保密协调处工作的开锁专家。他忙活了三个小时，找到密码室保险柜的密码组合。但他没有足够时间把代码本拿出来影印，辛西娅和布鲁斯只得在两夜后再来。

再次麻倒警卫几乎不可能，而且这也不可取，因为辛西娅觉得他已经对他们的再次到访起了疑心。她感觉那天夜里他会过来查看他们，因此她准备好一个打消他疑虑的对策。20 分钟后，警卫果然走进房间，发现她一丝不挂。这绝对令人信服。警卫慌忙退出去，再也没打扰他们。

他们把锁匠从窗户放进来；他拿出代码本及其附带的加密表，交给外面的另一个特工。他在附近一所房子里让保密协调处其他特工影印一份。凌晨 4 点，这些密码不带一丝被盗痕迹回到保险柜；24 小时后，影印件到达英国。

这时代码本对夺取马达加斯加岛已经帮不上忙了，因为前一个月，英军已经顺利夺岛。但此时同盟国正在为北非登陆计划做准备。影印代码本能帮助英美部队掌握土伦、卡萨布兰卡和亚历山大的维希法国舰队在入侵期间的动态；或者更准确地说，是按兵不动。就这样，英国又一次得到一位戈黛娃夫人[1]的帮助。

不管是英国人还是任何其他人，读取美国外交密码都不需要这样的惊险动作，破译这些密码的分析员也不需要皱多少眉头，因为从一战前到二战中期，这个泱泱大国的密码和许多小国的密码一样脆弱。美国一定是全世界密码分析员的笑料，一战期间和 20 世纪二三十年代，在很大程度上，美国外交在国际

[1]　译注：Lady Godiva（卒于 1080 年），英国贵妇，麦西亚伯爵利奥弗里克的妻子；根据 13 世纪的传说，她同意了丈夫的提议，即如果她裸体骑马穿过考文垂的集市，他就会减轻税赋，当时这些税赋很不得人心。根据故事后来的版本，当时所有的市民都闭目不观，只有汤姆偷看，被戳瞎以示惩罚。

舞台上一定毫无隐私。

这一时期，国务院把密码编制委托给索引和档案局（Bureau of Indexes and Archives）局长，后来该局重组为集编码和加密于一身的通信和档案处（Division of Communications and Records）。这些年，这个部门几乎一直由戴维·萨蒙（David A. Salmon）领导。他是个职业雇员，密码学知识仅限于工作中所学。

他沿袭前任约翰·巴克（John R. Buck）的做法，通过封面颜色命名美国外交代码。这样，自一战前，美国有过一本“红色”和一本“蓝色”代码，都使用五位数代码组。“红色”较老，国务院给了海军几本，用于驻外海军军官和外交官间的通信。1912 年，伍德罗·威尔逊上台后不久[1]，总统经济与效率委员会请国务院、陆军部和海军部考虑制定一个标准部际代码和一个“更好、更节约的电报加密方法”。按萨蒙不经意的一语双关，当时“红色”代码已经成为一本“公开的书[2]”。又过了近一年，三个部最终同意，作为一个应急密码系统，他们将使用维热纳尔密码！他们还知道一种稍有区别的密码，名为拉拉比密码，明文字母表在每个密码表上方重复，密钥字母大写印在左侧。但从编码角度看，它与卡西斯基半个世纪前演示的系统一样。考虑使用这个系统已经是件糟糕的事，但他们还将其投入到实际运用！而外国分析员不费吹灰之力破开的短密钥是：1917 年国务院使用 PEKIN 和 POKES。

拉拉比密码被印在卡片上，寄给各外交和领事馆，指示他们把它贴在部门代码封面内侧。即使这些卡片对破译没什么帮助，有一个国家还是没有放过它。1913 年 9 月 13 日，驻莫斯科总领馆负责人阿尔弗雷德·史密斯（Alfred V. Smith）副总领事写道：“关于本馆于今年 4 月 3 日收到的 1913 年 3 月 8 日‘拉拉比密码’指南通告，我谨通知国务院，信封里找不到以上指南中提到的‘随信发送’的‘拉拉比密码代码’。”

10 月，美国政府得知由于资金缺乏，提议中的部际代码无法实施，因此整个一战期间，它一直在使用拉拉比密码——编码方面的愚蠢举动，实在令人

[1] 译注：原文如此，似有误。威尔逊总统任期从 1913 年 3 月 4 日到 1921 年 3 月 4 日。1911 年 1 月 17 日到 1913 年 3 月 1 日间任新泽西州州长。

[2] 译注：open book，这一词的含义是“一目了然的事物、容易了解的人、坦率的人”。

瞠目结舌。在要求严格的外交电报中，国务院继续使用“红色”和“蓝色”代码，并且因为前者保密性能降低而日益依赖后者。1915 年，墨西哥人设法在韦拉克鲁斯获得“红色”代码。大西洋对面是美国驻罗马尼亚公使，他以前是一个政客。他发现把代码本复件放在床垫下比拨弄保险箱密码更方便。一天，代码本不见了，据说到了圣彼得堡。这位公使从未将这次损失上报。对于读不懂来电这个令人尴尬的问题，他的解决之道可能是：把为数不多的加密电报积存起来，然后登上一列火车，跑到美国驻维也纳使馆，在那里解密这些电报，推辞说这是他离开前刚收到的，同时起草并加密他的答复。但战争到来时，电报量增加，这个花招再也不灵了，他只得承认失职，回国做他的政客去了。

出于保密需要，官僚主义作风被打破。1914 年，国务院制定了一个“特别密码”，可能是已有代码的高级加密。驻伦敦大使馆欣喜地欢呼它是一个成功，是保密的保障。但也许它只是个权宜之计，直到国务院编制并启用一个新代码——“绿色”。这个一部本代码使用 CUCUC（C = 元音，U = 辅音）形式的五字母代码组，*department* 加密成 FYTIG，*message* 加密成 MIHAK，*secured from* 是 PEDEK，*secured the* 是 PEDIV。

然而，到美国参加一战时，所有欧洲大国肯定都有了一本或几本美国外交代码。外国雇员在使领馆出出进进，能轻而易举地拿到代码本。（早年逮捕的一个德国间谍是珍珠港司令官的办事员，他能接触到海军绝密密码。）德国人甚至归还了一本美国驻莱比锡领馆用过的国务院代码。既然英国 40 号房间能破译德国两部本代码，它当然也能读懂更简单的美国代码。实际上，有传言说，英国正在破解美国的密码，该论调甚至出现在报纸上。一战中，美国驻伦敦大使馆报告，驻西班牙的德国机关得到了美国发到巴伦西亚的一封电报的副本，它把密文发到德国并立即得到了明文。国务院尝试挽回这一局势，用一个每月一换的密码给“绿色”代码加密，同时编制一部新代码。（“直到现在我才认识到，准备一部全新代码是一件多么艰难的工作。”助理国务卿威廉·菲利普叹道。）

威尔·罗杰斯（Will Rogers）说，美国从未输掉一场战争，也从未赢得一次和谈。1919 年，它的编码实践可能导致它输掉了那次和谈。美国和谈代表团的现场观察员把欧洲少数民族的状况和愿望报告给代表团，代表团给观察员用的是一本公开的商业电码本——《通用袖珍电码本》（*Universal Pocket Code*）！法国分析员看到自己的工作这么简单，心里一定乐开了花。

让菲利普望洋兴叹的新代码是“灰色”（GRAY）代码，它将成为最著名、使用时间最长的美国代码。理论上，它是一本机密代码：一封发自墨西哥的电报报告称，传说该国得到了一本美国代码（不同于早先被盗的“红色”代码）时，国务院回复说“灰色”可放心用于机密信息。但是，曾在和谈代表团工作的前密码员詹姆斯·瑟伯[1]则描绘了一幅更真实的画面：

> 除一本例外，我们的所有代码都是透明的古董，时间可以追溯到汉密尔顿·菲什（Hamilton Fish）在格兰特总统任内当国务卿时，它们的目的是省字，节约电报费，不是隐瞒任何人。这部新代码匆匆拼凑而成，连“美国”一词都未收入；代码组与它们的真实含义又如此接近，如LOVVE居然表示“love”。
>
> 某日，我们密码员仅剩的一点保密错觉被一个冷峻的男士驱散，他宣布德国人有我们的全部代码。据说德国人时不时传点信息到华盛顿，嘲笑我们幼稚的密码，有一次还指出，我们迫切追求保密而联用两种密码的做法是笨拙的，如果采用他们指出的另外两种密码，结果会稍难解些。这大概是谣言或传说，就像当时流传的一个故事，说我们丢了六本代码，日本人把第七本归还我们某个使馆，还来时包装整齐，捆扎牢靠，还带着一张客气的便条。因为他们要不是利用完它，就是已经有了一本新的。
>
> 我们的密码系统就像小学橄榄球队的传球进攻一样，别人一眼就能识破，这自然带来一种对泄密无所谓的态度。在某个代码中，“quote”的符号是（杜撰的代码组）ZOXIL，加密电报时，我们获准用UNZOXIL表示“unquote”。这是在帮助他人破译，这让我们密码员感到我们枯燥无味的工作只是一种拼字练习。即使最巧妙、最复杂的密码

[1] 译注：James Thurber（1894—1961），美国漫画家、作家、记者、剧作家，以漫画和短篇故事闻名。

也会被敌方密码专家破译，国务院可能这样自我安慰。在 zoxil 前加 un 只是令他们的工作更容易一点点罢了。

于是拉拉比密码一直沿用。1921 年，海军认识到这个危险。米洛 · 德雷梅尔海军中校与萨蒙商量，商定采用一种二次移位密码，为有限的国务院—海军通信提供足够保密。但直到近一年后，国务院才最终把它分发到全球 16 个使馆、59 个领事馆。

为外国分析员工作提供便利的，还有美国年复一年持续使用老代码的做法。其中“灰色”代码尤为美国海外官员熟悉。20 年代后期，在一个驻上海高级领事的退休晚宴上，领事在同事向他告别时，用“灰色”代码作告别演说——这些老资格外交官理解起来毫不费力。当时名为 A-1 和 B-1 的加密代码已经采用。1925 年，驻圣萨尔瓦多临时代办指出，“灰色”和“绿色”代码使用太久，无法保密，但还在用于加密机密信息，建议国务院下令将 A-1 用于一般机密信息，新的 B-1 用于高度机密信息。国务院似乎没有采纳这个明智的建议。相反，按当时的准雇员雅德利一针见血的说法，它继续沿用“16 世纪的密码”。

萨蒙的部门会时不时测试一种新系统，就像它对弗里德曼快速破开的希特密码机所做的那样。但是更常见的，面对发明人源源不断送来的数十种提议，萨蒙会逐一发去体面的标准答复——甚至都没有检查他们所提议的系统：“国务院收到您本月 25 日信，您在信中提到您发明的一种新密码系统，询问有无应用。我谨此答复，现行使用的代码和密码能够满足国务院目前需要。”

为什么国务院没有采用改进的编码方法（也许是弗纳姆机器或一次性密钥本），至少应该用于它的绝密电报？大概只是官僚主义惰性使然，也许还因为预算紧张。按雅德利的说法：“无法破解的通信手段只有一种，采用它，国务院将需要彻底变革它的陈规陋习。”20 年代后期，一个国务院高官听说墨西哥正在解读美国密码信息，于是请雅德利来讨论这个问题，下述评论就是那次讨论的结语。

只有一次国际丑闻才能唤醒政府，让它认识到所有成功外交的根本基础在于安全、保密的通信线。我一生致力于破坏敌方活动，我愿意为密码学的建设留下一座丰碑。

走过国务院入口宽阔高大的走廊，我在想，能给美国政府留下一个长期确保通信秘密的通信方法，该是一个人多大的骄傲。除了这一点，当然，还有专业自豪感。而且，想象外国密码员对着我们的密电抓耳挠腮，苦思冥想破译方法，再在心里奚落他们一番，岂不快哉！

但是何必做梦？毕竟，难道一切外交代表不是舞台上的小丑，窃窃私语，然后把他们的秘密变成电报，对着天空大声喊出来！

美国电报当然在呼喊。1929 年，驻教廷大使查尔斯·道斯觉得有必要电告国务院："如果某些电报的内容将依指示转达英国政府，建议不应用这种机密代码加密。"1931 年，远东事务处亨培克发给国务卿史汀生一份备忘录："国务卿先生：我感觉到，在日本和日本控制区，日本人很有可能正在'破译'我们的每一封密电。中国人同样做的可能性不是没有，但不大。不管事实如何，我认为我们应时刻想到这种可能性。"几个月后，似乎为证实这一点，驻东京代办报告，美国驻朝鲜汉城总领事收到蜡封破损的 A-1 代码新加密表，朝鲜当时是日本殖民地。到那时，美国密码不具保密性似乎成为理所当然。"不由得我不疑惑，"1932 年 2 月 16 日，驻日大使卡梅隆·福布斯给史汀生发电报，"考虑到我方密码的不完善，这封电报（前述电报）会不会被他国特工人员解读。"他认为，这个解读"将直接使人反对那项提议"。

30 年代，这种令人不安的状况一直在持续，国务院基本上继续沿用同样的老代码，大使依然需要亲自解密只发给他们的绝密电报。但至少对驻古巴的哈里·古根海姆（Harry F. Guggenheim）来说，一封重要电报能带来兴奋，缓解沉重的工作负担。曾在一战期间任助理海军部长的罗斯福总统知道通信保密的重要性，在他敦促下，国务院编制了几部新代码，"棕色"即为其一。有一次，一队乌斯塔什[1]暴徒劫掠了美国驻萨格勒布领馆的保险柜，顺手牵羊偷走"棕色"代码，但它依然在世界其他地方使用。另外，美国还增加了 C-1 和 D-1 代码，与 A-1、B-1 一样，每部都有自己的高级加密表。这些加密表使用周期从

[1] 译注：Ustachi，克罗地亚亲德法西斯分子。

两个月到五个月不等。它们稍稍增加了代码的保密性，却极大增添了使用上的麻烦：慕尼黑危机期间，驻柏林的半数副领事成天关在密码室工作。

30 年代后期，国务院采用首任国务卿托马斯·杰弗逊一个半世纪前发明的密码作为其绝密编码方法。这就是平直的杰弗逊轮子密码—巴泽里埃圆柱——M-138 条形密码，1914 年首次由派克·希特制成条形。每套 M-138 有 100 根滑条，每次加密使用其中 30 根，密文不从一个发生行，而是从两个行读出，每行读 15 个字母。只要滑条保密，时常更换，条形密码就应该能够保护美国重要外交通信的秘密。如大西洋会议[1]后，国务院用它加密罗斯福发给丘吉尔的一封三重优先密报。

不过，罗斯福总统基本不信任国务院密码。因此欧战爆发时，在“绝密事务”方面，他通过海军部密码系统与驻伦敦、巴黎和莫斯科的大使通信。国务院对此耿耿于怀，觉得自己被排除在外交事务之外。“但是，”驻法大使威廉·蒲立德（William C. Bullitt）后来写道，“我很遗憾让他们产生这样的印象，认为此举是为了瞒住国务卿赫尔先生，我一直对他尊敬有加。这实际上是因为国务院缺乏保密手段，他们的密码如此陈旧，按总统的看法，它们已经被所有极权国家破开。”驻莫斯科大使斯坦利（W. H. Standley）海军上将说，“外面也流传着国务院密码没有保密性的说法。”而美国驻马德里使馆则收到用英国代码加密的绝密指示！

使用海军密码的另一个原因是，蒲立德和斯坦利都提到了国务院的泄密，泄密来自国务院通信的正中心。1940 年 4 月 30 日，驻华盛顿德国代办汉斯·汤姆森给国内发电报：“一个可靠的秘密特工，与国务院密码室主任私交甚好，看过相关电报报告后，汇报如下。”9 月 30 日，汤姆森把同一个可靠的线人从一封电报中获得的情报转回德国，那封电报是美国驻英大使约瑟夫·肯尼迪发给罗斯福的。12 月 29 日，德国驻西班牙大使给国内发报时谈到，“科德尔·赫尔 12 月 18 日发给驻此地美国大使的一封密电，其内容已为我所知”。

[1]　译注：Atlantic Conference，二战爆发后，1941 年 8 月 9 日至 13 日，罗斯福与丘吉尔为表明两国联合反对法西斯的态度和目的、相互协调方针政策，在大西洋北部纽芬兰停泊的“威尔士亲王”号战列舰上会晤，史称大西洋会议，会议成果是 8 月 13 日签署的《联合声明》（即《大西洋宪章》）。

所有这些为德国外交政策的制定提供了帮助。如那封发给马德里的电报显示，当赫尔坚持说，如果西班牙保持中立，它将得不到需要的谷物时，西班牙外长对德国说了谎。

最大的泄密发生在伦敦。泰勒·肯特（Tyler Kent）是个聪明英俊，但心智扭曲的年轻人，他在美国使馆密码室工作。他相信，一个巨大的犹太阴谋正把美国推向一场它不想卷入的战争，而帮助犹太人的敌人就是帮助自己的祖国。肯特把电报带出使馆，转给一个亲纳粹组织。这些电报辗转到了德国人手中。罗斯福针对丘吉尔需要 50 艘驱逐舰的请求给出答复，报告抵达伦敦七天后，德国驻意大利大使就把该报告发回了国内。但 5 月 20 日，苏格兰场堵住漏洞，以间谍罪名逮捕了亲纳粹组织成员，征得国务院同意后，搜查了肯特的房间。

警探在那里找到 1500 多份使馆文件副本，其中有大量电报，还有两把刚偷配的使馆目录室和密码室钥匙。当震惊不已的大使问他为什么这样背叛祖国时，肯特辩解说把文件给德国人能帮助美国远离战争。他被当场解除职务，失去外交豁免权，因违反《官方保密法》（Official Secrets Act）被英国人逮捕、审判、定罪，判处七年监禁。

但损失已经造成。“从使馆建筑内拿出这么多文件，”国务院后来声称，“泄露了整个美国秘密通信系统，带来了密码保密问题。”肯尼迪说：“因为他（肯特）的背叛，在这个极为关键的历史时刻——敦刻尔克大撤退（[Battle of] Dunkirk）和法国沦陷期间，所有美国外交部门外交通信中断。这次中断涉及美国在世界各地的使领馆，持续两到六周，直到大量特别信使从华盛顿带着新密码抵达后才恢复。”

与此同时，在地球另一面，脆弱的美国密码给一个潜在敌人带来了帮助，阻挠了和平的进程。日本外务省密码部门内藏着一个密码分析小组——暗号研究班（Ango Kenkyu Han），其成员中有五人破译英美密码。每天上午，一个外务省信使（还有来自陆军和海军的通信员）从递信省[1]审查部门取走外国外交

[1] 译注：前日本政府机构（1885—1943），其业务由现在的总务省、日本邮政和日本电信电话继承。

电报复件。美国使馆当时使用的几种主要密码（“灰色”、“棕色”、A-1、B-1、C-1、D-1 和 M-138）中，暗号研究班能读懂低等级的三四种。约瑟夫·格鲁大使也许不自觉地帮助过他们。“一个日本政府高官想瞒着军方发一封密电给我国政府。他们请我用我们的绝密密码加密发送这封电报。我说，当然可以。”即使这样，日本人依然未能突破 M-138 和更高级密码。

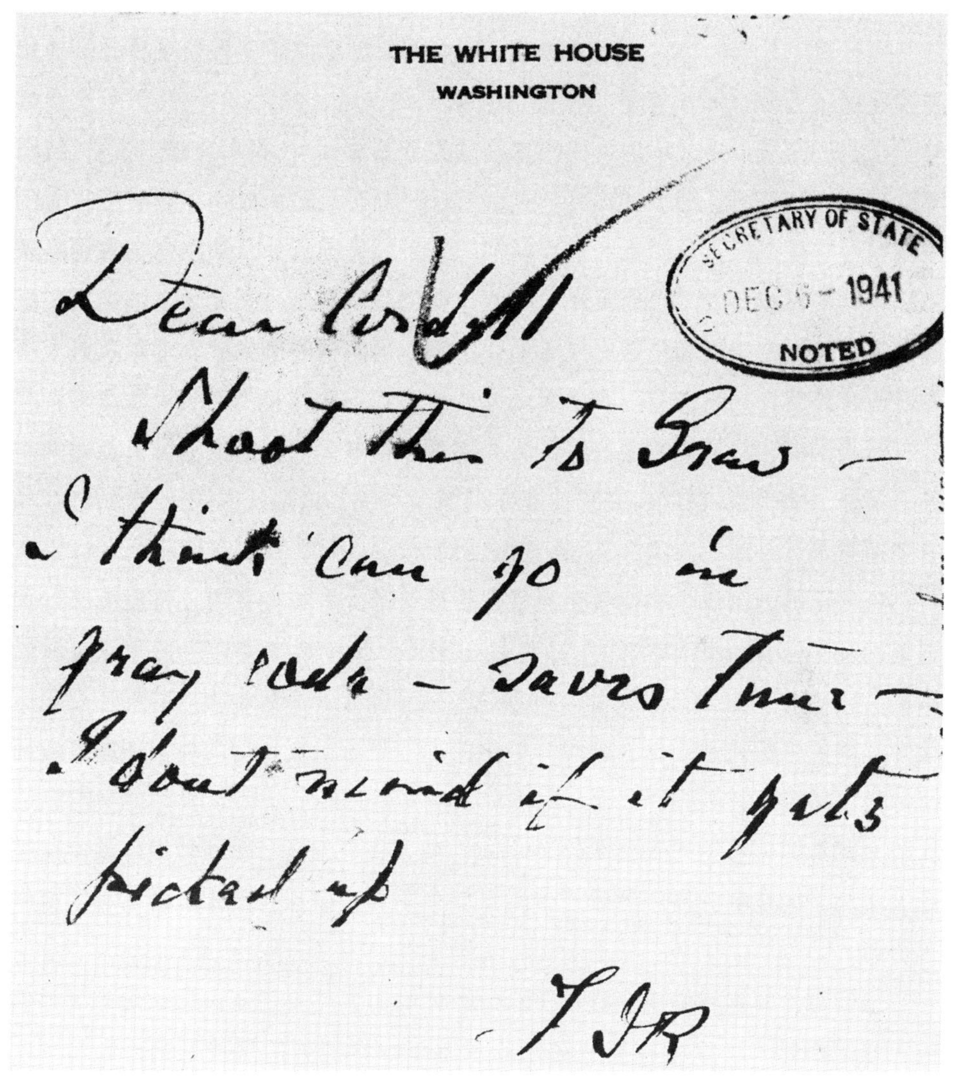

THE WHITE HOUSE
WASHINGTON

SECRETARY OF STATE
DEC 6 - 1941
NOTED

Dear Cordell
Shoot this to Grew —
I think can go in
gray code — saves time —
I don't mind if it gets
picked up

FDR

珍珠港事件前夜，为加速发送他个人给日本天皇的和平呼吁，
罗斯福总统指示国务卿使用某个代码

国务院密码的不保密妨碍了与日本温和派的谈判。格鲁在1941年8月1日的日记中写道："近卫亲王（日本首相）知道我希望多与他会谈，就像总统知道野村海军上将想与他多会谈一样，但对泄密和公开的担心阻止了这样的会谈。有人暗示，我国使馆任何可能发给华盛顿的报告一定会为日本当局所知，虽然为我们提供消息的人说，他明白我们确有'一个机密代码'（意味深长，但我在使用提及的机密代码时感到绝对安全）。"

1941年12月6日，罗斯福总统向日本天皇发出他的个人和平呼吁。他把呼吁交给国务院，附一张手写在白宫信纸上的便条："科德尔，速将此发给格鲁——我认为可以用'灰色'代码加密（为节约时间），我不介意是否被拦截。罗斯福。"东京递信省收到他的电报后，过了10个小时才投到美国驻东京大使馆。有趣的是，格鲁虽然不知道罗斯福的便条，但他认为长期以来一直用'灰色'代码不仅没节约，反而多花了时间，因为日本军国主义分子拿到电报，破译出来，为阻挠一切和平努力故意延误了它。但实情并非如此，迟延实源于军方对所有外交来报设定的一项禁令。

对美国加密外交电报感兴趣的人中有德国外长，Z科为他提供了良好的服务。早在1925年，它就研究了美国高级加密系统。该系统密词只有CUCUC和CUCCU两种形式，加密时，密码员把它们分成一个单一辅音和两个CU或UC组，再从正确的密码中找出替代元素代替这些部分。这种高级加密没有改变代码组的CUCUC和CUCCU结构，Z科数学家得以借助此规律首先突破这个原始系统，1940年，又突破了它的改进系统。讽刺的是，一封电报内的加密变化本意在提供更强保密性，却为德国分析员提供了同形重复，帮助他们还原高级加密替代。高级加密剥开后，语言组没费多少事就破译了一个大型7.2万组代码。汉斯-库尔特·穆勒（Hans-Kurt Müller）博士在此发挥了重要作用，他有一项超人才能，能在部分破译的黑暗中看出整个明文轮廓。弗里德里希斯小姐提供了协助。

他们对外交官罗伯特·墨菲（Robert Murphy）活动的了解大大促进了他们的工作。1941—1942年，墨菲在北非主持与维希法国的微妙谈判，为盟军入侵北非铺平道路。甚至在艾森豪威尔司令部的美国军官指出国务院代码不保密时，墨菲为保持他的独立性，依然坚持使用它们。他确信德国人还没有破译他的代码。实际上，Z 科分析员已经破出足够多，能识别许多报头上重复出现的表示 *For Murphy*（致墨菲）或 *From Murphy*（发自墨菲）的代码组。“我们知道他的兴趣所在，这给了我们提示。”弗里德里希斯说。这些为迅速完成这部大型代码的破译提供了帮助。墨菲的通信大大推进了她的工作，她说，战后她被关在马尔堡时，一天看到他的车驶过，“我想拦住他，和他握个手。”

Abschrift　　　　　　　　Geheime Reichssache

Von Algier nach Washington. 21.7.
An das Staatsdepartement in Washington 338.

Dreifacher Vorrang Persönlich für den Stellvertretenden Staatssekretär. Von Murphy. Unter Telegramm Nr. 184 vom 17.7. 22.00 Uhr.

Ich sah vor einigen Minuten Weygand allein und unterrichte ihn von Ihrer Botschaft. Ich wiederholte sie in der Übersetzung und erklärte, da ich ermächtigt sei, sie nur mündlich zu übermitteln. Das war die erste Gelegenheit, mit ihm seit seiner Rückkehr von Marokko Sonnabend abend zu sprechen.

Weygand hörte mit dem größten Interesse zu. Seine erste Bemerkung war ein Ausdruck offensichtlicher Freude und Genugtuung über die persönlichen Höflichkeitsbezeugungen des Präsidenten ihm gegenüber. Er sagte lächelnd,

Z 科破译的罗伯特·墨菲发给国务院的一封密电，内容有关 1941 年在北非与魏刚[1]将军高度机密的谈判

[1]　译注：马克西姆·魏刚（Maxime Weygand，1867—1965），法国将军，1940 年指挥法军抵抗德国入侵，法国投降后，先后任维希政府国防部长、北非殖民地总代表等。1942 年 11 月盟军侵入北非后，他被党卫军逮捕。1945 年获释后被戴高乐政府送交军事法庭。1946 年 5 月获释，1948 年被宣告无罪。

因此早在 1941 年 8 月 12 日，外交部国务秘书就能把完全破译的 7 月 21 日和 8 月 2 日墨菲电报交给冯·里宾特洛甫。其中第一封报告，墨菲已经把罗斯福对法属北非的立场转向当地指挥官马克西姆·魏刚将军。第二封转达了魏刚一个助手的要求，要求美国承诺军事援助。纳粹知道魏刚不是他们的朋友，但直到他们拿到维希所称的他与美国做交易的"文件证据"，他们才能迫使维希解除他的职务。就这样，一个外交密码被迫使美国重新开始与法属北非新领导人的接触，浪费了大量宝贵的时间和工作精力，而这最终又可能拉长了战争，损失了更多在北非战场作战的美国士兵。

一年后，德国对美国外交密电的持续解读还危及艾伦·杜勒斯（Allen W. Dulles）的工作。杜勒斯表面身份是驻伯尔尼公使馆外交官，实际则是美国驻欧洲间谍头子。杜勒斯刚刚开始与德国反纳粹人士共谋推翻希特勒，对密码可能被破译异常敏感。在他的电报中，间谍以代号称呼，频繁更替。他把计划刺杀希特勒的阴谋分子称为 BREAKERS（破坏者）。1943 年 2 月，一个德国驻苏黎士领馆官员，阴谋分子汉斯·贝恩德·吉泽菲乌斯告诉杜勒斯，德国人破译了一个美国代码。吉泽菲乌斯拿出一本黑色小笔记本，记录了无数伯尔尼到华盛顿电报的要点。"万幸，"杜勒斯写道，"这不是我自己的代码，我没用它发送任何业务电报，不过当时密码员紧缺，我有时只能靠这部代码发送一般政治报告。"

在吉泽菲乌斯读到的一封电报中，包含对意大利反德集团相当准确的描述。早在 1943 年初，电报中就有对彼得罗·巴多格里奥（Pietro Badoglio）元帅的具体描述，7 月，元帅推翻墨索里尼，成立了一个新的反法西斯政府。外长加莱亚佐·齐亚诺伯爵是墨索里尼的女婿，记了大量日记，电报中也有对他的具体描述。吉泽菲乌斯告诉杜勒斯，美国电报曾放在希特勒案头，后被元首发给墨索里尼，还附上他的致意。几天后齐亚诺被解除外长职务。"我永远搞不清楚，"杜勒斯写道，"这是巧合呢，还是这封电报的原因。"

吉泽菲乌斯这次消息透露之后，在情报工作中谨小慎微的杜勒斯把这个代码"仅用于我们乐意甚至迫切希望德国人读到的信息，几个月后，我们完全废弃了它。立即停用将告诉德国人我们知道他们破译了它。"吉泽菲乌斯曾担心，德国人从密码分析中得到的情报可能会毁掉反希特勒计划。但杜勒斯让他相信，他在处理这些信息时采取了各种预防措施。这次事件意想不到地加强了他们的合作，最终导致了 1944 年 7 月 20 日的炸弹阴谋，希特勒差点被炸死。

放弃使用被破译的代码后，杜勒斯寻思，“德国人从未破开我发出的任何一封电报，知道和我共事的人不会因电报被破译而受累，这点令我安心。不过这是个令人提心吊胆的工作，每发出一封含有地下组织具体细节的加密电报，我都心惊肉跳。”他的担心并非杞人忧天，因为虽然德国人可能没有破开他的密电，但匈牙利陆军比博少校领导的单位却做到了。它通过威廉·霍特尔把情报捅给帝国保安总局，但似乎没有获得具体的反阴谋成果，也许因为杜勒斯一直谨慎地使用代号。

二战中期，罗斯福总统依然不信任国务院代码，继续依靠海军密码系统加密他的绝密电报。他与丘吉尔往来数百封电报，后者把自己名字签成“前海军战士”（Former Naval Person），追忆自己曾经担任的海军大臣一职（他无疑清楚地记得罗斯福的前助理海军部长职务）。丘吉尔说：“我把电报交给美国驻伦敦使馆，它通过专门密码机与美国总统直接联系。”这些机器属于海军，多半是电传打字机公司制造的一次性密钥纸带装置。

随着战争进行，国务院逐渐弃用了被破译的旧代码，代之以新密码系统，阻断了德国情报源。1944 年，为重新获取密报来源，Z 科发起一场突破 M-138 的大型攻势。这项工作基本是数学上的，由 37 岁的数学博士汉斯·罗尔巴赫主导。罗尔巴赫和穆勒首先把电报分成用同样滑条排列加密的“族”，用重复作为族的共同点。这意味着在某个给定族内，第一、第二、第三根……滑条总是一样的。格式化报头为分析员提供了大量假设明文——在这方面，穆勒识别单词和识别代码一样熟练。在每根滑条中，明文与密文相距一段未知距离。通过比较大量这样的明密对应，既比较单一滑条内的明密对应，也得到来自邻近滑条信息的帮助，分析员在滑条上标出字母，复制出原始密码表。五六个分析员紧密合作，每人研究自己的族，但经常互相商议，这样每人都可以用别人发现的可能性测试自己的滑条系列。他们用一个机械装置协助工作，把滑条移上移下，快速排列。最终，Z 科还原出 M-138 全部滑条，几乎通读全部电报。但到那时，它们已经没有多大情报价值，并且随着滑条的改变，这些破译将在未来发挥作用的希望也破灭了。

NAVAL MESSAGE　　NAVY DEPARTMENT

DRAFTER	EXTENSION NUMBER	ADDRESSEES	PRECEDENCE
FROM ALUSNA LONDON	FOR ACTION	OPNAV	PRIORITY (PRIORITY / ROUTINE / DEFERRED)
RELEASED BY			
DATE 3 JANUARY 1943			
TOR CODEROOM 1843	INFORMATION		PRIORITY / ROUTINE / DEFERRED
DECODED BY J ALLEN			
PARAPHRASED BY			

INDICATE BY ASTERISK ADDRESSEES FOR WHICH MAIL DELIVERY IS SATISFACTORY.

Ø31730　　NCR 54ØØS

UNLESS OTHERWISE INDICATED THIS DISPATCH WILL BE TRANSMITTED WITH DEFERRED PRECEDENCE.

ORIGINATOR FILL IN DATE AND TIME　　DATE　　TIME　　GCT

TEXT

FROM THE FORMER NAVAL PERSON TO PRESIDENT ROOSEVELT.
MOST SECRET AND PERSONAL NUMBER 253.

YOUR 252

1. YOUR PARAGRAPH 1 WILL BE DONE.
2. YOUR PARAGRAPH 2. HOWEVER DID YOU THINK OF SUCH AN IMPENETRABLE DISGUISE? IN ORDER TO MAKE IT EVEN HARDER FOR THE ENEMY AND TO DISCOURAGE IRREVERENT GUESSWORK PROPOSE ADMIRAL Q.AND MR P. (N B) WE MUST MIND OUR P'S AND Q'S

DISTRIBUTION:　　ACTION.....P1A

No. 1 ADMIRAL.　No. 2 FILE.　No. 3 F-I OR CHARTROOM.　No. 4 SPECIAL.

SEALED　~~SECRET~~

Make original only. Deliver to communication watch officer in person. (See Art. 76 (4) NAVREGS.)

NCR 1b

U. S. GOVERNMENT PRINTING OFFICE

丘吉尔对罗斯福在密码方面的谨慎表示惊讶，后者自称“Q海军上将”（Admiral Q）

那时，M-138 已经不再是美国顶级外交密码系统。军队给了国务院一些密码机，包括名为 SIGTOT 的弗纳姆系统机器，外交官把它们用于绝密电报，虽然他们还在用代码节省费用。陆海军分析员向国务院传授他们从破译中学到的密码方面的经验教训。1944 年 6 月 3 日，海军密码分析员李·派克海军上校被派到国务院，11 月 1 日出任新成立的编码处主任。珍珠港事件时，派克是海军密码分析科高级值班军官。在密码分析专家指导下，国务院通信最终展现出美国应有的实力。易破密码的日子结束，美国开启了外交密码安全时代。

二战独有的特征之一是大量使用代号命名重要行动或秘密计划。代号之前亦有使用——“tank”（坦克）和“blimp”（小飞艇，防空气球）等词就来自一战代号，但没这么频繁。代号既可保密，又简洁：“火炬行动”（Operation TORCH）明显比“英美联合入侵北非”更上口，而且电报破译人还得确定代号的含义。

在美国，代号的选择和分配属于陆军作战部通用科（Current Section）的工作。通用科士兵在大词典里查找合适的单词——主要是不会暗示行动或地点的常用名词和形容词。他们避开造成混乱的人名、船名及地理词汇。他们从所用词典的 40 万单词中收集了约 1 万个，乱序写在一本保密本上。他们反复核对这些单词，避免与英国代号冲突，再把代号字组分配给战区指挥官。

理论上，无论外延还是内涵，代号与它们所指的活动都没有关系。大部分情况下，实践中也是这样做的。FLINTLOCK（燧发枪行动）指盟军 1944 年进攻马绍尔群岛；AVALANCHE（雪崩行动）是对萨莱诺的两栖攻击；ANVIL（铁砧行动），后改为 DRAGOON（龙骑兵行动），指英美在法国薄弱的下腹部地区登陆。连较小的行动都起了绰号：SUPERCHARGE（增压行动）指解救被困图卜鲁格的澳大利亚人；占领加那利群岛是 PILGRIM（朝圣行动）。一些代号是用血写成的：表示登陆日 [1] 诺曼底五处海滩的 OMAHA（奥马哈）、UTAH（犹他）、GOLD（黄金）、SWORD（剑）和 JUNO（朱诺）。

6 月 6 日之前一个月，分配给那次横渡海峡行动的五个代号（和它们所指

[1]　译注：D-Day，1944 年 6 月 6 日，盟军在诺曼底海滩登陆进入法国东部。

事物一样，本身就是高度机密），令人费解地出现在伦敦《每日电讯报》的拼字谜中。惊慌的反情报官员担心其中可能隐藏着《窃信案》[1] 之类给德国人的警告，调查却发现，原因仅仅是一次令人难以置信的巧合。

对次要行动，德国人通常选用不会让人联想到行动的“代号”：MERKUR（水星行动）表示占领克里特岛；FISCHREIHER（苍鹭）代表斯大林格勒。但在大型行动中，他们违背了这条规则。入侵英格兰的代号是 SEELÖWE（海狮行动），自挪威港口出发的部队同时渡海登陆，对北英格兰的佯攻为 HERBSTREISE（秋游），这些代号很难掩盖它们所代表行动的秘密。最不加掩饰的是入侵苏联的 BARBAROSSA（巴巴罗萨行动）。别忘了，“巴巴罗萨”是伟大的中世纪德国皇帝腓特烈一世的绰号，它不仅在意大利语中表示“红胡子”，还让人记起腓特烈在德国东扩和统治斯拉夫人方面的伟大成就。

盟军绝不至于那么显眼，不过有时候，他们的选择会受制于一些原则，英语大师温斯顿·丘吉尔在 1943 年 8 月 8 日的一篇备忘录里列出这些原则：

> 我删去附页中许多不合适的名字。我们的行动可能造成大量人员丧生，不应使用含有自夸或过于自信意味的代号，如“Triumphant”（胜利）；或相反，也不应使用带有某种悲观气氛的代号，如“Woebetide”（遭殃）、“Massacre”（全歼）、“Jumble”（混乱）、“Trouble”（麻烦）、“Fidget”（不安）、“Flimsy”（软弱）、“Pathetic”（凄惨）和“Jaundice”（辛酸）等。它们不应是一些庸俗的名称，如“Bunnyhug”（一种美国交际舞）、“Billingsgate”（下流话）、“Apéritif”（开胃酒）和“Ballyhoo”（大吹大擂）等。它们不应是一些通常表示其他含义的普通词汇，如“Flood”（洪水）、“Smooth”（顺利）、“Sudden”（突然）、“Supreme”（极其）、“Fullforce”（全力）和“Fullspeed”（全速）等。今人名字（部长或司令官）应予避免，例如“Bracken”（布拉肯）。

[1] 译注：*The Purloined Letter*，在爱伦·坡的《窃信案》中，警察局长和侦探遍寻各处都没找到一封被盗的信，这封信却放在一个醒目的地方。

2. 毕竟，世界之大，聪明的大脑总能随时想出无数朗朗上口的名字，它们既不会让人联想到行动的性质或以任何方式贬低它，也不会让某些寡妇或母亲说儿子死于一个叫“交际舞”或“大吹大擂”的行动中。

3. 专有名词是这一领域的好选择。只要符合以上规则，古代英雄、希腊和罗马神话人物、星座和恒星、著名赛马、英美战争英雄的名字等等都可用。当然也可以提出许多其他主题。

4. 整个过程都须小心谨慎。有效和成功的管理体现在大事上，也同样体现在细节上。

丘吉尔本人对这些事情总是兴趣盎然，尤其在其含义的细微区别方面。“‘Round-up’（围剿）一词用于命名 1943 年的行动（计划中的欧洲入侵），”1942 年 7 月 6 日，他发电报给罗斯福，“我不太喜欢这个名字，它可能被看成过于自信或过度悲观，不过它已经用滥了。请告诉我你对此有没有什么想法。”他对参谋长抱怨说它是“自夸的，瞎选”，希望“它别给我们带来厄运”。当计划被“Operation GYMNAST”（体育家行动）取代时，这个代号无疾而终（就一个代号而言），代号的适当修改表明了两项计划间的可能差异。丘吉尔极力主张这次北非入侵行动，在盟军决定行动时，他“急着为我的宠儿命名。‘体育家’、‘超级体育家’和‘业余体育家’从我们的代号中消失。7 月 24 日，在我给参谋长的一份指示中，‘Torch’（火炬行动）成为新的主导词汇”。

在决定太平洋战争最大行动的代号时，美国人表现出类似的敏感，这就是入侵日本的 CORONET（小王冠行动）和 OLYMPIC（奥林匹克行动）。但为这场战争的最大战役找到一个伟大代号，依然需要丘吉尔式的口才。这个有着王者风范的代号彰显了一种庄严的复仇感和一往直前的力量感，象征盟军进入欧洲大陆、永远粉碎纳粹暴政的最高决心。语言大师丘吉尔亲自为这次十字军东征取了代号：“Operation OVERLORD”（霸王行动）。

发动那场大型攻势前，盟军首先需要赢得大西洋海战，通信情报在这场战役中发挥了重要作用。实际上，在某些方面，大西洋海战可以看成轴心国和同盟国密码分析组织间的一场决斗。邓尼茨的侦听部成绩斐然的同时，盟军通信情报机构也坐享德国潜艇舰队的天量电报。

报量如此巨大，部分原因是邓尼茨坚持对潜艇实行战术控制，以便将它们集成狼群，扑向最肥美的猎物。他意识到这些交谈中蕴藏的危险，但争辩说："通信由潜艇发出，其中包含了信号，是策划和控制联合攻击的基础，要真正成功地打击敌方船队集中航行的船只，只能靠联合攻击。"他鼓励通信，使得无线电纪律形同虚设。德国潜艇发射电报报告艇员牙疼，或祝贺司令部某个朋友的生日。潜艇司令部成为"整个战争史上最饶舌的军事组织"。

多亏了海军通信情报组织创立者、通信保密科负责人劳伦斯·萨福德海军中校的功劳，加入二战时，美国已有一个监听德国潜艇信号的环大西洋弧形高频测向网。测向站将方位报告给位于马里兰州的网络控制中心，从那里截取信息，迅速发送给华盛顿西北区内布拉斯加大道 3801 号的海军通信情报组织。奈特·麦克马洪（Knight McMahon）海军中校和手下把方位合成船位，发给海军总司令的作战情报处（Combat Intelligence Division）大西洋分部，从那里迅速发给反潜部队。

1942 年 6 月 30 日的一次事件展示了这个网络（名为"huffduff"，来自"high-frequency direction-finding"［高频测向］的缩写"HF/DF"）有多快。上午，"U-158"号潜艇向邓尼茨报告它无事可报。百慕大、哈特兰角、金斯顿和乔治敦测向站收到它的信号。麦克马洪标出它的船位在北纬 33 度，西经 67 度 30 分。这条信息层层转发，一直到达在百慕大群岛外进行反潜巡逻飞行的美国海军理查德·施雷德（Richard E. Schreder）上尉。离标定位置 10 海里处，他发现"U-158"号漂浮在水面上，艇员在晒太阳。就在它企图下潜时，施雷德的一枚深水炸弹射中潜艇的上层结构。它当即下沉，再也没有上来。

在另一次事件中，测向网追逐一艘德国潜艇，把它送上西天。1944 年 4 月 19 日，测向网首先听到"U-66"号潜艇的电波，并在它试图与一艘补给潜艇会合的过程中连续追踪电波。盟军舰艇在测向网指示下，一次次挫败了它的补给努力。5 月 5 日，艇长给国内发电报："遭连续追踪，无法加油。中大西洋境遇比比斯开湾[1]还糟。”它的速发电报（用磁带录制，再高速发出内容）持续不超过 15 秒，但有不少于 26 座测向站获取了它的方位。这大概是设备改进的结果，它们每秒 20 次扫描天空，半自动精确对准任意电波。三小时后，一架美国飞机发现了这艘潜艇；又过了一小时，一艘美国军舰开始攻击它，25 分钟之内，潜艇沉没。

除测向网外，一个截收网络负责监听德国电报内容。海军监听员常常可以从报务员的发报特征辨别一艘德国潜艇，有时还能确定相当于一个狼群的潜艇数量。他们对潜艇信号耳熟能详，有时仅从某封电报的外部特征就能知道，它是一份接触报告还是攻击已经开始的信号。

二战中最激动人心的一次密码盗窃，为此提供了帮助。事件发生在公海上，快如闪电，险象丛生。

德国潜艇被深水炸弹炸坏后，有时会浮上水面让艇员逃生。1944 年初，指挥 22.3 反潜特遣部队的美国海军上校丹尼尔·加勒里（Daniel V. Gallery）想出登船俘虏这样一艘德国潜艇的大胆计划。即使计划总体可能会失败，他也可抢出潜艇的密码设备，仅此一点，这样一次冒险就物有所值。为此他训练出一个志愿队，要求队员掌握拆除饵雷、关闭海底阀、操纵德国潜艇的技能。

1944 年 5 月 31 日，他开始追踪“U-505”号，测向网发现它正径直向母港布雷斯特[2]驶去。6 月 4 日，周日，上午 11 点，天朗气清，微风拂面。法属西非布兰科角以西约 150 海里处，他用声呐探测到潜艇。艇长正在吃午饭，一排深水炸弹突然击中正静静滑行的潜艇，打穿外艇壳。他确信潜艇遭到灭顶之灾，于是向沉浮箱充气，浮上水面。就在艇员纷纷涌出舱口和潜望塔，跳进大海之际，美军护航驱逐舰“皮尔斯伯里”号（*Pillsbury*）正放下一条装着登船队的小艇。

不一会，小艇抵达了在大西洋涌浪中轻轻摇摆的被弃潜艇。艾伯特·戴维海军中尉率领登船队，军士阿瑟·尼斯贝尔和斯坦利·弗多维亚克滑进舱口，冲向报房，砸开几把锁，抢出密码设备资料——现行代码及高级加密、“恩尼

[1]　译注：Bay of Biscay，比斯开湾位于法国西海岸和西班牙北海岸间。

[2]　译注：Brest，法国西北部布列塔尼半岛大西洋沿岸的一座港口城市和海军基地。

格玛”密码机及密钥表、明密对应的数百封电报。德国人显然没想到对手登船的可能性，因此没有费心丢弃这些材料。三个美国人火急火燎地把几样东西递上甲板，这样即使潜艇沉没，登船队的努力还有些值得炫耀的东西。

15 分钟内，登船队拆除自毁炸药，堵上了约 20 厘米粗的水流，“U-505”号成为自 1812 年战争以来美国海军登船队俘获的第一艘敌舰。加勒里系上一条拖绳，把它拖回美国。最后，它成为芝加哥科学和工业博物馆外的一个永久展品。戴维因为勇敢得到一枚国会荣誉勋章，他的助手获得海军十字勋章。密码材料到达内布拉斯加大道。22.3 特遣部队对他们的功劳严格保持沉默，而德国潜艇司令部认为“U-505”号已经沉没，因为 6 月 3 日以后，它失去了联系。他们从未猜到真相，因此没有更换密码。作家拉迪斯拉斯 · 法拉戈（Ladislas Farago）称这次捕获是“美国大西洋反潜战一次登峰造极之作”。

盟军现在能够解读德国潜艇作战电报。就在这次劫掠前一年多，他们破开难解的德国潜艇系统——二战中另一次卓越的密码分析成就，做到实时解读截收电报。为此，分析员需要一大堆机器的帮助，数量之多，塞满了两栋大楼。

德国海军军官哈拉尔德 · 布施生动描绘了这一切给潜艇带来的影响：“1944 年下半年，如果能够避免，没有任何潜艇艇长愿意经受加油的折磨……十分可疑，很多次，就在两艇接好油管、无法下潜之际，敌机恰好出现。结果许多潜艇在加油时被击沉……潜艇指挥员的怀疑显然是正确的：敌人能够并且的确破译了邓尼茨海军上将从柏林总部发出的信号。”

欧洲战争余下的 11 个月里，这些情报指导盟军部署了强大的海空力量。得此大助，盟军击沉近 300 艘德国潜艇，几乎一天一艘，极大地降低了运输船损失。“战役有胜负，”丘吉尔写道，“事业有成败，领土有得失，但让我们得以继续这场战争乃至维持自身生存的中流砥柱，是我们对海上航线和己方港口自由出入的绝对控制。”盟军做到了。“一言以蔽之，”一个作者在研究大西洋海战的论文中写道，“盟军赢得潜艇战，德军失败，就因为邓尼茨话太多。”

只有将一支军事利箭穿过纳粹心脏，盟军才能实现最后胜利，通信情报在这场行动中发挥了重要作用。实际上，在要求“开辟第二战线”的压力下，这支利箭已于 1942 年从北非射出。通信情报部队就在那里——尽管角色与分配给他们的任务不完全一致：美国陆军各无线电情报连作为进攻部队冲锋陷阵！

63

Datum und Uhrzeit 1944	Anruf	Signalzeichen	Bemerkungen
April 4.	2353/3/400	Zellatrix	3023
4. 1027/	4/3m #6135	ein+kkjlangejuebergibtanjschroeterjamfuenfxapril beihellwerdeninmarqusechseinsdreifuenfder grossquxtwaertstarnqublauxantxantneuen stichwortbefehlzwokkfallsbiszwostundennahh hellwerdennichtgetroffenauchenyundinder nachtbezwxamfolgendentagewiederholenxmeldung nuryfallsauchbeimdrittenmalkeintreffen	
4.	1718/3/393	erbittedeutschekreuzikgoldfjsrobltnr xingolsrhelskiyseeobltbxkrwigimaschobmaat	chartmann
	2039/20/50	politischerlageberichtfuerkmdtxteileinsxxfinnland xameinsxmaerzgabrussxaussenkommissariatfomgendewaf fenstidlstandsbedingungenanfinnlandxx bruchmit deutschlandundinternierungdeutschertruppenygegebe nenvallsmitrusqxhilfexzwokkwiederinkrcftsetzung finnxyyrussxvertragesvoneinsneunviernulx dreikksofortigerueckkehrallerkriegjgefangenenundzivilinte rniertenxfragendemobilisierungundreparationen	

缴获的“U-505”号潜艇6号无线电日志簿上的电报明文

但他们很快重新担负起应有的职责。截收和测向电台准备就绪，他们开始监听轴心国电报。突尼斯作战期间，第 128、117、122、123 和 849 通信连（无线电情报）追踪北非各地德军，同时监测美军通信，堵住盟军无线电安全漏洞。第 128 连率先发现，德军正撤出凯塞林山口。几天前，美军在欧洲的第一场战役中，该山口被德军占领。第 128 连后来又对几次敌军进攻发出了预警。在意大利，美军第 6 军情报官说，进军罗马期间，他的无线电情报排“出色”地完成了工作，提供的情报价值仅次于作战侦察。虽然直到战争进行一段时间后，美军才开始为无线电情报连配备人员和装备，但战地军官很快宣称他们的成果“有实际价值……有时不可或缺”，赞扬情报连是获取德军计划和行动情报的“最稳定有效的来源”之一。

然而，在欧洲战场，暴露德国意图的战略通信情报却主要来自日本。这并不奇怪，德国国防军在全欧洲德占区拥有内部通信之利，可以使用有线网络，盟军几乎没什么截收机会。但驻柏林、罗马、马德里、里斯本、索菲亚、布达佩斯和莫斯科的日本外交官只能通过无线电把电报发回东京，盟军截收的就是这些。

日本武官的代码早就被美国破开，他们间的电报带来了大量情报。但 1943 年，在一次具有讽刺意味的事件中，盟军失去了这个情报来源。该事件显示，相比于盗窃，作为情报来源，密码分析更具优越性。在一次值得称道的间谍行动中，美国新间谍组织战略情报局[1]渗入日本驻葡萄牙大使馆。他们没有将计划透露给陆军，陆军也没有警告战略情报局不要采取任何有损其密码分析的行动。其实陆军通信保密局（前通信情报处）已经破译了该代码。结果日本人发现了翻找的痕迹，确定武官代码可能失密，更换了代码。间谍帮了倒忙之后，原本可以轻松读取电报的盟军直到 1944 年秋还没有破开新代码。就这样，通过间谍方法获取情报的努力，反而使美国失去了一直通过神不知鬼不觉的通信情报手段获得的情报。

当时，笨重的密码机器无法轻易输往或走私到被封锁的欧洲，如日本外交官用的密码机器，因此整个战争期间，“紫色”一直在使用。很可能日本人

[1] 译注：Office of Strategic Services（OSS），美国在二战中成立的间谍组织，中情局前身。

认为这个系统是安全的。早在珍珠港事件前，美国分析员就在读取发自柏林的日本“紫色”电报，美国参战后更是如饥似渴。因此，威廉·弗里德曼对“紫色”的破译影响了整个战争，使其成为世上最伟大的密码分析之一，在技术上和效果上都是如此。

德国人给予日本大使大岛浩男爵盟友般的信任，并且作为前武官，他对军事领域的兴趣相当浓厚。临近 1943 年 10 月末，盟军入侵欧洲已经显而易见，德国国防军开始加强防线，大岛巡视了西壁（Westwall）[1] 和齐格菲防线(Siegfried Line)。大岛浩男爵在一封 1000 到 2000 字的长电中详细报告了这些准备情况。

一部大功率德国电台把电报投向空中，发送给约 8047 千米外的东京。在邻近红海的前意大利殖民地厄立特里亚阿斯马拉，一座新的美国截收站收到它。密电传回通信保密局，它用美国分析员可以相对轻松阅读的“紫色”加密。译文送到德怀特·艾森豪威尔将军司令部，这一情报帮助美国制定征服德国的基本战略。

诺曼底登陆的成功部分在于进攻地点的突然性，突然性则主要来自盟军一场精心策划的骗局，无线电在其中发挥了关键作用。为把德军注意力从真正登陆地诺曼底引开，艾森豪威尔司令部打造了一份全面掩护计划，代号“坚忍行动”([Operation] FORTITUDE)，计划的一部分在入侵前一年多就已经开始实施。蒙哥马利元帅的无线电报不从他位于英格兰南部的实际指挥所发出，而是由陆线引到多佛附近的假司令部，从那里发出。模型舰艇在五港同盟 [2] 各港口集中，制造假象。一队繁忙的通信人员通过发送正确类型的假无线电报，设法在苏格兰“集结”了一支子虚乌有的第 4 集团军。这支集团军的“无线电训

---

[1]　原注：我从各个渠道都听过这个故事，所以我相信它是真的，但我又不能证实，日本档案资料显示大岛的信件在空袭中被毁；大岛本人烧毁了自己的全部信件，且对相关报道没做任何回忆。除此之外，艾森豪威尔的首席情报官约翰·怀特里将军对截收也没做任何回忆。但是，德国武装部队高级司令部战时日记提到了大岛的巡视。

[2]　译注：Cinque Ports，中世纪英格兰东南部肯特和东苏塞克斯的五座港口，旧时拥有贸易特权，交换条件是提供英格兰海军大部分供给；原五同盟港为黑斯廷斯、桑威奇、多佛、罗姆尼和海斯，其后拉伊和温切尔西加入。

练”中包含一些故意泄密。通过这些鬼鬼祟祟、真真假假、引人误入歧途的泄露，“坚忍行动”意图让德国人说服自己，相信他们一直希望相信的事实——入侵者将从英吉利海峡最窄处倾巢出动，从多佛横渡加莱海峡；苏格兰的集结则表明对挪威北部的先期佯攻。“最终结果棒极了，”丘吉尔写道，“德军统帅部坚信我们拱手奉上的证据。”实际上，这些证据看上去如此令人信服，以至于诺曼底入侵一个月后，希特勒还在声称“敌军可能会在第15集团军防区实施二次登陆”——那片防区就是加莱海峡！

在诺曼底滩头，一封德军电报的破译使奥马尔·布拉德利（Omar Bradley）将军的第12集团军群得以做好准备，“迎击对我方一处薄弱阵地的强攻”，将军说。他的密码分析部队是第849通信情报部队（849th Signal Intelligence Service，前第849无线电情报连）。它虽然隶属集团军群，却不在司令部，而是在战地工作，截收和分析从集团军群到连级的德军电报。这些材料是战术性的，对日常作战价值极高。

1944年秋，在卢森堡，第849部队搬进一栋大楼内的冬季营房。12月1日左右，它开始解读德军电报，电报显示德军装甲师在阿登高地森林后面的活动。这些活动的数量日益增加，但收到这一情报的陆军情报部门似乎一点也不在意。最后，12月17日，星期日上午，第849部队破译的电报证实了分析员一直担心的事情：德军坦克攻击。为什么军队指挥官没有采信这一情报——它还包括了大量各种其他迹象？因为他们不相信德国人会或者能够用坦克穿过如此山高林密、不适合坦克的地形，发动进攻。突出部战役（Battle of the Bulge）长期以来被作为情报失败的典型例子。然而它不是情报失败，它是情报评估的失败。

乔治·巴顿中将的第3集团军属下有一支类似的无线电情报部队，指挥官是查尔斯·弗林特（Charles Flint）少校，一个同行军官称他是“一个年轻、聪敏的专家”。在德军运动作战、不得不使用无线电时，弗林特的部队在这种瞬息万变的形势下尤其重要。在巴斯托涅，它破译的一封电报使巴顿得以重创令人生畏的第5伞兵师（5th Para Division）。和其他陆军通信情报处部队一样，弗林特部队也监测美军通信。一次，它警告一部装甲兵电台，说其违反了通信保密规则，有可能把重要情报透露给敌军。

盟军对通信情报的重视程度可从另一侧面，也就是从战争快结束时的 SIGABA 密码机丢失事件中看出来。威廉·弗里德曼设计的 SIGABA 又名 M-134-C，是一种类似德国“恩尼格玛”和英国 TYPEX 的转轮机；它和它们一样保护高层通信：一个同时期发展的典型例子和将转轮成功应用于密码的体现。它很好地保护了通信，陆军通信保密局负责测试美国密码系统的部门破译 M-134-C 加密电报的所有努力都归于失败。并且，尽管美国当时被蒙在鼓里，但德国分析员经过长期努力，同样没法读出这些密电。

但只要其中一台哪怕只是短暂落入敌手，所有凝结在机器中的密码巧思都将化为乌有。因此在战区，恐怕没什么能比 ABA（SIGABA 简称）的保卫更严密。一些接近前线的部队每晚需把它们转移到后方。不用时，它们要被用厚重的保险柜锁起来：一只用于机体，另一只用于转轮（机器配备的转轮多于一次性使用的五个，便于额外密钥更换），第三只大概用于密钥表。武装卫兵日夜不断地守着机器。这些预防措施似乎有实际效果，因为陆军还没有发现哪台 ABA 失密过。

1945 年 2 月 3 日，在法国科尔马，两个护卫 ABA 的第 28 师中士把卡车停在一所房子外，短暂拜访了一些友善的女士。车上装着保护师级 ABA 机器的三只保险柜。到他们出来时，卡车和保险柜都不见了。反间谍部门立即开始寻找。特工在科尔马附近路边发现曾连在那辆卡车上的挂车，但卡车、保险柜和 ABA 通通不见踪迹。

艾森豪威尔司令部一片恐慌，保密和密码军官惊惶失措。艾森豪威尔亲自过问。科尔马刚刚解放，离前线还很近，勾结德国的人或国防军撤退时安插的特务有可能偷走了 ABA。它们也许穿过不断变换的战线，到达德国分析员手中，使他们有能力实现以前无法完成的破译。有了 ABA 系统核心的转轮接线，再辅以一台实际机器帮助理解，德国分析员只需确定一套设置中某条特定信息所用转轮和它们的初始设置。虽然这不是易事，但无疑可以做到。

盟军面临的危险倒不是来自任何可能的未来破译，因为新转轮组几乎立马就分发下去了；危险反倒来自过去。艾森豪威尔及属下高官一直在通过 ABA 加密的电报流指挥史上最大的军事行动，所有这些都基于完全成熟的高级战略计划。仅过去的电报就能向德军透露大量盟军的潜在信息，因为现代战争在相当大程度上是一场后勤战争。如果德军能够用这台丢失的 ABA 破译他们档案里的截收电报，他们就能透彻理解盟军指导西欧战场作战的大方针。对盟军来说，重新制订这些计划并非轻而易举的事，因为大量补给和数百万人员已经按计划启动部署。因此，考虑到这么高等级的情报，加之现代战争无法逆转的巨大动量，德军很有可能有效抗击盟军行动，把战争多拖几个月，增加成千上万伤亡。

艾森豪威尔完全理解这一切，亲自敦促第 6 集团军群司令雅各布·德弗斯（Jacob L. Devers）将军不惜一切代价找到丢失的保险柜。德弗斯把任务交给集团军群反情报主任戴维·厄斯金（David G. Erskine）上校。

厄斯金首先派人到瑞士试探反纳粹德国的间谍，看纳粹有没有为最近的一些不寻常功绩而自我陶醉，然后在第 6 集团军群战区进行不为人注意的查询，确定有没有人知道与一辆载有“高度机密文件”的卡车有关的任何情况。也许是一个法国平民或美国大兵盗用了卡车，不知道它装着价值连城的货物。厄斯金宣布，任何发现卡车，或保险柜，或两者的美国人将得到极具诱惑力的奖励：回国。但没人领奖。

厄斯金派出 L-5 联络机，低飞掠过阿尔萨斯上空进行搜寻，但飞行员没有发现丢弃的卡车。因此，第 6 集团军群各部指挥官全部接到命令，亲自核查他们的所有车牌是否与丢失的卡车相同，但结果什么也没有。搜查扩大到前线大部分地区，宪兵设置路障，检查车辆；运河被抽干；线人被查问。谜团只是变得越来令人不解。艾森豪威尔反复询问德弗斯，德弗斯每天追问厄斯金：丢失的 ABA 找到没有。

三周密集但无效的搜查后，盟军成立了一支由美国和法国反情报特工组成的特别行动小队，专门处理这次丢失事件。负责人格兰特·海尔曼（Grant Heilman）中尉是个金发高个的宾夕法尼亚人。他的行动遭遇了一个尴尬的开端，两辆停在他指挥部外的吉普车和那辆卡车一样神秘地消失了。但是，当艾森豪威尔派费伊·普里克特（Fay B. Prickett）少将到科尔马进行搜查、树立权威时，行动开始走上正轨。海尔曼不放过一点蛛丝马迹，包括被炸毁丢弃在莱茵河桥上的卡车。厄斯金的瑞士间谍发回了报告，给予了否定答复，他猜测法国情报部门可能拿走了 ABA，用于改进他们自己的密码，但在询问临时政府首脑夏尔·戴高乐[1]将军本人后，问题依然没有头绪。

就在所有线索都中断的时候，厄斯金突然从法国人那里得到风声。他跑到离科马尔不远的塞莱斯塔镇附近一条中等规模的吉森河河边，发现丢失的 300 磅（约 136 千克）保险柜中的两个躺在泥沼里。它们似乎在被发现地点上游约 100 米的一座石桥上被人推下吉森河，被强劲的水流卷到下游。厄斯金立即命令搜索河岸，寻找第三只保险柜。没有发现。

从瑟堡调来搜索河床的潜水员一无所获。厄斯金决定在河上筑坝，用推土机挖掘河底。三天后，水坝建成，河底经细致搜索——依然没有。绝望的海尔曼开始搜寻河水退去后暴露出的河床泥泞部分。突然一个东西在太阳下闪着金属光泽，他冲过去——找到了他自己的“宝藏”。它就是丢失的保险柜。它的把手都被石头砸掉，但除此之外，经通信兵部队军官检查，它似乎安然无恙。

就这样，3 月 20 日，经过疯狂的六个星期，寻找丢失 SIGABA 的工作结束。厄斯金承诺不会惩罚任何人，再次询问了法国人，发现原来是一个在科马尔丢失自己汽车的法军司机，乘两个中士在妓院之机，“借”走了美国汽车。担心自己可能被控盗窃保险柜，他把它们从桥上推下吉森河。这点排除了秘密机器曾落入敌手的可能性。

海尔曼被提拔为上尉，他和厄斯金都被授予铜星勋章。搜寻耗费无数人力物力，大家都心绪不安。但宝贵的电报终于安全了，同样安全的还有随后几周内指引盟军走向胜利的计划。

[1] 译注：Charles de Gaulle（1890—1970），法国将军和政治家、政府首脑（1944—1946）、总统（1959—1969），二战时组织领导自由法国运动。